普通高等学校材料科学与工程学科规划教材

Cement Technology

水泥工艺学

（第3版）

主　编　林宗寿

审　稿　蔡玉良　季尚行　丁奇生

齐砚勇　王栋民　水中和

周宗辉　王加军　万惠文

武汉理工大学出版社

·武　汉·

内 容 简 介

本书系统地阐述了各类水泥的生产方法、矿物组成、原料配料、生料制备、熟料煅烧、水泥制成等生产工艺过程及主要设备，对水泥水化硬化的基本理论、水泥性能与耐久性和水泥混凝土基本知识，也做了较详细的叙述。本书在第2版的基础上更新了各类标准，反映了国内外水泥工业的最新进展，体现了近年来在水泥工艺、水泥水化研究、水泥品种开发等方面的新成果。

本书可作为高等学校无机非金属材料工程、硅酸盐工程专业本科教学用书，并可作为水泥厂工艺人员的培训教材，还可供从事科研、设计、厂矿等相关工作的工程技术人员参考阅读。

图书在版编目(CIP)数据

水泥工艺学/林宗寿主编. —3 版. —武汉：武汉理工大学出版社，2023.12
ISBN 978-7-5629-6884-9

Ⅰ.① 水…　Ⅱ.① 林…　Ⅲ.① 水泥-生产工艺　Ⅳ.① TQ172.6

中国国家版本馆 CIP 数据核字(2023)第 213914 号

项目负责人：田道全　王兆国　　**责任编辑**：雷红娟
责任校对：李正五　　**版面设计**：翰之林
出版发行：武汉理工大学出版社
地　　址：武汉市洪山区珞狮路 122 号
邮　　编：430070
网　　址：http://www.wutp.com.cn
经 销 者：各地新华书店
印 刷 者：武汉市洪林印务有限公司
开　　本：889mm×1194mm　1/16
印　　张：20.75
字　　数：610 千字
版　　次：2023 年 12 月第 3 版
印　　次：2023 年 12 月第 1 次印刷
印　　数：1—2000 册
定　　价：48.00 元
凡购本书，如有缺页、倒页、脱页等印装质量问题，请向出版社发行部调换。
本社购书热线电话：027-87523148　87391631　87165708(传真)

前　言

水泥是国民经济建设的重要基础原材料，广泛应用于民用建筑、交通、水利、农林、国防、海港、核工业以及其他新型工业等建设领域。水泥素有建筑工业的粮食之称，现代建筑离不开水泥。高层建筑、大跨度桥梁、巨型水坝、美丽多姿的公路、立交桥等建筑物都离不开水泥。水泥是国民经济的"晴雨表"，是经济发展的"先行官"，没有水泥，就没有人类的现代文明。

《水泥工艺学》是以培养水泥厂高级工艺师为目标，书中系统地阐述了各类水泥的生产方法、矿物组成、原料配料、生料制备、熟料煅烧、水泥制成等生产工艺过程和主要设备，对水泥水化硬化的基本理论、水泥性能与耐久性及水泥混凝土基本知识，也做了较详细的叙述。全书内容力求删繁就简、深入浅出，编写过程中在有利于自学方面做了更多的努力。

本书是在林宗寿主编的第 2 版《水泥工艺学》的基础上修订而成，保留了第 2 版《水泥工艺学》的基本内容，结合作者几十年来的科研与教学经验，对各章节的内容进行了大量的删减或补充，全面更新了产品标准。不再将生产工艺设备单独作为 1 章，而是将生产工艺设备与水泥化学和熟料化学的基本原理相结合进行介绍。彻底地淘汰了立窑、湿法回转窑、干法中空窑、立波尔窑、离心选粉机、旋风选粉机等落后工艺和设备，补充了作为水泥高级工艺师所应该掌握的熟料岩相分析、回转窑窑皮、预热器结皮和生产操作等知识。增加了许多新技术和新知识，其中生料配比反馈校正计算方法、过硫磷石膏矿渣水泥等内容填补了《水泥工艺学》的空白，反映了近年来水泥化学及工艺过程的最新成果。

本书可作为高等学校无机非金属材料工程、硅酸盐工程专业本科教学用书，并可作为水泥厂工艺人员的培训教材，还可供从事水泥生产、科研、设计、厂矿等的有关工程技术人员参考阅读。

本书由武汉理工大学林宗寿教授编写，由中材国际工程股份有限公司蔡玉良教授级高级工程师、中材国际工程有限公司季尚行教授级高级工程师、合肥水泥研究设计院有限公司丁奇生教授级高级工程师、西南科技大学齐砚勇教授、中国矿业大学王栋民教授、武汉理工大学水中和教授、济南大学周宗辉教授、华新水泥股份有限公司王加军教授级高级工程师、武汉理工大学万惠文教授审稿。编者对审稿人的精心审阅表示衷心感谢，同时，对武汉理工大学出版社田道全编审和责任编辑雷红娟为提高本书的质量付出的艰辛劳动，在此表示敬意。

限于编者的水平和条件，书中难免有疏漏、不当甚至是错误之处，恳请广大师生和读者提出宝贵的意见，以便订正。

林宗寿

2023 年 2 月于武汉

目　录

1 绪论

1.1 水泥的定义、分类及命名

加入适量水后可形成塑性浆体，既能在空气中硬化又能在水中硬化，并能将砂、石等材料牢固地胶结在一起的细粉状水硬性胶凝材料，通称为水泥。

水泥的种类很多，按其用途和性能可分为：通用硅酸盐水泥、专用水泥和特性水泥三大类。通用硅酸盐水泥简称通用水泥，为土木工程一般用途的水泥，包括硅酸盐水泥、普通硅酸盐水泥、矿渣硅酸盐水泥、火山灰质硅酸盐水泥、粉煤灰硅酸盐水泥和复合硅酸盐水泥。专用水泥指有专门用途的水泥，如油井水泥、砌筑水泥、道路水泥等。特性水泥则是某种性能比较突出的一类水泥，如快硬硅酸盐水泥、抗硫酸盐硅酸盐水泥、中热硅酸盐水泥、膨胀硫铝酸盐水泥、自应力铝酸盐水泥等。

按其所含的主要水硬性矿物，水泥又可分为硅酸盐水泥、铝酸盐水泥、硫铝酸盐水泥、氟铝酸盐水泥、石膏矿渣水泥、石灰火山灰质水泥等。目前，水泥品种已达100多种。

1.2 水泥的起源与发明

水泥的发明是人类在长期生产实践中不断积累的结果，是在古代建筑胶凝材料的基础上发展起来的，经历了一个漫长的历史过程。

1.2.1 胶凝材料的发展及演变

胶凝材料，即胶结料。它是指在物理、化学作用下，能从浆体变成坚固石状体，并能胶结其他物料而具有一定机械强度的物质。胶凝材料可分为有机胶凝材料和无机胶凝材料两大类，沥青和各种树脂属于有机胶凝材料；无机胶凝材料按硬化条件又分为水硬性胶凝材料和非水硬性胶凝材料两种。非水硬性胶凝材料拌水后只能在空气中硬化而不能在水中硬化，如石灰、石膏等；而水硬性胶凝材料拌水后既能在空气中硬化又能在水中硬化。

胶凝材料的发展史，可追溯到人类史前时期。它先后经历了天然产出的黏土、石膏-石灰、石灰-火山灰及人工配料制得水硬性胶凝材料等各个阶段。古埃及人采用尼罗河的泥浆砌筑未经煅烧的土砖。为了增加强度和减少收缩，在泥浆中还掺入砂子和草。大约在公元前3000—前2000年间，古埃及人开始采用煅烧石膏作建筑胶凝材料，古埃及金字塔的建造中使用了煅烧石膏。

古希腊人与古埃及人不同，在建筑中所用胶凝材料是将石灰石经煅烧后制得的石灰。公元前146年，罗马帝国吞并古希腊，同时继承了古希腊人生产和使用石灰的传统。罗马人使用石灰的方法是先将石灰加水消解，与砂子混合成砂浆，然后用此砂浆砌筑建筑物。采用石灰砂浆建成的古罗马建筑，其中有些非常坚固，甚至保留到现在。

古罗马人对石灰使用工艺进行过改进，在石灰中不仅掺砂子，还掺磨细的火山灰，在没有火山灰的地区，则掺入与火山灰具有同样效果的磨细碎砖。这种砂浆在强度和耐水性方面较“石灰-砂子”的二组分砂浆都有很大改善，用其砌筑的普通建筑和水中建筑都较耐久。有人将“石灰-火山灰-砂子”三组分砂浆称为“罗马砂浆”。

中国建筑胶凝材料的发展有着自己特有的一个很长的历史过程。早在公元前5000—前3000年的新石器时代的仰韶文化时期，就有人用“白灰面”涂抹山洞、地穴的地面和四壁，使其变得光滑和坚硬。“白灰面”因呈白色粉末状而得名，它由天然姜石磨细而成。姜石是一种二氧化硅含量较高的石灰石块，常夹杂在黄土中，是黄土中的钙质结核。“白灰面”是至今被发现的中国古代最早的建筑胶凝材料。

公元前16世纪的商代，地穴建筑迅速向木结构建筑发展，此时除继续用“白灰面”抹地以外，开始采用黄泥浆砌筑土坯墙。在公元前403—前221年的战国时代，出现用草拌黄泥浆筑墙，还用它在土墙上衬砌墙面砖。在中国建筑史上，“白灰面”很早就被淘汰，而黄泥浆和草拌黄泥浆作为胶凝材料则一直沿用到近代社会。

公元前7世纪的周朝出现了石灰，周朝的石灰是用大蛤的外壳烧制而成。蛤壳主要成分是碳酸钙，将它煅烧到碳酸气全部逸出即成石灰。在周朝就已发现它具有良好的吸湿防潮性能和胶凝性能，在中国历史上流传了很长时间。

在公元5世纪的中国南北朝时期，出现了一种名叫“三合土”的建筑材料，它由石灰、黏土和细砂所组成。到明代，有石灰、陶粉和碎石组成的“三合土”。在清代，除石灰、黏土和细砂组成的“三合土”外，还有石灰、炉渣与砂子组成的“三合土”。以现代人眼光看，“三合土”也就是以石灰与黄土或其他火山灰质材料作胶凝材料，以细砂、碎石或炉渣作填料的混凝土。“三合土”与古罗马的三组分砂浆，即“罗马砂浆”有许多类似之处。“三合土”经夯实后不仅具有较高的强度，还有较好的防水性，在清代还将它用于夯筑水坝。

中国古代建筑胶凝材料发展中一个鲜明的特点是采用石灰掺有机物的胶凝材料，如“石灰-糯米”“石灰-桐油”“石灰-血料”“石灰-白芨”和“石灰-糯米-明矾”等。另外，在使用“三合土”时，掺入糯米和血料等有机物。

中国古代建筑胶凝材料发展的进程，是从“白灰面”和黄泥浆起步，发展到石灰和“三合土”，进而发展到石灰掺有机物的胶凝材料。中国古代建筑胶凝材料有过自己辉煌的历史，在与西方古代建筑胶凝材料基本同步发展的过程中，由于广泛采用石灰与有机物相结合的胶凝材料而显得略高一筹。

1.2.2 水泥的发明

现代水泥的发明有一个渐进的过程，并不是一蹴而就的。18世纪中叶，英国航海业已较发达，但船只触礁和撞滩等海难事故频繁发生。为避免海难事故，采用灯塔进行导航。当时英国建造灯塔的材料有两种：木材和“罗马砂浆”。然而，木材易燃，遇海水易腐烂；“罗马砂浆”虽然有一定耐水性能，但尚经不住海水的侵蚀和冲刷。由于材料在海水中不耐久，所以灯塔经常损坏，船只无法安全航行，迅速发展的航运业遇到重大障碍。为解决航运安全问题，寻找抗海水侵蚀材料和建造耐久的灯塔成为18世纪50年代英国经济发展中的当务之急。对此，英国国会不惜重金，礼聘人才。被尊称为英国土木之父的工程师史密顿(J. Smeaton)应聘承担建设灯塔的任务。

1756年，史密顿在建造灯塔的过程中，研究了“石灰-火山灰-砂子”三组分砂浆中不同石灰石对砂浆性能的影响，发现含有黏土的石灰石，经煅烧和细磨处理后，加水制成的砂浆能慢慢硬化，在海水中的强度较“罗马砂浆”高得多，能耐海水的冲刷。史密顿使用砂浆建造了举世闻名的普利茅斯(Plymouth)港的漩岩(Eddystone)大灯塔。

用含黏土、石灰石制成的石灰被称为水硬性石灰。史密顿的这一发现是水泥发明过程中知识积累的一大飞跃，不仅对英国航海业做出了贡献，也对“波特兰水泥”的发明起到了重要作用。然而，史密顿研究成功的水硬性石灰，并未获得广泛应用，当时大量使用的仍是由石灰、火山灰和砂子组成的“罗马砂浆”。

1796 年，英国人派克(J. Parker)将被称为 Sepa Tria 的黏土质石灰岩，磨细后制成料球，在高于石灰烧制温度的高温下煅烧，然后磨细制成水泥。派克称这种水泥为“罗马水泥”(Roman Cement)，并取得了该水泥的专利权。“罗马水泥”凝结较快，可用于与水接触的工程，在英国曾得到广泛应用，一直沿用到被“波特兰水泥”所取代。

差不多在“罗马水泥”产生的同时期，法国人采用布洛格(Boulogne)地区的化学成分接近现代水泥成分的泥灰岩也制造出了水泥。这种与现代水泥化学成分接近的天然泥灰岩被称为水泥灰岩，用此灰岩制成的水泥则称为天然水泥。美国人用罗森代尔(Rosendale)和路易斯维尔(Louisville)地区的水泥灰岩也制成了天然水泥。在 19 世纪 80 年代及以后的很长一段时间里，天然水泥在美国得到广泛应用，在建筑业中曾占据很重要的地位。

英国人福斯特(J. Foster)是一位致力于水泥研究的学者。他将白垩和黏土按 2∶1 的质量比混合后加水湿磨成泥浆，送入料槽进行沉淀，置沉淀物于大气中干燥，然后放入石灰窑中煅烧，温度以二氧化碳完全挥发为准，烧成产品呈浅黄色，冷却后细磨成水泥。福斯特称该水泥为“英国水泥”(British Cement)，于 1822 年 10 月 22 日获得英国第 4679 号专利。

“英国水泥”由于煅烧温度较低，其质量明显不及“罗马水泥”，所以售价较低，销售量不大。这种水泥虽然未能被大量推广，但其制造方法已是近代水泥制造的雏形，是水泥知识积累中的又一次重大飞跃。

1824 年 10 月 21 日，英国利兹(Leeds)城的泥水匠阿斯普丁(J. Aspdin)获得英国第 5022 号的“波特兰水泥”(硅酸盐水泥)专利证书，从而一举成为流芳百世的水泥发明人。他的专利证书上叙述的“波特兰水泥”制造方法是:“把石灰石捣成细粉，配合一定量黏土，掺水后以人工或机械搅和均匀成泥浆。置泥浆于盘上，加热干燥。将干料打击成块，然后装入石灰窑煅烧，烧至石灰石内碳酸气全部逸出。煅烧后的烧块再将其冷却和打碎磨细，制成水泥。使用水泥时加入少量水分，拌和成适当稠度的砂浆，可应用于各种不同的工作场合。”该水泥水化硬化后的颜色类似英国波特兰地区建筑用石料的颜色，所以被称为“波特兰水泥”。

阿斯普丁专利证书上所叙述的“波特兰水泥”制造方法，与福斯特的“英国水泥”并无根本差别，煅烧温度都是以物料中二氧化碳完全挥发为准。根据水泥生产一般常识，在该温度条件下制成的“波特兰水泥”，其质量不可能优于“英国水泥”。然而在市场上“波特兰水泥”的竞争力强于“英国水泥”。1838 年，重建泰晤士河隧道工程时，“波特兰水泥”价格比“英国水泥”要高很多，但业主还是选用了“波特兰水泥”。很明显，阿斯普丁出于保密原因在专利证书上并未把“波特兰水泥”生产技术都写出来，他实际掌握的水泥生产知识比专利证书上表明的要多。阿斯普丁在工厂生产中一定采用过较高煅烧温度，否则水泥硬化后不会具有波特兰地区石料那样的颜色，其产品也不可能有那样强的竞争力。不过，根据专利证书所载内容和有关资料，阿斯普丁未能掌握“波特兰水泥”确切的烧成温度和正确的原料配比，因此他的工厂生产出的产品质量很不稳定，甚至造成有些建筑物因水泥质量问题而倒塌。

在英国，与阿斯普丁同一时代的另一位水泥研究天才是强生(I. C. Johnson)。他当时是英国天鹅谷怀特公司经理，专门制造“罗马水泥”和“英国水泥”。1845 年，强生在一次偶然的实验中发现，煅烧到含有一定数量玻璃体的水泥烧块，经磨细后具有非常好的水硬性。另外还发现，在烧成物中含有石灰会使水泥硬化后开裂。根据这些意外的发现，强生确定了水泥制造的两个基本条件:第一是烧窑的温度必须高到足以使烧块含一定量玻璃体并呈黑绿色;第二是原料比例必须正确且固定，烧成物内部不能含过量石灰，水泥硬化后不能开裂。这些条件确保了“波特兰水泥”的质量，解决了阿斯普丁无法解决的质量不稳定问题。从此，现代水泥生产的基本参数被确定了下来。

1.3　水泥工业的发展概况

1.3.1　世界水泥工业的发展概况

自 1824 年水泥诞生并实际应用以来，水泥工业已历经多次变革，工艺和设备不断改进，品种不断增多，产量不断扩大，管理水平与质量不断提高。

人类最早是利用瓶窑（bottle kiln）煅烧水泥熟料的，此窑形状像瓶子，因此而得名。瓶窑的剖面和外形如图 1.1 所示。

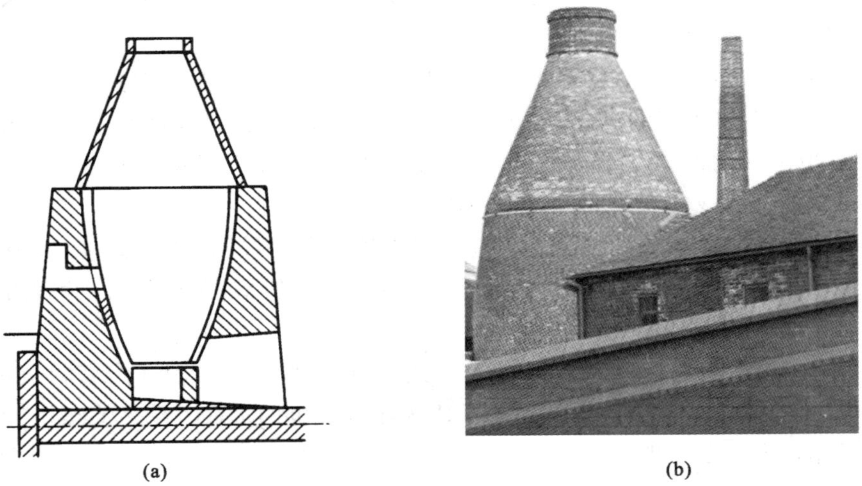

图 1.1　瓶窑的剖面图和外形图

(a) 剖面图；(b) 外形图

1872 年强生（I. C. Johnson）在瓶窑的基础上，发明了专门用于烧制水泥的仓窑，并获得专利。仓窑由一个竖着的瓶窑和一个横向的长仓组成，其剖面和外形如图 1.2 所示。长仓用作料块的烘干和预烧，瓶窑则用作烧成。生料块先被装入长仓，在这里进行烘干和预烧，然后将预烧过的料块按一层煤炭、一层料块依次装入瓶窑。来自瓶窑的热气流依靠烟囱吸力而进入长仓，在此与堆放的料块进行热交换，气温显著降低，然后通过烟囱逸入大气。

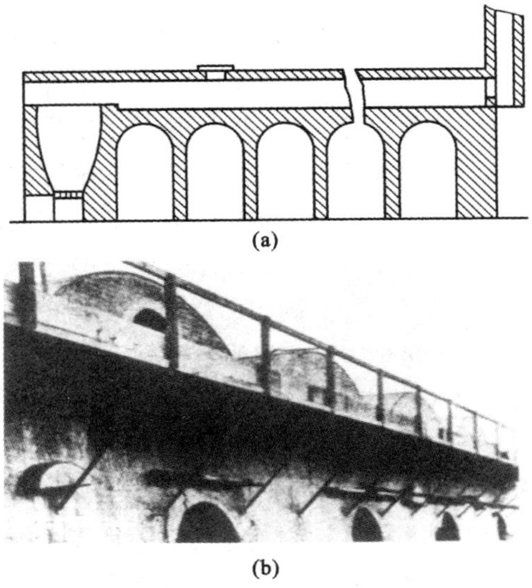

图 1.2　仓窑的剖面图和外形图

(a) 剖面图；(b) 外形图

1884 年，在德国，狄兹赫（Dietzsch）发明了立窑，并取得了专利权。立窑与仓窑的最大区别在于窑内的烧成过程，后者沿水平方向进行，前者则沿垂直方向完成。狄兹赫发明的窑型是以两个竖直的立窑为一组，两窑背向而立，如图 1.3(a) 所示。生产流程是先将生料制成料块，然后将料块由喂料门 A 投入，落在加热室 C 内，在此干燥和预热到适当温度后，经火门 E 用铁耙将它从加热室 C 耙到煅烧室 F，同时从火门 H 喂入燃料，在煅烧室内完成煅烧过程，烧成的料块经冷却室 H 卸出。燃烧用空气由冷却室 H 吸入，通过烧成的料块时一方面冷却熟料，另一方面使自己加热,预热的空气在煅烧室进行助燃后经加热室逸入大气。

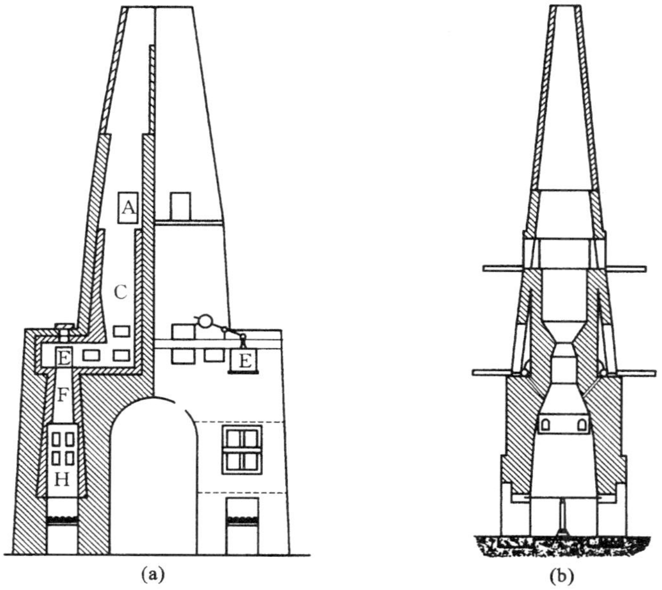

图 1.3 立窑

(a) 狄兹赫立窑;(b) 史柯佛立窑

A—喂料门;C—加热室;E—火门;F—煅烧室;H—冷却室

在烧成过程中,立窑比仓窑多了一个料块的冷却过程,即除了有加热室和煅烧室外,还有冷却室。显然,立窑比仓窑先进。不过,该种窑型仍然属于人工间隙生产,从窑内卸出的料块仍须挑选,拣出的烧成料块供制造水泥,欠烧的料块返回立窑重新煅烧。

丹麦人史柯佛(Schoefer)对立窑进行过多次改进。当时人们将狄兹赫(Dietzsch)发明的立窑称为狄兹赫立窑,将史柯佛改进的立窑称为史柯佛立窑,如图 1.3(b)所示。该窑的主要改进之处是不必使用铁耙将料块耙入煅烧室,而是一层料块、一层煤炭间隔装入,物料靠自重自上而下移动,经烧成和冷却后卸出,操作更为简便,热能利用得更好。

英国首先在立窑上采用机械通风。在烟囱口安装一台排风机,用机械力从窑内抽出气体并将它排入大气,从而增强窑内通风,加速热能交换,改善截面温度的均匀性,使立窑产量和产品质量大大提高。机械通风的发明是立窑技术的一次飞跃,它对之后水泥生产技术的进步产生了巨大影响。

1913 年前后,德国开始在立窑上采用移动式炉箅子(movable grate),使熟料自动卸出,同时进一步改善通风。这标志着立窑由人工间隙式作业过渡到机械化连续生产,是立窑技术的又一次飞跃。后来,德国又完成了立窑喂料的机械化,用成球筒将生料制成料球,用撒料器将料球均匀撒入窑内,使立窑的机械化生产更加完善。

在中国,人工间隙作业的立窑称为普通立窑(图 1.4),机械化连续生产的立窑称为机立窑。机立窑与普通立窑相比,能显著降低劳动强度,大幅度提高产量,使产品质量得到很大改善。

普通立窑是机立窑的雏形,经过近三十年的不断创新,它才完成了向机立窑的过渡。机立窑当时盛行于德国,后又传到世界各国,在水泥技术史上曾是一代普遍采用的窑

图 1.4 普通立窑

型。机立窑在水泥生产上占统治地位的时间并不长，后来很快被其他窑型所取代。然而，由于它具有投资小、建设快等优点，在欧洲大陆到 20 世纪 80 年代才销声匿迹。在一些发展中国家，特别是在中国，机立窑得到了蓬勃发展，对我国的基本建设和经济起飞立下了汗马功劳，它从 20 世纪 70 年代开始大力发展，机立窑水泥的产量曾一度占我国水泥总产量的 85%以上，一直延续到 21 世纪初才基本被淘汰，图 1.5 为年产 8.8 万 t 机立窑水泥生产线和煅烧示意图。

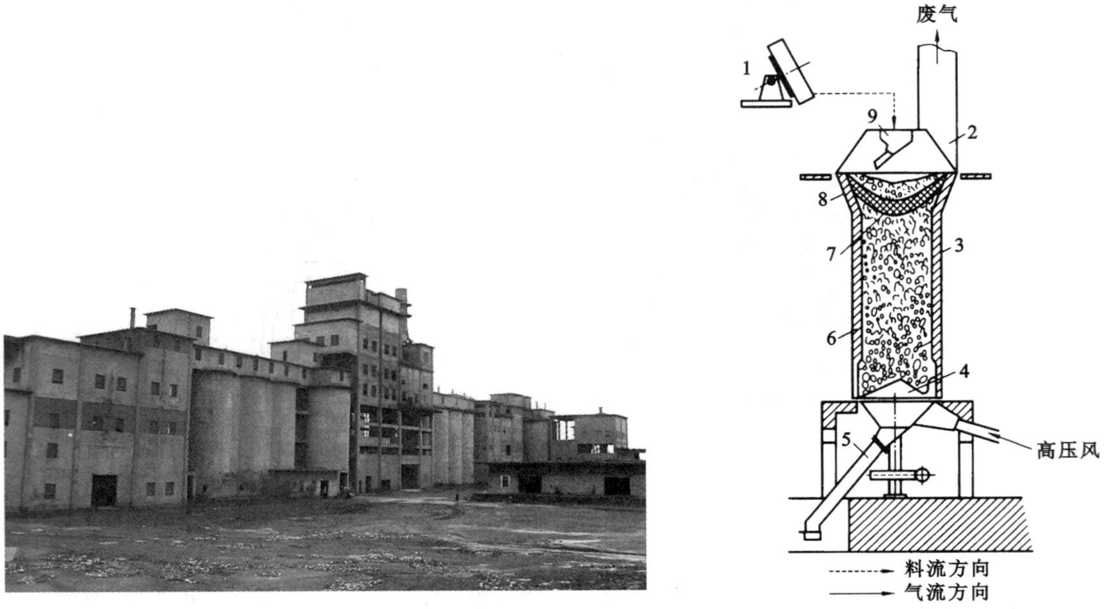

(a)　　(b)

图 1.5　机立窑

(a) 年产 8.8 万 t 机立窑水泥生产线；(b) 机立窑煅烧示意图

1—成球盘；2—窑罩及烟囱；3—窑体；4—卸料装置；5—卸料密封装置；6—冷却带；7—烧成带；8—预烧带；9—加料装置

1895 年，美国工程师亨利(Hurry)和西蒙(Seaman)在兰松(F. Ransome)和史杜克斯(S. Stokes)等人工作的基础上，设计出了自己的回转窑系统，如图 1.6 所示。该系统包括三个旋转筒，在第一个筒内进行干燥、预热和烧成等过程，在第二、第三个筒内分别进行熟料初冷和终冷。进行初冷的冷却筒内镶有耐火材料，进行终冷的冷却筒内装有扬料板。生料由下料管 m 喂入回转窑 A，烧成的熟料经溜槽 D 流入第一个冷却筒 F，初冷的熟料进入破碎机 G，破碎后的熟料落入第二个冷却筒 H 进行

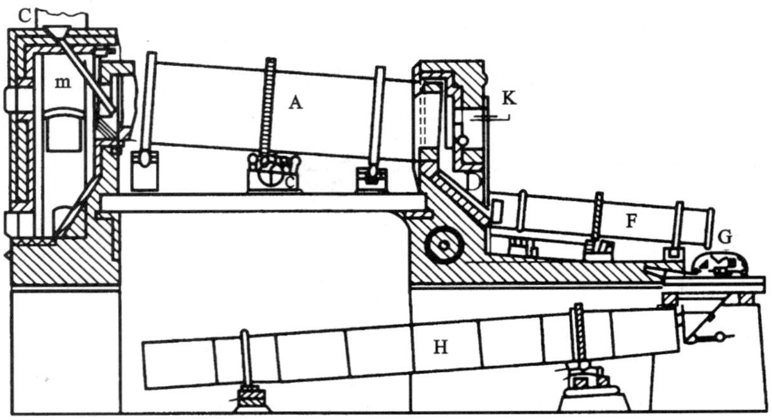

图 1.6　世界首次试验成功的水泥回转窑

m—下料管；A—回转窑；D—溜槽；F—冷却筒；G—破碎机；H—冷却筒；C—烟囱；K—喷管

终冷。燃料由喷管 K 喷入,废气由烟囱 C 排入大气。

亨利和西蒙在试验中采用美国 Lehigh 地区的水泥岩作原料,以重油作燃料,取得了良好效果,回转窑运转时间大大延长,水泥熟料的品质优良而稳定,试验获得成功。

干法中空回转窑生产方法虽较立窑生产方法有很多优点,但也有突出缺点,主要是从窑尾排出的废气温度很高,热利用率低。所以,我国在发明干法中空回转窑之后,接着在降低热耗方面不断对其进行开发研究。

干法中空回转窑窑尾废气温度高达 800～900 ℃,将其排入大气,热损失很大,实属严重浪费。1897 年,德国人贝赫门(I. A. Bachman)博士发明了余热锅炉窑。在干法中空窑尾部设置一个锅炉,窑尾排出的废气对锅炉进行加热,所产生的蒸汽用于发电,如图 1.7 所示。余热锅炉窑在生产水泥熟料的同时生产电力,发电量达 120～150(kW·h)/t 熟料,此时热耗为 4.18×(1600～1700) kJ/kg 熟料,回收用于发电的热能为其中的 4.18×500 kJ/kg 熟料。

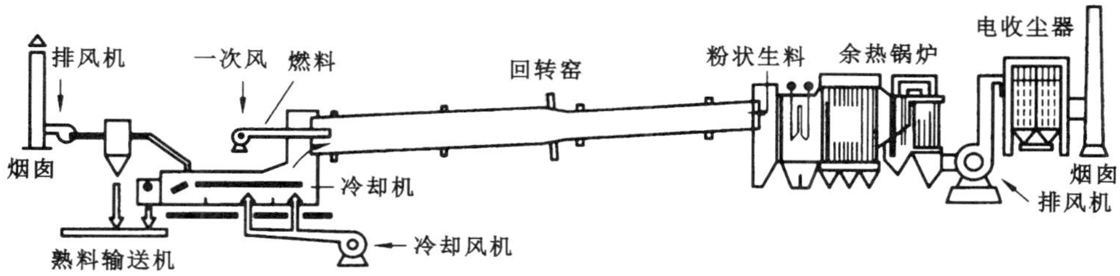

图 1.7 中空干法窑余热发电工艺流程

20 世纪 20 年代,德国人立雷帕(Lellep)博士提出了将干法中空窑的干燥和预热过程移到窑外回转箅式加热机上来完成的设想,如图 1.8 所示。先将干料粉在回转式成球筒内制成料球,然后喂入加热机,物料在转动的加热机上一边被干燥和预热,一边被慢慢送入回转窑。从回转窑出来的高温气体通过箅式加热机上的料层时与物料进行热交换,温度降低,最后由排风机排入大气。

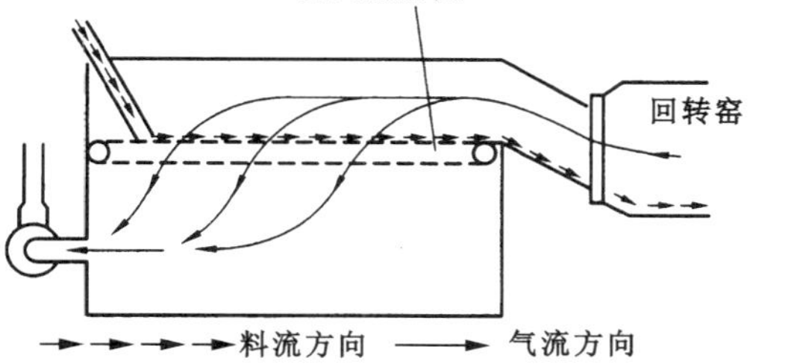

图 1.8 立波尔窑料流与气流示意图

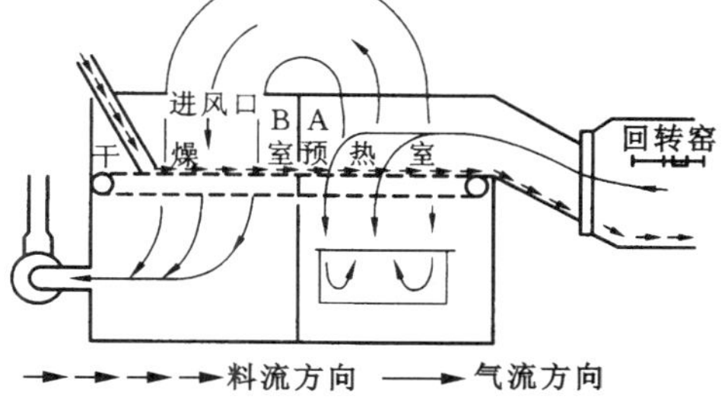

图 1.9 二次通过立波尔窑料流与气流示意图

1928 年,立雷帕博士与德国水泥机械公司伯力鸠斯(Polysius)合作,制造出窑尾带回转箅式加热机的干法回转窑。这种窑型人们称它为“Lepol”窑,其名称是由 Lellep 的 Le 和 Polysius 的 Pol 两者合并而成。在中国,该窑型称为立波尔窑。第二次世界大战末,立雷帕博士移居美国,他始终感到与伯力鸠斯公司合作制造的立波尔窑尚不尽如人意。刚入窑的带 10%～12%水分的料球,骤然遇到灼热的气体后经常发生爆裂,使加热机通风恶化,影响整个窑系统的操作。为解决这一问题,立雷帕博士与美国的爱立斯·强默(Allis-Chalmers)公司合作,开发出新一代的立波尔窑,如图 1.9 所示,该窑的加热机被分成相互隔开的两个室,即干燥室 B 和预热室 A。从回转窑尾部出来的高温气体先通过 A 室料层,温度下降,然后再通过 B 室料层,最后排入大气。这样,刚入窑的冷料球遇到较低温度的气体,不易产生爆裂,使窑系统内保持通风良好,从而提高熟料的产量和质量。在中国,新一代的立波尔窑被称为二次通过立波尔窑,老的立波尔窑被称为一次通过立波尔窑。

立波尔窑是水泥干法回转窑发展过程中的最终窑型，曾一度盛行于世界各国，直到 20 世纪 60 年代才开始被新的窑型所取代，其生产流程如图 1.10 所示。

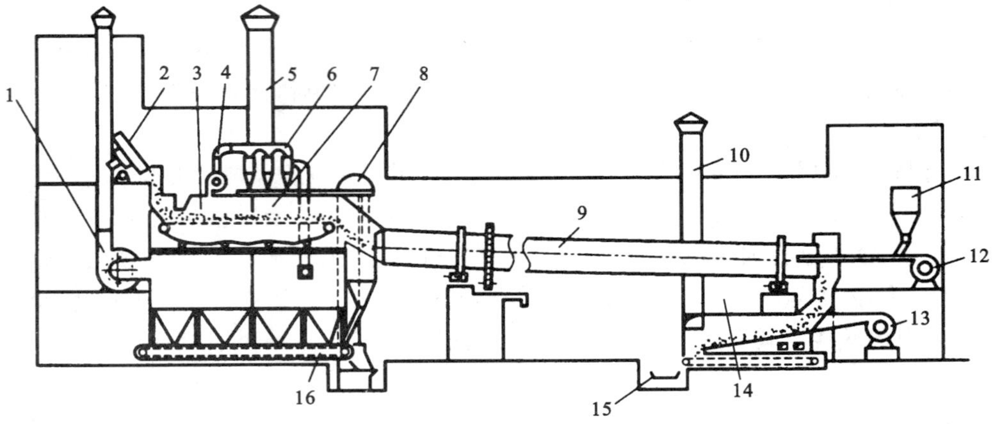

图 1.10　立波尔窑生产工艺流程

1，4—排风机；2—成球机；3—炉箅子；5—烟囱；6—旋风收尘器；7—隔板；8—提升机；9—窑；10—冷却机烟囱；11—煤仓；12—一次鼓风机；13—冷却风机；14—冷却机；15—熟料输送机；16—输送机

干法中空回转窑不仅热利用率低，而且不适用于湿原料。客观需要催生出湿法回转窑生产技术。最初的湿法回转窑人们称它为普通湿法窑，其直径较小，一般为 2～3 m，长度也较短，长径比一般为 30 左右。为了提高热利用率，出现了料浆蒸发机湿法窑和湿法长窑。料浆蒸发机湿法窑是在回转窑冷端外设置一个料浆蒸发机，蒸发机内装有增大蒸发面积的瓷圈填充物，蒸发机与窑一样不停地旋转。生料浆喂入蒸发机，在这里烘干成干粉后进入回转窑。从回转窑出来的高温气体，经过蒸发机时将料浆烘干，同时将带出的粉尘滤掉，然后排入大气。带蒸发机的湿法回转窑，其长径比一般在 20 左右。湿法长窑的直径一般在 3～5 m，长径比大于 30，在窑冷端设置链条带，以增大料浆蒸发面积和挡住粉尘。

湿法长窑在 20 世纪四五十年代曾盛极一时，一些能源丰富的国家，在发展水泥生产时，采用这种窑型几乎成为唯一的选择。那时在工业发达国家盛行的湿法长窑，其直径都为 4～5 m，长径比为 30～40，最大的湿法窑达到 ϕ7.6/6.4/6.9 m×231 m，日产熟料 3400 t。湿法长窑是湿法回转窑的最终窑型，有过辉煌的历史，从 20 世纪 60 年代起，与立波尔窑一样，也逐步被更先进的窑型取代，其生产流程如图 1.11 所示。

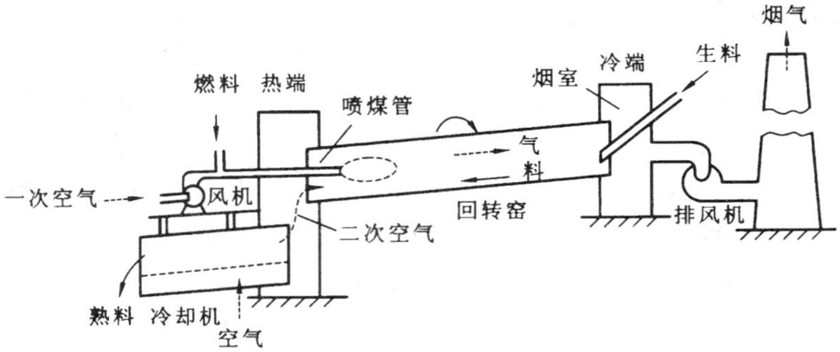

图 1.11　湿法回转窑煅烧系统的基本流程

水泥生产技术在克服干、湿法缺点和发扬干、湿法优点的过程中，不断取得进步。1950 年，悬浮预热器窑的发明与应用使熟料热耗大幅度降低，与此同时，熟料的冷却设备也有了很大的发展，其他的水泥制造设备也不断更新换代。20 世纪 60 年代初，日本将德国的悬浮预热器窑技术引进

后，于 1971 年开发了水泥窑外分解技术，从而揭开了现代水泥工业的新篇章，并且在世界范围内很快地出现了各具特点的预分解窑，形成了新型干法水泥生产技术。图 1.12 所示为预分解窑水泥生产线。

图 1.12 预分解窑水泥生产线

随着原料预均化、生料均化、高功能破碎与粉磨、环境保护技术和 X 射线荧光分析等在线检测方法的配套发展、逐步完善，加上计算机、自动化控制仪表和网络信息等技术的广泛应用，采用新型干法水泥生产技术生产的熟料质量明显提高，能耗明显下降，生产规模不断扩大。水泥生产技术已全面淘汰湿法、老式干法和立窑等生产工艺，已全面采用新型干法水泥生产技术，并具有如下特征：

(1) 生产规模大型化

新型干法水泥生产技术为提高水泥设备的单机能力和功能创造了可能性，而追求高效率、高性能、低成本促进了水泥生产装备大型化的进程。水泥生产线建设规模 20 世纪 70 年代为 1000～3000 t/d，80 年代为 3000～5000 t/d，90 年代达到 4000～10000 t/d，目前 5000 t/d 以上生产线已成主流，最大生产规模已达 15000 t/d。

随着单机生产线能力的提升，年产数百万吨乃至千万吨的水泥厂开始形成，大型水泥集团的生产能力也达到年产数千万吨到 1 亿 t 以上。

(2) 生产与管理信息化

水泥生产和管理主要的创新是运用信息技术，开发各种工艺过程的专家系统和数字神经网络系统，实现远程诊断和操作，保证水泥生产稳定和良好的质量。另外，进行科学管理和商务活动是近年来国外水泥工业在信息化、自动化、网络化、智能化领域中所进行的另一方面主要工作，因此，现代水泥生产企业的生产与管理达到了前所未有的水平。

(3) 生产工艺节能化

现代立磨、辊压机和辊筒磨三种新型挤压粉磨装置显示出巨大的节能潜力，在粉磨技术方面比传统的磨机显示出更大的优越性。在生料粉磨中采用带磨外循环的立磨已成为首选方案，在水泥粉磨工艺中采用料间挤压粉磨设备取代球磨机已经成为一种趋势，而与之配套的各种高效节能的新型选粉机使生产效率提高，系统电耗进一步降低。纯低温余热发电和改进型分解炉、新型多通道燃烧器及第四代箅式冷却机实现了高效冷却和高效热回收，熟料热耗进一步降低。

（4）水泥生产环境协调化

自20世纪70年代开始，一些水泥公司已研究和推进废弃物替代自然资源的工作。随着科学技术的发展和人们环保意识的增强，可持续发展的问题越来越得到重视，20世纪90年代中期在日本出现了Eco-Cement水泥厂，在水泥原料的配比中，城市垃圾焚烧灰和下水道污泥所占比率已接近50%。日本有一半水泥厂处理各种废弃物，2002年日本全国水泥厂的平均废弃物利用量每吨水泥在355 kg以上，欧洲的水泥公司每年要处理100多万吨有害废弃物。许多水泥厂还把可燃性废弃物作为替代燃料，用于水泥回转窑的煅烧。例如，瑞士HOLCIM水泥公司使用可燃废弃物代替燃料已达80%以上，美国大部分水泥厂利用可燃废弃物煅烧水泥，一般公司替代率也在10%～20%之间。此外，随之出现了用于处置废弃物的破碎机、分选机、燃烧器、专用燃烧炉、环境状态检测装置和仪器、防止二次污染技术，以及生态水泥混凝土性能的研究与开发热潮。

1.3.2 中国水泥工业的发展概况

中国最早的水泥厂是外资企业澳门的青洲英坭厂，建于1886年。唐山细绵土厂是中国最早的民族水泥企业，创建于1889年，比澳门的青洲英坭厂晚了3年，是中国人开办的第一个水泥厂。之后，又相继建成了大连、上海、广州等水泥厂，并根据英文Cement的音译将这些工厂的产品称为“细棉土”“士敏土”“水门汀”及“洋灰”等，最早使用“水泥”这一名称的是位于湖北省大冶县（今大冶市）黄石港明家嘴的“湖北水泥厂”，就是现在的华新水泥股份有限公司的前身，它于1909年5月2日建成投产，日产水泥180～200 t。

自1889—1937年的近50年间，我国水泥工业发展极其缓慢，最高水泥年产量仅114.4万t。这是我国水泥工业的萌芽及早期发展阶段。

抗日战争时期，先后建设了哈尔滨、本溪、小屯、抚顺、锦西、牡丹江、工源、琉璃河、重庆、辰溪、嘉华、昆明、贵阳、泰和等水泥厂，中华人民共和国成立前夕投产了华新、江南水泥厂。这些厂大多数是外国人一手操办的，设备来自国外，没有完整的建设水泥工业的机制，因连年战乱，许多水泥厂难以持续生产，水泥工业处于衰落期。1949年中华人民共和国成立时，水泥年总产量仅66万t，占当时总生产能力的16.3%，全国水泥工业处于奄奄一息的境地。

1949年中华人民共和国成立后，我国水泥工业进入了大发展阶段。20世纪50年代中期，我国就开始试制湿法回转窑和半干法立波尔窑生产线成套设备，迈出了我国水泥生产技术发展的重要一步。从20世纪50—60年代，我国依靠自己的科研设计力量进行了预热器窑的试验，先后新建、扩建了32个重点大中型的湿法或半干法立波尔窑生产企业，同期立窑小型水泥企业蓬勃发展。在20世纪70—80年代，我国自行开发的日产700 t、1000 t、1200 t、2000 t熟料的预分解窑生产线分别在新疆、江苏邳县、上海川沙、辽宁本溪和江西水泥厂投产；从1978年起，相继从国外引进了一批日产2000～4000 t熟料的预分解窑生产线成套设备，建成了冀东、宁国、柳州、云浮等大型厂，不仅改善了水泥生产结构，而且为我国工厂设计、管理与设备改造等方面提供了很好的借鉴，迅速提高了我国的新型干法技术水平。与此同时，我国的水泥品种已由中华人民共和国成立初期的3～4个发展到现在的近80个品种，其中特种水泥就有70多种，经常生产的品种有30种左右。水泥科技工作者结合中国经济建设各方面的需要，在水泥及制品的研究开发中取得了许多独具特色的重要成果。在煅烧、粉磨、熟料形成、水泥新矿物系列、水泥水化硬化、混合材料、外加剂、节能技术等有关的基础理论以及测试方法的研究和应用方面，也取得了较好的成绩。

值得一提的是，我国小型立窑企业在20世纪80年代和90年代期间，由于其投资省、建设快、适应中国经济高速发展的需要，而蓬勃发展起来，使中国水泥工业走上了一条独特的发展道路，其最大特色就是当时全国85%以上的水泥是由立窑水泥厂生产的，有的省份立窑水泥产量甚至占水泥总产量的95%以上，并且全国水泥生产厂家多达8600余家。

进入21世纪后，随着对立窑等落后产能采取“限制、淘汰、改造、提高”的方针，实施“由大变强”“靠新出强”的战略，我国水泥工业步入了一个新的发展时期。大批低端水泥产能被淘汰，国内水泥企业数量从2010年的5100家左右降至2019年的2400家左右，已全部淘汰了湿法回转窑、立波尔窑、干法中空窑、立窑等落后产能。从1986年起，我国水泥产量就一直稳居世界第一，2021年达到了23.8亿 t，约占世界水泥总产量的55%。

2000年以来我国历年水泥产量，如图1.13所示。

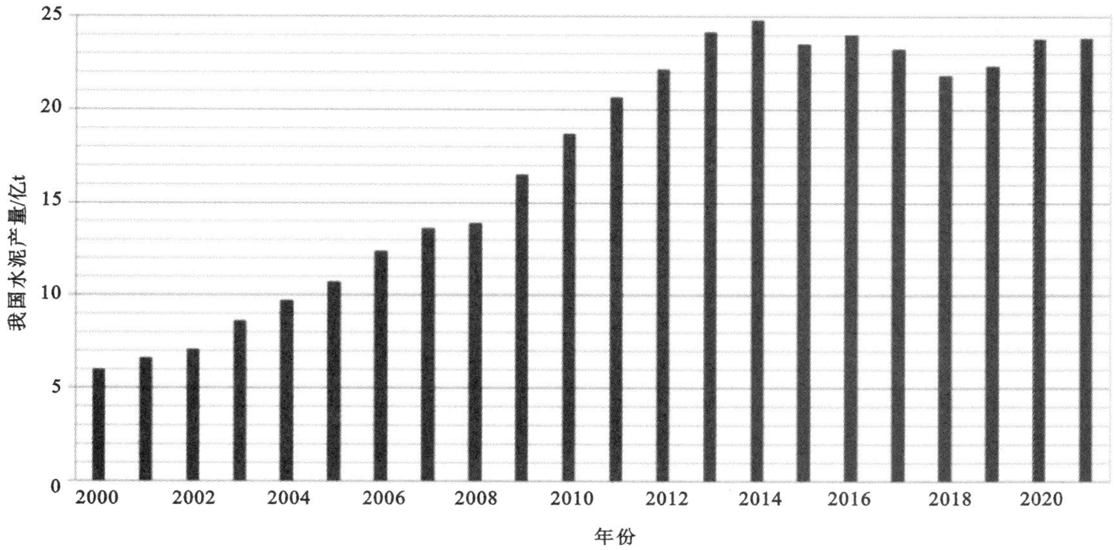

图1.13 2000年以来我国历年水泥产量

我国水泥工业能耗指标已达世界先进水平，平均可比熟料综合能耗小于114 kgce/t，水泥综合能耗小于93 kgce/t，几乎所有水泥熟料生产线都装备了余热发电和烟气脱硝装置。全球第一套水泥窑尾烟气 CO_2 捕集和利用装置在海螺水泥集团的芜湖白马山水泥厂投入商业运行，处置技术世界领先。截至2019年，全国已有20多个省份建成或正在推进建设水泥窑协同处置垃圾、污泥、危险废弃物等生产线150多条。

目前，我国已实现了所有水泥生产主机装备国产化，并大量出口国外市场，且造就了一批专业工程服务队伍，一年建成一座水泥厂的速度使国外同行望尘莫及，水泥生产装备和工程服务能力已达到了世界先进水平。近年来，我国水泥企业纷纷走出国门，在境外投资或承建水泥厂，国产新型干法水泥技术装备已占国际水泥工程市场份额70%以上，我国已经成为世界水泥生产大国，正向世界水泥生产强国迈进。

1.4 水泥在国民经济中的地位和作用

水泥是重要的建筑和工程材料。无论是在砂浆中还是在混凝土中，水泥都只是含量较少的一部分，但它起胶结作用，能将砂、石胶结在一起，形成人造石，且能在空气中和水中硬化，长期保持很高的强度，因而它广泛应用于民用建筑、交通、水利、农林、国防、海港、城乡建筑和宇航工业、核工业以及其他新型工业的建设等领域，它应用面广，使用量大，是国家建设和人民生活中不可缺少的重要材料。

水泥代替钢材、木材等的趋势有增无减。生产水泥虽然消耗较多能源，但水泥与砂、石等集料制成的混凝土则是一种低能耗型建筑材料。每吨混凝土消耗的能量仅为红砖的1/6，钢材的1/20，铝材的1/170。与普通钢铁相比，水泥制品不会生锈，也没有木材这类材料易于腐朽的缺点，更不会有塑料年久老化的问题，其耐久性好，维修工作量小，在代钢、代木方面，越来越显示出技术经济上的优越性。

水泥使各种特殊功能的建筑物和构筑物的出现成为现实。水泥与钢筋、砂、石等材料制成的钢筋混凝土、预应力钢筋混凝土远远超过钢筋或混凝土各自的性能，它坚固耐久，适应性强。它们的应用，才使高层建筑、超高层建筑、大跨度桥梁及建(构)筑物、巨型水坝、美丽多姿的公路、立交桥等特殊功能的建筑物、构筑物的出现成为可能，它对人们的日常生活和人类的文明产生了积极的影响。

水泥的应用已遍及工业和民用的各个方面并发挥了重要的作用，水泥工业是国民经济中不可忽视的一个产业。随着现代科学技术的发展，其他领域的新技术也必然会渗透到水泥工业中来，传统的水泥工业势必随着科学技术的迅猛发展而带来新的工艺变革和品种演变，应用领域也必将有新的开拓，故水泥在国民经济中将起到更为重要的作用。

1.5 水泥生产工艺流程

目前，国内外水泥生产基本上全部采用新型干法水泥生产工艺。新型干法水泥生产工艺，是以水泥窑外分解干法生产技术为核心，把现代科学技术和工业生产成就，如原料预均化、生料气力均化，新型烘干粉磨，各种新型耐热、耐磨、耐火材料，自动控制技术及各种节能技术广泛应用于水泥干法生产的全过程，使水泥生产实现高效、优质、低耗、符合环境要求和大型化、自动化。

近十年来，随着新型干法水泥生产工艺的进一步优化，环境负荷的进一步降低，以及各种替代原燃料及废弃物的降解、利用，水泥工业正在以新型干法水泥生产工艺为支柱，向生态环境材料型产业转型。水泥窑外分解干法生产的工艺流程，如图1.14所示。

图1.14中，石灰石进厂后，经过破碎成为碎石，进入石灰石预均化堆场预均化后，进入原料库。砂岩经汽车运输进厂，经破碎机破碎后进入原料库。铁粉经汽车运输进厂，直接进入原料库。石灰石、砂岩和铁粉按规定的配比经过配料计量后进入生料磨磨制成生料粉。粉磨后的生料粉进入生料均化库。均化后的生料经喂料计量后进入预热器、分解炉和回转窑进行熟料煅烧。烧成后的熟料进入冷却机冷却，经冷却后的熟料进入熟料库。石膏经汽车运输进厂，经破碎后入石膏库。粉煤灰经汽车运输进厂后直接入粉煤灰库。熟料经辊压机挤压后与石膏和粉煤灰一起按一定的比例进入水泥磨磨制成水泥。制成的水泥入水泥库储存，然后经包装出厂，或者汽车散装出厂，或者经装船机由散装水泥船出厂。煤进厂后入煤堆场进行均化，然后由煤磨粉磨制备成煤粉，供回转窑窑头和窑尾分解炉煅烧用。煤磨烘干所需的热气体来自冷却机。水泥熟料在煅烧过程中，通常会产生氮氧化物有害气体，一般都是利用脱硝装置在预热预分解系统内将其除去。窑尾预热器出来的高温废气进入余热锅炉进行余热发电后，一部分供生料磨烘干生料所用，另一部分经过增湿塔降温后，再经收尘器收尘后排放。冷却机冷却熟料后产生的高温气体，一部分作为二次风直接入窑帮助窑头煤粉燃烧，另一部分经三次风管输送到窑尾分解炉帮助煤粉燃烧，多余的气体经余热锅炉产生蒸汽发电后，供煤磨烘干或经窑头收尘系统排出。

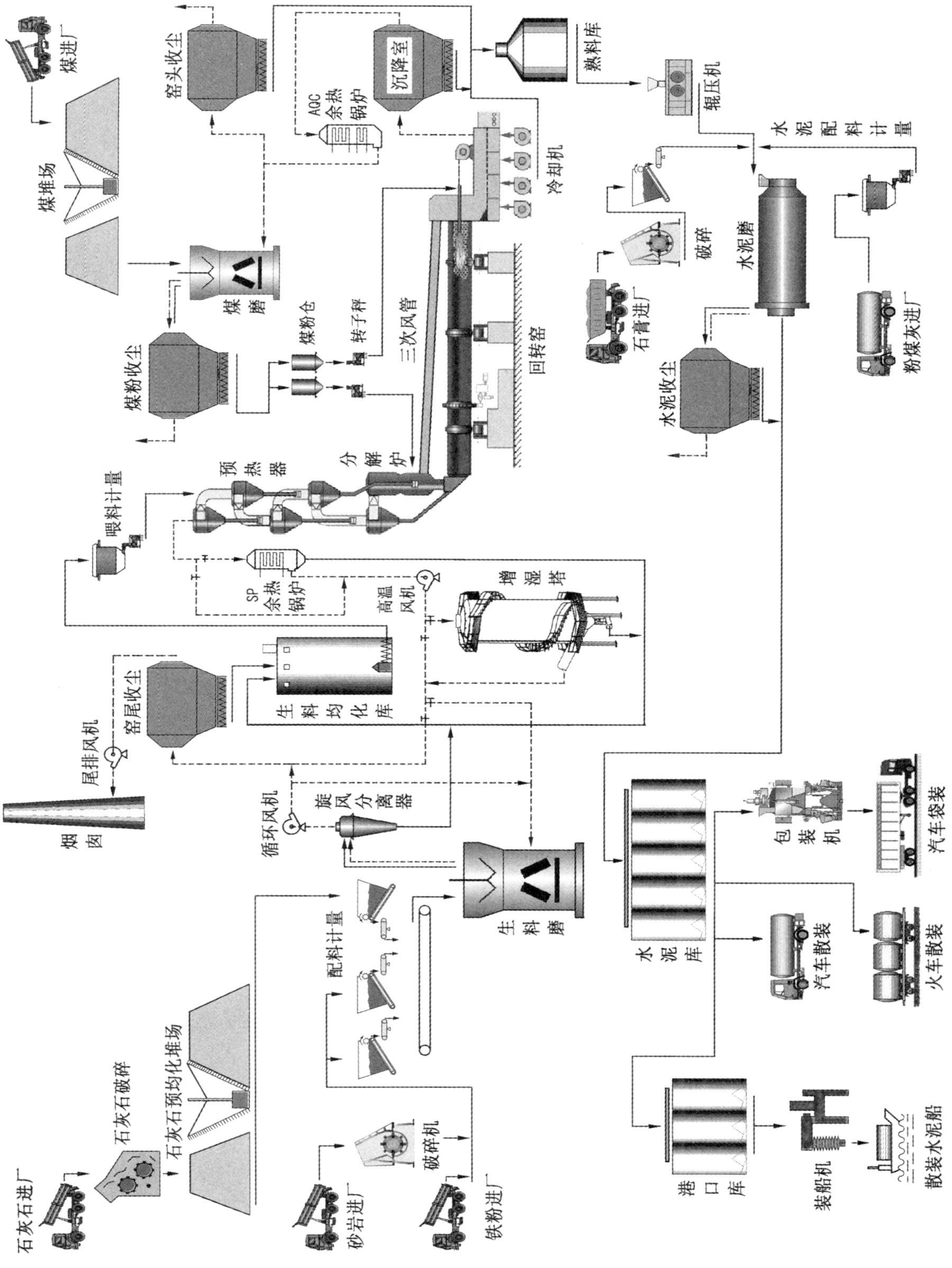

图1.14 水泥窑外分解干法生产工艺流程

习　　题

1.1　什么是水泥？水泥有哪些特点？

1.2　水泥如何分类？应用最广的水泥品种有哪些？

1.3　胶凝材料是如何发展及演变的？

1.4　水泥是如何被发明的？

1.5　水泥工业发展过程中出现过哪几种窑型？

1.6　水泥对国民经济发展有何促进作用？

1.7　请将图1.14水泥窑外分解干法生产工艺流程图转化成框图(文字、箭头和线段)形式。

2 硅酸盐水泥原料及破碎和预均化

2.1 原料

硅酸盐水泥的主要成分是钙、硅、铝、铁，主要有三种类型的原料：钙质原料（石灰岩）、硅铝质原料（黏土）和校正原料（硅、铝、铁质）。

2.1.1 钙质原料

钙质原料是生产硅酸盐水泥的主要原料，它主要提供 CaO。生产 1 t 硅酸盐水泥熟料约需 1.5 t 生料，其中约 1.2 t 为钙质原料。石灰质原料分为天然钙质原料和钙质工业废渣两大类。目前使用最多的还是自然界赋存量较大的石灰石。

2.1.1.1 天然钙质原料

常用的天然钙质原料有石灰岩、大理岩、泥灰岩、白垩等。我国大部分水泥厂使用石灰岩，也有少量厂家使用大理岩和泥灰岩。河南、陕西、四川等地有储量不多的白垩。

石灰岩是由化学与生物化学沉积而成，最纯级的石灰石为方解石和文石；一般石灰岩含有白云石[$CaMg(CO_3)_2$]、硅质（石英或燧石）和黏土等杂质。方解石属六方晶系，相对密度为 2.7；文石属斜方晶系，相对密度为 2.95；大理岩是粗粒状方解石的变种。

石灰石是石灰岩的一种天然石灰质原料，一般为细粒晶体结构的致密岩石；由于含有各种杂质，颜色常呈灰色、黑色、褐色等，最纯的石灰石为白色。石灰石硬度取决于地质年代，通常地质年代越久，石灰石越硬；石灰石的莫氏硬度为 1.8～3.0，相对密度为 2.6～2.8。用小刀可容易地刻出白色痕迹，具有贝壳状断口。

泥灰岩是介于石灰岩和黏土之间的岩石，它是主要由石灰质和黏土质物质组成的均匀混合物，在地质上泥灰岩是由碳酸钙和黏土物质同时沉积所形成的沉积岩。

白垩是由海洋生物（如贝壳、孔虫等）外壳堆积而成的沉积岩，其主要成分是细粒灰泥岩，有的含有少量生物残骸，一般矿量不大；它的颜色有白、浅黄、浅绿等；结构疏松，用手指即可将其捏碎，有的呈土状，易于粉磨；其 $CaCO_3$ 含量可达 90%。

石灰石的种类、成因对水泥制造工艺过程的矿石采掘、破碎、粉磨、煅烧等阶段有直接影响；诸如石灰石矿物形态、结晶度、颗粒尺寸、胶结介质、密实程度、杂质类型和矿物形态对生料粉磨物理加工、化学反应活性和烧结性能都有重大影响。

2.1.1.2 钙质工业废渣

综合利用钙质工业废渣，已经成为水泥工业的一项重大任务。电石渣、糖滤泥、碱渣等都可作为石灰质原料使用。

电石渣是化工厂乙炔发生车间水解电石排出的含水约 90% 的消石灰浆。1 t 电石约可产生 1.15 t干渣。电石渣由 80%以上 10～50 μm 的细颗粒组成。

制糖厂用碳酸法制糖的糖滤泥和制碱厂用氯碱法制碱的碱渣等主要成分都是碳酸钙，均可作为石灰质原料来生产硅酸盐水泥。

钙质原料化学成分如表 2.1 所示。

表 2.1 钙质原料化学成分 （质量分数,%）

矿石岩性	灼烧减量	SiO_2	Al_2O_3	Fe_2O_3	CaO	MgO	K_2O	Na_2O	SO_3	Cl^-	合计
石灰石	42.66	2.42	0.31	0.19	53.13	1.57	0.51	0.02	0.01	0.001	99.82
白云质石灰石	43.80	2.27	0.61	1.08	39.62	11.96	0.24	0.02	0.00	0.017	99.62
硅质条带灰岩	26.92	22.92	8.08	2.86	32.85	3.66	1.46	0.13	1.08	0.001	99.96
含泥质石灰石	41.40	4.02	1.41	0.59	47.97	3.69	0.74	0.03	0.12	0.017	99.99
粉砂质灰岩	37.88	12.50	0.96	0.85	46.00	0.88	0.20	0.10	0.28	0.010	99.66
砂质大理岩	25.34	35.49	3.28	1.48	32.59	0.82	0.49	0.43	0.00	0.002	99.92
大理岩	43.48	0.49	0.09	0.04	55.55	0.12	0.05	0.02	0.01	0.003	99.85
泥灰岩	26.08	29.05	5.21	2.88	30.60	1.79	1.09	0.57	0.50	0.240	98.01
白垩	36.37	12.22	3.26	1.40	45.84	0.81					99.90

2.1.2 硅铝质原料

KH 硅铝质原料是硅酸盐水泥熟料中酸性氧化物（SiO_2、Al_2O_3）的主要来源。硅铝质原料分为天然黏土和硅铝质工业废渣两大类。

2.1.2.1 天然黏土

天然黏土质原料主要有黄土、黏土、页岩、泥岩、粉砂岩、河泥、千枚岩、火山岩等。

黄土和黏土都是由花岗岩、玄武岩等风化分解后，再经迁移沉积而成，区别只是风化程度不同而已。黄土主要分布在华北、西北地区。黄土中的原生矿物主要是石英，其次是长石、白云母、方解石和石膏。含有的黏土矿物主要是伊利石，其次是蒙脱石和拜来石。碱主要由白云母、长石带入。主要化学成分是 SiO_2、Al_2O_3。黄土含细砂较多，硅率偏高，一般 $w(SiO_2)/[w(Al_2O_3)+w(Fe_2O_3)]=3.5\sim4.0$，$w(Al_2O_3)/w(Fe_2O_3)=2.5\sim2.8$。我国北方地区由于季节性和常年干旱的特点，其风化淋溶作用较浅，含碱量较高，一般 K_2O 和 Na_2O 的总含量 $w(K_2O+Na_2O)=3.5\%\sim4.0\%$，有的更高。黄土黏粒含量大多在 20%～40%之间。

黏土在我国分布地区较广，有东北地区的黑土、棕壤土，南方的红壤土和黄壤土，华北与西北地区的红土。由于各地自然条件不同，其矿物组成也有差异。

黑土和棕壤土中，黏土矿物主要是水云母和蒙脱石，含有的非黏土矿物主要是细分散的石英，其次是长石、方解石、云母等。SiO_2 含量较高，一般 $w(SiO_2)/[w(Al_2O_3)+w(Fe_2O_3)]=2.7\sim3.1$，$w(Al_2O_3)/w(Fe_2O_3)=2.6\sim2.9$。黑土一般碱含量 $w(K_2O+Na_2O)=4\%\sim5\%$，棕壤土一般在3.5%以下。

红壤土和黄壤土中含有的黏土矿物主要是高岭石，其次是伊利石、三水铝矿等。含有的非黏土矿物主要是石英、长石和赤铁矿等。它们的碱含量较少，硅率 $w(SiO_2)/[w(Al_2O_3)+w(Fe_2O_3)]=2.5\sim3.3$，铝率 $w(Al_2O_3)/w(Fe_2O_3)=2\sim3$。

红土中含有的黏土矿物主要是伊利石和高岭石，其次还含有一些长石、石英、方解石、白云母等非黏土矿物。它的 SiO_2 含量较低，Al_2O_3、Fe_2O_3 含量较高，硅率 $w(SiO_2)/[w(Al_2O_3)+w(Fe_2O_3)]=1.4\sim2.6$，铝率 $w(Al_2O_3)/w(Fe_2O_3)=2\sim5$。

千枚岩类原岩仍为黏土质、粉砂质和一部分中基性火山岩与火山碎屑经低温区域变质作用而形成。因属低温和较强应力的产物，故千枚岩石细密、常有良好的方向构造，发育成千枚状结构，是比板状岩石变质更深的一类岩石。在千枚岩的理面上常见丝绢光泽和微细的小皱纹。尽管原岩几乎全部重结晶，新生矿物甚多，但颗粒仍很细，平均粒径都在 0.1 mm 以下，故肉眼很难分辨。千枚岩中典型的矿物是绢云母、石英、钠长石、绿泥石等，后两种含量较低，副矿物有磁铁矿、金红石和电气石。千枚岩分布广泛，如辽东地区辽河群、秦岭的宽坪群、南方的板溪群、山西的滹沱群和昆阳群都有赋存。

页岩是黏土受地壳压力胶结而成的黏土岩石，层理明显，颜色不定，一般为灰色、褐色、黑色或绿色。化学成分与黏土相似，它的主导矿物是石英、长石、云母、方解石以及其他岩石碎屑。泥质页岩硅率低，细粒砂质页岩和砂岩与页岩互层的矿床硅率较高。

2.1.2.2　*硅铝质工业废渣*

硅铝质工业废渣包括热电厂粉煤灰、增钙渣及煤矿排出的煤矸石、炼铝厂赤泥、钢铁厂熔渣、矿渣等。这些工业废渣一般含硅量不足，需硅质校正原料与之配合使用。

黏土质原料化学成分如表 2.2 所示。

表 2.2　黏土质原料化学成分　（质量分数，%）

矿石岩性	灼烧减量	SiO_2	Al_2O_3	Fe_2O_3	CaO	MgO	K_2O	Na_2O	SO_3	Cl^-	合计
黄土	10.38	55.86	12.23	4.67	9.73	2.29	2.27	1.61	0.04	0.040	99.12
黑土	6.41	62.68	17.55	6.11	0.93	1.06	2.70	1.11	0.05	0.024	98.62
红土	8.42	49.83	23.29	12.71	0.28	0.73	1.69	0.07	0.05	0.002	97.07
黏土	5.12	69.79	14.01	5.92	0.51	0.95	1.90	0.66	0.01	0.005	98.87
亚黏土	7.28	63.38	13.35	5.12	4.71	0.63	2.37	1.60	0.15	0.003	98.59
千枚岩	5.14	63.68	17.79	7.76	0.14	0.61	3.49	0.20	0.03	0.003	98.84
砂页岩	6.08	65.81	14.97	7.41	1.49	1.14	2.00	0.46	0.63	0.009	99.99
粉砂岩	4.39	69.65	15.76	5.33	0.36	0.71	2.65	0.26	0.04	0.001	99.15
泥质粉砂岩	3.08	74.50	12.92	5.06	0.12	0.69	2.97	0.29	0.014	0.004	99.64
黑页岩	7.50	60.27	14.45	5.48	4.21	2.52	2.37	1.58	0.36	0.030	98.77
页岩	5.34	64.19	17.00	6.91	0.82	1.42	4.13	0.09	0.01	0.004	99.91
火山渣	−0.27	47.55	16.74	13.00	7.58	6.80	1.98	3.56	0.00	0.029	96.97

2.1.3　校正原料

当钙质原料与硅铝质原料配合不能得到符合要求的水泥生料成分时，要根据所缺少的组分，加入相应的校正原料。

2.1.3.1　*硅质校正原料*

硅质校正料主要有石英岩、砂岩、粉砂岩、河砂、砂质灰岩等。一般要求硅质校正料的 SiO_2 含量为 70%～90%，或 $w(SiO_2)/[w(Al_2O_3)+w(Fe_2O_3)]\geqslant 4$。找矿的主要方向是风化程度较高、结构疏松的硅质粉砂岩、砂岩、河砂等，然而经常遇到的却是硅石、石英砂岩、石英岩状砂岩等硬度较高的物料，磨蚀性很大、易磨性较差，会给生料粉磨和熟料煅烧带来困难。

部分硅质校正原料的化学成分如表 2.3 所示。

表 2.3　部分硅质校正原料化学成分　（质量分数，%）

矿石岩性	灼烧减量	SiO_2	Al_2O_3	Fe_2O_3	CaO	MgO	K_2O	Na_2O	SO_3	Cl^-	合计
石英砂岩	0.21	95.06	2.02	0.11	0.52	0.02	1.17	0.08	0.01	0.001	99.20
砂质大理岩	25.34	35.49	3.28	1.48	32.59	0.82	0.49	0.43	0.00	0.002	99.92
河砂	0.40	92.09	3.25	1.51	0.87	0.20	1.10	0.38			99.80
硅石	0.34	97.76	0.20	0.35	0.00	0.55	0.07	0.08	0.02	0.010	99.38
砂岩	1.58	82.37	8.72	2.39	0.84	0.70	2.14	0.33	0.10	0.020	99.19
脉石英	1.01	91.60	0.65	1.75	2.30	0.35	0.19	0.04			97.89

砂岩中的矿物主要是石英，其次是长石，结晶 SiO_2 对粉磨和煅烧都有不利影响，所以要尽可能少采用。河砂的石英结晶更为粗大，只有在无砂岩等矿源时才采用。最好采用风化砂岩或粉砂岩，其氧化硅含量不太低，但易于粉磨，对煅烧影响小。

2.1.3.2　铝质校正原料

当水泥生料中 Al_2O_3 含量不足时，须掺加铝质校正原料。常用的铝质校正原料有铝矾土、粉煤灰、陶土等含铝较高、含铁较少的硅铝质原料。

2.1.3.3　铁质校正原料

铁质校正原料主要有铁矿石(粉)、硫酸渣、铜矿渣等。部分铝、铁质校正原料化学成分见表 2.4。

表 2.4　部分铝、铁质校正原料化学成分　　(质量分数，%)

原料	灼烧减量	SiO_2	Al_2O_3	Fe_2O_3	CaO	MgO	K_2O	Na_2O	SO_3	Cl^-	合计	备注
铝矾土	13.54	36.07	39.79	9.38	0.20	0.32	0.08	0.07	0.00	0.002	99.45	铝质校正原料
陶土	7.63	62.68	21.69	3.20	0.49	1.13	2.62	0.12	0.00	0.004	99.56	
粉煤灰	4.16	57.12	22.83	7.90	3.33	1.64	1.90	0.22	0.38	0.002	99.48	
硫酸渣	0.62	23.50	4.03	59.80	4.52	2.29	1.10	0.03	2.70	0.001	98.59	铁质校正原料
铜矿渣	−6.07	33.64	4.33	50.00	10.06	1.91	0.64	0.34	2.29	0.009	97.14	
铁矿石	5.38	23.82	5.38	58.91	3.39	0.92	1.38	0.22	0.05	0.004	99.45	

2.1.4　原料中各组分的要求

2.1.4.1　CaO

水泥生料中 CaO 含量在 44.0%左右，原则上能配出合格生料的原料皆能用于水泥生产。自然界石灰石和黏土既独立存在又相互渗透，对于现代水泥工业，企业可拥有多种一定储量的、不同品位的石灰石待用，只要有一定数量 CaO 含量不低于 48.0%的石灰石作为生产水泥生料的高钙校正原料即可。

2.1.4.2　SiO_2

水泥生料中 SiO_2 含量约为 14%，一般的硅铝质原料往往满足不了配料要求，需要硅质校正原料。石灰石中有多种伴生矿物，硅是其中一种，在一定范围内是有益的，可对生料中的硅起到补充作用。但硅含量过高，则需要与优质石灰石搭配使用。

硅的赋存形式对生料的反应活性有很大的影响。CaO 在 SiO_2 晶格中的扩散速度比 SiO_2 在 CaO 晶格中的扩散速度要高 4～5 倍，因此，人们认为硅酸盐熟料矿物的形成主要是钙离子向 SiO_2 颗粒扩散的结果，所以含硅相常常被认为是影响生料反应能力的因素。石灰石中 SiO_2 的矿物形态主要为黏土、微粒石英、粗粒石英、燧石结核、蛋白石、玉髓等。均匀分布的微小石英颗粒与钙质在同一环境沉积形成岩石，分子间接触紧密，因颗粒细小，对易磨性影响不大，却有利于烧成。粗大的石英颗粒、燧石、玉髓、蛋白石等，一般以条带状或团块状赋存于石灰石中，对磨蚀性、易磨性影响较大，往往会影响破碎机和磨机选型。至于对易烧性的影响，不同类型 SiO_2 与 CaO 的反应能力按下列顺序递增：玉髓→蛋白石→α-方石英和磷石英→长石中的 SiO_2 →云母、角闪石中的 SiO_2 和黏土矿物中的 SiO_2 →粒状高炉矿渣中的 SiO_2。

2.1.4.3　Al_2O_3 和 Fe_2O_3

水泥生料中若 Al_2O_3 含量或 Fe_2O_3 含量不足，均可加校正原料进行补充。在生产中热、低热、抗硫酸盐、油井水泥时，应限制石灰石中 Al_2O_3 的含量；生产白水泥时一般要求石灰石中 Fe_2O_3 含量不高于 0.05%。

2.1.4.4　MgO

当石灰石中的 MgO 含量为 2.5%～3.5%时，水泥熟料中的 MgO 含量可高达 3.5%～4.5%，预分解窑煅烧时，则会出现结圈、结大球及熟料质量下降等现象。对预分解窑而言，MgO 含量过高是有害的，因此，应控制原料中的 MgO 含量。

此外，水泥熟料中的 MgO 含量过高，会引起水泥混凝土产生破坏性的镁膨胀。但世界各国对水泥熟料中 MgO 限量的标准不尽相同：比利时是 3%；法国、意大利、英国、墨西哥、新西兰等国为 4%；澳大利亚是 4.5%；德国、奥地利、加拿大、芬兰、挪威、荷兰、西班牙、希腊、俄罗斯、日本、阿根廷、智利等大部分国家为 5%；美国的某些州、中国、印度为 6%；巴西达 6.5%；哥伦比亚更高，达 7%。我国规定，熟料中 MgO 含量不得超过 6%，但当熟料中 MgO 含量超过 5%时，每天要做水泥压蒸安定性试验，要求试体线膨胀率小于 0.5%。

通常，水泥用石灰石的 MgO 限量标准为 3%，但当其他原料中 MgO 含量低，或有低 MgO 石灰石可搭配使用时，可适当放宽对石灰石中 MgO 含量的限制。

2.1.4.5　SO_3

在新型干法水泥生产过程中，生料中的有机硫、硫酸盐和硫化物，在加热过程中产生 SO_3，并随烟气后逸，部分 SO_3 与上级预热器、生料磨、收尘器中的 $CaCO_3$ 作用，生成 $CaSO_4$，部分 SO_3 随废气排入大气。经吸收的 $CaSO_4$ 入预热器系统再次循环，而排至大气中的废气的 SO_3 含量必须符合 GB 4915—2013《水泥工业大气污染物排放标准》规定的限制值。

预分解窑生产为减少硫酸盐结圈、结皮堵塞现象，需要限制各种原料中 SO_3 的含量。DZ/T 0213—2020《矿产地质勘查规范 石灰岩、水泥配料类》标准中，要求石灰质原料 SO_3 含量应不大于 0.5%，要求黏土质和硅质原料中 SO_3 含量应不大于 1.0%，燃料中的 SO_3 含量应小于 3.0%。但对具体的矿山，还应与企业使用的其他原燃料中 SO_3 含量综合确定，以使熟料 SO_3 含量不大于 1.5%，同时有一个适宜的硫碱比，即 $n(SO_3)/[n(K_2O)+n(Na_2O)]=0.5\sim1.0$。

2.1.4.6　K_2O 与 Na_2O

K_2O、Na_2O 含量高的水泥易与碱活性集料发生碱-集料反应而造成混凝土破坏性膨胀；熟料中 K_2O、Na_2O 含量高时，往往后期(28 d)强度降低，易出现急凝、安定性不合格等现象；在生产操作上易造成窑内结圈、预热器及窑尾结皮堵塞。为此，必须限制水泥原料中的碱含量。然而这一限量因生产方法、设备本身的适应性、水泥产品品种的不同而不同，世界各水泥公司对这个问题的认识也不尽相同。根据我国的实践，当熟料中$[w(K_2O)+w(Na_2O)]\geqslant1.5\%$时，熟料的物理性能开始显著恶化，并出现操作上的问题，如结皮、结圈等；世界上许多水泥工作者都认为熟料中碱含量的最大值为 1.0%～1.2%最佳。当熟料中碱的含量在限量边界波动时，应特别注意调整硫碱比，控制挥发性物质的挥发以改善熟料的性能。

我国 DZ/T 0213—2020《矿产地质勘查规范 石灰岩、水泥配料类》标准规定：一级品石灰质原料$[w(K_2O)+w(Na_2O)]\leqslant0.6\%$，二级品石灰质原料$[w(K_2O)+w(Na_2O)]\leqslant0.8\%$，黏土质原料$[w(K_2O)+w(Na_2O)]\leqslant4\%$，硅质原料$[w(K_2O)+w(Na_2O)]\leqslant2\%$。然而这一限定值只能作为参考，因为当石灰石和黏土中的碱含量均达到规范中的极限(分别为 0.6%和 4%)时，按石灰石、黏土、铁粉三组分配料所得熟料中的碱必定超过 1.5%。故对具体的矿山，还应与企业使用的其他原燃料中 K_2O、Na_2O 的含量综合确定，以保证熟料$[w(K_2O)+w(Na_2O)]\leqslant1.5\%$。对于有生产低碱水泥要求的企业，可根据需要降低限量指标到 0.4%或更低。设置旁路放风系统的企业，碱限量指标可适当放宽。

2.1.4.7　Cl^-

石灰石中的 Cl^- 是以 KCl、NaCl 等形态存在的。如果水泥中氯化物含量高则会加快混凝土中钢筋的腐蚀，对预应力混凝土呈张力的钢筋尤为不利。此外生料(包括燃料)中的氯在窑内挥发，而在窑尾 800 ℃左右的部位又凝聚，引起窑内氯的循环富集，导致预热器及窑尾结皮、堵塞而影响生产。我国和大多数发达国家都要求生料中 Cl^- 的含量<0.015%（也有的规定为 0.02%）。对于设有旁路放风系统的企业，Cl^- 含量的要求可放宽。

2.1.4.8 有机质

水泥原料中的有机质（以 C 表示）在煅烧过程中以热能形式释放，可降低燃料消耗。如煤矿的煤矸石既是煤炭工业废弃物，又是潜在的低热值能源，在其他工业和民用中都难以单独利用，只有水泥工业既可把煤矸石当作硅铝质原料资源，又可当作能源。

然而，水泥原料中的有机质含量过高也会对现有设备产生不利影响，如在预热器内有机质热解和燃烧效应会破坏正常的粉体-气流场，增加废气量，从而降低预热器收尘效率；有机质在高温下会发生放热反应，也会引起局部过热，诱发预热器堵塞或其他问题；对于含碳质、沥青质的石灰石及高热值煤矸石等矿石的使用，要注意这方面的问题。

2.1.4.9 其他

水泥熟料对 P_2O_5、TiO_2、Mn_2O_3 等氧化物有限量要求。石灰石中有时会含有少量的磷灰石，但只要生料中 P_2O_5 含量控制在 1.5%以下就不会产生太大危害。其他氧化物在石灰石中很少出现。

2.2 燃料

2.2.1 燃料分类

燃料通常指能与氧发生激烈的氧化反应、放出大量的热，且在经济上是合理的一类物质。我国水泥行业主要以煤炭为燃料，可燃的垃圾作为替代性固体燃料近年也在开发利用。煤主要是由高等植物经过长期地质年代的一系列化学变化，在高温高压作用下逐渐演化而成。不同种类的煤其煤化程度不同。煤形成阶段的划分如图 2.1 所示。

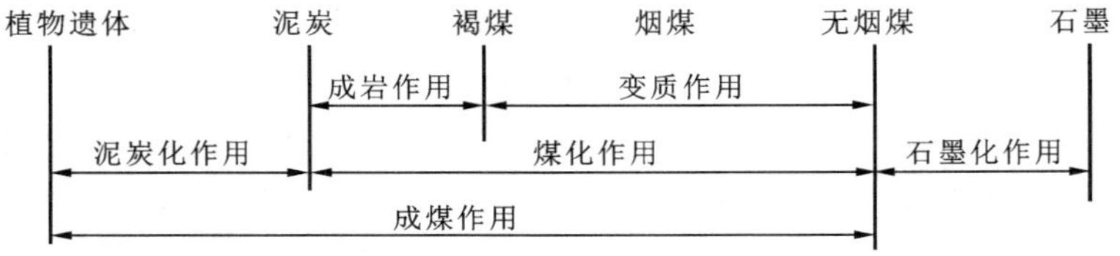

图 2.1 煤形成阶段的划分

按煤化程度可将煤分为褐煤、烟煤和无烟煤。对于褐煤和无烟煤，再分别按其煤化程度和工业利用途径分 2 个和 3 个小类；烟煤按挥发分的含量 $w(V)$ 大小分为：低[$10\% < w(V) \leqslant 20\%$]挥发分烟煤、中[$20\% < w(V) \leqslant 28\%$]挥发分烟煤、中高[$28\% < w(V) \leqslant 37\%$]挥发分烟煤及高[$37\% < w(V) \leqslant 46\%$]挥发分烟煤。

2.2.2 煤的组分及其换算

煤是一种性质相当复杂的固体可燃矿物。由于形成煤的原始物质和沉积环境的不同，煤的性质和成分也各不相同。为了表示方便，将其组成用碳（C）、氢（H）、氧（O）、氮（N），硫（S）、灰分（A）和水分（M）来表示，这种表示方法称为元素分析法。元素分析法的特点是简单明了，便于理论分析，但是，由于其分析过程比较复杂，一般工厂难以进行，因此，便有了另一种表示固体燃料组成的简单方法——煤的工业分析法。这种表示方法是将煤的组成由挥发分（V）、固定炭（Fc）、灰分（A）及水分（M）来表示。

对于煤来说，另一个重要的概念就是基准。由于煤在开采、运输和储存过程中的条件不同，即使是同种煤，其组成往往也会有很大的波动，因此，在表明煤的组成时，必须指明所选用煤的基准，才能确切地说明问题，这四个基准是：

(1) 收到基　是指工厂实际收到的煤，即实际使用煤的组成。以下角标字母 ar 代表，其组成表示为：

$$w(C_{ar})+w(H_{ar})+w(O_{ar})+w(N_{ar})+w(S_{ar})+w(A_{ar})+w(M_{ar})=100\% \quad (2.1)$$

$$w(V_{ar})+w(Fc_{ar})+w(A_{ar})+w(M_{ar})=100\% \quad (2.2)$$

(2) 空气干燥基　是指将煤样干燥(风干)后，水分与大气达到平衡状态时的煤。由于空气不可能是绝对干燥的，因此空气干燥基的煤也不是绝对干燥的，这个平衡水分就是空气干燥基水分。由化验室给出的测量结果都是空气干燥基(化验室将煤样在 20 ℃、相对湿度为 75%的空气中连续干燥 1 h，质量变化不超过 0.1%后进行分析测量)。以下角标字母 ad 代表，其组成表示为：

$$w(C_{ad})+w(H_{ad})+w(O_{ad})+w(N_{ad})+w(S_{ad})+w(A_{ad})+w(M_{ad})=100\% \quad (2.3)$$

$$w(V_{ad})+w(Fc_{ad})+w(A_{ad})+w(M_{ad})=100\% \quad (2.4)$$

(3) 干燥基　是指绝对干燥的煤的组成。这一基准可以比较稳定地反映出成批的煤的真实组成。以下角标字母 d 代表，其组成表示为：

$$w(C_{d})+w(H_{d})+w(O_{d})+w(N_{d})+w(S_{d})+w(A_{d})=100\% \quad (2.5)$$

$$w(V_{d})+w(Fc_{d})+w(A_{d})=100\% \quad (2.6)$$

(4) 干燥无灰基　是假想的无水无灰的煤的组成。它代表煤中的可燃成分，通常用它来表征煤质的优劣。一般来说，同一矿区的煤，其干燥无灰基组成基本相同。以下角标字母 daf 代表，其组成表示为：

$$w(C_{daf})+w(H_{daf})+w(O_{daf})+w(N_{daf})+w(S_{daf})=100\% \quad (2.7)$$

$$w(V_{daf})+w(Fc_{daf})=100\% \quad (2.8)$$

不同基准煤之间的换算关系如表 2.5 所示。

表 2.5　不同基准煤之间的换算关系

欲换算的"基"	已知的"基"			
	收到基	空气干燥基	干燥基	干燥无灰基
收到基	1	$\frac{100-w(M_{ad})}{100-w(M_{ar})}$	$\frac{100}{100-w(M_{ar})}$	$\frac{100}{100-[w(M_{ar})+w(A_{ar})]}$
空气干燥基	$\frac{100-w(M_{ar})}{100-w(M_{ad})}$	1	$\frac{100}{100-w(M_{ad})}$	$\frac{100}{100-[w(M_{ad})+w(A_{ad})]}$
干燥基	$\frac{100-w(M_{ar})}{100}$	$\frac{100-w(M_{ad})}{100}$	1	$\frac{100}{100-w(A_{d})}$
干燥无灰基	$\frac{100-[w(M_{ar})+w(A_{ar})]}{100}$	$\frac{100-[w(M_{ad})+w(A_{ad})]}{100}$	$\frac{100-w(A_{d})}{100}$	1

注：① 此表适用于除水分以外的各种成分及高位发热量的换算；
② 此表中换算关系的推导原则是在不同基准下同一成分的绝对量相等。

关于燃料的成分，有一点需要特别指明，那就是氢和硫。燃料中的氢包括可燃氢和化合氢。可燃氢也叫净氢，是指可以参与燃烧反应的氢；化合氢则是指与燃料中氧结合成化合水的氢，化合氢不能进行燃烧反应，但工程上为了计算方便，在进行燃烧计算时，所有的氢均按可燃氢处理。煤中的硫以三种形式存在：一是有机硫；二是硫化物中的硫；三是硫酸盐中的硫。前二种为可燃硫，最后一种为不可燃硫。可燃硫在工业上是有害成分，因为它对产品质量、设备正常运转以及环境都有不良的影响，而硫酸盐中的硫则基本上没有这种影响。在工程上，为了计算方便，在进行燃烧计算时，所有的硫均按可燃硫处理。

2.2.3 发热量与标准燃料

2.2.3.1 煤的高、低位热值

煤的发热量(也叫热值)是指单位质量的煤完全燃烧时产生的热量。煤的发热量有高位发热量(Q_{gr})和低位发热量(Q_{net})之分。高位发热量是指煤完全燃烧且燃烧产物中的水蒸气全部冷凝为水时所放出的热量。低位发热量是指燃料完全燃烧后,其燃烧产物中的水蒸气仍为气态时所放出的热量。由此不难得出,二者之间的差别在于燃烧产物中水的汽化热。

1 kg 煤(收到基)所产生的水蒸气量为:

$$\frac{w(\mathrm{M_{ar}})}{100}+\frac{w(\mathrm{H_{ar}})}{100}\cdot\frac{18}{2}\quad(\mathrm{kg})\tag{2.9}$$

而 1 kg 水的汽化热为 2500 kJ,因此,

$$Q_{\mathrm{gr,ar}}-Q_{\mathrm{net,ar}}=2500\left[\frac{w(\mathrm{M_{ar}})}{100}+\frac{w(\mathrm{H_{ar}})}{100}\cdot\frac{18}{2}\right]=225w(\mathrm{H_{ar}})+25w(\mathrm{M_{ar}})\tag{2.10}$$

同理可以推导出:

$$Q_{\mathrm{gr,ad}}-Q_{\mathrm{net,ad}}=225w(\mathrm{H_{ad}})+25w(\mathrm{M_{ad}})\tag{2.11}$$

$$Q_{\mathrm{gr,d}}-Q_{\mathrm{net,d}}=225w(\mathrm{H_{d}})\tag{2.12}$$

$$Q_{\mathrm{gr,daf}}-Q_{\mathrm{net,daf}}=225w(\mathrm{H_{daf}})\tag{2.13}$$

关于煤的高位热值和低位热值在不同基准之间的换算,高位热值可以直接利用表 2.5 中的换算关系进行换算;而低位热值换算,可以先将其转换为高位热值,利用表 2.5 中的换算关系换算后,再转换为低位热值。实际转换时,可采用更为简便的方法,即将低位热值加上 25 倍的水分,然后利用表 2.5中的换算关系换算,最后再减去换算后基准下的 25 倍水分,即为转换后的低位热值。例如:

$$Q_{\mathrm{net,ar}}=[Q_{\mathrm{net,ad}}+25w(\mathrm{M_{ad}})]\frac{100-w(\mathrm{M_{ar}})}{100-w(\mathrm{M_{ad}})}-25w(\mathrm{M_{ar}})\tag{2.14}$$

2.2.3.2 煤发热量和标准燃料

煤的发热量可以根据煤的元素分析或者工业分析结果,利用回归公式进行计算。计算煤发热量的回归公式较多,均有一定的误差。建议按 GB/T 213—2008《煤的发热量测定方法》进行测定,不仅操作简单,而且结果可靠。

不同种类的燃料,其发热量差别很大,即使同一种燃料也会因水分、灰分的不同而有所差异,为了便于统计和评价燃料的消耗量,人们便引进了“标准燃料”的概念。

标准煤是指低位发热量(收到基)为 29270 kJ/kg(即 7000 kcal/kg)的煤。

标准油是指低位发热量为 41820 kJ/kg(即 10000 kcal/kg)的油。

标准气是指低位发热量为 41820 kJ/m^3(即 10000 kcal/m^3)的气体燃料。

2.2.4 煤燃烧特性

2.2.4.1 可燃性

燃料的可燃性是指其燃烧的难易程度。图 2.2 表示煤在热天平上所获得的燃烧分布曲线。图中每一条曲线都有两个峰:第一个峰是脱水峰;第二个是燃烧峰。从燃烧峰可以看出,着火温度由低到高的顺序是褐煤、烟煤、劣烟煤、无烟煤;燃烧速率由高到低的顺序是褐煤、烟煤、无烟煤、劣烟煤。

2.2.4.2 着火点

将煤加热使煤释放出足够的挥发分与周围大气形成可燃混合物,使其燃烧的最低温度叫作煤的着火点(或叫燃点,着火温度)。煤的着火点与煤的变质程度有很明显的关系,变质程度低的煤着火点

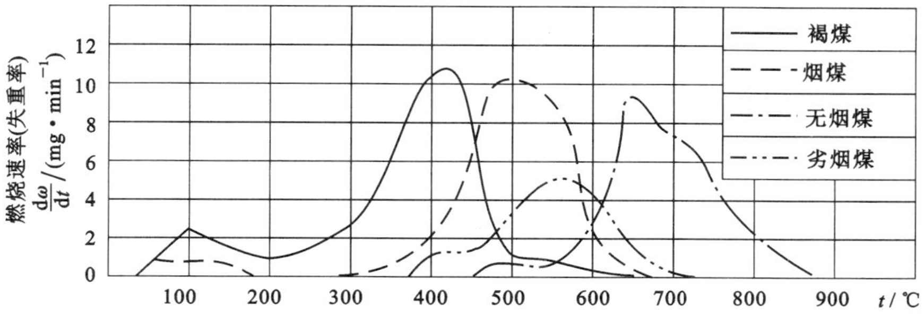

图 2.2　煤的燃烧图

低,反之着火点高。将不同种类煤的煤粉以悬浮状喷入电炉中加热(模拟回转窑中煤粉的状态),获得气流中煤粉着火温度的一组数据列于表 2.6。

表 2.6　不同煤种的着火温度

项目	褐煤	烟煤			贫煤	无烟煤
$w(V_{daf})$,%	50	40	30	20	14	4
着火温度/℃	550	650	750	840	900	1000

2.2.4.3　燃尽时间

燃尽时间是指煤粉开始燃烧至焦炭粒子全部燃尽所需的时间。用不同的测定方法、不同的仪器测定煤的燃尽时间会得到不同的结果。但都能从不同的角度反映出煤在燃烧时的燃烧速度。煤的燃烧过程大体上分为挥发分的挥发和燃烧、焦炭粒子的燃烧两大步。其中挥发分在较低温度时即可析出并很快与周围的空气混合,在 400 ℃左右即可着火燃烧,其速度很快;而焦炭粒子的着火则需较高温度,其燃尽时间也长,因此煤炭的燃尽时间基本上由焦炭粒子的燃尽时间决定。而炭粒的孔隙率、炭粒粒径、燃烧环境的氧含量和环境温度等都会影响煤的燃尽时间。不同煤质的燃烧特性对预分解窑水泥生产工艺过程的影响主要体现在其着火特性和燃尽特性两方面。天津水泥工业设计研究院提出的 TR 315—2003《悬浮态煤粉燃烧试验方法》规定了将粒度为 100～200 μm 的煤样置于专用设备中,通入空气,在 870 ℃下使煤粉燃烧,测得其燃尽时间,以表征煤样的燃尽特性。一般易燃的烟煤 90%燃尽时间为 8.4 s,难燃烧的无烟煤 90%燃尽时间为52.6 s。

2.2.4.4　煤灰的熔融性及煤灰的黏度

当在规定条件下加热煤灰试样时,随着温度的升高煤灰试样会从局部熔融到全部熔融并伴随产生一定的特征物理状态——变形、软化、半球和流动。煤灰熔融性即以这四个特征物理状态相对应的温度来予以表征。

煤灰是由多种矿物质构成的复杂混合物,这种混合物没有一个特定的熔点,而只有一个熔化温度的范围,其开始熔化的温度比其任一组分的熔点均要低。这些组分在一定温度下还会形成一种共熔体,这种共熔体在熔化状态时有熔解煤灰中其他高熔点物质的性能,从而改变熔体的成分及其熔化温度。煤中的矿物成分极为复杂,这些矿物成分在高温下产生氧化、分解、复分解等作用,反应后的产物性质和含量是决定煤灰熔融温度的主要因素。煤灰熔融性对锅炉燃烧有重要影响且煤灰熔融性是判断结渣性的主要手段之一。

由于煤灰中含有一定量的铁,它在不同的气体介质中(氧化性或还原性)将以不同的价态出现:在氧化性气体介质中,它将转变成三价铁(Fe_2O_3),在弱还原性气体介质中,它将转变成二价铁(FeO),而在强还原性气体介质中,它将转变成金属铁(Fe)。三者的熔点以 FeO 为最低(1420 ℃),Fe_2O_3 为最高(1560 ℃),Fe 居中(1535 ℃)。由于 FeO 还能与煤灰里的 SiO_2 生成熔点更低的硅酸盐,所以煤灰在弱还原性气体介质中熔融温度最低。因此煤灰的熔融性除了取决于它的化学组成外,环境的氧化-还原性也是一个极重要的影响因素，煤灰中含铁量越高，其影响越显著。在工业锅炉和气化炉中，成渣部位的气体介质大都呈弱还原性，因此煤灰熔融性的常规测定就在模拟工业条件的弱还原性气氛中进行的。如果需要，也可在强还原性气氛或氧化性气氛中进行。国家标准 GB/T 219—2008《煤灰熔融性的测定方法》中规定：变形温度为 *DT*；软化温度为 *ST*；半球温度为 *HT*；流动温度为 *FT*。

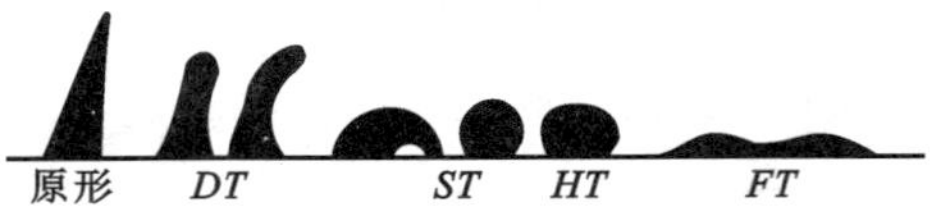

图 2.3 灰堆熔融特征示意图

灰堆熔融特征示意图如图 2.3 所示。

通常分别称 *DT*～*ST* 和 *ST*～*FT* 为煤灰的软化范围和熔化范围。灰分按其软化温度（*ST*）分为：难熔灰分（*ST*＞1500 ℃）；高熔灰分（1250 ℃＜*ST*≤1500 ℃）；低熔灰分（1100 ℃＜*ST*≤1250 ℃）；易熔灰分（*ST*≤1100 ℃）。

煤灰黏度是表征灰渣在熔化状态时的流动状态的重要指标。煤灰的熔融性和黏度，对预分解窑的煅烧有较大的影响，易熔和黏度低的煤灰会使窑内液相过早出现，引起窑内结圈、结蛋，箅冷机堆“雪人”等，严重影响窑的通风和安全稳定运行。

2.2.5 水泥工业对煤的要求及对策

水泥工业以煤为燃料。煤主要是提供熟料形成所需要的高温，煤中的灰分是熟料的一个组分，它要落到熟料中，参与熟料的形成，因而燃料煤的质量又直接影响水泥熟料的质量。为使回转窑内火焰温度较高，煤灰落入熟料又比较均匀，通常是将块煤磨成煤粉再喷入窑内燃烧，因为煤粉燃烧比块煤快，同时可达到较高温度，且温度易于调节。

为保证煤粉的完全燃烧，同时避免在水泥熟料形成过程中出现对熟料质量带来不良影响的还原气氛，通常回转窑均操作在过剩空气状态。煤粉的挥发分高低将影响煤粉的着火温度、燃烧稳定性和燃尽时间等燃烧特性，为达到煅烧熟料需要的温度和火焰形状，对煤粉颗粒大小的要求随挥发分含量的变化而改变。煤的挥发分含量越小，其煤粉就要求粉磨得更细一些。

在条件允许的情况下，回转窑最好能使用烟煤，有利于火焰的控制和窑的操作，提高熟料产、质量；我国煤炭储量的地区分布很不均衡，许多地方没有或极少生产烟煤，却有丰富的无烟煤资源，如广东、福建等，此外过去被水泥工业排斥使用的劣质（高灰分低热值）煤，如今随着能源紧缺带来的技术进步亦都在越来越广泛地被利用。通常水泥窑用煤的质量应符合 GB 50295—2016《水泥工厂设计规范》中煅烧用煤的质量要求，见表 2.7。在满足熟料质量的前提下，煅烧用煤可使用劣质煤、低品位煤或替代燃料。

表 2.7 水泥煅烧用煤的质量要求

序号	名称	符号	数值
1	灰分含量	$w(A_{ad})$	≤28.00%
2	挥发分含量	$w(V_{ad})$	≤35.00%
3	硫含量	$w(S_{t,ad})$	≤2.00%
4	低位发热量	$Q_{net,ad}$	≥23000 kJ/kg
5	总水分含量	$w(M_t)$	≤15.00%
6	内水分含量	$w(M_{ad})$	≤3.00%

回转窑采用无烟煤作为水泥生产用燃料，需要处理好无烟煤与烟煤燃烧时的不同特点。在通常情况下，煤粉在 250 ℃温度下挥发物将会开始大量挥发，约在 500 ℃时开始燃烧。煤粉的燃烧温度会

随着煤粉挥发分含量不同而有所变化。例如：挥发分含量高的褐煤，燃点低于 450 ℃；挥发分少于 7%的无烟煤，其燃点高达 600～700 ℃；烟煤的燃点则介于两者之间。所以，煤的种类将极大地影响着煤的燃烧过程。挥发分的挥发除了可以产生大量可燃气体、降低煤的燃点外，其逸出后留在焦炭粒子中的孔隙，将增大空气与煤的接触表面，使燃烧反应的速度大大加快，缩短焦炭粒子的燃尽时间。由此可知，相同粒度的无烟煤的燃尽时间要比烟煤的燃尽时间长。要使无烟煤在燃烧时达到同样的效果，就必须提高无烟煤的粉磨细度，降低颗粒直径，并加大燃烧器推力，提高煤粉与燃烧空气的混合速率。

分解炉是一个高温气固反应器，炉内既有流动、混合、传热、传质等物理过程，也有碳酸盐分解、煤粉燃烧等化学反应发生，分解炉内部的反应过程，是这些物理化学过程综合作用的结果。煤在分解炉内的燃烧动力学控制因素视炉型结构不同略有差异，一般低温燃烧条件下燃尽时间与颗粒粒度成正比，而燃烧气氛及燃烧温度对燃烧速度的影响则远大于粒度对燃烧速度的影响，相同的条件下烟煤与无烟煤燃尽时间差异很大，后者往往成倍增加，故对于难燃尽的燃料除需适当加大炉容外，通常还需通过将物料分几股喂入分解炉的不同部位，使之在炉内形成高温区以加快燃烧，或提高燃烧气体中起始 O_2 的含量，改变燃烧气氛，如采用预燃室或离线式分解炉等。

2.3 原料的开采与运输

2.3.1 原料开采

我国绝大多数水泥厂都有自己的原料供应地（矿山），建厂时就已经考虑到了让它们距离水泥厂越近越好。当然也有特殊情况，如厂子太老了，原有的矿山资源已经枯竭，就不得不从外地运来原料。

石灰石质矿山给人们的直观印象就是座石头山，它的矿层分布情况、有用矿的化学成分波动情况以及硬度、抗压强度、透水性等物理性质，在矿山不同的层面、不同的部位是不完全一致的。所以在开采之前必须对矿山进行勘测普查，同时要评估有用矿的储藏量，以便对不同品位的矿石实行有计划的分片开采、搭配使用，这样做既可以稳定进厂原料成分，满足配料要求，又可以经济合理地充分利用矿山资源。

黏土质原料不像石灰石那样坚硬，是松散的块状或颗粒状，开采前除进行勘测详查外，还要进行筛分析，必要时应加做颗粒分析和塑性指数试验，它的用量与石灰石相比要少得多，可以就近取材，但需对开采条件及矿区地质情况进行调研。

由于石灰石、黏土矿层不像煤、石油矿那样深埋地下，所以水泥厂矿山大多进行露天开采。为了采出有用矿石，必须先进行覆盖层的剥离工作，也就是说“采剥并举、剥离先行”。如果覆盖层是较松散的浮土，可直接用人工、电铲、水冲洗的办法将其剥离；如果是硬质的废矿，需对覆盖层先爆破、再剥离。覆盖层的剥离工作应在原料开采前 6 个月内进行，剥离工作不宜在冬季进行。随着新型干法水泥技术和原料均化技术的发展，水泥生产对原料品质的要求逐渐放宽，从节能降耗、充分利用资源的角度出发，应该对覆盖层尽可能搭配利用，减少其废弃量，提高矿石的利用率。

如果有用矿是松散状的白垩或黏土，可直接用电铲或人工挖掘。对硬质物料的石灰石，需先钻孔爆破，钻孔深度、孔的数目和位置分布可根据矿山的具体情况和岩石的物理性质决定。常用的矿山钻孔设备有：手持式风动凿岩机（孔径 35～45 mm），浅孔钻机（孔径 150～170 mm），回转钻机（孔径 90～120 mm），牙轮钻机（孔径 150～250 mm）。使用铵油炸药、浆状炸药，采用深孔多排微差爆破，机械化装药和填塞，爆破规模大、质量好、有害作用小，是石灰石矿山爆破普遍采用的方法。矿山钻孔爆破必须严格遵守 GB 6722—2014/XG1—2016《爆破安全规程》国家标准第 1 号修改单的规定。

2.3.2　原料运输进厂

石灰质原料与黏土质原料经开采后便须经运输进入下一道生产工序。根据运距、地形、生产规模等可利用不同的运输方式，主要有公路、铁路、斜坡卷扬道、平峒溜井（槽）、胶带输送机道及联合运输等。具体选择何种运输方式应进行综合比较，应选择流程简单可靠、经营费用较低、基建工程量少、施工期短、基建投资省的方案。常见的几种运输方式及适用条件见表2.8。

表2.8　常用的运输方式及使用条件

道路和通道	主要运输方式	适用条件	主要特征
公路	自卸汽车运输	1.运距不长的石灰石矿（≤3 km，小矿可适当延长）； 2.运距较长的辅助原料矿山； 3.地形和矿体产状复杂或零星分布的矿山； 4.小尺寸的深凹露天矿； 5.陡帮开采的矿山	1.路线工程量较少、施工快、投资较省； 2.有利于分采分运； 3.便于发挥挖掘机效率； 4.便于采用高、近、分散的废石场； 5.有些深凹露天矿可减少剥离量； 6.运距长时成本较高； 7.汽车较多、维修量大、耗燃油多
铁路	窄轨电机车（内燃机车）牵引侧卸矿车运输	1.地形平坦、矿体产状简单的大中型水泥厂石灰石矿； 2.高差一般在±50 m以内； 3.具有适于敷设铁路的地形和场地	1.运输量大、成本较低； 2.线路工程量大、施工期长、投资较高； 3.采场内和废石场上移道工作量大； 4.经济运距较长
斜坡卷扬道	斜坡矿车组	1.高差在100 m以内的中小型水泥厂的石灰石矿； 2.斜坡道倾角5°～20°	1.设备较简单； 2.斜坡道工程量较小，投资较省； 3.人工摘挂钩、劳动条件差，效率低
	斜坡台车	1.高差在100 m以内的中小型水泥厂的石灰石矿； 2.斜坡道倾角20°～30°	1.设备较简单； 2.修筑斜坡道工程量小，投资较省； 3.上下台车工作麻烦，效率较低
	斜坡箕斗	1.大中型水泥厂石灰石山坡或深凹露天矿，高差100 m或更大； 2.斜坡道倾角10°～25°； 3.因工程地质差不适于开凿溜井（槽）的山坡矿	1.可大大缩短运距，减少运输设备； 2.采场内多用汽车运输，具有转载工序，生产较复杂； 3.降段麻烦
平峒溜井（槽）	采场内自卸汽车，下部窄轨电机车或破碎后胶带机	1.大中型水泥厂的石灰石矿； 2.高差大于100 m的山坡矿床； 3.具有适用于开凿溜井（槽）的岩层	1.设备少、运距短、成本低； 2.采场内用汽车运输，机动性高； 3.需要开凿井巷，施工复杂
胶带输送机道	挖掘（装载）机-破碎-胶带机	1.特大型水泥厂石灰石矿； 2.矿石质量稳定； 3.采场尺寸大，地形比较规整； 4.矿山服务年限较长	1.规模越大经济效益越好； 2.用人少、劳动生产率高； 3.燃油消耗少； 4.降段较复杂
	挖掘（装载）机-汽车-破碎-胶带机	1.特大型水泥厂石灰石矿； 2.允许多品级矿石搭配开采； 3.矿山服务年限较长	1.规模越大经济效益越好； 2.用人少、劳动生产率高； 3.降段较复杂

校正原料、其他辅助性原材料及燃煤一般可据运距、交通便利条件、经营费用等考虑采用铁路或公路运输进厂。

2.4 破碎

破碎是用机械的方法缩小物料粒度的过程。从矿山开采下来的石灰石、黏土和煤等呈不均匀的块状物料，特别是石灰石有的大块粒度可达 700 mm 左右。把这些物料直接入磨磨成粉状的生料是难以做到的，必须先把它们破碎成 20 mm 左右的小碎块后再送去粉磨，这样才能保证生产的进行并提高磨机的产量，降低电耗。同时，石灰石、黏土含有一定水分，把它们破碎成小块，则比面积增大，便于晾晒和烘干。此外，烧成用煤、出窑头冷却机熟料、粉磨水泥时所加的石膏等，都需要破碎。

2.4.1 易碎性与易磨性

物料破碎的难易程度称为易碎性(对破碎作业)或易磨性(对粉磨作业)。强度和硬度能够反映物料本身对外力的抵抗能力：强度和硬度都大的物料较难破碎；硬度大而强度不大的物料较硬度小而强度大的物料易于破碎。实践表明：同一台破碎机械破碎不同的物料，其破碎效果不同；不同的破碎机械破碎同一种物料，其破碎效果也可能不同。这表明，物料的强度和硬度对施力方式不同的破碎机械所产生的抗破碎阻力效果是不同的。因此，破碎的难易程度不仅与物料的硬度、脆性、韧性和机械强度有关，而且还与破碎机械的原理及工艺流程等因素有关。此外，物料的尺寸也显著影响破碎的难易程度，通常尺寸大的物料，其体内缺陷较多，缺陷数量随物料尺寸的减小而迅速减少。物料的碎裂容易在缺陷处形成并扩展。

为了表征物料破碎难易程度的综合影响，可用相对易碎系数来反映物料的易碎性。某一物料的易碎系数 K_m，是指采用同一破碎机械，在相同物料尺寸变化条件下，破碎标准物料的单位电耗 E_b[单位：(kW · h)/t]与破碎干燥状态下某一物料的单位电耗 E[单位：(kW · h)/t]之比，即：$K_m = E_b/E$。物料的易碎系数越大，越容易破碎。

2.4.2 破碎比

破碎前物料尺寸与破后物料尺寸的比值称为破碎比(也称为粉碎比)。破碎比表征了物料经破碎后，尺寸减小的程度，因此，它是破碎机械重要的性能指标之一。由于颗粒的尺寸大小表征方法不同，因此，有以颗粒平均尺寸计算破碎比(亦称平均破碎比)的，也有以颗粒定值通过率尺寸计算破碎比的，还有以颗粒最大线尺寸计算破碎比(亦称极限破碎比)的。此外，还有公称破碎比和有效破碎比。

采用数台破碎机械串联作业，以获得较高的破碎比时，称为多级(或多段)破碎，则破碎前物料的尺寸与破碎的最后产品尺寸之比，称为总破碎比 i_t，总破碎比等于各段破碎比 i_t 的连乘积，即：$i_t = i_1 i_2 \cdots i_n$。对单台破碎机械而言，破碎比通常在 3～10 之间，粉磨机械的粉碎比在 40～400 之间。

2.4.3 破碎机械分类与适用性

破碎机械种类较多，但按照施力方式，主要分为挤压式和冲击式两大类：

挤压式破碎机包括颚式、旋回、圆锥和辊式等类型。这类破碎机在破碎物料过程中，主要通过固定面和活动面对物料的相互挤压力，并可能兼施剪切力或弯折力而实现粉碎。颚式和旋回式破碎机一般用来粗碎大块坚硬或磨蚀性强的物料，圆锥式破碎机破碎磨蚀性相对弱一些的坚硬物料，但它们不适合破碎潮湿性和黏性物料；辊式破碎机能处理较坚硬、湿度或黏性大的物料，但破碎比较小。

冲击式破碎机主要指锤式破碎机和反击式破碎机。其特点是利用高速旋转体上的锤头或冲击板来击碎物料，同时兼施剪切力和磨剥作用力。冲击式破碎机破碎比大，一般用来做中、细碎，适用于脆性、中硬或软质物料。表 2.9 为常用的破碎机性能。

表 2.9　常用破碎机性能

名称	破碎方法	运动方式	粉碎比	适用范围	物料种类
颚式破碎机	压碎为主	往复	4～6，中碎 最高达 10 左右	粗碎 中碎	硬质物料 中硬物料
圆锥破碎机	压碎 弯折、剪切	回转	旋回：粗碎 4～6 中、细碎 3～17	粗碎(旋回) 中、细碎(菌型)	硬质物料 中硬物料
辊式破碎机	压碎为主	旋转(慢速)	3～8	中碎 细碎	硬质物料 软质物料
锤式破碎机	击碎、剪切	旋转(快速)	单转子式：10～15 双转子式：30 左右	中碎 细碎	硬质物料 中硬、软质物料
反击式破碎机	击碎	旋转(快速)	10 以上，最高达 40	中碎	中硬物料

破碎机的选用应注意结合物料性质、尺寸、处理能力，以及下一段粉磨工艺的要求、厂址地形等实际情况进行综合考虑。

2.4.4　颚式破碎机

颚式破碎机主要工作件是两个颚板，即动颚和固定颚，两者成一夹角。动颚往复接近定颚的过程中，使夹在两个颚板之间的物料受到挤压、弯曲和剪切作用力而破碎。根据动颚运动方式，颚式破碎机分为简摆式和复摆式两类，如图 2.4 所示。

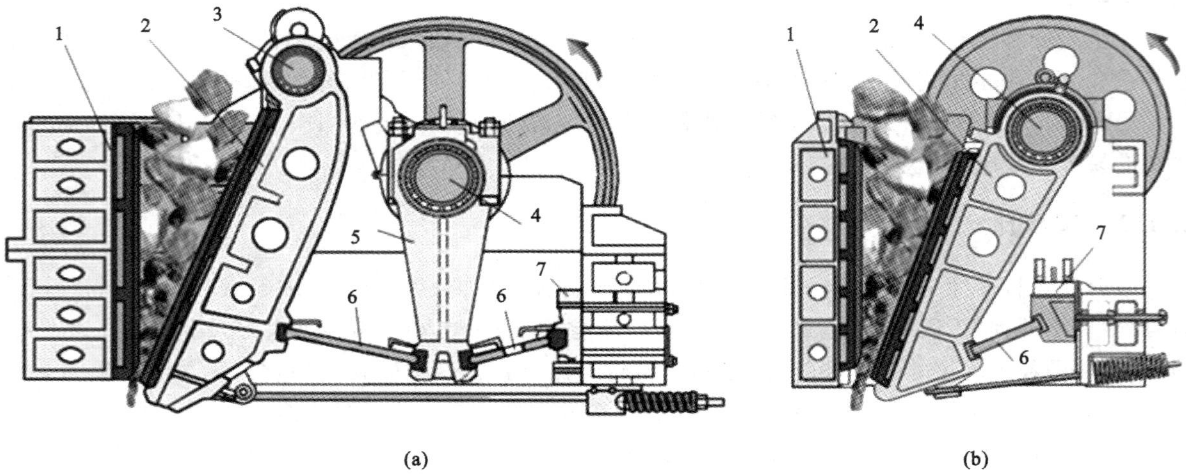

图 2.4　颚式破碎机主要类型与结构原理示意图

(a) 简摆式；(b) 复摆式

1—固定颚；2—动颚；3—悬挂轴；4—偏心轴；5—连杆；6—推力板；7—排料口间隙调整装置

简摆式颚式破碎机如图 2.4(a)所示。当电机驱动皮带轮使偏心轴 4 旋转时，连杆 5 产生上下运动，并带动推力板 6 做前后往复运动，动颚 2 以悬挂轴 3 为中心摆动。当连杆向上运动时，推力板使动颚接近固定颚 1，破碎腔内的物料被挤压破碎；当连杆下降时，动颚离开固定颚，已破碎的物料随即排出。偏心轴上的飞轮和皮带轮利用惯性使破碎过程平稳，以减少电机的负荷波动。简摆式颚式破碎机受力状况较合理，故做成大中型。

复摆式颚式破碎机如图 2.4(b)所示。与简摆式不同的是：复摆式只有一个推力板 6，动颚 2 的悬挂轴与传动偏心轴 4 复合为一体，且连杆即是动颚。这种复合结构使动颚的运动轨迹较复杂：在动颚的上端近似为圆形，中部近似为椭圆形，下端则为圆弧形。从破碎施力和排料的作用上看，复摆式动颚的运动轨迹较简摆式更为合理。实践表明,复摆式较简摆式颚式破碎机生产能力增加约 30%,但破碎齿板的磨损要比后者严重,且因为复摆式动颚悬挂轴与偏心轴合而为一,其轴承负荷较简摆式大,故通常做成中小型。

颚式破碎机的产品粒度由排料口间隙调整装置 7 控制。此外,破碎机过载保护是通过折断推力板(有些机型是液压连杆保险装置)实现的。颚式破碎机构造简单、耐用,且价格低廉、维护方便,因此得到广泛的应用。

2.4.5　圆锥破碎机

圆锥破碎机的主要工作件是两个正截锥体,定锥 1 和动锥 2,两锥轴线成一夹角。偏心轴套 6 在传动齿轮 5 的驱动下,使主轴 4 做偏心旋转运动,因物料的摩擦作用,动锥沿定锥内表面产生自转,致其表面磨损趋于均匀。主轴的偏旋运动使动锥周期性地接近定锥,物料受到两个锥面的挤压、弯曲和剪切作用被破碎和排出。圆锥破碎机粉碎过程是连续的,生产能力较颚式破碎机大,功率低。

圆锥破碎机分为旋回破碎机和菌型圆锥破碎机两类,如图 2.5 所示。

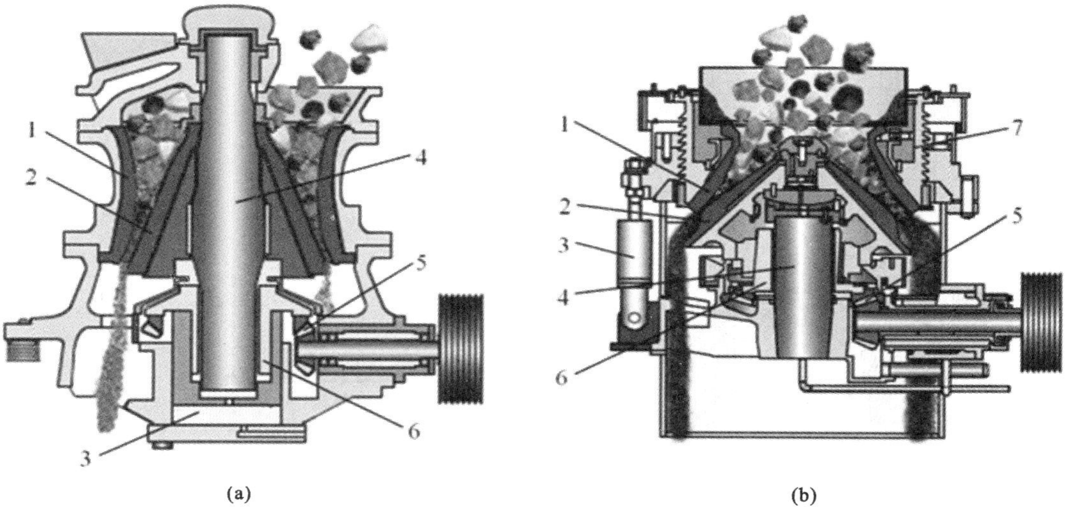

图 2.5　圆锥破碎机主要类型与结构原理示意图

(a) 旋回破碎机;　(b) 菌型圆锥破碎机

1—定锥;2—动锥;3—液压缸保险结构;4—主轴;5—传动齿轮;6—偏心轴套;7—排料口间隙调整装置

旋回破碎机如图 2.5(a)所示,其特点是:动锥正置,定锥倒置,锥体较高,故给料尺寸大。其动锥通过主轴以顶部活套悬挂方式支承,下端插入偏心轴套内。排料粒度通过主轴下端的液压结构使动锥升、降来改变排料口间隙进行调节,该液压结构也可起到过载保护作用。旋回破碎机转速低,冲程小,适用于大型粉碎的粗碎作业。

与颚式破碎机相比,旋回破碎机粉碎过程是连续的,破碎效率较高,能耗低,工作平稳,排料粒度比较均匀,适合片状物料的破碎,且衬板有所磨损时对排料粒度的增大不太敏感。但旋回破碎机构造较复杂,机身较高,基建和维护费用较高。选型的实际经验倾向于:如果一台颚式破碎机能满足生产要求,则用颚式破碎机;如果需要两台颚式破碎机,则考虑选用一台旋回破碎机。

菌型圆锥破碎机如图 2.5(b)所示,其结构特点是:动锥和定锥都正置,破碎腔出料口附近的动锥与定锥之间,有一段间隙相近的均整带,破碎腔结构不仅产生挤压和弯折力,且有较强的磨剥作用。与旋回破碎机相比,其回转速度更高、摆动角更大,使物料受到一定的冲击作用。排料粒度通过定锥高度调整结构来改变排料口间隙进行调节,其过载保护则是利用机身周围的保险弹簧或液压油缸来实现。菌型圆锥破碎机适用于中碎和细碎，且产量较高。

菌型圆锥破碎机排料粒度均匀，破碎比大，破碎效率高，能耗低，运转平稳，噪声较低。但其支承结构较复杂，维修也较困难，衬板磨损对排粒度影响较明显。

2.4.6 锤式破碎机

锤式破碎机具有大破碎比(可达 30～50)。它的主要工作部件为带有锤头的转子。主轴上装有锤架，在锤架上挂有锤头，机壳的下半部装着箅条，内壁装着衬板。由主轴、锤架、锤头组成的旋转体称转子。转子的线速度很大，一般在 30～50 m/s。物料进入破碎机中，受到高速旋转的锤头的冲击而被破碎。物料获得能量后又高速撞向衬板而被第二次破碎。较小的物料通过箅条排出，较大的物料在箅条上再次受到锤头的冲击被破碎，直至能通过箅条而排出，如图 2.6 所示。

锤式破碎机类型很多，按结构特征可分类如下：

(1) 转子数目，分为单转子锤式破碎机和双转子锤式破碎机(图 2.7)；

(2) 按转子回转方向，分为可逆式(转子可朝两个方向旋转)和不可逆式两类；

(3) 按锤子排数，分为单排式(锤子安装在同一回转平面上)和多排式(锤子分布在几个回转平面上)；

(4) 按锤子在转子上的连接方式，分为固定锤式和活动锤式(固定锤式主要用于软质物料的细碎和粉磨)。

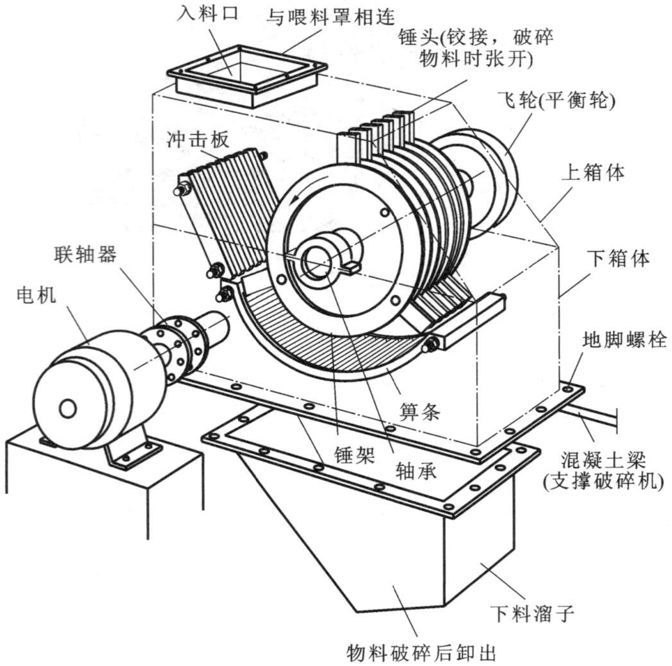

图 2.6　单转子锤式破碎机

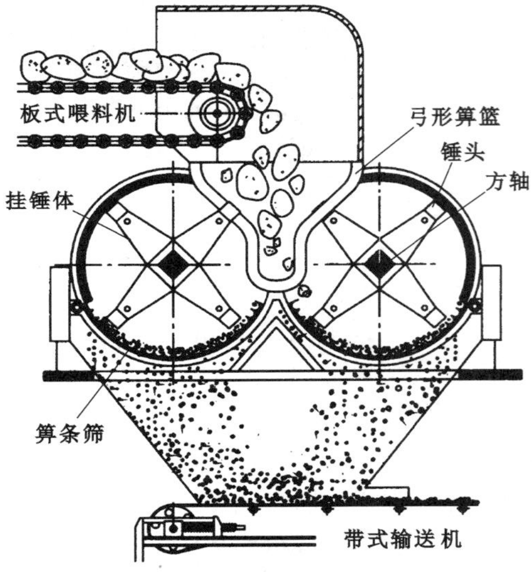

图 2.7　双转子锤式破碎机

锤式破碎机的主要部件如下：

(1) 锤头。锤头是直接击破物料的易损件，常用优质高碳钢锻造或铸造而成，也可用高锰钢铸造。近来，采用高铬铸铁铸造的锤头获得了良好效果。锤头的形状和质量直接影响破碎机的产量和使用寿命，一般根据被破碎物料的性质、进料粒度及检修情况进行选择。用于粗碎时，锤头质量要大，但个数要少；用于中细碎时，锤头质量要小，而个数要多。

(2) 转子。转子是锤式破碎机回转速度较快的主要工作部件，由主轴、锤架和销轴组成。锤头用销轴铰接悬挂在圆盘上，当有金属物件进入破碎机时，因锤头是活动地悬挂在转子区盘上的，所以能绕铰接轴让开，避免损坏机件。转子的平衡特别重要，在挂锤、换锤和锤架时应十分注意其质量的静动平衡，否则运转时会产生惯性离心力。此惯性力是周期性变化的，不仅加速轴承磨损，而且会引起破碎机的振动。

(3) 箅条。在锤式破碎机的下部装有出料箅条，两端由可调节的悬挂轴支承。箅条的安装形式与锤头的运动方向垂直，锤头与箅条之间的间隙可通过螺栓来调节。在破碎过程中，合格的产品通过箅缝排出，未能通过箅缝的物料在箅条上继续受到锤头的冲击和研磨作用，直至通过箅缝排出。

(4) 破碎板：进料部分装有破碎板，它由托板和衬板等部件组成，用两根轴架装在破碎机的机体上，其角度可用调节丝杆进行调整，衬板磨损后可以更换。

(5) 安全保护装置。在排料箅子的后边装有保险门，它的主要任务是防止未被破碎的大块物料溢出。误入机内的铁件或金属等，在离心力的作用下可迅速推开保险门顺利排出，随后自动闭合，破碎机照常运转。在破碎机的主轴上装有安全铜套，皮带轮套在铜套上，铜套与皮带轮则用安全销连接，一旦喂入破碎机内的物料量过多或混进了金属物件，负荷激增，销钉即被剪断，如此即可防止机械事故的发生。

(6) 传动系统。电动机通过皮带轮、联轴器直接带动转子运转，主轴的另一端装有飞轮，飞轮的主要作用是储备动能、均衡负荷、降低转子旋转的不均匀性，确保设备平衡运转。

2.4.7　反击式破碎机

反击式破碎机与锤式破碎机有很多相似之处，如破碎比大(可达 50～60)，产品粒度均匀等。其工作部件由带有打击板的做高速旋转的转子以及悬挂在机体上的反击板组成，如图 2.8 所示。从图 2.8中可以看出，进入破碎机的物料在转子的回转区域内受到打击板的冲击，并被高速抛向反击板，再次受到冲击，又从反击板反弹到打击板上，继续重复上述过程。物料不仅受到打击板、反击板的巨大冲击而破碎，还因物料之间的相互撞击而破碎。当物料的粒度小于反击板与打击板之间的间隙时即可被卸出。

反击式破碎机主要由转子、打击板(又称板锤)、反击板和机体等部件组成。机体分为上下两部分，均由钢板焊接而成。机体内壁装有衬板，前后左右均设有检修门，打击板与转子为刚性连接。反击板是一衬有锰钢衬板的钢板焊接件，有折线形和弧线形两种，其一端铰接固定在机体上，另一端通过拉杆自由悬吊在机体上，可以通过调节拉杆螺母改变反击板与打击板之间的间隙以控制物料的破碎粒度和产量。如有不能被破碎的物料进入，反击板会因受到较大的压力而使拉杆后移，并能靠自身重力返回原位，从而起到保险的作用。机体入口处有链幕，既可防止石块飞出，又能减小料块的冲力，达到均匀喂料的目的。

反击式破碎机有单转子反击式破碎机、双转子反击式破碎机和组合式反击式破碎机三种类型。

图 2.8 是单转子反击式破碎机。

图 2.9 是双转子反击式破碎机。

图 2.10 是组合式反击式破碎机。

它们都装有两个平行排列的转子，第一道转子的中心线高于第二道转子的中心线，形成一定高差。第一道转子为重型转子，转速较低，用于粗碎；第二道转子转速较快，用于细碎。两个转子分别由两台电动机经液压联轴器、弹性联轴器和三角皮带组成的传动装置驱动，做同方向旋转。两道反击板的固定方式与单转子反击式破碎机相同。分腔反击板通过支挂轴、连杆和压力弹簧等悬挂在两转子之间，将机体分为两个破碎腔。调节分腔反击板的拉杆螺母可以控制进入第二破碎腔的物料粒度；调节第二道反击板的拉杆螺母可控制破碎机的最终产品粒度。

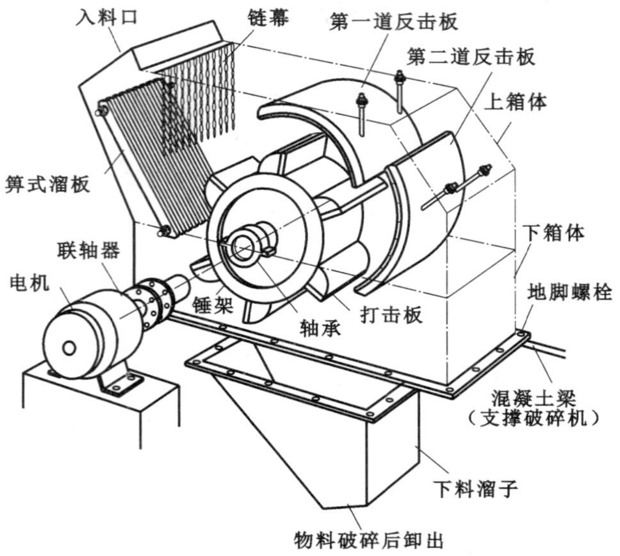

图 2.8　单转子反击式破碎机

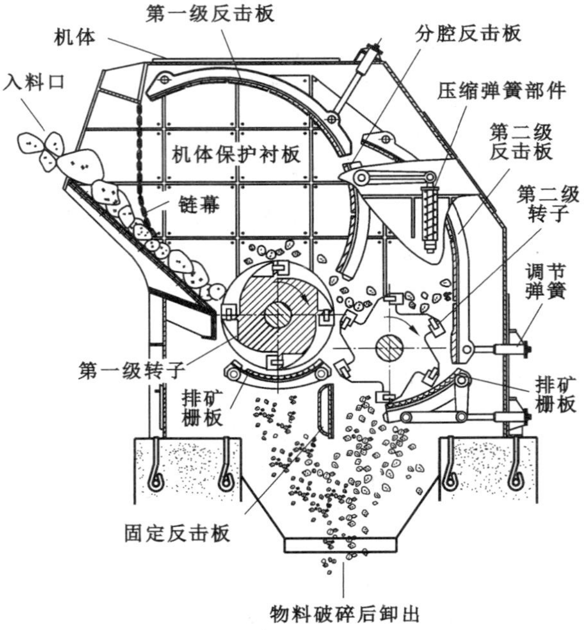

图 2.9　双转子反击式破碎机

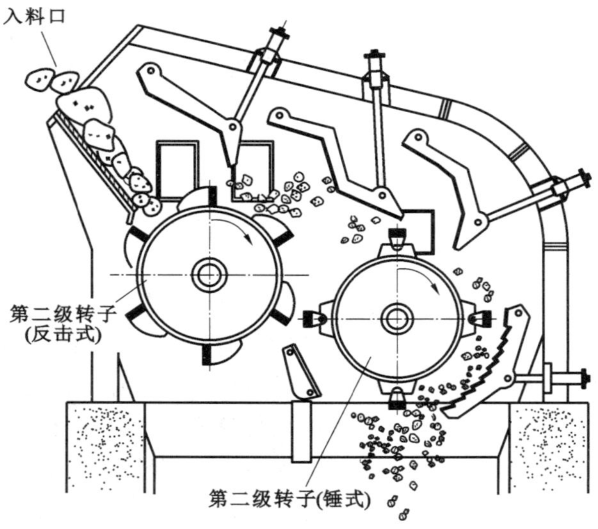

图 2.10　组合式反击式破碎机

2.4.8　EV 型反击-锤式破碎机

由丹麦史密斯公司(Smidth F L)研制的 EV 型破碎机，是将锤式破碎机和反击式破碎机的部分部件组合在一起的新型高效率破碎机，即反击-锤式破碎机，如图 2.11 所示。

EV 型反击-锤式破碎机的破碎过程是：进入破碎机的矿石首先落到两个具有吸震作用的慢速回转的辊筒上(保护转子免受大块矿石的猛烈冲击)，辊筒将矿石均匀地送向锤头，被其击碎，并抛到锤式破碎机上部的衬板上进一步破碎，然后撞击可调整的破碎板和出口箅条，最后冲击破碎并通过箅缝漏下，由皮带输送机送至预均化库储存均化。两个辊筒中的一个辊筒的表面是平滑的，而另一个则是有凸起的，两辊筒的中心距可调，转速不同，这样可防止卡住矿石，部分细料在这里通过两个辊筒间的间隙漏下。外侧的一个大皮带轮装在转子轴的衬套上，用剪刀销子与衬套相连，万一出现严重过载而卡住锤式破碎机时，受剪销子被切断，皮带轮在它的衬套上空转，与此同时，断开电动机供电。出料箅

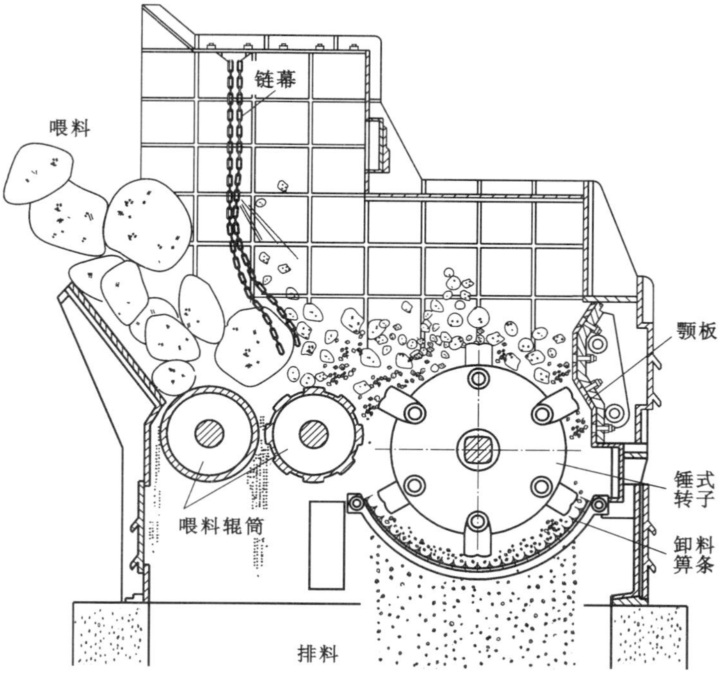

图 2.11　EV 型反击-锤式破碎机

条安装在下壳体内，包括一套弧形箅条架和箅条，箅条间距决定箅缝的大小，这样也决定了产品的大小，出料箅条可以作为一个整体部件被卸下。破碎板和出料箅条相对于转子的距离是可以调整的，这样可补偿锤头的磨损。当 EV 破碎机的电动机负荷超过一定的预定值时，自动装置将停止向破碎机喂料直到功率降到正常，又自动恢复喂料。当破碎机被不能破碎的杂物卡住时，自动安全装置停止向破碎机和喂料机供电。

2.4.9　齿辊式破碎机

齿辊式破碎机是利用高速旋转的齿辊对物料进行劈裂破碎的破碎机。具有体积小、破碎比大（5～8）、噪声低、振动小、粉尘少、能耗低、结构简单、出料粒度均匀、过粉碎率低等特点。适用于破碎中、低硬度以下的物料，如烟煤、无烟煤、褐煤及煤矸石，也可用于烧结矿、焦炭、炉渣、页岩、石膏及石灰石等，特别适用于黏性物料和含水分较高物料的破碎。

齿辊式破碎机分为双齿辊式破碎机和四齿辊式破碎机两大系列，双齿辊式破碎机为机械弹簧式，该齿辊式破碎机可根据破碎物料特性和要求分别配用粗齿辊或中齿辊，四齿辊式破碎机实际由两台双齿辊式破碎机组合而成。

齿辊式破碎机主要采用特殊耐磨齿辊高速旋转对物料进行劈裂破碎，主要由传动装置、机架部分、破碎辊、机械弹簧装置、联动机构等组成，其破碎原理如图 2.12 所示。

齿辊式破碎机的齿板或齿环是可以更换或调头使用的。当齿牙磨损至一定程度后，必须更换或修复，否则将导致破碎产品粒度不均匀、功耗增加、产量下降等。辊齿磨损后，排料口宽度会增加，需要对活动齿辊进行调节（单辊破碎机则调节颚板）。调节时需要注意保持两个辊子间相互平行，防止歪斜。

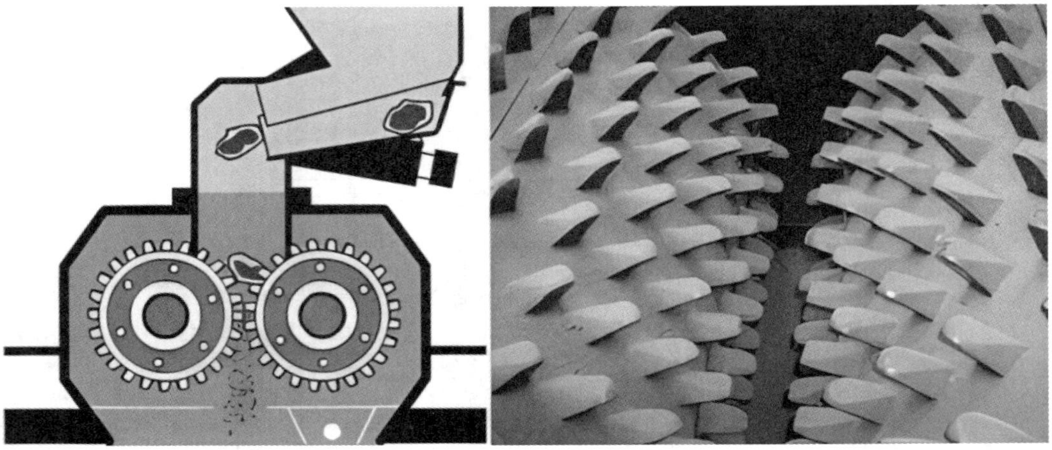

(a)　　(b)

图 2.12　齿辊破碎机

(a) 破碎原理;(b) 辊齿

2.5　预均化堆场

进厂原料和燃料的成分均匀性是相对的,而不均匀是绝对的。原料和燃料的化学成分、灰分及热值常常在一定范围内波动,有时波动还是比较大的。如果不采用必要的均化措施,尤其是当原料的成分波动较大时,势必影响原料的准确配合,从而不利于制备成分高度均齐的生料;当煤质的灰分和热值波动较大时,必然影响到熟料煅烧时热工制度的稳定。上述两方面情况单独或同时存在时,就无法保证熟料的质量及维持生产的正常和设备的长期安全运转。另外,某些品质略差的原料和燃料将受到限制而无法采用,不利于资源的综合利用。因此,当原料和燃料的成分波动较大时,预均化是必须采取的重要措施。目前的新型干法水泥生产过程,一般都采用了预均化措施。

预均化堆场是一种机械化、自动化程度较高的预均化设施。送入预均化堆场中的成分波动较大的原料和燃料,通过采用堆料机连续以薄层叠堆,形成多层(200～500 层)堆铺料层的具有一定长度比的料堆;而取料机则按垂直于料堆的纵向实行对成分各异的料层同时切取,完成“平铺直取”,实现各层物料的混合,其标准偏差缩小,从而达到均化的目的。在进料成分波动较大的情况下,其均化效果 H(均化前物料的标准偏差与均化后物料的标准偏差之比值)可达 7～10。

预均化堆场的布置方式有矩形和圆形两种。

2.5.1　矩形预均化堆场

如图 2.13 所示,矩形预均化堆场中一般设有两个料堆,一个在堆料,另一个在取料,相互交替进行,每个料堆的储量通常可供工厂使用 5～7 d。

2.5.2　圆形预均化堆场

圆形预均化堆场的料堆为圆环状,如图 2.14 所示。

原料由带式输送机送到堆场的中心上方,用回转悬臂胶带堆料机进行往返回转堆料,一般用桥式刮板取料机或桥式圆盘取料机取料。在料堆的开口处,一端连续堆料,另一端连续取料。整个料堆的储量一般可供工厂使用 4～7 d。

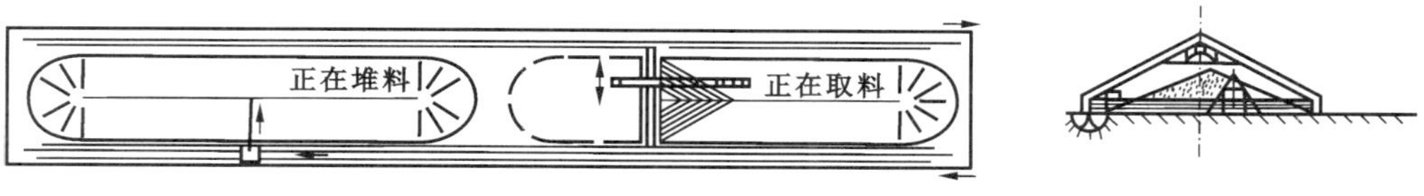

(a)

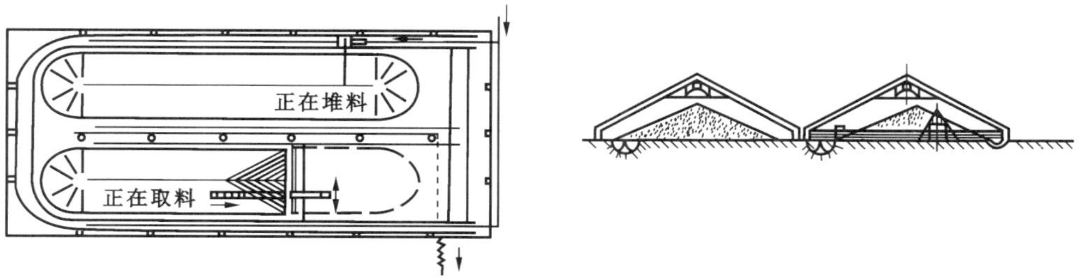

(b)

图 2.13 矩形预均化堆场工艺示意图

(a) 两个纵向排列的料堆;(b) 两个平行排列的料堆

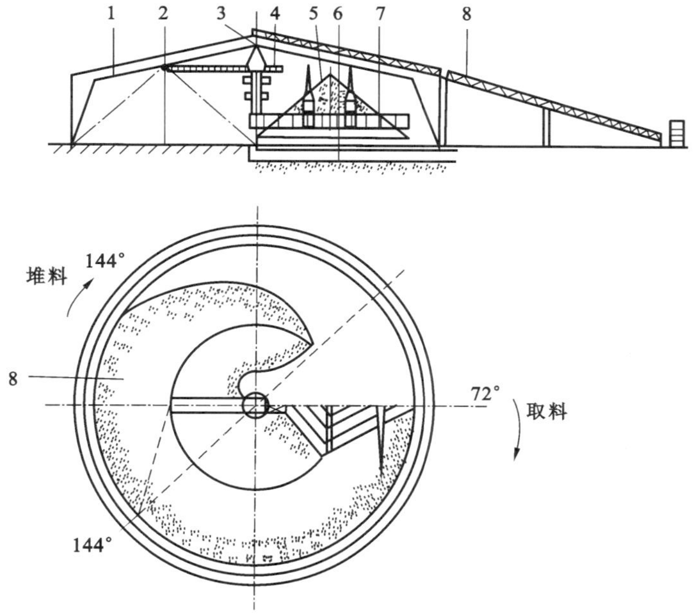

图 2.14 圆形预均化堆场

1—厂房;2—堆料机;3—料堆;4—中心柱;5—料堆;6—接料胶带机;7—取料机;8—进料胶带机

圆形预均化堆场与矩形预均化堆场相比,在相同容量的条件下,占地面积小 30%~40%,投资低 20%~30%。由于圆形预均化堆场的取料只沿一个方向运动(顺时针方向或逆时针方向),不存在换堆取料的问题。而矩形预均化堆场取料机是往复运动,一个堆取完后,要更换到另一个堆去取料,换堆时往往原料成分会产生较大的变化。所以圆形预均化堆场不存在矩形预均化堆场中处理料堆端部堆积料的困难,即无“端锥”问题,操作方便,有利于自动控制。圆形预均化堆场的缺点是:圆形预均化堆场的均化效果低于矩形堆场;圆形预均化堆场中的圆环形料堆的物料分布不如矩形堆场中长条形料堆对称而均匀;如果作预配料堆场并预均化,圆形堆场中总是在堆端布料,所以难以及时调整;圆形堆场因受厂房直径的限制,堆存容量不及矩形堆场多,且扩建困难。

习　题

2.1　水泥生产有哪些种类的原料,对各种类的原料有何要求?

2.2　钙质原料主要有哪些种类? 有何品质要求?

2.3　黏土类原料的主要化学成分是什么?

2.4　表示煤的组成有哪几种基准和方法?

2.5　什么是燃料发热量? 高位发热量和低位发热量的主要区别是什么? 什么是标准燃料?

2.6　水泥生产对燃煤有何要求,如不能满足要求应采取何对策?

2.7　通常什么样的煤着火点低,燃烧速度快?

2.8　煤灰熔化时有何特点?

2.9　原料开采应注意哪些问题? 常用的运输方式是什么?

2.10　原料为何要进行破碎?

2.11　水泥行业常见破碎机有哪些类型? 是何原理?

2.12　易碎系数在破碎设备选型设计中有何指导意义?

2.13　为什么说对物料粉碎的难易程度既与物料本身的物性有关,又与粉碎机械有关?

2.14　破碎的施力方式主要有哪些,对物料的适用性如何?

2.15　阐述挤压式和冲击式两类破碎机的破碎作用原理和适用性。

2.16　阐述旋回破碎机和菌型圆锥破碎机的结构特点与性能。

2.17　锤式破碎机与反击式破碎机有何区别?

2.18　某大型预分解窑水泥厂的进厂石膏,最大粒度直径 500 mm 左右,宜采用何种破碎机械?

2.19　何谓预均化? 原料和燃料为什么要进行预均化?

3 硅酸盐水泥熟料、率值与显微结构

由主要含 CaO、SiO_2、Al_2O_3、Fe_2O_3 的原料，按适当比例磨成细粉烧至部分熔融所得以硅酸钙为主要矿物成分的水硬性胶凝物质称为硅酸盐水泥熟料，简称熟料。

3.1 熟料化学成分及矿物组成

3.1.1 化学成分

硅酸盐水泥熟料主要由 CaO、SiO_2、Al_2O_3 和 Fe_2O_3 四种氧化物组成，其含量总和通常都在 95% 以上。如将主要氧化物的含量（CaO+SiO_2+Al_2O_3）换算成 100%（将 Fe_2O_3 含量计算在 Al_2O_3 中），则硅酸盐水泥熟料的组成几乎落在图 3.1 所示的 C_3S-C_2S-C_3A 三角形的图形区域内。

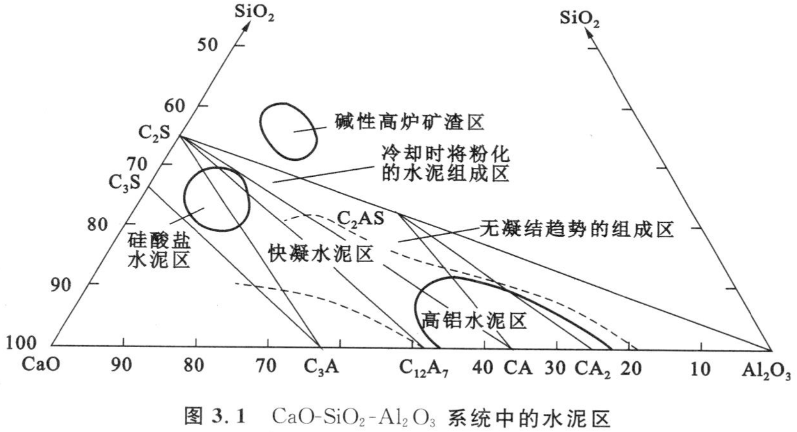

图 3.1 CaO-SiO_2-Al_2O_3 系统中的水泥区

现代生产的硅酸盐水泥熟料，各氧化物含量的波动范围为：CaO 为 62%～67%；SiO_2 为 20%～24%；Al_2O_3 为 4%～7%；Fe_2O_3 为 2.5%～6.0%。除了这四种主要氧化物外，通常还含有 MgO、SO_3、K_2O、Na_2O、TiO_2、P_2O_5 等。

在某些情况下，由于水泥品种、原料成分以及工艺过程的不同，其氧化物含量也可能不在上述范围。例如，白色硅酸盐水泥熟料中 Fe_2O_3 含量必须小于 0.5%，而 SiO_2 含量可高于 24%，甚至可高达 27%。

3.1.2 矿物组成

在硅酸盐水泥熟料中，CaO、SiO_2、Al_2O_3 和 Fe_2O_3 不是以单独的氧化物存在，而是两种或两种以上的氧化物经高温化学反应而生成的多种矿物的集合体。其结晶细小，一般为 30～60 μm。主要有以下四种矿物：

硅酸三钙，化学式为 $3CaO \cdot SiO_2$，可简写为 C_3S；

硅酸二钙，化学式为 $2CaO \cdot SiO_2$，可简写为 C_2S；

铝酸三钙，化学式为 $3CaO \cdot Al_2O_3$，可简写为 C_3A；

铁相固溶体，化学式通常以铁铝酸四钙 $4CaO \cdot Al_2O_3 \cdot Fe_2O_3$ 作为代表式，可简写成 C_4AF。

此外，还有少量游离氧化钙（f-CaO）、方镁石（结晶氧化镁）、含碱矿物及玻璃体。通常，熟料中 C_3S 和 C_2S 含量约占 75%，称为硅酸盐矿物。C_3A 和 C_4AF 的理论含量约占 22%。在水泥熟料煅烧过程中，C_3A 和 C_4AF 以及 MgO、R_2O 等在 1250～1280 ℃会逐渐熔融形成液相，促进 C_3S 的形成，故称熔剂矿物。

3.1.2.1 硅酸三钙

C_3S 是 $CaO\text{-}SiO_2$ 二元系统中 CaO 含量最高的化合物。$CaO\text{-}SiO_2$ 二元系统相图如图 3.2 所示。纯 C_3S 只有在 1250～2065 ℃温度范围内才稳定。在 2065 ℃以上，不一致熔融为 CaO 和液相。在 1250 ℃以下，分解为 C_2S 和 CaO，但反应很慢，故纯 C_3S 在室温可以介稳状态存在。水分或硫酸盐熔体的存在会促进该分解反应的进行，C_3S 晶格中的杂质离子会降低分解温度。有些杂质离子能延缓分解反应的进行，而有些杂质离子则可加速分解反应。二价铁离子（Fe^{2+}）能大大加快 C_3S 在1180 ℃左右发生的分解反应，因此水泥熟料通常应在氧化气氛下煅烧和冷却，铁以 Fe^{3+} 形态存在，生成 C_4AF。

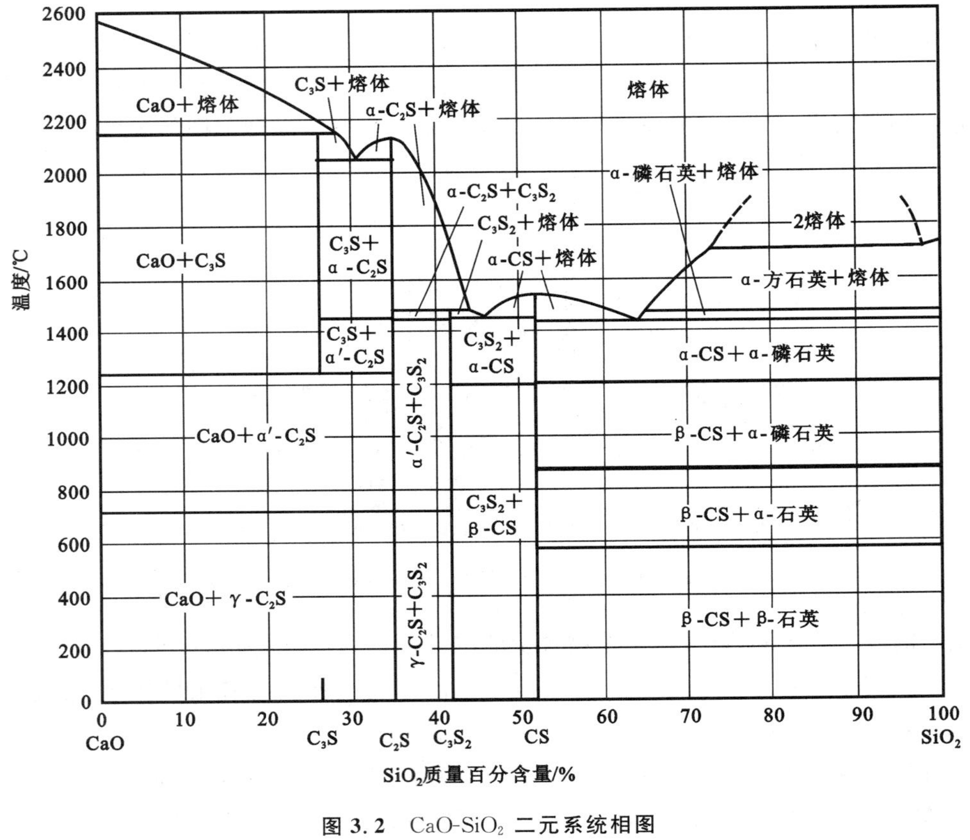

图 3.2 $CaO\text{-}SiO_2$ 二元系统相图

C_3S 在介稳区，分属三种晶系七种变型，可以通过 X 射线衍射分析或晶体光学特征加以区分。

$$R \xrightleftharpoons{1070\ ℃} M_{III} \xrightleftharpoons{1060\ ℃} M_{II} \xrightleftharpoons{990\ ℃} M_{I} \xrightleftharpoons{980\ ℃} T_{III} \xrightleftharpoons{920\ ℃} T_{II} \xrightleftharpoons{620\ ℃} T_{I}$$

R 型为三方晶系，M 型为单斜晶系，T 型为三斜晶系，这些变型的晶体结构相近。纯 C_3S 在常温下，通常只能保留三斜晶系（T 型），如含有少量 MgO、Al_2O_3、SO_3、ZnO、Cr_2O_3、Fe_2O_3、R_2O 等稳定剂形成固溶体，便可保留 M 型或 R 型。

在较高温度下处于介稳状态的 C_3S 变型可通过在其晶格中固熔杂质离子得以稳定，使其在较低温度下不再转变成其他介稳状态的晶型。例如，ZnO 就是一种有效的稳定剂，根据其在 C_3S 中含量不同，能够稳定除 $T_{Ⅲ}$ 及 $M_{Ⅲ}$ 以外的每一种变型。1%左右的 TiO_2 可以促进 C_3S 的形成，而较高含量的 TiO_2 则会抑制 C_3S 的形成。在 1500 ℃，Mg^{2+} 直接取代 Ca^{2+}，MgO 在 C_3S 中的最大固溶量为 2%（质量），1.5% MgO 可使单斜型 C_3S 稳定至室温。Al_2O_3 在 C_3S 中的最大固溶量为 1.0%（质量），$3Al^{3+}$ 代替 $3Si^{4+}$，Al^{3+} 进入间隙中使电荷平衡。当固溶体中既有 MgO 又有 Al_2O_3 时，则仅需 1.0% MgO 就能使单斜型 C_3S 稳定至室温。但当二者含量均小于各自的最大固溶量的 3/4 时，则生成三斜型 C_3S。在 1400～1500 ℃下，Fe_2O_3 在 C_3S 中的最大固溶量为 1.1%（质量），同时这个最大固溶量不受 Al 离子和 Mg 离子存在的影响。

在硅酸盐水泥熟料中，通常不以纯的 C_3S 形式存在，总含有少量 MgO、Al_2O_3、Fe_2O_3 等，形成固溶体，称为阿利特（Alite）或 A 矿。阿利特通常为 M 型或 R 型。

阿利特的组成，由于其他氧化物的含量及其在 C_3S 中固溶程度的不同，变化较大，不同研究者所得结果有所差异。有些研究者认为是 $54CaO \cdot 16SiO_2 \cdot MgO \cdot Al_2O_3$（简写为 $C_{54}S_{16}MA$）；有些研究者则认为是 $C_{105}S_{35}M_2A$ 或 $C_{154}S_{52}M_2$ 等。近代电子探针分析表明，在阿利特中除含有 MgO 和 Al_2O_3 外，还含有少量的 Fe_2O_3、R_2O、TiO_2、P_2O_5 等，但其成分仍然接近于纯 C_3S。几种阿利特的组成范围为：CaO 70.90%～73.10%、SiO_2 24.90%～25.30%、Al_2O_3 0.7%～2.47%、MgO 0.3%～0.98%、TiO_2 0.2%～0.4%、Fe_2O_3 0.4%～1.6%、K_2O 0.20%左右、Na_2O 0.1%左右、P_2O_5 0.1%左右。

C_3S 是硅酸盐水泥熟料的主要矿物，其含量通常为 50%左右，有时甚至高达 60%以上。C_3S 加水调和后，凝结时间正常、水化速度较快、放热较多，粒径为 40～45 μm 的 C_3S 颗粒加水后 28 d，可以水化 70%左右。所以 C_3S 强度发展比较快，早期强度较高，且后期强度增进率较大。28 d 强度可以达到 1 年强度的 70%～80%，其 28 d 强度和 1 年强度在四种矿物中均最高。C_3S 水化热较高、抗水性较差，如要求水泥的水化热低，抗水性较高，则熟料中 C_3S 含量要适当低一些。

C_3S 含少量其他氧化物形成固溶体阿利特，将影响它的水化反应能力和晶型。如加 0.3%～0.5% BaO或 P_2O_5 将增大水泥的强度，而加入等量的 SrO 却没有什么作用；还发现含 4%C_3A 的阿利特与水的反应比纯 C_3S 快得多，阿利特含 1%Al_2O_3 以及等当量的 MgO 比纯 C_3S 早期强度高得多。其他元素以固溶体存在时，也会改变 C_3S 的晶型；由于固溶体在晶格中产生的变位、应变和扭曲，一般会增强其反应能力。

纳尔斯（R. W. Nurse）制得的各种纯 C_3S 和含 MgO 或含 MgO 与 Al_2O_3 的阿利特的一些强度数据列于表 3.1 中。

表 3.1 硅酸三钙的抗压强度 （单位：MPa）

C_3S 类型	龄期/d		
	1	3	28
三斜，纯的（T1）	11.86	18.39	23.42
三斜，$C_{154}M_2S_{52}$（T2）	9.24	19.22	22.81
单斜，$C_{161}M_5S_{52}$	16.00	24.73	28.32
单斜，$C_{54}S_{16}MA$	12.41	29.63	35.14

虽然这些数据表明单斜型 C_3S 强度比三斜型 C_3S 高，但进一步的试验表明，改变 MgO 含量使三斜型 C_3S 变成单斜型 C_3S 后并未证实能使强度提高。其他的研究虽然表明单斜型水化较快，但未能证明两者的强度有显著差异。因此，从这些数据尚难以区分 C_3S 中用 MgO 和 Al_2O_3 替代 SiO_2 后得

到的单斜晶型对其反应能力的影响。

熟料形成时，C_3S是四种矿物中最后生成的。通常，在高温下，CaO 和 SiO_2 首先反应生成 C_2S，然后 CaO 和 C_2S 反应生成 C_3S，其反应式如下：

$$2CaO + SiO_2 \longrightarrow 2CaO \cdot SiO_2$$

$$2CaO \cdot SiO_2 + CaO \longrightarrow 3CaO \cdot SiO_2$$

如无液相存在，在 CaO-SiO_2 二元系统中，以固相反应合成 C_3S 单矿物时，在 1800 ℃下只要几分钟就能迅速形成；在 1650 ℃下加热 1 h，C_3S 基本形成，f-CaO 为 1%左右；1450 ℃下加热 1 h，则只有少量 C_3S 晶体生成，而大部分是 C_2S 和 f-CaO。因此，C_3S 单矿物在 1450 ℃合成时，需要多次重复粉磨再煅烧。但如有足够的熔剂（液相）存在，于 1250～1450 ℃时，就可使 C_3S 在液相中吸收 CaO，比较迅速地形成 C_3S。为此，熟料中 C_3S 含量过高时，会给煅烧带来困难，往往使熟料中 f-CaO 增高，从而降低水泥强度，甚至影响水泥安定性。

3.1.2.2 硅酸二钙

C_2S 在熟料中含量一般为 20%左右，是硅酸盐水泥熟料的主要矿物之一，其熔点为 2130 ℃，如图 3.2 所示，是一种非常稳定的化合物。C_2S 有五种已知的变型：α-C_2S、α'_H-C_2S、α'_L-C_2S、β-C_2S 及 γ-C_2S，下标 H 及 L 分别表示高温和低温下的 α'-C_2S 变型，如图 3.3 所示。可见，冷却过程中的 $\beta \rightarrow \gamma$ 转化及加热过程中的 $\gamma \rightarrow \alpha'_L$ 转化是不可逆的。各种 C_2S 变型的晶系和密度如表 3.2 所示。

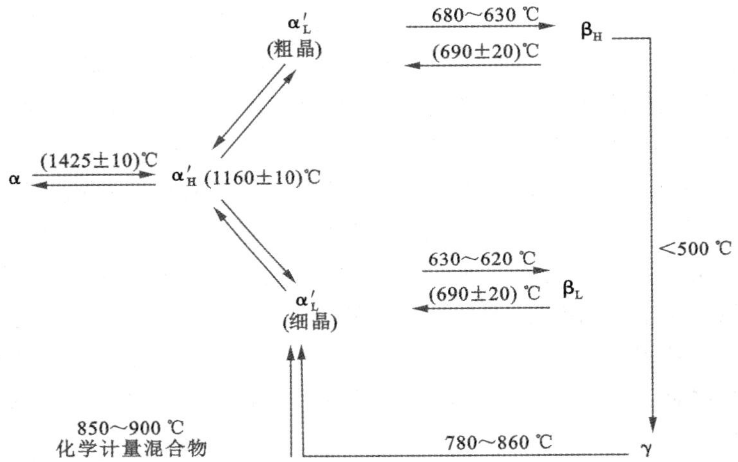

图 3.3 硅酸二钙各变型间的相互转化

表 3.2 硅酸二钙变型的晶系和密度

变型	α-C_2S	α'-C_2S	β-C_2S	γ-C_2S
晶系	三方或六方	斜方	单斜	斜方
密度/(g/cm^3)	3.04	3.40	3.28	2.97

在室温下，有水硬性的 α-C_2S、α'_H-C_2S、α'_L-C_2S、β-C_2S 型纯硅酸二钙的几种变型都是不稳定的，有趋势要转变为水硬性微弱的 γ-C_2S 型。由于在硅酸盐水泥熟料中含有少量的 Al_2O_3、Fe_2O_3、MgO、Na_2O、K_2O、TiO_2、P_2O_5 等，使 C_2S 也形成固溶体。根据 C_2S 固溶的氧化物的种类与数量以及冷却开始的温度与速率，可以保留不同的高温变型。α'型的强度较β型为高；α 型的强度试验结果不一致，有的高于β型、有的低于β型，有的甚至在常温下只有微弱的胶凝性。α 型由于生成温度较高，且主要稳定剂 Na_2O 大多与 C_3A 形成固溶体，稳定 α'型的 K_2O 等数量也不多，而 α'、β型结构相似，它们之间较易相互转变，因而在熟料中 α 与 α'型 C_2S 较少存在，而β和 γ 型的转变，结构变化较大；虽然β型 C_2S

也是不稳定的，但在烧成温度较高、冷却较快，且固溶有少量 Al_2O_3、Fe_2O_3、MgO、Na_2O、K_2O 等氧化物的硅酸盐水泥熟料中，通常均可保留β型。这种固溶有少量氧化物的 C_2S 称为贝利特(Belite)，简称 B 矿。

电子探针分析的几种贝利特固溶体的组分范围为：CaO 63.0%～63.7%；SiO_2 31.5%～33.7%；Al_2O_3 1.1%～2.6%；Fe_2O_3 0.7%～2.2%；MgO 0.2%～0.6%；Na_2O 0.2%～1.0%；K_2O 0.3%～1.0%；TiO_2 0.1%～0.3%；P_2O_5 0.1%～0.3%；等等。

当 C_2S 中固溶有少量 As_2O_5、V_2O_5、Cr_2O_3、BaO、SrO、P_2O_5 等氧化物时，可以提高 C_2S 的水硬活性，但采用不同氧化物时，强度发展有显著差别，如表 3.3 所示。

表 3.3　硅酸二钙的抗压强度　　(单位：MPa)

稳定剂种类	龄期/d		
	7	28	180
Fe_2O_3、Na_2O	1.46	2.41	10.64
B_2O_3	2.76	5.00	16.65
$Ca_3(PO_4)_2$	3.81	9.66	24.85

除了稳定剂的影响以外，当烧成温度较低，液相不足，C_2S 含量过多时，冷却较慢，C_2S 在低于 500 ℃的温度下，容易由密度为 3.28 g/cm^3 的β型转变为密度为 2.97 g/cm^3 的 γ 型，体积膨胀 10%，从而导致熟料粉化。还原气氛锻烧，粉化会加剧。但液相较多时，可使溶剂矿物形成玻璃体，将β型 C_2S 晶体包住，在迅速冷却的条件下，使其越过β→γ 型的转变温度而保留下来。熟料的粉化产物，视转变的程度，主要为不同比例的β和 γ 型 C_2S 的混合物，甚至大部分转变为 γ 型，因而水泥强度较低。

贝利特水化较慢，凝结硬化缓慢，早期强度较低，至 28 d 龄期仅水化 20%左右，但 28 d 以后，强度仍能较快增长，在 1 年后，可以赶上阿利特，如表 3.4 所示。贝利特水化热较小，抗淡水侵蚀性较强，因而对于大体积或要求抗淡水侵蚀的工程用的水泥，适当提高熟料中贝利特含量，降低阿利特含量是有利的。

阿利特、贝利特的抗压强度如表 3.4 所示。

表 3.4　阿利特、贝利特的抗压强度　　(单位：MPa)

矿物	1 d	3 d	7 d	28 d	90 d	180 d	1 a	2 a
阿利特	10.01	19.33	41.12	49.07	49.07	67.22	71.15	78.02
贝利特	0	0.39	0.98	6.28	35.62	52.21	70.85	99.12

增大粉磨比表面积，可以明显增大贝利特的早期强度。低温煅烧的硫铝酸盐系列水泥中，贝利特的水化硬化速度大大加快，它不但提供水泥的后期强度，对早期强度也有促进作用。当用 $CaCl_2$ 作熔剂时，所得贝利特比一般硅酸盐水泥熟料的水化速度快两倍，强度高一倍。

3.1.2.3　铝酸三钙

$CaO\text{-}Al_2O_3$ 二元系统相图如图 3.4 所示。

C_3A 是二元 $CaO\text{-}Al_2O_3$ 系统中 CaO 含量最高的化合物，如图 3.4 所示。C_3A 在 1542 ℃不一致熔融为 CaO 和液相。纯 C_3A 属等轴晶系，没有多晶转变。C_3A 中也可固溶部分其他氧化物。电子探针测定发现，C_3A 中大约固溶有 2.1%～4.0% SiO_2、4.4%～6.0% Fe_2O_3、0.4%～1.0% MgO、0.4%～1.1% K_2O、0.3%～1.7% Na_2O 以及 0.1%～0.6% TiO_2 等氧化物。随所固溶的碱含量增加，C_3A 可由立方晶体变为斜方晶系、四方晶系。

C_3A 水化迅速，放热快，凝结很快，如不加石膏等缓凝剂，易使水泥急凝。C_3A 硬化也很快，它的

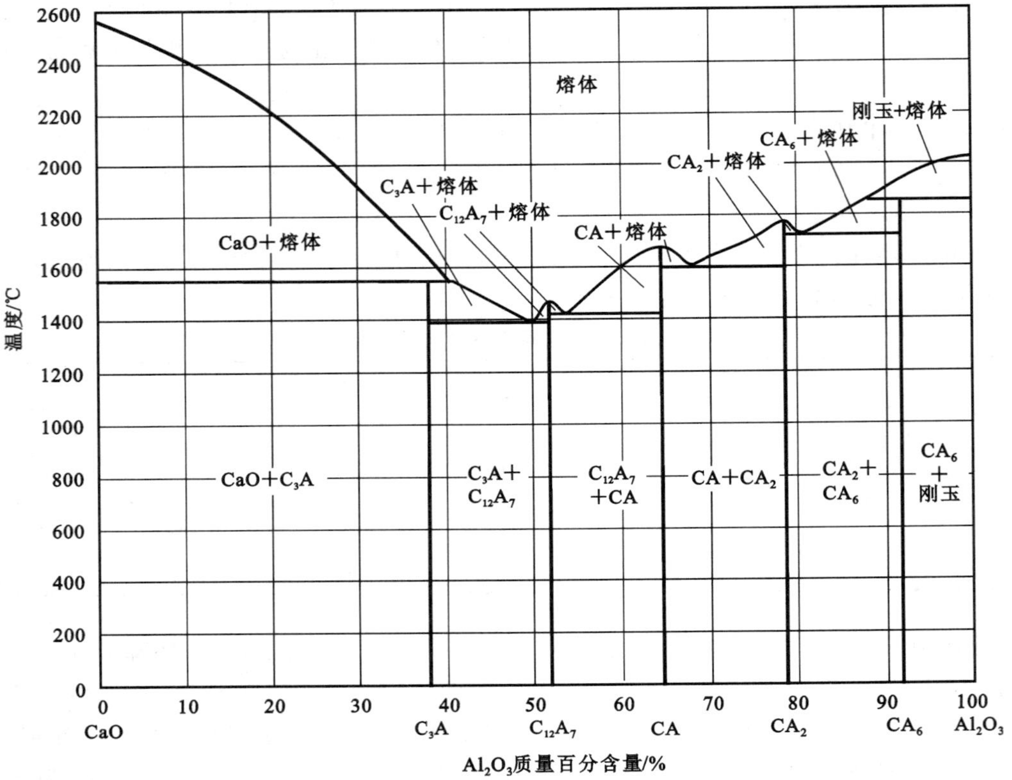

图 3.4　$CaO\text{-}Al_2O_3$ 二元系统相图

强度 3 d 内就大部分发挥出来，故早期强度较高，但绝对值不高，以后几乎不再增长，甚至减小。C_3A 的干缩变形大，抗硫酸盐性能差。当制造抗硫酸盐水泥或大体积工程用水泥时，C_3A 含量应控制在较低范围内。

C_3S 与 C_3A 及 C_2S 混合时的强度曲线见图 3.5。

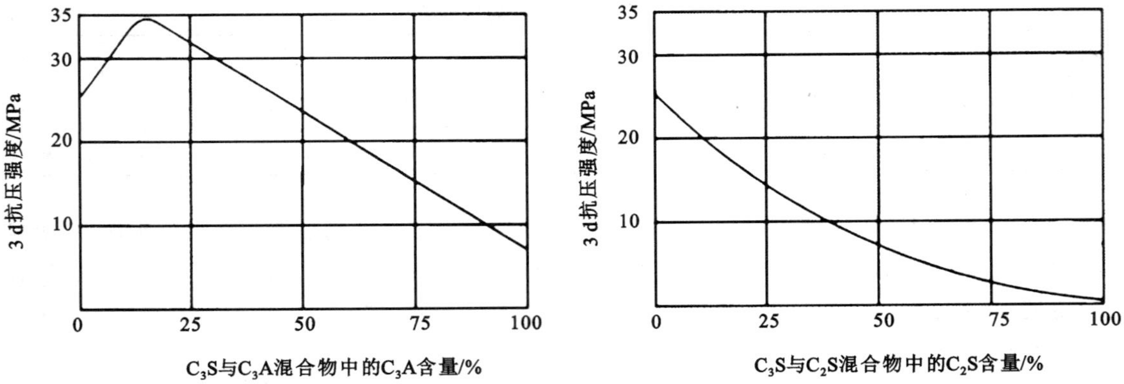

图 3.5　C_3S 与 C_3A 及 C_2S 混合时的强度曲线

由于硅酸盐水泥熟料是多矿物集合体，因此熟料的强度主要取决于四个单矿物的强度，但并不是四种单矿物强度简单地加和，有的矿物相互之间有一定的促进作用。图 3.5 说明，C_3A 的强度较低，但与 C_3S 混合后，在 C_3A 为 15%、C_3S 为 85%时，它的混合物的 3 d 强度比 C_3S 还要高，但超过一定数量后，随 C_3A 含量增加，混合物强度显著下降。C_4AF 和 C_3S 混合时，当 C_4AF 为 5%、C_3S 为 95%时，也有类似的规律。C_3S 和 C_2S 的混合物，其强度随 C_2S 含量的增加而降低。直接合成的多矿物熟料也有类似的规律。

3.1.2.4　铁相固溶体

熟料中含铁相比较复杂，是化学组成为 C_8A_3F-C_2F 的一系列连续固溶体，也有人认为其组成为 C_6A_2F-C_6AF_2 之间的一系列固溶体，通常称为铁相固溶体。在一般硅酸盐水泥熟料中，其成分接近于铁铝酸四钙（C_4AF），所以常用 C_4AF 来代表熟料中的铁相固溶体。当熟料中 $w(Al_2O_3)/w(Fe_2O_3)<0.64$ 时，则生成 C_4AF 和铁酸二钙（C_2F）的固溶体。

电子探针测定发现，在 C_4AF 矿物中，尚熔有 0.4%～3.2% MgO、1.2%～0.6% SiO_2、0%～0.5% Na_2O、0%～0.1% K_2O 以及 0.9%～2.6% TiO_2 等氧化物。

C_4AF 又称才利特(Celite)或 C 矿，属斜方晶系。其水化速度在早期介于 C_3A 与 C_3S 之间，但随后的发展不如 C_3S。它的强度早期类似于 C_3A，而后期还能不断增长，类似于 C_2S。才利特的抗冲击性能和抗硫酸盐性能较好，水化热较 C_3A 低。在制造抗硫酸盐水泥或大体积工程用水泥时，适当提高才利特含量是有利的。

C_2F 属单斜晶系，呈板状或柱状，水化较慢，但有一定的水硬性。

3.1.2.5　七铝酸十二钙

最初确定的七铝酸十二钙的化学式为 $5CaO\cdot 3Al_2O_3$，后来又确定为 $12CaO\cdot 7Al_2O_3$，并通常含有羟基水和过氧基(—O—O—)。七铝酸十二钙的化学式为：$(12-x)CaO\cdot 7Al_2O_3\cdot xCa(O,OH)_2$。因此，它并不是二元 CaO-Al_2O_3 系统中的一种晶相，而是 CaO-Al_2O_3-H_2O 三元系统中的一种晶相。然而，与空气或窑气接触的熔融物质中总是含有少量的水分。所以除非能保持其干燥，否则在正常实验室研究和结晶过程中，总会形成相应组成的熔融体。即使在高温情况下熔融体中也可能含有 O_2、CO_2 和 CO 气体，这些气体对七铝酸十二钙的结晶过程也有影响。

与空气接触的七铝酸十二钙的同成分熔融点为 1392 ℃，如果完全没有水分参与反应，它就无法形成。接着在 1360 ℃时将形成铝酸三钙和铝酸一钙的共熔混合物。但是，如果将水分排除在外，化学式为 $5CaO\cdot 3Al_2O_3$ 的铝酸钙至少在 1200 ℃左右的温度范围内是稳定的，并在一定情况下能够与七铝酸十二钙共存。

七铝酸十二钙的晶体为立方晶系，通常带绿色，折射率 $n=1.608$，密度为 2.70 g/cm^3。晶格中熔入 2%Fe_2O_3 代替 Al_2O_3 时，折射率可增至 1.613。晶体结构中铝和钙的配位极不规则，晶体结构中有大量晶腔，水化极快，凝结极快。根据分子式 $(12-x)CaO\cdot 7Al_2O_3\cdot xCa(O,OH_2)$，在一定限度内氧可以被 OH^- 所替换。但是这一序列的末端单元肯定含有 OH^- 基。随着 OH^- 含量的增加，晶格尺寸减小，而密度和折射率增大。七铝酸十二钙晶格中的 OH^- 可以被其他离子所替代，例如 Cl^- 或 F^-。随着 OH^- 被 Cl^- 或 F^- 替代，七铝酸十二钙与水的反应活性明显降低，但其水硬性却没有显著变化。化学式为 $11CaO\cdot 7Al_2O_3\cdot CaF_2$ 的氟铝酸钙是一种调凝水泥的主要成分。

3.1.2.6　玻璃体

在硅酸盐水泥熟料煅烧过程中，熔融液相如能在平衡条件下冷却，则可全部结晶析出而不存在玻璃体。但在工厂中，熟料通常冷却较快，有部分液相来不及结晶就成为玻璃体。玻璃体的主要成分为 Al_2O_3、Fe_2O_3、CaO，也有少量的 MgO 和碱（K_2O 和 Na_2O）等。

C_4AF 和 C_3A 在煅烧过程中熔融成液相，可以促进 C_3S 的顺利形成，这是它们的一个重要作用。如果物料中熔剂矿物过少，易生烧，CaO 不易被吸收完全，导致熟料中 f-CaO 增加，影响熟料质量，降低窑的产量，增加燃料消耗。如果熔剂矿物过多，在窑内易结大块，甚至结圈等。液相的黏度，随 $w(C_3A)/w(C_4AF)$ 值变化，C_4AF 多，液相黏度低，有利于液相中离子的扩散，促进 C_3S 的形成，但 C_4AF 过多，易使烧结范围变窄，不利于窑的操作。

3.1.2.7　游离氧化钙和方镁石

当配料不当，生料过粗或煅烧不良时，熟料中就会出现没有被吸收的以游离状态存在的氧化钙，称为游离氧化钙，又称游离石灰（free lime 或 f-CaO）。在烧成温度下，死烧的 f-CaO 结构比较致密，水化很慢，通常要在加水 3 d 以后反应才比较明显。f-CaO 水化生成 $Ca(OH)_2$ 时，体积膨胀 97.9%，在硬化水泥石内部造成局部膨胀应力，因此，随着 f-CaO 含量的增加，首先是抗拉、抗折强度降低，进而 3 d 以后强度增进率降低，严重时甚至出现强度倒缩现象（即后期强度比早期强度还低），甚至引起水泥石安定性不良（即水泥石变形或开裂），导致水泥石破坏。为此，应严格控制 f-CaO 的含量，一般回转窑熟料的 f-CaO 含量应控制在 1.5%以下。

方镁石是指游离状态的 MgO 晶体。MgO 由于与 SiO_2、Fe_2O_3 的化学亲和力很小，在熟料煅烧过程中一般不参与化学反应。它以下列三种形式存在于熟料中：① 溶解于 C_3A、C_3S 中形成固溶体；② 溶于玻璃体中；③ 以游离状态的方镁石形式存在。据认为，前两种形式的 MgO 含量约为熟料的 2%（质量），它们对硬化水泥浆体无破坏作用。以方镁石形式存在时，由于其水化速度很慢，要在 0.5～1年后才明显开始水化，而且水化生成 $Mg(OH)_2$，体积膨胀 148%，也会导致安定性不良。方镁石膨胀的严重程度与晶体尺寸、含量均有关系。尺寸越大，含量越高，危害越大。在生产中应尽量采取快冷措施，减小方镁石的晶体尺寸。

3.1.2.8 硫铝酸钙

硫铝酸钙（$3CaO \cdot 3Al_2O_3 \cdot CaSO_4$）是硫铝酸盐水泥的主要矿物，但也会出现在回转窑的富硫窑皮中。硫铝酸钙是 $CaO\text{-}Al_2O_3\text{-}SO_3$ 三元系统中唯一的三元化合物。硫铝酸钙存在两种晶型，分别属于正交晶系和立方晶系。可将碳酸钙、氧化铝和硫酸钙的混合物煅烧至 1300～1400 ℃制备硫铝酸钙。在工业生产中，通常将石灰石、铝矾土和石膏（或无水石膏）组成的生料，在 1300～1350 ℃煅烧成以硫铝酸钙和硅酸二钙为主要矿物的硫铝酸盐水泥熟料。在 1400 ℃下，硫铝酸钙明显比无水石膏稳定，前者 SO_3 的分离速度明显慢于后者。

在日本、美国、中国等国家，硫铝酸钙被用作混凝土膨胀剂的主要组分之一。它与水反应生成水化硫铝酸钙，视外加石膏数量的多少，可生成不同数量的三硫型水化硫铝酸钙（AFt）和单硫型水化硫铝酸钙（AFm），产生不同的膨胀量。20 世纪 70 年代，中国建筑材料科学研究院成功研制出以硫铝酸钙为主要强度源的硫铝酸盐水泥，并开发出铁铝酸盐水泥。掺入不同量的石膏，分别制成早强水泥、膨胀水泥、自应力水泥和低碱度水泥。这些水泥在负温下施工，在自应力水泥管、玻璃纤维增强水泥等领域获得应用。

3.1.2.9 铝酸一钙

铝酸一钙（CA）是铝酸盐水泥的主要矿物，具有很高的水硬活性，可与硅、铝、镁、铁等形成固溶体。其水化速度较快、水化热大、凝结正常、硬化迅速，是铝酸盐水泥强度的主要来源。CA 晶体形状与煅烧方法、冷却条件等因素有关。熔融法生产铝酸盐水泥熟料时，CA 晶体呈棱柱状（5～10 μm）；烧结法生产铝酸盐水泥熟料时，CA 晶体呈不规则矩状或板状晶体。CA 晶体为单斜晶系，单方向解理，白色固体，可溶于盐酸，密度为 2.98 g/m^3，熔融温度 1600 ℃。

3.1.2.10 二铝酸钙

二铝酸钙（CA_2）主要存在于铝酸盐水泥熟料中，其不一致熔融点为 1762 ℃。CA_2 的早期强度低，但后期强度能不断增高。纯二铝酸钙的水化非常缓慢，在碱性混合水溶液中或固熔体的晶格中含有碱性离子时，其水化速度将明显变快。熔融法生产铝酸盐水泥熟料时，CA_2 晶体呈巨大棱柱状。烧结法生产铝酸盐水泥熟料时，CA_2 晶体呈粒状（粒度为 10～20 μm）。CA_2 属单斜晶系，密度为 2.9 g/cm^3。质量优良的铝酸盐水泥熟料，其矿物组成一般以 CA 和 CA_2 为主。铝酸盐水泥中增加 CA_2 含量，水泥的强度降低，但耐热性能提高。

3.2　熟料的率值

因为硅酸盐水泥熟料中的矿物是由两种或两种以上的氧化物化合而成，因此，在水泥生产中控制各氧化物之间的比例（即率值），比单独控制各氧化物的含量，更能反映出对熟料矿物组成和性能的影响。故常用表示各氧化物之间相对含量的率值来作为水泥熟料生产控制的指标。

3.2.1　石灰饱和系数

在熟料四个主要氧化物中，CaO 为碱性氧化物，其余三个为酸性氧化物。它们相互化合形成 C_3S、C_2S、C_3A、C_4AF 四个主要熟料矿物。不难理解，CaO 含量一旦超过所有酸性氧化物的需求，必然以游离氧化钙形态存在，含量高时将引起水泥安定性不良，造成危害。因此从理论上说，存在一个极限石灰含量。古特曼（A. Guttmann）与杰耳（F. Gille）认为，熟料中酸性氧化物形成碱性最高的矿物为 C_3S、C_3A 和 C_4AF，从而提出了他们的石灰理论极限含量的观点。为便于计算，将 C_4AF 改写成"C_3A"和"CF"，令此"C_3A"与 C_3A 相加，则每 1% 酸性氧化物所需石灰含量分别为：

$$1\%Al_2O_3 \text{ 形成 } C_3A \text{ 所需 CaO 为：} \frac{3M_r(CaO)}{M_r(Al_2O_3)} = \frac{3\times 56.08}{101.96} = 1.65$$

$$1\%Fe_2O_3 \text{ 形成 CF 所需 CaO 为：} \frac{M_r(CaO)}{M_r(Fe_2O_3)} = \frac{56.08}{159.69} = 0.35$$

$$1\%SiO_2 \text{ 形成 } C_3S \text{ 所需 CaO 为：} \frac{3M_r(CaO)}{M_r(SiO_2)} = \frac{3\times 56.08}{60.09} = 2.8$$

由每 1% 酸性氧化物所需石灰量乘以相应的酸性氧化物含量，就可得到石灰理论极限含量计算式：

$$w(CaO) = 2.8w(SiO_2) + 1.65w(Al_2O_3) + 0.35w(Fe_2O_3) \tag{3.1}$$

金德（B. A. КИНП）和容克（B. H. ЮНГ）认为，在实际生产中，Al_2O_3 和 Fe_2O_3 始终为 CaO 所饱和，唯独 SiO_2 可能不完全饱和生成 C_3S，而存在一部分 C_2S，进而熟料就会出现游离氧化钙。因此应在 SiO_2 之前乘一个小于 1 的系数，即石灰饱和系数 KH（俄文缩写，国际音标[kəɛn]），故：

$$w(CaO) = KH\times 2.8w(SiO_2) + 1.65w(Al_2O_3) + 0.35w(Fe_2O_3) \tag{3.2}$$

将上式改写成：

$$KH = \frac{w(CaO) - 1.65w(Al_2O_3) - 0.35w(Fe_2O_3)}{2.8w(SiO_2)} \tag{3.3}$$

从式（3.3）中可以看出，分子是形成硅酸钙（C_3S+C_2S）的 CaO 含量，分母是理论上 SiO_2 全部形成 C_3S 所需的 CaO 含量。因此，石灰饱和系数 KH 是熟料中 SiO_2 生成硅酸钙（C_3S+C_2S）所需的 CaO 含量与 SiO_2 理论上全部生成 C_3S 所需的 CaO 含量的比值，即熟料中 SiO_2 被氧化钙饱和形成 C_3S 的程度。当 $KH=1$ 时，理论上熟料中剩余 CaO 正好与所有的 C_2S 全部化合形成 C_3S，熟料中无 C_2S 而只有 C_3S、C_3A 和 C_4AF。而当 $w(CaO)-1.65w(Al_2O_3)-0.35w(Fe_2O_3)$（即与 SiO_2 化合的 CaO 含量）刚好只够 SiO_2 全部形成 C_2S 而无 C_3S 时，$w(CaO)-1.65w(Al_2O_3)-0.35w(Fe_2O_3)$ 应为：

$$\frac{2M_r(CaO)\cdot w(SiO_2)}{M_r(SiO_2)} = \frac{2\times 56.08\times w(SiO_2)}{60.09} = 1.8665w(SiO_2)$$

此时，

$$KH = \frac{1.8665w(SiO_2)}{2.8w(SiO_2)} \approx 0.6666$$

也就是说当熟料 $KH=0.6666$ 时，熟料中只有 C_2S、C_3A 和 C_4AF 而无 C_3S。所以，实际熟料的

KH 值介于 0.6666～1.0 之间。

KH 实际上表示了熟料中 C_3S 与 C_2S 百分含量的比例。KH 越大，则硅酸盐矿物中的 C_3S 的比例越高，熟料强度越高。提高 KH 有利于提高水泥熟料强度。但 KH 过高，熟料煅烧困难，须提高煅烧温度，延长煅烧时间，否则会出现 f-CaO，同时窑的产量下降，热耗高，窑衬工作条件恶化。

若 $w(Al_2O_3)/w(Fe_2O_3)<0.64$，则熟料矿物组成为 C_3S、C_2S、C_4AF 和 C_2F。同理将 C_4AF 改写成"C_2A"和"C_2F"，令"C_2F"与 C_2F 相加，可得：

$$KH=\frac{w(CaO)-1.1w(Al_2O_3)-0.7w(Fe_2O_3)}{2.8w(SiO_2)} \tag{3.4}$$

考虑到熟料中还有游离 CaO、游离 SiO_2 和石膏，故式(3.3)、式(3.4)将写成：

当 $w(Al_2O_3)/w(Fe_2O_3)\geqslant 0.64$ 时：

$$KH^{-}=\frac{w(CaO)-w(\text{f-CaO})-1.65w(Al_2O_3)-0.35w(Fe_2O_3)-0.7w(SO_3)}{2.8[w(SiO_2)-w(\text{f-SiO}_2)]} \tag{3.5}$$

当 $w(Al_2O_3)/w(Fe_2O_3)<0.64$ 时：

$$KH^{-}=\frac{w(CaO)-w(\text{f-CaO})-1.1w(Al_2O_3)-0.7w(Fe_2O_3)-0.7w(SO_3)}{2.8[w(SiO_2)-w(\text{f-SiO}_2)]} \tag{3.6}$$

值得注意的是，我国水泥厂（除部分从国外引进的水泥厂外）都采用 KH 控制熟料中的 CaO 含量，但各国用于控制熟料石灰含量的率值公式不尽相同，常见的有以下几种：

1868 年，德国人米夏埃利斯（W. Michaëlis）提出了水硬率（Hydraulic Modulus）作为控制熟料适宜石灰含量的一个系数。它是熟料中碱性氧化物与酸性氧化物质量分数的比值，以 HM 或 m 表示。其计算式如下：

$$HM=\frac{w(CaO)}{w(SiO_2)+w(Al_2O_3)+w(Fe_2O_3)} \tag{3.7}$$

式中 $w(CaO)$，$w(SiO_2)$，$w(Al_2O_3)$，$w(Fe_2O_3)$——熟料中 CaO、SiO_2、Al_2O_3、Fe_2O_3 的含量（质量分数，%）。

目前，日本采用此率值，通常水硬率 HM 在 1.8～2.4 之间波动。

李（F. M. Lea）和派克（T. W. Parker）根据对 CaO-Al_2O_3-SiO_2-Fe_2O_3 四元相图的研究，提出在硅酸盐水泥熟料中，虽可以形成 C_3S、C_3A 和 C_4AF，但不应直接按这些矿物成分确定它的石灰最大允许含量。因为熟料在实际冷却过程中不可能达到平衡冷却，因此，熟料中未化合的石灰在冷却过程中有可能析出 f-CaO，所以有必要将石灰含量限制在较低的数值。据此，他们提出修正的石灰饱和系数（lime saturation factor，LSF）。

为便于公式的推导，先讨论冷却过程对图 3.6 所示 CaO-C_2S-$C_{12}A_7$ 三元系统中熟料组成的影响。D 点是 CaO-C_3S-C_3A 三元系统的反应点，即液相冷却至该点时，要回吸固相中的 CaO 以析出 C_3S 与 C_3A。C_3S-D 连线两侧各有原始组成 K 与 L 分别加热至烧成温度 1500 ℃使之达到平衡，然后进行冷却。

组成 K 加热至 1500 ℃后，液相组成为 C_3S 初相区内 1500 ℃等温线和 CaO-C_3S 界线 HD 的交点 P，固相组成则为 PK 延长线和 CaO-C_3S 连线的交点 Q。固相 Q 由 C_3S 与 CaO 组成。冷却时，液相中 P 移动至 D，在 D 点回吸 CaO，析出 C_3S 与 C_3A。随着反应的进行，液相回吸 CaO 穿过的产物层愈来愈厚，阻力愈来愈大。只有冷却过程进行得非常缓慢时，才有可能将 CaO 回吸无遗。否则不可全部回吸 CaO。

组成 L 加热至 1500 ℃后，固相组成为 C_3S，液相组成则为 C_3S-L 延长线和 1500 ℃等温线的交点 V。此时，不论冷却过程如何进行，都不会有 CaO 残留。

由此得知，为使 CaO-C_2S-$C_{12}A_7$ 三元系统中的熟料不含 f-CaO，其组成的石灰最大含量不能超过 C_3S-D 连线。

同理，为使图3.7所示 $CaO\text{-}C_2S\text{-}C_{12}A_7\text{-}C_4AF$ 系统中的熟料不含 f-CaO，其组成的石灰最大含量不能超过 $C_3S\text{-}D\text{-}C_4AF$ 平面。由 C_3S、D、C_4AF 三点的组成可写出该平面的方程。C_3S、D、C_4AF 三点的组成如表3.5所示。

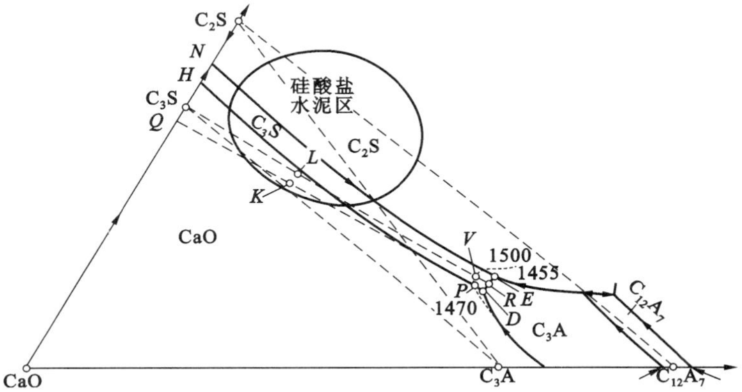

图3.6 $CaO\text{-}C_2S\text{-}C_{12}A_7$ 区域中熟料的石灰最大含量

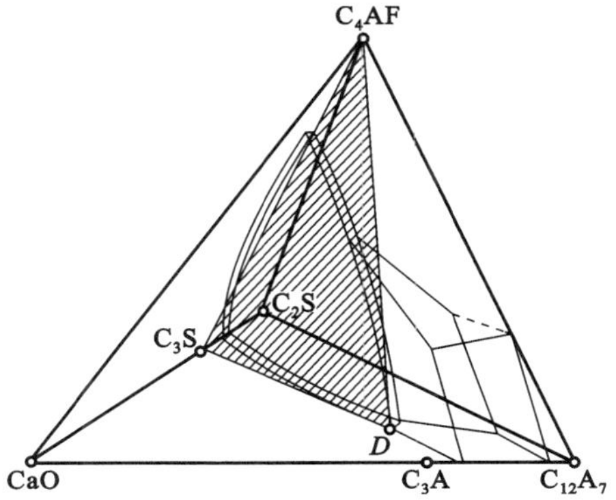

图3.7 $CaO\text{-}C_2S\text{-}C_{12}A_7\text{-}C_4AF$ 系统中熟料的石灰最大含量

表3.5 C_3S、D、C_4AF 三点的组成

组成点	化学成分及含量(质量分数,%)			
	CaO	Al_2O_3	SiO_2	Fe_2O_3
C_3S	73.6	0	26.4	0
D	59.7	32.8	7.5	0
C_4AF	46.1	21.0	0	32.9

由该三点的 Al_2O_3、SiO_2、Fe_2O_3 含量（质量分数，%）写出该平面方程的行列式：

$$\begin{vmatrix} w(Al_2O_3) & w(SiO_2)-26.4 & w(Fe_2O_3) \\ 32.8 & 7.5-26.4 & 0 \\ 21.0 & 0-26.4 & 32.9 \end{vmatrix}=0 \tag{3.8}$$

将式(3.8)改写成：

$$3.78w(SiO_2)+2.18w(Al_2O_3)+1.65w(Fe_2O_3)=100 \tag{3.9}$$

又根据四元系统，还可写出：

$$w(CaO)+w(SiO_2)+w(Al_2O_3)+w(Fe_2O_3)=100 \tag{3.10}$$

由式(3.9)、式(3.10)可得 $CaO\text{-}C_2S\text{-}C_{12}A_7\text{-}C_4AF$ 系统中的石灰最大含量为：

$$CaO=2.78w(SiO_2)+1.18w(Al_2O_3)+0.65w(Fe_2O_3) \tag{3.11}$$

熟料中的石灰实际含量与最大含量之比，就是李与派克的石灰饱和系数。

$$LSF=\frac{100w(CaO)}{2.78w(SiO_2)+1.18w(Al_2O_3)+0.65w(Fe_2O_3)} \tag{3.12}$$

硅酸盐水泥熟料的 LSF 一般在85～95之间波动，目前大部分的欧美国家在使用此率值。

3.2.2 硅率

硅率又称硅酸率，它表示熟料中 SiO_2 的含量与 Al_2O_3 和 Fe_2O_3 含量之比。用 SM 或 n（俄文，国际音标[iː]）表示：

$$SM=\frac{w(SiO_2)}{w(Al_2O_3)+w(Fe_2O_3)} \tag{3.13}$$

通常硅酸盐水泥熟料的硅率(SM)在 1.7～2.7 之间，但白色硅酸盐水泥的硅率(SM)可达 4.0，甚至更高。硅率 SM 除了表示熟料的 SiO_2 与 Al_2O_3 和 Fe_2O_3 的含量之比外，还表示熟料中硅酸盐矿物与熔剂矿物的比例关系，相应地反映了熟料的质量和易烧性。由于硅率 SM 随硅酸盐矿物与熔剂矿物之比而增减，若熟料硅率 SM 过高，则由于高温液相量显著减少，熟料煅烧困难，C_3S 不易形成，如果 CaO 含量低，那么 C_2S 含量过多而熟料易粉化。硅率 SM 过低，则熟料因硅酸盐矿物少而强度低，且由于液相量过多，易出现结大块、结炉瘤、结圈等，影响窑的操作。

3.2.3 铝率

铝率又称铁率，以 IM 或 p(俄文，国际音标[εr])表示。其计算式为：

$$IM=\frac{w(Al_2O_3)}{w(Fe_2O_3)} \tag{3.14}$$

铝率(IM)通常在 0.7～1.7 之间波动。抗硫酸盐水泥或低热水泥的铝率(IM)可低至 0.7。铝率(IM)表示熟料中 Al_2O_3 与 Fe_2O_3 的含量之比，也表示熟料中 C_3A 与 C_4AF 的比例关系，因而也关系到熟料的凝结速度，同时还关系到熟料的液相黏度，从而影响熟料煅烧的难易程度。

熟料铝率(IM)高，熟料中 C_3A 多，液相黏度大，物料难烧，水泥凝结快。铝率(IM)过低，虽然液相黏度小，液相中质点易扩散，对 C_3S 形成有利，但烧结范围窄，窑内易结大块，容易产生飞砂料，不利于窑的操作。

我国目前采用的是石灰饱和系数(KH)、硅率(SM)和铝率(IM)三个率值。为使熟料既顺利烧成，又保证质量，保持矿物组成稳定，应根据各厂的原料、燃料和设备等具体条件来选择三个率值，三个率值之间应相互配合，不能单独强调某一率值。一般说来，不能三个率值同时都高或同时都低。

3.3 熟料矿物组成计算与换算

熟料矿物组成可用岩相分析、X 射线定量分析等方法测定，也可根据化学成分进行计算，但计算的仅是理论上可能生成的矿物，称之为"潜在矿物"组成。在生产条件稳定的情况下，熟料真实矿物组成与计算矿物组成有一定的相关性，足够说明矿物组成对水泥熟料性能的影响，因此在生产上仍然被普遍使用。

岩相分析是基于在显微镜下测出单位面积中各矿物所占百分率，再乘以相应矿物的密度，得到各矿物的含量。计算用矿物密度值如表 3.6 所示。

表 3.6 计算用矿物的密度

矿物	C_3S	C_2S	C_3A	C_4AF	玻璃体	MgO
密度/($g\cdot cm^{-3}$)	3.13	3.28	3.00	3.77	3.00	3.58

这种矿物测定方法，测定结果比较符合实际情况，但当矿物晶体较小时，可能因重叠而产生误差。

X 射线定量分析则基于熟料中各矿物的特征峰强度与单矿物特征峰强度之比以求得其含量。这种方法有一定的误差，含量低时不易测准。近年来，里特沃尔德(Rietveld)全谱拟合定量分析法用于熟料矿物组成测定，结果令人满意。红外光谱分析误差也比较小。还可用电子探针、X 射线光谱分析仪等对熟料矿物进行定量分析。

3.3.1 石灰饱和系数法

为了计算方便，先列出有关相对分子质量的比值：

C_3S 中的$\frac{M_r(C_3S)}{M_r(CaO)}=4.07$； C_2S 中的$\frac{2M_r(CaO)}{M_r(SiO_2)}=1.87$； C_4AF 中的$\frac{M_r(C_4AF)}{M_r(Fe_2O_3)}=3.04$；

C_3A 中的$\frac{M_r(C_3A)}{M_r(Al_2O_3)}=2.65$； $CaSO_4$ 中的$\frac{M_r(CaSO_4)}{M_r(SO_3)}=1.7$； $\frac{M_r(Al_2O_3)}{M_r(Fe_2O_3)}=0.64$

设与 SiO_2 反应的 CaO 量为 Cs，与 CaO 反应的 SiO_2 量为 Sc，则：

$$Cs=w(CaO)-[1.65w(Al_2O_3)+0.35w(Fe_2O_3)+0.75w(SO_3)]=2.8KH\cdot Sc \tag{3.15}$$

$$Sc=w(SiO_2) \tag{3.16}$$

在一般煅烧情况下，CaO 和 SiO_2 反应先形成 C_2S，剩余的 CaO 再与部分 C_2S 反应生成 C_3S。则由该剩余的 CaO 量($Cs-1.87Sc$)可以计算出 C_3S 含量：

$$\begin{aligned}w(C_3S) &= 4.07\times(Cs-1.87Sc)=4.07Cs-7.60Sc=4.07\times(2.8KH\cdot Sc)-7.60Sc\\ &=3.8\times(3KH-2)w(SiO_2)\end{aligned} \tag{3.17}$$

因为

$$Cs+Sc=w(C_3S)+w(C_2S) \tag{3.18}$$

故

$$\begin{aligned}w(C_2S) &= Cs+Sc-w(C_3S)=Cs+Sc-(4.07Cs-7.60Sc)=8.60Sc-3.07Cs\\ &=8.60Sc-3.70\times(2.8KH-Sc)=8.60\times(1-KH)w(SiO_2)\end{aligned} \tag{3.19}$$

计算 C_3A 含量时，应先从总 Al_2O_3 中扣除形成 C_4AF 所消耗的 Al_2O_3 量[$0.64w(Fe_2O_3)$]，由剩余的 Al_2O_3 量[$w(Al_2O_3)-0.64w(Fe_2O_3)$]便可计算出 C_3A 的含量：

$$w(C_3A)=2.65\times[w(Al_2O_3)-0.64w(Fe_2O_3)] \tag{3.20}$$

式中 $0.64w(Fe_2O_3)$——形成 C_4AF 所消耗的 Al_2O_3 量；

0.64——比值$\frac{M_r(Al_2O_3)}{M_r(Fe_2O_3)}$。

根据 C_4AF 中的$\frac{M_r(C_4AF)}{M_r(Fe_2O_3)}=3.04$，可直接求出 C_4AF 含量：

$$w(C_4AF)=3.04w(Fe_2O_3) \tag{3.21}$$

$CaSO_4$ 含量可直接由 SO_3 含量计算出：

$$w(CaSO_4)=1.71w(SO_3) \tag{3.22}$$

同理，可算出 $IM<0.64$ 时熟料的矿物组成：

$$w(C_3S)=3.8\times(3KH-2)w(SiO_2) \tag{3.23}$$

$$w(C_2S)=8.60\times(1-KH)w(SiO_2) \tag{3.24}$$

$$w(C_4AF)=4.766w(Al_2O_3) \tag{3.25}$$

$$w(C_2F)=1.70w(Fe_2O_3)-2.666w(Al_2O_3) \tag{3.26}$$

$$w(CaSO_4)=1.70w(SO_3) \tag{3.27}$$

3.3.2 鲍格法

鲍格(R. H. Bogue)法也称代数法，是根据物料平衡，列出熟料化学成分、矿物组成或熟料率值之间的关系式，并组成联立方程组，然后解此方程组，即可得到熟料矿物组成的计算公式。实际上，熟料化学成分、率值和矿物组成三者之间，只要知道其中一组数据，即可计算出其他两组数据，也就是说，三者之间是可以相互换算的。

3.3.2.1 已知熟料矿物组成，计算熟料化学成分

若以 $w(C_3S)$、$w(C_2S)$、$w(C_3A)$、$w(C_2F)$、$w(C_4AF)$、$w(CaSO_4)$ 以及 $w(CaO)$、$w(SiO_2)$、$w(Al_2O_3)$、$w(Fe_2O_3)$、$w(SO_3)$ 分别代表熟料中各矿物和氧化物的含量，则常见的五种矿物和硫酸钙的化学成分(质量分数，%)如表 3.7 所示。

表 3.7 五种矿物和硫酸钙的化学成分 （质量分数，%）

氧化物	C_3S	C_2S	C_3A	C_4AF	C_2F	$CaSO_4$
CaO	73.69	65.12	62.27	46.16	41.26	41.19
SiO_2	26.31	34.88				
Al_2O_3			37.73	20.98		
Fe_2O_3				32.86	58.74	
SO_3						58.81

按表 3.7 中的数据，可得到如下熟料中各氧化物含量的计算式：

当 $IM \geqslant 0.64$ 时：

$$w(CaO)=0.7369w(C_3S)+0.6512w(C_2S)+0.6227w(C_3A)+0.4616w(C_4AF)+0.4119w(CaSO_4) \tag{3.28}$$

$$w(SiO_2)=0.2631w(C_3S)+0.3488w(C_2S) \tag{3.29}$$

$$w(Al_2O_3)=0.3773w(C_3A)+0.2098w(C_4AF) \tag{3.30}$$

$$w(Fe_2O_3)=0.3286w(C_4AF) \tag{3.31}$$

$$w(SO_3)=0.5881w(CaSO_4) \tag{3.32}$$

当 $IM<0.64$ 时：

$$w(CaO)=0.7369w(C_3S)+0.6512w(C_2S)+0.4616w(C_4AF)+0.4126w(C_2F)+0.4119w(CaSO_4) \tag{3.33}$$

$$w(SiO_2)=0.2631w(C_3S)+0.3488w(C_2S) \tag{3.34}$$

$$w(Al_2O_3)=0.2098w(C_4AF) \tag{3.35}$$

$$w(Fe_2O_3)=0.3286w(C_4AF)+0.5874w(C_2F) \tag{3.36}$$

$$w(SO_3)=0.5881w(CaSO_4) \tag{3.37}$$

3.3.2.2 已知熟料化学成分，计算熟料矿物组成

解式(3.28)至式(3.32)组成的联立方程组和式(3.33)至式(3.37)组成的联立方程组，即可得各矿物含量的计算式：

当 $IM \geqslant 0.64$ 时：

$$w(C_3S)=4.07w(CaO)-7.5986w(SiO_2)-6.7171w(Al_2O_3)-1.4286w(Fe_2O_3)-2.8506w(SO_3) \tag{3.38}$$

$$w(C_2S)=8.5986w(SiO_2)+5.0667w(Al_2O_3)+1.0776w(Fe_2O_3)-3.07w(CaO)+2.1502w(SO_3) \tag{3.39}$$

$$w(C_3A)=2.6504w(Al_2O_3)-1.6922w(Fe_2O_3) \tag{3.40}$$

$$w(C_4AF)=3.0432w(Fe_2O_3) \tag{3.41}$$

$$w(CaSO_4)=1.7004w(SO_3) \tag{3.42}$$

当 $IM<0.64$ 时：

$$w(C_3S)=4.07w(CaO)-7.5986w(SiO_2)-4.4769w(Al_2O_3)-2.8588w(Fe_2O_3)-2.8506w(SO_3) \tag{3.43}$$

$$w(C_2S)=8.5986w(SiO_2)+3.3769w(Al_2O_3)+2.1564w(Fe_2O_3)-3.07w(CaO)+2.1502w(SO_3) \tag{3.44}$$

$$w(C_4AF)=4.7662w(Al_2O_3) \tag{3.45}$$

$$w(C_2F)=1.7024w(Fe_2O_3)-2.6663w(Al_2O_3) \tag{3.46}$$

$$w(CaSO_4)=1.7004w(SO_3) \tag{3.47}$$

3.3.2.3 已知熟料矿物组成，计算熟料率值

(1) 当熟料矿物组成为 $w(C_3S)$、$w(C_2S)$、$w(C_3A)$、$w(C_4AF)$、$w(CaSO_4)$时：

$$KH=\frac{w(C_3S)+0.8837w(C_2S)}{w(C_3S)+1.3256w(C_2S)} \tag{3.48}$$

$$KH^-=\frac{w(C_3S)+0.8837w(C_2S)-1.3572w(\text{f-CaO})-0.9507w(SO_3)}{w(C_3S)+1.3256w(C_2S)-3.8w(\text{f-SiO}_2)} \tag{3.49}$$

$$SM=\frac{w(C_3S)+1.325w(C_2S)}{1.434w(C_3A)+2.046w(C_4AF)} \tag{3.50}$$

$$IM=\frac{1.15w(C_3A)}{w(C_4AF)}+0.64 \tag{3.51}$$

$$LSF=\frac{73.69w(C_3S)+65.12w(C_2S)+62.27w(C_3A)+46.16w(C_4AF)+41.19w(CaSO_4)}{0.7367w(C_3S)+0.9766w(C_2S)+0.4452w(C_3A)+0.4612w(C_4AF)} \tag{3.52}$$

$$HM=\frac{0.7369w(C_3S)+0.6512w(C_2S)+0.6227w(C_3A)+0.4616w(C_4AF)+0.4119w(CaSO_4)}{0.2631w(C_3S)+0.3488w(C_2S)+0.3773w(C_3A)+0.5384w(C_4AF)} \tag{3.53}$$

(2) 当熟料矿物组成为 C_3S、C_2S、C_4AF、C_2F、$CaSO_4$ 时：

$$KH=\frac{w(C_3S)+0.8837w(C_2S)}{w(C_3S)+1.3256w(C_2S)} \tag{3.54}$$

$$KH^-=\frac{w(C_3S)+0.8837w(C_2S)-1.3572w(\text{f-CaO})-0.9507w(SO_3)}{w(C_3S)+1.3256w(C_2S)-3.8w(\text{f-SiO}_2)} \tag{3.55}$$

$$SM=\frac{0.2631w(C_3S)+0.3488w(C_2S)}{0.5384w(C_4AF)+0.5874w(C_2F)} \tag{3.56}$$

$$IM=\frac{0.2098w(C_4AF)}{0.3286w(C_4AF)+0.5874w(C_2F)} \tag{3.57}$$

$$LSF=\frac{73.69w(C_3S)+65.12w(C_2S)+46.16w(C_4AF)+41.26w(C_2F)+41.19w(CaSO_4)}{0.7367w(C_3S)+0.9766w(C_2S)+0.4612w(C_4AF)+0.3818w(C_2F)} \tag{3.58}$$

$$HM=\frac{0.7369w(C_3S)+0.6512w(C_2S)+0.4616w(C_4AF)+0.4126w(C_2F)+0.4119w(CaSO_4)}{0.2631w(C_3S)+0.3488w(C_2S)+0.5384w(C_4AF)+0.5874w(C_2F)} \tag{3.59}$$

3.3.2.4 已知熟料率值，计算熟料化学成分

(1) 已知熟料率值 KH、SM、IM，计算熟料化学成分及矿物组成：

$$w(Fe_2O_3)=\frac{\sum}{(2.8KH+1)(IM+1)SM+2.65IM+1.35} \tag{3.60}$$

$$w(Al_2O_3)=IM\cdot w(Fe_2O_3) \tag{3.61}$$

$$w(SiO_2)=SM[w(Al_2O_3)+w(Fe_2O_3)] \tag{3.62}$$

$$w(CaO)=\sum-[w(SiO_2)+w(Al_2O_3)+w(Fe_2O_3)] \tag{3.63}$$

式中 $\sum$—— 熟料中 SiO_2、Al_2O_3、Fe_2O_3、CaO 四种主要氧化物含量总和的估计值(97%～99%)。

(2) 已知熟料率值 LSF、SM、IM，计算熟料化学成分及矿物组成：

$$w(Fe_2O_3) = \frac{100\sum}{2.8LSF \cdot SM(IM+1) + 1.18LSF \cdot IM + 0.65LSF + 100(SM+1)(IM+1)} \quad (3.64)$$

$$w(Al_2O_3) = IM \cdot w(Fe_2O_3) \quad (3.65)$$

$$w(SiO_2) = SM(IM+1) \cdot w(Fe_2O_3) \quad (3.66)$$

$$w(CaO) = \sum - [w(SiO_2) + w(Al_2O_3) + w(Fe_2O_3)] \quad (3.67)$$

式中 $\sum$——熟料中 SiO_2、Al_2O_3、Fe_2O_3、CaO 四种主要氧化物含量总和的估计值(97% ～ 99%)。

(3) 已知熟料率值 *HM*、*SM*、*IM*,计算熟料化学成分及矿物组成:

$$w(Fe_2O_3) = \frac{\sum}{(HM+1)(SM \cdot IM + SM + IM + 1)} \quad (3.68)$$

$$w(Al_2O_3) = IM \cdot w(Fe_2O_3) \quad (3.69)$$

$$w(SiO_2) = SM[w(Al_2O_3) + w(Fe_2O_3)] \quad (3.70)$$

$$w(CaO) = \sum - [w(SiO_2) + w(Al_2O_3) + w(Fe_2O_3)] \quad (3.71)$$

式中 $\sum$——熟料中 SiO_2、Al_2O_3、Fe_2O_3、CaO 四种主要氧化物含量总和的估计值(97%～99%)。

3.3.3 熟料真实矿物组成与计算矿物组成的差异

硅酸盐水泥熟料矿物组成的计算,是假设熟料平衡冷却,并生成 C_3S、C_2S、C_3A 和 C_4AF 四种纯矿物,其计算结果与熟料真实矿物组成并不完全一致,有时甚至相差很大。其原因是:

(1) 固溶体的影响

计算矿物为纯 C_3S、C_2S、C_3A 和 C_4AF,但实际矿物为固溶有少量其他氧化物的固溶体,即阿利特、贝利特、铁相固溶体等。例如,若阿利特组成按 $C_{54}S_{15}MA$ 考虑,则计算 C_3S 的公式中 SiO_2 前面的系数就不是 3.80 而是 4.30,这样实际含量就要提高 11%,而 C_3A 则因有一部分 Al_2O_3 固溶进阿利特而使它的含量减少。

(2) 冷却条件的影响

硅酸盐水泥熟料冷却过程,若缓慢冷却而平衡结晶,则液相几乎全部结晶出 C_3A、C_4AF 等矿物。但在工业生产条件下,冷却速度较快,因而液相可部分或几乎全部变成玻璃体。此时,实际 C_3A、C_4AF含量均比计算值低,而 C_3S 含量可能增加,使 C_2S 减少。

(3) 碱和其他微量组分的影响

碱的存在可能与硅酸盐矿物形成 $KC_{23}S_{12}$,与铝酸三钙形成 NC_8A_3,而析出 CaO,从而使 C_3A 减少,而出现 NC_8A_3,碱也可能影响 C_3S 含量。其他次要氧化物如 TiO_2、MgO、P_2O_5也会影响熟料的矿物组成。

尽管计算的矿物组成与实测值有一定差异,但它能基本上说明对熟料煅烧和性能的影响,也是设计某一矿物组成的水泥熟料时,计算生料组成的唯一可行的方法,因此,在水泥工业中仍得到广泛应用。

3.4 熟料岩相显微结构与分析

硅酸盐水泥熟料是由石灰质和黏土质等原料,经适当配合、磨细、均化,高温煅烧至半熔融状态烧结冷却而成的,因此,生产过程中的各种因素对熟料的显微结构均有显著的影响。通过在显微镜下观察和测定熟料中各组成相的形状、大小、数量和分布状况等显微结构特征,可以了解在生产过程中各项物理化学、环境条件变化对熟料显微结构的影响,这亦是水泥熟料岩相显微结构分析的任务和目的之一。

3.4.1 熟料岩相分析光片制作

水泥厂通常采用反光显微镜进行熟料岩相分析。首先要取一颗有代表性的熟料，把它砸成或用切片机切成几颗小颗粒，然后用环氧树脂把它们粘在一起制成一个光片试块，待其硬化后，再磨成一面光面。制作光片通常要经历粗磨平、细磨平、抛光和浸蚀几道程序。

3.4.1.1 粗磨平

将熟料试样块或环氧树脂成型后的光片试块，放在磨片机或玻璃板上，加上用水调和的150号金刚砂，将试块磨出一个平面。环氧树脂成型的光片试块，要磨到熟料试样颗粒均匀地露出表面，然后用水和刷把粗磨平面上的金刚砂洗净。

3.4.1.2 细磨平

粗磨过的光片试块，再换用600号金刚砂研磨3～5 min，并用水将磨面上的金刚砂洗净。当使用转盘磨片机时，可将经过600号金刚砂磨后的光片，放在附有细泥料的磨盘上，加上用甘油调和的氧化铝粉研磨3～5 min，即可进行最后抛光。当不用磨片机时，则需将经过600号金刚砂磨过的光片，再换用1000号金刚砂(白泥浆)进行细磨。

3.4.1.3 抛光

最后一步抛光是在粘有白布的玻璃板上(可用医用白胶布贴在玻璃上)进行，或者用3000号水砂纸打磨。在白布上加颗粒小于3 μm的氧化铝粉少许作研磨剂，滴加无水酒精浸湿白布和氧化铝粉。把经过细磨后的光片，放在白布上转圈研磨，直至酒精完全挥发，再将光片的光面压在麂皮上擦2～3次，然后用显微镜检查抛光质量是否符合要求。

磨得很好的光片，在放大300倍左右时已可以看出熟料主要矿物的大致轮廓，在光亮的表面上，没有明显的擦痕。光片制作的好坏，在很大程度上取决于熟料颗粒的坚固性。欠烧的熟料往往是疏松多孔的，这样的熟料在抛光时会有微粒脱落，使光片表面产生大量粗深擦痕而难以抛光。

3.4.1.4 浸蚀

用试剂在光片表面上引起的化学反应叫作浸蚀。按用途可以分为鉴定浸蚀和结构浸蚀，前一种的目的是获取能鉴定矿物的特殊标志；后一种的目的是显现出矿物的内部结构。

(1) 浸蚀原理：光片经过抛光以后，在矿物表面上覆盖着一层厚度为千分之几毫米的非晶质薄膜，这种非晶质薄膜填充了矿物的显微结构中的裂缝及晶体边界空隙，致使看不出晶体的内部结构和不同晶体之间的界线。当用适当的试剂作用于光片的表面时，开始是非晶薄膜被溶解，并显现出矿物的某些结构特征；试剂继续作用引起矿物表面不同程度的溶解，或生成带有色彩的沉淀。如果作用过甚就会破坏或掩盖了起初所显示的结构，为此要避免试体被试剂过度浸蚀。使用的浸蚀剂大部分为酸碱或络合剂，其种类、浓度、浸蚀温度和时间，必须根据被浸蚀的矿物进行选择。

(2) 浸蚀操作：光片在浸蚀之前，应用麂皮仔细擦净。如光片预先用油浸观察过，需除去表面油污。光面上染有油污，可能会引起浸蚀实验的失败。

光片浸蚀时，要将光面全部浸在试剂内，并不断摇动，使矿物表面均匀地与浸蚀剂接触。浸蚀后立即把光片取出，用滤纸吸去光片表面所附着的试剂，在显微镜下检查浸蚀是否适度。

用1%氯化铵水溶液浸蚀硅酸盐水泥熟料的光片时，正常的情况是A矿呈蓝色，B矿呈棕色。浸蚀过度，A矿变成黄色或晶体受到破坏，B矿与A矿的颜色就较难区分；如果浸蚀时间不够，则A矿呈浅褐色，B矿的颜色很淡。当浸蚀过度或浸蚀时间不够时，必须重新抛光再进行浸蚀。在室温下浸蚀光片，浸蚀时间要随温度高低做适当调整，室温升高浸蚀时间要缩短，反之，浸蚀时间要适当延长。已知能使熟料矿物在反光镜下显形的浸蚀剂有二十多种，但常用的并不多，1%的氯化铵水溶液是具有全能效应的浸蚀剂。

3.4.2 熟料矿物的岩相显微特征

3.4.2.1 阿利特

阿利特(C_3S)是硅酸盐水泥熟料的主要矿物，其晶型如图 3.8 所示，晶体断面为六角形或棱柱形。

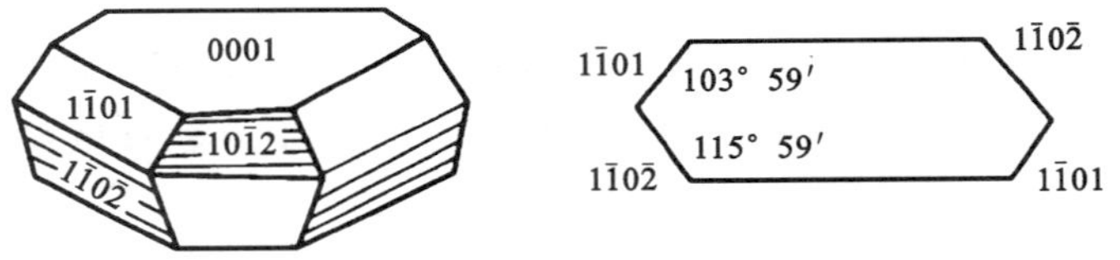

图 3.8　阿利特的晶型

单斜晶系的阿利特单晶为假六方片状或板状。阿利特一般以自形晶出现，在偏光显微镜下观察为透明无色，二轴晶，负光性，折射率为：$n_g=1.722\pm0.002$，$n_p=1.717\pm0.002$，双折射率 $n_g-n_p=0.005$，光轴角较小，$2V=0\sim5°$；在正交偏光显微镜下，呈灰色或深灰干涉色；在反光显微镜下，呈灰色，不易识别，但经 1%硝酸酒精溶液或 1%氯化铵水溶液适当浸蚀后，分别呈深棕色和蓝色，并具有清晰边界的六角板、柱状外形，如图 3.9 所示。

如果水泥生料中含有较多的燧石等结晶二氧化硅，由于结晶 SiO_2 的活性差，与 CaO 反应慢，所形成的 C_2S 来不及再吸收液相中的 CaO，而被通过富钙液相作用较快形成的 C_3S 所包裹，阿利特中常常包裹有大量贝利特，出现阿利特包裹体结构，如图 3.10 所示。

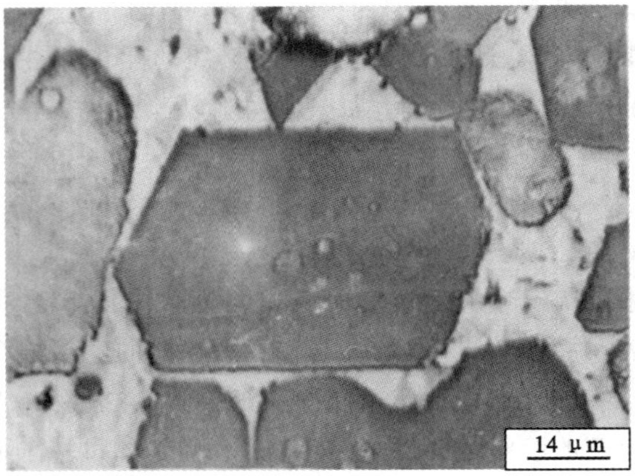

图 3.9　六角板状的阿利特

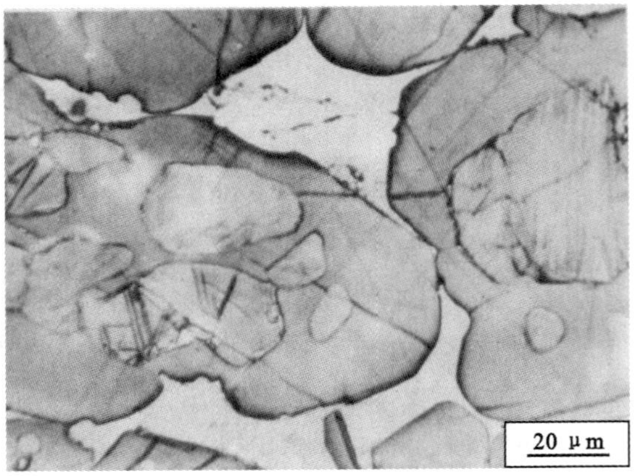

图 3.10　阿利特包裹体结构

纯 C_3S 色洁白，当熟料中含有少量氧化铬(Cr_2O_3)时，阿利特呈绿色。含氧化钴时，随钴的价数不同，可得浅蓝色或玫瑰红色。含氧化锰时，阿利特还会带其他色泽。阿利特的密度为 3.14～3.25 g/cm^3。

另外，阿利特的晶体尺寸和发育程度会影响其反应能力。当烧成温度较高时，阿利特晶型完整，晶体尺寸适中，几何轴比大(晶体长度与宽度之比 $L/B\geqslant2\sim3$)，矿物分布均匀，界面清晰，熟料的强度较高。当加矿化剂或用急剧升温等新的煅烧方法进行低温烧成时，虽然很多阿利特晶体比较细小，但发育完整、分布均匀，熟料强度也很高。总之，适当提高熟料中 C_3S 含量，可以获得高质量熟料。

3.4.2.2 贝利特

贝利特(C_2S)为单斜晶系，呈棱柱状或板状，二轴晶正光性晶体，光轴角中到大，$2V=64°\sim68°$。

在偏光显微镜下为无色到棕黄色，折射率 $n_g=1.736$，$n_m=1.722$，$n_p=1.717$，双折射率 $n_g-n_p=0.019$，较阿利特强，干涉色为一级黄色。

在硅酸盐水泥熟料中，贝利特常呈圆粒状，但也可见其他不规则形状。这是由于熟料在煅烧过程中，固相反应生成贝利特，其边棱首先熔进液相，在液相中吸收 CaO 反应生成阿利特。因此，在烧成反应基本结束后，尚未熔进液相的贝利特以他形存在，多为圆粒状。

在熟料煅烧过程中冷却速度很慢时，熔入液相中的贝利特，在降温过程中有一部分会析晶出来，此时有可能以自形存在，故熟料中有时也会出现其他形状的贝利特。

在反光显微镜下，贝利特亦呈灰色，轮廓不分明，只隐约可见。但当用 1%硝酸酒精溶液或 1%氯化铵水溶液浸蚀后，即分别显示出黄褐色和浅棕色的类圆形颗粒，正常情况下，具有明显的交叉双晶纹。类圆形具有交叉晶纹的贝利特，如图 3.11 所示。

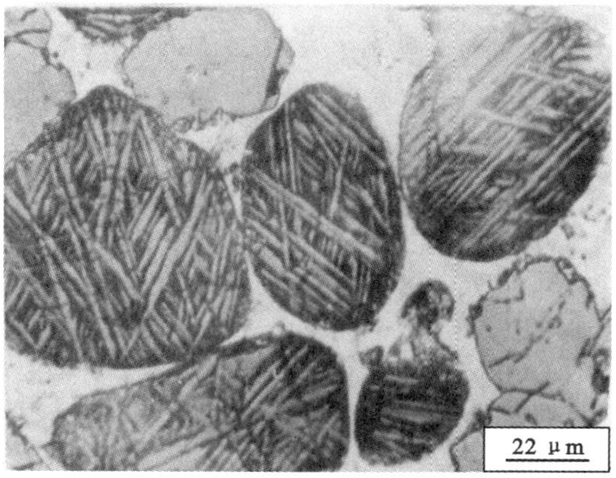

图 3.11　类圆形具有交叉晶纹的贝利特

3.4.2.3　中间相

填充在阿利特和贝利特之间的铝酸盐、铁相固溶体，组成不定的玻璃体和含碱化合物等统称为中间相。中间相在熟料煅烧过程中，开始熔融成液相，冷却时，部分液相结晶，部分液相来不及结晶而凝固成玻璃体。

结晶完善的 C_3A 常呈立方、八面体或十二面体。但在水泥熟料中，其形状随冷却速率而异。例如在 Al_2O_3 含量高的慢冷熟料中，才结晶出较完整的大晶体，一般则溶入玻璃相或呈不规则的微晶体析出。在偏光镜下，C_3A 无色透明，折射率 $n=1.710$，密度 3.04 g/cm^3。在反光镜下，快冷呈点滴状，慢冷呈矩形或柱状。由于它的反光能力弱，呈暗灰色，一般称为黑色中间相。

C_4AF 常呈棱柱状和圆粒状晶体，密度为 3.77 g/cm^3。在偏光显微镜下，具有从浅褐到深褐的多色性，二轴晶负光性，光轴角中等，折光率 $n_{g(Li)}=2.04$、$n_{m(Li)}=2.01$，$n_{p(Li)}=1.96$，双折射率 $n_g-n_p=0.08$。在反光显微镜下由于反射能力强，呈亮白色，故通常称为白色中间相。

图 3.12 为硅酸盐水泥熟料在反光显微镜下的岩相照片。黑色多角形颗粒为阿利特(C_3S)；具有黑白双晶条纹的圆形颗粒为贝利特(C_2S)；在这两种晶体之间反射能力强的白色中间相(浅色)为才利特(C_4AF)，反射能力弱的黑色中间相(深色)为 C_3A。

图 3.12　硅酸盐水泥熟料显微结构

3.4.2.4　f-CaO 和方镁石

通常熟料中均含有少量 f-CaO，f-CaO 属等轴晶系，类圆形、颗粒状分散或者由数个颗粒团聚在一起分布于阿利特和贝利特之间。偏光显微镜下无色，呈圆形颗粒状，折射率 $n=1.837$，有时有反常的干涉色。在反光显微镜下，因折射率较硅酸盐和铝酸盐大，故反射率较强，未经腐蚀呈现为圆形较白的颗粒，但在用蒸馏水腐蚀后，因水化作用在表面产生一层极薄的致密沉淀物而呈彩虹色，很容易识别，如图 3.13 所示。

f-CaO 根据其成因可分为一次 f-CaO 和二次 f-CaO两类。一次 f-CaO 是指没有与其他成分化合而由生料中残留下来的 f-CaO。一次 f-CaO 颗粒呈圆形或卵形，粒径较大，单颗或数颗集中散布于阿利特和贝利特之间。二次 f-CaO 是指由阿利特在 1250 ℃以下分解产生的 f-CaO，颗粒的粒径较细小，分解出来后很快熔入液相，常存在于阿利特晶粒的附近。

方镁石是指未与其他物质化合呈游离状态的 MgO 晶体(f-MgO)，是经高温煅烧后的氧化镁晶体。当生料中 MgO 含量过高时，熟料中即可能出现成堆的方镁石，如图 3.14 所示。方镁石属等轴晶系，理想晶型呈立方体、八面体或粒状集合体。偏光显微镜下无色透明，折射率 $n=1.736$。在反光显微镜下，由于折射率较高、硬度大、突起高，不用浸蚀即清晰可见。晶粒常为圆粒状、矩形、三角形或多角形等，在收缩光圈或微动镜筒时，呈粉红色并有黑边。f-CaO 和方镁石虽然有时会以包裹体形式存在于阿利特和贝利特中，但通常分布在中间相里。

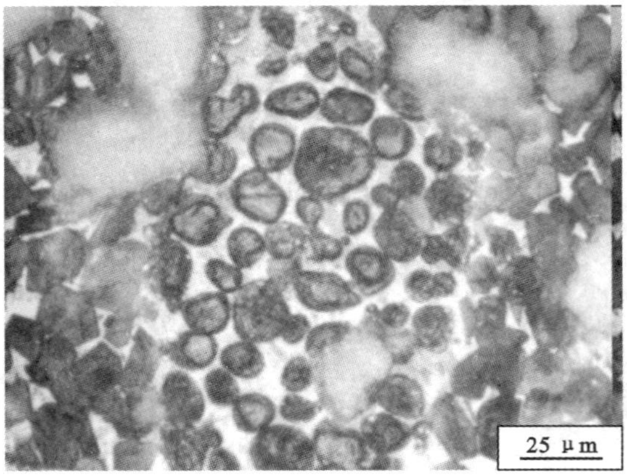

图 3.13　成堆的 f-CaO 矿巢

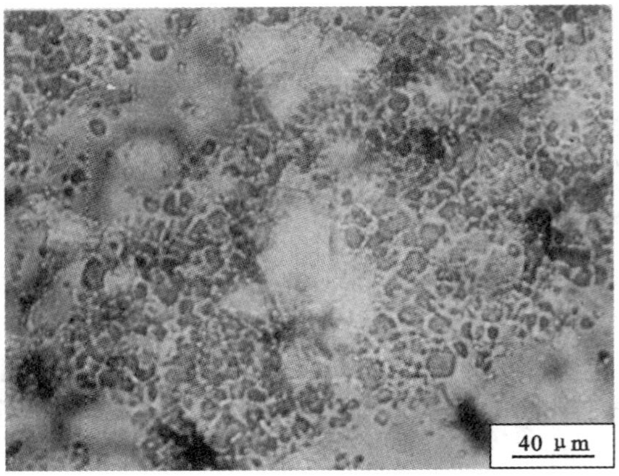

图 3.14　成堆的方镁石

3.4.3　正常熟料的岩相显微结构

生料成分控制适当，且粉磨至规定细度，经过正常煅烧并在合理制度下冷却的硅酸盐水泥熟料，称为正常熟料，通常具有如图 3.15 所示的显微结构。

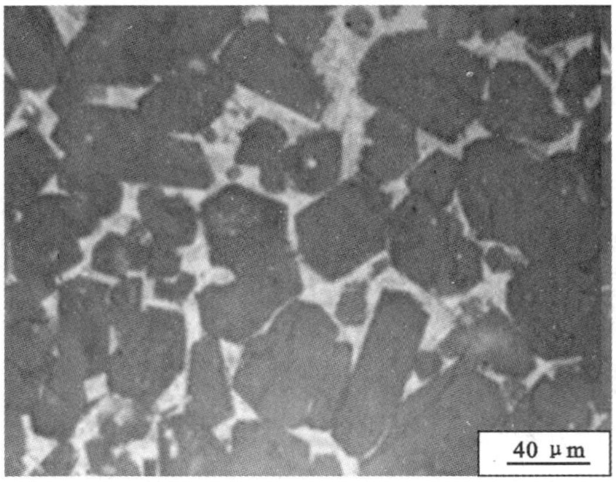

图 3.15　正常熟料的显微结构

其特征为矿物发育完善，阿利特和贝利特晶体轮廓清晰，分布均匀，彼此之间被占总量 20%～30% 的中间相所隔开。阿利特的含量为 50%～60%，颗粒大小均齐，粒径在 20～50 μm 之间，晶体边棱平直完整，几何轴比(长宽比)大，多数呈完整的六角板状、柱状。贝利特占 10%～20%，颗粒大小均匀，粒径近乎圆形，大都具有明显的交叉双晶纹，直径为 30～40 μm。中间相中可见白色和黑色结晶，没有 f-CaO和方镁石等晶体。

实践证明，具有上述显微结构特征的熟料，通常强度都较高，质量都较好。

3.4.4　原料及生料对熟料岩相显微结构的影响

3.4.4.1　生料成分不均匀的影响

生料配料不稳定，窑灰掺入不匀，煤灰成分波动，或者生料均化不好等因素，都会造成生料化学成分的均匀性变差，反映在熟料显微结构特征上，则可以发现阿利特、贝利特的分布不均，各自聚集成堆，晶体大小不一，中间相的分布亦不均匀，且 f-CaO 含量增多，易成堆出现，如图 3.16 所示。显然，这类显微结构都将导致熟料性能的下降。

3.4.4.2　粗颗粒石英的影响

当生料中含有较多的粗颗粒石英时，由于反应不完全，熟料的显微结构失去了均匀性，亦影响到熟料质量。因此，粗颗粒石英的存在，常使熟料显微结构上出现矿群结构，即一种矿物做不规则的聚集，但矿物颗粒之间仍有明显的界线，且矿群边缘大多保持着粗颗粒石英的外形。

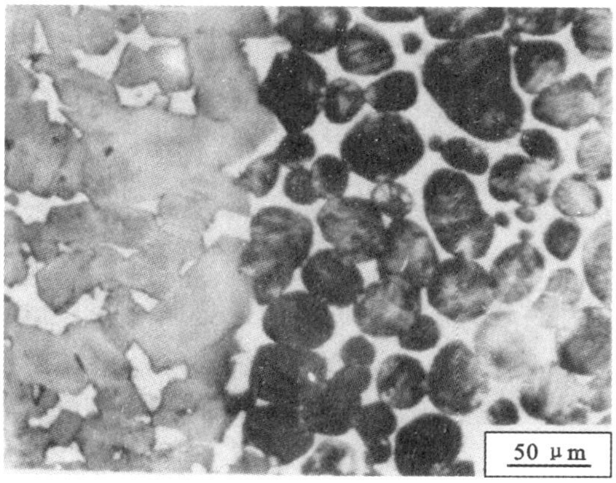

图 3.16　分布不均聚集成堆的阿利特和贝利特

当生料中有粗颗粒石英时，熟料中会出现贝利特（C_2S）矿群。熟料烧成过程中，粗颗粒石英与周围 CaO 接触反应生成 C_2S，随着温度升高，C_2S 晶体长大，石英颗粒逐渐被熔蚀，最后剩下环状的贝利特矿群，如图 3.17所示。贝利特矿群的另一种形式是以堆集的贝利特颗粒相聚，其间中间相较少，颗粒基本上紧密相连在一起，如图 3.18 所示。有时窑头粗颗粒煤灰的降落，或者有粗粒长石的存在，亦会成为贝利特矿群的来源。

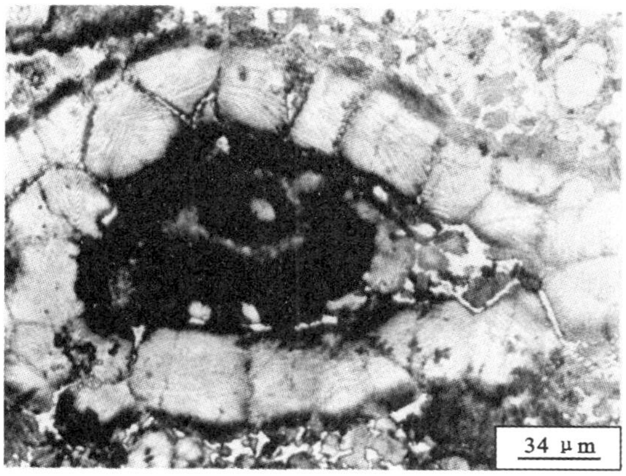

图 3.17　环状分布的贝利特矿群

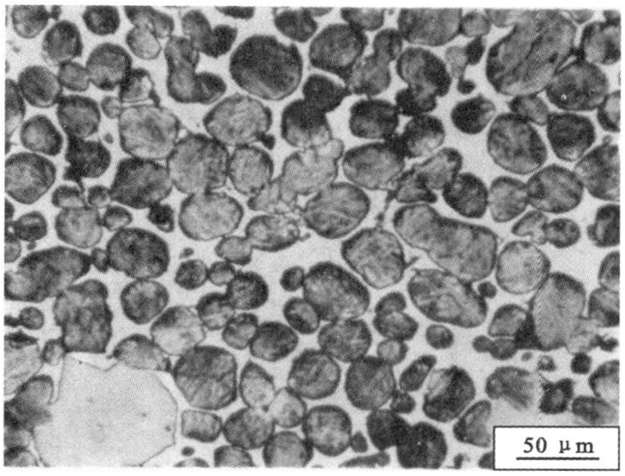

图 3.18　成堆分布的贝利特矿群

3.4.4.3　粗颗粒石灰石的影响

当水泥生料中存在粗颗粒石灰石，在烧成过程中不能被完全吸收时，则易形成 f-CaO 矿群，如图 3.19所示。如果生料中含有粗颗粒白云石，则还会出现由 f-CaO 与方镁石两者构成的矿群，如图 3.20所示。

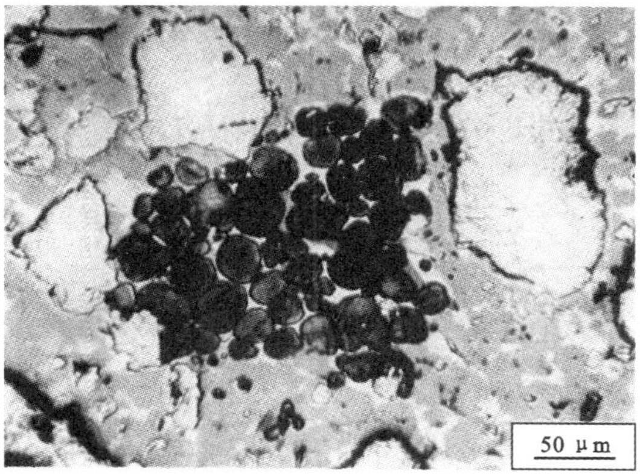

图 3.19　f-CaO 矿群（黑色）

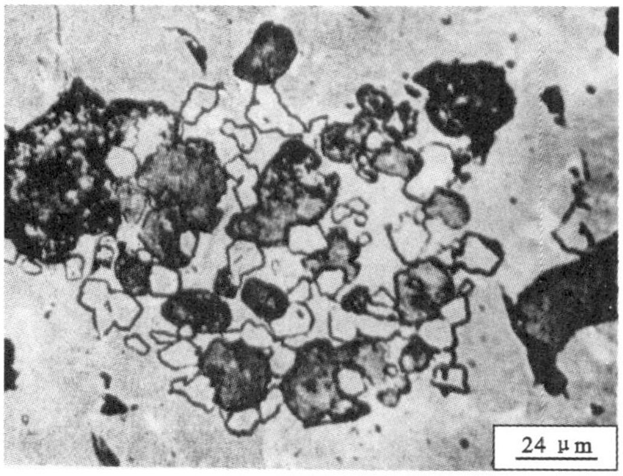

图 3.20　f-CaO（黑）和方镁石（白）组成的矿群

3.4.5 还原气氛对熟料岩相显微结构的影响

正常情况下，熟料是在窑内微氧化气氛下烧成的，其颜色为灰黑微带绿色。但当风量不足或煤的粒度过粗等因素而使燃烧不完全时，窑内便会出现还原气氛。熟料在还原气氛下烧成时，其内芯会出现异常的颜色，并随着还原程度不同，分别出现黄心料、绿心料和白心料。

上述颜色不正常的熟料，其外层黑壳的显微结构与正常煅烧的熟料相同，但内芯部分则有明显不同。首先反映在阿利特数量急剧减少，边棱不平直，熔蚀和花环状的分解现象加剧。此种结构的形成，一般是由于煤灰粗粒过早降落，裹入物料之中，从而使局部熟料的 *KH* 值降低，还有部分原因是 Fe_2O_3 还原所形成的 FeO 对 C_3S 有分解作用。其次是贝利特数量相应增加，形状不规则，一般认为是由于 FeO 与 SiO_2 反应逐步生成低熔的钙铁橄榄石（CFS），以及 CFS 与 C_2S 之间可生成有限固溶体的缘故。然后在接近 1230 ℃时，CFS 开始熔入液相，而残留部分形成手指状贝利特，如图 3.21 所示。从晶体的生长过程推测，实为熔蚀后呈多个并列的柱状晶集合体。待其全部溶入液相，则保留如图 3.22 所示的梭状贝利特。图 3.23、图 3.24 为具有熔蚀界面粒状晶集合体的贝利特。

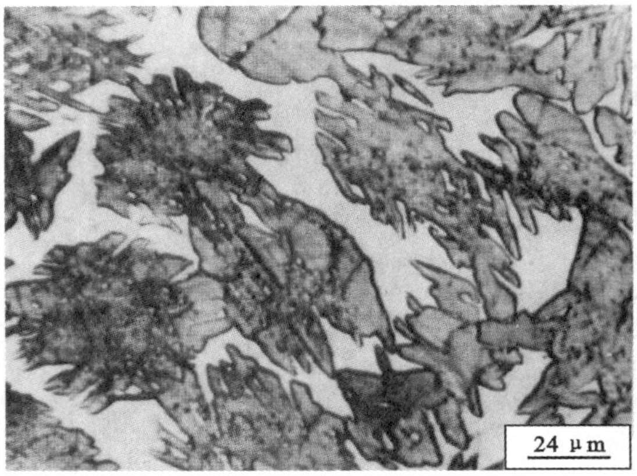

图 3.21 手指状贝利特

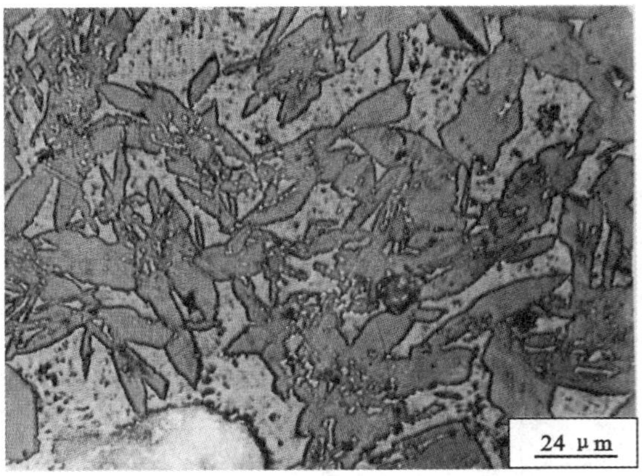

图 3.22 梭状贝利特

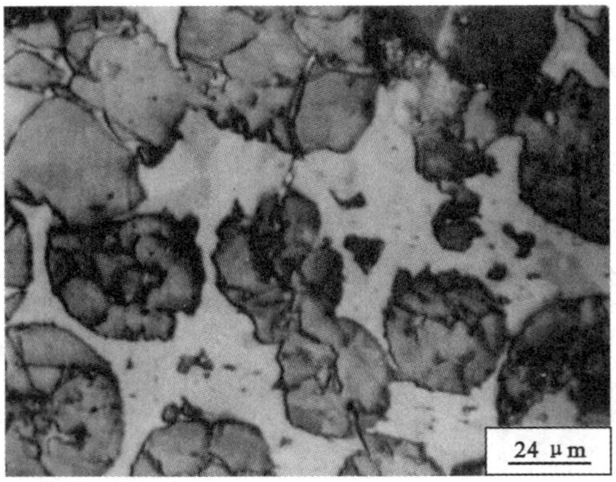

图 3.23 花蕾状贝利特

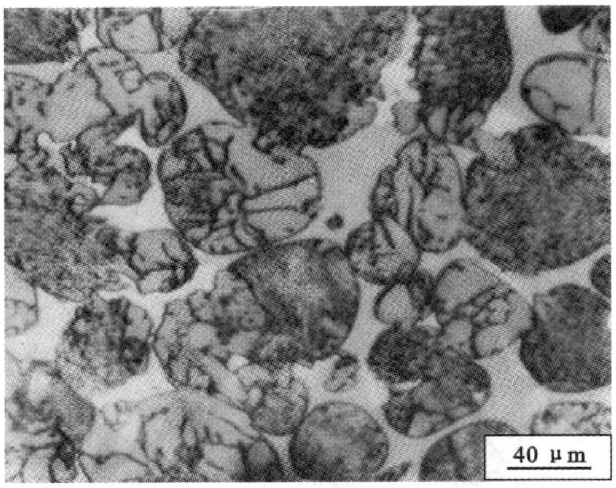

图 3.24 脑状贝利特

另外，由于 Fe^{3+} 已被还原为 Fe^{2+}，所以该熟料中几乎不存在 C_4AF，中间相数量相应减少，并以矩形、大片状的黑色中间相为主。

上述变化随还原程度的加剧而逐渐出现黄心料、绿心料，严重时则为白心料。此时，各种不规则形状的贝利特已成为主要成分，晶粒可连成一大片，如图 3.25 所示。当还原气氛特别强烈时，则有球形的金属铁出现，其反射率较大，呈亮白色，很容易鉴别，如图 3.26 所示。

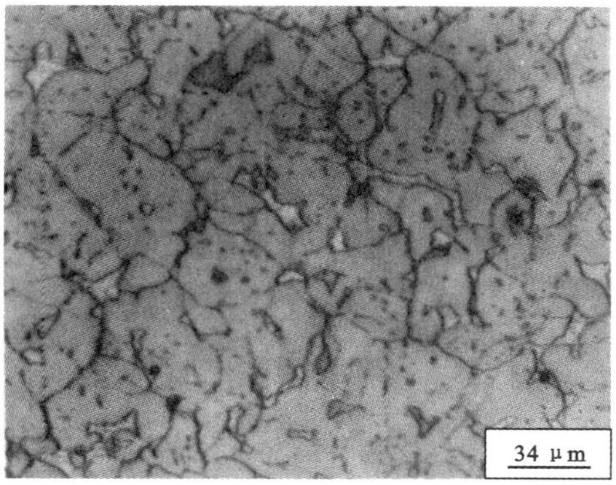

图 3.25　白心料中连成片的不规则贝利特

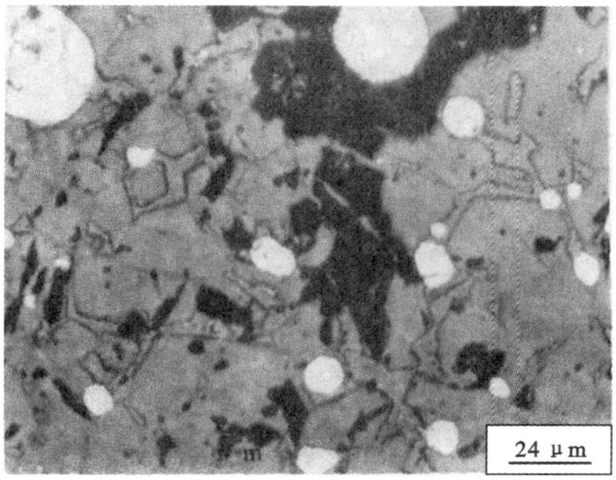

图 3.26　圆形亮白的金属铁

3.4.6　冷却速度对熟料岩相显微结构的影响

3.4.6.1　急冷熟料的岩相结构特征

熟料的冷却制度对显微结构有相当明显的影响，因此，熟料的显微结构特征，亦可作为判断冷却速度的依据。

为了提高熟料的水化活性，避免 C_2S 由 β 型向 γ 型转化，一般对冷却到 C_3S 稳定温度下限的熟料采取急冷措施。急冷熟料的显微结构特征是：阿利特较细小，边棱平直，贝利特近圆形并有明显交叉晶纹，中间相含有较多玻璃质。在这种情况下，由于急冷玻璃相黏度迅速增大，而晶体析出很快，在玻璃相中即出现微细粒状或细小树枝状黑色中间相，如图 3.27 所示。

3.4.6.2　慢冷熟料的岩相结构特征

慢冷熟料的显微结构特征是：阿利特相对较大，形状不规则，如受酸性熔液熔蚀的时间较长，晶体棱角圆钝，有时还可见到阿利特的分解现象，如图 3.28 所示。由于分解出的二次 f-CaO 不断熔入液相，最后残留下来的 C_2S 则呈小粒状环绕生长在阿利特的周围而呈现花环状结构，如图 3.29 所示。此时，黑色中间相为四方片状、柱状，有时在其中还可见到排列整齐的细粒状的二次贝利特析晶，如图 3.30 所示。

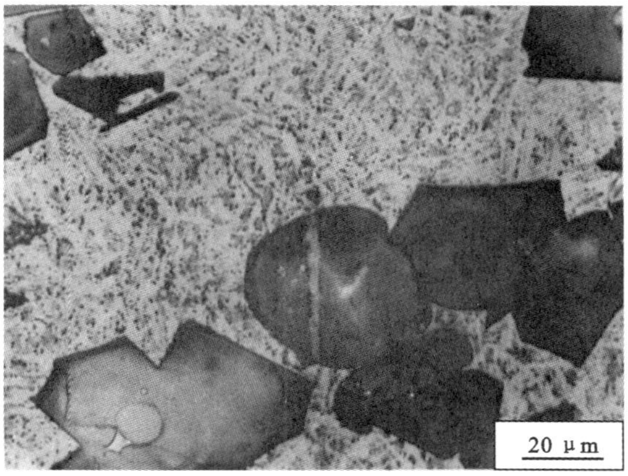

图 3.27　急冷熟料中细粒和树枝状黑色中间相

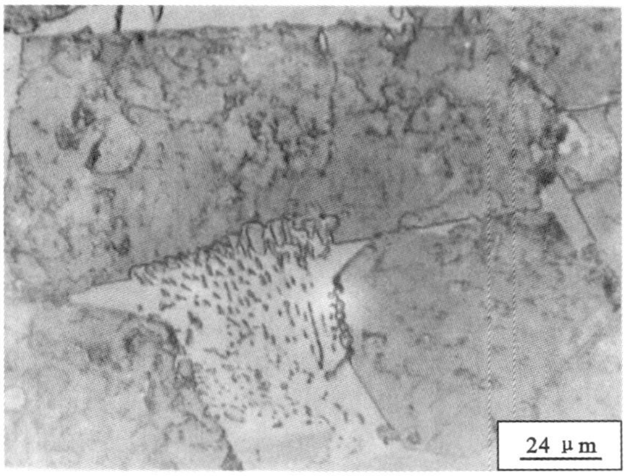

图 3.28　熔蚀或分解中的阿利特

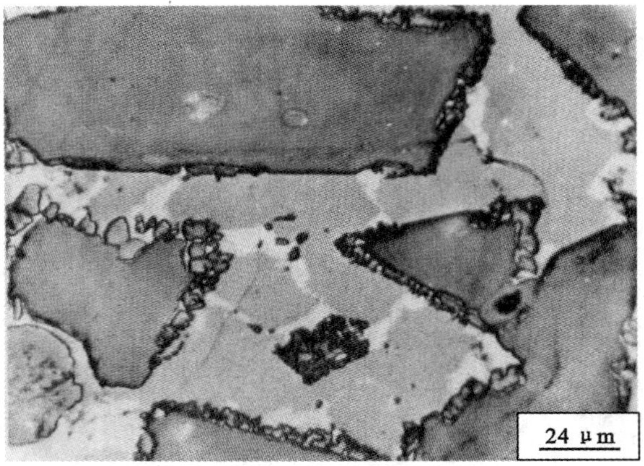

图 3.29　阿利特熔蚀后残留周界上细粒 C_2S

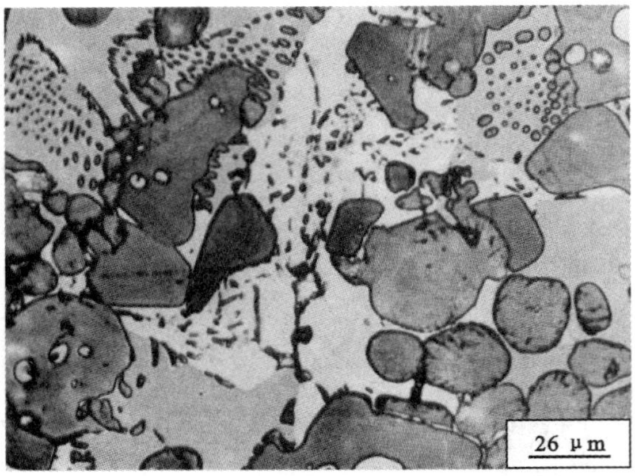

图 3.30　片状黑色中间相和细粒状贝利特

3.4.7　烧成温度对熟料岩相显微结构的影响

3.4.7.1　欠烧熟料的岩相结构特征

当窑内煅烧温度偏低，或物料在高温带停留时间太短时，则产生欠烧熟料。由于液相数量过少，物料还没有完全烧结，矿物相互粘连在一起，发育不完全，未形成清晰的晶体结构。欠烧熟料的外观特征是：熟料球细小、粉尘多，疏松易碎、无光泽、立升重低、f-CaO 含量高。反映在岩相的特征是：阿利特含量少，晶体细小，中间相少，f-CaO 含量多且呈堆集分布，熟料中出现较多孔洞，这些都是欠烧熟料显微结构的重要特征，如图 3.31 所示。

3.4.7.2　过烧熟料的岩相结构特征

熟料的烧成温度、冷却速度以及窑内气氛的变化，都会使熟料的显微结构特征发生相应的变化。当烧成温度过高或熟料在烧成带停留的时间过长，即得过烧的熟料，其中阿利特得到充分发育生长的机会，显示出晶体粗大或呈长柱状，f-CaO 含量极少，孔洞也少，如图 3.32 所示。由于发育完整粗大的阿利特反应能力较差，水化活性较低，因此过烧熟料的强度通常低于正常煅烧的熟料的。

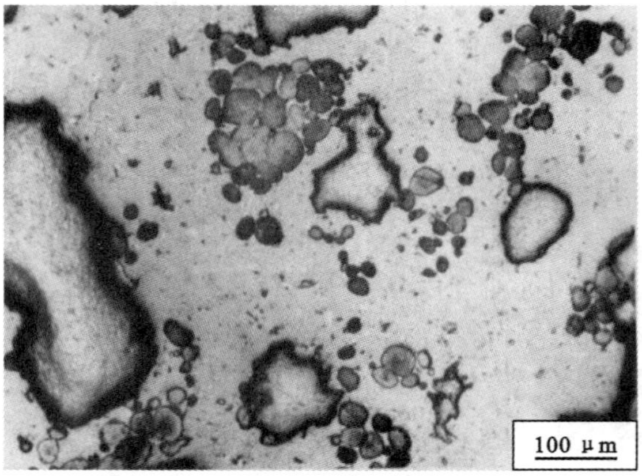

图 3.31　欠烧熟料中孔洞及成堆分布的 f-CaO

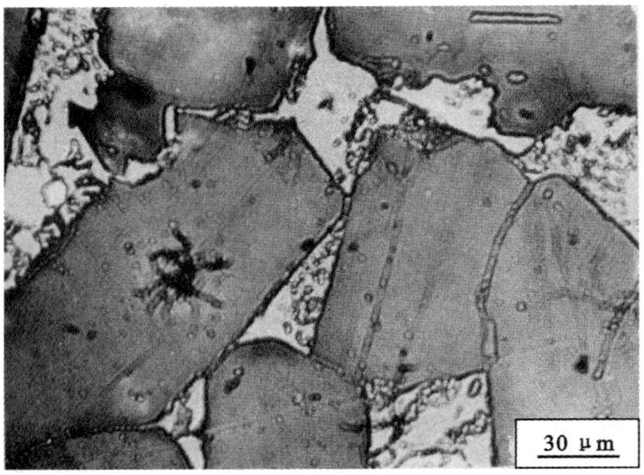

图 3.32　过烧熟料中粗大的阿利特

习　　题

3.1　硅酸盐水泥熟料的化学成分和矿物组成是什么？

3.2　水泥熟料各矿物具有什么性能？

3.3　为什么要制定熟料率值？各率值是如何得来的？

3.4　简要说明 *KH*、*SM*、*IM* 的物理含义。

3.5　斯波恩认为熟料中碱性最高的矿物为 C_3S、C_2A 和 C_4AF，从而提出了石灰标准值公式如下：

$$KSt=\frac{\text{熟料中实际 CaO 含量}}{\text{熟料中理论 CaO 极限含量}}$$

请推导出此率值公式。

3.6　已知某厂熟料的化学成分为：$w(SiO_2)=21.98\%$，$w(Al_2O_3)=6.12\%$，$w(Fe_2O_3)=4.31\%$，$w(CaO)=65.80\%$，$w(MgO)=1.02\%$，计算其 KH、LSF、SM 和 IM。

3.7　熟料 KH 和 LSF 在概念上有何不同？KH 为什么不能大于 1，而 LSF 可以大于 100？

3.8　试述熟料的三率值对熟料煅烧和质量有何影响。

3.9　请推导 $IM<0.64$ 时的 KH 公式。

3.10　当 CaO 含量一定时，若增大 SiO_2 含量对熟料烧成和水泥质量有何影响？适宜的 SiO_2 含量又是多少？

3.11　某熟料中 SiO_2 含量为 20%，已知与 SiO_2 化合的 CaO 含量为 50.4%，试计算该熟料的 KH。

3.12　推导加有矿化剂 $CaSO_4$、CaF_2 水泥熟料的 KH 公式。矿物组成为：C_3S、C_2S、C_4AF、$C_{11}A_7\cdot CaF_2$、$C_3A_3\cdot CaSO_4$。

3.13　请推导验证　$KH=\dfrac{w(C_3S)+0.8837w(C_2S)}{w(C_3S)+1.3256w(C_2S)}$。

3.14　有哪几种方法可得到熟料矿物组成？

3.15　简述造成硅酸盐水泥熟料矿物组成的计算值与实测值不一致的主要影响因素。

3.16　光片为什么要浸蚀？影响浸蚀的因素有哪些？

3.17　阿利特是硅酸盐水泥熟料的主要组成矿物，其显微结构有何特征？

3.18　贝利特主要有哪几种晶型？在反光显微镜下有何显微结构特征？不同晶型结构对水泥的质量有何影响？

3.19　硅酸盐水泥熟料中间相包括哪几类？不同中间相其显微结构特征有何不同？

3.20　f-CaO 和方镁石对水泥的质量有何影响？其显微结构有何特征？怎样通过反光显微结构来判断是一次 f-CaO还是二次 f-CaO？

3.21　正常煅烧熟料和过烧熟料的阿利特在显微结构上有何区别？

3.22　怎样通过水泥熟料显微结构来判断熟料冷却速度？

4 硅酸盐水泥生料与粉磨

由石灰质原料、黏土质原料及少量校正原料，按一定比例配合，粉磨到一定细度的物料，称为硅酸盐水泥生料，简称生料。生料质量是熟料质量的基础，生料质量在很大程度上影响着熟料的质量、烧成热耗和窑的产量。生料的质量主要包括：生料易烧性（包括生料率值、液相量、液相黏度等）、均匀性和生料细度及微量元素含量等。

4.1 生料易烧性

水泥生料的化学、物理和矿物性质对其易烧性影响很大，生料易烧性可基本反映固、液、气相环境下，在规定的温度范围内，通过复杂的物理、化学变化，形成熟料的难易程度。

水泥生料易烧性可用如下两种方式进行表达：

（1）在某一已知温度下，测量经规定时间后的 f-CaO 含量，f-CaO 含量的降低数值与易烧性的改善相对应；

（2）测量规定温度下达到 f-CaO 含量不大于 2.0%所需时间 t，t 的减小幅度与易烧性的改善情况相对应。“实用易烧性”，是指在 1350 ℃恒温下，在回转窑内煅烧生料达到 f-CaO 含量不大于 2%所需的时间。

还可用各种易烧性指数或易烧性值来表示。史密斯（Smidth F L）公司将生料样品在实验室分别加热至 1400 ℃、1450 ℃、1500 ℃并保温 30 min，然后测定加热后样品的 f-CaO 含量，并按下式计算生料的易烧性指数 BI_1：

$$BI_1=\frac{\dfrac{w(\mathrm{CaO})_{1400\,℃}}{3.6}+\dfrac{w(\mathrm{CaO})_{1450\,℃}}{2.6}+\dfrac{w(\mathrm{CaO})_{1500\,℃}}{1.6}}{3}\times 100 \tag{4.1}$$

式中：

$w(\mathrm{CaO})_{1400\,℃}$——生料经 1400 ℃煅烧 30 min 后的 f-CaO 含量（质量分数，%）；

$w(\mathrm{CaO})_{1450\,℃}$——生料经 1450 ℃煅烧 30 min 后的 f-CaO 含量（质量分数，%）；

$w(\mathrm{CaO})_{1500\,℃}$——生料经 1500 ℃煅烧 30 min 后的 f-CaO 含量（质量分数，%）。

易烧性指数 BI_1 越高，说明生料越难煅烧。当生料在 1400 ℃ 、1450 ℃、1500 ℃下分别煅烧 30 min后 f-CaO 含量分别为 3.6%、2.6%、1.6%时，易烧性指数 BI_1 为 100。正常生料易烧性指数 BI_1 在 80～120 之间；$BI_1<80$，说明生料易烧性很好；$BI_1>120$，说明生料易烧性很差。

易烧性指数 BI_2：

$$BI_2=\frac{0.7826w(\mathrm{SiO_2})-0.2003w(\mathrm{Al_2O_3})-0.0480w(\mathrm{Fe_2O_3})}{w(\mathrm{CaO})-1.8665w(\mathrm{SiO_2})-1.214w(\mathrm{Al_2O_3})-1.0667w(\mathrm{Fe_2O_3})}+0.3513w(\mathrm{Al_2O_3})+0.2687w(\mathrm{Fe_2O_3})+0.1403\frac{w(\mathrm{Al_2O_3})}{w(\mathrm{Fe_2O_3})} \tag{4.2}$$

易烧性指数 BI_2 一般范围为 3.2～5.0，正常生料范围为 4.0～4.7，该数值大表示生料易烧，数值小表示难烧。

在我国，水泥生料易烧性按照 GB/T 26566—2011《水泥生料易烧性试验方法》进行。将备好的生料分别于 1350 ℃、1400 ℃和 1500 ℃煅烧 30 min。生料的易烧性用所烧制熟料的 f-CaO 含量来衡定。显然，f-CaO 含量越低，生料的易烧性越好。

在水泥熟料的煅烧过程中，温度必须很好地满足阿利特的形成条件。生料易烧性愈好，生料煅烧的温度愈低；易烧性愈差，煅烧温度愈高。通常生料的煅烧温度为 1420～1480 ℃。有关试验表明，生料的最高煅烧温度与生料成分也就是熟料潜在矿物组成的关系如下列回归方程式所示：

$$T = 1300 + 4.51w(C_3S) - 3.74w(C_3A) - 12.64w(C_4AF) \tag{4.3}$$

综上所述，影响生料易烧性的主要因素有：

(1) 生料的潜在矿物组成：图 4.1 为率值对烧成温度与易烧性的影响，*LSF*(*KH*)、*SM* 高，生料难烧；反之易烧，还可能易结圈；*SM*、*IM* 高，难烧，要求较高的烧成温度。

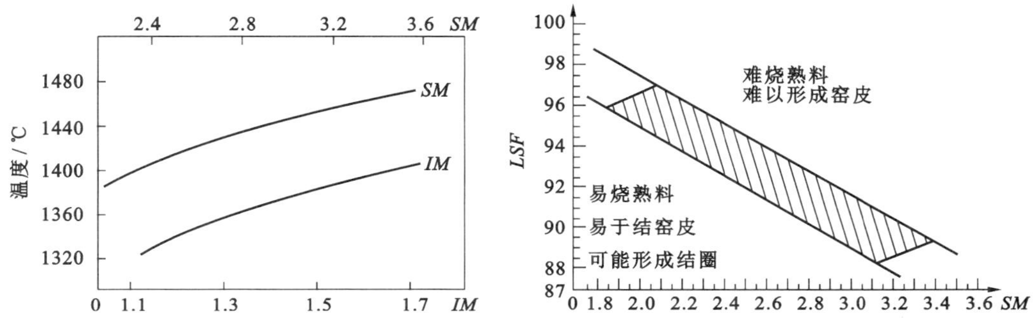

图 4.1 率值对烧成温度和易烧性的影响

(2) 原料的性质和颗粒组成：原料中石英和方解石含量高，易烧性差；结晶质粗粒多，易烧性差。

(3) 生料中次要氧化物和微量元素：生料中含有少量次要氧化物如 MgO、K_2O、Na_2O 等，有利于熟料形成，易烧性好，但含量过多，易结皮、结圈，不利于煅烧操作。

(4) 生料的均匀性和生料粉磨细度：生料均匀性好，粉磨细度细，易烧性好。

(5) 矿化剂：掺加各种矿化剂，均可改善生料的易烧性，但也可能会引起结皮、结圈，甚至影响水泥的某些性能，如凝结时间延长等。

(6) 生料的热处理：生料的易烧性差，就要求烧成温度高，煅烧时间长。生料煅烧过程中升温速度快，有利于提高新生态产物的活性，易烧性好。

(7) 液相：生料煅烧时，液相出现时的温度低、量多，液相黏度小，表面张力小，离子迁移速度大，易烧性好，有利于熟料的烧成。但液相量过多，会引起结圈、结大块，影响窑的煅烧操作。

(8) 燃煤的性质：燃煤热值高、煤灰分少、细度细，燃烧速度快，燃烧温度高，有利于熟料的烧成。

(9) 窑内气氛：窑内氧化气氛煅烧，有利于熟料的形成和熟料质量的提高。

4.2 熟料配料方案的设计

在水泥生产过程中，水泥熟料的配料方案设计，不仅直接决定了水泥熟料的矿物组成，决定了水泥熟料和水泥产品的品质，而且，对水泥窑的生产效率、能源消耗、耐火材料寿命、安全稳定运转、环境保护以及生产成本和经济效益等各种技术经济指标，都有着重大的影响。

4.2.1　熟料配料方案设计的目的

水泥熟料配料方案的设计，实际上就是要确定控制水泥熟料生产的4个参数：熟料单位质量热耗(q)、石灰饱和系数(KH)、硅率(SM)和铝率(IM)，其主要目的如下：

(1) 在设计新水泥厂时，根据原料资源情况确定矿山的可用程度，并尽可能地充分利用矿山资源。

(2) 在设计新水泥厂时，根据原料、燃料特性和水泥品种、性能等要求，决定原料和燃料种类、配比，并选择合适的生产方法。

(3) 在设计新水泥厂时，计算全厂的物料平衡，作为全厂工艺设计及主机选型的依据。

(4) 在已投产的水泥厂中，原料资源和工艺、设备条件已确定，通过配料计算，可经济合理地使用矿山资源，计算物料消耗定额，确定各种原料与燃料的正确配比，指导日常生产控制，以得到成分合乎要求且具有良好性能的水泥熟料，并为水泥窑和磨机创造良好的操作条件，保证工厂有较好的经济效益。

4.2.2　熟料配料方案设计的基本原则

水泥熟料配料方案的设计，必须考虑许多复杂因素。例如：原料、燃料、粉磨、配料设备及控制、物料均化、熟料煅烧、冷却以及对水泥产品的品质要求等。水泥熟料的最优配料方案设计，可以获得品质优良的水泥熟料，取得优质、高效、低耗、安全稳定生产的满意效果；否则，必然事倍功半，引起生产紊乱，难以获得良好的经济效益。因此，国内外水泥生产企业对水泥熟料配料方案的设计都十分重视。

水泥熟料配料方案设计的基本原则，可归纳如下：

(1) 煅烧出的水泥熟料，应具有较高的强度和良好的物理化学性能及易磨性；

(2) 配制的水泥生料，应易于粉磨和烧成；

(3) 生产过程，应易于控制和管理，便于生产操作；

(4) 可经济、合理地利用矿山资源，充分利用工业废料。

4.2.3　熟料配料方案的发展历程

长期以来，我国水泥企业在生产实践中，对水泥熟料配料方案的设计积累了丰富的经验。针对过去我国大中型水泥企业大多为湿法、老式干法和半干法生产的特点，通常采用"高铝率(IM)、高石灰饱和系数(KH)、低硅率(SM)"的配料方案。水泥熟料的KH为0.91 ± 0.1，SM为2.0 ± 0.1，IM为1.2 ± 0.1，单位熟料热耗(q)为5833～6667 kJ/kg(湿法长窑)，或5850～7520 kJ/kg(老式干法窑)，或4000～5850 kJ/kg(半干法窑)。

20世纪70年代，预分解窑的崛起及与之相配套的各种新工艺、新技术和新装备的相继问世，使水泥熟料的煅烧条件及技术控制条件发生了重大变化。为了适应这种新的情况，国外水泥企业对预分解窑的配料方案进行了探索研究，优选出了"高硅率(SM)、高铝率(IM)、中石灰饱和系数(KH)"的配料方案。水泥熟料的KH为0.87 ± 0.02，SM为2.5 ± 0.1，IM为1.6 ± 0.1，熟料单位热耗(q)为3200～3480 kJ/kg。

20世纪80年代中后期，我国针对当时预分解窑的工艺设备和管理水平等状况，也提出了预分解窑水泥熟料采用"高硅率(SM)、高铝率(IM)、中石灰饱和系数(KH)"的配料方案。水泥熟料的KH为0.87 ± 0.02，SM为2.5 ± 0.1，IM为1.6 ± 0.1，熟料单位热耗(q)为3300～3580 kJ/kg。由于当时设备不够完善，运转率较低，因此熟料单位热耗(q)较高。

20 世纪 90 年代中期以来，我国新型干法水泥生产技术取得了很大进展，我国大型预分解窑生产线已达到国际先进水平，完全有能力生产质量更优的熟料和水泥。预分解窑水泥熟料的配料方案，也逐渐采用“高硅率(SM)、高铝率(IM)、高石灰饱和系数(KH)”的“三高”配料方案。水泥熟料的 KH 为 0.90 ± 0.02，SM 为 2.6 ± 0.1，IM 为 1.7 ± 0.1，熟料单位热耗(q)为 2920～3200 kJ/kg。

硅率(SM)高，硅酸盐矿物多，水泥熟料的强度高，虽然熔剂型矿物较少，但由于预分解窑内温度较高，所以实际液相量并不少。

铝率(IM)高，虽然液相的黏度高，但由于预分解窑内火焰温度较高，完全可以适应。相反，如果铝率(IM)低，则液相的黏度低，反而容易形成飞砂料，影响熟料的煅烧。

石灰饱和系数(KH)高，在硅率(SM)一定的情况下，可增加熟料中 C_3S 的含量，显著提高水泥熟料的强度，虽然煅烧难度增大，但由于预分解窑把许多新技术、新工艺和新装备应用于水泥熟料的煅烧过程，从而具备了煅烧条件，也为熟料单位热耗(q)的降低提供了条件。

4.2.4　熟料配料方案的确定与优化

虽然“三高”配料方案(KH 为 0.90 ± 0.02，SM 为 2.6 ± 0.1，IM 为 1.7 ± 0.1，q 为 2920～3200 kJ/kg)是预分解窑水泥熟料的基本配料方案，但是，由于我国南北差异大，原料和燃料资源与质量分布不均衡，东西部资源和经济发展程度亦不同。北方烟煤资源充裕，南方无烟煤和劣质煤较多；北方原料的碱含量高，而东部石灰石的品位偏低。因此，各水泥企业应根据原料和燃料的质量以及所产水泥品种的性能要求，对水泥熟料的配料方案作出相应的调整与优化，以满足预分解窑优质、高产、低消耗、节能环保和长期安全运转的要求。

当原料的碱含量较高时，即石灰石中碱含量 $w(R_2O)\geqslant0.60\%$ 或砂岩中碱含量 $w(R_2O)\geqslant2.50\%$ 时，所配制的高碱水泥生料在预分解窑中煅烧，容易出现窑尾结皮、结圈和堵塞预分解系统管道，以及水泥熟料的 28 d 抗压强度下降的现象。此时，应提高水泥熟料的 SM 和 IM，控制水泥熟料的硫碱比 $[n(SO_3)/n(R_2O)]$ 为 0.6～0.8，促使水泥熟料中的 R_2O 优先与 SO_3 反应生成 R_2SO_4，熔入水泥熟料液相或冷却后残存于水泥熟料中，以减少 R_2O 在水泥窑内循环富集，减少 $KC_{23}S_{12}$、NC_8A_3 等矿物固溶体的生成量，提高水泥熟料的强度。控制水泥熟料的硫碱比，可使用高硫煤或在生料中掺入适量石膏，也可采取旁路放风技术措施，将窑尾的高碱气体旁路引出经冷凝后排碱放灰(旁路引出的窑尾高温含碱废气也可用于余热发电)。

当石灰石中 MgO 含量为 2.5%～3.5% 时，水泥熟料中的 MgO 含量可高达 3.5%～4.5%，预分解窑煅烧时则会出现结圈、结大球及水泥熟料质量下降等现象。这主要是由于 MgO 可使水泥熟料出现液相时的温度降低并增加液相量。MgO 的作用与 Fe_2O_3 相似，故想要克服 MgO 的有害作用应提高 SM 和 IM，即减少 Fe_2O_3 含量，由此抵消 MgO 使液相量增加和液相黏度降低的不利影响。一般情况下，在使用高镁原料的配料方案设计时，水泥熟料的 3 个率值应采用“高硅率(SM)、高铝率(IM)、中石灰饱和系数(KH)”的配料方案，即 SM 为 2.8～3.4，IM 为 1.8～2.0，KH 为 0.88～0.90。这将有利于预分解窑的煅烧和操作以及水泥熟料质量的提高。

当原料中含有较多粗晶石英时，水泥生料的易烧性会变差，水泥熟料中的不溶物和 f-CaO 的含量将上升而出现粉化料，C_3S 和 C_2S 的晶粒会变得粗大，水泥熟料的强度会下降。此时，应提高水泥生料的粉磨选粉效率，在避免水泥生料过粉磨的同时，控制出磨水泥生料 0.2 mm 筛筛余小于 0.5%。当水泥熟料中 f-CaO 含量较高时，可适当降低水泥熟料的 KH 和 SM，以适度改善水泥生料的易烧性。

劣质煤[灰分含量 $w(A_{ad})$ 为 32%～40%]对水泥窑的煅烧和水泥熟料的质量会产生巨大影响，主要表现为窑头火焰温度下降，煤灰掺入量增加。煤灰不均匀地堆积在水泥熟料颗粒的表面上而引起颗粒表面的 C_2S 含量上升、C_3S 含量下降。当煤粉制备因煤磨机能力不足而细度较粗(80 μm 筛筛余量不小于12%)时,粗颗粒煤粉在烧成带不能燃尽而延滞到窑尾部燃烧,将裹入窑尾灼烧水泥生料中形成还原性黄心水泥熟料,从而降低水泥熟料的强度。因此,可采取如下措施:提高煤粉的细度,必要时对煤磨机进行技术改造以提高其粉磨能力;优化水泥熟料的3个率值,采取"二高一中"配料方案(水泥熟料的*KH*为0.88~0.89,*SM*为2.5~3.0,*IM*为1.6~1.80);优化窑头燃烧器的工艺参数,加大内风的旋流作用,提高火焰温度和煤粉燃烧速度及燃尽率。

当生产特性水泥或专用水泥时,应根据各品种水泥的性能要求,调整水泥熟料的配料方案。例如:

中热水泥熟料的率值:*KH*为0.86~0.90,*SM*为2.5~3.2,*IM*为0.65~1.00;

低热水泥熟料的率值:*KH*为0.68~0.76,*SM*为2.5~3.2,*IM*为0.65~0.89;

G级高抗硫酸盐油井水泥熟料的率值:*KH*为0.88~0.92,*SM*为2.50~2.70,*IM*为0.55~0.75。

4.3　生料配比计算

熟料组成确定后,即可根据所用原料,进行配料计算,求出符合熟料组成要求的原料配比。配料计算的依据是物料平衡,即反应物的量应等于生成物的量。在介绍配料计算前先了解以下几个基本概念:

(1) 全黑生料、半黑生料、白生料

在制备生料时,把全部煤与原料一起粉磨得到的生料,称为全黑生料;只把一部分煤与原料一起粉磨(其余的煤在煅烧时再加到生料中)得到的生料称为半黑生料;不含煤的生料称为白生料(煤从窑头加入)。回转窑通常都是采用白生料。

(2) 干燥基

物料烘干后,处于干燥状态,以物料干燥状态的质量为计算单位时,称为干燥基。生料干配比及原料的化学成分通常以干燥基表示。

(3) 灼烧基

去掉灼烧减量(结晶水、二氧化碳及挥发物质等)以后,生料处于灼烧状态。以灼烧状态的质量为计算单位时,称为灼烧基。如果不考虑生产损失,则有以下关系:

灼烧全黑生料的质量=熟料的质量

灼烧半黑生料(或白生料)的质量+掺入熟料的煤灰的质量=熟料的质量

生料配料计算方法很多,主要有累加试凑法、尝试误差法、代数法等,随着计算机应用的普及,运用Excel软件进行配料计算也十分方便,还可根据原料采购价格计算生料的原料成本,网络上也可免费下载各种配料计算程序。

下面主要介绍累加试凑法和代数法。

4.3.1　累加试凑法

累加试凑法是一种手工计算的方法,其原理是:根据熟料化学成分要求,依次加入各种原料,同时计算所加入原料的化学成分。然后进行熟料成分累计验算,如发现成分不符要求,再进行试凑,直至符合要求为止。现举例说明如下:

【例4.1】 已知原料和燃料的有关化学分析数据如表4.1和表4.2所示,假设采用预分解窑并以三种原料配合成生料进行熟料生产,要求所生产的熟料的三个率值为:*KH*=0.90、*SM*=2.6、*IM*=1.6,熟料单位热耗(q)为3260kJ/kg,请计算生料的配比。

表 4.1　原料与煤灰的化学成分　　（质量分数，%）

名称	灼烧减量	SiO_2	Al_2O_3	Fe_2O_3	CaO	MgO	其他	合计
石灰石	42.66	2.42	0.31	0.19	53.13	0.57	0.72	100.00
黏　土	5.27	70.25	14.72	5.48	1.41	0.92	1.95	100.00
铁　粉	0.00	34.42	11.53	48.27	3.53	0.09	2.16	100.00
煤　灰	0.00	61.52	27.34	4.46	4.79	1.19	0.70	100.00

表 4.2　煤的工业分析

项目	$w(M_{ad})$	$w(V_{ad})$	$w(A_{ad})$	$w(Fc_{ad})$	$Q_{net,ad}$
含量	0.60%	22.42%	28.56%	49.02%	20930 kJ/kg

【解】（1）计算煤灰掺入量

100 kg 熟料中的煤灰掺入量可按下式近似计算：

$$Ga = \frac{q \cdot w(A_{ad}) \cdot S}{100Q_{net,ad}} = \frac{P \cdot w(A_{ad}) \cdot S}{100} = \frac{3260 \times 28.56 \times 100}{100 \times 20930} = 4.45\% \tag{4.4}$$

式中　Ga——熟料中煤灰掺入量，%；

q——熟料单位热耗，kJ/kg；

$Q_{net,ad}$——煤的空气干燥基热值，kJ/kg；

$w(A_{ad})$——煤的空气干燥基灰分含量，%；

S——煤灰沉落率，%，可选 100%；

P——煤耗，kJ/kg。

（2）根据熟料率值，估算熟料化学成分

已知 $KH=0.90$，$SM=2.6$，$IM=1.6$，根据式(3.60)至式(3.63)，假设 $\sum=97.5\%$，熟料化学成分计算如下：

$$w(Fe_2O_3) = \frac{\sum}{(2.8KH+1)(IM+1)SM+2.65IM+1.35} = 3.32\%$$

$$w(Al_2O_3) = IM \cdot w(Fe_2O_3) = 5.31\%$$

$$w(SiO_2) = SM[w(Al_2O_3)+w(Fe_2O_3)] = 22.43\%$$

$$w(CaO) = \sum - [w(SiO_2)+w(Al_2O_3)+w(Fe_2O_3)] = 66.44\%$$

（3）累加试凑计算

生料配比的累加试凑计算过程见表 4.3，表中最后一行累计熟料成分即为所配熟料的化学成分，备注栏中的三个率值（$KH=0.902$，$SM=2.60$，$IM=1.56$）和熟料单位热耗（3360.3 kJ/kg）即为所配熟料的率值和单位热耗，可见已十分接近熟料配料方案的要求值。值得注意的是，累计熟料的合计值不一定非要等于 100，只要验算的熟料率值和单位热耗符合要求即可，但此时熟料化学成分必须换算成百分数。

表 4.3　累加试凑过程　　（以 100 kg 熟料为基准）

计算步骤	SiO_2	Al_2O_3	Fe_2O_3	CaO	MgO	其他	合计	备　注
设计熟料成分	22.43	5.31	3.32	66.44			97.50	
煤灰(+4.45)	2.7376	1.2166	0.1985	0.2132	0.053	0.0312		
石灰石(+124)	3.0008	0.3844	0.2356	65.8812	0.7068	0.8928		$\frac{66.44-0.2132}{0.5313} \approx 124$

续表 4.3

计算步骤	SiO_2	Al_2O_3	Fe_2O_3	CaO	MgO	其他	合计	备　注
黏土(+24)	16.86	3.5328	1.3152	0.3384	0.2208	0.468		$\frac{22.43-2.7376-3.0008}{0.7025}\approx 24$
铁粉(+3.2)	1.1014	0.369	1.5446	0.113	0.0029	0.0691		$\frac{3.32-0.1985-0.2356-1.3152}{0.4827}\approx 3.2$
累计熟料成分	23.6998	5.5028	3.2939	66.5458	0.9835	1.4611	101.49	$KH=0.849$，$SM=2.69$，$IM=1.67$
黏土(−2.0)	1.405	0.2944	0.1096	0.0282	0.0184	0.039		
累计熟料成分	22.2948	5.2084	3.1843	66.5176	0.9651	1.4221	99.59	$KH=0.910$，$SM=2.66$，$IM=1.64$
铁粉(+0.4)	0.1377	0.0461	0.1931	0.0141	0.0004	0.0086		
累计熟料成分	22.4325	5.2546	3.3774	66.5317	0.9655	1.4307	99.99	$KH=0.902$，$SM=2.60$，$IM=1.56$ 热耗$=100\times 3260/99.99=3360.3$

由于采用三种原料(石灰石、黏土、铁粉)配比，从数学原理上说只能满足熟料两个率值的要求，不可能同时满足三个率值的要求。如果第三个率值数值与熟料组成设计的率值数值相差较大，就只能更换原料(改变原料成分)，或者调整其他两个率值大小，以兼顾第三个率值的要求。如果第三个率值与熟料组成设计的率值相差太大，不能满足熟料组成设计的要求，也不能通过调整其他两个率值来兼顾这个率值，就只能使用校正原料，即采用四种原料配料。其配料计算过程和原理也一样，不再赘述。

(4) 计算熟料料耗

熟料料耗是水泥厂工艺设计的重要参数，进行水泥厂工艺设计时，首先根据熟料的生产规模(年产量)计算出熟料的小时产量，再根据生料配比计算得出各种原料的料耗，然后根据原料料耗确定各种设备的型号和储库的库容。

由表 4.3 可得，配制 100 kg 熟料所需的干原料(即熟料料耗)如下：

$$\text{石灰石}=\frac{125}{99.99}\times 100=125.01(\text{kg}/100\text{kg}_{\text{熟料}})=1.25(\text{t}/\text{t}_{\text{熟料}})$$

$$\text{黏土}=\frac{24-2.0}{99.99}\times 100=22.00\ (\text{kg}/100\text{kg}_{\text{熟料}})=0.22(\text{t}/\text{t}_{\text{熟料}})$$

$$\text{铁粉}=\frac{3.2+0.4}{99.99}\times 100=3.60\ (\text{kg}/100\text{kg}_{\text{熟料}})=0.036(\text{t}/\text{t}_{\text{熟料}})$$

(5) 计算生料配比

$$w(\text{石灰石})=\frac{124.01}{124.01+22.00+3.60}\times 100\%=82.89\%$$

$$w(\text{黏土})=\frac{22.00}{124.01+22.00+3.60}\times 100\%=14.70\%$$

$$w(\text{铁粉})=\frac{3.60}{124.01+22.00+3.60}\times 100\%=2.41\%$$

注意，以上配比为干原料配比，如原料含有水分，可根据原料水分含量换算成湿基配比。

4.3.2　代数法

根据物料平衡和熟料率值公式，建立多元一次方程组，解此方程组即可求得原料的配比，此种配料计算方法称为代数法。我国水泥厂多采用有煤灰掺入的三种原料配合，以此为例说明。

已知原料、煤灰和熟料的化学成分代码如表 4.4 所示，每 100 kg 熟料中的煤灰掺入量为 Ga，设计熟料的率值为 KH、SM、IM，求生料的配比 X_1、X_2、X_3。

表 4.4　原料、煤灰和熟料化学成分代码

原料	配比	灼烧减量/%	SiO_2/%	Al_2O_3/%	Fe_2O_3/%	CaO/%
第一种原料	X_1	L_1	S_1	A_1	F_1	C_1
第二种原料	X_2	L_2	S_2	A_2	F_2	C_2
第三种原料	X_3	L_3	S_3	A_3	F_3	C_3
煤灰	Ga	—	S_4	A_4	F_4	C_4
熟料	—	—	S	A	F	C

根据氧化物质量的平衡，熟料的化学成分可表示为：

$$S=\frac{S_1X_1+S_2X_2+S_3X_3+S_4Ga}{100} \tag{4.5}$$

$$A=\frac{A_1X_1+A_2X_2+A_3X_3+A_4Ga}{100} \tag{4.6}$$

$$F=\frac{F_1X_1+F_2X_2+F_3X_3+F_4Ga}{100} \tag{4.7}$$

$$C=\frac{C_1X_1+C_2X_2+C_3X_3+C_4Ga}{100} \tag{4.8}$$

根据物料平衡与所设率值，可以写出：

$$\frac{X_1(100-L_1)}{100}+\frac{X_2(100-L_2)}{100}+\frac{X_3(100-L_3)}{100}+Ga=100 \tag{4.9}$$

$$KH=\frac{C-1.65A-0.35F}{2.8S} \tag{4.10}$$

$$SM=\frac{S}{A+F} \tag{4.11}$$

$$IM=\frac{A}{F} \tag{4.12}$$

将式(4.5)至式(4.8)代入式(4.9)至式(4.12)。由式(4.9)至式(4.12)解 X_1、X_2、X_3 系不定方程式组，无解。但只要用式(4.9)、式(4.10)、式(4.11)或式(4.9)、式(4.10)、式(4.12)就可以得到 X_1、X_2、X_3 的解。

目前，大多数水泥厂的生料配料都是采用 3 种原料，控制 2 个率值，除一小部分水泥厂采用 KH 和 IM 进行生产控制外，大多数水泥厂都是控制 KH 和 SM。现采用控制 KH 和 SM 的生料配料进行举例，将式(4.5)至式(4.8)代入式(4.9)至式(4.11)，不难求解得：

$$X_1=\frac{d_1(b_2c_3-b_3c_2)+d_2(b_3c_1-b_1c_3)+d_3(b_1c_2-b_2c_1)}{a_1(b_2c_3-b_3c_2)+a_2(b_3c_1-b_1c_3)+a_3(b_1c_2-b_2c_1)} \tag{4.13}$$

$$X_2=\frac{a_1(d_2c_3-d_3c_2)+a_2(d_3c_1-d_1c_3)+a_3(d_1c_2-d_2c_1)}{a_1(b_2c_3-b_3c_2)+a_2(b_3c_1-b_1c_3)+a_3(b_1c_2-b_2c_1)} \tag{4.14}$$

$$X_3=\frac{a_1(b_2d_3-b_3d_2)+a_2(b_3d_1-b_1d_3)+a_3(b_1d_2-b_2d_1)}{a_1(b_2c_3-b_3c_2)+a_2(b_3c_1-b_1c_3)+a_3(b_1c_2-b_2c_1)} \tag{4.15}$$

式中　$a_1=C_1-1.65A_1-0.35F_1-2.8KH\cdot S_1$ (4.16)

$b_1=C_2-1.65A_2-0.35F_2-2.8KH\cdot S_2$ (4.17)

$c_1=C_3-1.65A_3-0.35F_3-2.8KH\cdot S_3$ (4.18)

$d_1=(2.8KH\cdot S_4-C_4+1.65A_4+0.35F_4)Ga$ (4.19)

$a_2=SM(A_1+F_1)-S_1$ (4.20)

$$b_2 = SM(A_2 + F_2) - S_2 \tag{4.21}$$

$$c_2 = SM(A_3 + F_3) - S_3 \tag{4.22}$$

$$d_2 = (S_4 - SM \cdot A_4 - SM \cdot F_4)Ga \tag{4.23}$$

$$a_3 = 100 - L_1 \tag{4.24}$$

$$b_3 = 100 - L_2 \tag{4.25}$$

$$c_3 = 100 - L_3 \tag{4.26}$$

$$d_3 = 100 \times (100 - Ga) \tag{4.27}$$

如果是控制 KH 和 IM 的生料配料，同理也可求得 X_1、X_2、X_3。经推导可得：式(4.16)至式(4.19)和式(4.24)至式(4.27)均不变，只是：

$$a_2 = F_1 \cdot IM - A_1 \tag{4.28}$$

$$b_2 = F_2 \cdot IM - A_2 \tag{4.29}$$

$$c_2 = F_3 \cdot IM - A_3 \tag{4.30}$$

$$d_2 = (A_4 - F_4 \cdot IM)Ga \tag{4.31}$$

用上述任意一组方程式，所求得的 X_1、X_2、X_3 只能同时满足两个率值 KH、SM 或 KH、IM。若 X_1、X_2、X_3 均不小于 0，且第三个率值未超出允许波动范围，就可以认为结果是满意的，否则，就要重新调整率值指标进行计算，或另换原料，或加校正原料。比如：采用 KH 和 SM 控制生料配料，通过计算得到了 X_1、X_2、X_3 配料结果，但第三个率值 IM 与理想的配料方案相差较大，这时可以采取几个措施：一是调整 KH 和 SM 的指标，得到的 IM 数值可能不是很理想，但在生产允许的范围之内，为了不再增加一种原料，给生产带来麻烦，可将就采用这种配料方案；二是更换原料，可使 IM 达到比较理想的数值；三是加校正原料，也就是采用 4 种原料进行配料，KH、SM 和 IM 三个率值通常都可以达到比较理想的数值。但是，采用 4 种原料配料，必须重新推导上述计算公式，需要求解四元一次方程组。此外，如果采用的率值是 LSF 或 HM，都需要重新推导上述计算公式，推导原理相同，此处不再赘述。

由以上方程式组求得的 X_1、X_2、X_3 是配制 100 kg 熟料所需的各种原料的量，而且是干原料的比例，可以换算成熟料的料耗，若原料含有水分，可根据原料水分含量换算成湿基配比。

下面用代数法计算【例 4.1】的配比。

【解】

(1) 计算煤灰掺入量

按式(4.4)和表 4.2 的数据，计算 100 kg 熟料中的煤灰掺入量：

$$Ga = \frac{q \cdot w(A_{ad}) \cdot S}{100\,Q_{net,ad}} = \frac{P \cdot w(A_{ad}) \cdot S}{100} = \frac{3260 \times 28.56 \times 100}{100 \times 20930} = 4.45(\%)$$

(2) 根据熟料率值和原料化学成分，计算中间参数

已知 $KH = 0.90$，$SM = 2.6$，根据式(4.16)至式(4.27)和表 4.1 的数据，计算如下：

$a_1 = 46.4536$；　$b_1 = 201.826$；　$c_1 = -119.1274$；　$d_1 = 876.26018$

$a_2 = -1.12$；　$b_2 = -17.73$；　$c_2 = 121.06$；　$d_2 = -94.162$

$a_3 = 57.34$；　$b_3 = 94.73$；　$c_3 = 100$；　$d_3 = 9555$

(3) 计算各种原料的料耗

将上述中间参数代入式(4.13)至式(4.15)，计算 100 kg 熟料所需的各原料量为：

X_1(石灰石) = 123.92 kg/100 kg$_{熟料}$ = 1.2392 t/t$_{熟料}$

X_2(黏土) = 22.06 kg/100kg$_{熟料}$ = 0.2206 t/t$_{熟料}$

X_3(铁粉) = 3.60 kg/100kg$_{熟料}$ = 0.036 t/t$_{熟料}$

(4) 计算生料干基配比

$$w(\text{石灰石})=\frac{123.92}{123.92+22.06+3.60}\times 100\%=82.85\%$$

$$w(\text{黏土})=\frac{22.06}{123.92+22.06+3.60}\times 100\%=14.75\%$$

$$w(\text{铁粉})=\frac{3.60}{123.92+22.06+3.60}\times 100\%=2.41\%$$

注意，以上生料配比为干原料配比，如原料含有水分，可根据原料水分含量换算成湿基配比。

4.3.3 生料配比反馈校正计算方法

以上所介绍的两种生料配比计算方法，一般只是用于水泥厂设计时的物料平衡计算或新建水泥厂刚投产时的生料配比计算。在水泥厂实际生产中，由于各种原料成分的变化、配料秤配比的误差、生料成分的分析误差、取样的误差、物料的离析等原因，实际出磨生料的化学成分与理论计算的化学成分，通常存在一定的误差。为了确保出磨生料成分符合要求，通常采用如图 4.2 所示的两种生料配比控制系统进行控制，一种是在线控制，另一种是离线控制。

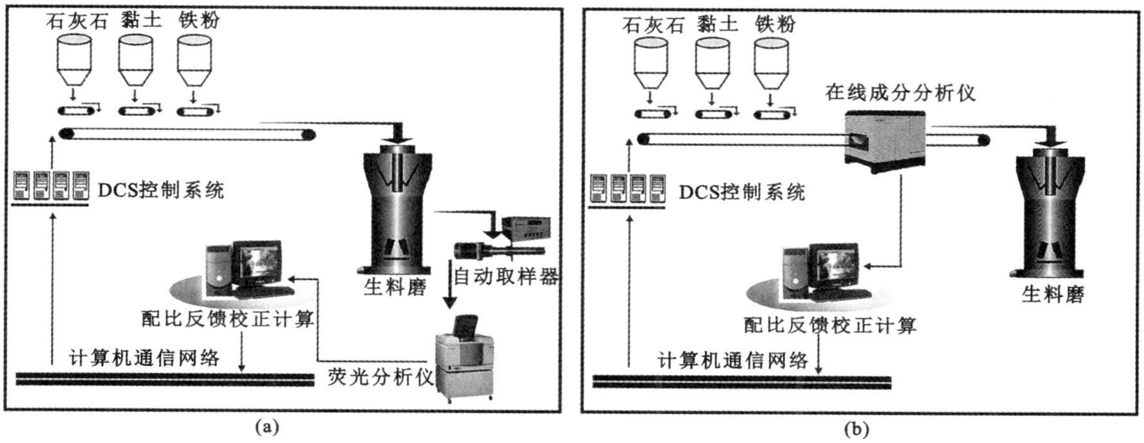

图 4.2　生料配比控制方法示意图

(a) 生料配比离线控制系统；(b) 生料配比在线控制系统

目前大多数水泥厂采用离线控制系统，各种原料按给定的配比配料后入生料磨粉磨，出磨生料经取样器取样，人工送至化验室的荧光分析仪分析 SiO_2、Al_2O_3、Fe_2O_3、CaO 的含量。荧光分析仪可自动将分析结果传给配比反馈校正计算机。配比反馈校正计算程序可自动计算出出磨生料率值，然后与化验室给定的生料率值控制指标相比较，并自动进行生料配比校正计算，得到新的配比，再通过计算机通信网络返回到喂料微机中修正生料配比，以达到出磨生料率值的稳定和合格。在线控制系统原理也一样，只是不需要人工送样至化验室，而且在线控制系统控制周期短，通常 5～10 min 即可分析校正一次配比，离线控制系统通常 1 h 分析校正一次配比。

无论是在线控制系统还是离线控制系统，都需要配比反馈校正计算，但此处的反馈校正计算不同于以上介绍的生料配比计算。生料配比计算，是已知原料成分和生料率值指标，然后计算生料配比。由于实际生产中，原料成分是不断变化的，出磨生料的率值达不到控制指标的要求，很大原因是原料成分的变化，所以此时原料准确的化学成分实际上是不知道的。欲校正生料配比，必须进行生料配比反馈校正计算。笔者于 1996 年首次提出了生料配比反馈校正计算方法，1997 年将此算法编成计算机软件(水泥生料率值控制系统，后改为 QCX 生料质量控制系统)用于水泥生料配料生产控制。20 多年来该软件已在国内外近千条生产线上推广应用，实现了生料配比计算机的自动调整，其出磨生料率值合格率高于人工调整，实践已经证明此算法的可靠性。

其基本原理为：建立生料配比与生料率值的函数关系式，给率值一个增量（即出磨生料率值的误差），相应可得到一个生料配比的增量，用此配比的增量校正入磨生料的配比，即可消除出磨生料率值的误差，使出磨生料率值达到控制指标的要求。实践和理论均证明此算法简单可靠、误差小、可满足水泥生料配比的控制要求，下面简单介绍生料配比反馈校正计算方法。

4.3.3.1 生料配比与生料率值的函数关系式

由于回转窑使用的是白生料，煤灰是从窑头和窑尾加入的，因此出磨生料的率值控制指标 KH 和 SM 通常要高于熟料的 KH 和 SM。出磨生料的率值控制指标，通常是根据熟料热耗和煤的热值和灰分含量，通过计算或根据经验确定。对于生料车间而言，只需根据化验室下达的出磨生料率值控制指标进行生产即可。因此，首先需要建立生料配比与生料率值的函数关系式。

我国水泥厂生料多采用三种原料配合，控制出磨生料率值为 KH 和 SM，故以此为例说明。

已知原料和生料的化学成分代码如表 4.5 所示，出磨生料的控制率值为 KH 和 SM，求生料的配比 X、Y、Z。

表 4.5 原料和生料的化学成分代码

原料	配比	SiO_2/%	Al_2O_3/%	Fe_2O_3/%	CaO/%
第一种原料	X	S_1	A_1	F_1	C_1
第二种原料	Y	S_2	A_2	F_2	C_2
第三种原料	Z	S_3	A_3	F_3	C_3
生料	—	S	A	F	C

根据氧化物质量的平衡，出磨生料的化学成分可表示为：

$$S=\frac{S_1X_1+S_2X_2+S_3X_3}{100} \tag{4.32}$$

$$A=\frac{A_1X_1+A_2X_2+A_3X_3}{100} \tag{4.33}$$

$$F=\frac{F_1X_1+F_2X_2+F_3X_3}{100} \tag{4.34}$$

$$C=\frac{C_1X_1+C_2X_2+C_3X_3}{100} \tag{4.35}$$

根据物料平衡与所设率值，可以写出：

$$X+Y+Z=100 \tag{4.36}$$

$$KH=\frac{C-1.65A-0.35F}{2.8S} \tag{4.37}$$

$$SM=\frac{S}{A+F} \tag{4.38}$$

将式(4-32)至式(4.35)代入式(4.36)至式(4.38)，整理后即可得到一组三元一次方程组，解此方程组，得：

$$X=\frac{100(bf-ec)}{a(e-f)+b(f-d)+c(d-e)} \tag{4.39}$$

$$Y=\frac{100(cd-af)}{a(e-f)+b(f-d)+c(d-e)} \tag{4.40}$$

$$Z=100-X-Y \tag{4.41}$$

式中 $a=C_1-1.65A_1-0.35F_1-2.8KH\cdot S_1$ (4.42)

$$b = C_2 - 1.65A_2 - 0.35F_2 - 2.8KH \cdot S_2 \tag{4.43}$$

$$c = C_3 - 1.65A_3 - 0.35F_3 - 2.8KH \cdot S_3 \tag{4.44}$$

$$d = SM(A_1 + F_1) - S_1 \tag{4.45}$$

$$e = SM(A_2 + F_2) - S_2 \tag{4.46}$$

$$f = SM(A_3 + F_3) - S_3 \tag{4.47}$$

如果采用三种原料配合，控制出磨生料率值为 KH 和 IM，也可同样求得 X、Y、Z 计算公式，其中式(4.42)至式(4.44)均不变，只是式(4.45)至式(4.47)不同：

$$d = IM \cdot F_1 - A_1 \tag{4.48}$$

$$e = IM \cdot F_2 - A_2 \tag{4.49}$$

$$f = IM \cdot F_3 - A_3 \tag{4.50}$$

4.3.3.2　生料配比误差修正的算法

假设在实际生产中，最近一次入磨生料的配比是 X_0、Y_0、Z_0，在此配比下出磨生料的率值是 KH_0 和 SM_0。原料成分波动或取样误差等原因，造成了 KH_0 和 SM_0 与出磨生料控制指标 $KH_{指}$ 和 $SM_{指}$ 有误差，需要对最近一次入磨生料的配比 X_0、Y_0、Z_0 进行校正。由于影响误差的因素太多，欲准确计算入磨生料的配比 X、Y、Z，在实际生产中是不可能的，但可按下面的方法进行估算：

将 KH_0、SM_0 和 $KH_{指}$ 和 $SM_{指}$ 及表 4.5 的数据，分别代入式(4.39)至式(4.47)，计算得到 $X_{0理}$、$Y_{0理}$ 和 $X_{指理}$、$Y_{指理}$。则两种原料 X、Y 配比的增量应为：

$$\Delta X = X_{指理} - X_{0理}$$

$$\Delta Y = Y_{指理} - Y_{0理}$$

用增量 ΔX、ΔY 校正 X、Y 的下一次入磨配比，即可得到相对比较准确的生料配比如下：

$$X \approx X_0 + \Delta X = X_0 + X_{指理} - X_{0理} \tag{4.51}$$

$$Y \approx Y_0 + \Delta Y = Y_0 + Y_{指理} - Y_{0理} \tag{4.52}$$

$$Z = 100 - X - Y \tag{4.53}$$

按式(4.51)至式(4.53)估算出来的入磨生料配比，实际上是同时校正了原料化学成分误差、喂料秤计量误差、取样和生料成分分析等的系统误差。虽然是近似估算，但按此计算结果进行生产，足以满足水泥生料生产的质量要求。

在进行入磨生料配比 X、Y、Z 估算时，各原料化学成分可使用最近一段时间的平均化学成分，不需要每天对原料成分进行分析校正，只要不改变原料产地和出现很大的变化，各原料的化学成分可以保持不变。如果原料化学成分随机波动很大，出磨生料的 KH 和 SM 相应也会出现较大的波动，但每个班出磨生料率值的平均值通常是可以符合要求的。所以，加强原料预均化，可显著减小出磨生料率值的波动幅度。有时，某个原料成分出现很大的跳动，或某个喂料秤堵塞断料，这时出磨生料成分可能也会出现很大的跳动，按式(4.51)至式(4.53)估算出来的入磨生料配比也会出现较大的跳动，此时可以在计算机程序中设置一个灵敏度(即乘以一个小于 1 的系数)，减小配比调整的幅度，这样可以防止出磨生料成分出现跳动。也可以在计算机程序中设定一个入磨生料配比的上下限，以避免生料成分出现过大的跳动。此外，还可根据喂料秤传感器数据设置喂料秤堵塞报警，当堵塞超过一定时间时，发出停止配料指令。

在水泥生料粉磨过程中，由于生料从配料、输送、粉磨到出磨取样，需要一定的时间，也就是说有一定的滞后时间，按生料配料工艺要求，取样不光要具有代表性，更重要的是能够准确地取到某个生料配比的样。例如，8:00 下生料配比，8:15 出磨，8:15 开始取样，8:35 停止取样，8:40 开始分析，8:55出分析结果，9:00 修改配比。如果从 8:00 就开始取样，显然取回来的样品中，一定含有一部分 7:00 配比的生料，而且还无法知道 7:00 配比的生料占了多大的比例。由于一般水泥厂生料配比通常是 1 h 校正一次，所以 7:00 和 8:00 的配比是不同的。如果配料工按 8:00 的生料配比进行校正生料配比，显然就会出现误差，造成生料成分波动，使出磨生料合格率降低。因此，取样应该定时且必须要有一段连续取样的时间。

以上所介绍的生料配比反馈校正法，是采用三种原料配比。如果采用四种原料配比，则需要控制三个率值 KH、SM 和 IM，推导方法也相同，但需要解四元一次方程组。此外，如果采用 LSF 或 HM 控制生料配比，同样需要重新推导计算公式，推导方法相同，此处不再赘述。

4.3.3.3 生料配比反馈校正法示例

【例 4.2】 已知某厂最近一次入磨生料配比和出磨生料化学成分以及最近一段时间各原料化学成分的平均值，如表 4.6 所示，出磨生料率值的控制指标为 $KH=1.08\pm0.02$、$SM=2.80\pm0.10$，求下次入磨生料的配比。

表 4.6 入磨生料配比和出磨生料成分及原料成分的平均值 （质量分数，%）

名称	配比	$w(SiO_2)$	$w(Al_2O_3)$	$w(Fe_2O_3)$	$w(CaO)$	$w(MgO)$	其他
石灰石	83.00	2.42	0.31	0.19	53.13	0.57	0.72
黏土	14.50	70.25	14.72	5.48	1.41	0.92	1.95
铁粉	2.50	34.42	11.53	48.27	3.53	0.09	2.16
出磨生料		13.19	2.70	2.13	44.31	0.61	0.94

【解】

根据题意，已知最近一次入磨生料的配比：

$$X_0=83.00\%,\quad Y_0=14.50\%,\quad Z_0=2.50\%$$

已知出磨生料率值的控制指标为：

$$KH_{指}=1.08,\quad SM_{指}=2.80$$

计算出磨生料的率值，得：

$$KH_0=\frac{w(CaO)-1.65w(Al_2O_3)-0.35w(Fe_2O_3)}{2.8\,w(SiO_2)}$$

$$=\frac{44.31-1.65\times2.70-0.35\times2.13}{2.8\times13.19}=1.059$$

$$SM_0=\frac{w(SiO_2)}{w(Al_2O_3)+w(Fe_2O_3)}=\frac{13.19}{2.70+2.13}=2.731$$

将 $KH_0=1.059$，$SM_0=2.731$ 代入式(4.39)至式(4.47)计算得：

$$X_{0理}=82.85\%$$

$$Y_{0理}=14.74\%$$

将 $KH_{指}=1.08$，$SM_{指}=2.80$ 代入式(4.39)至式(4.47)计算得：

$$X_{指理}=83.22\%$$

$$Y_{指理}=14.64\%$$

根据式(4.51)至式(4.53)计算得：

$$X\approx X_0+X_{指理}-X_{0理}=83.00\%+83.22\%-82.85\%=83.37\%$$

$$Y\approx Y_0+Y_{指理}-Y_{0理}=14.50\%+14.64\%-14.74\%=14.40\%$$

$$Z=100-X-Y=100\%-83.37\%-14.40\%=2.23\%$$

故下次入磨生料配比应调整为：石灰石 83.37%，黏土 14.40%，铁粉 2.23%。

值得注意的是，随着在线检测技术和数字化预均化堆场技术的发展，未来的水泥生料配料有可能进入前导式配料，即原料化学成分为已知，生料配比按代数法进行配料计算。但是，即使这样，由于在水泥生产过程中，总是存在配料秤配比的误差、生料成分的分析误差、取样的误差、物料的离析等原因，实际出磨生料的化学成分与理论计算的化学成分，还是会存在一定的误差。这个误差包含随机误差和系统误差，其中系统误差可以利用统计一段时间出磨生料化学成分的平均值与生料控制指标的误差，直接对生料控制指标进行校正，以确保实际出磨生料化学成分合格。

4.4　生料的粉磨

目前，我国新型干法水泥生料的粉磨系统，主要采用立磨。立磨可以吸引全部出预热器的废气，与大型预分解窑相匹配；并且集烘干、中碎、粉磨、选粉等工序于一体，流程简单，粉磨过程合理，可避免过粉磨；烘干能力大，可以适应水分高达20%的原料；料床粉磨能量消耗少，与球磨相比，噪声小、漏风少、能耗低，粉磨电耗仅为后者的50%～60%，系统电耗可降至15～16 (kW·h)/t。系统建筑空间小，可露天设置或加单层厂房，土建投资少。

4.4.1　立磨的工作原理

立磨是通过相对运动的辊轮和碾盘施以挤压力，并兼施摩擦力使物料粉碎的设备。根据立磨不同的结构形式可分为碾盘固定式和转动式两类；根据辊轮施力的加载方式，分为悬辊式和弹簧辊式或液压辊式。立磨主要用于脆性或中等硬度物料的粉磨。由于结构和材质的不断改进，立磨在水泥生产中应用发展较快，已逐步成为水泥生产中粉磨各种物料的主流设备。

立磨利用压碎和料床粉碎原理进行粉磨。料床粉碎是指被粉碎颗粒聚集成料床。颗粒的移动均受邻近颗粒所限。当外力施于颗粒层表面，料床中的应力主要通过颗粒本身传递和释放，致使颗粒产生裂缝而碎裂。

立磨类型虽多，但工作原理基本相同，主要由磨辊、磨盘、加压装置及选粉机、底座、机壳、传动装置及润滑装置组成，如图4.3所示。电机经减速机驱动磨盘旋转并带动磨辊转动，当物料由下料管进

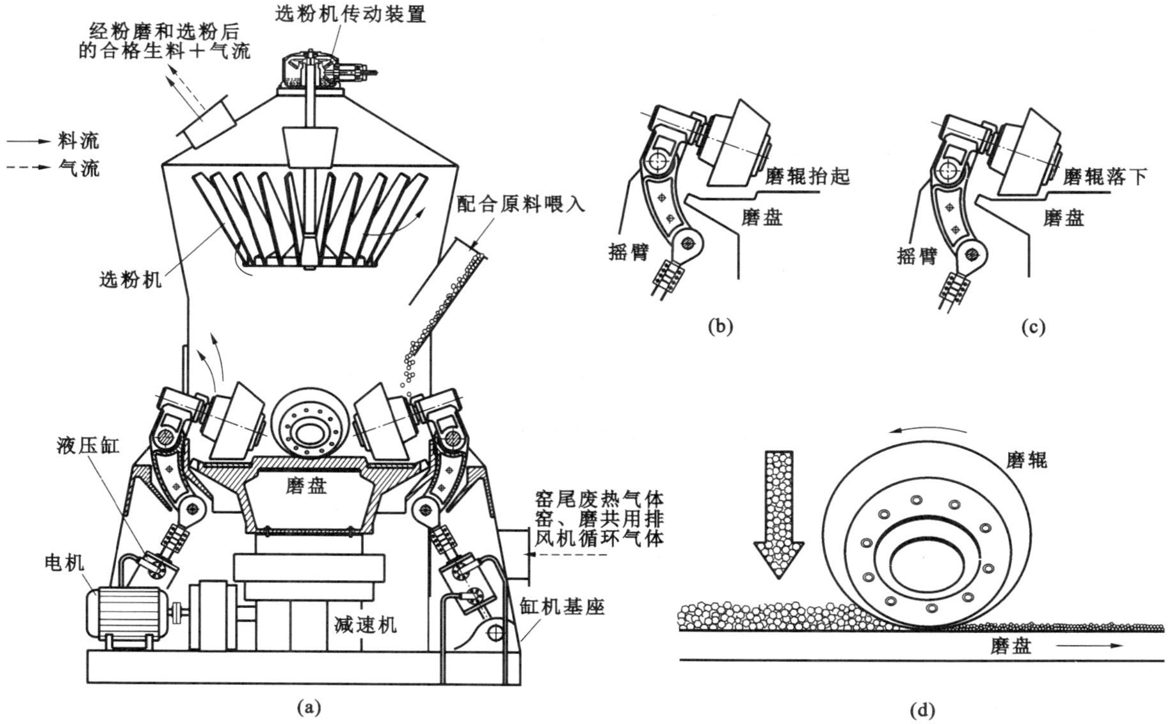

图4.3　立磨(莱歇磨)的构造及工作原理

入磨内并堆积在磨盘中间时，受离心力作用向磨盘外圆移动，被啮入磨辊与磨盘之间受挤压和剪切作用而粉碎，然后越过挡料圈进入风环气流作用区，被高速气流带起，大颗粒回落到磨盘，小颗粒随气流进入选粉机分选。选粉机分选后，其中较粗的颗粒重新回落到磨盘再行粉磨，粒径合格的颗粒随气流排出机外作为产品捕集。

立磨规格有多种表示方式，多以磨盘直径或磨盘直径/磨辊直径表示。立磨(莱歇磨)的构造及工作原理见图 4.3

4.4.2 立磨的结构特征

(1) 磨辊与磨盘

立磨的核心部分是磨辊和磨盘，其形状和相互组合结构的不同是立磨类型的区别所在。图 4.4 是立磨的辊盘类型，有观点认为：平盘与锥或柱形辊组合，物料移动阻力小，磨损均匀，磨损后可调整辊压以弥补对产、质量的影响；沟槽盘与轮胎形辊组合，物料移动平稳，能保持良好的接触面，磨损均匀，磨损后可调整间隙以减少对产、质量的影响。生产实践表明，立磨的磨损是其应用的核心问题，因此，耐磨件的使用寿命和维护更换是否方便是关键。表 4.7 为不同立磨的磨盘和磨辊组合类型。

表 4.7 不同立磨的磨盘和磨辊组合类型

代号(见图 4.4)	磨盘形状	磨辊形状	磨机名称
(a)	平形盘	圆锥斜辊	莱歇磨
(b)	沟槽形盘	轮胎形斜辊	费尔夫磨 CK 磨、IHI 磨、OK 磨
(c)	蝶形平盘	圆柱斜辊	雷蒙磨
(d)	沟槽形盘	轮胎形半分直辊	伯力鸠斯磨
(e)	平形盘	圆柱直辊	Atox 磨
(f)	沟槽形盘	球形辊	匹托磨、E 形磨

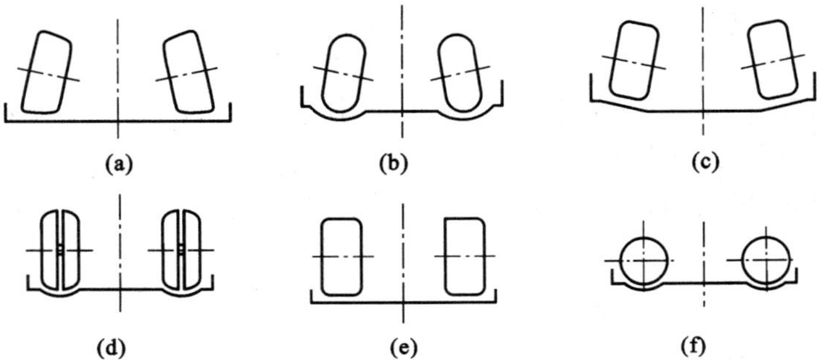

图 4.4 立磨磨辊和磨盘的类型

(2) 加压方式

在早期，小型立磨采用弹簧加压及悬辊式离心力加压，而现代大中型立磨均采用液压式加压。液压式由油缸和蓄能器等液压装置组成，压力调整便捷，蓄能器可缓减粉碎过程中的冲击波动，且可吸收过载压力。液压立磨分为单辊加压和多辊统一加压两类，前者调整灵活，后者稳定性好。

(3) 选粉机

大部分立磨采用风扫式操作，为了控制产品粒度，设有内置式选粉机。生料出磨细度主要是通过调节选粉机进行控制，要避免生料磨得过粗和过细，其颗粒分布范围越窄越好。生料磨得过粗，会影响固相反应，使熟料 f-CaO 增加，从而影响熟料质量。生料磨得过细，不仅浪费能量，还会造成预分解窑的预热器分离效率下降，增加物料在预热器系统内的内循环量和在预热器系统外的外循环量，使窑产量下降，热耗增加。由于不同粒径群生料的化学成分有很大的差别，如果生料磨得太细，在气流作用下，不同粒径群的生料粉很容易出现分离，从而造成生料成分的不均匀即所谓的“气析”，这种气析是难以用生料均化库解决的。

因此，出磨生料细度一般要求 0.08 mm 筛筛余控制在 14%～18%，0.2 mm 筛筛余控制在 1.5% 以下。当生料中含有较多易烧性很差的石英、燧石，影响到熟料质量时，通常要求 0.2 mm 筛筛余控制在 1.0%以下，有时甚至要求控制在 0.5%以下。除了控制出磨生料的粗端细度外，还应注重控制出磨生料的细端细度，即出磨生料小于 0.003 mm 的颗粒应≤10%，小于 0.005 mm 的颗粒应≤15%，小于 0.01 mm 的颗粒应≤25%。据激光粒度仪检测结果，目前大多数水泥厂出磨生料的细端细度均达不到上述要求，为此已有部分水泥厂生料粉磨采用分别粉磨，以避免由于原料易磨性不同而造成生料细粉量太多。

选粉机的类型较多，大致可分为两类：

① 静态选粉机。通过一些固定设置的切向叶片、导流板和锥壳结构，利用离心力等惯性作用，使粗、细颗粒分流，其中粗颗粒撞壁失速回落到碾盘继续粉磨，细颗粒作为产品排出。通过调整切向叶片的角度，以及导流间隙来调整产品粒度，但调整幅度不大，产品粒度也较粗。

② 动态选粉机。通过回转的柱形或倒锥形叶轮所产生的离心力，对粗细颗粒进行分级。叶轮的转速可调，以改变产品粒度。动态选粉机结构较静态选粉机复杂，但选粉效率较高，产品粒度细，且调整便捷。动态选粉机也有辅助设置一些导向风叶，使选粉效率得到进一步提高。

4.4.3 立磨的操作

(1) 产品细度的控制。影响产品细度的主要因素是选粉机的转速和该处风速。一般风速不能任意调整，因此调整选粉机转速为产品细度控制的主要手段，选粉机是变频无级调速，转速越高，产品细度越细。转速越慢，产品越粗。当磨内通风量有变化时，为了使产品细度均一，选粉机转速必须随气流量的增加而加快，反之应减慢。

(2) 影响产品水分的因素是入磨风温和风量。风量基本恒定，不应随意变化。因此入磨风温就决定了物料出磨水分。在北方，为防止均化库在冬季出现问题，一般出磨物料水分控制在 0.5%以下，不应超出 0.7%。

(3) 影响磨机产量的因素除物料本身的性质外，主要是拉紧力、料层厚度的合理配合。拉紧力越高，研磨能力越大，料层越薄，粉磨效果越好。但必须要在平稳运行的前提下追求产量，否则将会事与愿违。当然磨内的通风量应满足要求。

(4) 产品的电耗是与磨机产量紧密相关的。产量越高，单位电耗越低。另外与合理用风有关，产量较低，用风量很大，势必增加风机的耗电量，因此通风量要合理调节，在满足喷嘴环风速和出磨风量含尘浓度要求的前提下，不应使用过大的风量。

(5) 过程操作。立磨的性能与磨辊压力、喂料量、挡料圈高度、气流量、磨机进出口温度、选粉机转速及磨盘磨辊的磨损程度等因素有关。

① 磨辊压力。液压系统是碾压粉磨至关重要的部件之一，四个磨辊由液压装置通过摇臂控制上升、下降和加压。用于碾压物料的粉磨力由此产生。因此，必须保证能将预定的粉磨力稳定地加到磨辊上。磨辊由液压装置提供粉磨力，液压缸的上缸室油在选定的工作压力下，将活塞向下压，活塞连杆便通过摇臂将磨辊紧紧地压在物料面上，形成比磨辊的重力大得多的碾压力。当碾过较大块物料时，磨辊会被抬起，液压缸中的活塞也会随连杆上移，并将上缸室的油排入氮气蓄能器(加压缓冲装置)，将氮气囊压缩，压缩的氮气囊与弹簧的性质一样，既能储备能量，又可以通过活塞和摇臂反作用于磨辊，压缩得越多，反弹力越大，因此，大颗粒物料也能获得较大的碾压力。当提高液压装置的工作

压力时，磨辊压力相应变大，磨机的粉磨能力提高，但同时磨损、振动和主电动机电流也相应增大。如果液压缸的设定压力过高，只会增加驱动力，加快附件磨损，并不能按比例提高粉磨能力。当液压装置的工作压力降低时，磨辊压力变小，粉磨能力相应降低，但会增加磨盘的料层厚度和排渣量。因此，要根据具体情况和经验来调整磨辊压力及蓄能器压力。蓄能器的压力一般为油泵压力的 60%，调整范围为 50%～70%。

在生产中，要根据实际情况合理调整运行参数，在规定范围内，对液压装置和蓄能器的压力进行调整。

② 喂料量及振动的控制。立磨属料床式粉磨，磨辊压力很大，这就要求磨机的喂料量和物料粒度波动要小，要连续、稳定喂料，且不能有金属等异物，否则，磨机就不能安全高效地运行。Atox50 磨机的喂料量在正常情况下为 360～400 t/h，磨机进口压力为 －1.5 kPa，出口压力为 －10 kPa 左右。当喂料量增大时，进出口压差就大，反之就小，磨机的喂料量可通过压差来控制。如果喂料量和物料粒度有较大变化，会引起磨机剧烈振动，加快磨机和选粉机传动部件的损坏，影响设备使用寿命，同时还会增加不稳定的传动负荷。

磨机产生振动的主要原因有：喂料量不稳、粒度波动大；液压装置的压力调整不当或与蓄能器压力不相适应；入磨物料水分偏高或磨内喷水量过大。为了解决振动问题，首先应合理调整运行参数，稳定喂料量，严格控制入磨物料粒度、水分及磨内散水量，尽量提高入磨物料的均匀性，稳定料层厚度，调整好磨辊压力。

③ 挡料圈高度的调整。挡料圈的高度决定磨盘料层的厚度，挡料圈越高，料层越厚，如果料层过厚，会增大驱动力的消耗，并不能提高粉磨效果。但挡料圈过低，物料就会溢出磨盘外，吐渣量增多，磨机的振动增加。在喂料量和研磨压力一定的情况下，磨盘上的料层厚度主要靠挡料圈的高度来调节。挡料圈高度的调整，可影响磨机的产量、动力消耗和排渣量，同时也影响操作控制的稳定。挡料圈的高度主要根据物料的易磨性、入磨粒度和出磨产品细度来调整。通过调整板的厚度来调整挡料圈高度。

④ 出磨气体温度和气流量。Atox50 磨机设计出口温度为 80 ℃，实际控制在 75～85 ℃之间。当磨机出口温度超过 85 ℃时，开启磨内喷水装置。喷水装置由水泵、流控阀、流量计及喷头等组成，能根据磨内温度的高低及物料水分的含量来调节喷水量。如喷水量太多，易形成料饼，导致磨内工况恶化；喷水量太少，则温度降不下来。为保持磨机出口温度的稳定，一定要控制好磨内喷水量。磨机出口温度还可以用循环风量来调节，如果出口温度高，可增大循环风量，减少进磨热风量，循环风阀门的开度一般控制在 95%左右。可根据需要通过调节风机闸板来获得适宜的气流量。气流量的改变，也会影响磨机的压差和产量。气流量加大，必然会引起磨机压差的增大；气流量太小，磨细的生料不能及时排出，导致料床增厚，排渣量增多，产量降低。因此，在生产中，应尽量稳定磨内温度和气流量，气流量一定要与产量相匹配，不宜时大时小，磨机入口风温一般为 180～210 ℃，气流量在1000 m^3/min 左右。磨内温度骤然升降，势必引起衬板螺栓及其他构件的冷热不均，在冷热应力的作用下，又受到冲击作用，极易产生应力裂纹，降低使用寿命，因此，在操作上，要控制好预热器出口温度，并调整好风机闸板，以保持稳定的入磨风温和气流量。

⑤ 磨机吐渣量。当操作或选用参数控制不当时，会使物料撒出磨盘外，造成吐渣。引起吐渣的原因很多，除了入磨物料粒度和喂料量、挡料圈高度和磨辊压力外，最主要的因素是磨盘、磨辊长期与物料及热气流接触后的磨损。磨损后，吐渣量会增多，磨机循环负荷增大，导致磨机功率增大。在生产管理上，一定要勤检查、勤测量，根据磨盘、磨辊的磨损程度，及时合理地调整磨辊压力及相应的蓄能器压力，以减少磨机的吐渣量。

⑥ 金属异物的控制。立磨是高压操作，当铁质等金属异物进入磨内时，不仅造成磨辊和磨盘硬化层的崩裂，还会引起压力冲击，损坏传动部件。因此，应在物料入磨前和外部循环系统的适当

位置上安装除铁器和金属探测仪。当物料中含有铁质金属时，经除铁器分离出去；当含有其他金属时，金属探测器运作，控制旁路阀，将物料从旁路阀排出，延时几秒钟，旁路阀复位，使异物不得进入磨内。

值得注意的是，为了进一步降低电耗，近年来辊压机终粉磨系统已逐渐取代立磨粉磨系统，有成为生料粉磨主要设备的趋势。采用辊压机，配以V型选粉机和分离设备的挤压生料粉磨系统，可使生料粉磨电耗降低至8～10(kW·h)/t。详细请见“6.3.2.3 挤压粉磨系统”章节的介绍。

4.5　生料的均化

粉磨后的生料通过合理搭配或气力搅拌等方式，使其成分趋于均匀一致的过程称为生料的均化。在水泥生产过程中，矿山搭配开采、原料预均化、生料磨配料与粉磨、生料均化四个环节构成生料均化链。生料的均化是这条均化链中的最后一道环节，主要功能是消除出磨生料所带来的成分波动，使生料满足入窑要求，保证入窑生料成分的高度均齐，从而稳定窑的正常热工制度，保证窑系统的长期安全运转，提高熟料的产、质量。

目前，国内外水泥行业生料均化系统中，普遍采用的是连续式生料均化库，它既是生料均化装置，又是生料磨与窑之间的缓冲、储存装置。生料均化库的生料储存量，一般要满足1～1.5 d窑产量的需要，对于5000 t/d熟料规模以下的生产线，可用单库储存，10000 t/d熟料窑系统，可用两个库。

4.5.1　CP型均化室均化库

克拉得斯·彼得斯(Claudius Peters)公司(德国)的连续式生料均化库(CP库)是最早采用连续式生料均化库的公司之一，如图4.5所示。库内设有圆柱形均化室或圆锥形均化室、8～12个环形库底充气区等(向库中心倾斜，斜度13%左右)。出磨生料经库顶生料分配器和放射状布置的小斜槽送入库内，受到库底分配阀的轮流充气，生料膨松活化，向中央的均化室(混合室)流动。这样，当每个活化生料区向下卸料时，都产生“漏斗效应”，使向下流出的生料能够切割库内已平铺的所有料层，依靠重力进行均化，进入均化室(混合室)的生料则由空气进行搅拌均化。CP型均化室均化库见图4.5。

4.5.2　IBAU型中心室均化库

IBAU型中心室均化库是由德国Ibau公司开发的生料均化库。其结构及工作原理如4.6所示。生料入库装置类似CP型均化库，由分料器和辐射型空气输送斜槽输送入库内。库底中心有一个大的圆锥体，通过它将库内生料传到库壁上。圆锥周围的环形空间被分成向库中心倾斜的6～8个区，每个区都装有充气箱。充气时生料首先被送至一条径向布置的充气箱上，再通过圆锥体下部的出料口，经斜槽进入库底部中央的搅拌仓。IBAU型中心室均化库如图4.6所示。

该库的均化机理与CP型均化库相似，当某一区充气时，该区上部物料下落形成一漏斗状料流，漏斗下部横断面上包含好几层不同的料层。因此，当生料从库顶达到库底时，依靠重力发生混合作用，在生料进入搅拌仓后，又依靠连续空气搅拌得到气力均化，最后从搅拌仓下部卸出。

我国天津水泥设计院研发的TP型多料流式均化库，就是在总结引进的均化室、IBAU型均化库实践经验基础上研发成功的一种库型，已在国内水泥厂广泛应用。

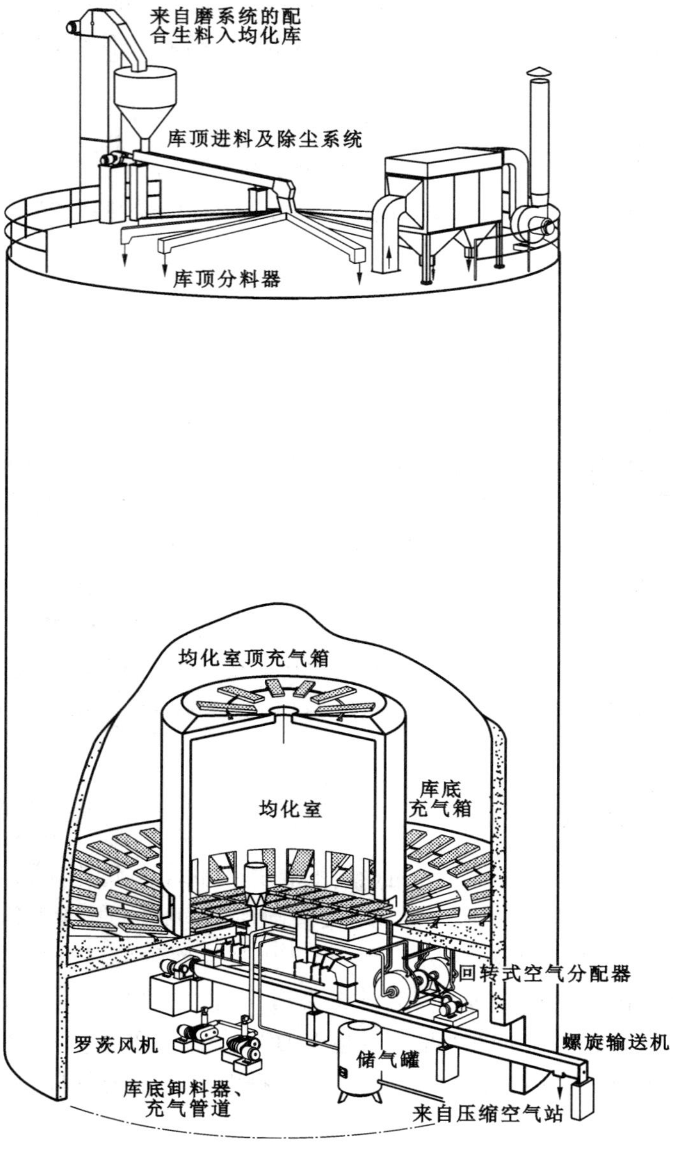

图 4.5　CP 型均化室均化库

4.5.3　多股流式均化库

伯力休斯多股流式均化库(Polysius Multiflow Silo,简称 MF 库),库的顶部结构与混合室均化库相同,底部结构如图 4.7 所示。库底中心下部设有一个不大的中心室,中心室与库壁之间的环形库底分成 10～16 个充气区,每个区设 2～3 条装有充气箱的卸料槽,槽面沿径向铺有若干块盖板,形成 4～5个卸料孔。当库底分区向两个对角线轮流充气卸料时,在卸料口上方出现许多小的漏斗形凹陷,产生重力混合。随着充气区的变换和漏斗卸料速度的不同,产生径向混合。生料从库底进入中心室后,中心室底部连续充气使生料进一步混合均化。

MF 库单独使用时,均化效果 H 为 7 左右,双库并联操作时 H 可达 10 甚至更高。由于该库主要是采用卸料时的重力混合均化,中心室很小,均化电耗低,单库工作时生料均化电耗为 0.15～0.3 (kW · h)/t。

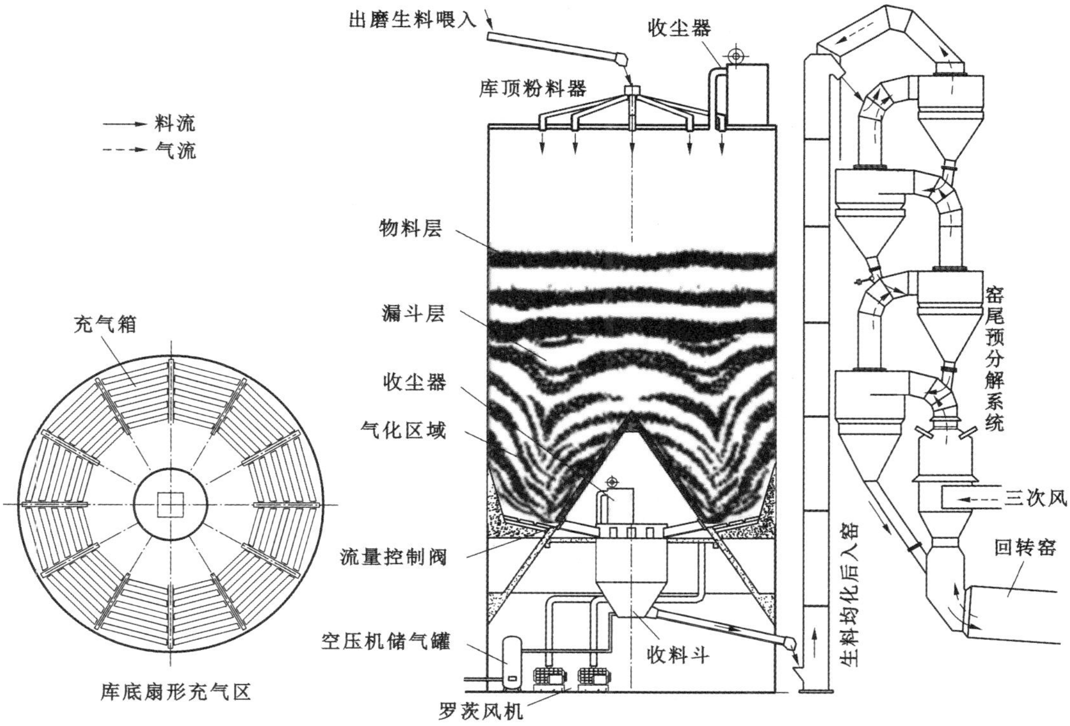

图 4.6　IBAU 型中心室均化库

我国南京水泥设计院研发的 NC 型多料流均化库，就是在吸收引进的 MF 型均化库基础上研发的一种库型，已在国内水泥厂广泛应用。

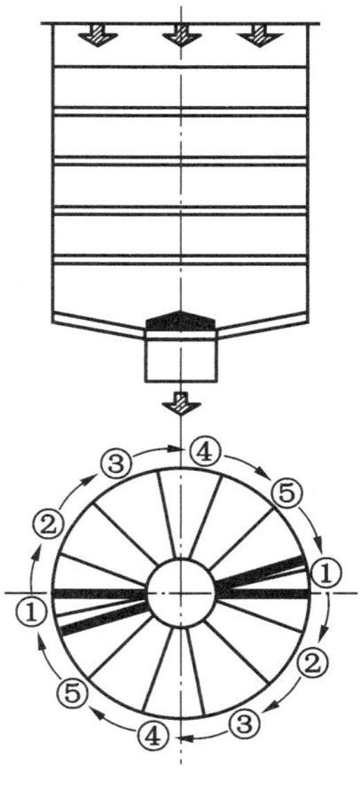

图 4.7　多股流均化库(MF 库)底部结构

4.5.4　控制流均化库

F. L. Smidth 公司研发的控制流均化库(Controlled Flow Silo，简称 CF 库)，如图 4.8 所示。进料方式采用库顶中心单点进料，库底分成大小相等的 7 个正六边形卸料区，每个区由 6 个独立的三角形充气区组成，因而库底共有 42 个三个角充气区。每个卸料区中心有一个卸料口，卸料口上部设有减压锥，卸料口下部的卸料阀和空气输送斜槽将卸出的生料送至库底外部中央的一个小混合室内，该混合室由负荷传感器支承，以此控制开停卸料并保持一定的料位。库底三角形充气区由计算机控制轮流充气，使 42 个平行的漏斗料柱在不同流量的条件下卸料，使每个漏斗料柱在进行各料层纵向重力混合的同时，实现库内各料柱的最佳径向混合。出库时一般保持三个卸料区同时出料，进入库下混合室后再次搅拌混合，实现气力均化。这种均化库设备投资较高，均化效果 H 亦可达 10～16，甚至更高，生料均化电耗为 0.2～0.5 (kW · h)/t。

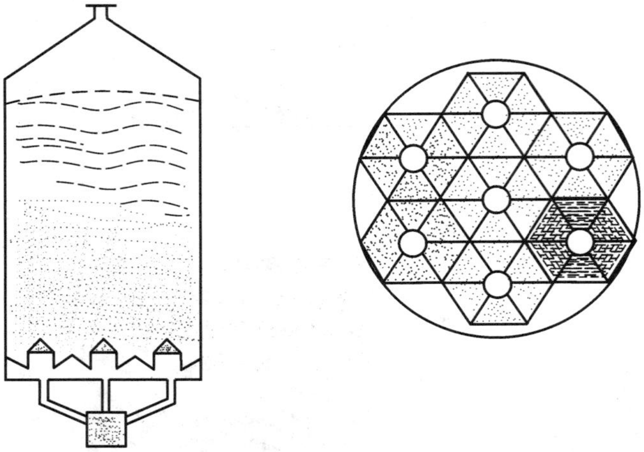

图 4.8　控制流均化库(CF 库)

习　题

4.1　如何表示水泥生料的易烧性？

4.2　影响水泥生料易烧性的因素有哪些？

4.3　进行熟料组成设计(配料方案)时，应考虑哪些因素？

4.4　水泥生料配料计算的基本原理是什么？

4.5　通过配料计算，求得具有表 4.8 化学成分的原料配比为：w(石灰石)∶w(黏土)∶w(铁粉)＝83.1∶14.0∶2.9。熟料中煤灰掺入量为 2.55%，窑的飞灰损失按生料计为 5%。试计算生产 1 kg 熟料的各种原料消耗量。

表 4.8　原料化学成分　(质量分数，%)

原料	灼烧减量	$w(SiO_2)$	$w(Al_2O_3)$	$w(Fe_2O_3)$	$w(CaO)$	$w(MgO)$
石灰石	41.08	3.84	0.99	0.35	51.58	0.98
黏土	5.72	68.16	14.42	7.32	0.68	1.10
铁粉	0.46	25.12	8.22	60.02	1.36	1.49

4.6　某预分解窑厂采用四种原料配料，已知原料、燃料的有关分析数据如表 4.9 和表 4.10 所示，要求熟料的三个率值为 $KH=0.90$、$SM=2.6$、$IM=1.7$，单位熟料热耗为 3250 kJ/kg 熟料，请计算干基生料配比。

表 4.9　原料化学成分　(质量分数，%)

原料	灼烧减量	$w(SiO_2)$	$w(Al_2O_3)$	$w(Fe_2O_3)$	$w(CaO)$	$w(MgO)$	合计
石灰石	42.31	0.67	0.53	0.24	55.27	0.39	99.41
黏土	5.22	56.70	28.30	5.27	1.77	0.37	97.63
铁粉	2.61	32.20	8.50	48.60	3.87	2.06	97.84
砂岩	1.32	86.78	5.45	1.87	1.41	0.92	97.75
煤灰	0.00	60.38	28.80	3.23	2.61	0.51	95.53

表 4.10　煤的工业分析　(质量分数，%)

$w(M_{ad})$	$w(V_{ad})$	$w(A_{ad})$	$w(Fc_{ad})$	$Q_{net,ad}$(kJ/kg)
0.60%	22.42%	28.56%	49.02%	20930 kJ/kg

4.7　已知某预分解窑水泥厂生料磨最近一次入磨生料配比为石灰石 82.90%，砂岩 14.53%，铁粉 2.57%，出磨

生料化学成分以及最近一段时间各原料化学成分的平均值，如表 4.11 所示，出磨生料率值的控制指标为：$KH=1.07\pm0.02$，$SM=2.78\pm0.10$，请求下次入磨生料的配比。

表 4.11　出磨生料和原料的化学成分　（质量分数，%）

名称	$w(SiO_2)$	$w(Al_2O_3)$	$w(Fe_2O_3)$	$w(CaO)$	$w(MgO)$	其他
石灰石	2.42	0.31	0.19	53.13	0.57	0.72
砂岩	70.25	14.72	5.48	1.41	0.92	1.95
铁粉	34.42	11.53	48.27	3.53	0.09	2.16
出磨生料	13.19	2.70	2.13	44.31	0.61	0.94

4.8　立磨的基本原理是什么？

4.9　如何提高立磨的粉磨效率？

4.10　欲提高生料的粉磨细度，应如何操作立磨？

4.11　立磨运行过程中产生跳动，应如何处理？

4.12　预分解窑的生料细度通常要求控制在多少为佳？

4.13　生料均化的意义是什么？

4.14　生产中采用均化库均化生料应注意哪些问题？

4.15　试述如何在生产工艺技术上提高生料质量？

4.16　为什么生料不能粉磨得太细？实际生产中如何确定生料粉磨细度的控制指标？

5 硅酸盐水泥熟料的煅烧

经过粉磨、均化后制成的水泥生料，喂入水泥窑系统内，经历烘干、预热、预分解、固相反应，最后烧制成熟料的全过程，统称为水泥熟料煅烧过程。无论采用何种工艺和设备，水泥熟料煅烧过程均可概述如下：

低于 150 ℃	生料中物理水蒸发。
500 ℃左右	黏土质原料释放出化合水；并开始分解出氧化物，如 SiO_2、Al_2O_3。
900 ℃左右	碳酸盐分解放出 CO_2 和新生态 CaO。
900～1200 ℃	黏土的无定形脱水产物结晶，各种氧化物间进行固相反应。
1250～1280 ℃	所产生的矿物部分熔融出现液相。
1280～1450 ℃	液相量增多，C_2S 通过液相吸收 CaO 形成 C_3S，直至熟料矿物全部形成。
1450～1300 ℃	熟料矿物冷却。

值得注意的是，熟料煅烧过程中的反应极其复杂，上述反应温度区间也只是大致的范围，并没有那么精准，许多反应是交叉进行的。

5.1 预分解窑生产工艺流程及工作原理

在水泥工业的发展过程中，出现过许多类型的窑。目前，世界范围内广泛应用的水泥熟料煅烧设备是预分解窑。预分解窑系统由预热器、分解炉、回转窑、冷却机和煤粉燃烧器组成，其生产工艺流程如图 5.1 所示。其工作原理如下：

第一，水泥生料粉从 C_1 旋风筒和 C_2 旋风筒之间的连接管道加入，加入的生料进入连接管道后，迅速被高度分散在上升的气流中，然后被携带到 C_1 旋风筒内。在 C_1 旋风筒内，生料和气体依靠离心力作用分离，然后废气排出，生料粉落入 C_2 和 C_3 旋风筒之间的连接管道，然后再一次被携带到 C_2 旋风筒内进行气固分离。依次类推，生料粉依次通过各级旋风预热器及其连接管道。生料粉和上升的气流每接触一次，就经过一次剧烈的热交换，达到通过回收废气余热来预热生料的目的。当生料达到一定温度时，会发生一定程度的碳酸盐分解。出 C_4 旋风筒的预热生料进入分解炉，然后在分解炉内完成大部分 $CaCO_3$ 的分解，分解反应所需热量来自分解炉内燃料的燃烧。分解后的生料与废气一起进入 C_5 旋风筒，经 C_5 旋风筒完成气固分离后，生料进入回转窑，再经过一系列物理化学反应后，最终被烧成水泥熟料。出窑后的熟料经冷却机冷却后被送入熟料库，而此过程产生的高温废气经余热发电或经增湿收尘后排放。

第二，来自煤磨的煤粉被分成两部分，小部分煤粉(35%～45%)被送到窑头通过燃烧器喷入回转窑内燃烧，产生的高温烟气供给回转窑煅烧水泥熟料；大部分煤粉(55%～65%)则靠气力输送到分解炉内燃烧，供给预热生料中碳酸钙分解所需要的大量热量。

第三，整个系统燃料燃烧所需要的助燃空气均取自自然界的普通空气，由风机牵引进入烧成系统，经设备处理后分成三部分送入窑和分解炉中。第一部分来自窑头鼓风机，称为一次风，其主要作

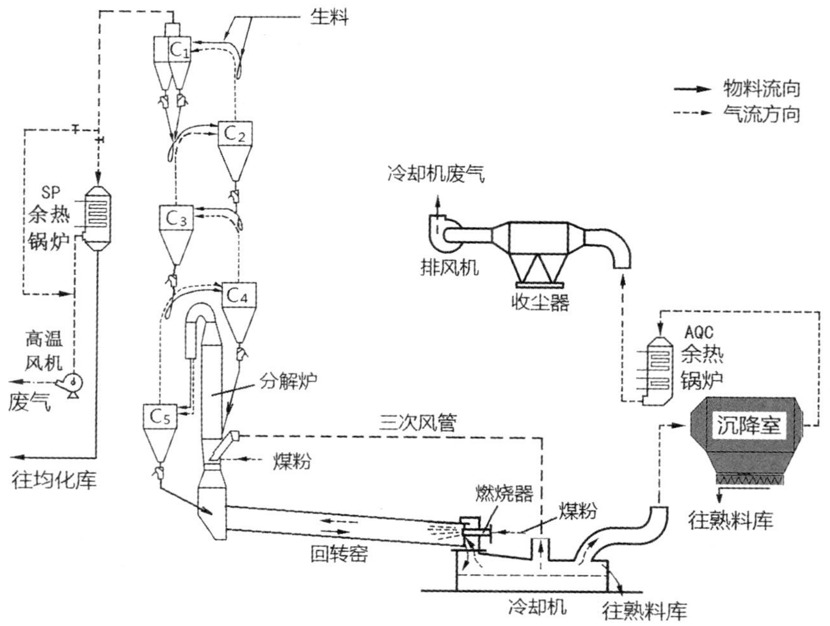

图 5.1 预分解窑系统生产工艺流程图

用是携带从窑头煤粉仓下来的煤粉经煤粉燃烧器高速喷入回转窑内。另外两个部分助燃空气则是来自水泥熟料冷却机内的预热空气，其中从窑头进入回转窑的称为二次风，是窑头煤粉燃烧的主要助燃空气(另外的少量窑内助燃空气是一次风)；经三次风管进入分解炉的称为三次风，是供给分解炉内煤粉燃烧所需的主要助燃空气。出窑废气和出炉废气则一起流经悬浮预热器，逐级预热生料，然后经脱硝、余热发电、增湿塔降温后，供生料磨烘干或收尘后排放。

5.2 干燥预热与预热器

5.2.1 干燥与脱水

干燥就是自由水的蒸发，而脱水则是黏土矿物分解放出化合水。

入窑生料中都含有一定量的水分，预分解窑生料水分一般不超过 1%。生料入预热器后，物料温度逐渐升高，当温度升高到 100～150 ℃时，生料中水分全部被排出，这一过程称为干燥过程。每1 kg水分蒸发潜热高达 2257 kJ(100 ℃)。

黏土矿物的化合水有两种，一种以 OH^- 状态存在于晶体结构中，称为晶体配位水；另一种以水分子状态吸附在晶层结构间，称为层间水或层间吸附水。层间水在 100 ℃左右即可脱去，而配位水则必须在 400～600 ℃才能脱去。

生料干燥后，继续被加热，温度上升较快，当温度升到 500 ℃时，黏土中的主要组成矿物高岭土发生脱水分解反应，其反应式为：

$$Al_2O_3 \cdot 2SiO_2 \cdot 2H_2O \longrightarrow Al_2O_3 \cdot 2SiO_2 + 2H_2O$$

高岭土在失去化学结合水的同时，本身晶体结构也受到破坏，生成无定形偏高岭土。因此，高岭土脱水后的活性较高，当继续加热到 970～1050 ℃时，由无定形物质转换成晶体莫来石，同时放出热量。

蒙脱石和伊利石脱水后，仍然具有晶体结构，因而它们的活性较高岭土差。伊利石脱水时还伴随体积膨胀，而高岭土和蒙脱石脱水时则发生体积收缩。

黏土矿物脱水分解反应是个吸热过程，每 1 kg 高岭土在 450 ℃时吸热 934 kJ，但因黏土质原料在生料中含量较少，所以其吸热反应不显著。

5.2.2　旋风筒的功能与机理

如图 5.1 所示的预分解窑尾旋风预热器，是由多个旋风筒及连接管道组合而成，其构成单元是一个旋风筒和连接管道，旋风筒换热单元功能结构示意图如图 5.2 所示。筒体是由 6～10 mm 的钢板焊接而成，为了保护筒体及管道免受热气体烧坏，筒内镶砌或浇筑一层耐火材料。为减少散热损失，筒壁内一般砌筑有一层隔热保温材料。为适应连接管道的热胀冷缩，防止管道破裂漏风，连接管道上装有膨胀节。为防止卸料时下部空气向上泄漏而降低收尘效率，旋风筒的卸料管上装有排灰阀(或称翻板阀)，它既能顺利排料，又能密闭锁风。

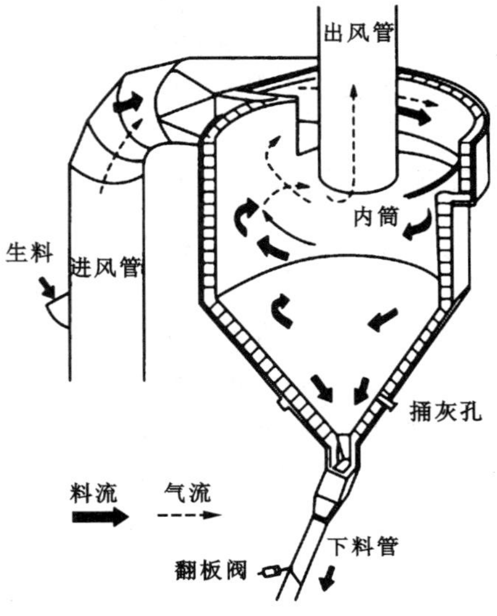

图 5.2　旋风预热器构造

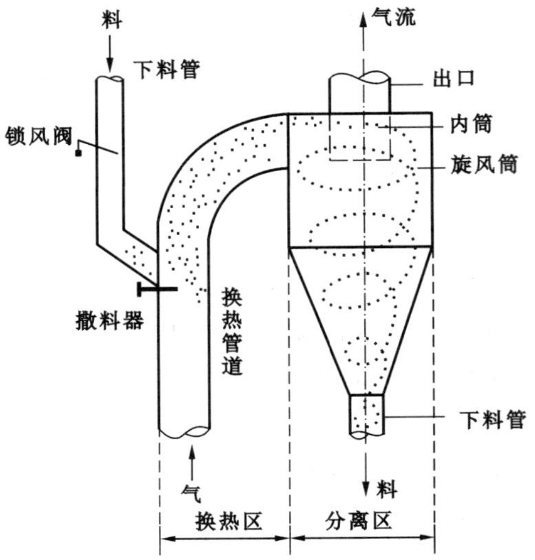

图 5.3　旋风筒换热单元功能结构示意图

旋风筒的主要任务在于气固分离。经过上一级预热单元加热后的生料，通过旋风筒分离后，才能进到下一级换热单元继续加热升温。因此，对旋风筒的设计，主要应该考虑如何获得较高的分离效率和较低的压力损失。

含尘气流在旋风筒内旋转时，气流主要受离心力、器壁的摩擦力作用；粉尘主要受离心力、器壁的摩擦力和气流的阻力作用。此外，两者还同时受到含尘气流从旋风筒上部连续挤压而产生的向下推力作用，这个推力则是含尘气流旋转向下运动的原因。由此可见，含尘气流中的气流和粉尘的受力状况基本相同。但是由于气流和粉尘的物理特性不同，一个是气态物质，质量较小，容易变形；另一个是固态物质，质量较大，不易变形。所以，当含尘气流受离心力作用，向旋风筒内壁浓缩时，它所受到的离心力较气体大，因此粉尘在力学上有条件将气流挤出，而浓缩于筒壁，而气流则贴附于粉尘层上，从而使得含尘气流最后得到分离。

影响旋风筒流体阻力及分离效率主要有两大因素：一是旋风筒的几何结构；二是流体本身的物理性能。传统的老式旋风筒阻力较大，主要原因在于旋风筒进口切向气流与筒内旋转气流的碰撞干扰。筒内自由旋转流与强制旋转流使气、固两相流的流场不断变化，气流在旋风筒锥体部位旋转上升，旋风筒内壁与两相流产生摩擦损失等。通常可采取以下 10 项措施，以降低旋风筒的阻力。

(1) 加阻流型导流板；

(2) 设置偏心内筒、扁圆内筒或“靴形”内筒；

(3) 采用大蜗壳内螺旋入口结构；
(4) 适当降低气流入口速度；
(5) 蜗壳底面做成斜面；
(6) 旋风筒采用倾斜入口及顶盖结构；
(7) 加大内筒面积；
(8) 缩短内筒插入深度；
(9) 适当加大旋风筒高径比；
(10) 旋风筒下部设置膨胀仓等。

新型旋风筒结构示意图如图 5.4 所示。

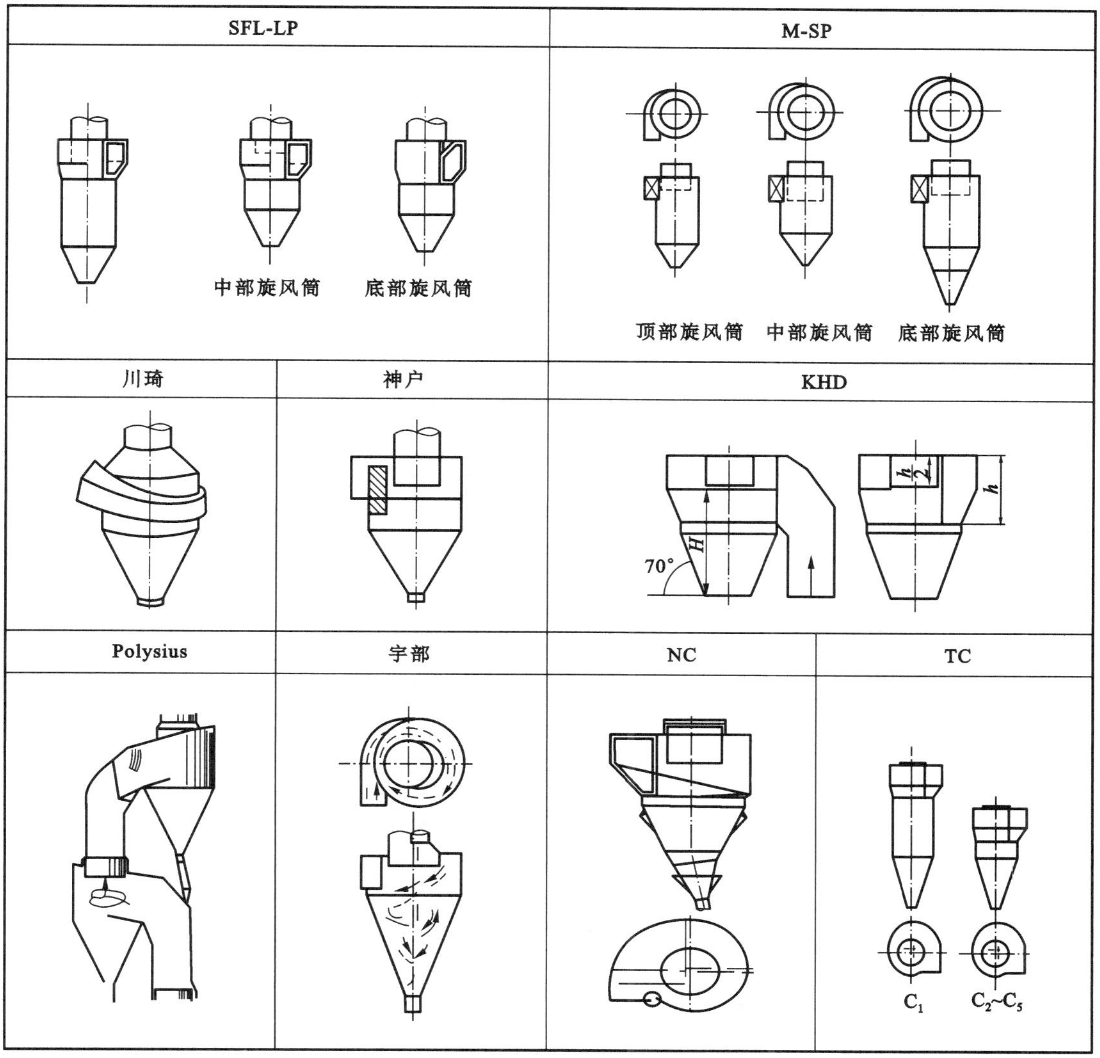

图 5.4　新型旋风筒结构示意图

5.2.3　换热管道结构与功能

换热管道是旋风预热器系统中的重要装备，它不但承担着上下两级旋风筒间的连接和气固流的输送任务，同时承担着物料分散、均布、锁风和气固两相间的换热任务。从图 5.3 可见，换热管道除管道本身外还装设有下料管、撒料器、锁风阀等装备。它们同旋风筒一起组合成一个换热单元。

由于在换热管道中，生料尘粒与热气流之间的温差及相对速度都较大，生料粉被气流吹起悬浮，热交换剧烈，生料与气流的热交换主要(约80%以上)在连接管道内进行。如果管道风速太低，虽然热交换时间延长，但影响传热效率，甚至会使生料难以悬浮而沉降积聚，并且使管道面积过大；风速过高，则增大系统阻力，增加电耗，并影响旋风筒的分离效率。因此，正确确定换热管道尺寸，必须首先确定合适的管道风速。各种类型的旋风预热器的换热管道风速，一般选用12～18 m/s。

撒料装置的作用在于防止下料管下行物料进入换热管道时向下冲料，直接进入下一级旋风筒，形成物料短路，并促使下冲物料冲至下料板后飞溅、分散，更好地分散于气流中。装置虽小，但对保证换热管道中气、固两相充分换热，作用却是很大的。一般撒料装置有两种类型和结构：一是板式撒料器(图5.5)；二是撒料箱(图5.6)。这两种装置都在预分解窑系统中被广泛采用。

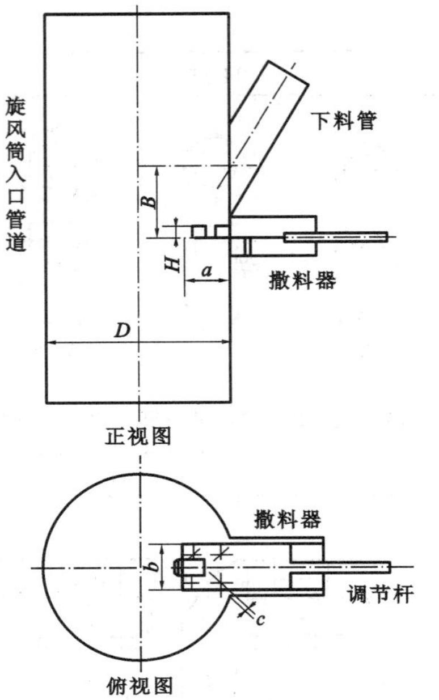

图5.5　撒料板示意图

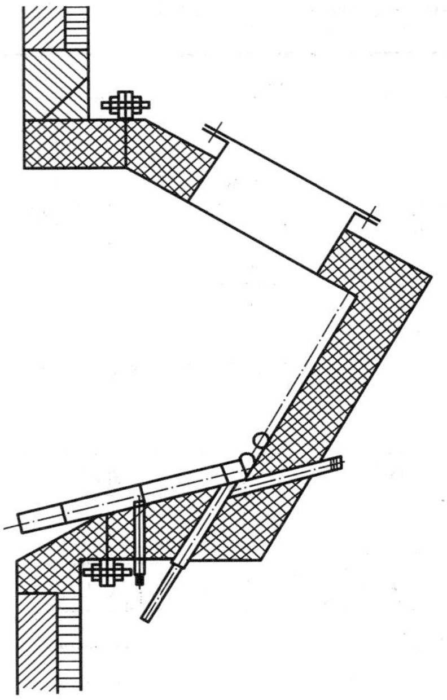

图5.6　撒料箱示意图

锁风翻板排灰阀(简称锁风阀)是预热器系统的重要附属设备。它装设于上级旋风筒下料管与下级旋风筒出口的换热管道入料口之间的适当部位。其作用在于保持下料管经常处于密封状态，既保持下料均匀畅通，又能密封物料不能填充的下料管空间，最大限度地防止由于上级旋风筒与下级旋风筒出口换热管道间由于压差产生的气流短路、漏风，做到换热管道中的气流及下料管中的物料“气走气路、料走料路”，各行其路。这样，既有利于防止换热管道中的热气流经下料管上窜至上级旋风筒下料口，引起已经收集的物料再次飞扬，降低分离效率；又能防止换热管道中的热气流未经同物料换热，而经由上级旋风筒底部窜入旋风筒内，造成不必要的热损失，降低换热效率。因此，锁风阀必须结构合理，轻便灵活。图5.7和图5.8分别为单板式锁风阀和双板式锁风阀结构图。

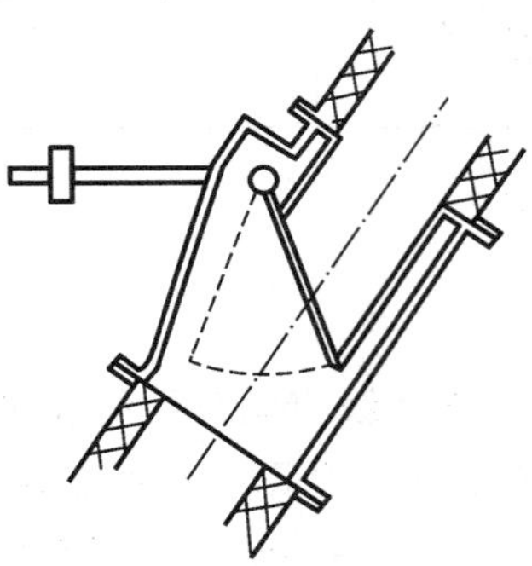

图5.7　单板式锁风阀结构示意图

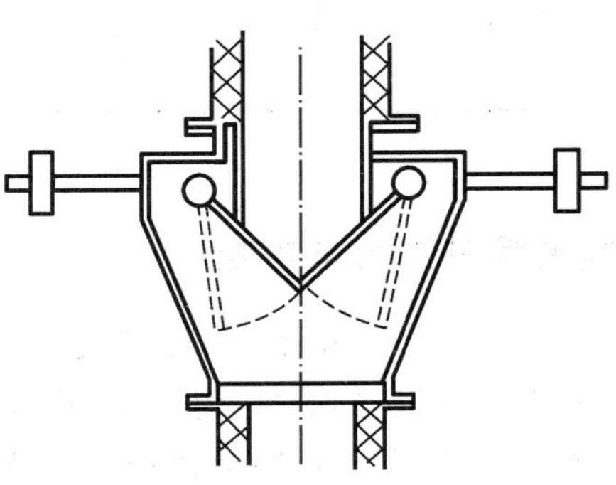

图5.8　双板式锁风阀结构示意图

5.3　碳酸盐分解

生料中的 $CaCO_3$ 和夹杂的少量 $MgCO_3$ 在煅烧过程中分解并放出 CO_2 的过程称为碳酸盐分解。$MgCO_3$ 的分解温度始于 402～480 ℃左右，最高分解温度约为 700 ℃；$CaCO_3$ 在 600 ℃时就有微弱分解发生，但快速分解温度在 812～928 ℃之间变化。$MgCO_3$ 在 590 ℃、$CaCO_3$ 在 890 ℃时的分解反应式如下：

$$MgCO_3 \rightleftharpoons MgO + CO_2\uparrow \quad -(1047\sim1214)\text{J/g}$$

$$CaCO_3 \rightleftharpoons CaO + CO_2\uparrow \quad -1645\ \text{J/g}$$

其中，$CaCO_3$ 在水泥生料中的含量约为 80%，其分解过程需要吸收大量的热，是熟料煅烧过程中消耗热量最多的一个过程，分解时间与分解率都将影响熟料的烧成，因此 $CaCO_3$ 分解是熟料煅烧中的重要过程之一。$CaCO_3$ 分解与温度、颗粒粒径等因素有关。

$CaCO_3$ 分解可以分为五个步骤：两个传热过程（气流向颗粒表面传热、分解层导热）、一个化学过程（$CaCO_3$ 分解）和两个传质过程（CO_2 穿过分解层并进入气流）。在水泥生产中，由于生料磨得较细，传热和传质过程的阻力都较小，可以忽略不计，因而可将 $CaCO_3$ 分解看作一个单一的化学过程。

任何过程都需要时间。生料达到一定分解率所需要的时间，或于一定时间内所达到的分解率，都和颗粒粒径有关。在达到任何分解率的生料中，都可找到一种具有相同分解率的颗粒，这种颗粒的粒径就称为生料在该分解率时的特征粒径。图 5.9中的四条曲线分别表示具有不同平均粒径 d_m 的生料，其分解率 ε 和特征粒径 d_k 的关系。先由颗粒分析求得平均粒径，然后在横坐标上假定的分解率处向上作垂线与所得的平均粒径曲线相交，交点的纵坐标就是相应的特征粒径。

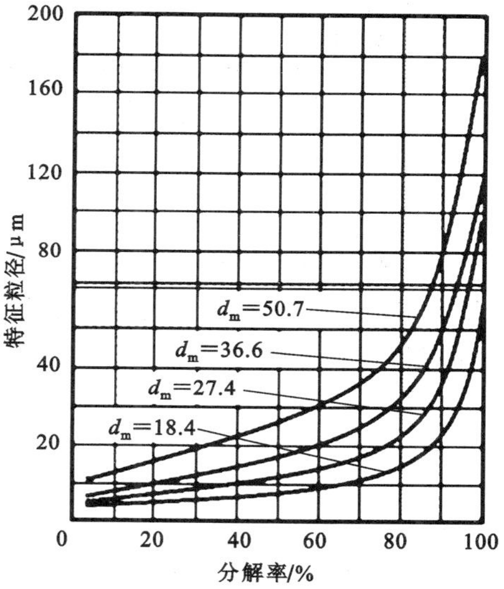

图 5.9　分解率与特征粒径的关系

$CaCO_3$ 分解具有可逆性。如果让反应在密闭容器中于一定温度下进行，则随着 CO_2 分压的增加，分解速度就逐渐减小至零。分解速度正好为零时的 CO_2 分压就称为 $CaCO_3$ 的平衡分解压力。$CaCO_3$ 在每一温度下，都有一相应的平衡分解压力。图 5.10曲线 1 表示石灰石在不同温度下的平衡分解压力，或者在不同大气压下的分解温度。石灰石在 0.1 MPa 下的分解温度约为 894 ℃。因为石灰石的纯度与结构各不相同，所以各个作者所得的分解温度也就有所差异。由曲线可知，温度每升高 50 ℃，平衡分解压力几乎就要增加一倍。

碳酸钙的分解过程如图 5.11 所示。设生料为球形颗粒，其特征粒径为 d_k。经时间 t 后，分解层厚度为 y，分解率为 ε。由于未分解体积 $\frac{1}{6}\pi(d_k-2y)^3$ 和 $\frac{1}{6}\pi d_k^3(1-\varepsilon)$ 相等，可写出方程：

$$y=\frac{d_k}{2}\left(1-\sqrt[3]{1-\varepsilon}\right) \tag{5.1}$$

式中　d_k——生料的特征粒径，μm；

y——分解层厚度，μm；

ε——分解率。

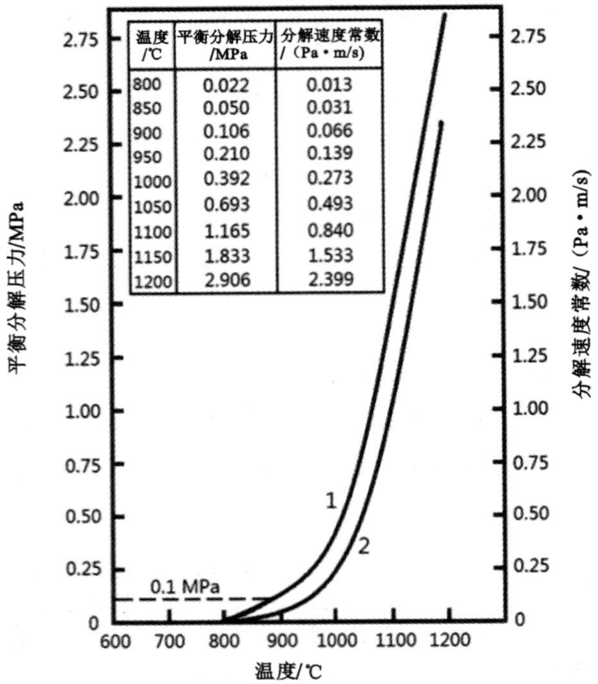

图 5.10　碳酸钙的分解

1—石灰石的平衡分解压力；2—生料中 $CaCO_3$ 的分解速度常数

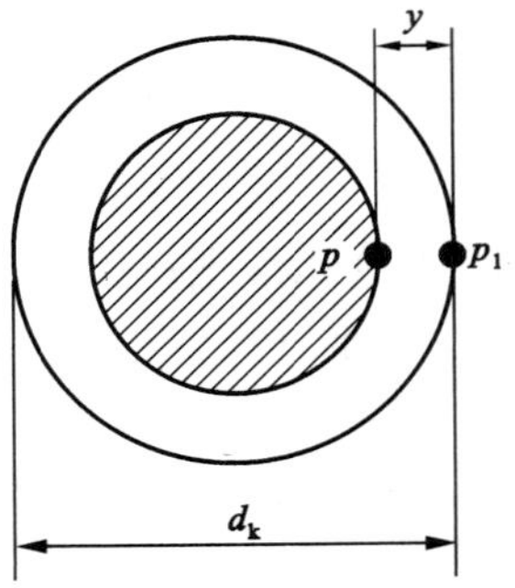

图 5.11　$CaCO_3$ **分解示意图**

前已假定，在熟料煅烧过程中，可将 $CaCO_3$ 分解看成是单一的化学过程。设 $CaCO_3$ 的平衡分解压力为 p，气流中 CO_2 的分压为 p_1，则 $CaCO_3$ 的分解速度 $\mathrm{d}y/\mathrm{d}t$ 将与压力差 $p-p_1$ 成正比，而与 CO_2 分压 p_1 成反比：

$$\frac{\mathrm{d}y}{\mathrm{d}t}=k\cdot\frac{p-p_1}{p_1} \tag{5.2}$$

式中　p ——$CaCO_3$ 的平衡分解压力，MPa；

p_1——气流中 CO_2 的分压，MPa；

k ——和物料性质有关的常数。

当温度一定时，p、p_1 与 k 都是常数，将式(5.2)进行积分得：

$$y=kp\left(\frac{1}{p_1}-\frac{1}{p}\right)t+C$$

当 $t=0$ 时，$y=0$，$C=0$，便得：

$$y=kP\left(\frac{1}{p_1}-\frac{1}{p}\right)t \tag{5.3}$$

式中　t ——分解时间。

由式(5.1)、式(5.3)可得：

$$1-\sqrt[3]{1-\varepsilon}=\frac{2kp}{d_{\mathrm{k}}}\left(\frac{1}{p_1}-\frac{1}{p}\right)t$$

或

$$1-\sqrt[3]{1-\varepsilon}=\frac{k'}{d_{\mathrm{k}}}\left(\frac{1}{p_1}-\frac{1}{p}\right)t=kt \tag{5.4}$$

为了讨论分解时间，可将式(5.4)写成：

$$t=\frac{d_{\mathrm{k}}}{k'\left(\frac{1}{p_1}-\frac{1}{p}\right)}(1-\sqrt[3]{1-\varepsilon}) \tag{5.5}$$

式中　k'——$CaCO_3$ 分解速度常数，$k'=2kp$，见图 5.10 曲线 2；

k——动力学系数。

这就是缪勒尔(A. Müller)推导出来的 $CaCO_3$ 分解动力学方程，用以计算生料为达到一定的分解率，必须在分解炉中停留的时间，计算所得数据如表 5.1 所示，由此可以讨论 $CaCO_3$ 分解的影响因素。

表 5.1　生料中 $CaCO_3$ 分解时间与温度和 CO_2 浓度及分解率的关系

分解温度/℃	炉气 CO_2 浓度/%	分解率达 85%所需的分解时间/s	分解率达 90%所需的分解时间/s	分解率达 95%所需的分解时间/s	完全分解所需的分解时间/s
850	10	5.7	6.5	7.6	12.1
	12	7.2	8.2	9.7	15.3
	14	8.8	10.1	11.9	18.8
	16	10.7	12.2	14.4	22.8
	18	12.8	14.6	17.2	27.2
	20	15.1	17.3	20.4	32.3
900	10	2.4	2.7	3.2	5.0
	12	2.9	3.3	3.9	6.2
	14	3.4	3.9	4.6	7.3
	16	4.0	4.6	5.4	8.6
	18	4.6	5.3	6.2	9.9
	20	5.3	6.0	7.1	11.2

注：表中生料的特征粒径为 30 μm。

随着温度的升高，分解速度常数 k' 和压力倒数差 $\left(\frac{1}{p_1}-\frac{1}{p}\right)$ 都相应增加，特别是前者迅速增加，使分解时间 t 缩短。由图 5.10 曲线 2 粗略估计，温度每升高 50 ℃，分解速度常数约增加一倍，分解时间约可缩短一半。因此，适当提高分解炉物料的温度，使分解加速并充分进行，将保证窑烧成反应顺利进行。但温度过高，又将使分解炉耐火衬料加速损坏，或引起分解炉结皮堵塞，以及在旋风预热器的连接管道内结皮。分解炉物料温度过低，则由于分解进行得缓慢而又不充分，就会降低入窑生料的分解率。

分解炉烟气中的 CO_2 来自 $CaCO_3$ 分解和燃料燃烧两个过程，它在烟气中的含量波动在 10%～25%之间，可通过物料平衡和热平衡计算求得。采用低碳燃料，加强通风，降低烟气中的 CO_2 分压 p_1，使压力倒数差 $\left(\frac{1}{p_1}-\frac{1}{p}\right)$ 增加，从而缩短分解时间。分解炉烟气中的 CO_2 含量对 $CaCO_3$ 的分解时间有很大的影响，根据表 5.1 的数据，烟气中的 CO_2 含量每减少 2%，约可使 $CaCO_3$ 分解时间缩短 20%。

$CaCO_3$ 分解时间与特征粒径成正比，因此，将生料适当磨得细些，可缩短 $CaCO_3$ 的分解时间。

生料或泥灰岩中的黏土组分，在 800 ℃以下能和 CaO 或直接和 $CaCO_3$ 进行固相反应，生成低钙矿物，加速 $CaCO_3$ 在 900 ℃以下的分解过程。

值得注意的是，生料中 $CaCO_3$ 分解所需时间的计算公式，不同研究者有不一样的推导方法，所得结果有一定的误差。式(5.5)和表 5.1 中的分解率均指真实分解率，而实际生产中入窑生料的分解率一般是指表观分解率，即包括窑内飞灰循环所带入的已分解的部分。另外，生料由三级或四级预热器进入分解炉时，其真实分解率已达10%以上(表观分解率40%左右)，由此，达到85%～95%表观分解率所需的分解时间，比式(5.5)的计算结果或表5.1所列数据要短一些。一般情况下，当分解炉的分解温度为820～900 ℃时，入窑生料表观分解率达到85%～95%，所需要的分解时间平均为4～10 s。此外，随着分解温度的提高和CO_2分压的降低，生料表观分解率达到85%～95%所需的时间将会进一步缩短。

5.4 分解炉

预分解窑或称窑外分解窑，是20世纪70年代以来发展起来的一种能显著提高水泥回转窑产量的煅烧技术。它是在悬浮预热器和回转窑之间增设一个分解炉，把大量吸热的$CaCO_3$分解反应从窑内传热速率较低的区域移到单独燃烧的分解炉中进行。分解炉内，生料颗粒分散呈悬浮或沸腾状态，以最小的温度差，在燃料无焰燃烧的同时，进行高速传热、传质过程，使生料迅速完成分解反应。经分解炉内分解反应后，入窑生料的表观分解率可达到90%～95%，从而大大地减轻了回转窑的热负荷，缩短了窑的长度，使窑的产量成倍地增加，同时延长了耐火衬料使用寿命，提高了窑的运转周期。

5.4.1 分解炉的原理与分类

分解炉是一个燃料燃烧、热量交换和分解反应同时进行的热工设备，具有悬浮床的特点，在其中要完成燃烧、分解以及气固两相的分散、换热、传质、输送等一系列过程，并且伴有物料浓度、颗粒粒径的变化。对分解炉来说，物料的分散是前提，燃料的燃烧是关键，碳酸盐的分解是目的。但近年来，为了满足小窑高产的生产要求，大幅度提高了分解炉的单位产量有效容积，过去分解炉的单位产量有效容积通常为5～6 $m^3/(t/h)$，而目前已提高到了12～16 $m^3/(t/h)$，最高已达到了20 $m^3/(t/h)$左右。因此有专家认为：分解炉的作用不只是分解碳酸盐，更为重要的作用是形成许多中间矿物，例如CS、C_3S_2、β-C_2S、CF、CF、CA、$C_{12}A_7$等。

分解炉的种类和形式繁多，基本原理是：在分解炉内同时喂入经预热后的生料、一定量的燃料以及适量的热气体，生料在炉内呈悬浮或沸腾状态；在900 ℃以下，燃料进行无焰燃烧，同时高速完成传热和$CaCO_3$分解过程；燃料(如煤粉)的燃烧时间和$CaCO_3$分解所需要的时间为2～4 s，这时生料中$CaCO_3$的分解率可达到80%～90%，生料预热后的温度为800～850 ℃。分解炉内可以使用固体、液体或气体燃料，我国主要用煤粉作燃料，加入分解炉的燃料占全部燃料的55%～65%。

在分解炉内，对气固分散的要求是充分、迅速、均匀。目前，采取的有效分散措施大多以流体力学方法为主，利用旋流效应(有利于横向分布，且有效地延长物料的停留时间)、喷腾效应(有利于纵向分散，且阻力小)、流态化效应(气流均布、气固接触时间长，且可控制)、湍流效应(稀相输送、高速同流)、绕流效应、粉体冲击效应等来达到分散的目的，而这些效应无一例外都与分解炉结构有关。因此，合理的结构设计和工艺过程控制是实现上述目的的途径。

由于分解炉是预分解窑的核心设备，因此分解炉的分类方法也成为预分解窑的分类和命名方法。国际上曾经有50多种预分解窑，分类方法基本上有四种：

(1) 按制造厂名分类

分解炉的制造厂商较多，如日本小野田公司研制的RSP型分解炉、日本神户制钢公司研制的DD型分解炉、丹麦史密斯公司研制的FLS型分解炉、天津水泥工业设计院研制的TDF型分解炉等，此处不再一一赘述。

(2) 按分解炉内气流的主要运动形式分类

分解炉中的气流运动形式十分复杂，悬浮于气流中的生料和燃料主要依靠“旋风效应”“喷腾效应”“悬浮效应”“流态化效应”或几种流型的叠加，高度分散于气流之中，从而增大物料与气流间的接触面积，延长物料在分解炉内的停留时间。按分解炉内流场，可将分解炉分为旋风式、喷腾式、旋风-喷腾式、悬浮式和流化床式。

(3) 按全窑系统气体流动方式分类

按全窑系统气体流动方式的不同组合，预分解窑可分为如下三种基本类型：

第一种类型：分解炉所需助燃空气全部由窑内通过，不设三次风管道，有时也不设专门的分解炉，而是利用窑尾上升烟道经过适当改进或加长作为分解室，如图 5.12(a)所示。其特点是系统简单、投资少，但窑内过剩空气系数大，烧成带火焰温度降低。

第二种类型：设有三次风管，来自冷却机的热风在炉前或炉内与窑气混合，如图 5.12(b)所示。这是目前普遍采用的方式。

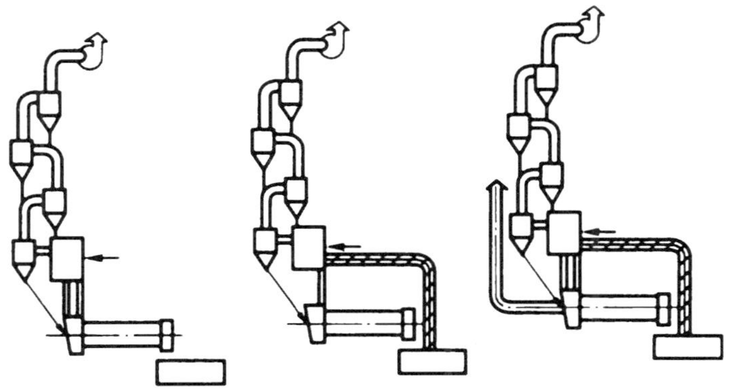

(a)　(b)　(c)

图 5.12　预分解窑的三种基本类型

第三种类型：设有三次风管，分解炉内燃料燃烧所需的空气全部从冷却机抽取，窑气不进分解炉，如图 5.12(c)所示。这种方式可保持分解炉内较高的氧气浓度，有利于燃烧及分解反应。这种类型窑对窑尾烟气的处理又有三种方式：方式 1，窑尾烟气在分解炉后与分解炉烟气混合，可简化工艺流程，如图 5.13(a)所示；方式 2，窑尾烟气不与分解炉烟气混合，而是各经过一个单独的预热器系列，如图 5.13(b)所示；方式 3，窑尾烟气单独排出，用于原料烘干或余热发电，或在原料中有害成分较高时采用旁路放风，如图 5.13(c)所示。

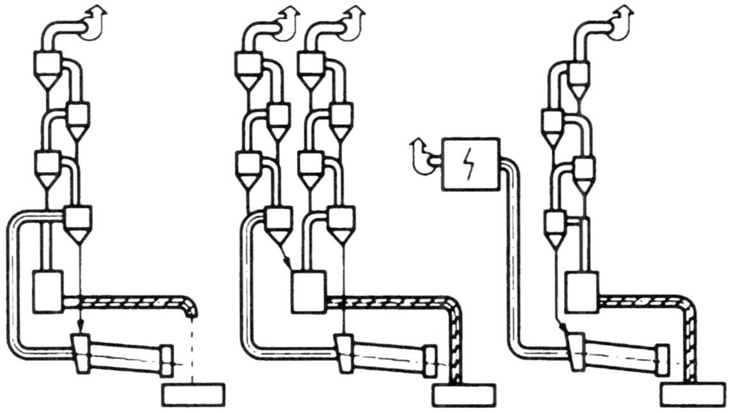

(a)　(b)　(c)

图 5.13　预分解窑窑内废气利用的三种方式

(4) 按分解炉与窑、预热器及主排风机匹配方式分类

按分解炉与窑、预热器及主排风机的匹配方式，预分解窑可分为同线型、离线型及半离线型三种。

① 同线型。分解炉设在窑尾烟室之上，窑尾烟气进入分解炉后与炉气汇合进入最下级旋风筒，窑尾烟气与炉气共用一台主排风机，如图 5.12(b)所示。

② 离线型。分解炉设在窑尾上升烟道一侧，窑尾烟气与炉气各进入一个预热器系列，并各用一台排风机，如图 5.13(b)所示。

③ 半离线型。分解炉设在窑尾上升烟道一侧，窑尾烟气与炉气在上升烟道汇合后进入最下级旋风筒，两者共用一个预热器系列和一台主排风机，如图 5.13(a)所示。

下面介绍几种常见的分解炉系列。

5.4.2 RSP 分解炉系列

RSP 型分解炉(reinforced suspension preheater 的缩写，意为强化预热器)，由日本原小野田水泥株式会社(Onoda Cement Inc.)和川崎重工(KHI)联合研制，属于"喷腾+旋流"型，如图5.14所示。

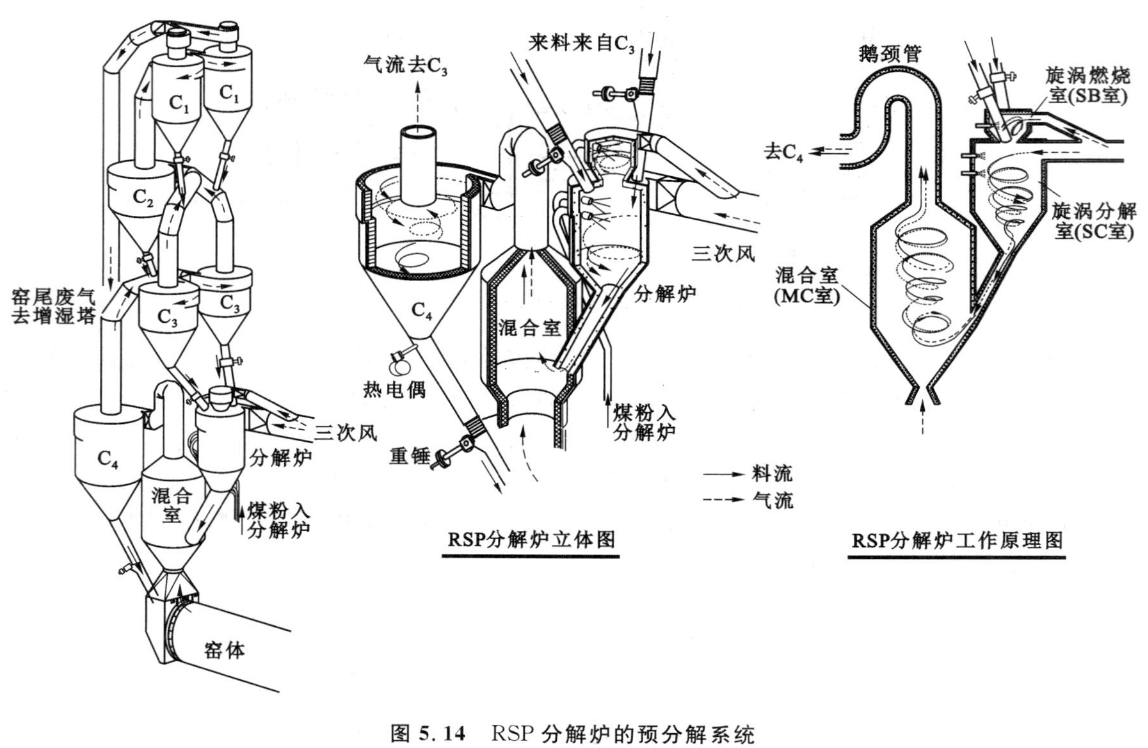

图 5.14 RSP 分解炉的预分解系统

RSP 分解炉主要由旋涡燃烧室(swirl burner，SB)、旋涡分解室(swirl calciner，SC)和混合室(mixing chamber，MC)三部分组成，内表面镶砌耐火材料，耐火材料与炉壳之间砌有隔热材料。从冷却机抽来的三次风从 SC 室上部对称地以切向方向入炉。从上一级旋风筒(C_3)下来的生料，在三次风入炉之前加入气流中，使风和料混合入炉。煤粉燃烧器从 SB 室的上部伸入，将煤粉从上部呈涡旋状喷入并使之起火燃烧。在 SC 室内，煤粉燃烧放热，生料中碳酸盐吸热分解。由 SC 室出来的热气流、生料粉和未完全燃烧的煤粉进入 MC 室后，与呈喷腾状进入的高温窑尾烟气混合；混合室 MC 出口与 C_4 级预热器连接管道通常延长加高形成鹅颈管道，使燃料进一步燃烧，生料进一步分解。最后，所有烟气和分解后的生料由分解炉出口进入最下一级旋风筒(C_4)。

5.4.3 派洛克朗(Pyroclon)和普列波尔(Prepol)型分解炉系列

Pyroclon 是 Pyro(高温)与 Cyclon(旋风筒)缩写的组合,即供燃料燃烧旋风装置,是将窑尾与最低一级旋风筒之间的上升烟道适当加高、延长并弯曲向下作为分解装置,由德国洪堡公司开发。Prepol是 Precalcining(预分解)与 Polysuis(伯力鸠斯公司)缩写的组合,由德国伯力鸠斯公司开发,它同洪堡公司的 Pyroclon 分解炉一样,将窑尾烟道延长变成分解炉,不同之处是在多波尔悬浮预热器基础上设置了一条整体烟道。

派洛克朗(Pyroclon)分解炉系列如图 5.15 所示,普列波尔(Prepol)分解炉如图 5.16 所示。这两种炉均属于烟道式分解炉,其共同特点是:

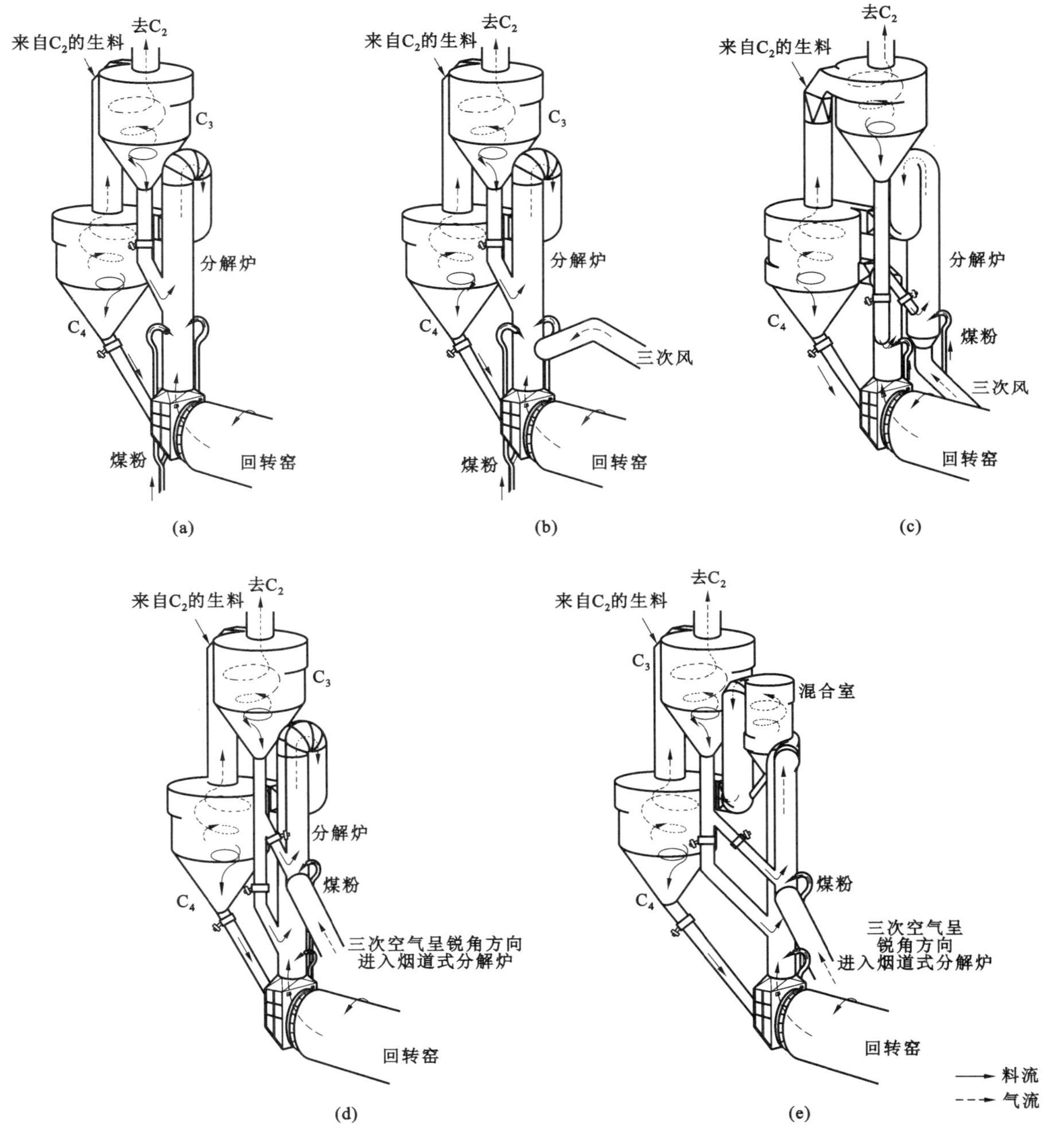

图 5.15 Pyroclon 分解炉系列

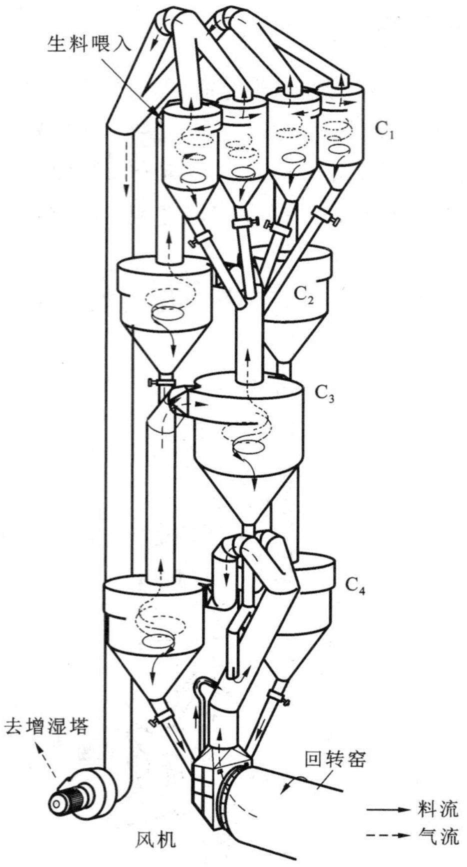

图 5.16　Prepol **分解炉的预分解系统**

（1）不设专门的分解炉，利用窑尾与最低一级旋风筒之间的上升烟道作为分解炉，因此结构简单，流体阻力较小。

（2）燃料与经预热后生料均自上升烟道下部喂入，沿管道内形成旋涡流动，在气流中充分分散，悬浮分解。

（3）上升烟道中燃烧所需空气，可以全部由窑内通过，也可以由三次风管供应，还可以由窑气和三次风管汇总供应。可根据具体情况加以选择。

（4）上升烟道内的气流形成旋流运动和喷腾运动，延长了燃料和生料的停留时间，使更多生料被分解。上升烟道的高度根据燃料燃烧和生料停留时间的需要来确定。

5.4.4　TC 分解炉系列

TC（T 代表天津水泥设计研究院；C 是分解炉Calciner）分解炉系列是我国天津水泥设计研究院研发，有 TDF 型、TSD 型、TWD 型、TFD 型、TSF 型等，采用了复合效应和预燃技术，提高了煤粉的燃尽率，增强了分解炉对低质煤的适应性。

5.4.4.1　TDF 分解炉

TDF 分解炉是在引进 DD 分解炉的基础上，针对我国燃料情况研发的双喷腾分解炉（Dud Spout Furnace），如图 5.17所示。DD 分解炉的全称是 dual combustion and denitration precalciner（简称 DD 炉），即双重燃烧与脱硝过程。它最先由原日本水泥株式会社研制，后来该公司又与日本神户制钢联合开发推广。分解炉型基本上是立筒型，属“喷腾叠加（双喷腾）”型，在炉体下部增设还原区来将窑气中 NO_x 有效还原为 N_2，在分解炉内主燃烧区后还有后燃烧区，使燃料第二次燃烧，故称为双重燃烧。

TDF 分解炉基本结构及特点是：

（1）分解炉坐落在窑尾烟室之上，炉与烟室之间的缩口尺寸优化后可不设调节翻板，结构简单。

（2）炉的中部设有缩口，保证炉内气固流产生第二次“喷腾效应”。

（3）三次风从锥体与圆柱体结合处的上部双路切线入炉，顶部径向出炉。

（4）生料入口设在炉下部的三次风入炉口处，从四个不同的高度喷入，有利于分散均布和炉温控制。

（5）煤粉从三次风入炉口处的两侧喷入，炉的下部锥体部位设有脱硝燃料喷嘴，以还原窑气中的 NO_x，满足环保要求。

（6）容积大，阻力低，气流和生料在炉内滞留的时间增加，有利于燃料的完全燃烧和生料的碳酸盐分解。

（7）对于烟煤适应性较好，也适应于褐煤和无烟煤。

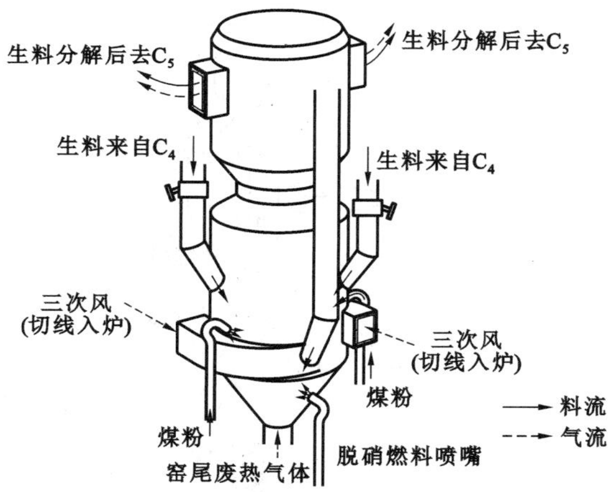

图 5.17　TDF **型分解炉**

5.4.4.2　TSD 分解炉

TSD 型分解炉(combination furnace with spin pre-burning chamber)是带旁置旋流预燃烧室的组合式分解炉,类似 RSP 预燃室与 TDF 组合,如图 5.18所示。它结合了 RSP 炉与 DD 炉的特点,炉内既有强烈的旋转运动,又有喷腾运动。主炉在烟室之上,中下部有与燃烧室相连接的斜管道。从冷却机抽来的三次风,以一定的速度从预燃室上部沿切线进入,由 C_4 下来的生料在三次风入炉前喂入气流中,由于离心力的作用,预燃室内中心成为物料浓度的稀相区,为燃料的稳定燃烧,提高燃尽率创造了条件。煤粉从预燃室上部喷入,与三次风混合燃烧,生料在预燃室内的碳酸盐分解率达 40%～50%;之后进入主炉继续分解。

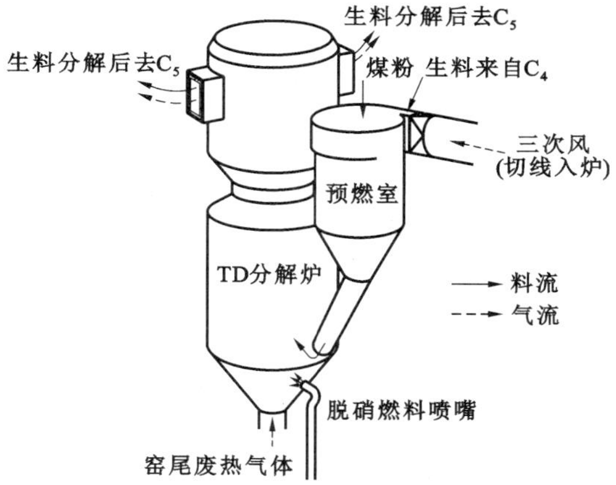

图 5.18　TSD 型分解炉

5.4.4.3　TWD 型分解炉

TWD 型分解炉(combination furnace with whirlpool pre-burning chamber)(同线式)是带下置涡流预燃室的组合分解炉,如图 5.19 所示。基本结构和特点是:应用 NSF 分解炉结构作为该炉的涡流预燃室,将 DD 炉结构作为炉区结构的组成部分(类似于 NSF 与 TDF 炉的组合),三次风沿切线入下蜗壳,燃煤从蜗壳上部多点加入,生料从蜗壳及炉下部多点加入,炉内产生涡旋及双喷腾效应。这种同线型炉适应于低挥发分或质量较差的燃煤,具有较强的适应性。

SF 分解炉(suspension preheater-flash furnace 的缩写)是日本石川岛公司在 1971 年开发出的世界上第一台预分解窑上使用的分解炉。NSF 分解炉是为了解决烧煤粉的问题,在原有的 SF 分解炉基础上的改进型。属"喷腾＋旋流"型,主要特点是:三次风以强旋流与上升窑气在涡旋室混合叠加形成叠加湍流运动,气、固之间的混合得到了改善,强化了粉料的分散与混合。

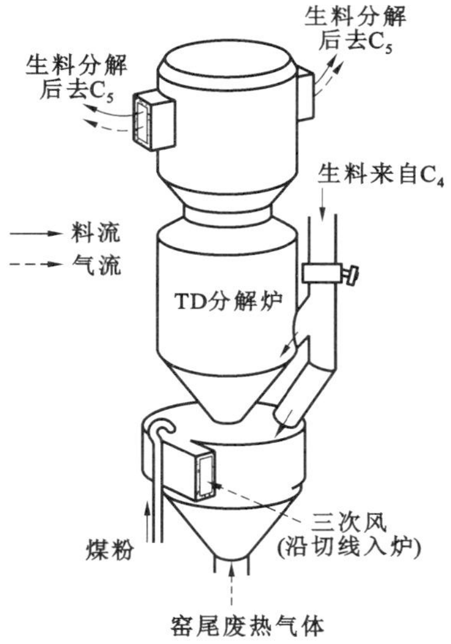

图 5.19　TWD 型分解炉

5.4.4.4　TFD 分解炉

TFD 型分解炉(combination furnace with fluidized bed),如图 5.20 所示,是带旁置流态化悬浮炉的组合型分解炉,将 N-MFC 分解炉结构作为该炉的主炉区,三次风从炉内硫化区上部吹入,燃煤和生料从流化床区上部喂入,出炉气固流经鹅颈管进入窑尾 TD 分解炉上升烟道的底部与窑气混合。炉下为流态化,上部为悬浮流场。该炉实际是 N-MFC 分解炉的优化改造,并将 TD 分解炉结构用作上升烟道。

MFC 是三菱流态化分解炉英文名称 mitsubishi fluidized calciner 首字母的缩写,由日本三菱水泥矿业公司和三菱重工业公司研制,是采用流化-悬浮迭加原理,延长物料在炉内的滞留时间,提高固气比。N-MFC 分解炉是 MFC 分解炉的改进型,主要是缩小了流化床面积,增

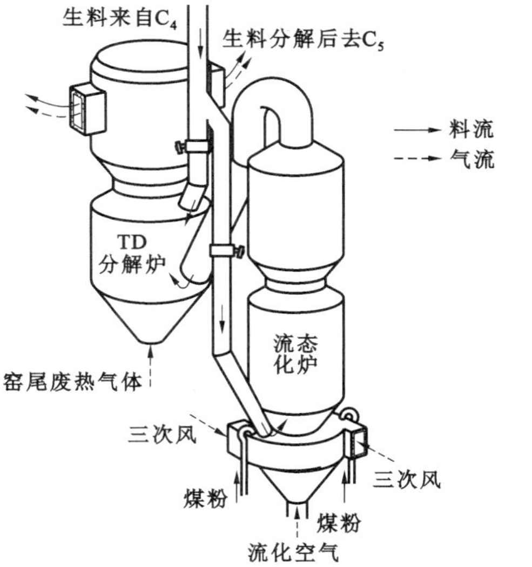

图 5.20　TFD 型分解炉

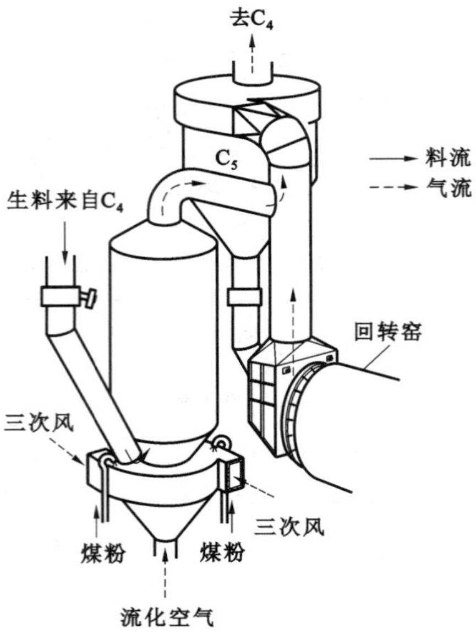

图 5.21　TSF 型分解炉

加了炉的悬浮区高度，从而使流化风量大为减少。该炉型不但能用煤粉，也可用煤粒，尤其在使用中、低质燃料时的优越性十分突出。

5.4.4.5　TSF 型分解炉

TSF 型分解炉(suspension furnace with fluidized bed)，如图 5.21 所示，与窑炉的对应位置为半离线式，结构组合为旁置式，类似 N-MFC 经鹅颈管与上升烟道下部连接，三次风从炉内流化区上部吹入，窑气入上升烟道，煤粉从流化床区上部喷入，生料从流化床区上部喷入，流场效应为：炉下为流态化，上部为悬浮流场。

5.4.5　NC 分解炉系列

NC 是我国南京水泥设计研究院(N 代表南京水泥设计研究院，C 是分解炉 Calciner)在 ILC 分解炉、Prepol 及 Pyroclon分解炉的基础上研发的系列分解炉。

5.4.5.1　NC-SST-1 型分解炉

NC-SST-1 型分解炉安装于窑尾烟室之上(同线型炉)，为涡旋-喷腾叠加式炉型，其特点是扩大了炉容，并在炉出口至最下级旋风筒之间增设了鹅颈管道，进一步增大了炉区空间。三次风从下锥体切线入炉，与窑尾高温气流混合，窑气从炉底喷入，煤粉从三次风入炉口两侧喷入，生料从炉侧加入，如图 5.22 所示。

5.4.5.2　NC-SST-S 型分解炉

NC-SST-S 型分解炉为半离线炉，类似喷腾型炉，主炉结构与同线炉相同，出炉气固流经鹅颈管与窑尾上升烟道相连，即可实现上升烟道的上部连接，又可将鹅颈管与上升烟道的下部连接。三次风从炉底喷入，窑气入上升烟道，煤粉从三次风入炉口两侧喷入，生料从炉侧加入，适应于低挥发分的煤粉燃烧，如图 5.23 所示。

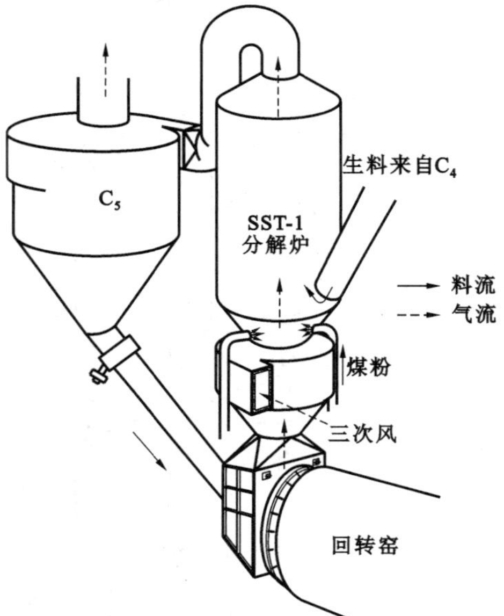

图 5.22　NC-SST-1 型分解炉

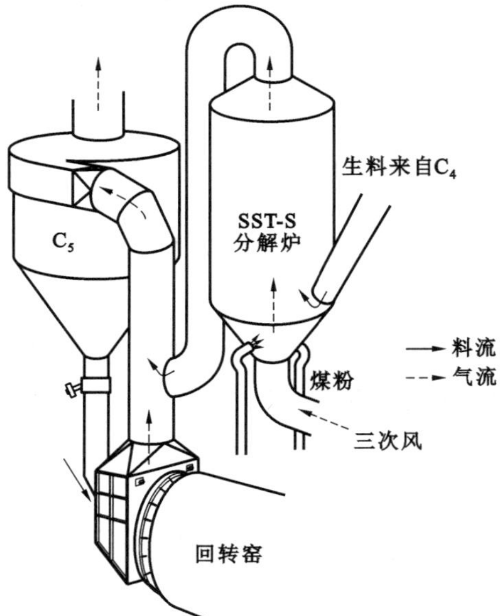

图 5.23　NC-SST-S 型分解炉

5.4.5.3 NDST 分解炉

NDST 分解炉在分析和研究国内外多种炉型的基础上，将“喷、旋、管、折”流型结合在一起，构成了一种复合型分解炉，如图 5.24 所示。从窑头引来的三次风(850～900 ℃)沿切线方向从分解炉底部(单股或多股)进入构成旋流，窑气(1000～1100 ℃)从窑尾烟室经缩口以喷腾式进入分解炉内，煤粉由多个喷煤嘴以与三次风相同的旋切方向分别从炉底喷入。该炉对原燃料的适应性较强，产品质量不会因为其成分及颗粒级配的变化而有较大的波动。

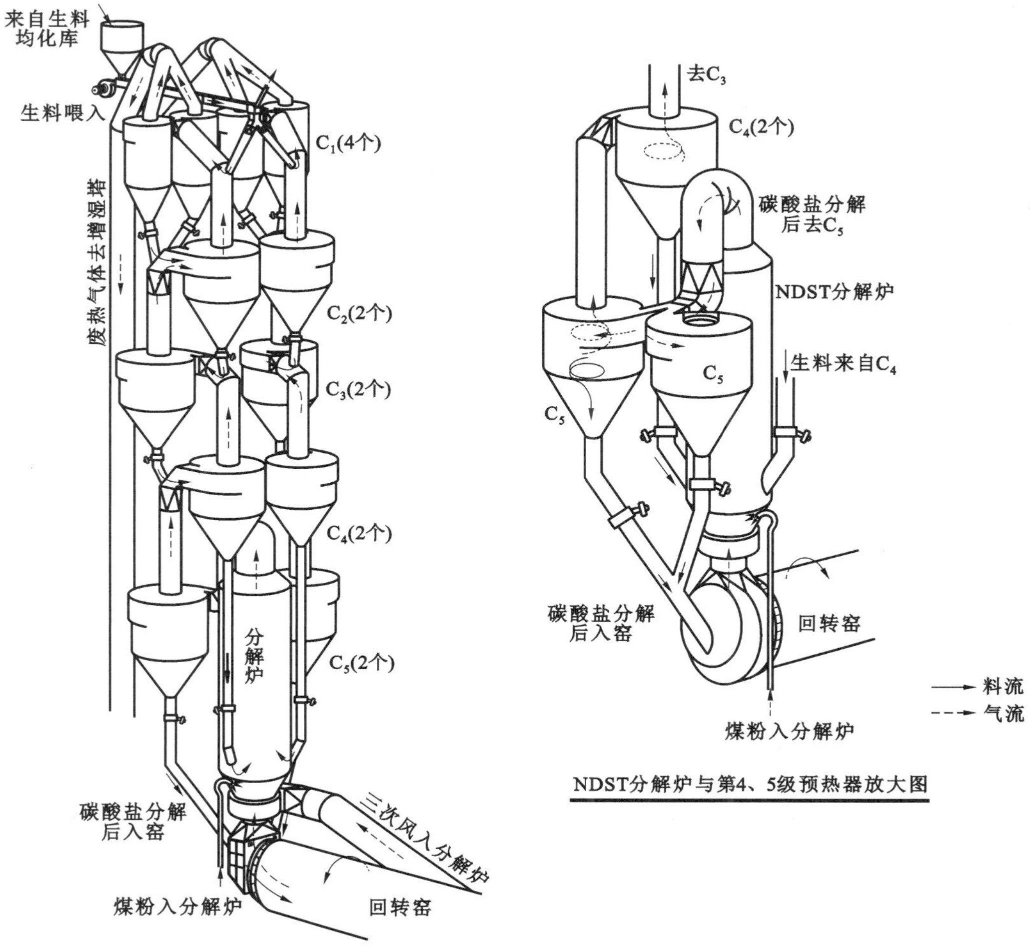

图 5.24 NDST 分解炉与旋风预热器组成的预分解系统

5.5 熟料烧成与回转窑

5.5.1 固相反应

在熟料形成过程中，$CaCO_3$ 开始分解后，物料中便出现了性质活泼的 f-CaO，它与生料中的 SiO_2、Fe_2O_3 和 Al_2O_3 等通过质点的相互扩散而进行固相反应，形成熟料矿物。固相反应的过程比较复杂，其过程大致如下：

约 800 ℃：$CaO \cdot Al_2O_3$、$CaO \cdot Fe_2O_3$ 与 $2CaO \cdot SiO_2$ 开始形成。

800～900 ℃：开始形成 $12CaO \cdot 7Al_2O_3$、$2CaO \cdot Fe_2O_3$。

900～1100 ℃：$2CaO \cdot Al_2O_3 \cdot SiO_2$ 形成后又分解。开始形成 C_3A 和 C_4AF。所有 $CaCO_3$ 均分解，f-CaO 含量达最大值。

1100～1200 ℃：形成大量 C_3A 和 C_4AF，C_2S 含量达最大值。

熟料矿物 C_3A、C_4AF 及 C_2S 的形成是一个复杂的多级反应，反应过程是交叉进行的。熟料矿物的固相反应是放热反应，当用普通原料时，固相反应的放热量为 420～500 kJ/kg。

由于固体原子、分子或离子之间具有很大的作用力，因而，固相反应的反应活性较低，反应速度较慢。通常，固相反应总是发生在两组分界面上，为非均相反应。对于粒状物料，反应首先是通过颗粒间的接触点或面进行，随后是反应物通过产物层进行扩散迁移，因此，固相反应一般包括界面上的反应和物质迁移两个过程。

现以 C_2S 的形成为例，说明固相反应动力学（图 5.25）。物料加热至一定温度时，彼此靠近的 CaO 与 SiO_2 颗粒分别以钙离子与硅氧离子向对方颗粒扩散。由于钙离子比硅氧离子小而扩散系数大，可以认为固相反应是通过 Ca^{2+} 向 SiO_2 颗粒扩散进行的。

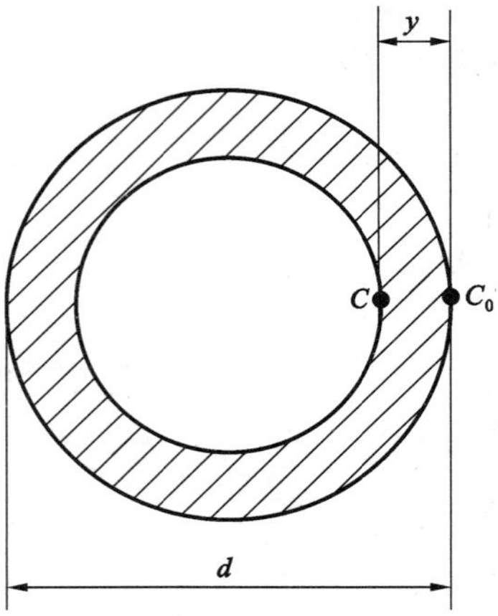

图 5.25　固相反应示意图

设 SiO_2 为球形颗粒，其直径为 d。经时间 t 后，产物层厚度为 y，反应率为 a，可写出方程：

$$y = \frac{d}{2}(1 - \sqrt[3]{1-a}) \tag{5.6}$$

式中　d——颗粒粒径，μm；

y——产物层厚度，μm；

a——反应率。

又设 Ca^{2+} 的扩散系数为 D，在产物层内外两侧 Ca^{2+} 浓度分别为 c 与 c_0，则反应速度 dy/dt 将与扩散系数 D、浓度差 $\Delta c = c_0 - c$ 成正比，而与产物层厚度 y 成反比：

$$\frac{dy}{dt} = \frac{D\Delta c}{y} \tag{5.7}$$

式中　D——Ca^{2+} 的扩散系数；

Δc——产物层两侧 Ca^{2+} 浓度差，$\Delta c = c_0 - c$。

在一定条件下，D 与 Δc 都是常数，对式(5.7)进行积分得：

$$y^2 = 2\Delta ct + C$$

当 $t=0$ 时，$y=0$，$C=0$，便得：

$$y^2 = 2D\Delta ct \tag{5.8}$$

式中　t——反应时间，s。

由式(5.6)、式(5.8)可得扬德尔方程：

$$(1 - \sqrt[3]{1-a})^2 = \frac{8D\Delta c}{d^2}t = K_J t \tag{5.9}$$

或

$$t = \frac{d^2}{8D\Delta c} \cdot (1 - \sqrt[3]{1-a})^2 \tag{5.10}$$

式中　K_J——扬德尔方程动力学系数。

扬德尔方程只适于反应率较低时的情况，经修正后，得金斯特林格方程：

$$1 - \frac{2}{3}a - \sqrt[3]{(1-a)^2} = K_G t \tag{5.11}$$

式中　K_G——金斯特林格动力学系数。

图 5.26 表示以粒径为 45～65 μm 的 $CaCO_3$ 与 SiO_2 按摩尔比 $n(CaO):n(SiO_2)=2:1$ 配合，

在1250 ℃温度下所做的 C_2S 形成动力学试验结果。曲线 1 与 2 表示分别按式(5.9)与式(5.11)，对试验数据的处理结果。这二者都相当准确，只是前者的动力学系数 K_J 在后期有些增加，似乎不太符合实际。

下面针对式(5.10)来讨论一些因素对固相反应的影响：

由式(5.10)可知，反应时间与扩散系数成反比。当温度较低时，固体的化学活性低，质点的扩散和迁移速度很慢，因此固相反应通常需要在较高的温度下进行。提高反应温度，可加速固相反应。由于固相反应时离子的扩散和迁移需要时间，所以，必须保证一定的时间才能使固相反应进行完全。

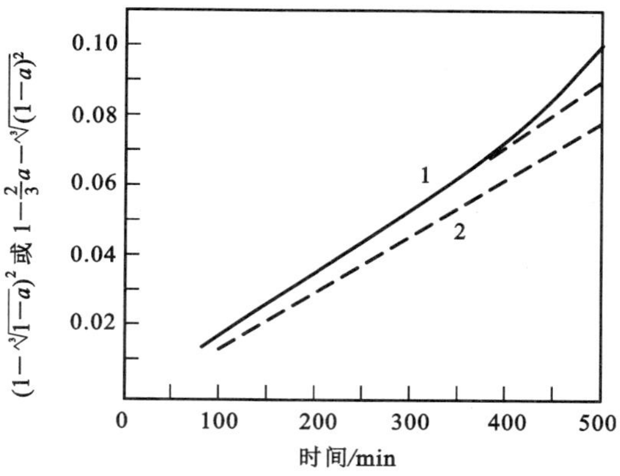

图 5.26　C_2S 形成动力学

1—扬德尔方程；2—金斯特林格方程

由式(5.10)可得知，反应时间与颗粒粒径的平方成正比，与浓度差成反比。黏土中的石英砂与石灰石中的燧石一方面由于难以磨细而往往残留一些粗粒子；另一方面则由于它们的反应能力较差，在反应界面附近堆积较多的 Ca^{2+} 而使浓度差减小。这二者都会导致反应时间的延长。当原料中含有结晶 SiO_2（如燧石、石英砂等）和结晶方解石时，由于破坏其晶格比较困难，所以固相反应的速度明显降低，特别是原料中含有粗颗粒石英砂时，其影响更大。生料愈细，其颗粒直径愈小，比表面积愈大，各组分之间的接触面积愈大，同时表面的质点自由能愈大，反应和扩散能力愈强，因此反应速度愈快。但是，当生料磨细到一定程度后，若继续细磨，则对固相反应的速度增加作用不明显，而磨机产量却会大幅度降低，粉磨电耗剧增。特别是对于预分解窑，生料过细，旋风筒分离效率会下降，从而造成物料在窑尾预热器和收尘器之间的外循环量增大，最终降低窑的产量，增加熟料热耗。因此，必须综合平衡，优化控制生料细度。对于预分解窑而言，生料颗粒大小应尽量均齐，尽量减少 0.2 mm 筛的筛余量，最好能小于 1.0%；而 0.08 mm 筛的筛余量可适当放宽，控制在 12%～18%。生料的均匀性好，即生料内各组分混合均匀，可以增加各组分之间的接触面积，所以能加速固相反应。

5.5.2　熟料的烧成

5.5.2.1　熟料的烧成过程

当物料温度升高到 1250～1280 ℃时，即达到其最低共熔温度后，开始出现以 Al_2O_3、Fe_2O_3 和 CaO 为主体的液相，液相的组分中还有 MgO 和 R_2O 等。在烧成带(1300～1450～1300 ℃)，在液相的作用下，进行熟料烧成。熟料烧成属于固液相反应，其中包括熟料烧结、贝利特再结晶和阿利特形成等三个同时进行的过程。

在液相表面张力的作用下，克服黏滞力和重力，物料由疏松状态聚结成色泽灰黑、粒度均齐、结构致密的熟料的过程，称为熟料烧结或结粒过程。

液相出现后，贝利特和游离氧化钙都开始溶于其中，并以 Ca^{2+} 与 SiO_4^{4-} 状态进行扩散，一部分 Ca^{2+} 与 SiO_4^{4-} 参与贝利特的再结晶。在这个过程中，贝利特由含固溶物不多、尺寸仅 1～4 μm、发育不完善的晶体转变成含固溶物较多、尺寸达 20～60 μm、发育完善、具有明显双晶纹的圆形晶体。另一部分 Ca^{2+} 则参与贝利特吸收游离氧化钙形成阿利特的过程：

$$C_2S+CaO\xrightarrow{\text{液相}}C_3S$$

随着温度升高和时间的延长，液相量增加，液相黏度减小，CaO、C_2S 不断熔解和扩散，C_3S 不断形成，并使小晶体逐渐发育长大，最终形成几十微米大小的发育良好的阿利特晶体。同时，也有部分 CaO 通过液相或固相扩散至 C_2S 表面反应生成 C_3S，并不断扩散穿透表面的 C_3S 产物层与内部的

C_2S 反应，最终完成熟料的烧成过程。

5.5.2.2　熟料的液相

阿利特可以通过固相反应形成，但是煅烧过程需要更高的温度、更长的时间和更多的次数。因而这种办法在工业上至少在目前还没有什么实用价值。为了降低烧成温度，缩短过程时间，阿利特最好通过固液相反应来形成。以下就液相对熟料烧成的影响进行一些探讨。

(1) 最低共熔温度

物料在加热过程中，两种或两种以上组分开始出现液相的温度称为最低共熔温度。表 5.2 列出了一些系统的最低共熔温度，可见组分性质与数目都影响系统的最低共熔温度。硅酸盐水泥熟料由于含有氧化镁、氧化钾、氧化钠、硫酐、氧化钛、氧化磷等次要氧化物，因此其最低共熔温度约为 1280 ℃。适量的矿化剂和其他微量元素可降低熟料的最低共熔温度，使熟料烧成时的液相提前出现。在水泥生料中掺入矿化剂(如 CaF_2)后，最低共熔温度可降至 1250 ℃左右，即 1250 ℃开始出现液相。

表 5.2　一些系统的最低共熔温度

系　　统	最低共熔温度/℃
C_3S-C_2S-C_3A	1450
C_3S-C_2S-C_3A-Na_2O	1430
C_3S-C_2S-C_3A-MgO	1375
C_3S-C_2S-C_3A-Na_2O-MgO	1365
C_3S-C_2S-C_3A-C_4AF	1338
C_3S-C_2S-C_3A-Fe_2O_3	1315
C_3S-C_2S-C_3A-Fe_2O_3-MgO	1300
C_3S-C_2S-C_3A-Na_2O-MgO-Fe_2O	1280

(2) 液相量

假定硅酸盐水泥熟料只含 C_3S、C_2S、C_3A 与 C_4AF 四种矿物，即其组成在图 5.27 所示相图的 C_3S-C_2S-C_3A-C_4AF 四面体内。所有位于该四面体内的组成在加热时，必先在 T_2 点出现液相。T_2 点是固相 C_3S、C_2S、C_3A、C_4AF 与液相共存的最低共熔点，固相在 1338 ℃时按表 5.3 所示组成熔化。

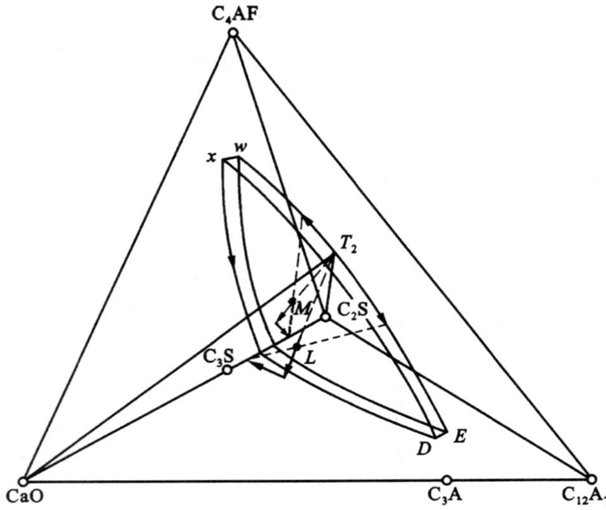

图 5.27　T_2 点液相量的计算

表 5.3 固相在 1338 ℃时的组成 （质量分数，%）

$w(CaO)$	$w(SiO_2)$	$w(Al_2O_3)$	$w(Fe_2O_3)$	IM	$w(C_3S)$	$w(C_2S)$	$w(C_3A)$	$w(C_4AF)$
54.8	6.0	22.7	16.5	1.38	1.6	16.0	32.3	50.1

欲使液相离开 T_2 点，则至少有一个或更多个固相消失。以下分别讨论最低共熔温度与烧成温度时的液相量。

最低共熔点 T_2 的液相量，指系统的热容最大，至少有一固相消失，液相即将离开 T_2 点时可能产生的最大液相量。硅酸盐水泥熟料的组成在 T_2-C_3S-C_2S-C_3A 或 T_2-C_3S-C_2S-C_4AF 四面体内，因此在液相离开 T_2 点时，只可能是 C_4AF 或 C_3A 消失，或二者同时消失，随铝率 IM 大小而定。

图 5.27 中有一原始组成 L 在 T_2-C_3S-C_2S-C_3A 四面体内，$IM>1.38$。在 T_2 点出现液相时，固相组成由 L 沿 T_2L 延长线移动。当固相组成到达 C_3S-C_2S-C_3A 平面时，C_4AF 消失，液相即将离开 T_2 点，此时就得到组成 L 在 T_2 点的最大液相量。在最低共熔物中 Fe_2O_3 的含量为 16.5%，则每 1% 的 Fe_2O_3 可生成液相 $\frac{100}{16.5}$%。若设原始组成 L 中 Fe_2O_3 的含量为 F，则可生成的液相量为：

$$P = \frac{100}{16.5} \times w(Fe_2O_3) = 6.1w(Fe_2O_3) \tag{5.12}$$

式中 $w(Fe_2O_3)$——原始组成 L 中 Fe_2O_3 的含量（质量分数，%）。

图 5.27 中另一原始组成 M 在 T_2-C_3S-C_2S-C_4AF 四面体内，$IM<1.38$。在 T_2 点出现液相时，固相组成由 M 沿 T_2M 延长线移动。当固相组成到达 C_3S-C_2S-C_4AF 平面时，C_3A 消失，液相即将离开 T_2 点，此时就得到组成 M 在 T_2 点的最大液相量。设原始组成 M 中 Al_2O_3、Fe_2O_3 的含量分别为 $w(Al_2O_3)$、$w(Fe_2O_3)$，则用于生成 C_4AF 的 Al_2O_3 含量为 $w(Al_2O_3)-0.638w(Fe_2O_3)$。在最低共熔物中 C_3A 的含量为 32.3%，相应的 Al_2O_3 含量为 12.2%[由 $32.3\times w(Al_2O_3)/w(C_3A)$ 计算求得]，则含在 C_3A 中的 Al_2O_3 每 1% 可生成液相 $\frac{100}{12.2}$%。由此可得组成 M 在 T_2 点的最大液相量为：

$$P = \frac{100}{12.2} \times [w(Al_2O_3) - 0.638w(Fe_2O_3)] = 8.2w(Al_2O_3) - 5.22w(Fe_2O_3) \tag{5.13}$$

式中 $w(Al_2O_3)$，$w(Fe_2O_3)$——原始组成 M 中 Al_2O_3、Fe_2O_3 的含量（质量分数，%）。

在更高温度时的液相量可按下列公式计算：

$$1400\ ℃ \qquad P = 2.95w(Al_2O_3) + 2.2w(Fe_2O_3) \tag{5.14}$$

$$1450\ ℃ \qquad P = 3.0w(Al_2O_3) + 2.25w(Fe_2O_3) \tag{5.15}$$

$$1500\ ℃ \qquad P = 3.3w(Al_2O_3) + 2.6w(Fe_2O_3) \tag{5.16}$$

式中 $w(Al_2O_3)$，$w(Fe_2O_3)$——熟料中 Al_2O_3 和 Fe_2O_3 的含量（质量分数，%）。

由于熟料中还含有 MgO、K_2O、Na_2O 等其他成分，可以认为这些成分全部变成了液相，因而计算时还需要加 MgO 含量 $w(MgO)$ 和碱含量 $[w(K_2O)+w(Na_2O)]$，即：

$$1400\ ℃ \qquad P=2.95w(Al_2O_3)+2.2w(Fe_2O_3)+w(MgO)+w(K_2O)+w(Na_2O) \tag{5.17}$$

熟料烧成必须要有一定的液相，液相是形成 C_3S 的必要条件。熟料煅烧过程中液相量增加，能熔解的 CaO 和 C_2S 亦多，形成 C_3S 就快。但是液相量过多，则煅烧时容易造成回转窑结圈、结大块等危害，影响窑的正常生产操作。通常，熟料在烧成阶段的液相量为 20%～30%，而白水泥熟料由于 Fe_2O_3 含量低，烧成时的液相量可能只有 15%左右。

（3）液相黏度

熟料在烧成过程中，液相黏度随温度和组成而变化。为了方便，通常固定其他因素，而研究液相黏度和温度的关系，或它与组成的关系。

图 5.28 表示 IM=1.83 的纯氧化物熟料，其最低共熔物和 1450 ℃为 C_2S 与 CaO 所饱和的液相（CaO 57%、SiO_2 7.5%、Al_2O_3 22.6%、Fe_2O_3 12.9%）的黏度和温度的关系。随着温度的升高，两者的黏度都迅速下降。即使饱和液相溶有较多的 C_2S 和 CaO，但它在 1450 ℃的黏度却只有 0.16 Pa·s，比最低共熔物在 1350 ℃的黏度 0.25 Pa·s 还低。

图 5.29 表示纯氧化物熟料液相在 1440 ℃时的黏度和铝率 IM 的关系。在该温度下，铝率 IM 每增加 1，黏度就增加 0.76 Pa。

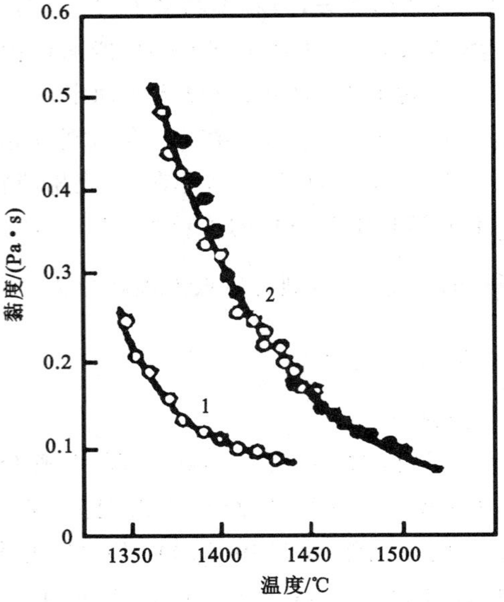

图 5.28 液相黏度与温度的关系

1—最低共熔物；2—1450 ℃为 C_2S 与 CaO 所饱和的液相

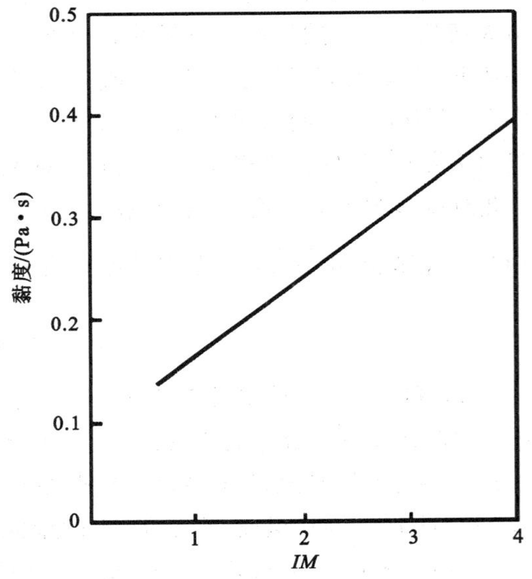

图 5.29 液相黏度与铝率的关系

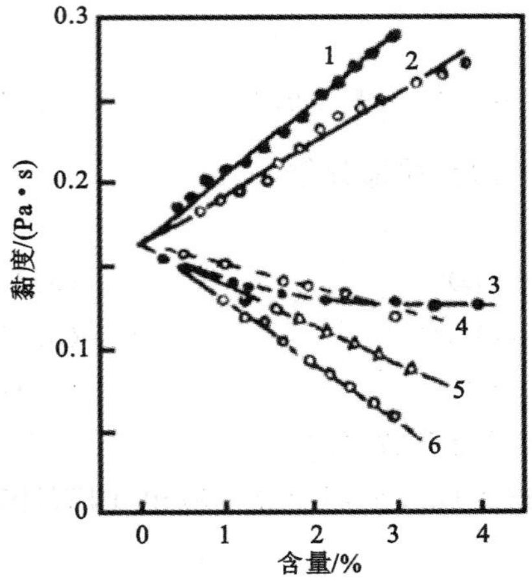

图 5.30 液相黏度与其他组分的关系

1—K_2O；2—Na_2O；3—MgO；

4—K_2SO_4；5—Na_2SO_4；6—SO_3

图 5.30 表示 IM=1.83 的纯氧化物熟料，其 1450 ℃饱和液相的黏度和其他组分的关系。加入 3%～4%的 MgO 或 SO_3 分别使液相黏度降至 0.13 Pa·s 和 0.04 Pa·s。碱的作用和其形态有关：加入 3%～4%的 Na_2O 或 K_2O 则黏度升高至 0.28～0.3 Pa·s；而加入 Na_2SO_4 或 K_2SO_4，则分别使黏度降至 0.08 Pa·s 和 0.12 Pa·s。

提高温度，离子动能增大，相互间作用力减弱，因而降低液相黏度。改变液相组成时，随着其中离子状态和相互作用力的变化，液相黏度也会改变。在熟料液相中：CaO 总是离解为 Ca^{2+}；SiO_2 主要离解为 SiO_4^{4-}；而 Al_2O_3、Fe_2O_3 由于属两性化合物，可同时成为 MeO_4^{5-} 和 Me^{3+}：

$$Me_2O_3 + 5O^{2-} \rightleftharpoons 2MeO_4^{5-}$$

$$Me_2O_3 \rightleftharpoons 2Me^{3+} + 3O^{2-}$$

二者比例视各自的金属离子半径和液相酸碱度而异。Me_2O_3 以 MeO_4^{5-} 状态存在时，具有 4 个 O^{2-} 配位，构成较紧密的四面体，由于其中 Me—O 价键较强，在黏滞流动时不易断裂，因而提高液相黏度。Me_2O_3 以 Me^{3+} 状态存在时，具有 6 个 O^{2-} 配位，构成松散的八面体，由于其中 Me—O 价键较弱，在黏滞流动中易断裂，降低液相黏度。

Al^{3+} 半径为 0.57 Å，比 Fe^{3+} 半径 0.67 Å 小，趋向于构成较多的 MeO_4^{5-}。提高铝率时，由于形成

较多的 MeO_4^{5-}，因而提高了液相黏度。

当液相碱性较弱时，例如有 MgO、SO_3 时，则 Me_2O_3 呈碱性，更多地离解为 Me^{3+}，因而降低了液相黏度。当液相碱性较强时，例如有 Na_2O、K_2O 时，则 Me_2O_3 呈酸性，更多地结合成 MeO_4^{5-}，因而液相黏度升高。

图 5.31 表示 IM=1.83 纯氧化物熟料的最低共熔物和 1450 ℃饱和液相的表面张力及密度与温度的关系。随着温度的升高，二者的表面张力、密度、液相黏滞力均下降。液相表面张力愈小，愈易润湿熟料颗粒或固相物质，有利于固相反应和固液相反应，促进熟料矿物特别是硅酸三钙的形成。熟料中有镁、碱、硫等物质时，液相的表面张力均会降低，这样会促进熟料的烧结。

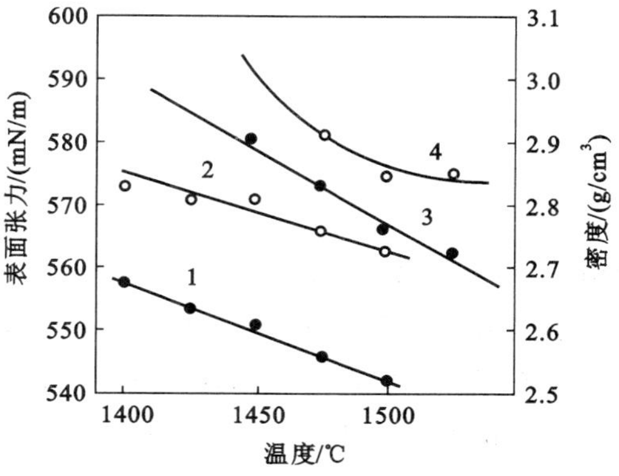

图 5.31　液相表面张力和密度与温度的关系

最低共熔物：1—表面张力，2—密度；

1450 ℃饱和液相：3—表面张力，4—密度

回转窑煅烧熟料时，通常熟料的烧成温度为 1420～1470 ℃，粒度为 5～20 mm，升重在 1300～1500 g/L 间波动。

5.5.2.3　氧化钙熔解动力学

阿利特由 Ca^{2+} 与 SiO_4^{4-} 在 1350～1450 ℃饱和液相中互相扩散、碰撞形成，但由于 SiO_4^{4-} 的扩散系数仅为 $(0.78\sim4.73)\times10^{-7}$ cm^2/s，可以认为阿利特的形成主要是通过 Ca^{2+} 向贝利特扩散来完成的。在阿利特形成过程中：Ca^{2+} 的扩散系数为 $(2.62\sim5.31)\times10^{-5}$ cm^2/s；阿利特的结晶速度约为 5×10^{-5} cm/s，而游离氧化钙的溶解速度却只有 $(6.95\sim22.5)\times10^{-6}$ cm/s。因此，阿利特的形成为游离氧化钙的溶解过程所控制。由此，可对游离氧化钙溶解动力学做一些探讨。氧化钙溶解示意图见图 5.32。

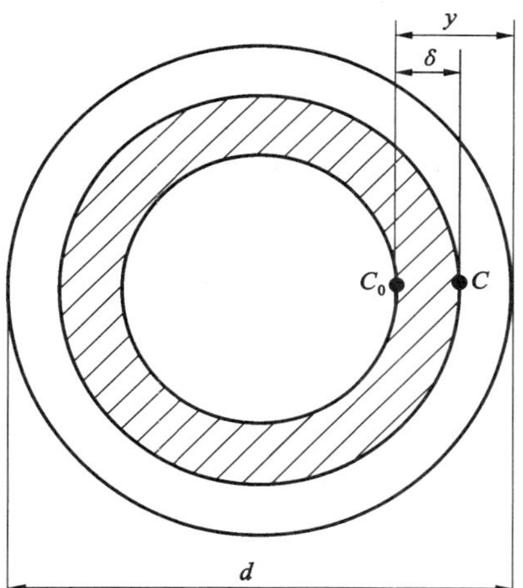

图 5.32　氧化钙溶解示意图

设氧化钙为球形，其直径为 d。经时间 t 后，溶去厚度为 y，溶解率为 a，可写出方程：

$$y=\frac{d}{2}\left(1-\sqrt[3]{1-a}\right) \tag{5.18}$$

式中　d——颗粒粒径，μm；

y——溶去厚度，μm；

a——溶解率。

由于 Ca^{2+} 的扩散和阿利特的结晶较游离氧化钙的溶解快，溶入液相的 Ca^{2+} 并不在原处停留，而是立即扩散开，因此在溶残颗粒的外表只保留一层很薄的边界层。设边界层厚为 δ，边界层内外两侧的 Ca^{2+} 浓度分别为 c_0、c，Ca^{2+} 通过边界层的扩散系数为 D，则游离氧化钙的溶解速度正比于扩散系数 D 和浓度差 $\Delta c=c_0-c$，反比于边界层厚度 δ：

$$\frac{dy}{dt}=D\cdot\frac{\Delta c}{\delta} \tag{5.19}$$

式中　D——扩散系数，cm^2/s；

Δc——浓度差，$\Delta c=c_0-c$，（质量分数，%）；

δ——边界层厚度，cm。

在一定条件下，扩散系数 D 与浓度梯度 $\Delta c/\delta$ 都是常数，对式(5.19)进行积分得：

$$y=D\cdot\frac{\Delta c}{\delta}t+C$$

当 $t=0$ 时，$y=0$，$C=0$，便得：

$$y = D \cdot \frac{\Delta c}{\delta} t \tag{5.20}$$

式中　t——溶解时间，s。

由式(5.18)、式(5.20)可得氧化钙的溶解动力学方程：

$$1-\sqrt[3]{1-a} = \frac{2D}{d} \cdot \frac{\Delta c}{\delta} t = Kt \tag{5.21}$$

或

$$t = \frac{d}{2D \cdot \frac{\Delta c}{\delta}} \cdot (1-\sqrt[3]{1-a}) \tag{5.22}$$

式中　K——溶解动力学常数。

下面用此方程来讨论一些因素对游离氧化钙溶解过程的影响。

由式(5-22)可知，溶解时间与扩散系数成反比，而后者又随温度上升而增大。据测定，不同温度下饱和液相中 Ca^{2+} 的扩散系数如表5.3所示。1350 ℃时，Ca^{2+} 的扩散系数为 2.62×10^{-5} cm^2/s，1450 ℃时为 5.31×10^{-5} cm^2/s。温度愈高，Ca^{2+} 扩散系数愈大，游离氧化钙溶解时间愈短。

表5.3　不同温度下饱和液相中 Ca^{2+} 的扩散系数

温度/℃	扩散系数 D/(cm^2/s)	温度/℃	扩散系数 D/(cm^2/s)
1350	2.62×10^{-5}	1450	5.31×10^{-5}
1400	3.77×10^{-5}	1500	8.30×10^{-5}

由式(5.22)可知，溶解时间与浓度梯度成反比。如果认为 $(c_0-c)/\delta$ 中的 c_0 与 δ 基本不变，则由增加液相量、降低 c 来提高浓度梯度，便可缩短溶解时间。图5.33表示不同液相量时溶去厚度与时间的关系。假定同样溶去5 μm厚度：在1450 ℃下，液相量为30%与15%时，分别需要2.3 min与13 min；在1400 ℃下，则分别需时7 min与19 min。

由式(5.22)还可得知，游离氧化钙溶解时间与颗粒粒径成正比。不同粒径的游离氧化钙在不同温度下完全溶于液相所需的时间，如图5.34所示。可见在同一温度下，游离氧化钙的溶解时间基本与粒径成正比。

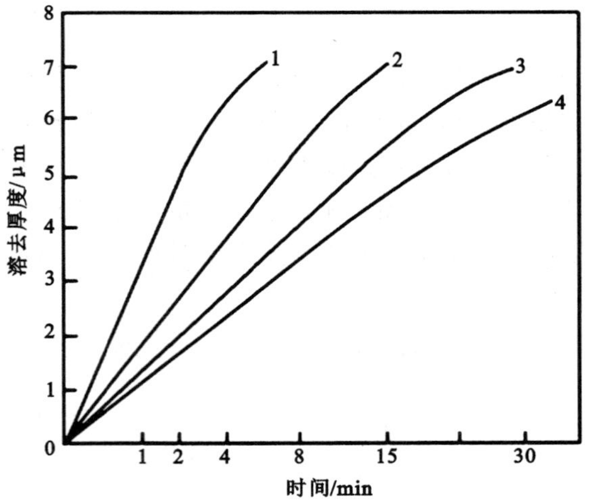

图5.33　不同液相量时溶去厚度与时间的关系

1450 ℃：1—30%液相；3—15%液相

1400 ℃：2—30%液相；4—15%液相

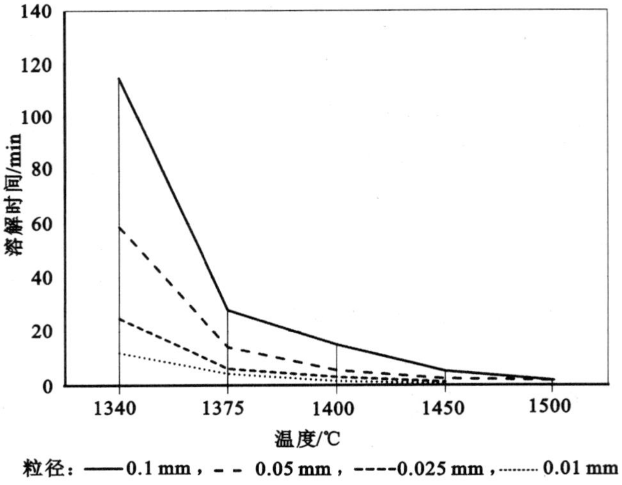

图5.34　不同粒径游离氧化钙溶解时间与温度的关系

5.5.2.4 其他组分的作用

熟料中除四种主要组分外，还有由原料、燃料带入的其他组分，以及有时为了改善生料易烧性而加入的矿化剂。这类组分量虽少，但对熟料的煅烧，以及矿物组成都有重要影响，必须给予足够重视。

（1）氟化钙

氟化钙，又称萤石(CaF_2)，是使用最广泛、效果最好的一种矿化剂。在熟料煅烧过程中，氟离子可破坏各原料组分的晶格，提高生料的活性，促进碳酸盐的分解过程，加速固相反应。

当原料中有长石等含碱矿物(如钾长石)时，加入萤石能降低它们的分解温度，加速它们的分解和挥发。CaF_2 在 1000～1200 ℃时还能促使 C_3A 分解成 $C_{12}A_7$ 和 CaO，使析出的 CaO 与 C_2S 结合成 C_3S，增加 A 矿的含量，这在煅烧 Al_2O_3 含量高的生料(如生产白水泥)时，影响较明显。

CaF_2 可显著降低液相出现的温度和熟料烧成温度。加入 0.6%～1.2% CaF_2，可降低熟料烧成温度 50～100 ℃，扩大了熟料的烧成温度范围，相当于延长了烧成带的长度，增加物料的固相反应时间。此外，CaF_2 还可降低液相黏度，有利于液相中质点的扩散，加速 C_3S 的形成。

研究表明，加入 CaF_2 能使 C_3S 在低于 1200 ℃的温度下形成，硅酸盐水泥熟料可在 1350 ℃左右烧成。其熟料组成中含有 C_3S、C_2S、$C_{11}A_7 \cdot CaF_2$、C_4AF 等矿物，有时也可生成 C_3A 矿物，熟料质量良好，安定性合格。也可以使熟料在 1400 ℃以上温度烧成，获得普通矿物组成的水泥熟料。掺 CaF_2 矿化剂时，熟料应急冷，有利于增加 C_3S 的含量。

值得注意的是，回转窑煅烧熟料时使用 CaF_2 矿化剂，会使熟料的凝结时间变得很长。CaF_2 会腐蚀回转窑的耐火材料，还会在煅烧系统内形成氟的循环，产生结皮等危害。所以，回转窑煅烧通常不使用 CaF_2，一般只在煅烧白水泥熟料时使用。

（2）硫化物

黏土原料或页岩中含有少量硫，燃料中带入的硫通常较原料中多。在氧化气氛中，含硫化合物最终都被氧化成为 SO_3，并分布在熟料、废气及飞灰中。硫对熟料形成有强化作用：SO_3 能降低液相黏度，增加液相数量，有利于 C_3S 形成。可以形成 $2C_2S \cdot CaSO_4$ 及无水硫铝酸钙 $4CaO \cdot 3Al_2O_3 \cdot SO_3$(简写为 $C_4A_3\bar{S}$)。$2C_2S \cdot CaSO_4$ 为中间过渡化合物，它于 1050 ℃左右开始形成，于 1300 ℃左右分解为 α'-C_2S 和 $CaSO_4$。

$C_4A_3\bar{S}$ 大约在 950 ℃形成，在 1350 ℃仍然保持稳定，在接近 1400 ℃时，$C_4A_3\bar{S}$ 开始分解为 CA、CaO 和 SO_3，于 1400 ℃以上时大量分解。$C_4A_3\bar{S}$ 是一种早强矿物，因而，在水泥熟料中含有适当数量的$C_4A_3\bar{S}$ 是有利的。

SO_3 能降低液相出现的温度，并能使液相黏度和表面张力降低。因此，SO_3 能明显促进阿利特晶体的生长过程，有利于长成大颗粒晶体。但含硫酸盐的阿利特晶体的水硬性较弱，因此，单独使用硫化物作矿化剂时必须注意这一点。此外，硫还会在窑煅烧系统内形成循环富集，容易引起结皮、结圈等问题。

（3）碱

水泥熟料中的碱主要是指钾和钠这两种元素(以 R 表示)，它们主要来源于原料。黏土和石灰石中的长石、云母等杂质都是含碱的铝酸盐。在使用煤作燃料时，也有少量碱。物料在煅烧过程中，苛性碱、氯碱首先挥发，碱的碳酸盐和硫酸盐次之，而存在于长石、云母、伊利石中的碱要在较高的温度下才能挥发。挥发的碱只有少量排入大气，其余部分随窑内烟气向窑低温区域运动时，会凝结在温度较低的生料上。对带旋风预热器的窑，通常在最低二级预热器内就冷凝，然后又和生料一起进入窑内，温度升高时挥发，这样就产生了碱循环。当碱循环富集到一定程度时，就会引起氯化碱(RCl)和硫酸碱(R_2SO_4)等化合物黏附在最低二级预热器锥体部分或卸料溜子上，形成结皮，严重时会出现堵塞现象，影响正常生产。因此，原料含碱量高时，对带旋风预热器的窑应采取旁路放风排碱。

微量的碱能降低最低共熔温度，降低熟料烧成温度，增加液相量，起助熔作用，对熟料性能并不会造成多少危害。但碱含量高时，会出现煅烧困难，同时，碱和熟料矿物反应生成含碱矿物和固溶体 $KC_{23}S_{12}$ 和 NC_8A_3，含碱的硅酸二钙（$KC_{23}S_{12}$）将难以形成 C_3S，所以会增加 f-CaO 含量，因而影响熟料强度。

熟料中的硫由于生成碱的硫化物，可以缓和碱的不利影响。水泥中含碱量高时，碱易生成钾石膏（$K_2SO_4 \cdot CaSO_4 \cdot H_2O$），使水泥库结块，造成水泥快凝。碱还能使混凝土表面起霜（白斑）。当制造水工混凝土时，水泥中的碱能与活性集料发生"碱-集料反应"，产生局部膨胀，引起构筑物变形开裂。

通常，熟料碱含量以 Na_2O 计应小于 1.3%；生产低热水泥用于水工建筑时，应小于 0.6%；对旋风预热器窑和预分解窑，生料中碱含量[$w(K_2O)+w(Na_2O)$]应小于 1%。

(4) 氧化镁

石灰石中常含有一定数量的 $MgCO_3$，分解出的 MgO 参与熟料的煅烧过程。一部分与熟料矿物结合成固溶体，一部分溶于玻璃相中。少量 MgO 能降低熟料的烧成温度，增加液相数量，降低液相黏度，可起助熔作用，有利于 C_3S 的形成。但在预分解窑中，由于烧成温度很高，MgO 含量过高（>3%）时，就变成有害了，因为它与预分解窑要求液相量低且黏度高的情况相反，所以 MgO 通常会使预分解窑熟料质量和产量降低。当预分解窑熟料中 MgO 含量过高时，应降低熟料中 Fe_2O_3 的含量，以减少 MgO 带来的危害。

MgO 还能改善水泥色泽。少量 MgO 与 C_4AF 形成固溶体，能使 C_4AF 从棕色变为橄榄绿色，从而使水泥的颜色变为墨绿色。在硅酸盐水泥熟料中，MgO 的溶解量可达 2%，多余的 MgO 以方镁石存在，呈游离状态，因此，MgO 含量过大时，会影响水泥的安定性。

(5) 氧化磷

熟料中氧化磷（P_2O_5）的含量一般极少。当原料中含有磷（P_2O_5），例如采用磷石灰或用含磷化合物作原料时，可带入少量磷。当熟料中氧化磷（P_2O_5）含量在 0.1%～0.3%时，可以提高熟料强度。当熟料中 P_2O_5 含量高时，会导致熟料 C_3S 分解，并且大大延长熟料的凝结时间。每增加 1%的 P_2O_5，将会减少 9.9%的 C_3S，增加 10.9%的 C_2S。当 P_2O_5 含量达 7%左右时，熟料中 C_3S 含量将会减少到零，而且由 P_2O_5 所稳定的 C_2S，除 β 型强度较高外，α′和 α 型的强度都很低。因此，当用含磷原料时，应注意适当减少原料中 CaO 含量，以免 f-CaO 过高，宜将熟料中的 P_2O_5 含量控制在 2.25%以下，以免水泥强度下降太多，特别是早期强度。

这种含磷熟料强度发展较慢，凝结时间较长，但当含磷生料中含有少量氟时，可以减少 C_3S 的分解，同时使液相生成温度降低，所以，当原料中含磷时，可在生料中加入少量萤石以抵消部分 P_2O_5 的不良影响。

(6) 氧化钛

黏土原料中含有少量的氧化钛（TiO_2），一般熟料中 TiO_2 含量不超过 0.3%。当熟料中含有少量的 TiO_2（0.5%～1.0%）时，由于它能与各种水泥熟料矿物形成固溶体，特别是对 β-C_2S 起稳定作用，可提高熟料的质量。但含量过多，则因与 CaO 反应生成不具水硬性的钙钛矿（$CaO \cdot TiO_2$）等，消耗了 CaO，减少了熟料中的阿利特含量，从而影响水泥熟料的强度。因此，TiO_2 在熟料中的含量应小于 1%。

5.5.3 回转窑

回转窑自 1885 年诞生以来，已有 100 余年的历史。随着水泥工业熟料生产技术与装备的不断进步，回转窑的发展经历了干法中空、湿法、半干法带箅式加热机、干法带预热器、干法带预热器与分解炉等各个阶段，其直径和单台生产能力越来越大。在新型干法水泥技术日臻完美的今天，回转窑的直径已达 6.8 m，熟料日产能力已达到 15000 t。

5.5.3.1　回转窑的结构

回转窑属高温反应压力容器，是新型干法水泥熟料生产的主机设备之一。回转窑呈倾斜布置，斜度约为4%，约以4 r/min的速度转动。生料由高的一端（通常称为窑尾）送入，燃料（一般为煤粉）与助燃空气从另一端（通常称为窑头）喷入。气、固两相以逆流方式相对运动，并进行换热与反应。出预热器末级旋风筒的生料粉经窑尾烟室的喂料托板喂入窑筒体内。由于窑筒体的倾斜和缓慢回转，物料被不断地带起后，在大于其休止角的一定的高度上滚落，使物料产生一个既沿着圆周方向翻滚，又沿着轴向从高端向低端移动的复合运动，不断向低端推进。生料在窑内通过较短的碳酸盐分解带、过渡带和烧成带等高温区域，煅烧成水泥熟料后从窑筒体的低端卸出，进入熟料冷却机。

回转窑主要由筒体、支撑装置、传动装置和窑头窑尾密封装置等组成，如图5.35所示。

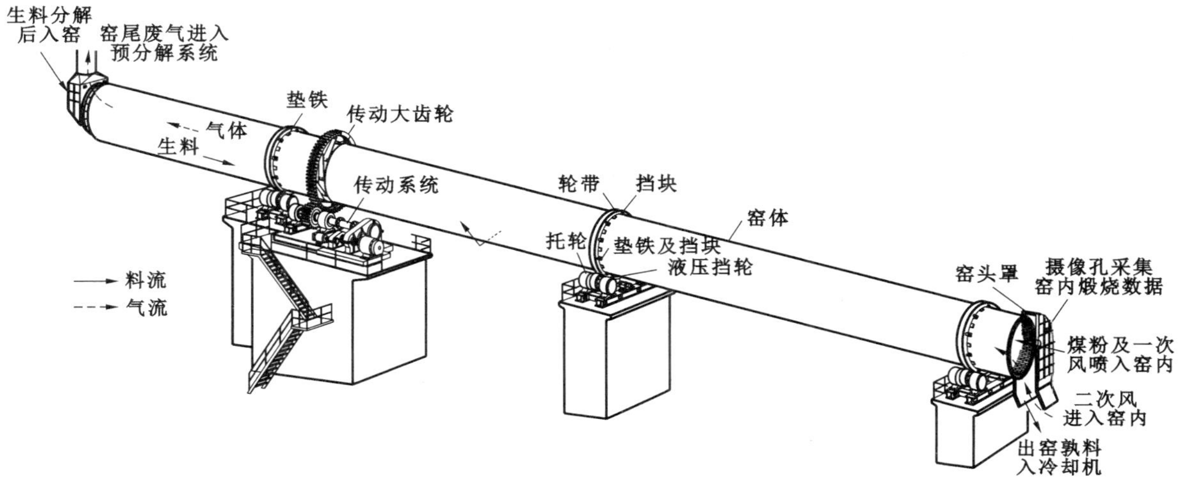

图5.35　回转窑窑体及传动、支撑装置

（1）窑筒体部分

窑筒体是回转窑的躯干，是由厚度为10～45 mm的钢板卷成，内衬耐火砖或其他耐火材料。筒体通过轮带倾斜安装在数对托轮上。为控制筒体上下窜动，在接近冷端轮带的下侧设有挡轮。电动机经减速后，通过小齿轮带动大齿轮使筒体做回转运动。回转窑筒体通过窑头窑尾密封装置分别与窑头罩和窑尾烟室相连。带预分解系统的回转窑一般设三个支墩，有三对托轮，超短窑可用两个支墩支撑。在窑筒体低端装有耐高温、耐磨损的窑口护板并组成套筒空间，设有专用风机对窑口部分进行冷却。沿窑筒体长度方向上套有三个矩形轮带，它承受窑筒体、窑衬、物料等所有回转部分的重量，并将其重量传到支承装置上。轮带下采用浮动垫板，可根据运转后的间隙进行调整或更换，以获得最佳间隙，垫板起到增大窑筒体刚度、避免由于轮带与窑筒体有圆周方向的相对滑动而使窑筒体遭受磨损和减小轮带内外表面温差的作用。

（2）大齿圈装置

在靠近窑筒体尾部固定有大齿圈以传递扭矩。大齿圈通过切向弹簧板与窑筒体连接，这种使大齿圈悬挂在窑筒体上的连接结构能使齿圈与窑筒体间留有足够的散热空间，并能减少窑筒体弯曲变形等对啮合精度的影响，还能起一定的减振缓冲作用，有利于延长窑衬的使用寿命。

（3）传动装置

回转窑传动系统的主传动一般采用单边传动（也可考虑双边传动），由一台主传动电动机驱动一台主减速器和一对开式齿轮，从而带动窑筒体转动。主电动机一般选用直流调速电机，它具有调速方便、启动力矩大等特点，也有采用特殊设计的交流电动机，采用变频调速。

为保证主电源中断时仍能盘窑操作，防止窑筒体弯曲，便利检修，传动系统还设有辅助传动装置。

(4) 支承装置

支承装置是回转窑的重要组成部分，它承受着窑筒体的全部重量，并对窑筒体起定位作用，使其能安全平稳地运转。支承装置为调心式滑动轴承结构，其结构紧凑，重量轻。同时配置了润滑油的测温报警装置，运行可靠，适应性强。

(5) 液压挡轮装置

液压挡轮装置设在靠近回转窑传动大齿圈邻近轮带的下侧。通过液压挡轮迫使轮带和窑筒体一起按一定的速度和行程沿窑中心线方向在托轮上往复移动，使轮带和托轮在宽度上能均匀磨损，以延长使用寿命。

(6) 窑头密封装置

窑头密封装置可采用石墨迷宫式或压片式密封形式。常选用钢片径向接触式的密封形式，能自动补偿窑筒体运转时的偏摆和运转中沿轴向的往复窜动，密封性能良好。

(7) 窑尾密封装置

窑尾密封装置可采用石墨迷宫式或气缸(弹簧)压紧摩擦式窑尾密封形式。窑尾密封装置一般选用气缸压紧端面接触式，整个密封圈受力均匀且能消除由安装和窑筒体挠度产生的不良影响。此外，由电动油脂泵将润滑脂注入摩擦圈接触面进行润滑，摩擦阻力及磨损小，密封可靠，效果好。

5.5.3.2　回转窑的功能

预分解窑系统中的回转窑具有五大功能：

(1) 燃料燃烧功能

作为燃料燃烧装置，它具有广阔的空间和热力场，可以供应足够的空气，装设优良的燃烧装置，保证燃料充分燃烧，高温火焰温度可达 1650～1700 ℃，为熟料煅烧提供必要的热量。

(2) 热交换功能

作为热交换装备，它具有比较均匀的温度场，可以满足水泥熟料形成过程各个阶段的换热要求，特别是阿利特矿物生成的要求。

(3) 化学反应功能

作为化学反应器，根据水泥熟料矿物形成不同阶段的不同需要，它既可分阶段地满足不同矿物形成对热量、温度的要求，又可以满足它们对时间的要求，是目前用于水泥熟料矿物最终形成的最佳装备，尚无其他装备可以替代。

(4) 物料输送功能

作为输送设备，它具有更大的潜力，因为物料在回转窑断面内的填充率、窑斜度(3%～5%)和转速都很低。

(5) 降解利用废弃物功能

随着人们环保意识的增强，20 世纪末以来，回转窑的优越环保功能迅速被挖掘。它所具有的高温、稳定热力场可成功降解各种有毒、有害、危险废弃物。

5.5.3.3　回转窑内的物料反应带

物料进入回转窑后，在高温作用下，进行一系列的物理化学反应，并煅烧成熟料，按照不同反应在回转窑内所占有的空间，被称为“带”。一般将预分解窑分为三个工艺带：过渡带、烧成带及冷却带(有的划分为四个带：分解带、过渡带、烧成带和冷却带)。

从窑尾起至物料温度 1280 ℃止(也有以 1300 ℃止)为过渡带，主要任务是使物料升温及小部分碳酸盐分解和发生固相反应；物料温度 1280～1450～1300 ℃区间起至窑头的前结圈止为烧成带；窑头端部为冷却带。

(1) 过渡带

一般从五级预热器进入窑内的粉状物料，其分解率为 90%～95%，温度为 820～850 ℃。当它刚喂入窑内时，还能继续进行分解，但由于重力作用，随即沉积在窑的底部，形成堆积层。随着窑的转动，料粉又开始运动，但这时即使气流温度（窑尾烟气温度）达 1000 ℃，料层内部的分解反应也将暂时停止。这是因为料层内部颗粒周围被 CO_2 气膜所包裹，气膜又受上部料层的压力，颗粒周围 CO_2 的压力达到 1 atm（1 atm＝101325 Pa）左右，料温在其平衡分解温度 900 ℃以下是难以进行分解的。当然，处于料层表面的料粉仍能继续分解。

随着时间的推移，粉料颗粒受气流及窑壁的加热，温度从 820 ℃上升到 900 ℃时，料层内部剧烈地进行分解反应。在继续进行分解反应时，料层内部温度将继续保持在 900 ℃左右，直到分解反应基本完成。

当粉料中分解反应基本完成以后，料温逐渐提高，开始发生固相反应。一般初级固相反应于 800 ℃就已开始，但由于在分解炉内呈悬浮态，各组分间接触不紧密，所以主要的固相反应在进入回转窑并使物料温度升高后才能大量进行，最后生成 C_2S、C_3A 和 C_4AF。上述反应过程是放热反应，它放出的热量，全部用来提高物料温度，使窑内料温较快地升高到烧结温度。

（2）烧成带

在烧成带，熟料中主要矿物 C_3S 形成，完成熟料的最后烧成任务。在烧成带内，液相大量生成，它一方面使物料结粒；另一方面促进 C_3S 形成。

在生料化学成分稳定的条件下，C_3S 的生成速率随温度的升高而激增，因此烧成带首先必须保证一定的温度。C_3S 的生成温度范围在回转窑条件下一般为 1400～1450～1400 ℃，此温度称为熟料烧成温度。烧成带还必须具有一定的长度，使物料在烧成温度下持续一段时间，使化学反应尽量完全，以尽量减少熟料中游离氧化钙含量。

（3）冷却带

熟料移动到冷却带，温度降至 1300 ℃以下时，熟料开始凝固，C_3S 的生成反应结束。冷却带承担部分熟料的冷却任务，使熟料中的一部分熔剂矿物 C_3A 和 C_4AF 形成结晶体析出；另一部分熔剂矿物因冷却速率较快来不及析晶而形成玻璃体。现在预分解窑的冷却带很短，熟料的冷却任务主要由冷却机承担。

应该说明的是，工艺带的划分是人为的，各工艺带的各种反应往往是交叉或同时进行的，不能截然分开，如果生料受热不均匀或传热缓慢都将增大各种反应的交叉。因此，回转窑各带的划分只是粗略的。

5.5.4 火焰与燃烧器

将煤粉制备系统供来的煤粉、空气混合物和燃烧所需的部分空气分别以一定的浓度和速度射入回转窑内，在悬浮状态下实现稳定着火与燃烧的装置，称为燃烧器。

在回转窑的煅烧过程中，适宜的火焰及窑内温度的合理分布，对提高熟料产质量、延长窑衬寿命、降低燃料消耗、减少污染和环境的保护都具有十分重要的作用。因此，回转窑对火焰有严格的要求，尤其是新型干法回转窑，要求火焰的形状、温度和强度要与回转窑煅烧熟料相适应。保证在整个火焰长度上都能进行高效率的热交换，同时又不能使窑皮产生局部过热、出现峰值温度，并能适应窑情的变化。因此，必须根据窑型，选择与其适应的燃烧器，否则将会出现窑皮挂不牢，耐火砖易剥落、砖耗高，筒体温度高、易红窑，熟料的灼烧减量大、易出黄心料，熟料热耗高、质量差、产量低等不正常现象，严重影响生产。

5.5.4.1 煤粉在回转窑内的燃烧过程

煤粉与鼓风机提供的一次空气进行混合后，从窑头燃烧器一起喷入窑内，形成喷射流股，煤粉颗粒悬浮在流股之中，一方面燃烧，另一方面随气流运动。通过冷却机被熟料预热后的二次空气，在窑尾排风机的抽引下，由窑头进入窑内，扩散包围在射流周围，在流股边缘涡流的带动下，逐步进入燃烧的流股中并参与燃烧。边运动边燃烧的煤粉在窑内形成一定形状的火焰，其结构如图 5.36 所示。

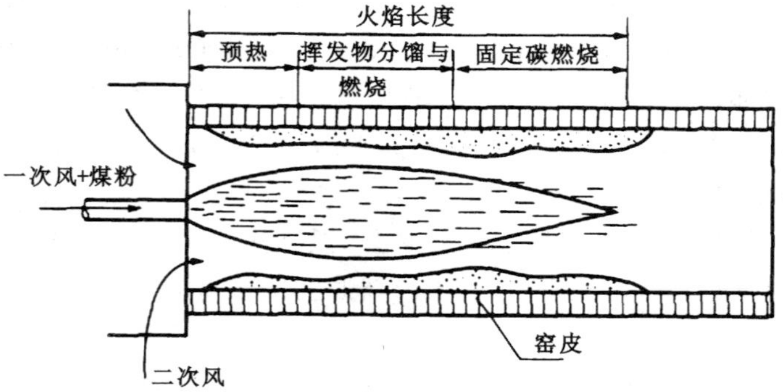

图 5.36　煤粉在回转窑内燃烧形成的火焰示意图

由图 5.36 可以看出，煤粉颗粒在回转窑内的燃烧过程与一般燃烧过程相似，入窑后首先被干燥，排出水分；随着温度升高，挥发分开始逸出，并在颗粒周围形成一层气体薄膜，这一过程称为干燥、预热阶段，这段流股在生产上称为"黑火头"(或称火焰根部)。当温度继续升高，达到挥发分燃点后，挥发分开始燃烧，并形成明亮火焰。在挥发分燃烧完全以前，焦炭颗粒被挥发分和燃烧产物的气体膜所包围，无法与氧气接触，因而无法燃烧，只能进行焦化。待挥发分燃尽后，空气中的氧才能扩散到焦炭颗粒表面，使焦炭颗粒燃烧。

5.5.4.2　火焰

在预分解窑煅烧过程中，从窑头燃烧器射入窑内的空气称为一次风；从箅冷机最热端抽取的、冷却过高温熟料的、从窑头进入窑内助燃的热空气称为二次风；从箅冷机抽取的冷却过高温熟料的、经一根专门风管送入分解炉的热空气称为三次风，此专门风管则称为三次风管。

实践证明，火焰与煅烧的关系密不可分。火焰的形状合适与否，是煅烧的关键，它与煤质、燃烧器、窑型、熟料冷却机、煤粉制备、生料成分、风煤配合、一二次风温度、窑速、操作控制、产量等因素有关。

如图 5.37 所示，最理想的火焰形状是：有适当长度的高温部分，顺畅，完整，不散，不乱，不刷窑皮，无局部高温，便于控制，有利于稳定窑速，产量高，质量好，安全运转周期长。否则，将产生窑煅烧不正常，窑速不稳定，窑产质量低，窑皮没保证，看火工操作被动等问题。

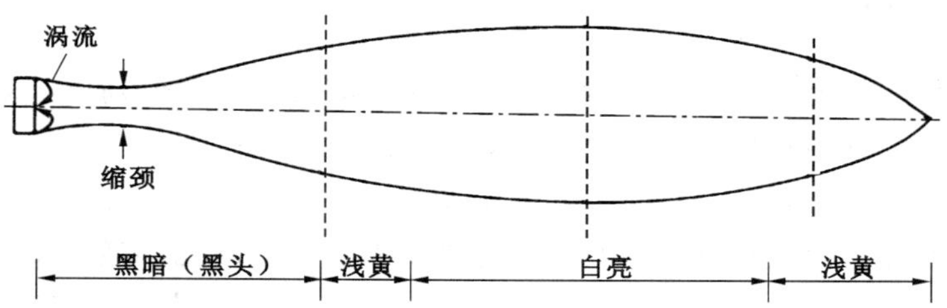

图 5.37　回转窑最理想的棒槌形火焰

回转窑内常见的火焰形状有如下几种：

(1) 活泼型火焰

如图 5.38 所示，这种火焰形状像毛笔头、粗细合理，长短可调、黑火头较短，对熟料煅烧质量、煤粉的燃烧效率最为有利，满足烧成带的温度要求，热耗较低，整个火焰活泼有力。它是操作者所希望得到的火焰形状，也是正常煅烧生产时应该具备的火焰形状。

(2) 长黑火头火焰

如图 5.39 所示，这种火焰的黑火头较长，火焰温度偏低，燃烧效率下降，窑的前温不高。主要有以下几方面原因：

① 煤质差，发热量低，灰分大；煤粒粗，水分大等。

② 燃烧器不好或有故障，造成煤粉与风混合效果不好，燃烧速度缓慢。

③ 燃烧器使用不当，外风偏大，内风偏小，风煤配比不当，风量不足。

图 5.38 活泼型火焰

图 5.39 长黑火头火焰

出现这种火焰形状时，应及时分析查找原因，检查煤质和细度是否合适，燃烧器螺旋叶片是否损坏，风量是否足够。另外，操作不当时也容易出现该种火焰，例如冷却机箅床速度太快，出现薄料造成二次风温低，窑口有煤粉圈等都能导致黑火头过长。

(3) 缓慢型火焰(长火焰)

如图 5.40 所示，这种火焰在烧成带火力不集中，产生的主要原因是：内风过小，旋转不力不能扩散；外风过大，抑制扩散能力过强，拉长了火焰。但在操作中遇到前温过高或火砖有烧流情况时，采取此种火焰能及时有效缓解；另外在点火、投料前或挂窑皮时也可使用此种火焰，待正常时再行改变。

(4)扩散型火焰

如图 5.41 所示，这种火焰形状短粗，属不正常火焰形状，其主要形成原因有以下四种：

① 烧成带窑皮有结圈和大料球，促使火焰前逼，往往造成前温过高，窑内发浑，来料不均，主机电流波动较大，窑尾负压增大。若不及时处理将会导致烧坏窑衬或熟料质量不合格，产量下降。

② 多风道燃烧器使用不当，内风过大，外风过小，二次风温高造成前温过高，容易烧坏窑衬。

③ 内风道端部旋流角度过大，外风控制不住，扩散严重。

④ 多风道燃烧器的拢焰罩烧坏，造成火焰扩散。

图 5.40 缓慢型火焰

图 5.41 扩散型火焰

发现此形状火焰，应及时检查窑是否结圈、内外风的比例是否合适、二次风温是否过高、窑尾负压是否过小、螺旋叶片倾斜角度是否恰当。

(5) 碰窑皮火焰

如图 5.42 所示，这种火焰偏离物料朝某一方向，极易冲刷窑皮，缩短火砖的使用寿命，使筒体温度升高，火焰形状很不正常，影响传热和熟料质量。产生的原因如下：

① 燃烧器在窑体截面上的位置不正确，在窑内烧成带高温处极易发生红窑。

② 燃烧器过分靠外，二次风过大造成冲击使火焰上浮，主要是冷却机操作不当或窑头罩漏风严重造成。

发现此形状火焰，应及时检查燃烧器在窑筒体横断面上的位置是否正确，窑头漏入冷风量是否过大、二次风量是否过大等，针对原因及时处理。

(6) 舔料型火焰

如图 5.43 所示，这种逼近物料的火焰也不正常，极易造成煤粉圈生长过快，不利于火焰传热，影响熟料质量，增加煤耗，产生原因：

① 燃烧器在窑截面位置不当，过多偏向中心线下方。

② 内风道管的支撑点磨损下沉，造成煤风出口失圆。

出现此种火焰形状，应及时检查燃烧器在窑筒体横断面上的位置是否正确、中心线偏移角度是否合适等，针对原因及时处理。

图 5.42　碰窑皮火焰

图 5.43　舔料型火焰

5.5.4.3　四风道煤粉燃烧器

世界水泥机械市场的激烈竞争，特别是世界石油危机频繁发生，促使各著名水泥机械制造商开发出更节能的燃烧器，同时为满足环境保护的严格要求，寻求新型燃烧器。洪堡公司首先在20世纪80年代初开发出了四风道燃烧器，接着史密斯及皮拉德公司也开发出自己的四风道燃烧器。国内的天津水泥设计院、南京水泥设计院、武汉理工大学等也相继开发出了四风道煤粉燃烧器。由于设计者不同，燃烧器结构略有不同。四通道煤粉燃烧器结构如图5.44所示，洪堡公司PYROJET四风道煤粉燃烧器喷嘴如图5.45所示。

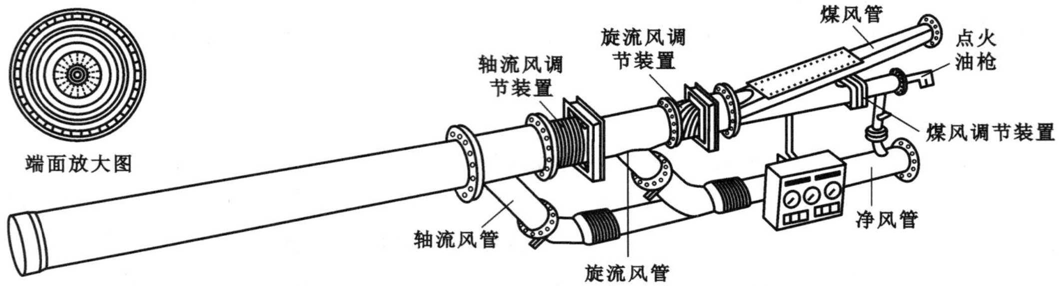

图 5.44　四通道煤粉燃烧器结构

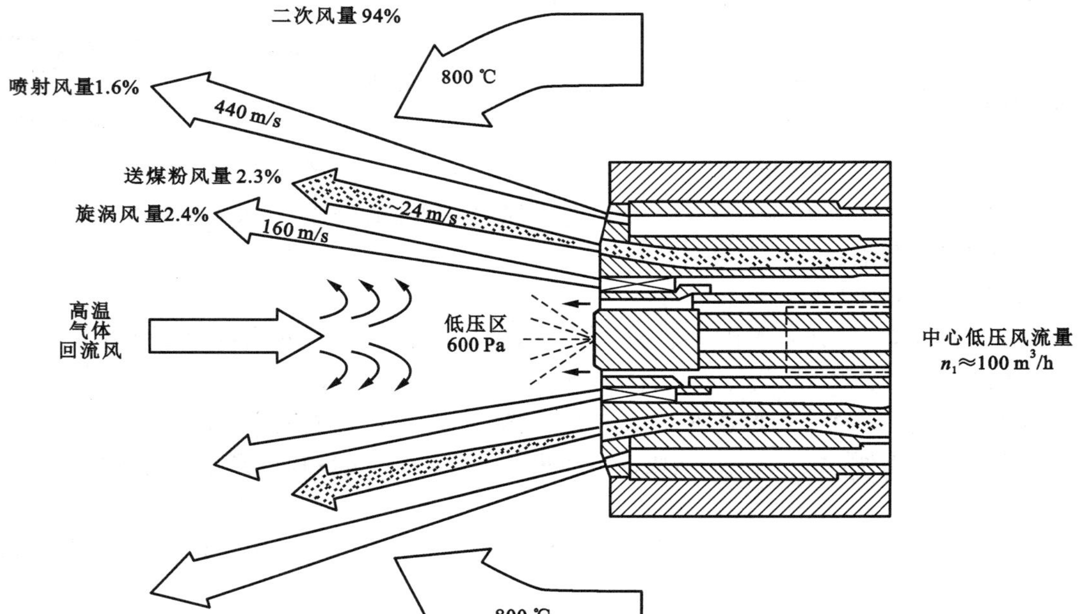

图 5.45　PYROJET 四风道煤粉燃烧器喷嘴示意图

PYROJET燃烧器可烧劣质褐煤，从其喷嘴图(图5.45)可见，中心装有点火用液体或气体燃料喷嘴，从中心开始，第一环形风道鼓入0.06 MPa低压风顶住回流风，风量为100 m^3/h。第二层环形风道出口装有螺旋风翅，产生内旋涡风，风量为2.4%，风速为160 m/s。第三层环形风道是送煤粉风道，其风量为 2.3%，风速为 24 m/s。最外环不是环形风道，而是一圈环状布置的 8～18 个独立喷嘴。由一台旋转活塞风机供以 0.1 MPa 左右的高压风，通过这些喷嘴，喷出风速高达 440 m/s，风量为 1.6%。喷出高速射流，可将高温二次风卷吸到喷嘴中心，加速煤粉燃烧。

一般三风道燃烧器，设计一次风量是燃烧空气总量的 10%～15%，而 PYROJET 喷嘴设计一次风量是 6%～9%，大量降低了一次风量，可以提高高温二次风量和热回收率，有利于提高窑系统热效率和窑产量。由于 PYROJET 燃烧器喷嘴外风高速喷射卷吸高温二次风进喷嘴中心，使煤粉着火速度加快，使氮和氧来不及化合，可以减少 NO_x 形成。实验证明可使窑尾废气 NO_x 含量降低 30%。在日益严格限制 NO_x 排放量要求下，PYROJET 喷嘴是降低 NO_x 排放量的最好燃烧器，因而获得广泛应用。

5.5.4.4　分解炉用煤粉燃烧器

由于分解炉内燃料是无焰燃烧，要求分解炉内温度在 850～950 ℃之间，以满足生料分解要求，由窑头抽取的 750～850 ℃三次风作燃烧用风，因此对燃烧器性能要求不像对窑用燃烧器那样苛刻。除 RSP 炉的 SB 燃烧室是从顶部喷入煤粉，形成火焰（1200～1600 ℃）之外，其他分解炉都是无焰燃烧，因此分解炉用煤粉燃烧器都是采用单风道形式，有些在喷嘴内设置螺旋风翅。皮拉德公司开发了一种结构简单的三风道煤粉燃烧器，如图 5.46 所示，具有煤粉着火速度快，燃尽率高的优点。

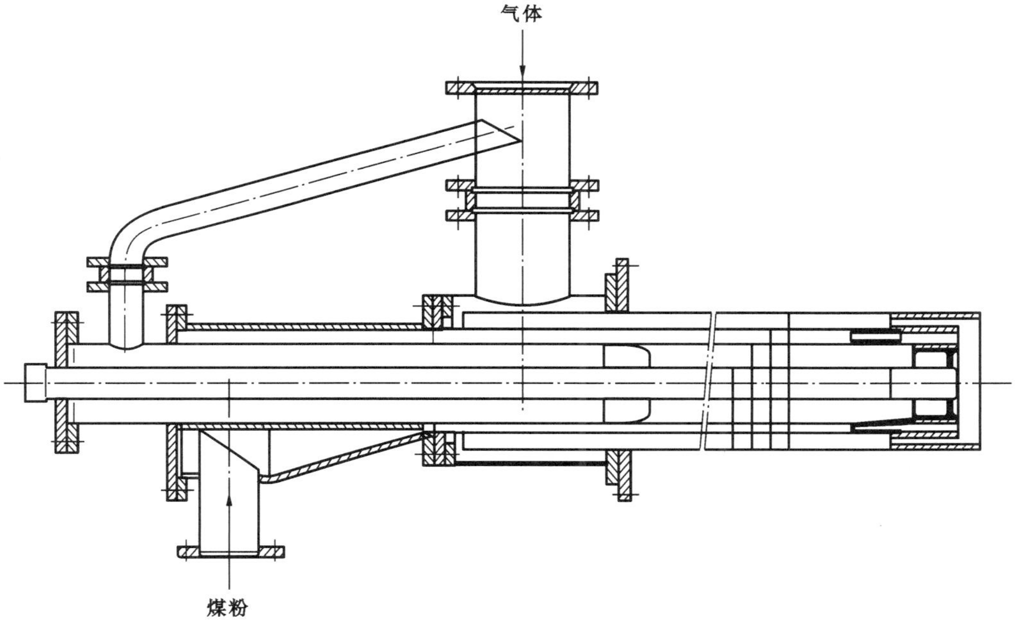

图 5.46　分解炉用三风道燃烧器

关于分解炉煤粉燃烧器、生料喂入点，以及三次风吹入位置，各种类型分解炉都不相同，而且随着炉型的改进都在不断变换位置。应使三者位置配置达到最佳化，实现燃烧、换热、分解等过程的有效控制。另外要注意燃烧器喷入的角度，不能使火焰冲刷耐火砖，以免烧坏炉体。

5.5.5　回转窑的窑皮

回转窑内经常保持着 1450 ℃以上的高温，筒体钢板是无法承受这种高温的。为保护窑筒体，在其内壁镶砌了一层耐火砖，但耐火砖的耐火度和厚度是有限的，经受不住长时间高温的侵袭和物料化学反应的腐蚀。为了延长耐火砖的使用寿命，人们在其表面黏挂上一层熟料作为保护层，这就是窑皮。窑皮就是附着在回转窑壁上的熟料或飞灰颗粒，其形态由液相或半液相向固体状态变化，如图 5.47所示。窑皮不但有利于延长火砖的使用寿命，而且还可以减少窑筒体的散热，提高热效率，它的主要作用有：

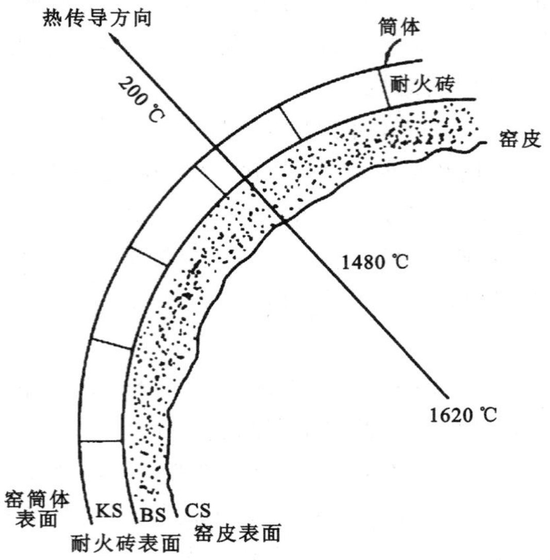

图 5.47　回转窑窑皮、耐火砖、筒体示意图

(1) 保护耐火砖，使耐火砖不直接受高温及化学侵蚀；

(2) 储存热能，减少筒体向周围的热损失，提高回转窑的热效率；

(3) 充当传热介质，在窑皮暴露于空气中，与高温的空气接触时，通过辐射或者是对流的方式吸收热量，当窑皮在下部与生料接触时，以传导的方式传热给生料；

(4) 窑皮的表面粗糙，它可以降低粉料流动速度，延长物料在窑内的反应时间。

那么怎样才能使窑皮黏挂在耐火砖上呢？我们知道，物料在回转窑中是由冷端向热端前进的，当它进入烧成带时出现液相，液相量随温度的升高而增加。物料液相具有胶黏性能，但胶黏性会随温度升高而降低，因而在烧大火时窑皮就挂不上。当耐火砖表面温度不使液相处于过热状态时，物料黏性最大，耐火砖被压到物料下面时，两者就黏在一起，并发生化学变化，之后随着温度的降低而固结，形成第一层窑皮。同样原理，逐渐形成第二、第三……层窑皮。随着挂窑皮时间的增长，窑皮愈黏愈厚，而随着窑皮的不断增厚，窑皮表面温度不断升高，液相黏度逐渐减小，因而黏上的物料也在减少。同时，由于窑皮本身的重力和物料的摩擦及机械振动等作用，窑皮或黏结或掉落，数量几乎相等，于是就形成了一定厚度的窑皮。影响窑皮生成的主要因素有：

(1) 生料的化学成分

窑皮是生料由液相变成固相过程的产物。生料中 Al_2O_3 和 Fe_2O_3 比较多，液相量就多，容易形成窑皮。Al_2O_3 和 Fe_2O_3 比较少，液相量少，形成窑皮比较困难。生料中 Al_2O_3 含量较多，液相的黏度大，形成窑皮比较困难，但一旦形成就比较坚固。生料中 Fe_2O_3 含量多，液相的黏度就比较小，窑皮容易形成，但形成的窑皮也容易掉落。

(2) 火焰的温度

火焰温度低，物料所形成的液相就比较少，不易形成窑皮，火焰温度过高，会使窑皮温度高过液相的凝固温度，窑皮容易脱落。

(3) 火焰的形状

窑皮的温度受火焰形状及筒体散热等情况的影响。一般来说，太短、太急、太粗阔的火焰对窑皮的侵蚀比较严重，长火焰对窑皮较为有利，但会使窑的热量分散，对烧成不好。因此在操作时，一定要保持合理的火焰形状与位置，严格控制熟料的结粒，防止结大块冲刷窑皮，稳定窑内的热工制度，防止结圈，若发现有大块或者结圈要及时处理。

在实际生产中，窑皮有时会因为温度超过本身的固态化温度而掉落，有时也会因为受热不均匀随火砖一起掉落。要维护好窑皮，应注意如下几点：

(1) 配制适宜成分的生料

根据原燃材料、熟料性能要求，充分考虑燃煤灰分掺入对熟料率值的影响，保证熟料液相量为25%～28%，保证生料具有良好的易烧性，即保证熟料要有适宜化学成分和矿物组成。充分考虑燃煤热值对回转窑煅烧能力的影响。要控制原燃材料中的有害成分，稳定入窑生料成分，保证系统的安全稳定运行。

(2) 合适的系统用风

保证窑炉分风均衡;窑头排风(过剩风)和窑尾拉风平衡。窑操作参数控制:二次风、三次风及过剩风的温度和压力;窑尾和一级筒出口 O_2 和 CO 含量;一次风总风量小于 10%,入炉三次风温大于或等于 900 ℃,二次风温≥1020 ℃;窑头负压控制在 −50～−20 Pa 间,过剩风温度小于或等于 250 ℃。

(3) 煤粉

煤质(挥发分和灰分在±2%,发热量在±200 kJ/kg 间波动)、喂煤量要稳定,调整精度要高、反应要灵敏。

(4) 入窑生料

稳定分解炉温度,稳定入窑生料分解率。保证生料有适宜化学成分和组成,均化库均化效果良好,下料稳定、喂料量调整灵敏可靠。

(5) 窑速

喂料量与窑速要同步,保证窑内适宜的填充率,保证适宜的通风阻力和良好的传热效果。

(6) 较高的设备运转率,避免频繁开停窑。

(7) 合适的喷煤管位置和火焰形状

① 燃烧器的中心一般稍偏于窑口截面中心。如果火焰过于逼近物料表面,一部分未燃烧的燃料就会裹入物料层内得不到充分燃烧而增加热耗,同时也容易长窑口煤粉圈。如果火焰离料表面太远而偏离窑衬,火焰射流则会碰撞窑皮,冲刷而烧坏窑皮和窑衬,严重时会引起频繁结皮、结圈、结蛋等现象。

② 燃烧器位置太偏下,火焰不顺,易烧损窑皮和耐火材料,并且导致急烧、不完全燃烧产生黄心料和 f-CaO 含量高,造成还原气氛加重,窑尾系统结皮堵塞。燃烧器位置太偏上,即燃烧器离物料层远而靠近窑衬,火焰会冲刷窑皮和窑衬,缩短窑衬使用寿命;且易结长、厚窑皮,窑尾烟室和末级下料溜子易结皮堵塞,造成窑高温带后移,易使料子发黏。

(8) 优化操作,稳定热工制度

树立"三班保一窑,一班为三班"的操作指导理念,坚持落实"三固""四稳""六兼顾"的操作指导方针。三固:固定窑速、固定喂料量、固定箅冷机的料层厚度;四稳:稳定烧成带温度(窑头喂煤)、稳定分解炉出口温度(分解炉喂煤)、稳定预热器排风量(高温风机转速)、稳定窑头负压;六兼顾:兼顾 C_1 出口温度、压力,兼顾 C_1 出口氧气含量,兼顾 C_5 下料管温度、压力,兼顾筒体表面温度,兼顾箅冷机废气量,兼顾废气处理及收尘系统,保证系统稳定运转。

5.5.6 预分解窑系统中的结皮

结皮是指生料粉与窑气中有害组分所形成的黏附在窑尾系统内壁的层状物。实践表明,预分解窑最易发生结皮的部位是窑尾烟室、下料斜坡、窑尾缩口、最低两级旋风筒的下料管、分解炉内等处。结皮使通风通道的有效截面积减小,阻力相应增大,影响系统通风,使主排风机拉风加大。结皮增厚或塌落时,还容易发生堵塞。

5.5.6.1 产生结皮的机理

结皮的原因,有学者认为是湿液薄膜表面张力作用下的熔融黏结,作用在表面上的吸力造成的表面黏结及纤维状或网状物质的交织作用造成的黏结。由于窑气中的碱、氯、硫等有害组分在窑尾及预热器和分解炉中冷凝时,会使最低共熔温度降低,因此窑气中的碱、氯、硫等凝聚时,会以熔态的形式沉降下来,并与入窑物料和窑内粉尘一起构成黏聚性物质,而这种在生料颗粒上形成的液相物质薄膜,会阻碍生料颗粒流动,从而造成结皮甚至堵塞。引起预分解窑系统结皮的因素,主要有如下几种:

(1) 系统中有害组分的循环富集

有害组分(碱、氯、硫等)的循环富集是形成结皮的重要条件。从原燃料中引入系统的碱、氯、硫等有害组分,在生料通过窑的高温带时会挥发出来,并随着窑气向窑尾运动。挥发出来的有害组分到达窑尾温度较低的区域时,便会以熔态的形式冷凝下来。

一方面,生料在煅烧过程中液相开始出现的温度降低而有利于结皮的形成。例如,一般情况下,生料的最低共熔温度为1250 ℃左右,但当$CaSO_4$、K_2SO_4和Na_2SO_4共同存在时,最低共熔温度可能低于800 ℃;有氯化物存在时,最低共熔温度可接近700 ℃。

另一方面,有害组分形成的熔体会在生料或衬料表面铺展开来,起到"黏结剂"的作用,在系统温度降低时,就在衬料表面上形成结皮。窑内的这种有害组分是导致结皮中间相形成的重要因素,如SO_2参与形成$CaSO_4$($2SO_2+O_2+2CaO=2CaSO_4$),氯化物促进硅方解石($2C_2S \cdot CaCO_3$)的形成,$K_3Na(SO_4)_2$在还原气氛中形成等。而结皮中间相的形成,常常导致结皮坚实化,使结皮越来越厚。

(2) 局部温度过高

局部温度过高是形成结皮的关键因素。系统中如果产生局部高温,一方面促进生料和燃料中有害组分的挥发及冷凝循环,并使内循环发生的区域进一步扩大,另一方面也可能使液相出现,使生料黏附在衬料的内壁而形成结皮。产生局部高温的主要原因如下:

① 煤粉的不完全燃烧。窑头或分解炉中的煤粉由于多种原因燃烧不完全时,就可能在窑尾或低级旋风筒中燃烧,从而产生局部高温,这是出现局部高温的主要原因。

② 喂料量的波动。喂料量忽大忽小时,很容易打乱预热器、分解炉和窑的正常工作。由于操作具有滞后的特点,有时跟不上喂料的变化,加减煤不及时,甚至出现短期断料但不能及时减煤的情况,因此很容易出现系统温度偏高而造成结皮。

(3) 回灰对结皮的影响

回灰也叫作窑灰,是收尘器、增湿塔收集下来的物料。由于回灰量小,在生料均化库中不容易被混合均匀,从而造成入窑生料成分的波动,影响窑的热工制度的稳定性;再则由于回灰中含有一定量的有害组分,它的重新入窑必然加剧挥发性组分的循环富集,这些都容易引起结皮。

(4) 预热器漏进冷风的影响

当预热器漏进冷风时,物料温度和分解率都降低,为维持生产,系统排风必须加大,因而废气量增大,飞扬粉尘增加,循环负荷加大,导致入窑生料温度下降,能耗上升。当预热器漏进的冷风与热物料接触时,很容易使热物料冷凝而黏附在系统的内壁而产生结皮。此外,被带到窑尾或预热器中的煤粉遇到新鲜冷风时,燃烧速度加快,产生局部高温而形成结皮。

5.5.6.2 防止结皮的措施

结皮影响系统的通风,使阻力增大,这不仅使能耗上升,而且结皮严重造成堵塞时,不得不停窑处理,不利于水泥产量和质量的提高。因此,预防结皮具有重要的意义,预防结皮的主要措施如下:

(1) 减少或避免使用高硫和高氯的原料,这是减少结皮的前提。

(2) 如过量的硫和氯难以避免,建议丢弃一部分窑灰(不再入窑,用作其他用途,如水泥混合材),以减少有害组分的循环。

(3) 避免使用高灰分及灰分熔点低的煤。

(4) 采用旁路放风系统,即将回转窑窑尾高温烟气在预热器前从"旁路"中分离出一部分,与冷风混合,使以气相形态存在的"挥发物"冷凝在飞灰上,由收尘器将此飞灰收捕下来排出窑系统,以减少有害组分的循环。通过"旁路"排出的窑灰,不应再回到窑内。由于"旁路"系统投资大及"旁路"系统对窑的能耗、料耗的消极影响,通常应该控制"旁路"废气量,一般放风量为3%～10%。

(5) 采用新型耐火材料,即在容易结皮的部位使用抗结皮的耐火材料。

如果工艺技术措施不能阻止结皮的形成,那么生产上只能不断地清除结皮。根据结皮出现位置的不同,可采取的方法有:使用工业枪射击结皮;用高压液态CO_2喷射结皮处,使其产生瞬间体积膨胀爆破结皮;用高压或低压水射流切割结皮;用压缩空气压力冲击设备清除结皮。

5.6　熟料冷却与冷却机

熟料烧成后，就要进行冷却。一般所说的熟料冷却过程是指液相凝固（<1300 ℃）以后。但是严格地讲，当熟料过了最高煅烧温度（1450 ℃左右）后，就算进入了冷却阶段。熟料冷却的目的在于：提高熟料的质量；改善熟料的易磨性；回收熟料余热，提高窑的热效率；降低熟料温度，便于熟料的输送、储存和粉磨。熟料的冷却并不单纯是熟料温度的降低，还伴随着一系列的物理化学变化，同时进行液相凝结和矿物相变两个过程。

5.6.1　液相凝结

液相在冷却时往往还和固相进行反应，因此它的凝结取决于冷却速度、固液相中的离子扩散系数、固液相的反应速度等因素。如果冷却很慢，使固相中的离子扩散足以保证固液相间的反应充分进行，就称为平衡冷却。如果冷却速度中等，液相能够析出结晶，但由于固相中离子扩散很慢，不能保证固液相间的反应充分进行，就称为独立结晶。如果冷却很快，液相中的离子扩散不能保证液相析出结晶而成为玻璃体，就称为淬冷。现以 C_3S-C_2S-C_3A-C_4AF 四元系统中的 C_3S-C_2S-C_3A 和 C_3S-C_2S-C_4AF 两个副系统为例说明液相的凝结。

如图 5.48 所示，C_3S-C_2S-C_3A 系统具有四相共存的反应点 E，液相冷却到该点后，就回吸 C_3S，析出 C_3A 与 C_2S。假设在该系统内有一组成 L（CaO 69.5%，SiO_2 20.5%，Al_2O_3 10%），欲获得 32% 的液相，则其烧成温度为 1500 ℃。将该组成分成四个试样，都加热至 1500 ℃，使之得到固相 C_3S 和液相 V（V 点是 C_3S-L 延长线和 C_3S 初相区内 1500 ℃等温线的交点），然后分别按不同制度进行冷却。

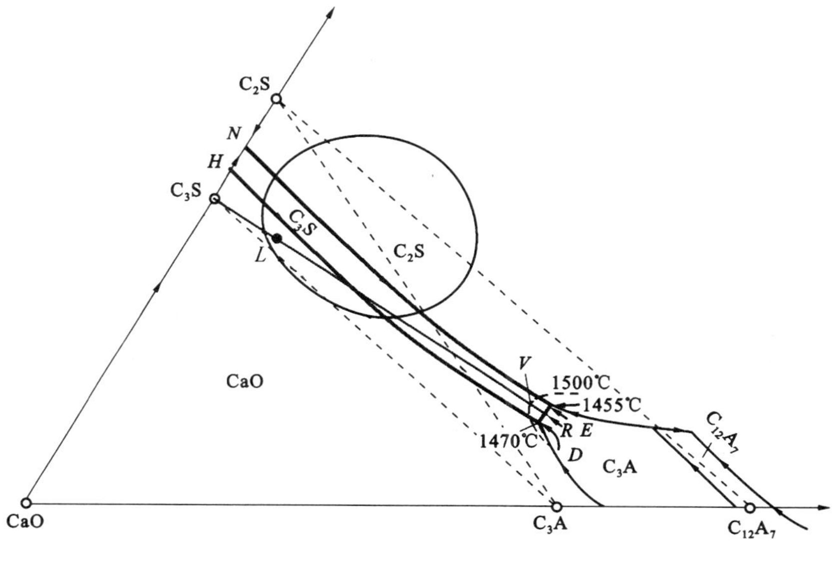

图 5.48　CaO-C_2S-$C_{12}A_7$ **区域的熟料冷却**

对第一个试样进行平衡冷却。因 V 点在 C_3S 初相区内，冷却时首先析出 C_3S，液相则沿 C_3S-L 延长线移动至该延长线和 C_3S-C_3A 界线 DE 交点 R 处。液相到达 R 点后，在析出 C_3S、C_3A 的同时，沿 RE 移动至 E，固相则沿 C_3S-C_3A 连线朝 C_3A 方向移动至 EL 延长线和该连线的交点处。液相到达 E 点后，回吸 C_3S，析出 C_3A、C_2S 并凝结于此，固相则到达 L。对第二、三、四个试样分别平衡冷却至 V、R 和 E 点，然后再进行淬冷。不同冷却制度所得熟料的矿物组成见表 5.4。

表 5.4 C_3S-C_2S-C_3A 系统的熟料矿物组成 （质量分数，%）

冷却制度	C_3S	C_2S	C_3A	玻璃体
平衡冷却	60	13.5	26.5	—
V 点淬冷	68	—	—	32
R 点淬冷	69	—	—	31
E 点淬冷	70.5	—	6.5	23

由表 5.4 中数据可知，组成 *L* 平衡冷却至 *E* 点后淬冷，所得 C_3S 含量最高，而完全平衡冷却所得 C_3S 含量最低。其原因在于：*DE* 是 C_3S-C_3A 界线，液相冷却时析出 C_3S、C_3A，从而增加 C_3S；而 E 则是反应点，液相冷却时回吸 C_3S 析出 C_3A、C_2S，从而减少 C_3S。因此，对于这种熟料，应该先平衡冷却至 *E* 点后再淬冷，以获得最高的 C_3S 含量。

如图 5.49 所示的 C_3S-C_2S-C_4AF 系统，其液相沿 C_3S-C_2S 反应界线 *NW* 低温部分和反应点 *W* 冷却时，都回吸 C_2S，分别析出 C_3S 和 C_3S、C_4AF。假设在该系统内有一组成 *M*（CaO 65.4%，SiO_2 22.7%，Al_2O_3 4.6%，Fe_2O_3 7.3%），欲获得 32%的液相，其烧成温度为 1450 ℃。将该组成分成三个试样加热至 1450 ℃，得到液相 *F*（1450 ℃等温线和 *NW* 界线的交点）和固相 C_3S、C_2S（*FM* 延长线在 C_3S-C_2S 连线上的交点），然后分别按不同制度进行冷却。

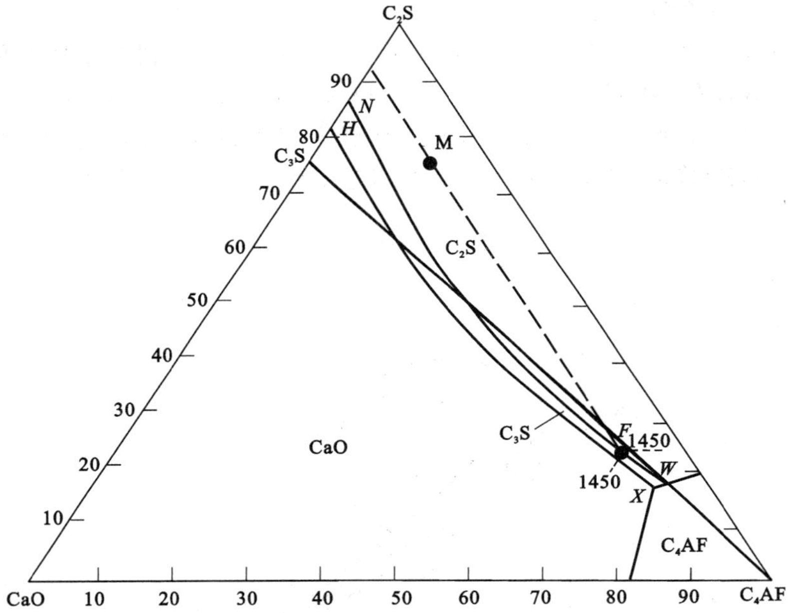

图 5.49 CaO-C_2S-C_4AF 系统的熟料冷却

对第一个试样进行平衡冷却。液相在回吸 C_2S 析出 C_3S 的同时沿 *FW* 移动至 *W* 点，固相则沿 C_3S-C_2S 连线朝 C_3S 方向移动至 *WM* 延长线和该连线的交点。液相到达 *W* 点后，回吸 C_2S，析出 C_3S、C_4AF并凝结于此，固相则到达 *M*。对第二、三个试样分别进行独立结晶，独立结晶至 *F* 点后再淬冷。不同冷却制度所得熟料的矿物组成见表 5.5。

表 5.5 C_3S-C_2S-C_4AF 系统的熟料矿物组成 （质量分数，%）

冷却制度	$w(C_3S)$	$w(C_2S)$	$w(C_4AF)$	$w(CaO)$	玻璃体
平衡结晶	52.9	24.9	22.2	—	—
独立结晶	50.6	26.8	22.0	0.6	—
F 点淬冷	41.1	26.9	—	—	32

由表 5.5 中数据可知，组成 *M* 平衡冷却时，所得 C_3S 含量最高，而独立结晶至 *F* 点淬冷所得 C_3S 含量最低。其原因在于：*NW* 低温部分是 C_3S-C_2S 反应界线，液相冷却时回吸 C_2S，析出 C_3S，从而增加 C_3S；*W* 点是反应点，液相冷却时回吸 C_2S，析出 C_3S、C_4AF，也增加了 C_3S。因此，对于这种熟料应平衡冷却以得到最高 C_3S 含量。

目前，绝大多数通用硅酸盐水泥熟料的铝率 *IM* 均波动在 1.3～1.9 之间，属于高铝率的熟料，快冷所得 C_3S 含量较慢冷的为高，故应对熟料进行快速冷却。

5.6.2　矿物相变

熟料在冷却时，矿物会发生相变，其中对熟料质量影响最大的是贝利特的 $\beta \rightarrow \gamma$ 转变和阿利特的分解。矿物相变与固溶离子、冷却制度有关。

β-C_2S 要转变为 γ-C_2S，其原因在于有一半 Ca^{2+} 和 8 个 O^{2-} 构成疏密不均的不规则配位，在某些地方留下空腔。这种配位只能在高温下稳定，在常温下要转变为规则的 6 个 O^{2-} 配位。

从较高的温度以较快的速度进行冷却，使 γ-C_2S 晶核来不及形成，可以阻止 $\beta \rightarrow \gamma$ 转变，但要求从烧成温度开始淬冷。为此，多采用稳定剂和适当快冷的办法。

如果引入一种离子能缩小空腔，或减弱配位的不规则性，并适当加速冷却，就能阻止 $\beta \rightarrow \gamma$ 转变。若所引入的离子扩大空腔、增强配位的不规则性，就会促进 $\beta \rightarrow \gamma$ 转变，从而使熟料粉化。

C_2S 中溶有少量 CaO 填充空腔形成 $C_{2.2}S$，可以稳定 β 型。但当溶有少量(1.5%～2.0%)SiO_2 时，由于扩大空腔，则促进 $\beta \rightarrow \gamma$ 转变。如果熟料冷却得不好，在残留的石英颗粒周围就可看到由后一种作用所引起的粉化现象。

Sr^{2+}(1.27 Å)、Ba^{2+}(1.43 Å)、Na^{+}(0.93 Å)、K^{+}(1.33 Å)由于半径较大，少量引入代替 Ca^{2+}(1.06 Å)可以稳定贝利特。

B^{3+}(0.20 Å)、S^{6+}(0.34 Å)、P^{5+}(0.34 Å)较 Si^{4+}(0.39 Å)小，相应的 BO_4^{5-}、SO_4^{2-}、PO_4^{3-} 也较 SiO_4^{4-} 小，少量引入代替 SiO_4^{4-} 也可稳定贝利特。

硅被取代的贝利特在还原气氛下是稳定的，但钙被取代的贝利特在还原气氛下，由于半径较小的 Fe^{2+}(0.83 Å)取代 Ca^{2+}，促进 $\beta \rightarrow \gamma$ 转变，从而引起熟料粉化。

阿利特在 1250 ℃以下不稳定，要分解为 C_2S 和二次游离氧化钙，使水硬性降低，但由于二次游离氧化钙水化较快，故不影响水泥的安定性。阿利特的分解在一般情况下不多见，只有当固溶离子的半径大于 0.8 Å，特别是在还原气氛下固溶有 Fe^{2+} 时，才容易发生。阿利特的分解速度总体上是非常慢的，但相对而言在 1150 ℃左右的温度下分解最快，所以熟料冷却时应快速越过这个温度范围。水蒸气可以大大加速阿利特的分解速度，所以熟料冷却过程中应注意水蒸气的影响。

水泥的安定性受方镁石晶体大小的影响很大，方镁石晶体尺寸愈大，影响愈严重。不影响安定性的方镁石晶体的最大尺寸为 5～8 μm。而熟料慢冷时，方镁石尺寸可长大达 60 μm 。试验表明：含 4% 5 μm 的方镁石与含 1% 30～60 μm 方镁石晶体的水泥，在压蒸釜试验中呈现出的膨胀率相近。

熟料慢冷将促使熟料矿物晶体长大。阿利特晶体大小不仅影响熟料的易磨性，而且影响水泥的水化速度和活性。急冷熟料的玻璃体含量较高，且它的矿物晶体较小，因此，这种熟料的粉磨比慢冷熟料要容易得多。煅烧良好和急冷的熟料保存细小并发育完整的阿利特晶体，从而使水泥强度较高。

熟料急冷也能提高水泥的抗硫酸盐性，这与 C_3A 在硅酸盐水泥熟料中的形态有关。熟料急冷时 C_3A 主要呈玻璃体，因而抗硫酸盐溶液侵蚀的能力较强。

5.6.3　熟料冷却机

水泥回转窑 1885 年诞生时并没有专门的熟料冷却设备，出窑熟料是通过自然堆放进行冷却，19

世纪末出现了单筒冷却机,20 世纪初,德国、丹麦研制出了多筒冷却机,1930 年,德国伯力鸠斯公司研制出回转式箅式冷却机,1937 年美国富勒公司(Fuller)研制出推动(往复式)箅式冷却机。箅冷机面世以来,由于它具有能对炽热的熟料起到骤冷作用、冷却能力大,并有利于提高熟料的强度和安定性、改善易磨性,并能大量回收熟料冷却过程释放的热焓并加以利用等优点,因此得到了广泛的应用。多年来经过不断改进,已从早期的第一代斜箅床、统一供风、薄料层操作箅冷机(缺点:冷却效果差,箅板易烧毁,现已淘汰),第二代的平箅床、箅下分室密闭供风、厚料层操作箅冷机(缺点:冷却空气分布不合理、影响冷却效率,逐渐被改造成第三代模式),第三代的高阻力箅板、空气梁可控气流、高速气流供风、厚料层操作箅冷机,发展为第四代的无漏料静止箅床实施供风和移动推杆式推动熟料、无下部风室的箅冷机,进一步提高了热回收效率和操作的可靠性。目前第一代、第二代箅式冷却机已被淘汰,第三代、第四代箅式冷却机已占据主导地位。

SF(Smidth-Fuller,史密斯-富勒)交叉棒式第四代箅冷机,如图 5.50 所示。熟料输送与熟料冷却是两个独立的结构,箅床上的箅板全部固定不动,箅床上部的推料棒往复运动推动熟料向尾部运动。来自鼓风机的冷风送至装有自动调节阀的箅板,再穿透熟料层,对熟料进行冷却。第四代箅冷机具有模块化、无漏料、磨损少、输送效率高、热回收效率高、运转率高、质量小等特点,已成为当前水泥工业冷却机的主流。

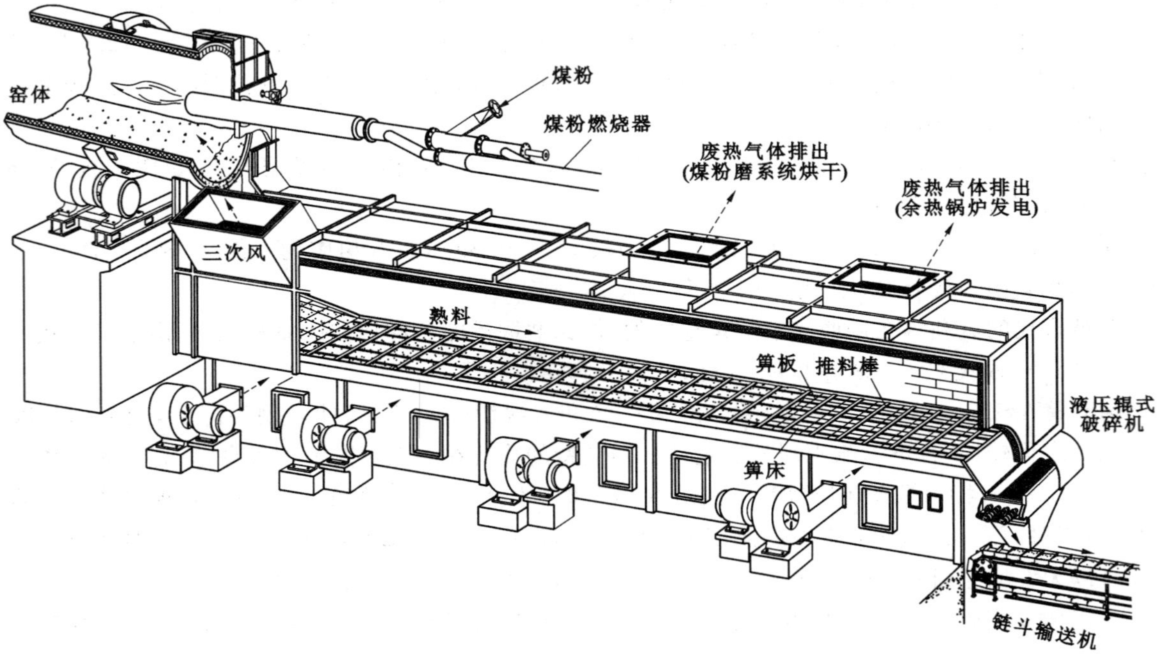

图 5.50 第四代箅式冷却机

5.7 熟料热耗

5.7.1 熟料的理论热耗

水泥熟料在加热过程中,会发生一系列物理化学变化,其中既有吸热反应,也有放热反应。各反应发生的温度和热变化情况,如表 5.6 所示。

表 5.6 水泥熟料的形成温度和热变化

温度/℃	反应	相应温度下 1 kg 物料的热变化
100	游离水蒸发	吸 热 2249 kJ/kg 水
450	黏土放出结晶水	吸 热 932 kJ/kg 高岭石
600	碳酸镁分解	吸 热 1421 kJ/kg $MgCO_3$
900	黏土中无定形物转变为晶体	放 热 259～284 kJ/kg 脱水高岭石
900	碳酸钙分解	吸 热 1655 kJ/kg $CaCO_3$
900～1200	固相反应生成矿物	放 热 418～502 kJ/kg 熟料
1250～1280	生成部分液相	吸 热 105 kJ/kg 熟料
1300	$C_2S+CaO = C_3S$	微吸热 8.6 kJ/kg C_3S

注:高岭石脱水所需热量在 450 ℃时为 932 kJ/kg,而在 20 ℃时为 606 kJ/kg;碳酸钙分解吸热在 900 ℃时为 1655 kJ/kg,而在 20 ℃时为 1777 kJ/kg;碳酸镁分解吸热在 600 ℃时为 1421 kJ/kg,而在 25 ℃时为 1354 kJ/kg。

熟料在煅烧过程中,在 1000 ℃以下的反应主要是吸热反应,而在 1000 ℃以上则是放热反应。因此,在整个熟料煅烧过程中,大量热量消耗在生料的预热和分解上,特别是 $CaCO_3$ 的分解上。可见,在形成熟料矿物时,只需保持一定的温度(1450 ℃)和时间,就可使其化学反应完全。所以,保证生料的预热,特别是 $CaCO_3$ 的完全分解对熟料形成具有重大意义。

根据生成 1 kg 熟料的理论生料消耗量及生料在加热过程中的化学反应热和物理热,就可计算出 1 kg 熟料的理论热耗。假定生成 1 kg 熟料所需的生料量为 1.55 kg,则熟料理论热耗计算如下:

基准:1 kg 熟料,20 ℃。

支出热量项目	支出热量(单位:kJ/kg)
(1) 将原料温度由 20 ℃升至 450 ℃	711
(2) 450 ℃黏土脱水	167
(3) 加热物料由 450 ℃至 900 ℃	815
(4) 900 ℃ $CaCO_3$ 分解	1986
(5) 将分解后的物料加热至 1400 ℃	523
(6) 液相形成	105
支出热量合计	4307

收入热量项目	收入热量(单位:kJ/kg)
(1) 脱水黏土的结晶放热	42
(2) 矿物组成的形成热	418
(3) 熟料由 1400 ℃冷却至 20 ℃	1505
(4) CO_2 由 900 ℃冷却至 20 ℃	502
(5) 水蒸气由 450 ℃冷却至 20 ℃	84
收入热量合计	2551

熟料理论热耗量=支出热耗－收入热耗=4307－2551=1756(kJ/kg)

不同成分的熟料,煅烧时的理论热耗有所不同,但一般在 1670～1800 kJ/kg 之间波动。在实际生产中,由于熟料形成过程中物料不可能没有损失,也不可能没有热量损失,而且废气、熟料不可能冷却到计算的基准温度(0 ℃或 20 ℃),因此,熟料形成的实际消耗热量要比理论热耗大。每煅烧 1 kg 熟料窑内实际消耗的热量被称为熟料实际热耗,简称熟料热耗,也称为熟料单位热耗。

5.7.2 影响熟料热耗的因素

影响熟料实际热耗的因素很多,概括起来主要有以下几个方面:

(1) 生产方法与窑型

生产方法不同，生料在煅烧过程中消耗的热量不同。如湿法生产需蒸发大量的水分而耗热巨大，而新型干法生料粉在悬浮状态受热，热效率较高。因此，湿法生产的熟料热耗远远高于干法生产的，而新型干法生产的熟料热耗又比干法中空窑热耗低得多。窑本身的结构、规格大小亦是影响熟料热耗的重要因素，因为传热效率高，则热耗低；窑台时产量大，由于相对热耗损失较小，熟料单位热耗也较低。

(2) 废气余热的利用

熟料冷却时需放出大量热，虽然这部分热量是必须释放的，但可以最大可能地回收利用。熟料冷却时产生的废气可用作助燃空气，从而提高煅烧设备的热效率。新型干法水泥生产窑尾排放废气温度为 290～330 ℃，单位熟料的废气量为 1.3～1.5 m^3/kg，也含有较多热量，最大限度地降低窑尾排放的废气的温度和废气量，则可以降低热损失，从而降低熟料热耗。

(3) 生料易烧性

易烧性好的生料，则热耗低；易烧性差的生料，则热耗大。

(4) 燃料不完全燃烧热损失

燃料的不完全燃烧包括机械不完全燃烧和化学不完全燃烧。燃煤质量不稳定及质量差、煤粒过粗或过细、燃烧器故障、操作不当等均是引起不完全燃烧的原因。煤燃烧不完全，煤耗必然增加，故熟料热耗增大。

(5) 窑体散热损失

窑内衬隔热保温效果好，则窑体散热损失小，否则散热损失大，熟料热耗增加。

(6) 矿化剂及微量元素的作用

适量加入矿化剂或合理利用微量元素，则可以改善易烧性或加速熟料烧成，从而降低熟料热耗。

此外，稳定煅烧过程的热工制度，提高煅烧设备的运转率、提高水泥窑的产量等均有利于提高窑的热效率，降低熟料热耗。

如前所述，影响熟料热耗的因素很多，即使是同一种生产方法不同企业，甚至同一企业同一设备的不同时期，熟料的热耗都可能不一样。预分解窑熟料热耗通常在 2920～3750 kJ/kg，国际先进水平可达 2721～2930 kJ/kg。

5.8　增湿塔与余热发电

5.8.1　增湿塔

新型干法水泥回转窑窑尾的废气排放量比较大，对含有较高浓度粉尘的窑尾废气进行治理的最有效方法就是使烟气通过电收尘器或袋式收尘器进行收尘处理。在入收尘器前，一般需要对烟气进行降温预处理，主要原因是一级筒出口烟气温度一般在(320±30)℃，高于滤袋允许温度，会使滤袋烧毁和过早老化；若使用电收尘器，由于烟气的干燥和高温，粉尘比电阻比较高，烟气在通过高压电场过程中粉尘不容易电离，从而影响收尘效果。在窑尾预热系统和收尘器之间装有一个“又高又瘦”的钢制筒式装置，这就是增湿塔，它对高温烟气进行增湿降温处理，同时对气流中高浓度粉尘进行一次预收尘，这是目前最普遍的做法。增湿塔一般根据气流的流动方向与粉尘沉降方向的关系分为顺流式和逆流式，图 5.51 是顺流式增湿塔与生料均化库及窑尾之间的相对位置关系。

针对不同的收尘器，需要控制的增湿塔出口目标温度有所区别：若使用电收尘器，增湿塔出口温度一般控制在(150±10)℃；如使用袋收尘器，则增湿塔出口温度控制在(180±10)℃。

增湿塔由塔体、喷水装置、水泵站、控制装置所组成。当增湿塔内通过高温含尘烟气后，由水泵产

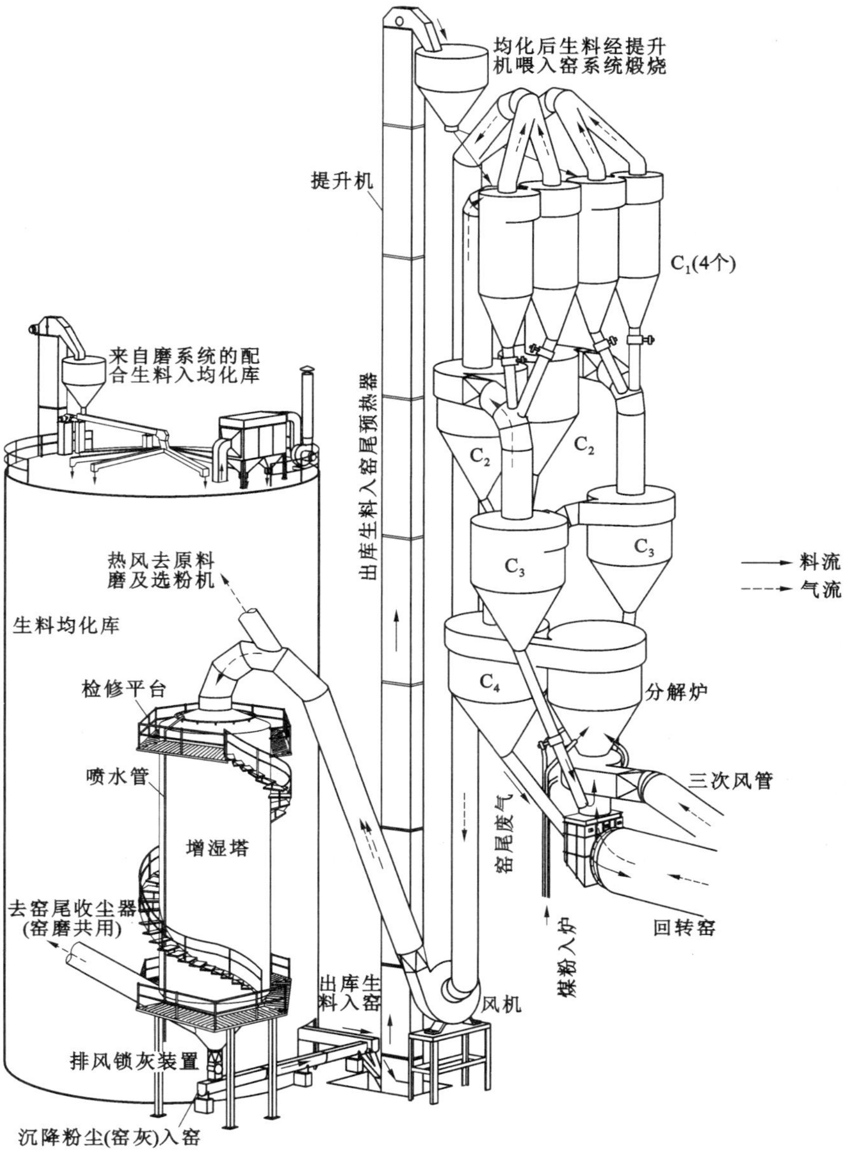

图 5.51　增湿塔与生料均化库及窑尾的位置关系

生的高压水通过安装在塔体上的喷水装置向塔内喷入足量的雾化水，这些雾化水与塔体内的高温烟气进行热交换而蒸发成水蒸气。由于蒸发吸热的作用，烟气温度降低、湿度增加，同时大量的水蒸气吸附在粉尘表面，从而降低了粉尘的比电阻，达到了收尘的目的。增湿塔底部还设有集尘室及密封、输送装置，对其预收尘捕集的粉尘进行收集、输送处理。

窑尾含尘气体的流量和温度随生产情况经常变化，必须保证喷入增湿塔的水保持很好的雾化并及时调节喷水(雾)量到给定值上；否则，不是造成湿底故障，被迫停产，就是粉尘温度过高，使收尘器极板线变形而影响收尘。增湿塔给水(喷雾)自控系统是增湿降温的技术关键。该系统采用顺序控制及多点巡回检测单参量恒湿控制的调节方案，主要由塔体循环水路、高压离心泵、三通电磁阀、二通电磁阀、电调节阀、喷嘴、控制机柜、温度检测装置等组成，系统中采用带有比例积分特性并具有连续输出功能的控制器来完成信号输入输出及控制算法，具有提前预测，异常情况自动报警和快速泄水功能。喷水管喷出的水分以雾状分布在烟气中并附着在粉尘表面，此时的粉尘易被电收尘器捕捉，保证收尘的高效率。

5.8.2　纯余热发电系统工艺流程

预分解窑出预热器的废气温度高达 300～380 ℃，而算式冷却机排出的废气温度也高达 200 ℃以上。近年来，为充分利用窑与冷却机的余热，已实现了利用 200～400 ℃废气进行发电的目的，所发电能并入水泥厂电网，供生产自用或反馈电网，该发电系统，称为低温余热发电，简称低温发电。以目前的技术条件，在保证水泥窑正常生产完全不受影响，且熟料烧成热耗完全不增加的前提下，低温余热发电量可达 30～35 (kW · h)/t 熟料，约为熟料生产总电耗的 55%，水泥生产总电耗的 40%。对于一条水泥生产线，根据水泥生产线窑头、窑尾的余热资源分布情况和水泥窑的运行状况，一套余热发电系统一般包含两台余热锅炉和一套凝汽式汽轮发电机组。一般性的技术方案如下：

在水泥窑窑头熟料冷却机中部合适部位抽取热风，通往一台余热锅炉(AQC 炉)。一般 AQC 炉设置两段，一段生产低压过热蒸汽，二段生产高温热水。考虑到窑头粉尘硬度高、磨蚀性大，可在窑头余热锅炉前增设一沉降室，如图 5.52 所示。冷却机尾部低于 200 ℃的低温余风经窑头收尘设备除尘后排入大气。当余热锅炉故障检修时，则冷却机中部、尾部热风一起经窑头收尘设备除尘后排入大气，水泥窑运行可不受影响。

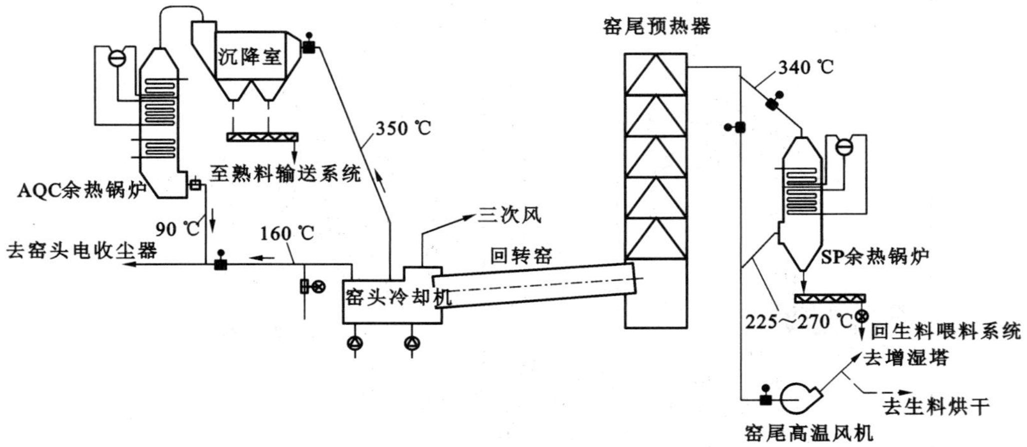

图 5.52　余热锅炉与水泥窑相对位置图

在窑尾预热器废气出口与窑尾高温风机间另设余热锅炉一台(SP 炉)。SP 炉因废气设旁通烟道，当 SP 炉因故障检修时，水泥烧成系统生产可以继续进行而不受任何影响。SP 炉生产低压过热蒸汽。

与两台余热锅炉配套，设置一台低压型凝汽式汽轮发电机组。AQC 炉一段、SP 炉生产的蒸汽共同作为汽轮机的主进汽推动汽轮机做功，AQC 炉二段生产的高温热水作为 AQC 炉一段、SP 炉的给水。

5.8.3　余热回收系统

(1) AQC 余热锅炉

对窑头熟料冷却机进行中部取气(冷却机头部高温气体进入回转窑或经三次风管进入分解炉作助燃空气，尾部温度太低的气体只能经除尘净化后排入大气)，所取气体进入 AQC 余热锅炉进行换热。AQC 炉出口废气温度可低至 100 ℃以下。

结合废气温度情况，AQC 炉受热面可分为两段：

第一段——蒸汽段，生产低压过热蒸汽。

第二段——热水段，生产高温热水用于加热汽轮机凝结水，提高 AQC 蒸汽段及 SP 锅炉的给水温度。

AQC余热锅炉一般为立式、自然循环。冷却机废气中粉尘黏附性不强，所以不设置振打装置，同时换热管采用螺旋翅管，大大增加了换热面积，锅炉体积大幅减小，降低了投资成本。为减少漏风，余热锅炉没有设计出灰装置，在风管底部，粉尘自然堆积后，随废气一起进入电收尘器。

(2) SP余热锅炉

水泥窑余热锅炉——SP炉和预热器 C_1 出口高温风管并列安装。窑尾 C_1 出来的热烟气先进入SP炉，经换热后较低温度的气体排出SP炉，经高温风机送入生料磨(有时还有煤磨)，用于烘干物料。此排出SP炉的热风温度要根据烟气是否用于烘干物料及需烘干物料的特性来调节，一般在(200±20)℃。当SP炉检修停运或发生故障时，窑尾 C_1 出来的烟气可经高温风管、高温风机直接送入磨系统用于烘干物料，SP炉从水泥生产系统中解列，不影响水泥窑正常运行。

为了保证电站事故不影响水泥窑生产，余热锅炉均设有旁通废气管道，一旦余热锅炉或电站发生事故，可以将余热锅炉从水泥生产系统中解列，不影响水泥生产线的正常运行。

SP余热锅炉一般为立式、机械振打、自然循环，炉底设置灰斗。用于纯余热电站的SP锅炉与资源综合利用电站的窑尾余热锅炉不同，它采用自然循环方式，省掉了强制循环热水泵，降低了运行成本，提高了系统可靠性。SP锅炉阻力小于800 Pa，废气进口温度为320～350 ℃。

(3) 热力系统

汽轮机凝结水经凝结水泵送入真空除氧器，再经给水泵为窑头熟料冷却机AQC余热锅炉热水段提供给水，热水段的出水作为AQC锅炉蒸汽一段及SP锅炉的给水。AQC余热锅炉蒸汽一段生产的1.35 MPa的过热蒸汽与SP余热锅炉生产的同参数的过热蒸汽汇合后进入汽轮机用于发电。汽轮机做功后的废蒸汽通过冷凝器冷凝成水，经凝结水泵送入真空除氧器，从而形成完整的热力循环系统，热力系统见图5.53。

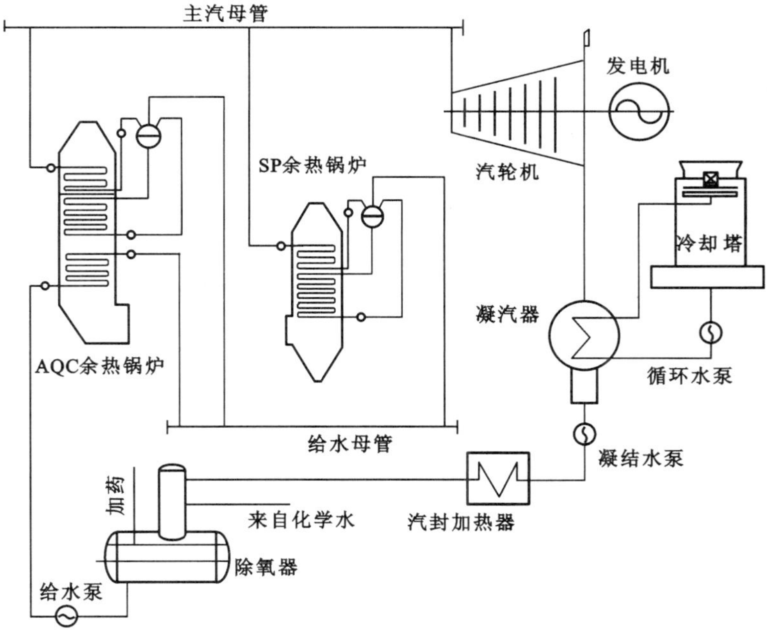

图5.53 纯余热回收电站原则性热力系统图

5.8.4 纯余热回收电站锅炉给水要求

由于电站锅炉给水的质量比同类工业锅炉要求更高，因此对补充水处理的要求也较高。锅炉用水的水源一般来自地面水和地下水。地面水中的悬浮物和腐殖酸较多，要经过沉淀、凝聚和过滤处理，兼作生活饮用水时还应做灭菌处理。地下水经过地层的过滤，通常悬浮物含量较低，而溶解固形物的浓度较高。个别地方还会出现盐含量极高的水,因此要经过初步脱盐后再作为锅炉水处理的原水,对于沿海地区可能还要进行初级降盐(电渗析或反渗析等)。当水质混浊,不能满足水处理要求时,可先采取机械过滤器过滤等办法。

目前锅炉用水的水源主要的溶解杂质有 Ca^{2+}、Mg^{2+}、Na^{+}、K^{+}、HCO_3^{-}、SO_4^{2-}、Cl^{-} 和溶解性气体。发电用的锅炉还需考虑 Fe^{2+} 和 SiO_3^{2-} 含量。水的硬度(即 Ca^{2+} 和 Mg^{2+})对锅炉的结垢有直接影响,而其余离子则影响锅炉的排污率。特别是 HCO_3^{-}、CO_3^{2-} 和 OH^{-}(锅炉水碱度)的影响。在中等矿化度(干残渣 100.1～500 mL/L)及以上的水中,Na^{+} 含量和强酸根离子(SO_4^{2-}、Cl^{-} 及 NO_3^{-})含量较高,这不仅会提高锅炉的排污率,还会造成锅炉腐蚀。水中溶解气体(O_2 和 CO_2 等)则是造成锅炉严重腐蚀的主要原因。Si、Fe 和 Cu 的氧化物可以造成汽机叶片结垢并发生腐蚀,降低了汽轮机的效率且缩短了使用寿命;钠盐还可能沉积在锅炉的过热器中,造成管壁过热甚至爆管事故。

原水中碳酸盐硬度很高时,可采用石灰预处理方法,此法经济成本低,但补充水率很高时,石灰用量的增加会导致石灰沉渣处理困难。也可采用弱酸、弱碱离子交换树脂处理原水,此法交换容量大,再生剂消耗少,容易达到环保的排放要求,缺点是一次性投资高,在技术经济比较中往往取决于弱酸树脂的价格。

目前在水质标准中,是以锅炉的蒸汽压力 2.45 MPa 为分界的。当压力不大于 2.45 MPa 时采用 GB/T 1576—2018《工业锅炉水质》,压力大于 2.45 MPa 时采用 GB/T 12145—2016《火力发电机组及蒸汽动力设备水汽质量》。

5.9 水泥厂的除尘

水泥厂对大气的污染有粉尘和有害气体,而以粉尘污染最为严重。每生产 1 t 水泥大约需要处理 2.6～2.8 t 不同物料,如石灰质原料、黏土质原料、校正原料、熟料、高炉矿渣、火山灰以及燃料煤等。这些物料在加工处理成粉体物料的过程中,有大量含尘气体产生,这些含尘气体在排入大气之前,都需要进行除尘。

凡是能将气体中的尘粒分离出来并加以收集的设备均称为收尘器,也称为除尘器。常用的收尘器主要包括:袋式收尘器、电收尘器和电袋复合收尘器等。

收尘器选型主要考虑以下因素:处理气体量、粉尘的分散和密度、气体含尘浓度、粉尘黏附性、粉尘比电阻、含尘气体温度、湿度等。

5.9.1 袋式收尘器

袋式收尘器是一种利用有机纤维或无机纤维过滤布将含尘气体中的固体粉尘捕集而分离出来的一种高效收尘设备。

袋式收尘器广泛用于水泥工业,是各类收尘器中应用最多的一类,就数量而言,袋式收尘器占收尘器总量的 60%以上;按处理气体量而言,占到 70%以上。袋式收尘器收尘效率高,特别对微细粉尘也有较高的收尘效率;适应性强,可以捕集不同性质的粉尘;使用灵活,处理风量可由每 1 h 数百立方米到每 1 h 数百万立方米;结构简单,可以因地制宜采用简易袋式收尘器,也可采用效率更高的脉冲袋式收尘器;工作稳定,回收干料,没有污泥处理、腐蚀等问题,维护简单。

袋式收尘器的分类:

按照清灰方式,可分为机械清灰(含人工拍打、高频振荡、机械振打)、反吹(逆气流)清灰、反吹-振动联合清灰、气箱脉冲清灰、脉冲喷吹清灰、声波清灰等方式;

按照含尘气体进气方式,可分为内滤式、外滤式及联合过滤式等方式;

按照滤袋形状，可分为圆袋（圆筒形）、扁袋（平板形）及两层圆筒形等；

按含尘气体与分离粉尘下落方向，可分为顺流式和逆流式；

按照风机布置的位置，可分为正压式和负压式；

按照气体入口位置，可分为下部进风、上部进风和中央进风等。

滤料是袋式收尘器中最重要的部分之一，滤料的选择是一台袋式收尘器使用的关键，其选择原则如下：

（1）滤料性能应满足生产条件和除尘工艺的一般情况和特殊要求，如气体和粉尘的温度、酸碱度及有无爆炸危险等。

（2）在上述前提下，应尽可能选择使用寿命长的滤料，这是因为使用寿命长不仅能节省运行费用，而且可以满足气体长期达标排放的要求。

（3）选择滤料时应对各种滤料进行排序比较，不应该用一种所谓“好”滤料去适应各种工况场合。

（4）在气体性质、粉尘性质和清灰方式中，应抓住主要影响因素选择滤料，如高温气体、易燃粉尘等。

（5）选择滤料应对各种因素进行经济对比。

5.9.1.1　脉冲单机袋式收尘器

（1）工作原理

当含尘气体从进风口进入灰斗后（没有灰斗的将直接进入袋室），首先碰到进风管端部的挡板，气流便转向流入灰斗，同时气流速度变慢，由于惯性作用，气体中粗颗粒粉尘直接落入灰斗，起到预收尘作用。进入灰斗的气流随后折而向上通过内部装有金属骨架的滤袋，粉尘粒子被捕集在滤袋的外表面，过滤后的净化气体在袋内向上运动直到进入净气箱。净化气体通过风机排入大气中。

随着滤袋上灰尘的增厚，收尘器的阻力不断增大，当增大到一定程度（一般为 1500～1800 Pa）时，为了使收尘器继续工作，需要进行清灰。收尘器滤袋按直线排列，每排滤袋配置一个脉冲阀来控制压缩空气脉冲清灰，脉冲阀的动作是由程序控制器控制的。

清灰时，清灰控制器发出指令，使脉冲阀在动作的瞬间释放出 0.5～0.7 MPa 的压缩空气。压缩空气通过喷吹管上正对滤袋的小孔高速冲入滤袋，在其冲入滤袋内部的同时，又诱导一股数倍于压缩空气的二次气流，于是产生一种瞬时冲击波并沿整个滤袋长度方向向下传播。利用这一原理，使聚积在滤袋外面的粉尘从滤袋上落下，结成团块的粉尘便落入料斗。脉冲的持续时间可以调整，以适应不同粉尘的各种特性。

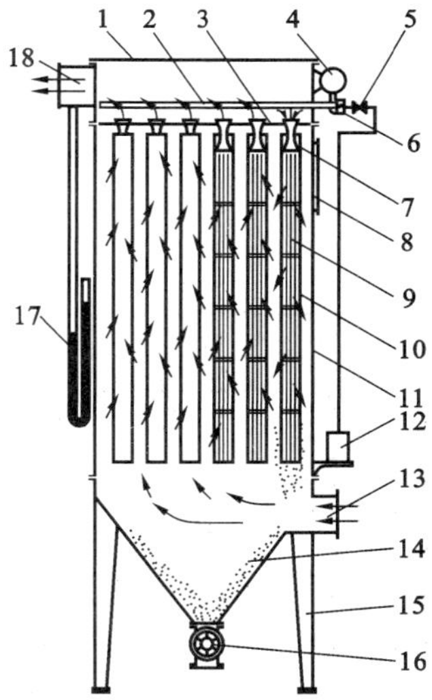

图 5.54　脉冲袋式收尘器

1—排气管；2—喷吹管；3—花板；4—压缩空气包；5—压缩空气控制阀；6—脉冲阀；7—喇叭管；8—备用进气口；9—滤袋骨架；10—滤袋；11—除尘箱；12—脉冲信号发生器；13—进气管；14—灰斗；15—机架；16—排灰叶轮；17— U形衡压器；18—净化气体出口管

（2）基本结构

本系列收尘器由箱体、袋室、灰斗、检修门、排灰阀、支架和脉冲清灰系统等部分组成，如图 5.54 所示。

5.9.1.2　气箱脉冲袋式收尘器

（1）工作原理

当含尘气体从进风口进入收尘器后，首先碰到进出风口中间的斜隔板，气流便转向流入灰斗，同时气流速度变慢，由于惯性作用，气体中粗颗粒粉尘直接落入灰斗，起到预收尘作用。进入灰斗的气流随后折而向上通过内部装有金属骨架的滤袋，粉尘被捕集在滤袋的外表面，过滤后的净化气体在袋内向上运动直到进入净气箱。净化气体通过提升阀进入排气总管排出。

壳体用隔板分成若干个独立的收尘室，每个收尘室装有一个提升阀，按照给定的时间间隔对每个收尘室轮流进行清灰。

清灰时提升阀关闭，切断通过该收尘室的过滤气流，随即脉冲阀打开约 0.1 s；向滤袋内喷入高压空气，脉冲空气快速向下进入滤袋，同时产生一股使室内所有滤袋产生褶皱的冲击波，以清除滤袋外表面的粉尘。由于在清灰过程中，正常气流被切断，抖落的粉尘便直接落入滤袋下面的灰斗，收集的粉尘通过排灰阀卸出。

(2) 基本结构

气箱脉冲袋式收尘器由壳体、灰斗、排灰装置、支架和脉冲清灰系统等部分组成。其结构见图 5.55。

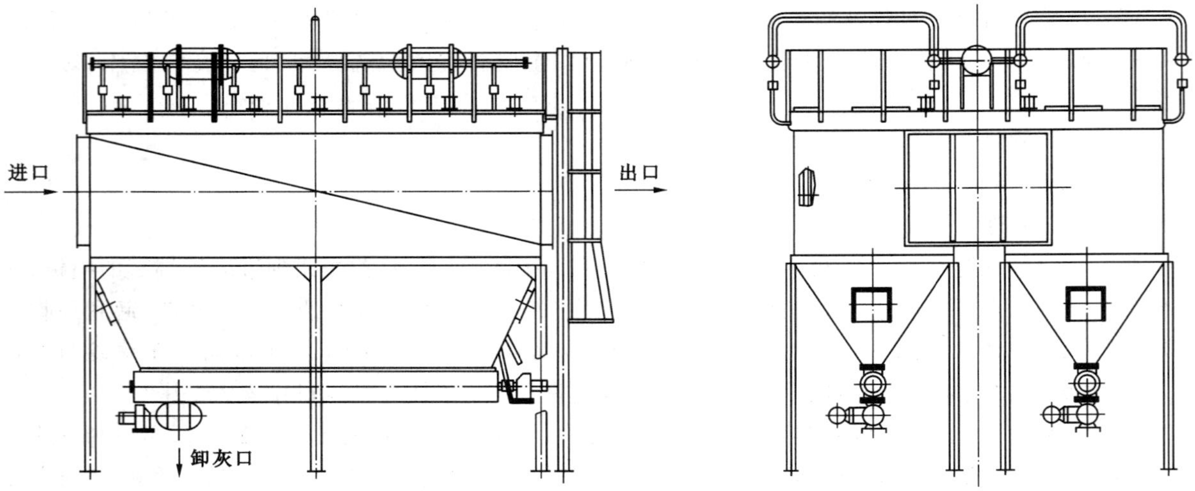

图 5.55　气箱脉冲袋式收尘器结构示意图

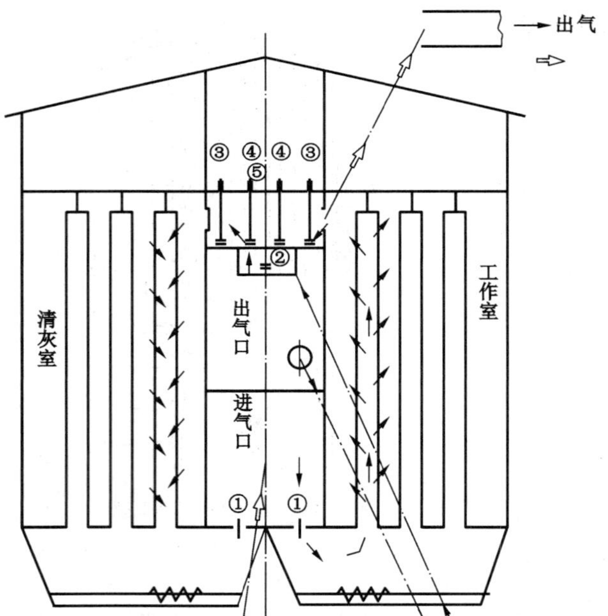

图 5.56　反吹风袋式收尘器工作原理图

5.9.1.3　反吹风袋式收尘器

(1)工作原理

反吹风袋式收尘器的工作原理见图 5.56。

处于工作状态时，提升阀打开，含尘气体由进气口进入，经灰斗一侧的手动蝶阀(常开)进入灰斗(其间含尘气体中颗粒较大的粉尘由于重力作用落入灰斗底部)，再由花板下部进入滤袋内，净化气体经提升阀进入出气口，最后排入大气。

当滤袋内表面积灰到一定程度需要清灰时，先关闭提升阀，切断进入该收尘室的气体，使袋子处于松弛状态，再开启反吹风阀，反吹风机从袋式收尘器的出气口吸入干净空气，经管道由上部进入袋室，使滤袋产生缩袋，滤袋上的粉尘在机械作用(缩袋)和反吹风作用下，从滤袋上脱落进入下部灰斗。再关闭反吹风阀，使滤袋又处于松弛状态，接着开启反吹风阀，使滤袋又一次缩袋，如此重复三次，滤袋上的积灰被清除。

（2）基本结构

反吹风袋式收尘器全部采用内滤、下进风形式，分为正压和负压两种结构形式。

反吹风袋式收尘器由壳体、灰斗、阀系统、反吹风清灰装置、压缩空气系统、测压系统及楼梯平台等部分组成。

5.9.1.4　高效脉冲袋式收尘器

高效脉冲袋式收尘器是在常规短袋脉冲喷吹袋式收尘器的基础上发展起来的一种新型高效袋式收尘器。

它不仅综合了分室反吹和脉冲喷吹清灰等各类袋式收尘器的优点，而且加长了滤袋，充分发挥了压缩空气强力喷吹清灰的作用。克服了分室反吹清灰强度不够，脉冲喷吹清灰和过滤同时进行的缺点，避免了粉尘再附着与失控问题，从而提高了过滤速度、延长滤袋使用寿命、节省清灰能耗。

（1）构造及工作原理

高效脉冲袋式收尘器由壳体、滤袋、袋笼、灰斗、排灰装置、支架、脉冲清灰系统及电控装置等部分组成。

当含尘气体从进风口进入收尘器后，首先碰到进出风口中间的斜隔板，气流便转向流入灰斗，同时气流速度变慢，由于惯性作用，气体中粗颗粒粉尘直接落入灰斗，起到预收尘作用。进入灰斗的气流随后折返向上通过内部装有金属骨架的滤袋，粉尘粒子被捕集在滤袋的外表面，过滤后的净化气体在滤袋内向上运动直到进入净气箱。净化气体通过提升阀进入排气总管排出。壳体用隔板分成若干个独立的收尘室，每个收尘室装有一个提升阀，按照给定的时间间隔对每个收尘室轮流进行清灰。

（2）特点

① 体积小、质量小。可节省设备费用、土建费用、减少占地面积，处理同样风量的高效脉冲袋式收尘器的质量大大小于反吹风袋式收尘器的质量。

② 维修方便、简单。由于采用外滤式清灰，换袋时只需在机外抽袋更换，而反吹风袋式收尘器需进入袋室以检查更换。

③ 收尘效率提高。反吹风袋式收尘器考虑了内外压差的作用，形成缩袋抖动而实现清灰，清灰强度低，且每次清灰后，滤袋上的第二过滤层也随之被清掉，反而影响了收尘效率。而脉冲袋式收尘器采用压缩空气、三维过滤清灰，清灰彻底。

④ 箱体采用气密性设计，密封性能好；检查门采用优良的密封材料，制作工程中用煤油查漏，漏风率很低。

⑤ 可在线维护。由于各室之间相互隔开，所以当一个室进行清灰时，而其他室可在过滤的情况下进行检查和维护。

⑥ 高效脉冲袋式收尘器是袋式收尘器的发展方向。

5.9.2　电收尘器

电收尘器也称静电收尘器，是一种利用静电吸引细微尘粒而使尘粒与气体分离的除尘净化装置。它的原理是，在高压直流电形成的非匀强电场中，由于电晕放电而使电场内充满流动着的电子、负离子和正离子，当含尘气体进入电场后，离子流和粉尘颗粒碰撞而附着在尘粒上，荷电粉尘在电场力的作用下，分别向两级运动，到达两级后放出电荷，粉尘便松散地沉积在极板上，然后在振打装置和重力作用下聚集到集灰斗中排出。

电收尘器有多种类型，其分类如下：

按气流运动方向，可以分为立式电收尘器和卧式电收尘器；

按清灰方式，可以分为干式电收尘器和湿式电收尘器；

按收尘极的形式，可以分为管式电收尘器和板式电收尘器。

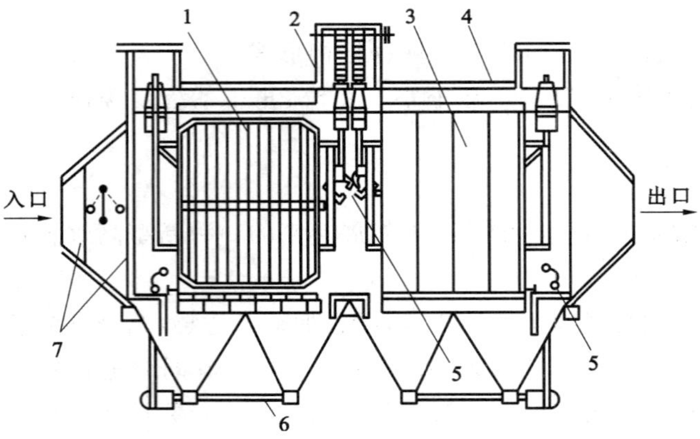

图 5.57　卧式电收尘器示意图

1—电晕极；2—保温箱；3—收尘极；4—壳体；
5—电晕极和收尘极的振打装置；
6—排灰装置；7—气体均匀分布装置；

目前大量应用的是卧式、干式和板式电收尘器。

图 5.57 为卧式电收尘器示意图。进气口和出气口在同一水平面内。在除尘过程中，含尘气流水平地从进气口流动到出气口。根据结构及供电的需要，收尘器内水平方向上每隔 3 m 左右划分为一个单独的电场，常见的电收尘器内划分为 2～3 个电场。

由于电收尘器的电场力直接作用于粉尘颗粒上，所以与其他机械除尘设备相比，具有电力消耗较低，运行费用低，除尘效率高（>99%），压力损失小（200～500 Pa），处理烟气量大（30～300 m^3/s）等特点，且对各类含尘气体的适应性较强，可处理温度较高、压力较大以及有腐蚀性的气体。其缺点是：一次性投资较大，对比电阻过高或过低的粉尘除尘效率不高；结构复杂，对电收尘器的制造、安装、运行要求严格；不适宜处理含尘浓度大的气体；占地面积较大。

5.9.3　电袋复合式收尘器

袋式收尘器和电收尘器虽然都是高效收尘器，但是各有缺点。电收尘器具有处理烟气量大、运行阻力低等优点，但其除尘效率容易受到粉尘特性的影响而发生波动；袋式收尘器不受粉尘特性影响，但存在系统阻力大、能耗高、运行维护工作量大等缺点。

电袋复合式收尘器有效结合了静电除尘和过滤除尘两种原理，充分应用两种除尘技术的各自优势，形成了电袋复合除尘这种独特的除尘机理。电袋复合式收尘器的结构示意如图 5.58 所示。

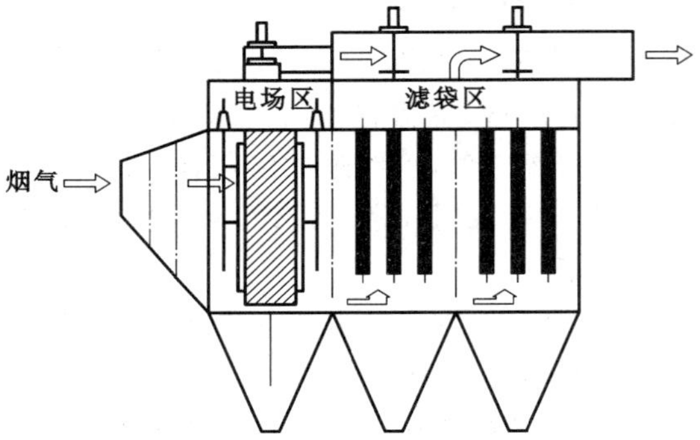

图 5.58　电袋复合式收尘器除尘流程示意图

它的工作原理是利用电收尘器的第一电场作为一级除尘单元，除去烟气中 80%～90% 的粉尘颗粒，再用袋式收尘器作为二级除尘单元，除去剩下的微细颗粒。该收尘器充分发挥了电收尘器捕集粉尘量大、运行阻力低等优势，能有效降低二级单元的负荷、减小气流阻力、延长脉冲阀和滤袋的使用寿命，克服了袋式收尘器的固有缺点，且出口粉尘浓度低于 30 mg/m^3，满足排放标准，并且能保持长期稳定高效运行。

电袋复合式收尘器的优点有：

(1) 阻力小，易于清灰，比常规袋式收尘器运行阻力小（小 500 Pa），清灰周期是纯袋式收尘器 4 倍以上，降低设备 20% 的运行能耗；

(2) 适应范围广，运行稳定，不受高比电阻和细微粉尘影响，不受烟灰特性影响，对 PM2.5 等细小颗粒都具有较高的去除率；

(3) 经济性显著，原有电收尘器的内部构件和高压电源有 1/3 可以完全利用，且运行和综合维护费用低，更加符合国家节能减排的要求。

5.10　水泥窑氮氧化物减排

氮氧化物(NO_x)是指只由氮、氧两种元素组成的化合物，是氮的氧化物的总称，它包括多种化合物，如一氧化二氮(N_2O)、一氧化氮(NO)、二氧化氮(NO_2)、三氧化二氮(N_2O_3)、四氧化二氮(N_2O_4)、五氧化二氮(N_2O_5)等。按其形成机理可以分为热力型 NO_x、燃料型 NO_x 和瞬时反应型 NO_x。

热力型 NO_x 是由于燃烧空气中 N_2 在高温下氧化而产生的，当燃烧温度低于 1500 ℃时几乎观测不到，热力型 NO_x 的生成量极少；当燃烧温度高于 1500 ℃时，这一反应才变得明显，随温度升高，反应速率呈指数规律迅速增大。温度对这种 NO_x 的生成具有决定性的影响，故称为热力型 NO_x。

燃料型 NO_x 是燃料中含有的氮化物在燃烧过程中氧化而生成的，主要是在燃料燃烧的初始阶段生成。其生成和分解过程不仅与煤种特性、煤的结构、燃料中的氮受热分解后在挥发分和焦炭中的比例、成分等有关，而且大量的反应过程还与燃烧条件如温度、氧及其他各种成分的浓度等密切相关。

瞬时型 NO_x 是由 CH_i 基(挥发分析出过程中产生的)冲击靠近火焰反应区的氮分子生成的。其形成时间只需要 60 ms，所生成的 NO_x 与炉膛内压强的 0.5 次方成正比，与温度的关系不大。瞬时型 NO_x 生成量的比例很小，一般占 NO_x 总生成量的 5%以下，可以不作重点关注。

5.10.1　水泥工业氮氧化物排放现状

在水泥熟料煅烧过程中，NO_x 的产生主要来源于热力型和燃料型的氮化合物。2007 年我国进行了第 1 次全国污染源普查，对水泥制造业废气污染物 SO_2、NO_x、氟化物的产生量和排放量做了详细调研及检测。新型干法水泥窑系统，生产 1 t 熟料，SO_2 排放量为 0.3～0.5 kg，NO_x 排放量为 1.5～1.8 kg，氟化物排放系数为 3.5～4.8 g。目前，我国水泥行业 NO_x 的排放量约占全国 NO_x 总排放量的 10%，是我国继火力发电、机动车之后的第三大 NO_x 排放源。

瑞士、奥地利等欧洲国家 NO_x(10% O_2)排放标准为：500 mg/m^3(NO_2，标准状态)；美国的 NO_x(10% O_2)排放标准为：900 mg/m^3(NO_2，标准状态)。德国规定，当水泥企业采用二次燃料的替代率不大于 60%时，其排放废气中的 NO_x 浓度不得超过 500 mg/m^3(NO_2，标准状态)；当水泥企业二次燃料替代率为 60%～100%时，则不大于 200 mg/m^3(NO_2，标准状态)。《水泥工业大气污染物排放标准》(GB 4915—2013)规定，在烟气中 O_2 含量为 10%的状态下，NO_x(以 NO_2 计)的排放浓度，一般地区不得超过 400 mg/m^3(标准状态)，重点地区不得超过 320 mg/m^3(标准状态)。

5.10.2　水泥窑减排氮氧化物技术

水泥窑炉降低 NO_x 排放量的方法有两类：一类是在熟料生产过程中采用抑制 NO_x 生成的技术，即低 NO_x 燃烧技术；另一类是采用 NO_x 的脱除技术，即烟气脱硝技术。

低氮燃烧技术主要包括：

(1) 低氮燃烧器

保持一次空气动量不变的前提下，减少一次空气的用量，改变燃烧器的煤风比例和风速。采用大推力燃烧器，增大轴流风的喷出速度，使其接近音速，甚至超过音速；适当调节旋流风的旋流速度，控制燃烧器火焰形状和适宜的煅烧温度。在不影响熟料质量的前提下，精心操作、适当调整窑系统的各项操作参数，就可以取得相应的 NO_x 减排效果。

(2) 分级燃烧

分级燃烧又分为燃料分级燃烧和空气分级燃烧。

① 燃料分级燃烧

把燃料分成两股或多股燃料流，这些燃料流经过三个燃烧区发生燃烧反应。第一燃烧区为富氧燃烧区，其空气过剩系数远远大于1，或用氧气代替空气。第二燃烧区为缺氧燃烧区。其空气过剩系数小于1，在此燃烧区，第一燃烧区产生的 NO_x 将被还原。第三燃烧区为燃尽区，其空气过剩系数大于1，使燃料燃尽。

实际上新型干法水泥窑已经采用了燃料分级燃烧技术，它将60%或60%以上的燃料送入分解炉进行辉焰燃烧，分解炉内放热与吸热反应相适应，温度通常控制在850～950 ℃之间，这样基本不产生热力型的 NO_x。另外，燃料分级可以进一步细化，拿出小部分燃料在炉内分层燃烧，控制炉内还原气氛，使得已生成的 NO_x 得到还原，进一步降低 NO_x。

② 空气分级燃烧

空气分级是通过改进系统的配风设计，合理地分配和适时地送入燃烧各阶段所需的空气，在维持窑总体空气过剩系数较低的基础上，创造抑制 NO_x 生成和有利于 NO_x 还原的气氛环境，在后燃烧区创造富氧燃烧区，以确保燃料的燃尽。

空气分级燃烧应避免温度峰值区域和大空气过剩系数同时出现，从而降低 NO_x 的生成。将燃烧用的空气分阶段送入，先将一定比例的空气从燃烧器送入，使燃料在缺氧条件下燃烧，燃料燃烧速度和燃烧温度降低，生成CO；而且燃料中N将分解成大量的HN、HCN、CN、NH和 NH_3 等，它们相互复合生成氮气或将已经存在的 NO_x 还原分解，从而抑制了燃料型 NO_x 的生成。同时，由于烟气中的灰有一定的催化作用，在其催化作用下，CO将部分已生成的 NO_x 还原成无害的 N_2，使NO快速减少。然后，将燃烧所需要的过量空气以二次风形式送入，使燃料进入空气过剩区域燃尽。在此区间，虽然空气过剩系数大，但由于火焰温度较低，所以也不会生成大量的 NO_x，因此总的 NO_x 的生成量降低。

(3) 降低燃料量技术

通过降低煤在燃料中的比例，减少 NO_x 的产生。目前，欧洲水泥企业中已广泛采用生活垃圾、废旧轮胎、动物尸体、污泥等代替煤燃料，替代比例已达60%以上，最高达到90%以上。另外，替代燃料燃烧过程排放的 NO_x 含量相对较低，有的水泥企业甚至可以做到不运行脱硝装置就能达到约350 mg/m^3(标准状态)的排放量，这也进一步提高了企业使用可替代燃料的积极性。

还可采用改变配料方案、优化原料及燃料、掺用矿化剂等改善生料易烧性措施，以降低熟料烧成温度和时间，这也是有效的 NO_x 减排措施。例如，宁夏HD水泥公司生料配料中添加双氰胺渣等工业废渣，明显减少了 NO_x 的排放。

目前，可用于水泥窑炉烟气脱硝的主要技术有：选择性非催化还原(SNCR)技术和选择性催化还原(SCR)技术。选择性非催化还原技术可以降低30%～60%的 NO_x 排放量。选择性催化还原技术可以降低70%～90%的 NO_x 排放量，可以满足更严格的排放标准。

(4) 选择性非催化还原技术

选择性非催化还原(selective non-catalytic reduction，SNCR)技术，是指在不采用催化剂的情况下，将氨或尿素等氨基还原剂在较高的反应温度(850～1150 ℃)下注入烟气，将 NO_x 还原为 N_2。主要的化学反应可以表示为：

NH_3 作为还原剂时：

$$4NH_3+4NO+O_2 \longrightarrow 4N_2+6H_2O$$

$$4NH_3+2NO+2O_2 \longrightarrow 3N_2+6H_2O$$

$$8NH_3+6NO_2 \longrightarrow 7N_2+12H_2O$$

尿素作为还原剂时：

$$(NH_2)_2CO \longrightarrow 2NH_2+CO$$

$$NH_2 + NO \longrightarrow N_2 + H_2O$$

$$2CO + 2NO \longrightarrow N_2 + 2CO_2$$

典型的 SNCR 系统由还原剂储液罐、还原剂喷射装置和相关的控制系统组成，如图 5.59 所示。

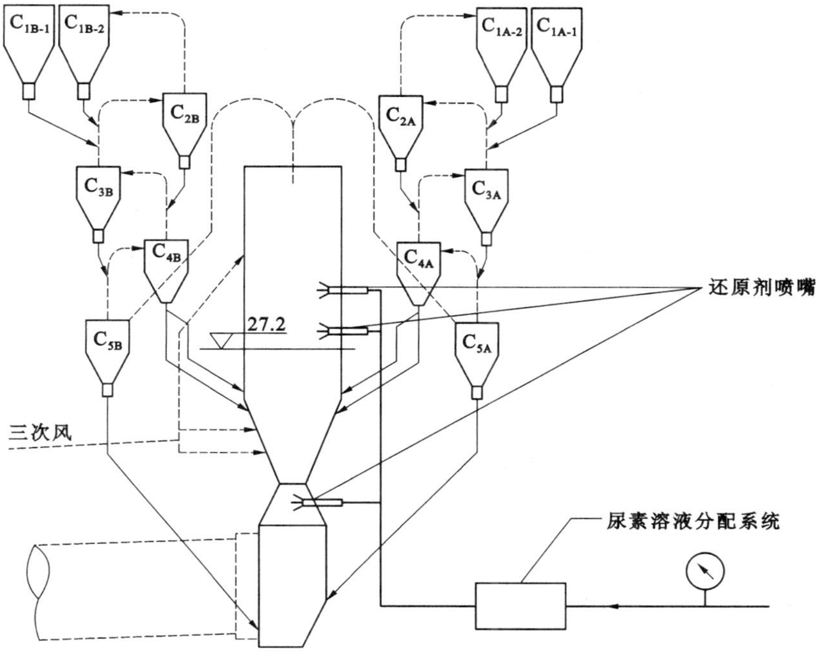

图 5.59　SNCR 工艺流程示意图

SNCR 技术的主要影响因素有：

① 反应温度

反应温度对 SNCR 反应中 NO_x 的脱除率有重要影响。在较低的温度下，反应速率非常慢，会导致 NH_3 反应不完全，增加 NH_3 的逃逸；温度升高，分子运动加快，NH_3 的蒸发与扩散过程得到加强，在约 900 ℃时，NO_x 的脱除率达到最大；然而当温度继续升高，NH_3 容易被氧气氧化生成 NO 或 N_2O，增加烟气中的 NO_x 浓度。NH_3 的最佳反应温度范围为 850～1100 ℃；尿素的最佳反应温度范围为 900～1150 ℃。

② 氨氮摩尔比

氨氮摩尔比是指反应中 NH_3 与 NO_x 的摩尔数比值 $n(NH_3)/n(NO_x)$。根据 NO_x 与 NH_3 或尿素的化学反应式，还原 1 mol NO_x 需要 1 mol NH_3 或 0.5 mol 尿素，但在实际应用中，化学反应比较复杂而且混合不均匀，因此，还原剂的利用率一般只有 20%～60%。随着氨氮摩尔比的增加，NO_x 的脱除率增加，但同时 NH_3 的逃逸量也增加，生产成本也升高。因此，氨氮摩尔比一般控制在 1.0～2.0之间，其最大值不超过 2.5。

③ 混合程度

喷入的尿素必须与烟气中的 NO_x 充分混合才能发挥较好的选择性还原 NO_x 的效果。若混合时间太长或者混合不充分，都将降低化学反应的选择性。由于 NH_3 的挥发性强，因此，混合速度要快。SNCR 技术一般采用液体雾滴喷射的方式，能够根据喷射溶液的浓度大小，来调节液体雾滴的蒸发时间。喷射系统还能有效控制喷射角度、速度和轨迹。

可用以下方法改善混合效果：

(a) 增加传给液滴的能量；

(b) 增加喷嘴的个数；

(c) 增加喷射区的数量；

(d) 改进雾化喷嘴的设计以改善液滴的大小、分布、喷雾角度和方向。

SNCR 工艺是目前被我国水泥工业应用最广的技术，它最主要的优点是不需要昂贵的催化剂和体积庞大的催化塔，其工程建设为一次性投资且易于安装，运行成本低，占地面积小，投资少，技术成熟。但是，SNCR 技术也存在一些不足之处：这种方法的脱硝率不高，一般为 35%～70%，且易发生氨泄漏，产生二次污染；如果燃料中含硫，会形成 NH_4HSO_4，导致旋风预热器被堵塞。

(5) 选择性催化还原技术

选择性催化还原(selective catalytic reduction，SCR)技术，是利用还原剂与 NO_x 进行化学反应的选择性，在催化剂表面将富氧烟气中的 NO_x 还原成 N_2 和 H_2O。SCR 脱硝反应通常在 300～400 ℃范围内进行，烟气与还原剂(NH_3、尿素或各种烃)充分混合后进入装有催化剂的脱硝反应器内，在催化剂(分子筛、贵金属、金属氧化物等)的作用下，与还原剂发生还原反应。

SCR 技术的特点有：NO_x 脱除效率高，可达到 80%～90%；二次污染小；较 SNCR 反应温度低，能耗减小。但是其脱硝反应的最佳温度区间，恰恰位于水泥窑顶级预热器出口，粉尘浓度极高，如果此处废气没有经过处理，SCR 系统在此处由于催化剂中毒而无法运行。

更低温度下的 SCR 催化剂，我国正在研发之中，虽然目前技术还不够成熟，但有望成为未来水泥工业 NO_x 减排的主流技术。

5.11　水泥窑协同处置废物

水泥窑协同处置废物已经得到了广泛的认可和应用。随着相关环保法规的健全和处置技术的发展，该项技术在经济和环保方面显示出了巨大优势，已形成了产业规模，在废物处理中发挥着重要作用。

我国是水泥生产和消费大国，受资源、能源与环境因素的制约，水泥工业必须走可持续发展之路；同时我国各类废物产生量巨大，无害化处置率低，尤其是危险废物，由于其处理难度大、处理设施投资与处理成本高而成为废物管理中的薄弱环节。因此，水泥窑协同处置废物在我国有着广泛的发展前景。

水泥窑协同处置废物，是指将满足或经过预处理后满足入窑要求的废物投入水泥窑，在进行水泥熟料生产的同时，实现对废物无害化的处置过程。

水泥窑可以处理的废物有：生活垃圾(包括废塑料、废橡胶、废纸、废轮胎等)、各种污泥(下水道污泥、造纸厂污泥、河道污泥、污水处理厂污泥等)、工业固体废物(粉煤灰、高炉矿渣、煤矸石、硅藻土、废石膏等)、工业危险废物、农业废物(秸秆、粪便)、动植物加工废物、受污染土壤、应急事件废物等。

不可以进入水泥窑协同处置的废物有：放射性废物、医疗废物、爆炸性及反应性废物、含汞废物、石棉废物，未经拆解的废电池、废家用电器和电子产品、有钙焙烧工艺生产铬盐过程中产生的铬渣、未知特性和未经鉴定的固体废物。

5.11.1　水泥窑协同处置废物的优势

(1) 焚烧温度高

水泥窑内物料温度一般高于 1450 ℃，气体温度则高于 1750 ℃，甚至分别可达更高温度 1500 ℃和 2200 ℃。在此高温下，废物中有机物将彻底分解，一般焚毁去除率达到 99.99%以上，对于废物中有毒有害成分将进行彻底的“摧毁”和“解毒”。

(2) 停留时间长

水泥回转窑筒体长，废物在水泥窑高温状态下持续时间长。根据一般统计数据，物料从窑头到窑尾总停留时间在 40 min 左右，气体在温度 950 ℃以上区段的停留时间在 8 s 以上，1300 ℃以上区段的停留时间大于 3 s，可以使废物长时间处于高温之下，更有利于废物的燃烧和彻底分解。

(3) 焚烧状态稳定

水泥回转窑有一个热惯性很大、十分稳定的燃烧系统。它是由回转窑金属筒体、窑内砌筑的耐火砖以及在烧成带形成的结皮和待煅烧的物料组成，不仅质量巨大，而且耐火材料具有隔热性能，更使得系统热惯性增大，不会因为废物投入量和性质的变化，造成大的温度波动。

(4) 良好的湍流

水泥窑内高温气体与物料流动方向相反，湍流强烈，有利于气固相的混合、传热、传质、分解、化合、扩散。

(5) 碱性的环境气氛

生产水泥采用的原料成分决定了回转窑内是碱性气氛，水泥窑内的碱性物质可以和废物中的酸性物质中和为稳定的盐类，有效地抑制酸性物质的排放，便于其尾气的净化，而且可以与水泥工艺过程一并进行。

(6) 没有废渣排出

在水泥生产的工艺过程中，只有生料和经过煅烧工艺所产生的熟料，没有一般焚烧炉焚烧产生炉渣的问题。

(7) 固化重金属离子

利用水泥回转窑煅烧工艺处理废物，可以将废物成分中的绝大部分重金属离子固化在熟料中，最终进入水泥成品中，避免了再度扩散。

(8) 全负压系统

水泥回转窑系统是在负压状态运行的，烟气和粉尘不会外逸，从根本上防止了处理过程中的再污染。

(9) 废气处理效果好

水泥熟料烧成系统和废气处理系统，使燃烧之后的废气经过较长的路径和良好的冷却、收尘设备，有着较高的吸附、沉降和收尘作用，收集的粉尘经过输送系统返回原料制备系统可以重新利用。

(10) 焚烧处置点多，适应性强

在水泥熟料的烧成系统中，从Ⅰ级预热器开始，直到熟料冷却机为止，有许多不同的高温投料点，可适应各种不同性质和形态的废料。

(11) 减少社会总体废气排放量

可燃性废物对矿物质燃料的替代，减少了水泥工业对矿物质燃料(煤、天然气、重油等)的需要量。总体而言，比单独的水泥生产和焚烧废物产生的废气排放量大为减少。

(12) 建设投资较小，运行成本较低

利用水泥回转窑来处置废物，虽然需要在工艺设备和给料设施方面进行必要的改造，并需新建废物储存和预处理设施，但与新建专用焚烧厂比较，还是大大节省了投资。在运行成本上，由于废物预处理造成的物料成分波动、烟气量的增加、可能的设备腐蚀及人工费用等，会使得运行费用上升，但是燃烧可燃性废物可以节省燃料，在一定程度上又降低了燃料成本。总体上是否有收益，取决于前端的收费(废物处置费)和原燃料替代的收益。在大部分情况下，水泥窑处置废物是有经济效益的。

水泥窑协同处置废物，是符合可持续发展战略的新型环保技术。在继承传统焚烧炉优点的同时，有机地将自身高温、循环等优势发挥了出来。既能充分利用废物中的有机成分的热值实现节能，又能完全利用废物中的无机成分作为原料生产水泥熟料；既能使废物中的有机物在回转窑的高温环境中完全焚毁，又能使废物中的重金属固化到熟料中。

5.11.2　水泥窑协同处置城市生活垃圾

城市生活垃圾的处理曾采用过多种方法，如填埋法、堆肥法、热处理法、蠕虫法、垃圾的饲用、细菌消化、水载法、微波处理法或分类回收、综合利用等。其中主要的处理方法是填埋法、堆肥法和热处理法。目前，国外研究应用的重点是分类回收综合利用，减少传统处理方式造成的资源浪费。热处理法根据所采用的工艺又分为焚烧法、热解法和气化法，目前主要使用的是焚烧法。随着社会的发展和新物质的出现，填埋法、焚烧法、分类资源化回收从小规模到大规模，从人工操作到机械化、自动化操作转移，是垃圾处理的“无害化、减量化、资源化”的发展结果。

由于水泥窑得天独厚的优势，水泥窑协同处置提供了一种安全可靠、彻底消除垃圾的处置技术，已成为发达国家处理城市生活垃圾的重要途径，得到了广泛应用。

德国、瑞士、法国、日本等发达国家利用水泥窑处置城市生活垃圾已经有 30 多年的历史，积累了丰富的经验。国内几家研究机构和水泥企业也开展了相关技术研发，华新水泥股份有限公司、安徽海螺水泥股份有限公司、中国中材国际工程股份有限公司、合肥水泥工业设计研究院、中信重工机械股份有限公司等，分别开发出了城市生活垃圾水泥窑协同处置的成套技术。

5.11.2.1　华新 HWT 技术

华新 HWT 技术是中国华新水泥股份有限公司研发的水泥窑协同处置固体废弃物的处理技术，其工艺流程如图 5.60 所示。

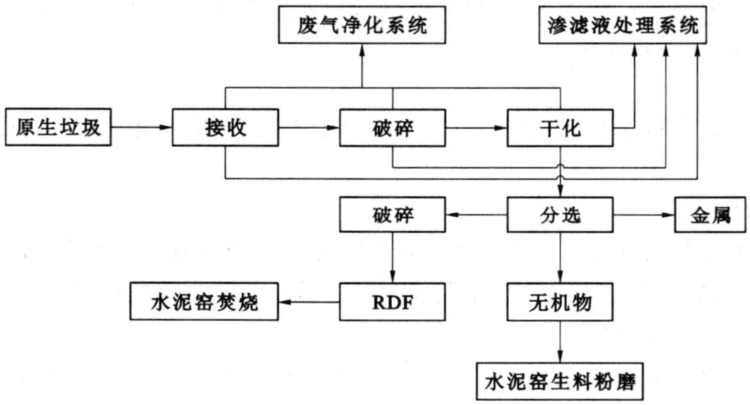

图 5.60　华新 HWT 垃圾处理技术流程示意图

RDF—垃圾衍生燃料(refuse derived fuel)

垃圾车进厂经计量后送至卸料平台，卸入垃圾储仓内，垃圾在垃圾储仓内由行车进行垃圾倒运至一次破碎机进行破碎，然后送到干化区干化 15～18 d，使原生态生活垃圾的含水率从 50%～60%降低到 25%～35%。干化后的垃圾送到分选车间，分选出的有机质和其他可燃物，经过进一步破碎达到合格粒度后作为产品储存，运输至水泥厂，作为替代燃料喂入分解炉；分选出的灰渣、砖瓦碎块等不可燃物，作为水泥生产的原料，金属作为资源回收利用。这个过程中产生的垃圾渗滤液，单独进入渗滤液处理系统处理，达标后被排放；处理过程产生的废气，经过废气净化系统处理，达标后排放。

5.11.2.2　海螺 CKK 技术

海螺 CKK(conch kawasaki kiln system，CKK)技术是中国安徽海螺水泥股份有限公司与日本川崎公司(Kawasaki)共同开发的利用水泥工业新型干法窑和气化炉相结合处理城市生活垃圾的技术，其工艺流程如图 5.61 所示。

垃圾车进厂经计量后将垃圾送至卸料平台，卸入垃圾储仓内。垃圾在垃圾储仓内由行车进行垃圾倒运，实现均化；然后被喂入垃圾破碎机，被破碎后的垃圾重新回到垃圾储仓内，由行车进行垃圾均

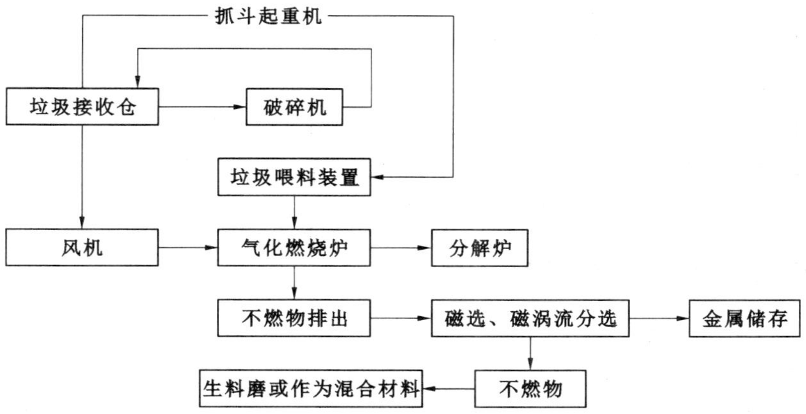

图 5.61 海螺 CKK 垃圾处理技术工艺流程示意图

化后被喂入气化焚烧炉的喂料仓。垃圾喂料仓中的垃圾经过喂料装置连续、稳定地喂入垃圾气化焚烧炉内。垃圾与气化燃烧炉内的蓄热介质接触，一部分垃圾被气化燃烧，其燃烧产生热量用来保持蓄热介质的温度，使垃圾被持续气化；另一部分垃圾形成气化产物被抽吸到水泥窑系统的分解炉中进行燃烧。

垃圾燃烧后的不燃物（灰渣、铁、铝等）由气化炉底部排出，通过磁分选机和涡流分选机分离出铁、铝等金属后，剩下的灰渣作为原料被送至生料磨机粉磨或作为混合材料被送入水泥粉磨系统。

为保持垃圾处理车间内的臭气不外泄，需要保持其整体微负压状态，为此，采用引风机对厂房进行换气，抽取的气体作为气化焚烧炉的燃烧空气被输入焚烧炉内。当焚烧装置停止运行时，另设一套气体净化设施将保证整个厂房内的气味不外泄。

5.11.2.3 中材国际技术

中材国际技术，是中国中材国际工程股份有限公司研发的利用新型干法水泥窑协同处置城市生活垃圾的成套技术。它包含预处理和水泥生产系统接纳两个部分，其工艺流程如图 5.62 所示。

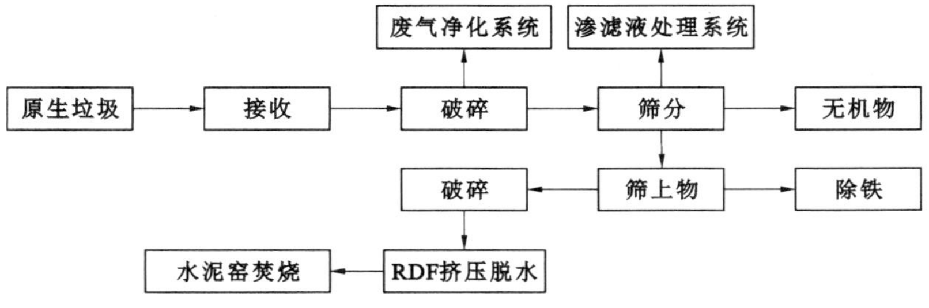

图 5.62 中材国际垃圾处理技术工艺流程示意图

城市生活垃圾由运输车送至预处理厂直接进行分选处理，分选出其中的可燃物（塑料、橡胶、纸片等）与不可燃物（无机物和厨余物），送至水泥厂。其中可燃物经压缩脱水后，作为替代燃料喂入分解炉；不可燃物直接参与生料配制，进入生料磨机内进行粉磨或在填埋场进行填埋处理。处置过程产生的臭气及污水，经过专门的处理系统处理达标后被排放到环境中。

从上述内容可以看出，三者的技术路线各不相同，主要区别为：

华新 HWT 技术在垃圾预处理阶段需首先将垃圾生物干化脱水，而后分选出其中的可燃物与不可燃物，分别作为水泥生产的替代燃料与原料。其预处理厂可以建设在垃圾的产生地，为水泥窑协同处理生活垃圾提供了全方位的解决方案，能够实现大量的处置，能够更好地以异地预处理加水泥窑协同处理的方式解决水泥厂远离城市的问题。

海螺 CKK 技术采用气化炉的方式进行垃圾预处理，产生的可燃气体和灰渣，分别作为水泥生产的替代燃料与原料。没有配备专门臭气及渗滤液处理系统，而是将两者最终送入水泥窑处置，总体上更容易实现垃圾车间的异味及污水污染的控制，解决环保问题。当垃圾处理量较大时，将会影响水泥窑系统生产的稳定性。

中材国际技术直接将原生态生活垃圾分选出可燃物与不可燃物，分别喂入分解炉与生料磨机作为燃料、原料使用。中材国际技术，强调直接筛选垃圾中可燃成分作为水泥窑协同处置的替代燃料，其筛下物需要根据实际情况选择填埋场填埋或作为水泥原料处置。

5.11.3　水泥窑协同处置城市污泥

5.11.3.1　城市污泥的主要成分

城市污水处理厂的污泥是污水处理的产物，主要来源于初次沉淀池、二次沉淀池等工艺环节。

城市污泥是一种粗蛋白含量高达20%（占污泥有机物的1/3）的亲水胶团，污泥中70%为细菌菌体胶团，干化则硬结。它以好氧颗粒物为主体，同时包括混入生活污水或工矿废水中的泥沙、纤维、动植物残体等固体颗粒物，以及被吸附的有机物、金属、病菌、虫卵等物质的综合体。污泥的成分及来源均比较复杂，其中含有大量的氮、磷、钾等多种营养元素和有机质可利用成分，也可能含有有毒物质、有害物质（二噁英）、难降解的有机物（多氯联苯等）、重金属（铜、铬、砷、汞、镉等）、病原菌及寄生虫（卵）等。因此，大量未经处理的污泥任意堆放和排放，会对环境造成二次污染和生态环境破坏，污染土壤、水源甚至食物链。

采集北京市12个污水处理厂的脱水污泥，分析其化学组成，结果如表5.7所示。

表5.7　北京市12个污水处理厂的脱水污泥化学组成　　（质量分数，%）

污水处理厂	$w(Na_2O)$	$w(MgO)$	$w(Al_2O_3)$	$w(SiO_2)$	$w(P_2O_5)$	$w(SO_3)$	$w(K_2O)$	$w(CaO)$	$w(Fe_2O_3)$	其他
1	0.52	2.35	22.19	22.39	25.38	6.22	2.04	6.81	9.70	2.39
2	0.55	3.23	16.35	22.56	25.97	7.83	2.73	8.27	9.11	3.41
3	0.52	2.32	23.70	26.85	21.34	5.67	1.74	8.03	6.98	2.86
4	0.56	1.58	28.66	25.08	19.58	4.71	1.22	5.18	10.79	2.64
5	0.72	2.28	29.80	30.37	7.60	7.19	1.31	8.85	10.22	1.67
6	0.58	2.61	14.10	20.42	24.96	10.57	2.20	12.80	8.76	2.99
7	0.37	1.66	13.48	16.79	19.22	13.25	0.84	17.80	14.27	2.31
8	0.44	4.25	8.13	18.48	33.35	10.06	4.31	7.98	10.49	2.53
9	0.58	3.76	9.12	21.08	27.17	9.37	2.88	9.77	13.41	2.86
10	0.47	2.73	6.35	18.11	20.27	14.55	2.01	12.90	20.19	2.43
11	0.65	3.31	11.45	35.13	17.28	5.65	2.69	11.50	9.14	3.21
12	0.59	2.48	8.43	23.61	19.84	7.72	1.57	7.80	24.87	3.08

从表5.7中可以看出：污泥中的主要化学成分为SiO_2、Al_2O_3、Fe_2O_3、CaO、P_2O_5及SO_3，其中四种主要化学成分与水泥熟料需要的物质相同，因此，适合于水泥窑处理。少量P_2O_5可提高生料的易烧性，起到矿化剂的作用，但掺量较多就会延长水泥的凝结时间并降低水泥的强度，应控制其含量。SO_3含量高易造成预分解系统的结皮堵塞，造成窑况运行不稳定，需要在操作上进行调整。

5.11.3.2　水泥厂协同处置城市污泥工艺

水泥窑协同处置城市污泥工艺，通常由污泥干化和水泥窑焚烧处置两大工艺组成，污水处理厂的脱水污泥经干化处置后，再作为水泥的原料输送入水泥窑进行焚烧处理，常见的五种工艺的特点见表 5.8。[17]

表 5.8　常见五种水泥窑协同处置城市污泥工艺过程的特点

类别	湿污泥直接泵入法工艺	增钙热干化法工艺	直接接触干燥工艺	导热油干化工艺	污泥燃烧化工艺
工艺阐述	直接将潮湿的污泥泵送入窑尾烟室中，污泥没有进行预烘干处理	将高活性的生石灰及污泥改性剂加入湿污泥（含水率为80%），在干燥机内酸、碱改性剂迅速破坏污泥结构，再经堆场堆放，污泥含水率下降至15%左右	利用水泥窑废气余热作为烘干热源，结合热效率高、适应范围广的新型干燥装置，在旋流风的分级作用下，获得干化的污泥颗粒	一种间接干化工艺，热源与污泥无接触，换热是通过介质进行的，当这个介质为导热油时，需要使用导热油锅炉来干化污泥	采用多级干燥机制，利用水泥窑余热与污泥的热交换，将污泥进行脱水干燥（含水率低至5%），制成具有较高热值的燃料
特点	工艺简单	解决污泥的臭气问题和杀死病原体	余热低温烘干；污泥处置量较高	工艺过程较为烦琐；污泥处置量较高	污泥干化可使含水率低至5%；干污泥热值高；无臭气问题；工艺简单；工况稳定；污泥处置量高
缺点	窑尾温度波动大；生成的碱性物质相对复杂；受热不均；污泥处置量低	没有直接降解有机物；使固体物增加；最终处置费用往往要比其他方法高	有臭气问题；需要额外购置设备	有臭气问题；需要额外购置设备	需要额外购置设备
应用	华新水泥（宜昌）有限公司	北京市琉璃河水泥厂有限公司	广州越堡水泥厂有限公司	北京新北水水泥有限责任公司	尚无

（1）湿污泥直接泵入法工艺过程

湿污泥直接泵入法工艺，是指用城市污泥泵将含水率为 80%（或以上）的污泥直接送入窑尾烟室，然后进入回转窑窑尾，在窑内焚烧，污泥事先不进行预烘干处理，如图 5.63 所示。

采用城市污泥直接入窑焚烧，其工艺过程简单，可做到全密闭，无臭味、无废气和无废水，可以节省烘干处理的费用，是一种投资省、效率高的工艺。缺点是喂入的城市污泥量一般只有生料量的5%左右，城市污泥处置量低。否则，将会影响水泥窑的烧成，容易造成烟室内温度出现较大的波动，影响水泥生产线的稳定运行。

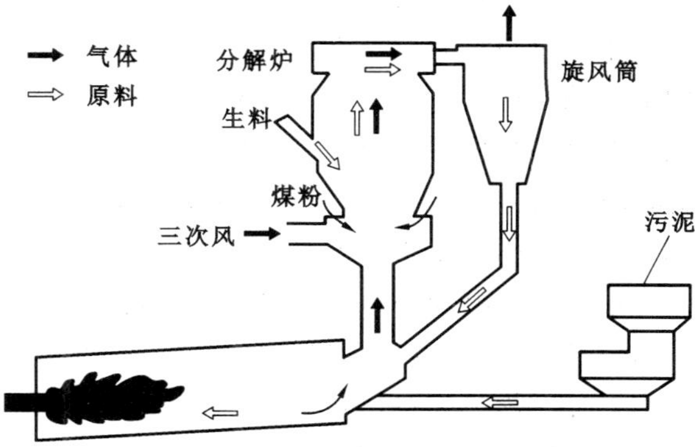

图 5.63　污泥直接泵入法工艺流程图

（2）增钙热干化法工艺过程

增钙热干化法的主要工艺过程为：先将湿污泥、高活性的生石灰及城市污泥改性剂按计量比例进行混合，使其发生化学反应，大幅度地降低其水分含量。然后，将混合物料输送至转筒干燥机（类似回转式烘干机）内，与水泥窑余热产生的并经微波发生器加热后形成的过热蒸汽充分接触，酸、碱改性剂将迅速刺破城市污泥中病原菌的细胞壁，在材料反应化学热和过热蒸汽辐射热的作用下，城市污泥的水分被大量蒸发，且病原菌在高温下被全面消灭。经过干化处理后的城市污泥经堆场堆放 5～9 d，其含水率下降至 15%左右，可由输送系统送至水泥窑进行协同处置。

城市污泥改性是一种运用无机添加剂对城市污泥进行前处理的方法。改性剂是由生石灰（CaO）与酸、碱化合物按比例合成的复合添加剂，其中的酸、碱成分可有效地去除城市污泥中恶臭气味，并可以在干化前对城市污泥中病原菌的细胞进行破壁，使之后的干化过程大幅度节约热能。另外，改性剂与城市污泥混合时，也产生放热反应，起到辅助干化的作用。城市污泥经过高效率的干燥、脱水和改性后，将向稳定化和无机化的材料进行转化。

（3）直接接触干燥工艺

城市污水处理厂产生的城市污泥（含水率为80%～85%），经专用密封罐车运至水泥厂，通过缓冲仓进入烘干机，在此由窑尾废气余热烘干为半干污泥（含水率约30%）。半干污泥经皮带秤计量后被喂入窑尾分解炉（喂入点温度约为900 ℃），并随预分解后的生料进入回转窑，参与熟料的煅烧过程。城市污泥中的有机物被彻底分解，产生的热值可以代替部分燃料，剩余残渣可以代替熟料生产中使用的硅质、铝质原料，资源利用率达100%，无底渣及飞灰等二次污染物排出。其中的重金属及无机物等被固化在熟料中。但是，在将其含水率80%的城市污泥脱水烘干至含水率约为30%的半干污泥的过程中，存在废气需要处理，而且废气处理的过程较为复杂，热量损失较高，还有臭气产生。因此，需要专门设置混料车间，避免城市污泥长时间储存。另外，应设置在线监测和智能控制系统，通过智能监控实现高效、低耗的生物除臭。

半干污泥投料点设在分解炉，其原因是污泥的可燃物成分大多含有苯类、烃类、酯类等有机物，着火点较低，着火温度通常在260～320 ℃，远远低于普通的烟煤。城市污泥颗粒的孔隙结构发育良好，并且颗粒细小，其燃烧速度很快，燃尽时间较短，因此，城市污泥不适合和生料混合后一起从预热器入口处喂入，否则将会导致城市污泥在上部预热器中发生燃烧。其燃烧不充分，热量不能被充分回收，可能导致预热器系统操作不正常，还会导致废气中有毒、有害污染物的产生。若城市污泥从分解炉喂入，烟气温度约为900 ℃，投入后虽使局部温度降低，但因其在整个系统中的含量相对较低，且对水分有所控制，故其对温度的影响有限。进入分解炉的城市污泥在高温烟气的裹挟下迅速分解并着火燃烧。因分解炉底部本身就有煤粉喷入，分解炉内的燃烧温度通常为850～900 ℃，城市污泥中的可燃物很快就能在分解炉内燃尽，其灰分同炉内的生料在气流的作用下可充分混合均匀，成为生料的一部分进入五级筒，收下后入窑，在更高的温度下煅烧。

（4）导热油干化工艺

来自水泥厂外的全部湿污泥经计量后，首先被送入湿污泥接收仓。然后，利用湿污泥接收仓底部的链板输送机，将湿污泥送入湿污泥料仓进行储存。污泥料仓中的城市污泥将再被送入干燥器。水泥窑烟气产生的热量经热交换器把热量传递给导热油，导热油被循环加热，最终将热量传递给湿污泥，使城市污泥干燥。在干燥器内，城市污泥被加热干燥，其含水率从80%降低到35%（半干化）或10%（全干化）。干燥后的颗粒和气体经过旋风分离器后，颗粒从气体中分离出来，经冷却螺旋机冷却后，城市污泥颗粒被送入水泥窑的分解炉中进行焚烧。旋风分离器分离的气体经袋式收尘器后，由加热器重新加热，再返至干燥器的始端。为保证干燥回路在常压强和微负压强下进行，并将干燥器所蒸发出的冷凝液排出，从城市污泥干燥回路抽取蒸发气体经过冷凝塔冷却，冷却过程产生的废水由于含有一定的污染物，需要送入污水处理站进行处理，废水经处理后被重新送回至干燥器中。同时，少量冷却后不可凝废气连同城市污泥贮存过程中的臭气一并送入水泥窑内进行焚烧。其工艺过程如图5.64所示。

5.11.4 水泥窑协同处置危险废物

根据《中华人民共和国固体废物污染防治法》的规定，危险废物是指列入《国家危险废物名录》或者根据国家规定的危险废物鉴别标准和鉴别方法认定的具有危险特性的废物。

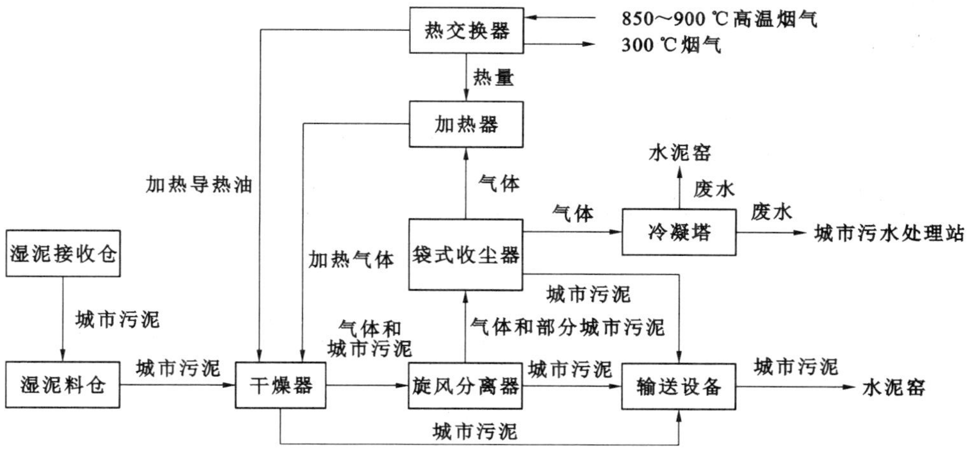

图 5.64　导热油干化城市污泥工艺流程图

列入《国家危险废物名录》的废物，通常具有下列情形之一：

(1) 具有腐蚀性、毒性、易燃性、反应性或者感染性等一种或者几种危险特性的；

(2) 不排除具有危险特性，可能对环境或者人体健康造成有害影响，需要按照危险废物进行管理的。

只要被列入《国家危险废物名录》中的废物，都可以认定为危险废物，无须进一步鉴别判定。

利用水泥窑协同处置危险废物，不是什么都可以接收处理的。处理前必须进行必要的选择，其协同处置类型也是有限的。要特别注意危险废物的腐蚀性、毒性、易燃性、反应性和感染性，在处置危险废物过程中必须严加控制和管理，否则，将会带来致命的灾难。一般在协同处置过程中要注意以下几个方面的问题：

(1) 不可接受含有水泥生产过程中无法控制的废弃物，如含汞或产生汞蒸气的物质；

(2) 涉及免疫系统的废弃物，水泥企业应拒绝接纳和处理，或在卫生监控部门的监督下，进行合理安全处理。

(3) 不可含有能从水泥制品中渗滤或扩散出来而影响环境的废弃物，如砷、铬、锑、汞、镉、铅等。

(4) 含有对水泥生产过程有影响的物质，如钾、钠、硫、氯、磷等，必须限量进行控制。

(5) 含有腐蚀水泥生产设备的危险废弃物，如钾、钠、锌、铅、铬等阳离子基团和含有卤族元素、磷、硫等阴离子基团的物质，除了限量处理外，最好不要一起进入系统；否则，将产生大量的低共熔点物质，冷凝在金属和耐火材料表面，导致金属失去电子，形成电化学锈蚀或导致盐化反应，造成耐火材料蓬松脱落等危害。

(6) 不可含有影响水泥产品质量的危险废弃物，如磷、钛、锶、锰、铬、锌等，超过限量将严重影响水泥产品质量和水泥石的耐久性。

(7) 不可含有影响环境，且难以控制的危险废弃物，如含磷物质与卤族元素遇到一起，会在高温环境条件下，合成有毒的三氯化磷和五氯化磷，或三溴化磷和五溴化磷，三碘化磷和五碘化磷等有毒物质。

(8) 不可含有导致烟道气或半成品中某些元素超限的危废物质，应遵守 GB/T 30760—2014《水泥窑协同处置固体废物技术规范》、GB 50757—2012《水泥窑协同处置污泥工程设计规范》、GB 30485—2013《水泥窑协同处置固体废物污染控制标准》等规定的元素控制标准。

(9) 含能危险废弃物，应禁止采用水泥窑协同处置，如火药、炮弹、枪弹等危险废弃物。

(10) 含有放射性物质，放射性超量的危险废弃物等，如核废料等，必须严格限制协同处理。

5.11.4.1　水泥窑协同处置危险废物的工艺流程

水泥窑协同处置危险废物的工艺流程如图 5.65 所示。

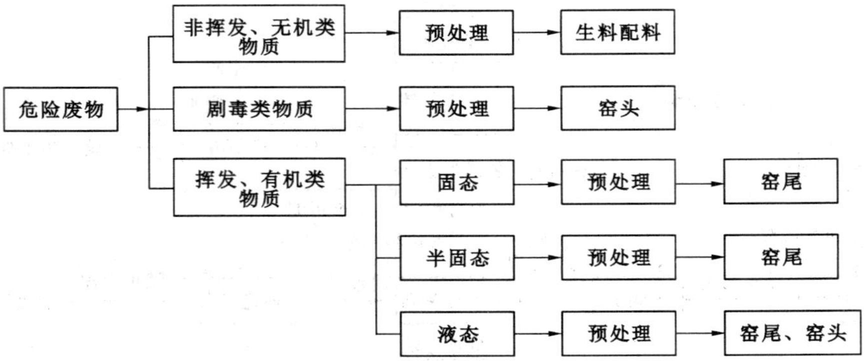

图 5.65　水泥窑协同处置危险废物的工艺流程

图 5.65 中的预处理，通常根据以下原则进行选择：

(1) 现有水泥窑的特点。根据现有水泥窑的厂区布置、预处理车间与投料点的距离、水泥窑的工艺类型等选择预处理车间的位置和投料点。

(2) 拟处置危险废物的理化特性。根据拟处置危险废物的物理和化学特性，选择预处理工艺和附属设施。例如，危险废物有液态、固态、半固态、剧毒品等，其预处理工艺均不相同，而且除臭、防爆、输送、上料等工艺也不相同。

(3) 不同物理特性危险废物的处置量。根据不同物理特性危险废物的年处置量，计算配置相应型号的设备。

5.11.4.2　水泥窑协同处置常用的预处理工艺

(1) 废液类危险废物

废液预处理的主要设施为：带有搅拌机的废酸液罐、废碱液罐、废有机液储罐和 2 个备用应急储罐，并设置有用于中和调质的酸、碱、混凝剂、助凝剂等添加装置。根据储存废物的物性分别向液态废物调质反应池内添加调和液，在确保没有不良反应及其他废物产生的情况下，进行废液混合，保证处理后的废液酸碱度、热值等与水泥窑焚烧工况相适应。调质后的废液从废物调质反应池出来进入过滤装置，经过滤后由压缩空气输送泵喷枪雾化废液，并射入水泥生产线窑头、窑尾进行焚烧处置。过滤渣送至半固态处置系统。

废液预处理流程如图 5.66 所示。

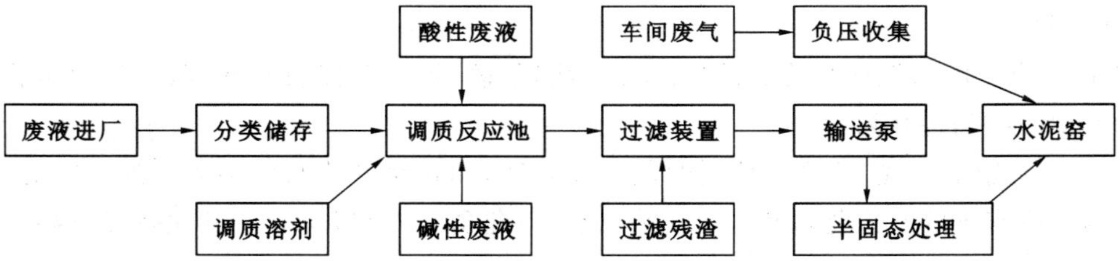

图 5.66　废液预处理流程

也可根据废液的毒性成分和酸碱度，分别使用耐酸碱泵，将废液喷入窑头，焚烧处理。

(2) 低水分可燃危险废物

低水分可燃危险废物包括：废包装物、废药品、群众主动缴纳的废化学品等。由于其含水率较低，经破碎后，在分解炉或窑尾烟室高温带直接进行焚烧解毒处理。

低水分可燃危险废物预处理流程如图 5.67 所示。

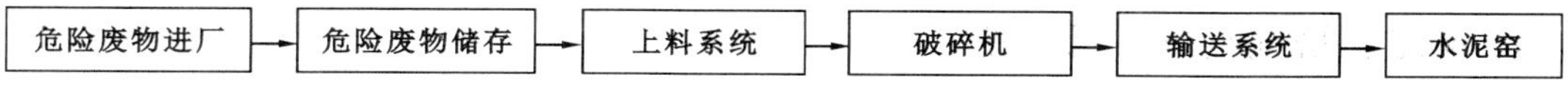

图 5.67　低水分可燃危险废物预处理流程

（3）固态可燃危险废物

固态可燃危险废物包括：医药废物、废药品、农药废物、木材防腐废物、精馏残渣、印染废物、有机树脂类废物等各种有机固态废物。此类废物经粉碎后，在分解炉或窑尾烟室高温带直接进行焚烧处理。

固态可燃危险废物预处理流程如图 5.68 所示。

图 5.68　固态可燃危险废物预处理流程

（4）半固态可燃危险废物

这类危险废物物理特性表现为泥状、膏状等，黏度差异较大。通常根据半固态危险废物的物理性状、输送性能、水分含量及处理规模的不同，选择不同的设备，在预处理中心进行破碎、调质、混合后，泵送至水泥窑分解炉进行焚烧处理。

半固态可燃危险废物的预处理工艺流程如图 5.69 所示。

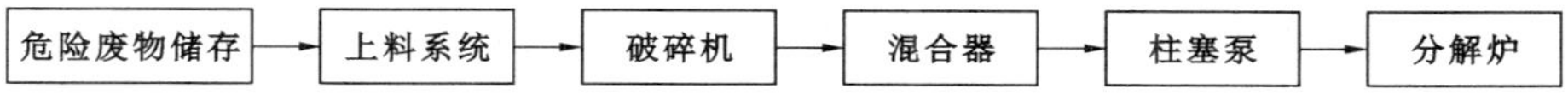

图 5.69　半固态可燃危险废物预处理工艺流程

半固态可燃危险废物通过提升机或抓斗送至破碎机，经破碎后，进入混合器进行混合搅拌，以调整其均匀性。搅拌后的物料经过泵送装置，泵送至水泥生产线分解炉，进行高温焚烧处理。

（5）非挥发性生料配料类危险废物

非挥发性生料配料类危险废物，经运输车运入厂区，卸入非挥发性危险废物专用储存库内，通过卸料斗和计量设备后，经输送机送入生料磨，与其他原料一起配料粉磨，然后送入生料储库内储存。

非挥发性生料配料类危险废物的预处理工艺流程如图 5.70 所示。

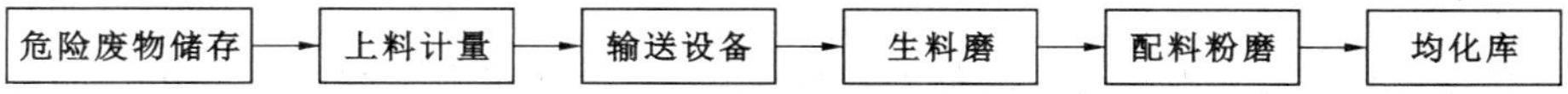

图 5.70　非挥发性生料配料类危险废物预处理工艺流程

为满足储存及工艺要求，又不对水泥生产产生明显不利影响，入磨处置的非挥发性固体废物含水率需低于 40%，必要时需要单独配置破碎或粉碎装置。

（6）飞灰类危险废物

垃圾焚烧发电厂和危险废物焚烧厂产生的飞灰，在含氯量合适的情况下，可以直接进入回转窑窑头燃烧器焚烧处置。合适的氯含量不会对水泥生产线和熟料质量造成明显影响。

飞灰类危险废物的预处理工艺流程如图 5.71 所示。

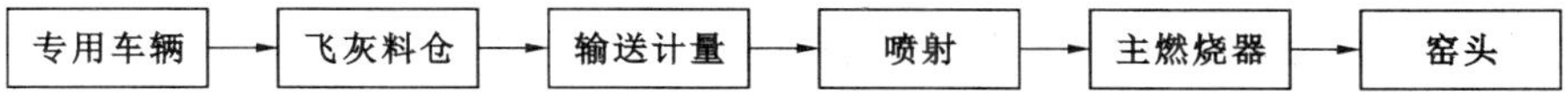

图 5.71　飞灰类危险废物预处理工艺流程

飞灰类危险废物经专用运输车运入厂区，泵入专用储存仓内，计量后经喷射进入窑头燃烧器焚烧。该工艺要求飞灰类危险废物的含水率在 5%以下。

5.11.5　水泥窑协同处置污染土壤

水泥生产以钙质、硅铝质原料为主，同时需要少量的铁元素，允许少量的其他杂质存在。污染土壤除了含少量的污染物之外，其主要成分与水泥原料中的硅铝质原料相似，因此可成为水泥生产的部分替代原料。

采用X射线荧光分析方法，对北京某地的有机污染土壤、甘肃某地的重金属污染土壤及水泥厂的硅铝质原料的化学成分进行分析，结果如表5.9所示。

表5.9　污染土壤和水泥厂硅铝质原料的化学成分　（质量分数，%）

名称	$w(SiO_2)$	$w(Al_2O_3)$	$w(Fe_2O_3)$	$w(CaO)$	$w(MgO)$	$w(Na_2O)$	其他
重金属土壤	62.09	15.00	2.43	5.18	6.79	3.97	4.54
有机土壤	59.20	15.19	7.14	4.18	3.70	2.39	8.20
硅铝质原料	60.25	14.72	5.48	7.41	4.92	2.69	4.53

由表5.9可见，北京某地的有机污染土壤、甘肃某地的重金属污染土壤的化学组成与水泥厂的硅铝质原料类似，进行预处理后，可以作为水泥的替代原料使用。

水泥厂在处置固体废物时，其投料点的位置应根据固体废物的特性进行选择，最常见的是：窑头高温段（包括窑头主燃烧器投加点和窑门罩投加点）、窑尾高温段（分解炉、窑尾烟室和上升烟道投加点）、生料配料系统（生料磨投加点）。前两者主要针对易挥发的有机污染物，生料磨只能投加不含有机物和挥发/半挥发性重金属的固态废物。

常见的水泥窑协同处置污染土壤投料点有两处：窑尾高温段（分解炉、窑尾烟室和上升烟道投加点）和生料配料系统（生料磨投加点）。根据污染土壤的性质和污染土壤的污染物特点，前者主要是针对有机污染土壤和有机物-重金属复合污染土壤，后者主要用来处理不含汞的重金属污染土壤以及高沸点有机物污染土壤。

含有重金属的污染土壤在水泥窑中经过100～1400 ℃的动态烧结，重金属经历了挥发—生料吸附—再挥发—循环富集等复杂过程，最后分成了固态和气态两种形态排放，固态为水泥熟料（重金属固溶进熟料），气态为窑尾烟气。在实验室中应该关注重金属在100～1400 ℃的挥发特性、水泥熟料对重金属的固溶特性等。

值得注意的是，在水泥窑协同处置废物的过程中，需要关注水泥熟料和胶砂试块的重金属浸出特性以及烟气排放特性，并遵守相关的标准和规范。我国有关水泥窑协同处置废物的相关标准和规范如下：

《水泥工厂设计规范》(GB 50295—2016)

《水泥窑协同处置污泥工程设计规范》(GB 50757—2012)

《水泥窑协同处置工业废物设计规范》(GB 50634—2010)

《水泥工业大气污染物排放标准》(GB 4915—2013)

《水泥窑协同处置固体废物污染控制标准》(GB 30485—2013)

《水泥窑协同处置固体废物技术规范》(GB 30760—2014)

《水泥窑协同处置固体废物环境保护技术规范》(HJ 662—2013)

《水泥窑协同处置固体废物污染防治技术政策》环境保护部2016年第72号公告

《水泥窑协同处置危险废物经营许可证审查指南（试行）》环境保护部2017年第22号公告

《排污单位自行监测技术指南　水泥工业》(HJ 848—2017)

习　题

5.1　生料要经过哪些物理、化学变化后才能形成熟料？

5.2　为什么悬浮预热器可提高水泥熟料的生产效率和热效率？

5.3　悬浮预热器有何功能？常见的有几种类型？

5.4　旋风筒的主要功能是什么？

5.5　降低旋风筒的阻力可采取哪些措施？

5.6　水泥预分解窑连接旋风筒的管道主要作用是什么？

5.7　如何加速 $CaCO_3$ 的分解过程？

5.8　设某分解炉的温度为 900 ℃，炉气中的 CO_2 浓度为 13%，入分解炉生料的特征粒径为 30 μm，请计算生料分解率为 93%时所需的分解时间。

5.9　预分解窑为何能大幅度提高水泥熟料的产量？

5.10　常见预分解窑的分解炉有几种类型？各有何特点？

5.11　固相反应有何特点？怎样才能使固相反应充分、快速进行？

5.12　C_3S 形成的基本条件是什么？有哪些因素会影响 C_3S 的形成？

5.13　生产中可以采取哪些措施来确保熟料煅烧的顺利进行？

5.14　水泥熟料在煅烧过程中，主要进行了哪些反应？

5.15　水泥预分解窑为何对原燃料中的碱、硫、氯含量有所限制？

5.16　水泥回转窑有何功能？

5.17　回转窑内可划分为几个反应带，各反应带的主要反应如何？

5.18　水泥预分解窑系统中所用的回转窑有何工艺特点？

5.19　请说明熟料粉化的原因。

5.20　何谓粉化料？生产上如何避免粉化料？

5.21　采用 CaF_2 作矿化剂时，应注意哪些问题？

5.22　碱含量的高低对熟料煅烧和性能有何影响？

5.23　预分解窑熟料 MgO 含量较高，应采取怎样的措施？

5.24　生产实际中，如何正确看待含某些微量元素较高的原料？若使用它们，生产工艺上应采用哪些措施？

5.25　回转窑内常见的火焰有几种类型？各有何特点？

5.26　按风道分，煤粉燃烧器有几种类型？

5.27　四风道燃烧器有何优点？

5.28　回转窑中的窑皮是什么？为什么回转窑在煅烧过程中需要窑皮？

5.29　在回转窑煅烧过程中，如何保护窑皮？

5.30　预分解窑系统中的结皮是如何产生的？

5.31　结皮与窑皮有什么区别？

5.32　如何预防和处理结皮？

5.33　什么是熟料冷却机？在工艺和热工方面对冷却机有何要求？

5.34　水泥熟料冷却机主要有几种形式？各有何特点？

5.35　急冷熟料有什么好处？

5.36　水泥熟料理论热耗如何计算？大致的数据是多少？

5.37　试述降低熟料热耗的有效措施。

5.38　预分解窑系统为什么要用增湿塔？

5.39　水泥厂有哪几处的余热可用于发电？

5.40　水泥厂余热发电系统中有几种余热锅炉？

5.41　为何余热发电锅炉对给水有要求？

5.42　水泥厂常用的除尘设备有哪些类型？各有哪些特点？各适应于哪些场合？

5.43　氮氧化物有何危害？如何减少氮氧化物的排放量？

5.44　采用 SNCR 技术减排氮氧化物，其基本原理是什么？

5.45　与其他废物处置方法相比，用水泥窑协同处置废物有何优势？

5.46　我国常见的水泥窑协同处置城市垃圾的技术路线有几种？各有何特点？

5.47　水泥厂协同处置污泥有何特点？目前常见的处置工艺有哪些？各有何特点？

5.48　水泥窑通常是如何协同处置危险废物的？

5.49　水泥窑协同处置危险废物，为什么通常要将危险废物进行预处理？

5.50　污染土壤通常可以替代黏土作为水泥生产的原料，为什么？应注意什么问题？

6 通用硅酸盐水泥标准、混合材料与制成

通用硅酸盐水泥简称通用水泥，为大量土木工程一般用途的水泥，是以硅酸盐水泥熟料为主要组分，在粉磨时加入适量的石膏和不同品种、不同数量的混合材料而制成的水泥，是产量最大、使用面最广的水泥。

6.1 通用硅酸盐水泥的标准

国家标准对通用水泥的组分材料、强度等级、技术要求、检验分析方法等均有严格的规定。以下参照 GB 175—2023《通用硅酸盐水泥》国家标准，阐述通用硅酸盐水泥的定义、分类及技术要求。

6.1.1 通用硅酸盐水泥定义与分类

通用硅酸盐水泥按混合材料的品种和掺量分为硅酸盐水泥、普通硅酸盐水泥、矿渣硅酸盐水泥、火山灰质硅酸盐水泥、粉煤灰硅酸盐水泥和复合硅酸盐水泥。各品种的组分和代号应符合表 6.1 的规定。

表 6.1 通用硅酸盐水泥的品种和组分

<table>
<tr><th rowspan="4">品种</th><th rowspan="4">代号</th><th colspan="8">组分(质量分数)/%</th></tr>
<tr><th rowspan="3">熟料＋石膏</th><th colspan="7">混合材料</th></tr>
<tr><th colspan="5">主要混合材料</th><th colspan="2">替代混合材料</th></tr>
<tr><th>粒化高炉矿渣/矿渣粉</th><th>粉煤灰</th><th>火山灰质混合材料</th><th>石灰石</th><th>砂岩</th><th>粉煤灰/火山灰</th><th>石灰石</th></tr>
<tr><td rowspan="3">硅酸盐水泥</td><td>P·Ⅰ</td><td>100</td><td>—</td><td>—</td><td>—</td><td>—</td><td>—</td><td>—</td><td>—</td></tr>
<tr><td rowspan="2">P·Ⅱ</td><td rowspan="2">95～100</td><td>0～<5</td><td>—</td><td>—</td><td>—</td><td>—</td><td>—</td><td>—</td></tr>
<tr><td>—</td><td>—</td><td>—</td><td>≥0 且<5</td><td></td><td>—</td><td>—</td></tr>
<tr><td>普通硅酸盐水泥</td><td>P·O</td><td>≥80 且<94</td><td colspan="3">≥6 且<20</td><td>—</td><td>—</td><td>—</td><td>≥0 且<5</td></tr>
<tr><td rowspan="2">矿渣硅酸盐水泥</td><td>P·S·A</td><td>≥50 且<79</td><td>≥21 且<50</td><td>—</td><td>—</td><td>—</td><td rowspan="2">—</td><td colspan="2" rowspan="2">≥0 且<8[a]</td></tr>
<tr><td>P·S·B</td><td>≥30 且<49</td><td>≥51 且<70</td><td>—</td><td>—</td><td>—</td></tr>
<tr><td>粉煤灰硅酸盐水泥</td><td>P·F</td><td>≥60 且<79</td><td>—</td><td>≥21 且<40</td><td>—</td><td rowspan="2"></td><td rowspan="2">—</td><td rowspan="2">—</td><td rowspan="2">≥0 且<5[b]</td></tr>
<tr><td>火山灰质硅酸盐水泥</td><td>P·P</td><td>≥60 且<79</td><td>—</td><td>—</td><td>≥21 且<40</td></tr>
</table>

续表 6.1

品种	代号	组分(质量分数)/%							
		熟料+石膏	混合材料						
			主要混合材料					替代混合材料	
			粒化高炉矿渣/矿渣粉	粉煤灰	火山灰质混合材料	石灰石	砂岩	粉煤灰/火山灰	石灰石
复合硅酸盐水泥	P·C	≥50且<79	≥21且<50[c]					—	—

注:a. 替代混合材料为符合本标准规定的粉煤灰或火山灰、石灰石。替代后P·S·A矿渣硅酸盐水泥中粒化高炉矿渣/矿渣粉含量(质量分数)应不小于水泥质量的21%,P·S·B矿渣硅酸盐水泥中粒化高炉矿渣/矿渣粉含量(质量分数)应不小于水泥质量的51%。

b. 替代混合材料为符合本标准规定的石灰石。替代后粉煤灰硅酸盐水泥中粉煤灰含量(质量分数)应不小于水泥质量的21%,火山灰质硅酸盐水泥中火山灰质混合材料含量(质量分数)应不小于水泥质量的21%。

c. 混合材料由符合本标准规定的粒化高炉矿渣/矿渣粉、粉煤灰、火山灰质混合材料、石灰石和砂岩中的三种(含)以上材料组成。其中,石灰石含量(质量分数)应不大于水泥质量的15%。

(1) 硅酸盐水泥

凡由硅酸盐水泥熟料、<5%石灰石或粒化高炉矿渣、适量石膏磨细制成的水硬性胶凝材料,称为硅酸盐水泥(即国外通称的波特兰水泥)。硅酸盐水泥分两种类型:不掺加混合材料的称Ⅰ型硅酸盐水泥,代号P·Ⅰ;在硅酸盐水泥熟料粉磨时,掺加不超过水泥质量5%的石灰石或粒化高炉矿渣/矿渣粉混合材料的称为Ⅱ型硅酸盐水泥,代号P·Ⅱ。

(2) 普通硅酸盐水泥

凡由硅酸盐水泥熟料、≥6%且<20%的粒化高炉矿渣/矿渣粉、粉煤灰、火山灰质混合材料(允许用<5%的石灰石替代)和适量石膏磨细制成的水硬性胶凝材料,称为普通硅酸盐水泥(简称普通水泥),代号P·O。

(3) 矿渣硅酸盐水泥

凡由硅酸盐水泥熟料和粒化高炉矿渣/矿渣粉、适量石膏磨细制成的水硬性胶凝材料,称为矿渣硅酸盐水泥(简称矿渣水泥)。矿渣硅酸盐水泥分为A型和B型。A型矿渣水泥中粒化高炉矿渣/矿渣粉的掺加量,按质量分数计为≥21%且<50%,代号P·S·A;B型矿渣水泥中高炉矿渣的掺加量,按质量分数计为≥51%且<70%,代号P·S·B。

矿渣水泥中的矿渣应符合GB/T 203—2008《用于水泥中的粒化高炉矿渣》或GB/T 18046—2017《用于水泥、砂浆和混凝土中的粒化高炉矿渣粉》的技术要求,其中允许用不超过水泥质量8%的粉煤灰、火山灰或石灰石混合材料替代。替代后P·S·A矿渣硅酸盐水泥中粒化高炉矿渣/矿渣粉含量(质量分数)应不小于水泥质量的21%,P·S·B矿渣硅酸盐水泥中粒化高炉矿渣/矿渣粉含量(质量分数)应不小于水泥质量的51%。

(4) 火山灰质硅酸盐水泥

凡由硅酸盐水泥熟料和火山灰质混合材料、适量石膏磨细制成的水硬性胶凝材料,称为火山灰质硅酸盐水泥(简称火山灰水泥),代号P·P。水泥中火山灰质混合材料应符合GB/T 2847—2022《用于水泥中的火山灰质混合材料》的要求,掺加量按质量分数计为≥21%且<40%,其中允许用不超过水泥质量5%的石灰石替代,替代后火山灰质硅酸盐水泥中火山灰质混合材料含量(质量分数)应不小于水泥质量的21%。

(5) 粉煤灰硅酸盐水泥

凡由硅酸盐水泥熟料和粉煤灰、适量石膏磨细制成的水硬性胶凝材料,称为粉煤灰硅酸盐水泥(简称粉煤灰水泥),代号P·F。水泥中粉煤灰应符合GB/T 1596—2017《用于水泥和混凝土中的粉煤灰》的要求，掺加量按质量分数计为≥21%且<40%，其中允许用不超过水泥质量5%的石灰石替代，替代后粉煤灰硅酸盐水泥中粉煤灰混合材料含量(质量分数)应不小于水泥质量的21%。

(6) 复合硅酸盐水泥

凡由硅酸盐水泥熟料、粒化高炉矿渣/矿渣粉、粉煤灰、火山灰质混合材料、石灰石和砂岩中的三种(含)以上混合材料、适量石膏磨细制成的水硬性胶凝材料，称为复合硅酸盐水泥(简称复合水泥)，代号P·C。水泥中混合材料总掺加量，按质量百分数计为≥21%且<50%。其中，石灰石含量(质量分数)应不大于水泥质量的15%。

6.1.2 通用硅酸盐水泥的组分材料

(1) 熟料

硅酸盐水泥熟料，其中硅酸钙矿物应不小于66%，CaO和SiO_2质量比应不小于2.0。

(2) 石膏

天然石膏：应符合GB/T 5483—2008中规定的G类石膏或M类混合石膏。

工业副产石膏：应符合GB/T 21371—2019的规定。

(3) 粒化高炉矿渣/矿渣粉

粒化高炉矿渣应符合GB/T 203—2008的规定。粒化高炉矿渣粉除活性指数外，应符合GB/T 18046—2017的规定。

(4) 粉煤灰

粉煤灰应符合GB/T 1596—2017的规定(强度活性指数、碱含量除外)。粉煤灰中铵离子的限量应不大于210 mg/kg，按GB/T 39701—2020规定的方法进行检验。

(5) 火山灰质混合材料

除水泥胶砂28 d抗压强度比外，火山灰质混合材料应符合GB/T 2847—2022的规定。

(6) 石灰石和砂岩

石灰石、砂岩的亚甲蓝值应不大于1.4 g/kg。亚甲蓝值按GB/T 35164—2017中附录A的规定进行检验。

(7) 水泥助磨剂

水泥助磨剂，是指在水泥粉磨过程中为提高粉磨效率而添加微量或少量即可改善粉磨过程的一种化学外加剂。水泥粉磨时允许加入助磨剂，其加入量应不超过水泥质量的0.5%，助磨剂应符合GB/T 26748—2011的规定。

6.1.3 通用硅酸盐水泥的主要性能

安定性、凝结时间及强度是通用硅酸盐水泥的三项主要性能。

(1) 安定性

水泥加水硬化后体积变化的均匀性称为水泥安定性，即水泥在加水以后，逐渐水化硬化，水泥硬化浆体能保持一定形状，不开裂、不变形、不溃散的性质。一般来说，除了膨胀水泥在凝结硬化过程中体积稍有膨胀外，其他大多数品种水泥在此过程中体积稍有收缩，但这些膨胀和收缩都是硬化之前完成的，因此水泥石(包括砂浆和混凝土)的体积变化均匀，即安定性良好。如果水泥中某些成分的化学反应不在硬化前完成而在硬化后发生，并伴随有体积变化，这时便会使已经硬化的水泥石内部产生有害的内应力。如果这种内应力大到足以使水泥石的强度明显降低，甚至溃裂导致水泥制品破坏时，即是水泥安定性不良。

水泥安定性不良，一般是由熟料中的f-CaO、结晶MgO或水泥中掺入石膏过多等原因所造成。其中，f-CaO是一种最常见、影响也最严重的因素。死烧状态的f-CaO水化速度很慢，在硬化的水泥石中继续与水生成六方板状的 $Ca(OH)_2$ 晶体，体积增大近一倍，产生膨胀应力，以致破坏水泥石。其次是结晶 MgO，即方镁石，它的水化速度更慢，水化生成 $Mg(OH)_2$ 时体积膨胀 148%。但急冷熟料中的方镁石结晶细小，对安定性影响不大。第三是水泥中 $CaSO_4$ 含量过高，即石膏掺入量过多，多余的 $CaSO_4$ 在水泥硬化后继续与水和 C_3A 形成钙矾石，体积膨胀，产生膨胀应力而影响水泥的安定性。

不同原因引起的水泥安定性不良，必须采用不同的试验方法检验。f-CaO 由于水化相对较快，只需加热到 100 ℃即可在短时间内判断是否会引起水泥的安定性不良，所以采用沸煮法检验。方镁石由于水化很慢，即使加热到 100 ℃也不能判断，必须采用高温高压(215.7 ℃，2.0 MPa)才能在短时间内得出结论，所以需要采用压蒸法进行检验。由于水泥中的 MgO 不全是方镁石，而且方镁石的危害程度还与其结晶颗粒大小等因素有关，试验证明只要水泥中 MgO 的含量符合表 6.2 的要求，就可以确保其无害，不必进行压蒸安定性检验。而对于 $CaSO_4$ 所引起的安定性不良，大量的试验表明只要控制水泥中的 SO_3 含量不大于 3.5%(矿渣水泥中 SO_3 含量不大于4.0%)，水泥就不会由于 $CaSO_4$ 而出现安定性不良。如果要判断 $CaSO_4$ 含量高会否造成水泥的安定性不良，由于钙矾石在高温下会分解，所以必须采用水浸法(20 ℃水中浸 28 d)进行检验。

(2) 凝结时间

水泥的凝结时间是指水泥从加水开始到失去流动性，即从可塑性状态发展到固体状态所需要的时间，分初凝时间和终凝时间两种。初凝时间是指水泥从加水开始到初步失去塑性状态的时间；终凝时间是指水泥从加水拌和开始到完全失去塑性的时间。为保证水泥使用时砂浆或混凝土有充分时间进行搅拌、运输、浇捣和砂浆的粉刷、砌筑，必须要求水泥有一定的初凝时间。当水泥施工完毕后又希望水泥混凝土能较快硬化，以便提高施工速度和缩短模板周转时间，因此，又要求水泥有不太长的终凝时间。水泥的凝结时间与熟料的矿物组成、石膏种类和掺量、碱含量、粉磨细度等有关。硅酸盐水泥中加入适量石膏可以调节水泥的凝结时间，提高水泥强度等，但石膏掺量过多，不仅会降低水泥强度，还会导致水泥安定性不良。因此，国家标准中规定了水泥中 SO_3 的极限含量。水泥存在一个最适宜的石膏掺量，通常应通过试验综合考虑强度、凝结时间等性能后确定。

(3) 强度

水泥的强度是评价水泥质量的一个重要指标，是设计混凝土配合比的重要依据。质量合格的水泥在水化硬化过程中，强度是逐渐增长的。如果水泥的安定性严重不良，就有可能造成水泥 3 d 以后的强度出现降低，甚至崩溃而没有强度，这叫作强度倒缩。一般将 3 d 强度称为早期强度，28 d 及其后的强度称为后期强度，有的将三个月以后的强度称为长期强度。由于水泥经 28 d 后强度已大部分发挥出来，所以用 28 d 强度划分水泥的强度等级。凡是符合某一强度等级和某一类型的水泥，必须同时满足表 6.3 中规定的各龄期抗压、抗折强度的相应指标，若其中任一龄期的抗压、抗折强度指标达不到所要求强度等级的规定，则以其中最低的某一龄期的强度指标确定该水泥的强度等级。

6.1.4　通用硅酸盐水泥的强度等级

硅酸盐水泥、普通硅酸盐水泥的强度等级分为 42.5、42.5R、52.5、52.5R、62.5、62.5R 六个等级。

矿渣硅酸盐水泥、粉煤灰硅酸盐水泥、火山灰质硅酸盐水泥的强度等级分为 32.5、32.5R、42.5、42.5R、52.5、52.5R 六个等级。

复合硅酸盐水泥的强度等级分为 42.5、42.5R、52.5、52.5R 四个等级。

其中 R 型水泥属于快硬型，对其 3 d 强度有较高的要求。

6.1.5　通用硅酸盐水泥的技术要求

(1) 化学要求

通用硅酸盐水泥的化学要求应符合表 6.2 的规定。

表 6.2　通用硅酸盐水泥的化学要求　　（质量分数，%）

品种	代号	不溶物	烧失量	三氧化硫	氧化镁	氯离子
硅酸盐水泥	P·Ⅰ	≤0.75	≤3.0	≤3.5	≤5.0[a]	≤0.06
	P·Ⅱ	≤1.50	≤3.5			
普通硅酸盐水泥	P·O	—	≤5.0			
矿渣硅酸盐水泥	P·S·A	—	—	≤4.0	≤6.0[b]	
	P·S·B	—	—		—	
火山灰质硅酸盐水泥	P·P	—	—	≤3.5	≤6.0	
粉煤灰硅酸盐水泥	P·F	—	—			
复合硅酸盐水泥	P·C	—	—			

[a] 如果水泥压蒸试验合格，则水泥中氧化镁的含量（质量分数）允许放宽至 6.0%。

[b] 如果水泥中氧化镁的含量（质量分数）大于 6.0%，需进行水泥压蒸安定性试验并合格。

（2）水泥中水溶性铬（Ⅵ）

通用硅酸盐水泥中水溶性铬（Ⅵ）应符合 GB 31893—2015《水泥中水溶性铬（Ⅵ）的限量及测定方法》的要求。

（3）碱含量

通用硅酸盐水泥中碱含量按$[w(Na_2O)+0.658w(K_2O)]$计算值表示。当买方要求提供低碱水泥时，由买卖双方协商确定。

（4）物理要求

① 凝结时间

硅酸盐水泥初凝不小于 45 min，终凝不大于 390 min；

普通硅酸盐水泥、矿渣硅酸盐水泥、火山灰质硅酸盐水泥、粉煤灰硅酸盐水泥和复合硅酸盐水泥初凝时间应不小于 45 min，终凝时间应不大于 600 min。

② 强度

通用硅酸盐水泥不同龄期强度应符合表 6.3 的规定。

表 6.3　通用硅酸盐水泥不同龄期强度要求

强度等级	抗压强度/MPa		抗折强度/MPa	
	3 d	28 d	3 d	28 d
32.5	≥12.0	≥32.5	≥3.0	≥5.5
32.5R	≥17.0		≥4.0	
42.5	≥17.0	≥42.5	≥4.0	≥6.5
42.5R	≥22.0		≥4.5	
52.5	≥22.0	≥52.5	≥4.5	≥7.0
52.5R	≥27.0		≥5.0	
62.5	≥27.0	≥62.5	≥5.0	≥8.0
62.5R	≥32.0		≥5.5	

③ 细度

硅酸盐水泥细度以比表面积表示，应不低于 300 m^2/kg、且不高于 400 m^2/kg。普通硅酸盐水泥、矿渣硅酸盐水泥、粉煤灰硅酸盐水泥、火山灰质硅酸盐水泥、复合硅酸盐水泥的细度以 45 μm 方孔筛筛余表示，应不低于 5%。

当买方有特殊要求时，由买卖双方协商确定。

④ 放射性核素限量

内照射指数 I_{Ra}应不大于 1.0，外照射指数 I_r 应不大于 1.0。

⑤ 安定性

通用硅酸盐水泥出厂检验，安定性用沸煮法检验必须合格。当进行型式检验时，除沸煮法安定性外，还必须进行压蒸法安定性检验，两者都必须合格。

通用硅酸盐水泥出厂必须对水泥组分、化学要求、凝结时间、沸煮法安定性、强度和细度进行检验，全部满足这些项目技术要求的水泥为合格品，只要有一项不符合要求均为不合格品。

当水泥厂新投产，或原燃料有改变，或生产工艺有改变，或产品停产 6 个月后恢复生产，有这些情况之一者，应进行型式检验。型式检验内容为水泥组分和水泥的所有技术要求，有任何一项不符合要求的，即判定为型式检验不合格。正常生产时，每年至少应进行一次型式检验。其中，水泥中水溶性铬(Ⅵ)、放射性核素限量和压蒸法安定性检验至少每半年进行一次。

6.2 水泥混合材料

水泥生产用的混合材料品种很多，根据来源可分为天然混合材料和人工混合材料(主要是工业废渣)，根据混合材料的性质即其在水泥水化过程中所起的作用，分为活性和非活性两大类。

活性混合材料是指具有火山灰性或潜在的水硬性，以及兼有火山灰性和水硬性的矿物质材料。主要品种有各种工业炉渣(粒化高炉矿渣、钢渣、化铁炉渣、磷渣等)、火山灰质混合材料和粉煤灰三大类，它们的活性指标均应符合有关的国家标准或行业标准。

火山灰性，是指一种材料磨成细粉，单独不具有水硬性，但在常温下与石灰一起和水后能形成具有水硬性的化合物的性能；而潜在水硬性是指材料单独存在时基本无水硬性，但在某些激发剂的激发下，可呈现水硬性。常用的激发剂有两类：碱性激发剂(硅酸盐水泥熟料和石灰)；硫酸盐激发剂(各类天然石膏或以 $CaSO_4$ 为主要成分的化工副产品，如氟石膏、磷石膏等)。

非活性混合材是指在水泥中主要起填充作用而又不损害水泥性能的矿物质材料，即活性指标达不到活性混合材要求的矿渣、火山灰材料、粉煤灰以及石灰石、砂岩、生页岩等材料。一般对非活性混合材的要求是对水泥性能无害。

水泥中掺加混合材料，一方面可以改善和调节水泥的某些性质，增加水泥的产量，降低水泥的生产成本；另一方面，综合利用了工业废渣，减少了环境污染。

6.2.1 粒化高炉矿渣

在高炉冶炼生铁时，所得以硅酸钙与铝酸钙为主要成分的熔融物，经淬冷成粒后，即为粒化高炉矿渣，简称矿渣，也称为水渣。粒化高炉矿渣是目前国内水泥工业中用量最大、质量最好的活性混合材料。但经慢冷(缓慢冷却)后的产品则呈现块状或细粉状等，不具有活性，属非活性混合材料。

在高炉中冶炼锰铁时生成的废渣称为锰铁渣，除 MnO 含量较高外，其他成分及性能与一般的冶炼生铁时的粒化高炉矿渣相似，故通常将锰铁矿渣包括在粒化高炉矿渣之内。

高炉矿渣中主要的化学成分是：二氧化硅(SiO_2)、三氧化二铝(Al_2O_3)、氧化钙(CaO)、氧化镁(MgO)、氧化锰(MnO)、氧化亚铁(FeO)和硫等。此外有些矿渣还含有微量的氧化钛(TiO_2)、五氧化二钒(V_2O_5)、氧化钠(Na_2O)、氧化钡(BaO)、五氧化二磷(P_2O_5)、三氧化二铬(Cr_2O_3)等。在高炉矿渣中 CaO、SiO_2、Al_2O_3 占总质量的 90%以上。矿渣中碱性氧化物(CaO+MgO)含量(质量分数,%)与酸性氧化物($SiO_2+Al_2O_3$)含量(质量分数,%)的比值,称为碱性系数,用 M_0 表示,如式(6.1)所示。

$$M_0=\frac{w(\mathrm{CaO})+w(\mathrm{MgO})}{w(\mathrm{SiO_2})+w(\mathrm{Al_2O_3})} \tag{6.1}$$

根据 M_0 的大小,可以将矿渣分为三种:$M_0>1$ 的矿渣为碱性矿渣;$M_0=1$ 的矿渣称为中性矿渣;$M_0<1$ 的矿渣称为酸性矿渣。根据冶炼生铁的种类,矿渣又可分为铸铁矿渣、炼钢生铁矿渣、特种生铁矿渣(如锰铁矿渣、镁铁渣)。根据冷却方法、物理性能及外形,矿渣则可分为缓冷渣(块状、粉状)和急冷渣(粒状、纤维状、多孔状、浮石状)。几种高炉矿渣的化学成分如表 6.4 所示。

表 6.4　高炉矿渣的化学成分　　(质量分数,%)

种类	w(CaO)	$w(SiO_2)$	$w(Al_2O_3)$	w(MgO)	w(MnO)	$w(Fe_2O_3)$	w(S)	$w(TiO_2)$	$w(V_2O_5)$
炼钢、铸造高炉渣	32~49	32~41	6~17	2~13	0.1~4	0.2~4	0.2~2	—	—
锰铁渣	25~47	21~37	7~23	1~9	3~24	0.1~1.7	0.2~2	—	—
钒钛渣	20~31	19~32	13~17	7~9	0.3~1.2	0.2~1.9	0.2~1	6~25	0.06~1

高炉矿渣中的各种氧化物成分以各种形式的硅酸盐矿物存在。

碱性高炉矿渣中最常见的矿物有黄长石、硅酸二钙、橄榄石、硅钙石、硅灰石和尖晶石。

酸性高炉矿渣由于其冷却的速度不同,形成的矿物也不一样:当快速冷却时全部凝结成玻璃体;当缓慢冷却时(特别是弱酸性的高炉矿渣)往往出现结晶的矿物相,如黄长石、假硅灰石、辉石和斜长石等。

高钛高炉矿渣的矿物成分中几乎都含有钛。

锰铁矿渣中存在锰橄榄石($2MnO\cdot SiO_2$)和蔷薇辉石($MnO\cdot SiO_2$)矿物。

高铝矿渣中存在大量的铝酸钙($CaO\cdot Al_2O_3$)、三铝酸五钙($5CaO\cdot 3Al_2O_3$)、二铝酸钙($CaO\cdot 2Al_2O_3$)等。

矿渣的活性主要取决于它的化学成分和成粒质量。从化学成分来说,其质量以 CaO、MgO、Al_2O_3 含量之和与 SiO_2、MnO、TiO_2 含量之和的比来表示,所得比值称之为质量系数,用 K 表示,如式(6.2)所示。K 越大,矿渣活性也就越大。

$$K=\frac{w(\mathrm{CaO})+w(\mathrm{MgO})+w(\mathrm{Al_2O_3})}{w(\mathrm{SiO_2})+w(\mathrm{MnO})+w(\mathrm{TiO_2})} \tag{6.2}$$

矿渣的质量,除用质量系数 K 评定外,还可采用强度试验法加以验证。用同一种熟料,制成各种不同掺入量(质量分数,%)的矿渣水泥和用该种熟料制成的硅酸盐水泥,在严格控制石膏比表面积和掺入量的条件下,测定其 28 d 的抗压强度(单位:MPa)。然后用式(6.3)的计算值 R 评定矿渣质量:

$$R=\frac{\text{矿渣水泥 28 d 抗压强度}}{\text{硅酸盐水泥 28 d 抗压强度}\times(1-\text{矿渣掺入量})} \tag{6.3}$$

若 $R<1$,则说明矿渣质量不佳,R 越大,说明矿渣质量越好。

用于水泥生产的矿渣,其性能应符合表 6.5 的要求,放射性应符合 GB 6566—2010《建筑材料放射性核素限量》的规定,矿渣中不得混有外来夹杂物,如含铁尘泥、未经充分淬冷的矿渣等。

表 6.5　矿渣的性能要求

项目	技术指标
质量系数 K	≥1.2
二氧化钛的质量分数/%	≤2.0[a]

续表 6.5

项目	技术指标
氧化亚锰的质量分数/%	≤2.0[b]
氟化物的质量分数(以 F 计)/%	≤2.0
硫化物的质量分数(以 S 计)/%	≤3.0
堆积密度/(kg/m^3)	≤1.2×10^3
最大粒度/mm	≤50
大于 10 mm 颗粒的质量分数/%	≤8
玻璃体质量分数/%	≥70

注:a. 以钒钛磁铁矿为原料在高炉冶炼生铁时所得的矿渣,二氧化钛的质量分数可以放宽到 10%。
b. 在高炉冶炼锰铁时所得的矿渣,氧化亚锰的质量分数可以放宽到 15%。

高炉矿渣原本是工业废料,过去是用矿渣车送往弃渣场倾倒堆积,自从 20 世纪中期被发现具有潜在水硬性,可以作为水泥混合材料用于生产水泥后,矿渣就开始变废为宝,被大量地应用于水泥厂。20 世纪 90 年代初,发现矿渣单独粉磨可以大幅度提高矿渣的活性,提高矿渣水泥中的矿渣掺量,于是,矿渣就被单独粉磨成矿渣粉,然后与熟料和石膏粉混合生产矿渣水泥。后来,这项技术被混凝土行业所利用,将矿渣粉作为矿物添加剂直接用于配制水泥混凝土。广大钢铁厂见有利可图,就纷纷兴建矿渣粉磨生产线,出售矿渣粉,很少对外出售矿渣,矿渣变成了紧俏的资源。一些水泥厂为了提高水泥的产量,降低生产成本,也购买矿渣粉用于生产水泥。

当水泥厂使用矿渣粉生产水泥时,矿渣粉应符合 GB/T 18046—2017《用于水泥、砂浆和混凝土中的粒化高炉矿渣粉》的要求。

6.2.2 火山灰质混合材料

凡天然的或人工的以 SiO_2、Al_2O_3 为主要成分的矿物质原料,本身磨细加水拌和并不硬化,但与石灰混合后,再加水拌和,则不但能在空气中硬化,而且能在水中继续硬化者,称为火山灰质混合材料。按其成因可分为天然的和人工的两大类。

天然的火山灰质混合材料:

(1) 火山灰　火山喷发的细粒碎屑的疏松沉积物。

(2) 凝灰岩　由火山灰沉积形成的致密岩石。

(3) 沸石岩　凝灰岩经环境介质作用而形成的一种以碱或碱土金属的含水铝硅酸盐矿物为主要成分的岩石。

(4) 浮石　火山喷出的多孔的玻璃质岩石。

(5) 硅藻土和硅藻石　由极细致的硅藻介壳聚集、沉积而成的岩石。

人工的火山灰质混合材料:

(1) 煤矸石　煤层中炭质页岩经自燃或煅烧后的产物。

(2) 烧页岩　页岩或油母页岩经煅烧或自燃后的产物。

(3) 烧黏土　黏土经煅烧后的产物。

(4) 煤渣　煤炭燃烧后的残渣。

(5) 硅质渣　由矾土提取硫酸铝的残渣。

(6) 硅灰　炼硅或硅铁合金过程中得到的副产品。SiO_2 含量通常在 90%以上,主要以玻璃态存在,颗粒平均尺寸在 0.1 μm 左右,具有非常高的火山灰活性。

火山灰质混合材料的化学成分以 SiO_2、Al_2O_3 为主，其含量占 70%左右。而 CaO 含量较低，其矿物组成随其成因变化较大。

火山灰性试验，可依据 GB/T 2847—2022《用于水泥中的火山灰质混合材料》附录 A 进行，具体方法是：

① 称取(20±0.01)g 掺 30%火山灰质混合材料的水泥与 100 mL 蒸馏水制成混浊液，于(40±1)℃的条件下恒温 8 d 后，将溶液过滤。

② 取滤液测定其总碱度(mmol/L)。

③ 测定滤液的氧化钙含量(mmol/L)。

④ 以总碱度(OH^- 浓度)为横坐标，以氧化钙含量(CaO 浓度)为纵坐标，火山灰性试验结果见图 6.1。

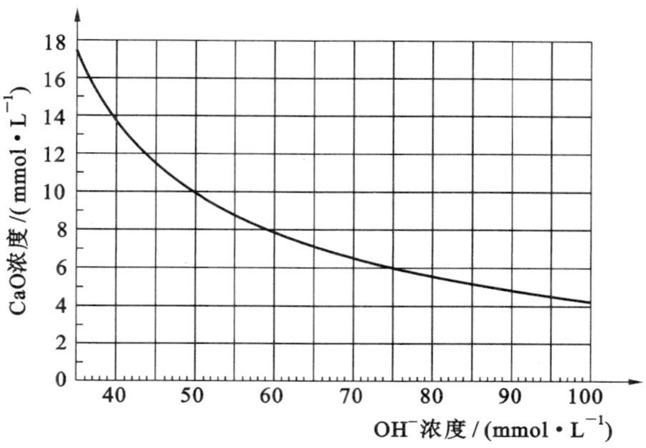

图 6.1　评定火山灰性的曲线图

⑤ 结果评定：如果试验点在曲线(40 ℃氢氧化钙的溶解度曲线)的下方，则认为该混合材的火山灰性合格；如果试验点在曲线上方或曲线上，则重做试验，但恒温为 15 d。如果此时试验点落在曲线下方，仍可认为火山灰性合格，否则不合格。

火山灰质混合材料的活性指数，是利用掺 30%火山灰质混合材的对比水泥(符合GSB 14—1510《强度检验用水泥标准样品》，不加任何混合材料，强度等级大于 42.5 MPa 的硅酸盐水泥)做胶砂 28 d抗压强度与对比水泥 28 d 抗压强度之比值 R 来评定。具体试验方法按GB/T 12957—2005《用于水泥混合材的工业废渣活性试验方法》进行。

用于水泥中的火山灰质混合材料，必须符合 GB/T 2847—2022《用于水泥中的火山灰质混合材料》的技术要求。

(1) 火山灰性：合格；

(2) 灼烧减量(质量分数)：≤10%；

(3) 三氧化硫含量(质量分数)：≤3.5%；

(4) 二氧化硅、三氧化二铝总量(质量分数)：≥50.0%；

(5) 活性指数(质量分数)：≥60%；

(6) 放射性：应符合 $I_{Ra}\leqslant 1.0$ 且 $I_{\gamma}\leqslant 1.0$；

(7) 可浸出重金属含量：应符合 GB/T 30760—2014《水泥窑协同处置固体废弃物技术规范》中对水泥熟料可浸出重金属含量限值的要求；

(8) 碱含量：以 $w(Na_2O)+0.658w(K_2O)$ 计算值表示，当买方要求提供低碱火山灰质混合材料时，其值由买卖双方协商确定。

符合上述技术要求的为合格，任何一项不符合要求的火山灰质混合材料不能作为水泥混合材料使用。

6.2.3　粉煤灰

从煤粉炉烟道气体中收集的粉末称为粉煤灰，按煤种分为 F 类和 C 类。F 类粉煤灰是由无烟煤或烟煤煅烧收集的粉煤灰；C 类粉煤灰是由褐煤或次烟煤煅烧收集的粉煤灰，其氧化钙含量一般大于10%。在火力发电厂，煤粉在锅炉内经 1100～1500 ℃的高温燃烧后，一般有 70%～80%呈粉状灰随烟气排出，经收尘器收集，即为粉煤灰；20%～30%呈烧结状落入炉底，称为炉底灰或炉渣。粉煤灰是最普遍而大宗的工业废渣之一。

粉煤灰的化学成分随煤种、燃烧条件和收尘方式等条件的不同而在较大范围内波动。但以 SiO_2、Al_2O_3 为主，并含有少量 Fe_2O_3、CaO。其活性取决于可溶性的 SiO_2、Al_2O_3 和玻璃体，以及它们的细度。此外，灼烧减量的高低（灼烧减量主要显示含碳量的高低，亦即燃烧的完全程度）也影响其质量。粉煤灰的粒度一般在 0.5～200 μm 之间，其主要颗粒大小在 1～50 μm 范围，80 μm 方孔筛筛余量为 3%～40%，质量密度 2.0～2.3 g/cm³，体积密度 0.6～1.0 g/cm³。

GB/T 1596—2017《用于水泥和混凝土中的粉煤灰》规定了拌制混凝土和砂浆用粉煤灰理化性能应符合的要求，如表 6.6 所示。水泥活性混合材料用粉煤灰理化性能应符合的要求，如表 6.7 所示。

表 6.6　拌制混凝土和砂浆用粉煤灰理化性能要求

项目		技术要求		
		Ⅰ级	Ⅱ级	Ⅲ级
细度（45 μm 方孔筛筛余量）/%	F 类粉煤灰	≤12.0	≤30.0	≤45.0
	C 类粉煤灰			
需水量比/%	F 类粉煤灰	≤95	≤105	≤115
	C 类粉煤灰			
灼烧减量(Loss)/%	F 类粉煤灰	≤5.0	≤8.0	≤10.0
	C 类粉煤灰			
含水量%	F 类粉煤灰	≤1.0		
	C 类粉煤灰			
三氧化硫（SO_3）质量分数/%	F 类粉煤灰	≤3.0		
	C 类粉煤灰			
游离氧化钙(f-CaO)质量分数/%	F 类粉煤灰	≤1.0		
	C 类粉煤灰	≤4.0		
二氧化硅（SiO_2）、三氧化二铝（Al_2O_3）和三氧化二铁（Fe_2O_3）总质量分数/%	F 类粉煤灰	≥70.0		
	C 类粉煤灰	≥50.0		
密度/(g/cm³)	F 类粉煤灰	≤2.6		
	C 类粉煤灰			
安定性（雷氏法）/ mm	C 类粉煤灰	≤5.0		
强度活性指数/%	F 类粉煤灰	≥70.0		
	C 类粉煤灰			

表 6.7　水泥活性混合材料用粉煤灰理化性能要求

项目		技术要求
灼烧减量(Loss)/%	F 类粉煤灰	≤8.0
	C 类粉煤灰	
含水量/%	F 类粉煤灰	≤1.0
	C 类粉煤灰	
三氧化硫（SO_3）质量分数/%	F 类粉煤灰	≤3.5
	C 类粉煤灰	
游离氧化钙(f-CaO)质量分数/%	F 类粉煤灰	≤1.0
	C 类粉煤灰	≤4.0
二氧化硅（SiO_2）、三氧化二铝（Al_2O_3）和三氧化二铁（Fe_2O_3）总质量分数/%	F 类粉煤灰	≥70.0
	C 类粉煤灰	≥50.0

续表 6.7

项目		技术要求
密度/(g/cm^3)	F 类粉煤灰	≤2.6
	C 类粉煤灰	
安定性(雷氏法)/mm	C 类粉煤灰	≤5.0
强度活性指数/%	F 类粉煤灰	≥70.0
	C 类粉煤灰	

需水量比：采用 1∶3 的水泥胶砂流动度进行测定计算，将对比水泥(符合 GSB 14—1510 标准，不加任何混合材料，强度等级大于 42.5 MPa 的硅酸盐水泥)砂浆和试验水泥(对比水泥加 30%粉煤灰)砂浆分别加一定量的水，使二者的流动度均达到 145～155 mm，此时试验水泥的加水量与对比水泥的加水量之比即为需水量比。

强度活性指数：按 GB/T 17671—2021《水泥胶砂强度检验方法(ISO 法)》测定试验胶砂和对比胶砂的抗压强度，以二者抗压强度之比确定试验胶砂的活性指数。试验胶砂配比为：对比水泥 315 g、粉煤灰 135 g、标准砂 1350 g、水 225 mL；对比胶砂配比为：对比水泥 450 g、标准砂 1350 g、水 225 mL。

6.2.4　其他混合材料

其他混合材料系指 GB/T 203—2008《用于水泥中的粒化高炉矿渣》、GB/T 2847—2022《用于水泥中的火山灰质混合材料》、GB/T 1596—2017《用于水泥和混凝土中的粉煤灰》标准规定以外的可用作水泥混合材料的各种工业废渣。

(1) 化铁炉渣

化铁炉渣是钢铁厂化铁炉排出的废渣，在熔融状态下经水淬急冷成细粒状。其矿物与矿渣类似，含有 C_2AS、CAS_2、CS 等矿物及少量 $C_2S_3 \cdot CaF$(枪晶石)和 CaF_2。可用作水泥混合材料，也可和矿渣一样，用于生产无熟料水泥和少熟料水泥或某些特种水泥。

(2) 粒化电炉磷渣

粒化电炉磷渣是采用磷矿石、硅石、焦炭在电炉内以电升华法制取黄磷所得的废渣在熔融状态下经水淬冷而成，简称磷渣。

磷渣的化学成分与矿渣相似，其不同点是 CaO、SiO_2 含量稍高，Al_2O_3 含量稍低，此外尚含有少量的 P_2O_5 和 CaF_2，其活性稍次于矿渣。用其作活性混合材使用时，其质量应符合 GB/T 6645—2008《用于水泥中的粒化电炉磷渣》的标准要求，所制得的水泥性能特点是早期强度稍低，但后期强度增长快，凝结较慢。

(3) 粒化高炉钛矿渣

以钒钛磁铁矿为原料在高炉冶炼生铁时，所得以钛的硅酸盐矿物和钙钛矿为主要成分的熔融渣，经淬冷成粒后，称为粒化高炉钛矿渣。

粒化高炉钛矿渣中 TiO_2 含量一般在 20%以上，故其活性大大下降，不同于一般矿渣。它呈黑褐色，有时夹杂少量金属铁块，结晶能力较强，形成的玻璃质也很少，基本上没有活性，通常用作非活性混合材料，其质量应符合 JC/T 418—2009《用于水泥中的粒化高炉钛矿渣》的标准要求。

(4) 增钙液态渣

电厂燃煤掺加适量石灰石共同粉磨制成煤粉，在炉内所得煤灰呈熔融状态排出，经淬冷而成为增钙液态渣。

与矿渣相比，其 CaO 含量较低，Al_2O_3 含量较高。当 CaO 含量大于 25%时，其活性仅次于矿渣，而远远高于粉煤灰。经水淬的粒化增钙液态渣含有 95%以上的玻璃相，属潜在水硬性材料，质量密度为 2.7～3.0 g/cm^3，松散体积密度为 1.2～1.4 g/cm^3。其质量应符合 JC 454—1992(1996)《用于水泥中粒化增钙液态渣》的标准要求。

(5) 钢渣

钢渣主要是指平炉后期渣、转炉渣、电炉还原渣。其中平炉后期渣和转炉渣的主要化学成分与水泥熟料成分接近，但 CaO、Al_2O_3 含量稍低，Fe_2O_3、MgO 含量稍高；电炉还原渣的 Al_2O_3 含量较高，而 FeO、Fe_2O_3 含量较低，与矿渣类似。它们均含有一定量的水硬性矿物 C_3S、C_2S 及铁铝酸钙等，故具有水硬性。

采用钢渣作混合材料，往往需配以其他材料，既起激发作用，又使所制水泥不发生安定性不良现象。钢渣质量应符合 YB/T 022—2008《用于水泥中的钢渣》的标准要求。

(6) 沸腾炉渣

沸腾炉渣是沸腾锅炉或沸腾炉燃烧低发热量的煤矸石排出的灰渣。由于沸腾炉大多燃用煤矸石或劣质煤，故其炉渣化学成分、矿物组成和基本性质与燃烧后的煤矸石、粉煤灰相似，即属于火山灰质混合材料。

(7) 窑灰

用回转窑生产硅酸盐水泥熟料时，随气流从窑尾排出的、经收尘设备收集所得的干粉末，称为回转窑窑灰。

窑灰的化学成分基本上界于生料和熟料之间，但随原料、燃料、煅烧设备、热工制度、收集装置的不同在成分上有较大差别。其中灼烧减量为 10%～25%，f-CaO 含量约 10%，SO_3 含量主要取决于所用煤中的含硫量。

窑灰的矿物组成中主要有 $CaCO_3$、K_2SO_4、Na_2SO_4、$CaSO_4$、烧黏土物质、熟料矿物、煤灰玻璃球等。

窑灰既不属于活性混合材，也不属于非活性混合材，它是作为水泥组分之一的材料。但窑灰通常视作混合材料在水泥中使用，其理由一是窑灰中含有一定量的熟料矿物和具有火山灰性的烧黏土，这些矿物将随水泥一起水化，对水泥强度起到一定作用；二是窑灰中的 $CaCO_3$ 常以微粉状态存在，在水泥水化过程能加速 C_3S 水化，与铝酸盐形成水化碳铝酸钙针状结晶，本身还起到填充密实的微集料作用，从而对早期强度有利；三是 K_2SO_4、Na_2SO_4 组分可起早强剂作用，而 $CaSO_4$ 则起石膏的缓凝作用。尽管窑灰中的 f-CaO 含量较熟料高得多，但它主要是细分散状态的轻烧石灰，水化较快，对水泥的安定性不构成威胁，故砌筑水泥中可掺入一定量的窑灰。但是，预分解窑旁路放风排出的窑灰，由于经过了高温煅烧，f-CaO 含量极高，R_2O、SO_3 和 Cl^- 含量也很高，在水泥工业中目前尚难以充分利用。

用于水泥中的窑灰，其质量应符合 JC/T 742—2009《掺入水泥中的回转窑窑灰》标准的规定。

6.3 水泥制成与设备

水泥制成即是将熟料、石膏和混合材料按一定比例配合后，粉磨成水泥的工艺过程。合理的粉磨流程及设备、合适的粉磨产品的细度，对保证水泥的质量、产量，降低单位产品电耗等，都具有十分重要的意义。

6.3.1 烘干

水泥生产所用的原料、燃料及混合材料通常都含有一定的水分，将湿料烘干，降低其水分，使生料或水泥的含水量控制在 1%以内，以满足粉磨、输送、均化和存储对物料水分的要求，这样既有利于提高粉磨效率，确保产品质量，也有利于提高系统的运转率。在水泥生产中，应根据物料的物理性质、水分等因素来确定烘干方法。通常采用的烘干方法有两种：一种是采用单独的烘干设备，将物料在入磨前进行预烘干；另一种是采用烘干兼粉磨的磨机，将物料在粉磨过程中烘干。

对于球磨机，入磨物料的水分，对磨机的产量、出磨物料的质量及磨机的操作都有很大的影响(烘干磨除外)。入磨物料水分多，磨内含湿量高，细颗粒物料会黏附在研磨体、衬板和隔仓板上，使粉磨效率降低，严重的甚至会使隔仓板箅孔堵塞，妨碍物料通过而出现堵塞、糊磨现象，使产量明显下降。此外，喂入磨内的物料，其配合比会受物料水分的波动而变化，从而出磨产品的质量也随之受到影响。因此，排除物料过多的水分的烘干工序是水泥生产中不可缺少的重要环节。

目前，我国通用水泥生产工艺几乎已全部采用新型干法水泥生产技术，其生料制备将烘干与破碎、粉磨、选粉工艺同时进行，利用预分解窑系统废气作烘干热源，使得烘干流程简化，节约了投资，各生产工艺在完成作业过程的同时进行物料烘干。由于减少了工艺环节，干料在运输和储存过程中的扬尘机会也会相应减少。新型干法水泥生产中，绝大多数原料、燃料和混合材料都采用粉磨兼烘干的工艺，使入磨物料含水量从10%左右烘干到出磨物料水分小于1%。只有在用电石渣、污水处理厂污泥、一些湿法排放废渣等特殊的原料和燃料时，由于物料水分过高将给物料储存、输送、配料及粉磨造成困难，因此需要将该物料单独烘干，以降低物料的综合水分。

对于水泥生产中使用的混合材料的烘干，一般采用单独烘干方式。

水泥厂采用单独烘干的设备有回转式烘干机、立式烘干机、流态化烘干机、悬浮式烘干机等，其中最常用的是回转式烘干机。

回转式烘干机是一个倾斜安装的金属圆筒(外有两道轮带，内装有扬料装置)，转速一般为2～7 r/min(快速烘干机转速可达8～10 r/min)，筒体与水平成一倾斜角度，以控制筒体沿倾斜方向向下滑动，同时轮带两侧有一对挡轮，限制了筒体沿其中心线方向窜动的极限。大齿轮连接安装在钢板筒体上，通过电机、减速机、小齿轮带动筒体上的大齿轮，使筒体回转起来。由于筒体具有一定的斜度且不断回转，物料则随筒体内壁安装的扬料板带起、落下，在重力作用下由筒体较高的一端向较低的一端移动，同时接受来自燃烧室的热气体的传热而不断得到干燥，干料从低端卸出，由输送设备送至储库，废气经除尘处理后排入大气，其工艺流程如图6.2所示。

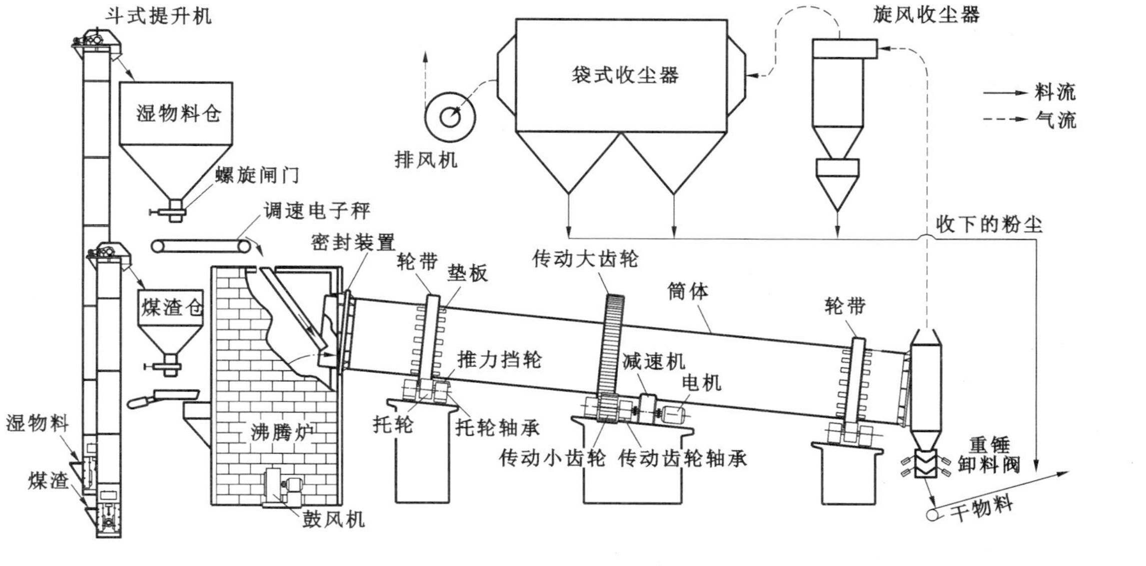

图6.2 回转烘干机(顺流式)工艺流程

向烘干机提供物料烘干用热气体的炉子，称为燃烧室，现多采用沸腾燃烧室，又称沸腾炉，如图6.3所示。炉膛里设置了风帽，鼓入的高压空气从风帽的小孔中喷出，让喂进来的煤渣悬浮起来，与氧接触的面积更大，燃烧更完全，热效率也更高。

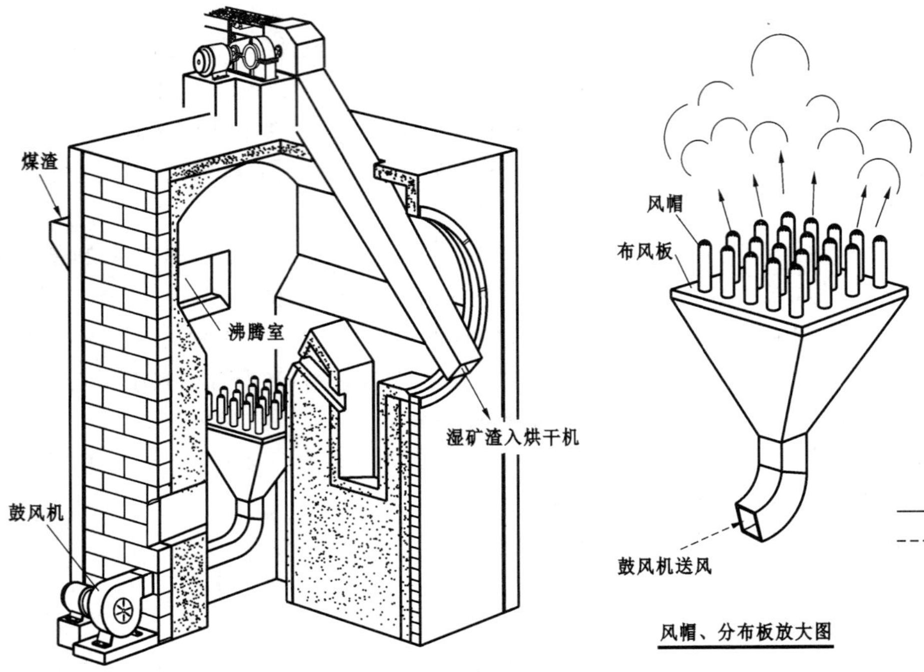

图 6.3　沸腾燃烧室

6.3.2　水泥粉磨工艺流程

6.3.2.1　开路粉磨

在粉磨过程中，当物料一次通过磨机后即为产品的系统，称为开路系统，亦称开流。开路系统的优点是：流程简单、设备少、操作简便、基建投资少。其缺点是：物料必须全部达到成品细度后才能出磨。当要求产品细度较细时，已被磨细的物料将会产生过粉磨现象，并在磨内形成缓冲层，妨碍粗料进一步粉磨，有时甚至出现细粉包球现象，从而降低了粉磨效率，产量低、电耗高。由于开路粉磨存在过粉磨现象，所以对于矿渣掺量较高、需要粉磨比表面积较大的水泥，采用开路系统有利于提高水泥的强度。特别是粉磨矿渣粉时，由于颗粒大小比较均齐，又要求比较高的比表面积，所以采用开路较好。

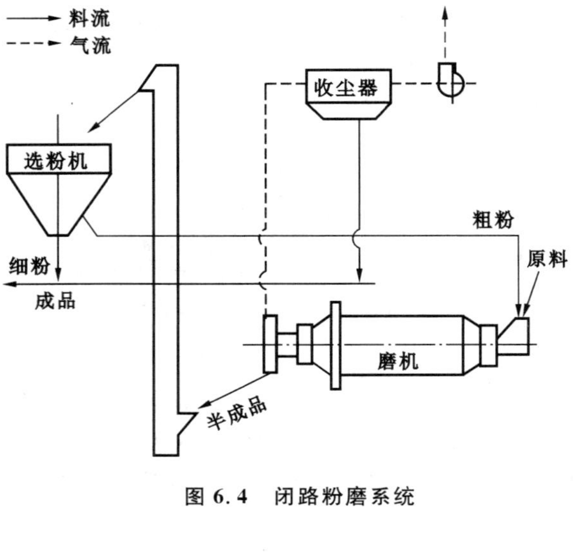

图 6.4　闭路粉磨系统

6.3.2.2　闭路粉磨

在粉磨过程中，当物料出磨以后经过选粉设备选出产品，粗料返回磨机内再粉磨的系统称为闭路系统，亦称圈流，如图 6.4 所示。

闭路系统与开路系统优缺点正好相反。其优点是：

(1) 合格的细粉能及时选出，减少了磨内的缓冲作用，消除了过粉磨现象，因而能提高磨机产量 10%～30%。

(2) 单位产品电耗较开流磨降低 10%～20%。

(3) 产品细度波动小，并易于调整。当 0.08 mm筛筛余为 5%时，波动范围能控制在 ±0.5%以内。改变粉磨细度，仅需调节选粉机而不必改变磨内钢球级配。

(4) 由于通过磨机的物料量大，而合格细粉又被及时选出，故出磨产品的温度较低，一般比开流粉磨温度低 30 ℃左右。

(5) 成品颗粒组成较好，理想大小的颗粒较多，太粗太细的颗粒都比较少。

(6) 钢球衬板的磨耗量均较开流粉磨低。

但是，闭路粉磨的工艺流程较复杂，附属设备较多，维修工作量大，设备运转率相对较低，操作管理技术要求也较高，基建投资大。

6.3.2.3　挤压粉磨系统

挤压粉磨系统简称挤压磨，也称辊压机，是 20 世纪 80 年代中期发展起来的一种新型粉磨设备与技术。开始它主要用于粉磨熟料，之后又推广到生料粉磨，并渐有成为生料粉磨主要系统的趋势。采用辊压机，配以 V 型选粉机和分离设备的挤压生料粉磨系统，可使生料粉磨电耗较辊式磨系统降低 20%～30%，但挤压粉磨系统对高湿、黏性料适应性较差。由于辊压机挤压粉磨可大幅度降低水泥粉磨电耗，在国内外已得到广泛应用。

辊压机通过两个辊子对物料施以巨大压力(50～500 MPa)，使物料粉碎和压成“压片”，颗粒内部产生大量裂纹和应力，使其易于进一步粉碎，即通过“预应力粉碎”来显著改善物料的易磨性。

辊压机工作件是两个辊子：一个是固定辊，固定于机架上；另一个是可沿导轨移动的动辊。在液压系统的推力作用下，动辊压在两辊之间的物料及固定辊上，当粒径 30 mm 左右的物料进入两辊之间的楔形空间时，被旋转的辊子夹住并随辊子向下运动，期间受辊子巨大压力作用而压实和粉碎，并从下部排出，如图 6.5 所示。

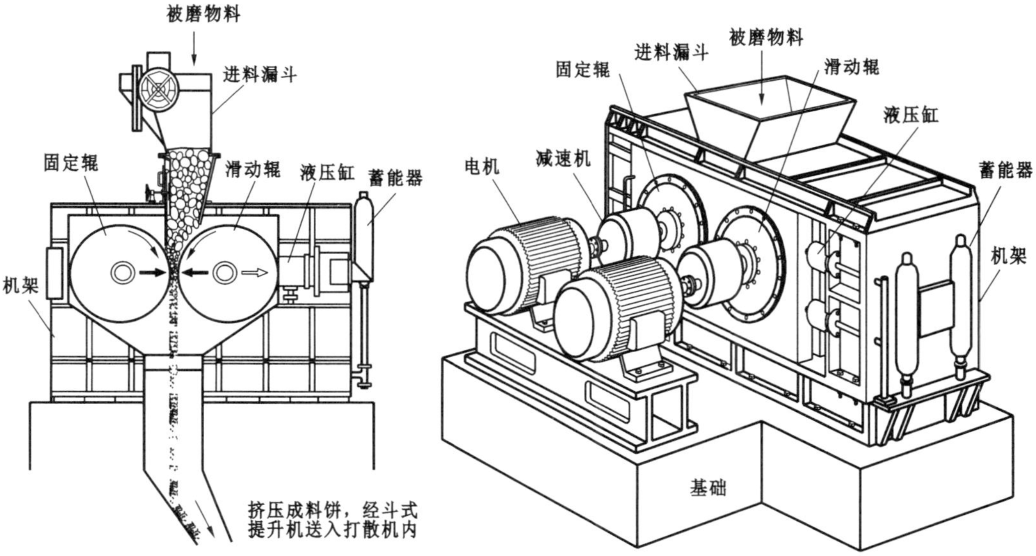

图 6.5　辊压机工作原理示意图

辊压机的应用方案一般采用辊压机预粉磨、混合粉磨、联合粉磨、半终粉磨及终粉磨五种工艺流程。对水泥粉磨而言，当采用球磨机时，主机电耗为 35～40 (kW·h)/t；采用辊压机循环预粉磨时主机电耗约 30 (kW·h)/t；辊压机联合粉磨系统及半终粉磨时主机电耗约 28 (kW·h)/t；水泥终粉磨时主机电耗约 20 (kW·h)/t，与此同时，可使粉磨系统产量增加。但是，由于水泥终粉磨系统产品需水量增加，强度有所下降。目前已投产的终粉磨系统虽然采用多次循环方案使产品质量问题有所缓解，但相应地增大了系统电耗，因此终粉磨工艺方案仍在优化改进之中。

(1) 预粉磨系统

预粉磨系统的特点是物料先经辊压机预粉碎，然后再入球磨机粉磨至要求细度，即为成品，如图 6.6所示。

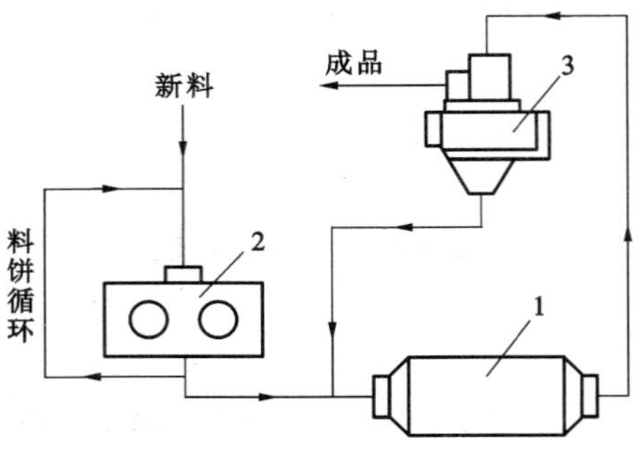

图 6.6 预粉磨系统

1—球磨机；2—辊压机；3—选粉机

预粉磨一般有两种流程：第一种流程是经辊压机一次挤压后的物料直接进入球磨机粉磨，仅经一次挤压的物料颗粒分布较宽，不利球磨机粉磨；第二种流程是物料经挤压后，边缘料等粗粒物料再循环入辊压机与新料一起再经挤压，虽然辊压机处理的物料量增加，产量有所降低，但对预粉磨全系统来讲生产效率必然提高，运转中亦可适当降低辊压机挤压压力，有利于系统稳定运转。钢球磨机可采用开流或闭路循环系统。

(2) 混合粉磨系统

混合粉磨系统如图 6.7 所示。其特点是辊压机同球磨机一起组成一个大的圈流粉磨系统，经挤压后的物料入球磨机粉磨后再入选粉机。选粉后的细粉即为水泥成品，粗粉一部分回球磨机，一部分再入辊压机挤压。

(3) 联合粉磨系统

联合粉磨系统亦称结合粉磨、二次挤压粉磨、二段粉磨系统等，如图 6.8 所示。该系统根据辊压机与球磨机的工作特性，使它们能够做到重点分工，分别承担粗碎及粉磨作业。同其他粉磨系统的不同之处是在系统中装设了打散分级机(V 型选粉机)和旋风分离器，将挤压后物料中的粗粒分级后再送回辊压机挤压，而较细的颗粒随循环风被送往旋风分离器，旋风分离器分离后送入球磨机(开流或圈绕)再粉磨至成品。少部分细粉可以直接随气流送往 O-Sepa 选粉机，由 O-Sepa 选粉机选粉后直接成为成品，不必再进行粉磨，节省粉磨电耗。O-Sepa 选粉机选下来的粗粉，再入球磨机粉磨。通过调整循环风机的风量大小，即可控制 V 型选粉机中的循环物料量，也就是可以调节辊压机和球磨机之间物料量的平衡，充分发挥辊压机和球磨机的粉磨能力。

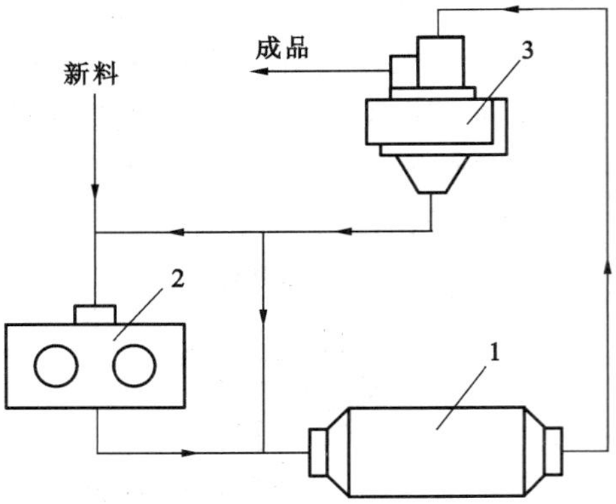

图 6.7 混合粉磨系统

1—球磨机；2—辊压机；3—选粉机

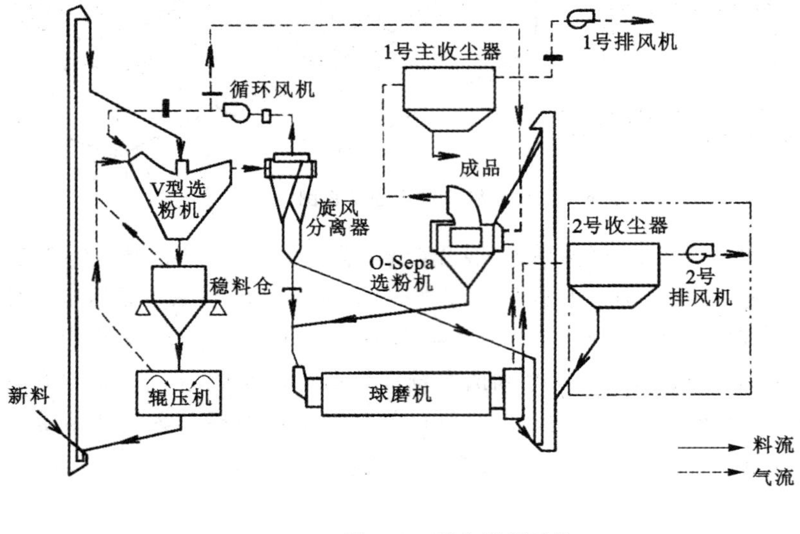

图 6.8 联合粉磨系统

(4) 半终粉磨系统

半终粉磨系统如图 6.9 所示。该系统的特点是辊压机挤压后的料饼经打散后进入选粉机，选出的细粉不再经过球磨机即为成品；粗粉则入球磨机粉磨，然后再经选粉机选粉。这样，其成品系由辊压机挤压后的细粉及球磨机粉磨的细粉两部分组成。

(5) 终粉磨系统

终粉磨系统如图 6.10 所示。该系统的特点是经辊压机挤压后的料饼经打散后直接进入选粉机选粉，细粉即为成品，粗粉再返回辊压机挤压。由于该系统的成品全部由辊压机产生，因此要求辊压机具有较高的压力，同时物料必须经多次循环挤压，方可保证细粉产量及具有较好的颗粒级配。

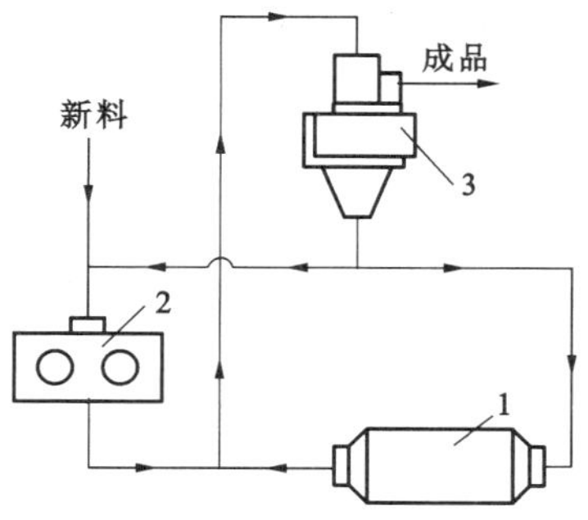

图 6.9 半终粉磨系统图

1—球磨机；2—辊压机；3—选粉机

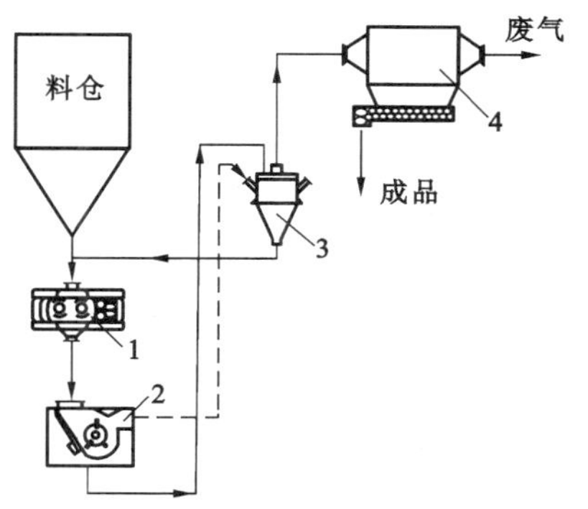

图 6.10 终粉磨系统

1—辊压机；2—打散机；3—选粉机；4—收尘器

6.3.3 球磨机

6.3.3.1 球磨机主要结构

球磨机种类较多，但基本结构大体上是相同的，主要由圆柱形筒体、轴承、隔仓板、衬板等部件组成。筒体内装入钢球、钢锻或钢棒等研磨体。当筒体转动时，研磨体随筒体上升至一定高度后，呈抛物线轨迹抛落或呈泻落状态下滑，以此来研磨物料，如图 6.11 所示。

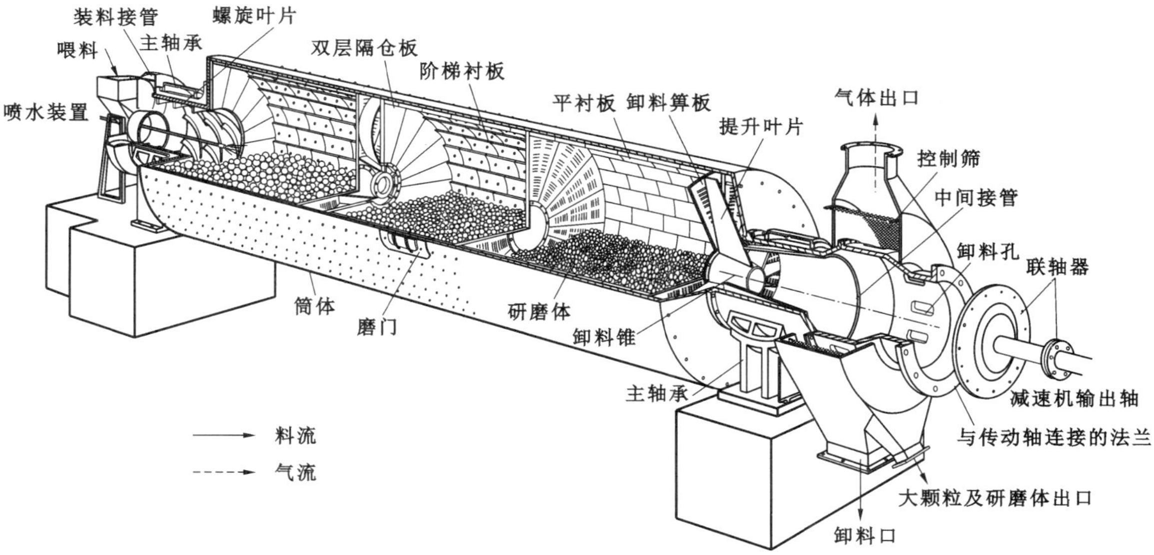

图 6.11 中心传动的球磨机

安装于球磨机内壁的衬板除用以保护筒体免受研磨体和物料的直接冲击和摩擦作用外，还利用其表面形状对研磨体所产生的不同摩擦力和提升能力，来调整各仓研磨体的运动状态。衬板的形状对粉磨粒度、效率、产量和金属磨耗量有明显影响。此外，隔仓板用以分隔前后两仓不同尺寸和形状的研磨体，防止大颗粒物料窜向出料端，并控制磨内物料流速。

6.3.3.2 球磨机研磨体级配设计

物料在磨机内磨成细粉，是研磨体的冲击和研磨作用的结果，因此，研磨体级配（各种直径研磨体的装载量）设计的好坏对磨机产质量影响很大。要设计好磨机研磨体级配，必须充分考虑研磨体总装载量、各仓填充率、平均球径、物料水分、物料流动性、物料粒度、隔仓板形式、隔仓板箅缝大小、各仓长度、粉磨流程等因素，一般按以下步骤进行。

（1）确定磨机研磨体的总装载量

物料在球磨机内被磨成细粉，是因为研磨体的冲击和研磨作用，因此，要提高磨机的产量，应尽可能提高磨机的研磨体装载量。但是，磨机研磨体装载量不能无限增加，磨机研磨体装载量太大，磨机电机的电流就会很高，有可能会烧毁电机或威胁磨机机械设备的安全。另外，磨机研磨体装载量太大的话，磨机内研磨体的活动空间太小，靠近磨机中心部分的研磨体，只是处于“蠕动”状态，不能有效工作；且磨机的负荷过高，振动加剧，衬板螺栓断脱现象增多，机械故障率上升，也不利于磨机的长期安全运转。

那么，磨机研磨体总装载量应如何设计呢？应充分考虑磨机的机械设备和磨机电机的承受能力。在磨机的机械设备和磨机电机承受能力允许的条件下，尽可能提高磨机的总装载量。

笔者在生产实践中发现，各厂磨机研磨体实际总装载量与磨机主电机的功率有关，根据实际生产中众多水泥厂球磨机主电机功率和磨机研磨体实际总装载量的数据，回归得到了以下计算公式：

$$Z = -7.44083 \times 10^{-6} w^2 + 0.086984 w + 3.485 \tag{6.4}$$

式中 Z——磨机研磨体的总装载量，t；

w——磨机主电机的功率，kW。

值得注意的是，根据上述回归公式计算所得到的磨机研磨体总装载量，通常会略高于该磨机出厂时的研磨体额定装载量，但离该磨机安全运转的极限总装载量还有一定的空间，各厂家可根据本厂的具体情况，在综合考虑磨机产量和设备长期安全运转的基础上，适当增减磨机研磨体的总装载量。

（2）确定磨机的填充率

磨机内研磨体填充的容积与磨机有效容积的比例百分数，称为研磨体的填充率，用 φ 表示。磨机研磨体填充率设计越高，磨机研磨体的装载量就会越高。在确定了磨机的总装载量后，即可计算磨机的平均填充率，计算式如下：

$$\varphi = \frac{400Z}{\pi D^2 LG} \tag{6.5}$$

式中 φ——磨机平均填充率，%；

Z——磨机研磨体总装载量，t；

D——磨机各仓平均有效直径，m；

L——磨机各仓有效长度总和，m；

G——各仓研磨体平均体积密度，t/m^3。

磨机的填充率通常在 25%～45%之间。对于干法粉磨，取值较低，在 28%～38%之间。棒磨机钢棒填充率，湿法时取 35%～40%，干法时取 35%左右。闭路流程短球磨为 35%～40%，闭路流程中长磨为 30%～35%，开路流程多仓磨为 28%～35%，烘干兼粉磨磨机的填充率通常较小，在 25%～28%之间。

在确定了磨机的平均填充率后，紧接着就是要确定磨机各仓的填充率，也就是要确定每个仓的装载量。各仓研磨体填充率通常围绕平均填充率进行上下调整。具体如何调整，需要考虑的因素较多，主要有物料水分、物料流动性、物料粒度、隔仓板形式、隔仓板箅缝大小、各仓长度、粉磨流程、磨内通风、产品细度等因素。

物料水分、物料流动性、物料粒度、隔仓板形式、隔仓板箅缝大小、磨内风速等因素，会影响到磨内物料的流速，造成物料在磨内各仓的流速不一样。物料水分大，物料流速低；物料流动性好，物料流速快；物料粒度大，物料流速低；双层隔仓板比单层隔仓板过料速度快；隔仓板箅缝小，过料速度低；磨内风速大，物料流速快。

物料流速慢，料位就会高；物料流速快，料位就低。磨内各仓物料流速不一样，就造成了磨内各仓的料位不一样。料位高的仓，需要有较高的填充率，否则该仓就容易饱磨；料位低的仓，填充率无需太高，否则会造成研磨体对研磨体空打，研磨能力浪费，磨机产量下降。

那么，如何确定磨机各仓的填充率呢？一般来说，对于有选粉机的闭路磨机，磨机内研磨体的球面通常采用逐仓降低的装法，前后两仓球面相差 25～50 mm，这样可增加物料在磨内的流速；没有带选粉机的开路磨机，研磨体的球面常采用逐仓升高的办法，以控制成品细度。

磨机各仓的填充率还受隔仓板形式和箅缝大小的影响，隔仓板形式和箅缝大小决定物料通过隔仓板的速度，从而影响到磨机内各仓的物料料位的高低。显然，高料位必须有高的填充率；料位低，当然也就不需要那么高的填充率了。此外，物料水分含量、物料流动性质、物料粒度大小都会影响到物料在磨内的流动速度，从而造成磨内各仓料位高低不同，因此，磨机各仓的研磨体填充率也要做相应的调整。也就是说磨机的各仓填充率通常是没有固定格式的。各仓最合适的填充率，目前主要还是靠经验和观察确定。但可以掌握一个原则——磨机各仓研磨能力的平衡。如果磨机各仓研磨能力达到平衡了，那么在此装载量下，磨机也就达到最大产量了。那么如何确定磨机各仓研磨体是否达到了平衡呢？常用的方法有：听磨音、检查球料比、绘制筛余曲线法。

听磨音：通常磨音正常时，一仓前端稍低一点，而整个一仓前中后端三处磨音均是连续的冲击声，而且非常平稳，在此基础上稍增一点喂料量，整个仓磨音变化很小。同时，一仓与后仓磨音对比也平稳而逐渐下降，而到磨尾出料端也能听到研磨体的摩擦声。说明磨机研磨体级配、箅板过料率、磨内物料流速、前后仓粉磨能力比较平衡与合理，磨机各仓研磨能力基本上处于平衡状态。若一仓前端钢球冲击声不连续，磨音低，而在一仓中后部位磨音高，说明一仓磨口处存在较多物料，物料流速慢，可能是由水分太大，球径太小或填充率太低造成，应增大填充率或平均球径。若一仓前端和中部磨音正常，出料端（隔仓板前处）产生钢球冲击声较小，说明箅板或筛网过料能力不够，影响磨机前后仓能力平衡。若一仓和三仓磨音正常，而二仓磨音较小，说明二仓饱磨，应提高二仓填仓率。若磨机一、二仓磨音均正常，三仓磨音很小而且听不到研磨体的摩擦声，说明三仓饱磨，应提高三仓填充率。若尾仓前端磨音正常，磨尾出料箅板处听不到研磨体的摩擦声，说明磨尾箅板过料速度过慢，应增大箅板的箅缝。

检查球料比：一般球磨机的球料比（研磨体和物料的质量比）以 6.0 左右为宜。突然停磨进行观察：如两仓开路磨，第一仓钢球应露出料面半个球左右，二仓物料以刚盖过钢锻面为宜。值得注意的是，有些开流管磨机采用小研磨体（如 ϕ12 mm×12 mm、ϕ10 mm×10 mm、ϕ8 mm×8 mm）粉磨普通水泥，由于这些研磨体太小，经常会与水泥混在一起，不像大球锻那样沉降在底部，因此表面的料层也不厚，此时应认真观察研磨体之间距离或球料比。

绘制筛余曲线法：在磨机正常喂料运转的情况下，把磨机和喂料机同时突然停止，从磨头开始，每隔一定距离取样，但紧挨隔仓板前后处也要取样。然后用 0.20 mm 和 0.08 mm 方孔筛筛析筛余，将筛余作为纵坐标，各点距离为横坐标绘点并连成曲线。正常磨机的曲线变化应是：在一仓入料端有倾斜度较大的下降，在末端接近出磨时应趋于水平。

采用上述方法，检查磨机研磨能力是否平衡，如不平衡，可进行调整。例如，有个磨机在正常生产时紧急停磨，不空物料打开磨门观察发现：一仓钢球露出料面半个球，二仓有 10 cm 厚的料层。这说明该磨机二仓研磨能力不足，一仓能力浪费。因为在这种情况下，二仓料层太厚，必然会跑粗，磨工必定会降低喂料量直到磨机第二仓球料比合适为止，也就是说降低二仓料层厚度，使细度合格。但此时，磨机第一仓的球料比已不合适，球一定过多，料太少，磨机运转时，球与球空打，造成浪费，磨机产量必定不高。如果此时把一仓倒出一部分球，二仓加相同质量的球锻，虽然研磨体总装载量没有提高，但第二仓球锻增加了，第一仓减的只是多余的不做功的球，磨机产量必定会增加。这就是磨机研磨能力不平衡调整到平衡后，产量提高的基本原理。

(3) 研磨体最大球径的确定

选择研磨体的最大球径，需要考虑入磨物料的粒度、水分、硬度、易磨性、产品细度、磨机衬板形式、磨机直径、粉磨流程等因素，通常根据经验选取。但研磨体最大球径也可用下式估计：

研磨体最大球径：

$$D_{\max} = 28\sqrt[3]{d_{\max}} \tag{6.6}$$

式中　$d_{\max}$——磨机喂料最大粒度，mm；

值得注意的是：除入磨物料粒度外，还要考虑物料水分和物料流动性的影响，如果物料水分太高或者物料流动性太差，那么经常会造成一仓磨口附近料位提高，出现饱磨，甚至倒料，磨机产量不高。此时，应增大研磨体的最大球径和平均球径，从而提高物料的流速，如此可显著提高磨机的产量。如此，磨机直径越大，研磨体冲击力也越大，研磨体最大球径可以小一些，相反则应大一些。

(4) 研磨体平均球径的确定

研磨体平均球径是研磨体级配设计时的重要参数，它受入磨物料粒度、物料水分、物料性质、磨机直径和仓数、粉磨流程等因素的影响，分为质量加权平均球径和数量加权平均球径两种，通常采用质量加权平均球径。对于钢锻，可以采用等效球径表示。假设一个钢球的体积与某个钢锻体积相等，此钢球的直径即为该钢锻的等效直径。

目前，研磨体平均球径主要根据经验选取。通常研磨体平均球径越大，冲击力越强，研磨体堆积空隙率越大，物料流速越快，产品细度就越粗；如果磨机后仓研磨体的平均球径过大，则有利于消除物料的粗颗粒，磨机产量高，但不利于产品比表面积的增加，会影响水泥强度的发挥。因此，根据实际生产经验，在选择研磨体平均球径时，应考虑以下几个方面：

① 第一仓的物料粒度大，需要的冲击力大，因而平均球径要大；尾仓的任务主要是研磨，需要增加物料的比表面积，因而平均球径应小一些。

② 如果产品细度粗，为了控制细度，应添加较小的球(或锻)，以减小平均球径(锻径)。这样，一方面增加了研磨能力，另一方面加大了料球的接触面，有利于提高产品的比表面积，控制物料的细度。

③ 磨机转速相对高时，球的离心力大，钢球提升得高，冲击力大，则平均球径应小一些。

④ 磨机直径越大，研磨体提升高度越高，冲击力越大，则平均球径可小一些。

⑤ 物料水分大，物料流速慢，会严重影响磨机产量，应增大平均球径，提高冲击力，以提高物料的流速，从而提高磨机的产量。

⑥ 研磨体平均球径的设计，还应考虑磨机的仓数，仓数越多，第一仓研磨体的平均球径应越大。如三仓磨的第一仓研磨体平均球径就比两仓磨第一仓的平均球径大得多。

⑦ 由于闭路磨第一仓有较多粒度较小的回料加入，因此闭路磨第一仓的平均球径通常比开路磨要小。

⑧ 物料粒度越大，所需要的研磨体平均球径应越大。反之，则平均球径应越小。但要特别注意，粉磨普通水泥时，由于普通水泥流动性较差，物料料层较厚，虽然磨机尾仓的物料粒度已很小，但也不可用太小的研磨体(如 ϕ12 mm×12 mm、ϕ10 mm×10 mm、ϕ8 mm×8 mm、ϕ10 mm、ϕ8 mm 之类的微

锻或微球)，否则微锻或微球击不穿料层，会使粉磨效率下降，使磨机产量大幅度下降。

⑨ 粉磨矿渣水泥时，由于增大矿渣水泥的比表面积，可显著提高矿渣水泥的强度，从而提高矿渣的掺量，所以，应特别注意增大产品的比表面积。但由于矿渣的流动性特别好，为了延长物料在磨内的停留时间，应减小研磨体的平均球径。同时，由于物料流速快，研磨体之间的料层较薄，为了增大产品的比表面积，尾仓常常采用较小的钢球或钢锻，并提高尾仓的填充率，缩小箅板的箅缝。但要注意，如果矿渣水分较大，磨机第一仓很容易饱磨，第一仓的平均球径不可太小。

(5) 研磨体级配计算

确定了磨机各仓的填充率、钢球最大球径、平均球径后，即可试凑各种尺寸球的比例。通常在球仓采用3～6种不同尺寸的钢球，每一仓各级钢球的比例，一般是中间大两头小。如果物料的硬度和粒度大，可增加大球百分比，反之可增加小球百分比。一般情况下前后两仓钢球的尺寸应交叉一级，即前一仓最小尺寸钢球是下一仓最大尺寸钢球。

生料磨往往由于水分较大且物料流动性不好，应增大平均球径，相同磨机规格，平均球径大于水泥磨。

闭路粉磨第一仓平均球径可比同规格开路磨小，一般相差10 mm左右。

研磨体的级配按下式计算：

$$A = \frac{BD^2 LG\varphi \pi}{40000} \tag{6.7}$$

式中　A——某直径球锻的质量，t；

B——某直径球锻占该仓所有球锻质量的比例，%；

D——该仓磨机有效直径，m；

L——该仓磨机有效长度，m；

G——该仓研磨体的体积密度，t/m^3；

φ——该仓研磨体的填充率，%

(6) 研磨体的补充

磨机运转一定时间后，由于钢球的磨损，研磨体级配会产生变化，应经常统计生产数据或根据磨机电机电流大小及时补充研磨体，必要时筛选除掉不合格的研磨体。

统计数据包括：单位时间消耗量；磨机产量、单位产量和研磨体消耗量；电动机电流指示负荷变化；研磨体平面降低高度；等等。补球时可通过量仓计算出现有的研磨体装载量，然后根据设计的装载量，再决定补球的数量。通常都是补最大球径的球，但一次性补太多的球时，需要补充一定量次大直径的球。

6.3.3.3　研磨体级配计算示例

【例6.1】 某ϕ4.2 m×13 m两仓闭路水泥磨，一仓有效直径4.1 m、有效长度4.5 m，二仓有效直径4.1 m、有效长度8 m；主电机功率3550 kW；粉磨矿渣水泥(熟料45%，矿渣45%，石膏5%，石灰石5%)，磨前带有闭路辊压机作为预粉磨，入磨物料最大颗粒直径为5 mm左右，要求产品水泥比表面积350 m^2/kg左右，请设计各仓研磨体级配方案。

【解】 (1) 确定研磨体的总装载量

按式(6.4)可得磨机的总装载量为：

$$\begin{aligned} Z &= -7.44083 \times 10^{-6} w^2 + 0.086984 w + 3.485 \\ &= -7.44083 \times 10^{-6} \times 3550^2 + 0.086984 \times 3550 + 3.485 = 219.8(\text{t}) \end{aligned}$$

式中　Z——磨机研磨体的总装载量，t；

w——磨机主电机的功率，kW。

根据实际生产经验，该磨机正常生产时的总装载量可达240 t，故确定磨机的总装载量为240 t，比计算得到的总装载量增加了 20.2 t。

(2) 确定磨机各仓的填充率

按式(6.5)可计算磨机几个仓的平均填充率：

$$\varphi=\frac{400Z}{\pi D^2LG}=\frac{400\times 240}{3.14\times 4.1^2\times 12.5\times 4.55}=31.98\%$$

式中 φ——磨机平均填充率，%；

Z——磨机研磨体总装载量，t；

D——磨机各仓平均有效直径，m；

L——磨机各仓有效长度总和，m；

G——各仓研磨体平均体积密度，t/m^3，通常为 4.5～4.7 t/m^3，确定为 4.55 t/m^3。

由于磨机是闭路流程，而且产品的比表面积要求不是很高，根据经验确定一仓填充率为 33.2%，二仓填充率为 31.3%。

(3) 研磨体最大球径和平均球径的确定

由于入磨物料最大颗粒直径为 5 mm 左右，根据式(6.6)得磨内钢球的最大球径为：

$$D_{max}=28\times\sqrt[3]{d_{max}}=28\times\sqrt[3]{5}=47.9\ (mm)$$

根据经验，一仓最大球径取 60 mm，采用 ϕ60 mm、ϕ50 mm、ϕ40 mm、ϕ30 mm 四种钢球级配，平均球径为 43 mm 左右；二仓最大球径取 30 mm，采用 ϕ30 mm、ϕ20 mm、ϕ15 mm 三种钢球级配，平均球径为 21 mm 左右。各仓各种直径钢球的质量比例和平均球径试凑见表 6.8。

表 6.8 各仓平均球径试凑计算

磨机	一仓					二仓			
球径/mm	60	50	40	30	平均球径	30	20	15	平均球径
比例/%	15	25	35	25	43.0 mm	25	40	35	20.8 mm

注：平均球径为质量加权平均球径。

(4) 研磨体级配计算

各仓研磨体的级配可按式(6.7)计算，结果如表 6.9 所示。

表 6.9 各仓研磨体级配计算结果

磨机	一仓					二仓				总装载量/t
球径/mm	60	50	40	30	小计	30	20	15	小计	
质量/t	13.46	22.44	31.41	22.44	89.74	37.59	60.14	52.62	150.34	240.08

(5) 研磨体的补充

磨机运转一定时间后，由于研磨体的磨损，磨机主电机电流下降，决定进行补球。

在基本空出磨内物料的情况下，测量得到磨机一仓的有效内径 D 为 4.1 m，再通过磨机中心测量从研磨体面到顶部衬板的垂直距离 H 为 2.665 m，计算 H/D 得 0.65。根据表 6.10 的 H/D 查得填充率 φ 为 31.2%；根据式(6.5)移项后即可计算得知磨机一仓的实际装载量为 84.32 t。由于磨机一仓设计装载量为 89.74 t，所以需要补充 5.42 t ϕ60 mm 的钢球。

同理，在基本空出磨内物料的情况下，测量得到磨机二仓的有效内径 D 为 4.1 m，再通过磨机中心测量从研磨体面到顶部衬板的垂直距离 H 为 2.706 m，计算 H/D 得 0.66。根据表 6.10 的 H/D 查得填充率 φ 为 30.0%；根据式(6.5)移项后计算得知磨机二仓的实际装载量为 144.08 t。由于磨机二仓设计装载量为 150.34 t，所以需要补充 6.26 t ϕ30 mm 的钢球。

表 6.10　球磨机 H/D 数值与填充率 φ 的关系

H/D	0.72	0.71	0.70	0.69	0.68	0.67	0.66	0.65
φ/%	22.9	24.1	25.2	26.4	27.6	28.8	30.0	31.2
H/D	0.64	0.63	0.62	0.61	0.60	0.59	0.58	0.57
φ/%	32.4	33.7	34.9	36.2	37.35	38.60	39.86	41.17

6.3.4　选粉机

6.3.4.1　V 型选粉机

V 型选粉机是节能型、完全靠重力打散、靠风力分选的静态选粉机，如图 6.12 所示，主要用于辊压机的料饼打散，具有打散、分级、烘干等功能。结构简单，无回转部件，无动力、易操作、维修量小、维修费用低，使用可靠性高，出粉细度可以通过调节风速来控制，同时消除了辊压机入料偏析的问题，如果通入适当的热风，还可起到烘干作用(如用于矿渣粉磨系统)。V 型选粉机一般用作较粗颗粒物料的初步选粉，不将其单独用于成品生料或水泥的选粉设备。

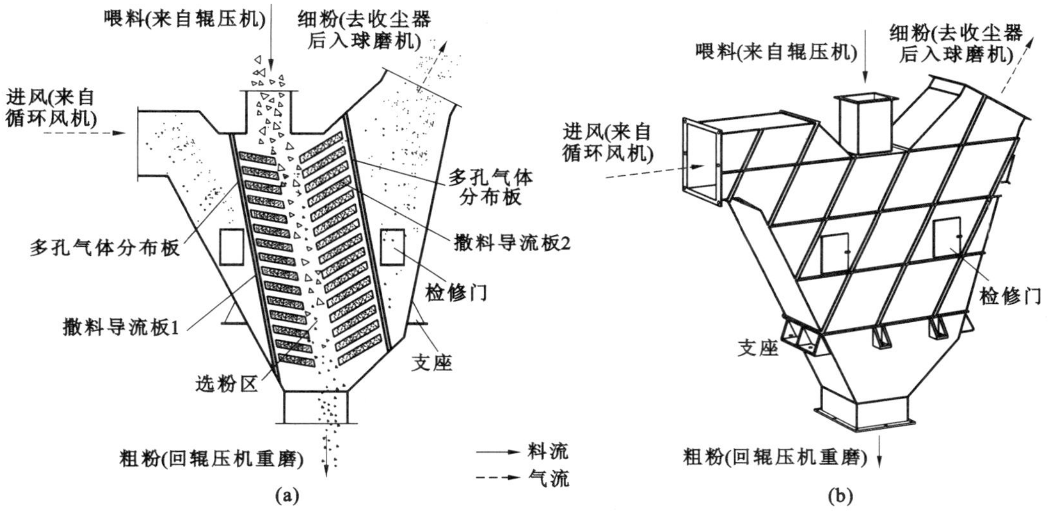

图 6.12　V 型选粉机

(a) 结构原理图；(b) 立体图

V 型选粉机主要由撒料导流板、进风管、出风管、调节阀、检修门、支座等组成。来自辊压机粉碎后的物料由上部进料口喂入机内形成料幕，均匀地分散并通过进风导流板进入分选区域，被机内入口侧和出口侧所设置的阶梯式倾斜折流板冲散，物料在两侧折流板(折流板起导流和导料的功能)端部来回碰撞，达到打散料块、充分暴露细粉和延长料幕在选粉区停留时间的效果。来自循环风机的气流从进风口穿过均匀散下的物料，再通过出风导流板，携带细颗粒从上部出风管排出，送入收尘器进行料、气分离，气体经收尘器风机送回 V 型选粉机内，细颗粒喂入球磨机内继续粉磨。粗料沿导流板下落排出，再回到辊压机重新粉碎。

V 型选粉机对物料的分选完全依靠风力，可以通过调节选粉风量来控制选粉机的选粉细度和产量。另外，在选粉风量固定时，也可以通过调节选粉机内部风速来控制选粉机的选粉细度及产量，可通过调风装置有效、方便地对风速进行调节。为了保证其使用寿命，要求进入选粉机的物料温度不超过200 ℃，气流温度也不超过 200 ℃。大多数情况下，物料和气流的温度应该以控制在 50～100 ℃为宜。

6.3.4.2 O-Sepa 选粉机

O-Sepa 选粉机的结构如图 6.13 所示，采用笼式转子，大幅度提高了选粉效率。此外，还有类似的 SD 选粉机、Sepol 选粉机、SKS-Z 选粉机、Sepax 等笼式选粉机。以 O-Sepa 选粉机为代表的笼式选粉机称为高效选粉机，称它为第三代选粉机。

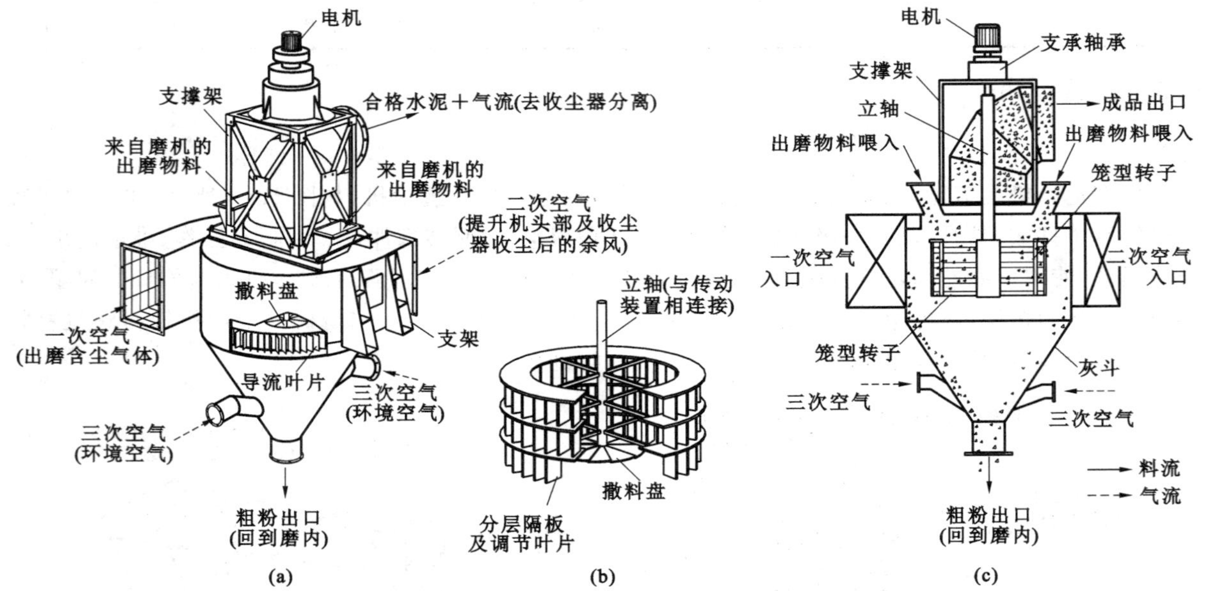

图 6.13 O-Sepa 选粉机

(a) 立体图；(b) 笼型转子放大图；(c) 原理图

O-Sepa 选粉机主要由壳体、回转部分、传动装置、润滑站和电器控制柜组成，来自磨机排风的一次空气(约占 67.5%)、来自提升机及收尘设备或环境的二次空气(约占 22.5%)和来自环境的三次空气(约占 10%)进入体内，使得每一个物料颗粒都经过三次选粉。物料经入口落到撒料盘上后被撞击、分散后沿圆周方向飞行，再与缓冲板碰撞后引入选粉室，在选粉室内被气流分散的粉粒，经过导流叶片和转子作涡流调整，由离心力与内向气流间产生平衡，实现分级。细粉与一、二进风口所送来的分级空气(空气或含尘空气)一起被送到选粉室中心部，再进入出风管。另外，受离心力作用的粗粉被引到外围的导流叶片处，沿着叶片的内侧流动，把所在粗粉表面的微粉用一、二次风口所流入的空气加以洗涤，实现粗粉的二次分级，粗粉则落入下部灰斗，经三次风管进入的三次风再次分选后，由下部灰斗排出，回到磨内重磨。

6.3.5 影响磨机产量的因素

(1) 入磨物料的粒度

入磨物料的粒度，是影响磨机产量的主要因素之一。减小入磨粒度，可显著提高磨机产量、降低单位产品电耗。

(2) 入磨物料水分

入磨物料水分对于磨机粉磨效率影响很大。当入磨物料平均水分含量较高时，磨内会产生细粉黏附在研磨体和衬板上，并容易堵塞隔仓板的箅缝，阻碍物料和气流流动，使粉磨效率降低。但是物料过于干燥也不必要，因为保持入磨物料中含少量水分，可以降低磨内温度，有利于减少静电效应，提高粉磨效率。入磨物料平均水分一般控制在 0.5%～1.0%为宜。对于立磨，入磨物料含有一定水分有利于稳定磨内料床，且由于立磨烘干能力较强，入磨物料水分可控制在 5%～10%，当入立磨物料水分含量太低，以致料床不能稳定时，还须在磨内喷水以稳定料床。

（3）入磨物料的易磨性

物料的易磨性（或易碎性）表示物料本身被粉碎的难易程度。

熟料中 C_3S 含量增加时，则熟料易磨性好，易于粉磨。当熟料中 C_2S 和 C_4AF 含量增加时，易磨性就差。水泥熟料的易磨性还与煅烧情况有关，如过烧料或黄心熟料，易磨性较差。快冷的熟料易磨。磨制水泥时，掺入的混合材种类和含量不同，易磨性也不同。

（4）磨内物料温度

粉磨作业时，磨机的部分机械能会转化成热能，使磨内物料温度升高。磨机物料温度对磨机产量和水泥质量都有影响。入磨物料温度过高，磨内温度高，水泥粉易黏附在研磨体表面，即产生包球现象，影响磨机的粉磨效率。

另外，磨内温度过高还会引起石膏脱水成半水石膏甚至产生少量无水石膏，使水泥产生假凝，影响水泥的质量。

（5）产品细度

对水泥磨而言，粉磨的物料所要求的细度越细，物料在磨内停留时间就越长。为使磨内物料充分粉磨，达到要求细度，就必须减少物料喂入量，以降低物料在磨内流速；另外，所要求的细度越细，磨内产生细粉越多，缓冲作用越大，黏附现象也较严重，这些都会使磨机的产量降低。因此，在满足水泥品种和强度要求的前提下，要确定经济合理的粉磨细度指标，通常水泥的比表面积控制在 320～380 m^2/kg之间。

（6）磨机通风

磨内通风状况，是影响粉磨效率的重要因素之一。加强磨机通风可将磨内微粉及时排出，减少过粉碎现象和缓冲作用，从而可提高粉磨效率；另外，加强磨内通风，能及时排出磨内的水蒸气，减少黏附现象，防止隔仓板箅孔堵塞；加强磨内通风还可以降低磨内温度，防止磨头冒灰，改善环境卫生，减少设备磨损。

（7）分级效率与循环负荷率

闭路粉磨系统选粉机的分级（选粉）效率对磨机产量影响很大。因为选粉机将进入选粉机的物料中合格细粉分离出来，改善磨机的粉磨条件，提高粉磨效率。然而分级效率高，磨机产量不一定高，因为选粉机本身并不起粉磨作用，也不能增大物料的比表面积。所以，选粉机的作用一定要与磨机的粉磨能力与循环负荷率相配合，才能提高磨机的产量。

循环负荷率是指在闭路粉磨系统中，出磨机的物料在进入选粉机后分选为合格的产品和需要返回磨机重新粉磨的粗粉（回磨粉），在稳定操作后，回磨粉量保持稳定。这个稳定的回磨粉质量称为闭路粉磨系统的循环量。循环量与产品质量之比称为循环负荷率。循环负荷率愈大，进入磨机的物料总量也愈多。物料由喂料端向出料端的运动速度也增大，缩短了物料在磨内的粉磨时间，大大减少了过粉磨现象，对提高磨机产量有好处。但如果循环负荷率过大，不但要增大出磨物料，提升设备的负荷，而且会使选粉机的分级效率降低太多，所以一般将循环负荷率和分级效率控制在一定范围内，水泥磨控制在 50％～150％，生料磨控制在 150％～300％之间。

（8）球料比及磨内料物流速

球料比是指磨内研磨体的质量与物料质量之比。根据生产经验，对正常生产的磨机停磨检查，第一仓钢球大部分应以露出料面半个球为宜。在第二仓，研磨体应埋于物料下面 1～2 cm。

磨内物料流速是影响产质量、能耗的重要因素。磨内物料流速太快，容易跑粗料，难以保证产品细度；若流速太慢，易产生过粉碎现象，增加粉磨阻力，降低粉磨效率，所以生产中必须对物料的流速进行适当控制。物料的流速可以通过磨内球料比、隔仓板形式、箅缝形状和大小、研磨体级配、装载量来调节。

习　题

6.1　为何要制定水泥国家标准？

6.2　为何水泥国家标准要对水泥中 SO_3 含量作出限制规定？

6.3　造成水泥安定性不良的原因有哪些？各应采取什么方法检验？为什么？

6.4　水泥安定性不合格，其检验试饼通常会产生裂纹、变形甚至溃散。但是该水泥进行强度检验时，有时强度还比较高，为什么？

6.5　水泥中为什么要掺入混合材料？

6.6　何谓活性混合材料？何谓非活性混合材料？它们的区别有哪些？

6.7　用作水泥的活性混合材料有哪些技术要求？试举一例说明。

6.8　影响混合材活性的因素有哪些？如何评价混合材料的活性大小？矿渣、粉煤灰、火山灰质混合材料，哪个活性高？

6.9　掺混合材料的水泥有哪些品种？主要区别在哪里？

6.10　请指出以下组成的水泥所属的品种：

(1) 熟料 80%、矿渣 15%、石膏 5%(水泥中 SO_3 含量为 3.0%)；

(2) 熟料 47%、矿渣 40%、火山灰 8%、石膏 5%(水泥中 SO_3 含量为 3.0%)；

(3) 熟料 55%、矿渣 10%、火山灰 30%、石膏 5%(水泥中 SO_3 含量为 3.0%)；

(4) 熟料 55%、矿渣 10%、粉煤灰 30%、石膏 5%(水泥中 SO_3 含量为 3.0%)。

6.11　下列组成的水泥是否属于矿渣水泥？

(1) 熟料 65%、矿渣 20%、火山灰 10%、石膏 5%(水泥中 SO_3 含量为 3.0%)；

(2) 熟料 53%、矿渣 30%、火山灰 5%、石灰石 5%、窑灰 2%、石膏 5%(水泥中 SO_3 含量为 3.0%)；

(3) 熟料 20%、矿渣 75%、石膏 5%(水泥中 SO_3 含量为 3.0%)；

(4) 熟料 47%、矿渣 40%、窑灰 8%、石膏 5%(水泥中 SO_3 含量为 3.0%)。

6.12　水泥粉磨时，为什么要加入石膏？但又为什么要限制其掺量？

6.13　水泥生产中为什么会存在石膏最佳掺量？如何确定石膏最佳掺量？

6.14　原料为何要进行烘干？

6.15　水泥生产中原料为什么有时需要单独烘干，有时又不需要单独烘干？

6.16　水泥厂常见的粉磨工艺流程有几种？包括哪些相应设备？

6.17　球磨机研磨体填充率和级配选择的主要原则是什么？

6.18　某水泥厂的水泥粉磨采用闭路球磨机带开路辊压机系统，请问欲提高磨机的产量和质量，应注意哪些问题？

6.19　如何提高水泥的粉磨效率？

6.20　水泥粉磨过程中为什么要注意冷却？

6.21　某 ϕ4.2 m×13.5 m 两仓闭路水泥磨，一仓有效直径 4.1 m、有效长度 4.75 m，二仓有效直径 4.1 m、有效长度 8.25 m；主电机功率 3500 kW，磨机设计总装载量为 240 t；粉磨复合水泥(熟料 60%、粉煤灰 30%、石膏 5%、石灰石 5%)，磨前带有闭路辊压机作为预粉磨，入磨物料最大颗粒为 5 mm 左右，要求产品水泥比表面积为 340 m^2/kg 左右，请设计各仓研磨体级配方案。

6.22　选粉机在粉体制备中有何意义？

6.23　某闭路水泥球磨机，欲采用闭路辊压机作为预粉磨，请问辊压机宜采用何种选粉设备？球磨机宜采用何种选粉设备？

6.24　球磨机内的风速大小对球磨机的运行有何影响？

6.25　入磨物料的水分含量对球磨机的生产有何影响？

6.26　球磨机的研磨体装载量对球磨机的产量有何影响？为什么？

6.27　开路球磨机是如何控制产品细度的？闭路球磨机又是如何控制产品细度的？

7 硅酸盐水泥的水化与硬化

水泥用适量的水拌和后，便形成能黏结砂石集料的可塑性浆体，随后通过凝结硬化逐渐变成具有强度的石状体。同时，还伴随着水化放热和体积变化等现象。这说明该过程产生了复杂的物理、化学与物理化学的变化，并且可以持续较长时间，从而使硬化的水泥浆体在一般条件下，强度有所增长，其他性能也有一定的变化。由于水泥熟料是多矿物的聚集体，与水的相互作用比较复杂，通常先分别研究各水泥单矿物的水化反应，然后再研究硅酸盐水泥总的水化硬化过程。

7.1 熟料矿物的水化

7.1.1 硅酸三钙

C_3S 在水泥熟料中的含量约为 50%，有时高达 60% 以上，硬化水泥浆体的性能在很大程度上取决于 C_3S 的水化作用、产物以及所形成的结构。

C_3S 在常温下的水化反应，可大致用下列方程式表示：

$$3CaO \cdot SiO_2 + nH_2O = xCaO \cdot SiO_2 \cdot yH_2O + (3-x)Ca(OH)_2$$

即

$$C_3S + nH = C\text{-}S\text{-}H + (3-x)CH$$

上式表明其水化产物为水化硅酸钙和 $Ca(OH)_2$。

C_3S 水化放热速率和 Ca^{2+} 浓度变化曲线如图 7.1 所示。

C_3S 的水化速率很快，其水化过程根据水化放热速率-时间曲线（图 7.1），可以划分为五个阶段，即

(1) 初始水解期。加水后立即发生急剧反应，但该阶段时间很短，在 15 min 以内结束。

(2) 诱导期。这一阶段反应速率极其缓慢，又称静止期，一般持续 1～4 h，是硅酸盐水泥浆体能在几小时内保持塑性的原因。初凝时间基本上相当于诱导期的结束。

(3) 加速期。反应重新加快，反应速率随时间延长而增长，出现第二个放热峰，在到达峰顶时本阶段即告结束（4～8 h）。此时终凝已过，开始硬化。

(4) 衰减期。反应速率下降的阶段，持续 12～24 h，水化作用逐渐受扩散速率的控制。

(5) 稳定期。反应速率很低、基本稳定的阶

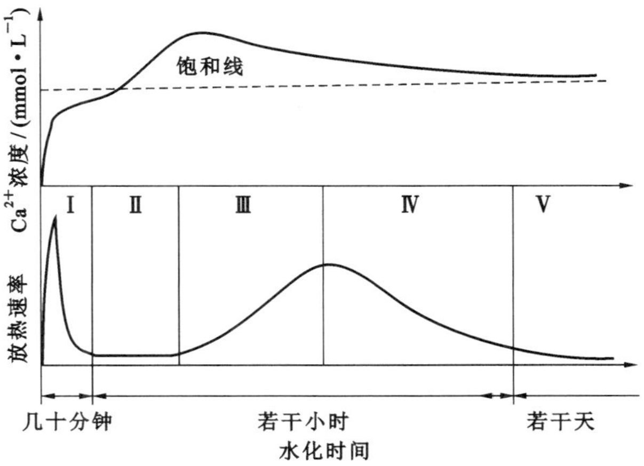

图 7.1 C_3S 水化放热速率和 Ca^{2+} 浓度变化曲线

Ⅰ—初始水解期；Ⅱ—诱导期；

Ⅲ—加速期；Ⅳ—衰减期；Ⅴ—稳定期

段，水化作用完全受扩散速率控制。有的文献上将衰减期与稳定期合称为扩散控制期。

综上所述，在加水初期，反应非常迅速，但很快就进入诱导期，反应速度变得相当缓慢。在该阶段末，水化重新加速，生成较多的水化产物。然后，水化速率即随着时间的延长而逐渐下降。另外，C_3S 的水化过程也可笼统地分为三个阶段，即将诱导前期和诱导期合并称为水化早期，加速期和衰减期为水化中期，而稳定期则称为水化后期。

(1) 水化早期

硬化浆体的性能很大程度是由水化早期决定的，诱导期终止的时间与初凝有着一定的关系，而终凝则大致发生在加速期的中间阶段。许多学者对此进行了大量的研究，他们对有关诱导期的本质也就是诱导期的开始及结束的原因，存在着不少看法。

斯坦因(Stein H N)等认为，诱导期是由于水化产物形成了保护膜层。当保护膜破坏时，诱导期就结束，这就是"保护膜理论"。他们假设 C_3S 在水中是一致溶，最初生成的第一水化物 C_3SH_n 很快就在 C_3S 周围形成了致密的保护膜层，从而阻碍了 C_3S 的进一步水化，使放热变慢，向液相溶出 Ca^{2+} 的速率也相应降低，诱导期开始。当第一水化物转变为较易使离子通过的第二水化物[$n(CaO)/n(SiO_2)\approx 0.8\sim1.5$]时，水化重新加速，较多的 Ca^{2+} 和 OH^- 进入液相达到过饱和，并加快放热，诱导期即告结束。

另一派的学者则提出"晶核形成延缓理论"，认为诱导期是由于 $Ca(OH)_2$ 或 C-S-H 或者它们两者的晶核的形成和生长，都需要一定时间，从而使水化延缓所致。例如，泰卓斯(Tadros M E)等认为 C_3S 最初不一致溶，主要是 Ca^{2+} 和 OH^- 溶出，液相中的 $n(CaO)/n(SiO_2)$ 比值远高于 3，使 C_3S 表面变为缺钙的"富硅层"。然后，Ca^{2+} 吸附到"富硅层"的表面，使其带上正电荷，形成双电层，因而 C_3S 溶出 Ca^{2+} 的速度减慢，诱导期即开始。一直到液相中的 Ca^{2+} 和 OH^- 缓慢增长，达到足够的过饱和度(饱和度的 1.5～2.0 倍)，才形成稳定的 $Ca(OH)_2$ 晶核。当它生长到相当尺寸，且数量又足够多时，液相中的 Ca^{2+} 和 OH^- 就迅速沉析出 $Ca(OH)_2$ 晶体，促使 C_3S 加快溶解，水化重新加速。由图 7.1可知，液相中 Ca^{2+} 浓度的最大值出现在诱导期末，可以作为上述假说的一个论证。同时，$Ca(OH)_2$还会和 SiO_3^{2-} 相结合，也可作为 C-S-H 的晶核。较近的一些研究表明，诱导期更可能是由于 C-S-H 的成核和生长受到延缓。

还有一些研究者从诱导期的长短与 C_3S 晶格缺陷有关的试验结果进行分析，认为 C_3S 的早期水化反应并不遍及整个表面，而是在晶格缺陷，也就是在最易与水发生作用的活化点上进行。非均匀分布的水化产物，不会形成保护膜，晶格缺陷的类别和数量是决定诱导期长短的主要因素，等等。

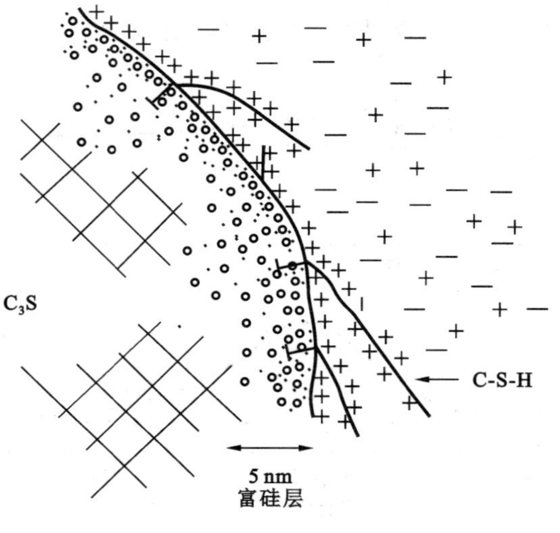

图 7.2　接近诱导期末的 C_3S 表面

○—$H_3SiO_4^-$ 或 $H_2SiO_4^{2-}$；·—H^+ 或 H_2O；+—Ca^{2+}；——OH^-；⊥—活化点

斯卡尔内(Skalng J)和杨(Young J F)综合各方面的观点提出如下较为全面的观点：当 C_3S 与水接触后在 C_3S 表面有晶格缺陷的部位即活化点(图 7.2)上很快发生水解，Ca^{2+} 和 OH^- 进入溶液，就在 C_3S 表面形成一个缺钙的"富硅层"。接着，Ca^{2+} 吸附到"富硅层"表面形成双电层，从而使 C_3S 溶解受阻而出现诱导期。另外，因双电层所形成的 ζ 电位，使颗粒在溶液中保持分散状态，一直到 ζ 电位下降接近于零时，才会产生凝聚。由于 C_3S 仍在缓慢水化，待溶液中 $Ca(OH)_2$ 浓度达到一定的过饱和度时，$Ca(OH)_2$ 析晶，诱导期结束。与此同时，还会有 C-S-H 的沉淀析出，因为 SiO_3^{2-} 比 Ca^{2+} 更难迁移，所以 C-S-H 的生长仅限于表面；$Ca(OH)_2$的晶体开始可能也在 C_3S 表面生长，但有些晶体会远离颗粒或在浆体的充水孔隙中形成，如图 7.2 所示。

(2) 水化中期

在 C_3S 水化的加速期内，伴随着 $Ca(OH)_2$ 及 C-S-H 的形成和长大，液相中 $Ca(OH)_2$ 和 C-S-H 的过饱和度降低，又会相应地使 $Ca(OH)_2$ 和 C-S-H 的生长速度逐渐变慢。随着水化产物在颗粒周围的形成，C_3S 的水化也受到阻碍。因而，水化加速过程就逐渐转入衰减阶段。最初的产物，大部分生长在颗粒原始周界以外由水所填充的空间，而后期的生长则在颗粒原始周界以内的区域进行。这两部分的 C-S-H，即分别称为外部产物和内部产物。随着内部产物的形成和发展，C_3S 的水化即由衰减期向稳定期转变，逐渐进入水化后期。

(3) 水化后期

有关 C_3S 的后期水化，泰勒(Taylor F H W)曾提出如图 7.3所示的示意图。他认为在水化过程中存在一个界面区，并逐渐推向颗粒内部。水离解所形成的 H^+ 在内部产物中从一个氧原子(或水分子)转移到另一个氧原子，一直到达 C_3S 并与之作用，其情况与 C_3S 直接接触到水相差无几。而界面区内部分 Ca^{2+} 和 Si^{4+} 则通过内部产物向外迁移，转入 $Ca(OH)_2$ 和外部 C-S-H。因此，在界面区内得到 H^+，失去 Ca^{2+} 和 Si^{4+}，离子重新组排，从而使 C_3S 转化成内部 C-S-H。如此，随着界面区向内推进，水化继续进行。由于空间限制及离子浓度的变化，作为内部产物的C-S-H在形貌和成分等方面和外部 C-S-H 会有所差异，通常较为密实。C_3S 水化各阶段的示意图如图 7.4所示。

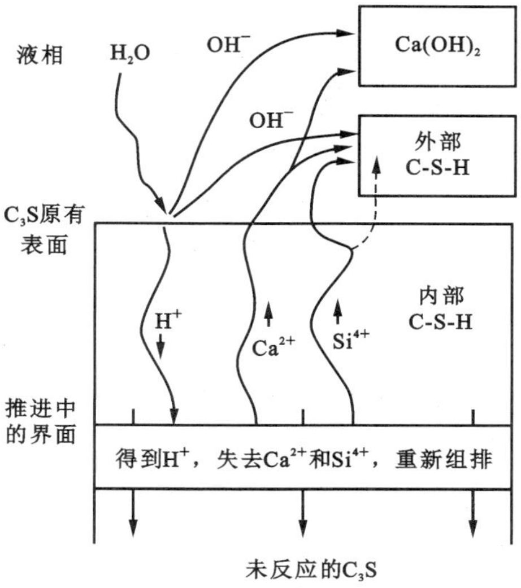

图 7.3 C_3S 后期水化反应示意图

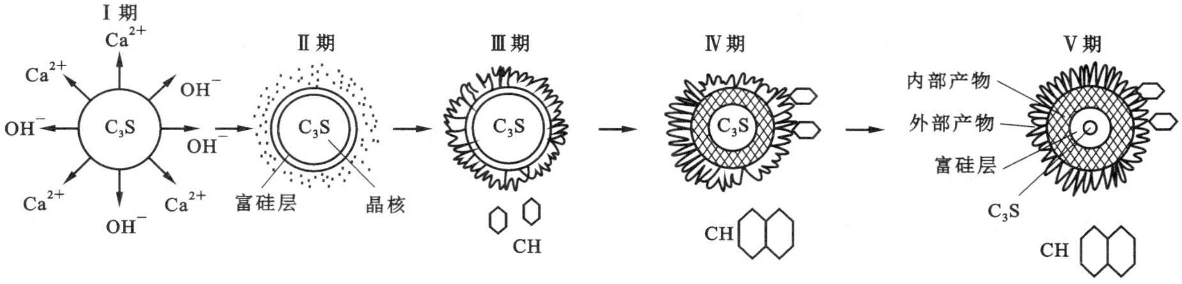

图 7.4 C_3S 水化各阶段的示意图

Ⅰ—初始水解期；Ⅱ—诱导期；Ⅲ—加速期；Ⅳ—衰减期；Ⅴ—稳定期

表 7.1 归纳了 C_3S 水化各阶段的化学过程和动力学行为。

表 7.1 C_3S 水化各阶段的化学过程和动力学行为

时期	反应阶段	化学过程	动力学行为
早期	初始水解期	初始水解，离子进入溶液	反应很快
	诱导期	继续溶解，早期 C-S-H 形成	反应慢
中期	加速期	稳定水化产物开始生长	反应快
	衰减期	水化产物继续生长，微结构发展	反应变慢
后期	稳定期	微结构逐渐密实	反应很慢

7.1.2 硅酸二钙

通常情况下熟料中的 C_2S 多为 β 型，β-C_2S 的水化过程和 C_3S 极为相似，也有诱导期、加速期等。但水化速率很慢，为 C_3S 的 1/20 左右。曾测得 β-C_2S 需几十小时方达加速期，即使在几个星期以后也只有在表面上覆盖一薄层无定形的水化硅酸钙，而且水化产物层厚度的增长也很缓慢。β-C_2S 的水化反应可采用下式表示：

$$2CaO \cdot SiO_2 + mH_2O = xCaO \cdot SiO_2 \cdot yH_2O + (2-x)Ca(OH)_2$$

即

$$C_2S + mH = C\text{-}S\text{-}H + (2-x)CH$$

由于水化热较低，故较难用放热速率进行 β-C_2S 水化的研究。第一个放热峰的高度与 C_3S 的相当，第二峰则相当微弱，甚至难以测量。有一些观测结果表明：β-C_2S 的某些部分水化开始较早，与水接触后表面就很快变得凹凸不平，与 C_3S 的情况极相类似，甚至在 15 s 以内就会发现有水化物形成，不过以后的发展则极其缓慢。所形成的水化硅酸钙与 C_3S 生成的在 $n(CaO)/n(SiO_2)$ 比值和形貌等方面都无大差别，故也统称为 C-S-H。据有关测试结果，β-C_2S 在水化过程中水化产物的成核和晶体长大的速率虽然与 C_3S 相差并不太大，但通过水化产物层的扩散速率仅为 C_3S 的 1/8 左右，而表面溶解速率则相差几十倍之多。这表明 β-C_2S 的水化反应速率主要由表面溶解速率所控制，因而通过提高 C_2S 的结构活性，选择合适的水化介质，改善水化条件，有可能加快其水化速度。特别是由于节能的潜在可能性，活性 C_2S 的研究正在取得更快的进展。

7.1.3 铝酸三钙

C_3A 的水化反应迅速，其水化产物的组成与结构受溶液中 CaO、Al_2O_3 浓度和温度等因素的影响很大。在常温下，C_3A 依下式水化：

$$2(3CaO \cdot Al_2O_3) + 27H_2O = 4CaO \cdot Al_2O_3 \cdot 19H_2O + 2CaO \cdot Al_2O_3 \cdot 8H_2O$$

即

$$2C_3A + 27H = C_4AH_{19} + C_2AH_8$$

C_4AH_{19} 在低于 85% 的相对湿度时，即失去 6 mol 的结晶水而成为 C_4AH_{13}。C_4AH_{19}、C_4AH_{13} 和 C_2AH_8 均为六方片状晶体（图 7.5），在常温下处于介稳状态，有向 C_3AH_6 等轴晶体（图 7.6）转化的趋势：

$$4CaO \cdot Al_2O_3 \cdot 13H_2O + 2CaO \cdot Al_2O_3 \cdot 8H_2O = 2(3CaO \cdot Al_2O_3 \cdot 6H_2O) + 9H_2O$$

即

$$C_4AH_{13} + C_2AH_8 = 2C_3AH_6 + 9H$$

上述过程随温度的升高而加速，而 C_3A 本身的水化热很高，所以极易按上式转化，同时在温度较高（35 ℃以上）的情况下，甚至还会直接生成 C_3AH_6 晶体：

$$3CaO \cdot Al_2O_3 + 6H_2O = 3CaO \cdot Al_2O_3 \cdot 6H_2O$$

即

$$C_3A + 6H = C_3AH_6$$

在液相的 CaO 浓度达到饱和时，C_3A 还可能依下式水化：

$$3CaO \cdot Al_2O_3 + Ca(OH)_2 + 12H_2O = 4CaO \cdot Al_2O_3 \cdot 13H_2O$$

即

$$C_3A + CH + 12H = C_4AH_{13}$$

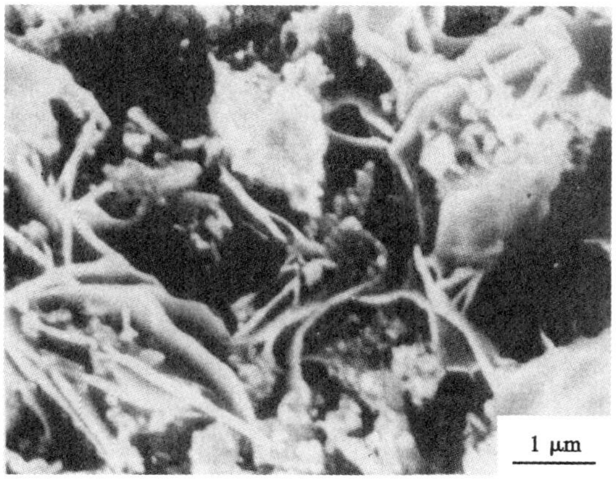

图 7.5　六方片状的 C_2AH_8 和 C_4AH_{19} 相

图 7.6　八面体的 C_3AH_6

这一反应在硅酸盐水泥浆体的碱性液相中最易发生，而处于碱性介质中的 C_4AH_{13} 在室温下又能够稳定存在，其数量迅速增多，足以阻碍粒子的相对移动，据认为这是使浆体产生瞬时凝结的一个主要原因。为此，在水泥粉磨时通常都掺加石膏。因为在石膏、CaO 同时存在的条件下，C_3A 虽然开始也快速水化成 C_4AH_{13}，但接着就会与石膏反应，反应式如下：

$$4CaO \cdot Al_2O_3 \cdot 13H_2O + 3(CaSO_4 \cdot 2H_2O) + 14H_2O$$
$$= 3CaO \cdot Al_2O_3 \cdot 3CaSO_4 \cdot 32H_2O + Ca(OH)_2$$

即

$$C_4AH_{13} + 3C\bar{S}H_2 + 14H = C_3A \cdot 3C\bar{S} \cdot H_{32} + CH$$

所形成的三硫型水化硫铝酸钙，又称钙矾石。由于其中的铝可被铁置换而成为含铝、铁的三硫酸盐相，故常以 AFt 表示。

当 C_3A 尚未完全水化而石膏已经耗尽时，则 C_3A 水化所形成的 C_4AH_{13} 又能与先前形成的钙矾石依下式反应，生成单硫型水化硫铝酸钙(AFm)：

$$3CaO \cdot Al_2O_3 \cdot 3CaSO_4 \cdot 32H_2O + 2(4CaO \cdot Al_2O_3 \cdot 13H_2O)$$
$$= 3(3CaO \cdot Al_2O_3 \cdot CaSO_4 \cdot 12H_2O) + 2Ca(OH)_2 + 20H_2O$$

即

$$C_3A \cdot 3C\bar{S} \cdot H_{32} + 2C_4AH_{13} = 3(C_3A \cdot C\bar{S} \cdot H_{12}) + 2CH + 20H$$

当石膏掺量极少，在所有的钙矾石都转化成单硫型水化硫铝酸钙后，仍可能还剩余有未水化的 C_3A。在这种情况下，则会依下式形成 $C_4A\bar{S}H_{12}$ 和 C_4AH_{13} 的固溶体：

$$3CaO \cdot Al_2O_3 \cdot CaSO_4 \cdot 12H_2O + 3CaO \cdot Al_2O_3 + Ca(OH)_2 + 12H_2O$$
$$= 2\{3CaO \cdot Al_2O_3[CaSO_4, Ca(OH)_2)] \cdot 12H_2O\}$$

即

$$C_4A\bar{S}H_{12} + C_3A + CH + 12H = 2C_3A(C\bar{S}, CH)H_{12}$$

由上述可知，C_3A 可能有多种不同的水化产物，依实际参加反应的石膏量而定，如表 7.2 所示。

表 7.2　C_3A 的水化产物

实际参加反应的 $n(CaSO_4 \cdot 2H_2O)/n(C_3A)$	水化产物
3.0	钙矾石(AFt)
1.0～3.0	钙矾石(AFt)＋单硫型水化硫铝酸钙(AFm)
1.0	单硫型水化硫铝酸钙(AFm)
＜1.0	单硫型固溶体[$C_3A(C\bar{S}, CH)H_{12}$]
0	水化石榴石(C_3AH_6)

当 C_3A 单独与水拌和后，几分钟内就开始快速反应，数小时能完成水化，图 7.7 所示为其水化放热曲线。当掺有石膏时，反应会延续几小时后再加速水化。而石膏和 $Ca(OH)_2$ 共存，两者一起所产生的延缓效果更为明显，图 7.8 所示为该系统水化放热曲线实例。可见在形成钙矾石的第一放热峰以后较长时间，才会出现形成单硫型水化硫铝酸钙、水化重新加速的第二放热峰。所以，石膏的存在与否及其掺量、溶解情况是决定 C_3A 水化速率、水化产物的主要因素。

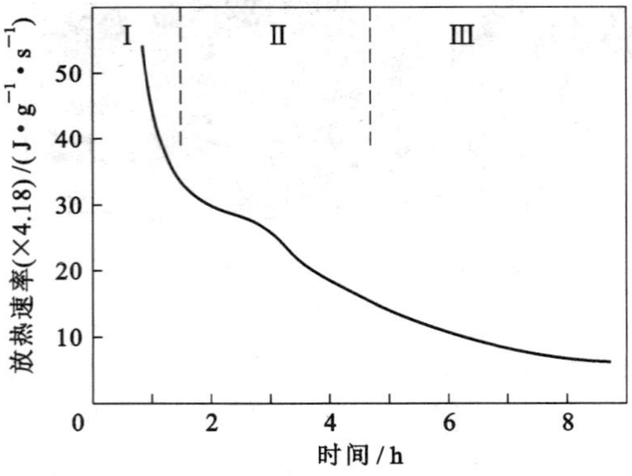

图 7.7　C_3A 在纯水中的水化放热曲线图

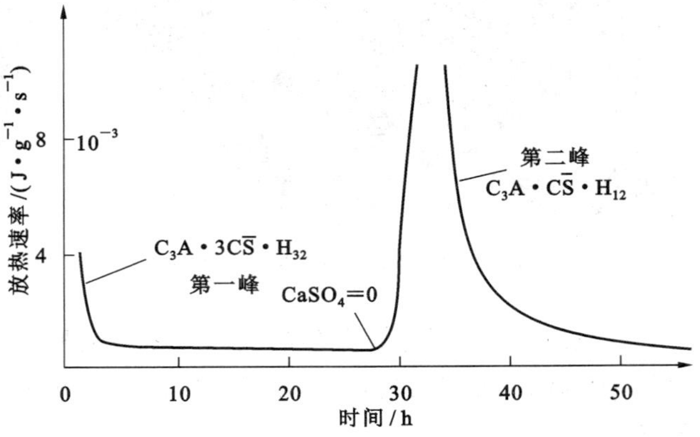

图 7.8　$C_3A\text{-}CaSO_4\cdot 2H_2O\text{-}Ca(OH)_2\text{-}H_2O$ 系统的水化放热曲线
[3g C_3A，0.4g $CaSO_4\cdot 2H_2O$，2 mL 0.0196 mol/L 的 $Ca(OH)_2$ 溶液]

按照一般硅酸盐水泥的石膏掺量，其最终的铝酸盐水化物常为钙矾石与单硫型水化硫铝酸钙。然而在常用水灰比的水泥浆体中，离子的迁移受到一定程度的限制，较难充分地进行上述各种反应，因此，钙矾石与其他几种水化铝酸盐产物在局部区域内同时并存，也都是很有可能的。

7.1.4　铁相固溶体

水泥熟料中一系列铁相固溶体除用 C_4AF 作为其代表式外，还可以用 Fss 来表示。C_4AF 的水化速率比 C_3A 略慢，水化热较低，即使单独水化也不会引起瞬凝。

C_4AF 的水化反应及其产物与 C_3A 十分相似。Fe_2O_3 基本上起着与 Al_2O_3 相同的作用，也就是相当于在水化产物中铁置换部分铝，形成水化硫铝酸钙和水化硫铁酸钙的固溶体，或者水化铝酸钙和水化铁酸钙的固溶体。

在没有石膏的条件下，C_4AF 与 $Ca(OH)_2$ 及水反应生成部分铝被铁置换的 C_4AH_{13}，即$C_4(A,F)H_{13}$：

$$4CaO\cdot Al_2O_3\cdot Fe_2O_3+4Ca(OH)_2+22H_2O = 2[4CaO\cdot(Al_2O_3,Fe_2O_3)\cdot 13H_2O]$$

即

$$C_4AF+4CH+22H = 2C_4(A,F)H_{13}$$

所形成的 $C_4(A,F)H_{13}$ 在低温下也较稳定，到 20 ℃左右即转化成 $C_3(A,F)H_6$。但这个转化过程比 C_3A 水化时的晶型转变要慢，可能是 C_4AF 水化热低，不易使浆体温度升高的缘故。与 C_3A 相似，$Ca(OH)_2$ 的存在也会延缓其向立方晶型 $C_3(A,F)H_6$ 的转化。当温度较高（>50 ℃）时，C_4AF 会直接形成 $C_3(A,F)H_6$。

如有石膏存在，则依下式水化：

$$4CaO\cdot Al_2O_3\cdot Fe_2O_3+2Ca(OH)_2+6(CaSO_4\cdot 2H_2O)+50H_2O$$
$$= 2[3CaO\cdot(Al_2O_3,Fe_2O_3)\cdot 3CaSO_4\cdot 32H_2O]$$

即

$$C_4AF+2CH+6C\bar{S}H_2+50H = 2C_3(A,F)\cdot 3C\bar{S}\cdot H_{32}$$

当石膏消耗完毕而尚有 $C_4(A,F)H_{13}$ 时，所形成的三硫型相会依下式转化成单硫型相：

$$2[4CaO \cdot (Al_2O_3, Fe_2O_3) \cdot 13H_2O] + 3CaO \cdot (Al_2O_3, Fe_2O_3) \cdot 3CaSO_4 \cdot 32H_2O$$
$$=\!=\!= 3[3CaO \cdot (Al_2O_3, Fe_2O_3) \cdot CaSO_4 \cdot 12H_2O] + 2Ca(OH)_2 + 20H_2O$$

即

$$2C_4(A,F)H_{13} + C_3(A,F) \cdot 3C\overline{S} \cdot H_{32} =\!=\!= 3C_3(A,F) \cdot C\overline{S} \cdot H_{12} + 2CH + 20H$$

C_4AF 的水化放热曲线与 C_3A 的水化放热曲线也很相似，但早期水化受石膏的延缓更为明显；在 $Ca(OH)_2$ 饱和溶液中，石膏能使其放热速率变得极为缓慢（图 7.9）。尼格（Negro A）等在对 C_2F-C_6A_2F范围内一系列固溶体的研究中，发现固溶体的水化活性随 $n(Al_2O_3)/n(Fe_2O_3)$ 比值的增大而提高；反之，若 Fe_2O_3 含量增加，则水化速率降低。但是亦有不同的结果，即认为 C_6AF_2 的水化速度大于其他含铁相的。另外，水化所得产物的 $n(Al_2O_3)/n(Fe_2O_3)$ 比值一般较水化前的固溶体高，因而在上述各种水化产物之外，还会有无定形 $Fe(OH)_3$ 形成。

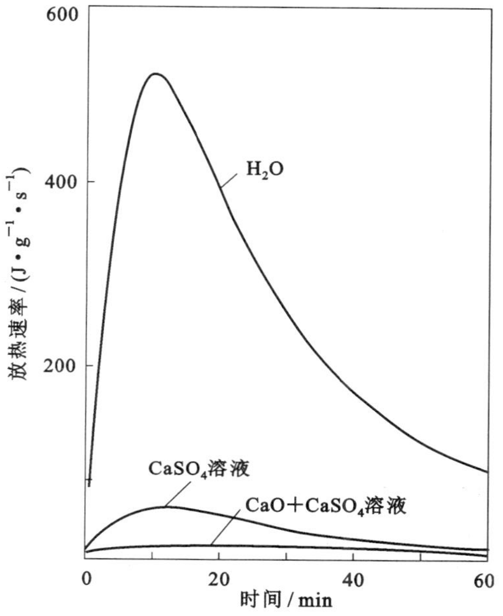

图 7.9 C_4AF 的水化放热曲线

7.2 硅酸盐水泥的水化

当水泥与水拌和后，就立即发生化学反应，水泥的各个组分开始溶解。所以经过一极短瞬间，填充在颗粒之间的液相已不再是纯水，而是含有各种离子的溶液，主要变化为：

硅酸钙 $\longrightarrow Ca^{2+}, OH^-$；

铝酸钙 $\longrightarrow Ca^{2+}, Al(OH)_4^-$；

硫酸钙 $\longrightarrow Ca^{2+}, SO_4^{2-}$；

碱的硫酸盐 $\longrightarrow K^+, Na^+, SO_4^{2-}$。

由于 C_3S 迅速溶出 $Ca(OH)_2$，所掺的石膏也很快溶解于水，特别是水泥粉磨时部分二水石膏可能脱水成半水石膏或可溶性硬石膏，其溶解速率更大。熟料中所含的碱溶解也很快，甚至 70%～80%的 K_2SO_4 可在几分钟内溶出。因此，水泥的水化作用在开始后，基本上是在含碱的 $Ca(OH)_2$、$CaSO_4$ 的饱和溶液中进行的。

高浓度的 Ca^{2+} 和 SO_4^{2-} 在溶液中保持时间的长短，取决于水泥的组成。藤井钦二郎等曾确定，高

度过饱和的 $Ca(OH)_2$ 溶液的过饱和度在起始的 10 min 内达到极大值后，又急剧降低。此后，溶液变为饱和的或者只是弱过饱和的状态。但也有数据表明，$Ca(OH)_2$ 的高度过饱和能保持 4 h 以上，甚至 1～3 d 之久。SO_4^{2-} 的浓度在达到极大值后就开始降低，类似于 Ca^{2+} 的变化，这主要是由于铝酸钙消耗硫酸盐形成了钙矾石或单硫型水化硫铝酸盐，从而使溶液的 SO_4^{2-} 浓度不断下降，逐渐变成了基本上是 $Ca(OH)_2$、KOH 和 NaOH 的溶液。但在钾、钠存在的条件下，Ca^{2+} 的溶解度变小(图 7.10)，加快了 $Ca(OH)_2$ 的结晶，使液相最后成为以 K^+、Na^+ 和 OH^- 为主的溶液。由此可见，液相的组成依赖于水泥中各种组成的溶解度，但液相组成必然反过来深刻影响各熟料矿物的水化速率，固、液两相处于随时间变化的动态平衡之中。图 7.11 所示为水泥浆体液相中离子浓度变化的实例，表 7.3则为用压滤法所得孔隙中溶液组成的一组测试结果。

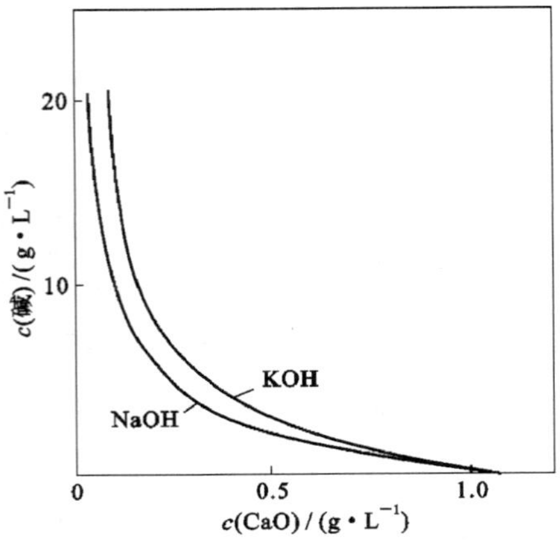

图 7.10　CaO 溶解度与 K^+、Na^+ 浓度的关系(20 ℃)

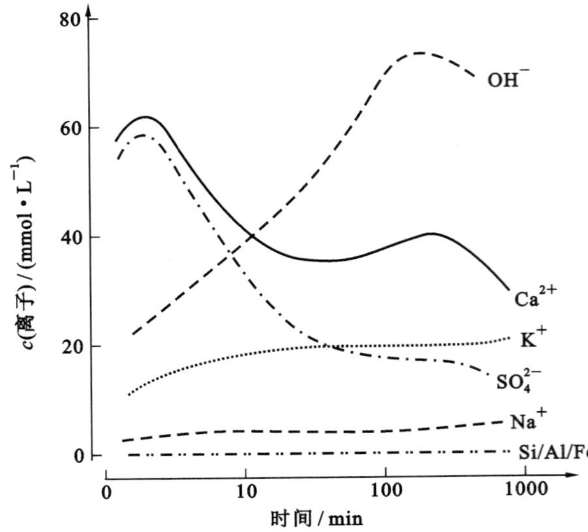

图 7.11　水泥浆体液相中离子浓度变化($w/c=2$)

表 7.3　硅酸盐水泥浆体孔隙中溶液的化学成分的浓度/(mmol·L⁻¹)

龄期	pH 值	CaO	OH^-	SO_3	K_2O	Na_2O	SiO_2	Al_2O_3
5 h	12.99	26.1	83	24.9	39.9	6.8	0.06	—
1 d	13.24	7.2	147	1.2	59.6	12.6	0.03	0.03
3 d	13.31	5.0	195	0.5	69.0	19.2	0.04	0.04
7 d	13.38	4.2	229	—	76.1	25.4	0.13	0.01
28 d	13.48	3.6	261	1.5	100.5	27.4	0.08	—
90 d	13.52	2.4	283	—	113.8	32.3	0.11	0.03
180 d	13.52	2.0	288	—	120.0	40.3	0.13	0.02

注：所用硅酸盐水泥的 K_2O、Na_2O 含量分别为 0.43%和 0.16%，水灰比为 0.5。

硅酸盐水泥的水化过程如图 7.12 所示。水泥加水后，C_3A 立即发生反应，C_3S 和 C_4AF 也很快水化，而 C_2S 则较慢。在电子显微镜下观测，几分钟后可见在水泥颗粒表面生成钙矾石针状晶体，无定形的水化硅酸钙以及 $Ca(OH)_2$ 或水化铝酸钙等六方板状晶体。由于钙矾石的不断生长，液相中 SO_4^{2-} 逐渐减少并在耗尽之后，就会有单硫型水化硫铝(铁)酸钙出现。如石膏不足，还有 C_3A 和 C_4AF 剩余，则会生成单硫型水化物和 $C_4(A,F)H_{13}$ 的固溶体，甚至单独的 $C_4(A,F)H_{13}$，后者再逐渐转变成等轴晶体 $C_3(A,F)H_6$。

图 7.13 所示为水化前后，熟料中各相与最终水化产物在固相中所占比例的变化。

图 7.14 为硅酸盐水泥在水化过程中的放热曲线，可见其形式与 C_3S 的基本相同。据此，可将水

泥的水化过程简单地划分为如下三个阶段：

(1) 钙矾石形成期：C_3A 率先水化，在石膏存在条件下，迅速形成钙矾石，这是导致第一放热峰形成的主要因素。

(2) C_3S 水化期：C_3S 开始迅速水化，大量放热，形成第二放热峰。有时会有第三放热峰或在第二放热峰上出现一个“峰肩”，一般认为是由于钙矾石转化成单硫型水化硫铝(铁)酸钙而引起的。当然，C_2S 与铁相亦不同程度地参与了这两个阶段的反应，生成相应的水化产物。

(3) 结构形成和发展期：放热速率很低，趋于稳定。随着各种水化产物的增多，它们填入原先由水所占据的空间，再逐渐连接，相互交织，发展成硬化的浆体结构。

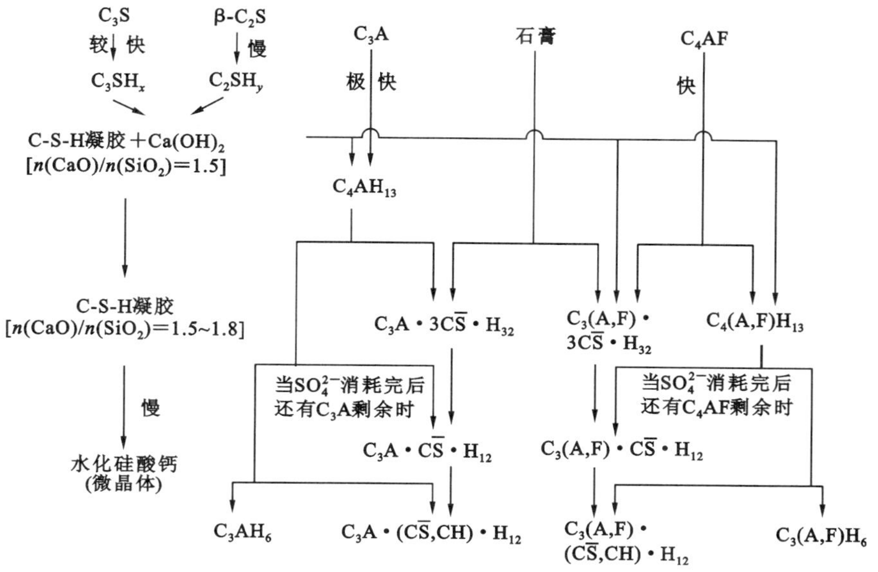

图 7.12 硅酸盐水泥的水化过程

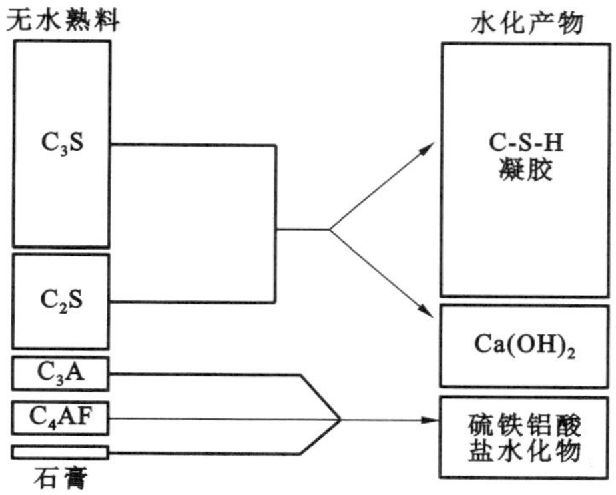

图 7.13 水化前后各相与最终水化产物在固相中所占比例的变化

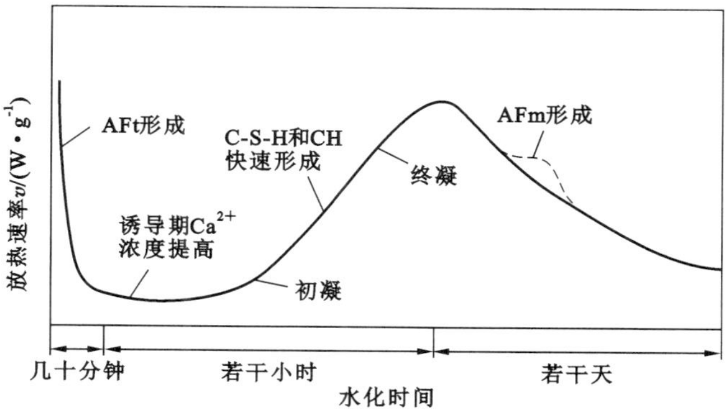

图 7.14 硅酸盐水泥的水化放热曲线

不过，值得注意的是，水泥既然是多矿物、多组分的体系，各熟料矿物并不可能单独进行水化，它们之间的相互作用必然对水化进程有一定影响。例如，C_3S 水化较快，能迅速提高液相中的 Ca^{2+} 浓度，促使 $Ca(OH)_2$ 结晶，使 β-C_2S 的诱导期缩短，水化加速。又如 C_3A 和 C_4AF 都要与 SO_4^{2-} 结合，但 C_3A 反应速度快，较多的石膏由其消耗后，就使 C_4AF 不能按计量要求形成足够的硫铝(铁)酸钙，则有可能使水化减缓。另外，如果石膏掺量过少，C_3A 的初始反应没有得到很好的控制，在 C_3S 重新加速水化之前已经有单硫酸盐型固溶体形成，从而消耗 Ca^{2+}，则会影响到$Ca(OH)_2$和 C-S-H 的成核作用，延缓水化过程。但是，适量的石膏却可使硅酸盐的水化略有加速。同时，在C-S-H内部会结合相当数量的 SO_4^{2-} 以及 Al^{3+}、Fe^{3+} 等离子，因此 C_3S 又要与 C_3A、C_4AF 一起，共同消耗 SO_4^{2-}。据测量，在水泥浆体中所形成的硫铝(铁)酸盐的数量，还不到理论计算值的一半。还要指出的是，碱的存在，也要影响到水泥特别是 C_3A 的初期水化反应。斯坦因(Stein H N)等指出，Na_2O 浓度低时，C_3A 初期水化的放热量随 Na_2O 含量的增加而降低，但当 Na_2O 浓度达0.4 mol/L以上后，放热量则反而提高，水化加速。前一种效应是由于在 NaOH 溶液中 Ca^{2+} 的溶解度降低，而后者则是因为 OH^- 浓度高时 C_3A 中 Al—O 键被破坏。

另外，应用一般的方程式，实际上很难真实地表示水泥的水化过程。随着水化作用的继续进行，水泥颗粒周围的 C-S-H 凝胶层不断增厚，水在 C-S-H 层内的扩散速度逐渐成为决定性的因素。在这样的条件下，各熟料矿物就不能按其固有特性水化。所以，个别的水化程度虽在早期相差很大，但到后期就比较接近。同时，浆体中的实际拌和用水量通常不多，并在水化过程中不断减少，水化是在浓度不断变化的情况下进行的，而且熟料矿物的水化放热又使水化体系的温度处于不恒定状态，因此，水化过程与在溶液或溶体中的一般化学反应有所不同，特别是离子的迁移较为困难，根本不可能在极短的时间内就反应完全，而是从表面开始，然后在浓度和温度不断变化的条件下，通过扩散作用，缓慢地向中心深入。更重要的是，即使在充分硬化的浆体中，也并不处于平衡状态。在熟料颗粒的中心，水化作用往往已经暂时停止。以后当温、湿度条件适当时，浆体从外界补充水分，或者在浆体内部进行水分的重新分配后，又能使水化作用以极慢的速度继续进行。所以，绝不能将水化过程视作一般的化学反应，对其长期处于不平衡的情况以及它与周围环境条件的关系，也须充分注意。

7.3　掺混合材料硅酸盐水泥的水化硬化

掺混合材料的硅酸盐水泥的水化过程较硅酸盐水泥的复杂，通常是水泥加水后，硅酸盐水泥中的熟料先水化，水化产生 $Ca(OH)_2$ 后，$Ca(OH)_2$ 再与混合材料反应形成一系列水化产物。

此类水泥的密度比硅酸盐水泥的小，火山灰水泥的密度为 2.7～2.9 g/cm³，矿渣水泥的密度为 2.8～3.0 g/cm³，颜色均较淡。水泥凝结时间一般比硅酸盐水泥的长，如矿渣水泥初凝时间一般为 2～5 h，终凝时间为 5～9 h。标准稠度用水量取决于混合材的种类，矿渣水泥与普通水泥的相近，火山灰水泥的较大，粉煤灰水泥和复合硅酸盐水泥的则相应较低。矿渣水泥、火山灰水泥及粉煤灰水泥的强度发展对温度很敏感，温度低，凝结硬化慢，所以不宜冬季露天施工。水化热均比硅酸盐水泥的低。耐水性比硅酸盐水泥的稍好，或与硅酸盐水泥的相近。耐热性较好，与钢筋的黏结力也较强。抗硫酸盐性能也优于硅酸盐水泥。抗冻性及抗大气稳定性比硅酸盐水泥的差，过早干燥及干湿交替对此类水泥强度发展不利。矿渣水泥的泌水性大，火山灰水泥由于标准稠度用水量大，干燥收缩率大。

7.3.1　矿渣水泥的水化和硬化

矿渣水泥的水化硬化除受硅酸盐水泥熟料水化硬化的影响外，还受矿渣的活性和掺量，矿渣与熟料的水化产物、石膏之间的相互作用的影响。

(1) 矿渣水泥水化过程及特点

矿渣水泥加水拌和后，首先是熟料的水化。熟料中的矿物 C_3A 迅速与石膏作用，生成针状晶体钙矾石(AFt)，C_3S 水化成 C-S-H、$Ca(OH)_2$，同时还有水化硫铁酸钙等产物，这些水化物的性质与纯硅酸盐水泥水化时的产物是相同的。

由于 $Ca(OH)_2$ 的形成及石膏的存在，矿渣的潜在水硬性得到激发。$Ca(OH)_2$ 作为碱性激发剂，它解离矿渣玻璃体结构，使玻璃体中的 Ca^{2+}、AlO_4^{5-}、Al^{3+}、SiO_4^{4-} 进入溶液，造成矿渣的分散和溶解；

同时 $Ca(OH)_2$ 与矿渣中的活性 SiO_2、Al_2O_3 作用生成水化硅酸钙和水化铝酸钙。在 $Ca(OH)_2$ 与石膏的共同作用下，矿渣中的活性 Al_2O_3 按如下过程进行反应形成水化硫铝酸钙：

$$Al_2O_3+3Ca(OH)_2+3(CaSO_4\cdot 2H_2O)+23H_2O \longrightarrow 3CaO\cdot Al_2O_3\cdot 3CaSO_4\cdot 32H_2O$$

除此之外，还可生成水化硫铁酸钙、水化铝硅酸钙(C_2ASH_8)、水化石榴子石等。

由于矿渣水泥中熟料的相对含量减少，并且有相当多的 $Ca(OH)_2$ 又与矿渣活性组分作用，所以与硅酸盐水泥相比，水化产物的碱度一般较低，形成的 C-S-H 的 $n(CaO)/n(SiO_2)$ 比值为 1.4～1.7，同时 $Ca(OH)_2$ 含量较少，而钙矾石含量则增多。

(2) 矿渣水泥的硬化特性

与硅酸盐水泥一样，矿渣水泥在水化的同时也在进行着硬化。拌水水化后，首先是熟料矿物的先期水化产物逐渐填充由水所占据的空间，水泥颗粒粒子逐渐接近；由于钙矾石这种针、棒状晶体的相互搭接，特别是大量箔片状、纤维状 C-S-H 的交叉攀附，使原先分散的水泥颗粒以及水化产物联结起来，构成一个三维空间牢固结合、密实的整体。但是，由于矿渣水泥中水泥熟料矿物相对减少了(与硅酸盐水泥相比)，而矿渣的潜在活性早期尚未得到充分激发与发挥，其生成的水化产物相对较少，因而矿渣水泥的早期硬化较慢，所表现出来的则是水泥的 3 d、7 d 强度偏低。

随着水化作用不断进行，矿渣的潜在活性得以激发与发挥，虽然 $Ca(OH)_2$ 在不断减少，但新的水化硅酸钙、水化铝酸钙以及钙矾石大量形成，水泥颗粒与水化产物间的联结较硅酸盐水泥更紧密，结合更趋牢固，三维空间的稳固性更好，硬化体孔隙率逐渐变低，平均孔径变小，强度不断增长，其 28 d以后的强度可以赶上甚至超过硅酸盐水泥。

矿渣作为水泥的混合材料早已被广泛应用，但传统的工艺是把矿渣和熟料共同粉磨。由于矿渣与熟料的硬度及易磨性差异较大，混磨的水泥中矿渣组分的平均粒度较大，因而不能充分发挥其潜在的活性。将矿渣与熟料分别粉磨后再混合，同时提高矿渣的粉磨细度(比表面积 350～450 m^2/kg)，可显著提高矿渣水泥的强度或增加矿渣的掺量。此外，还可将细磨的矿渣粉(比表面积 400～600 m^2/kg)作为混凝土的掺和料直接掺入水泥混凝土中，以配制高性能水泥混凝土，这样不仅可提高水泥混凝土的强度，还可改善水泥混凝土的一系列性能。

7.3.2 火山灰质水泥的水化硬化

火山灰质水泥的水化硬化过程：水泥拌水后，首先是水泥熟料矿物水化，生成水化硅酸钙、水化硫铝(铁)酸钙、水化铝(铁)酸钙、$Ca(OH)_2$ 等，然后是熟料矿物水化释放出来的 $Ca(OH)_2$ 与火山灰质混合材料中的活性组分进行火山灰反应，即 $Ca(OH)_2$ 对火山灰质混合材中的玻璃体所含的硅氧、铝氧微晶格作用，使其崩溃、溶解，与 Ca^{2+} 生成难溶于水的二次水化物水化硅酸钙、水化铝酸钙等。火山灰反应，因而降低了熟料水化液相中的 $Ca(OH)_2$ 含量，从而又可加速熟料矿物 C_3S、C_3A 的水化。

火山灰质水泥的水化产物大体上与硅酸盐水泥相同，主要是以 C-S-H(Ⅰ)为主的低钙水化硅酸钙凝胶，其次是水化铝(铁)酸钙、水化硫铝(铁)酸钙及固溶体。若提高水化温度，还可能有水化石榴子石生成。由于火山灰反应的存在，水化产物中 C-S-H 的 $n(CaO)/n(SiO_2)$ 比值较低，一般在 1.0～1.6，同时 $Ca(OH)_2$ 的数量比硅酸盐水泥浆体中要少得多，且随着养护时间的延长而逐渐减少。甚至某些火山灰质水泥中由于所掺加的混合材料恰好能吸收 $Ca(OH)_2$，故水化产物中没有 $Ca(OH)_2$。

7.3.3 粉煤灰水泥的水化硬化

粉煤灰水泥的水化硬化及其水化产物同火山灰质水泥非常相似。但是由于粉煤灰的化学成分、结构状态同火山灰质混合材料存在着一定差别，使粉煤灰水泥的水化硬化及其形成的硬化体结构有自身的特点。

粉煤灰水泥拌水后，首先是水泥熟料的水化，然后是粉煤灰中的活性组分 SiO_2 和 Al_2O_3 与熟料

矿物水化所释放的 $Ca(OH)_2$ 等水化产物反应。由于粉煤灰的玻璃体结构比较稳定，表面上相当致密，所以粉煤灰玻璃体被熟料矿物水化产物 $Ca(OH)_2$ 侵蚀和破坏的速度很慢，即火山灰反应缓慢。在水泥水化 7 d 后的粉煤灰颗粒表面，几乎没有变化；直至 28 d，才能见到表面初步水化，略有凝胶状的水化产物出现；在水化 90 d 后，粉煤灰颗粒表面才开始生成大量的水化硅酸钙凝胶体，它们相互交叉连接，形成较高的黏结强度。所以，检定粉煤灰的活性要以三个月的抗压强度值进行。

粉煤灰水泥的水化产物同硅酸盐水泥基本相同，主要有水化硅酸钙、水化硫铝(铁)酸钙、水化铝(铁)酸钙、$Ca(OH)_2$，有时还可能存在少量水化石榴石等。但水化产物 $Ca(OH)_2$ 含量较少，且水化产物大部分为凝胶相，C-S-H 胶凝中 $n(CaO)/n(SiO_2)$ 比值较低。

7.4 水化速率

熟料矿物或水泥的水化速率常以单位时间内的水化程度或水化深度来表示。水化程度是指在一定时间内发生水化作用的量和完全水化量的比值，而水化深度是指已水化层的厚度。水化速率必须在颗粒粗细、水灰比以及水化温度等条件基本一致的情况下才能加以比较。图 7.15 为一球形颗粒(平均直径为 d_m)的水化深度示意图，其中阴影表示已经水化部分。根据上述水化程度的定义，并假定在水化过程能始终保持球形，且密度不变，即可导出水化深度 h 和水化程度 α 之间的关系：

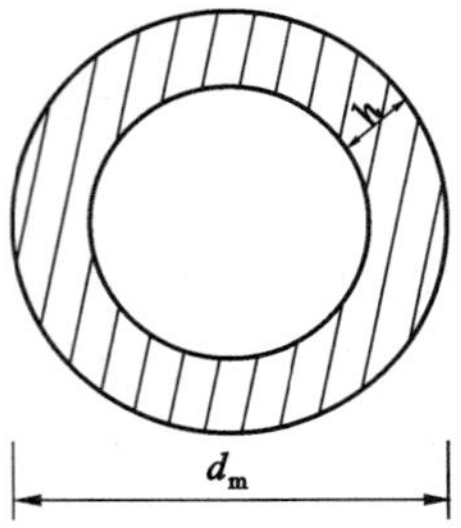

图 7.15 水泥颗粒水化深度示意图

$$h=\frac{d_m}{2}(1-\sqrt[3]{1-\alpha}) \tag{7.1}$$

决定水泥水化速率的因素，主要是熟料矿物组成与结构，另外，水泥的细度、加水量、养护温度、混合材料以及外加剂的性质等，都会对水化速率有一定影响。

7.4.1 熟料矿物的水化速率

测定熟料矿物水化速率的方法有直接法和间接法两种。直接法是利用岩相分析、X 射线分析或热分析等方法，定量测定已水化和未水化部分的数量。间接法则有测定结合水、水化热或 $Ca(OH)_2$ 生成量等方法。其中以结合水法较为简便，将所测各龄期化学结合的水量与完全水化时的结合水量相比，即可计算出不同龄期的水化程度，表 7.4 为所得各熟料矿物单独水化不同龄期时水化程度的实例。表 7.5 则是用表 7.4 所列数据，按式(7.1)计算而得。可见直径为 50 μm 的 C_3S、C_3A、C_4AF 颗粒经过 6 个月，水化深度都已达到半径的一半以上，而 C_2S 水化部分还未到其半径的 1/5。同样大小的颗粒经 28 d 水化后，C_3S 的水化深度为其半径的 3/10，C_3A 的约为 2/5，C_4AF 比 C_3S 的水化深度略大，而 C_2S 的水化深度还不到半径的 1/25。

表 7.4 熟料矿物的水化程度(%)

矿物	水化时间				
	3 d	7 d	28 d	3 个月	6 个月
C_3S	33.2	42.3	65.5	92.2	93.1
C_2S	6.7	9.6	10.3	27.0	27.4
C_3A	78.1	76.4	79.7	88.3	90.8
C_4AF	64.3	66.0	68.8	86.5	84.4

表 7.5 熟料矿物的水化深度[μm(d_m=50 μm)]

矿物	3 d	7 d	28 d	3 个月	6 个月
C_3S	3.1	4.2	7.5	14.3	14.7
C_2S	0.6	0.8	0.9	2.5	2.8
C_3A	9.9	9.6	10.3	12.8	13.7
C_4AF	7.3	7.6	8.0	12.2	13.2

值得注意的是，由于测定方法不同，所测得的水化速率不尽相同。又因为各种工艺因素的差别，不同来源的同种熟料矿物也不可能以完全相同的速率进行水化。另外，所含杂质的种类和数量又有很大影响，例如阿利特和贝利特的水化就比 C_3S 和 C_2S 要快得多。但这几种矿物的水化速率，就相对趋势而言，一般 C_3A 水化最快，C_3S 和 C_4AF 次之，C_2S 最慢。关于 C_4AF 的水化速率还有不同的看法，各方面的试验结果存在较大差异。有的观点认为 C_4AF 即使水化很快，但并不一定就有良好的胶凝性。还有研究表明，各种组成的铁相固溶体，就其水化作用而言都属于缓慢或特别缓慢的矿物。但从表 7.4 可知，C_4AF 的水化速率并不低，在 28 d 以前其水化速率仅次于 C_3A 的，而远远大于 C_3S 的。我国有关的研究结果也证实 C_4AF 的早期水化速率很快，但到后期可能是由于生成 $Fe(OH)_3$ 凝胶而阻止了进一步的水化。

图 7.16 为山口悟郎等人用 X 射线衍射分析所测得的试验结果。可见在硅酸盐水泥中各熟料矿物的水化程度与四种矿物单独水化时相比，并无多大差别。

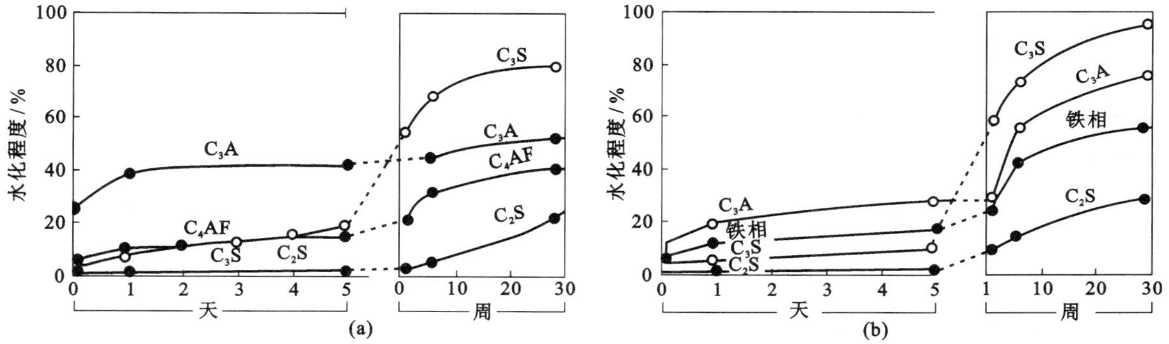

图 7.16 水泥熟料矿物在不同龄期时的水化程度

(a) 单独水化；(b) 在水泥中水化

熟料矿物与水的反应速率之所以各不相同，首先取决于各单相的内在性质，依次受晶体结构和晶型、外来离子以及晶体缺陷等因素所支配。例如，C_3S 和 β-C_2S、γ-C_2S 同属岛状硅酸盐结构，其中 $[SiO_4]^{4-}$ 四面体的各顶角之间并不互相连接，以孤立状态存在。C_3S 中 Ca^{2+} 的配位数均为 6，其结构可分割为两个单元，一行是 $[SiO_4]^{4-}$ 四面体，另一行是 $[CaO_6]^{10-}$ 八面体，通过 Ca^{2+} 将两者联系起来。由于 $[CaO_6]^{10-}$ 中 Ca^{2+} 周围 6 个 O^{2-} 的分布是不规则的，都集中在 Ca^{2+} 的一边，使另一边留下空腔，其大小足以容纳一个 Ca^{2+}，所以水易于渗入与之反应。β-C_2S 中钙的配位数一半是 6，一半是 8，其中每个氧和钙的距离不等，配位不规则，因而也不稳定。但由于 β-C_2S 晶体中的空腔小于 C_3S 的空腔，所以水化速率就较慢。至于 γ-C_2S 中，Ca^{2+} 的配位数都是 6，并呈规则分布，晶格内不具有空腔，因此结构相当稳定，在常温下几乎没有水化活性。同样，C_3A 晶体结构中，铝的配位数为 4 与 6，而钙的配位数为 6 和 9，由于配位数为 9 的 Ca^{2+} 周围的 O^{2-} 排列极不规则，距离不等，因此形成很大的空腔，水分子容易进入。还因为配位数为 4 的铝价键不饱和，易于接收 2 个 H_2O 或 OH^-，以变成更为稳定的配位，因而使 C_3A 能够很快和水发生剧烈的水化作用。

有关熟料矿物的晶型与水化活性的关系，各方面进行了不少研究。例如，有报道称，C_3S 多晶型

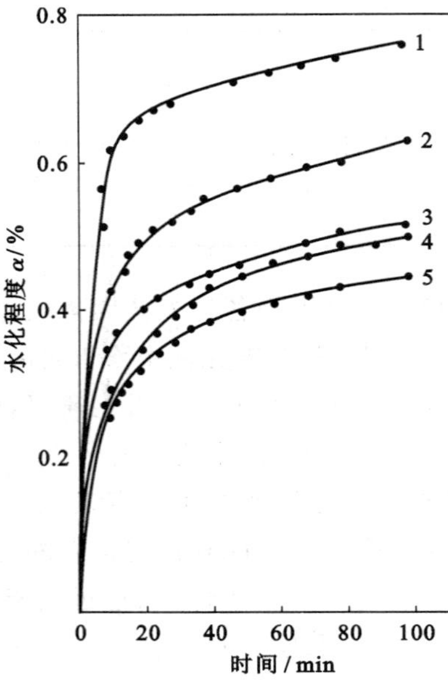

图 7.17　C_3A 的晶型对水化的影响

1—立方晶型(无 Na_2O);2—立方晶型(Na_2O 含量为 2.42%);3—斜方晶型(Na_2O 含量为 3.80%);4—四方晶型(Na_2O 含量为 4.83%);5—单斜晶型(Na_2O 含量为 5.70%)

所具水化活性的顺序为单斜<三斜<斜方,但随着水化龄期的增长,差别逐渐变小。同时,很多外来离子对 C_3S 的水化活性会有明显影响,经测得在杂质掺加量为 1%(以质量分数计)的情况下,24 h 最大水化速率的顺序为:纯 C_3S>镁-阿利特>铁-阿利特>铝-阿利特。也有报道称,当 P_2O_5 和 Cr_2O_3 的含量低且不超过溶解度时,C_3S 的水化活性增大。至于 β-C_2S,按纳尔斯(Nurse)的研究结果,磷酸盐稳定的 β-C_2S 有最大的水化活性,继之为 B_2O_3 和(Fe_2O_3+Na_2O)稳定的 β-C_2S。但也有报道,纯 C_2S 的水化活性最大,在掺有杂质的 β-C_2S 试样中,其水化活性按所掺杂质的顺序为:V>Cr>B>S。在各种晶型的 C_3A 中,以立方晶型的 C_3A 具有最大的水化活性。由图 7.17 可见,随着 Na_2O 掺杂量的不同,C_3A 以斜方、四方或单斜晶型存在时,同一时间内的水化程度依次降低。其他如 Cr_2O_3、TiO_2、MgO、Fe_2O_3 或 SiO_2 的掺杂,也有相似的影响。

值得注意的是,由于水化活性通常是多种因素的综合,较难对某一作用进行明确的比较,有时甚至会得出截然不同的结论。不过,总体上可以认为,各熟料矿物的水化活性主要与不规则配位、高配位等造成晶体结构缺陷的情况有关。特意引入外来离子,导致各种晶体缺陷引起结构畸变,显然会提高水化活性。特别是由几种元素造成复合缺陷将使熟料矿物具有更高活性,此类研究都是极有意义的工作。

7.4.2　细度和水灰比的影响

按照化学反应动力学的一般原理,在其他条件相同的情况下,反应物同时参与反应的表面积越大,其反应速率越快。提高水泥的细度,增大表面积,可以使诱导期缩短,第二个放热峰提前。而较粗的颗粒则相反,各阶段的反应都较慢。

若水灰比 w/c 为 0.25～1.0,水泥的早期水化速率并无明显影响。但若水灰比 w/c 过小,水化所需水分的不足以及无足够空间容纳水化产物,会使后期的水化反应延缓。因为所加水量不仅要满足水化反应的需要,而且还要使 C-S-H 凝胶内部的胶孔填满。同时,这部分进入胶孔的水又很难流动,不易再从 C-S-H 脱出使未水化矿物进行下一步的水化。所以为了达到充分水化的目的,拌和用水应大致约为化学反应所需水量的 2 倍。也就是在密闭的容器中水化时,水灰比 w/c 宜在 0.4 以上。C_3S 放热速率的测定结果也说明水灰比 w/c 对早期反应速率的影响很小,但若水灰比 w/c 偏低,则后期水化速率变小。不过,也有报道称,水灰比 w/c 较高的浆体,早期反应稍慢,而 10 d 以后的水化程度反而较高。

7.4.3　温度与水化速率的关系

水泥的水化反应过程,遵循一般的化学反应规律。温度升高,水化加速,C_3S 的诱导期缩短,第二个放热峰提前,加速期和衰减期也相应提前结束(图 7.18)。β-C_2S 受温度的作用更大,但 C_3A 在常温时水化就快,放热也多,所以温度对其水化速率的影响不太明显。

图 7.19 所示为温度对硅酸盐水泥水化速率的影响。由图 7.19 可见,温度越高,结合水量越多,表示水化越快,而且温度对水泥早期水化速率的影响更为显著,水化程度的差别到后期渐趋缩小。

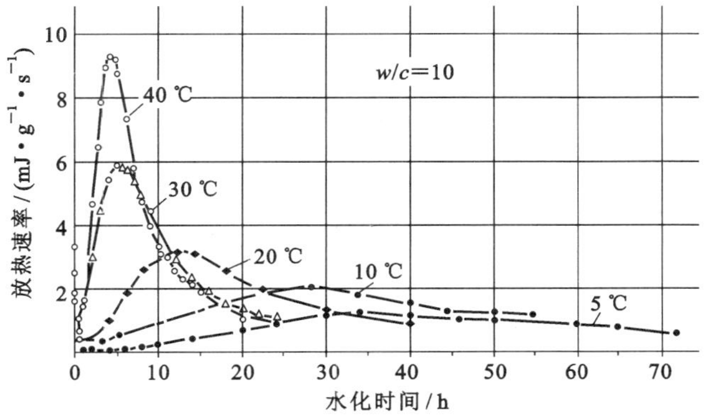

图 7.18 C_3S 在不同温度下的水化放热曲线

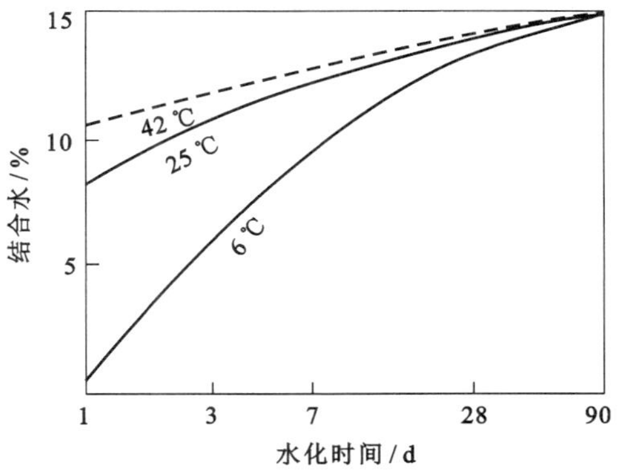

图 7.19 温度对水泥水化速率的影响

在低温条件下，硅酸盐水泥及其组成矿物的水化机理与常温时相比并无明显差异。C_3S 的诱导期虽延长，但以后仍有相当的水化速率，而受到影响最大的则是 β-C_2S。试验证明，硅酸盐水泥在 −5 ℃的环境温度下还能继续水化，但到 −10 ℃以下，水化即趋于停止。当在 100 ℃以下的较高温度下水化时，诱导期缩短，第二放热峰升高变陡，表明在诱导期结束后水化极为迅速。但后期的水化速率反而减小，这可能是过快密实的 C-S-H 凝胶形成包裹层的缘故，其水化产物的种类与常温时相同。

7.5 硬化水泥浆体

水泥加水拌和成的浆体，起初具有可塑性和流动性。随着水化反应的不断进行，浆体逐渐失去流动能力，转变为具有一定强度的固体，即为水泥的凝结和硬化。水化是水泥产生凝结硬化的前提，而凝结硬化则是水泥水化的结果。硬化水泥浆体是非均质的多相体系，由各种水化产物和残留熟料所构成的固相以及存在于孔隙中的水和空气所组成，所以是固-液-气三相多孔体。它具有一定的机械强度和孔隙率，而外观和其他性能则与天然石材相似，因此通常又称之为水泥石。

据泰勒（Taylor F H W）测定，在水化 3 个月的硅酸盐水泥浆体（$w/c=0.5$）中，各种组成的体积比约为：C-S-H 凝胶 40%，$Ca(OH)_2$ 12%（包括 1%碳酸钙），单硫型水化硫铝酸钙 16%，孔隙 24%，而未反应的残留熟料尚有 8%。又曾有报道，在水化达 23 年的水泥浆体中水化石榴石（平均组成近乎 $Ca_3Al_{1.2}Fe_{0.8}SiO_{12}H_8$）是主要的铝酸盐相。

7.5.1 浆体结构的形成和发展

有关水泥凝结硬化过程，硬化浆体结构的形成和发展，历来进行了不少研究。

1887 年，雷霞特利（Lechatelier H）提出结晶理论。他认为水泥之所以能产生胶凝作用，是由于水化生成的晶体互相交叉穿插，联结成整体。按照这种理论，水泥的水化、硬化过程是：水泥中各熟料矿物首先溶解于水，与水反应，生成的水化产物由于溶解度小于反应物，就结晶沉淀出来。随后熟料矿物继续溶解，水化产物不断沉淀，如此溶解-沉淀不断进行。也就是认为水泥的水化和普通化学反应一样，是通过液相进行的，即溶解-沉淀过程，再由水化产物的结晶交联而凝结、硬化。

1892 年，米哈艾利斯（Michaelis W）又提出了胶体理论。他认为水泥水化后生成大量胶体物质，而后由于干燥或未水化的水泥颗粒继续水化产生“内吸作用”而失水，从而使胶体凝聚变硬。将水泥水化反应作为固相反应的一种类型，这与上述溶解-沉淀反应最主要的差别，就是不需要经过矿物溶解于水的阶段，而是固相直接与水反应生成水化产物，即局部化学反应。然后，通过水分的扩散作用，反应界面由颗粒表面向内延伸，继续进行水化。所以认为，凝结、硬化是胶体凝聚成刚性凝胶的过程。

接着，拜依柯夫（БойКОВ А А）将上述两种理论加以发展，把水泥的硬化分为：溶解、胶化和结晶三个阶段。在此基础上，列宾捷尔（РебинДер П А）等人又提出水泥的凝结、硬化是一个凝聚-结晶的三维网状结构发展过程，而凝结是凝聚结构占主导的一个特定阶段，硬化过程则反映比之强度大得多的晶体结构的发展。此后，各方面还陆续提出了不少论点，例如鲍格（Bogue R H）认为，细微粒子所具有的巨大表面能，是使粒子相互强烈黏附的主要原因。按照塞切夫（ЫЧеВ М М）的见解，则认为浆体结构的形成分为两个阶段，初次结构主要是基于静电和电磁性质的黏附接触，而二次结构才是价键性质的结晶并接。泰麦斯（Tamas F D）等人则提出水泥的水化硬化是熟料矿物中$[SiO_4]^{4-}$四面体之间形成硅氧键 Si—O—Si，从而不断聚合的过程。硅酸盐阴离子的聚合反应是浆体结构形成的一个重要因素。

随着科学技术的发展，特别是多种近代测试手段应用于水泥领域的研究以来，有关水泥浆体结构的认识有了较快进展。据此，泰勒（Taylor F H W）用图 7.20 较详尽地说明了水泥硬化浆体结构的发展过程。他也将水泥硬化过程分为早、中、后三个时期，分别相当于一般水泥在 20℃温度中水化 3 h、20～30 h 以及更长时间。

在水化早期，绝大部分作为多矿物集合体的水泥颗粒[图 7.20(a)]，于水化几分钟内就在表面形成凝胶状膜层，其中富含 Al、Si，也有相当数量的 Ca^{2+} 和 SO_4^{2-}。水化约 1 h 即在凝胶膜外侧以及液相中形成粗短的棒状 AFt，一般长达 0.25 μm，宽 0.1 μm[图 7.20(b)]。

到水化中期，约有 30%的水泥已经水化，它以 C-S-H 和 CH 的快速形成为特征。C-S-H 在水泥颗粒四周形成一层逐渐增厚的包裹膜[图 7.20(c)]，水化 3 h 已有相当数量，4 h 颗粒表面即被完全盖满，然后向外侧增厚。水化大约 12 h 时，其厚度可达 0.5～1.0 μm，而包裹膜与无水颗粒之间常有豁缝存在，水化 5 h 就可观测到，12 h 宽达 0.5 μm。一直到水化中期结束之前，C-S-H 开始在包裹膜的内侧沉积，才使包裹膜和内核之间的豁缝逐渐填满[图 7.20(d)]。同时，由于 C_3A 和铁相的重新加速水化，在包裹膜的外侧生长出细长的 AFt 针状晶体，其长度一般为 1～2 μm，有时可达 10 μm。待较多的产物形成以后，包裹膜即不易渗透，包裹膜内侧的液相逐渐与外界隔绝，硫酸盐含量降低，所以在内侧趋向于形成 AFm，而 AFt 则在外侧。至于 CH 则在原先充水的空间中形成，在填充空间中起着重要作用。

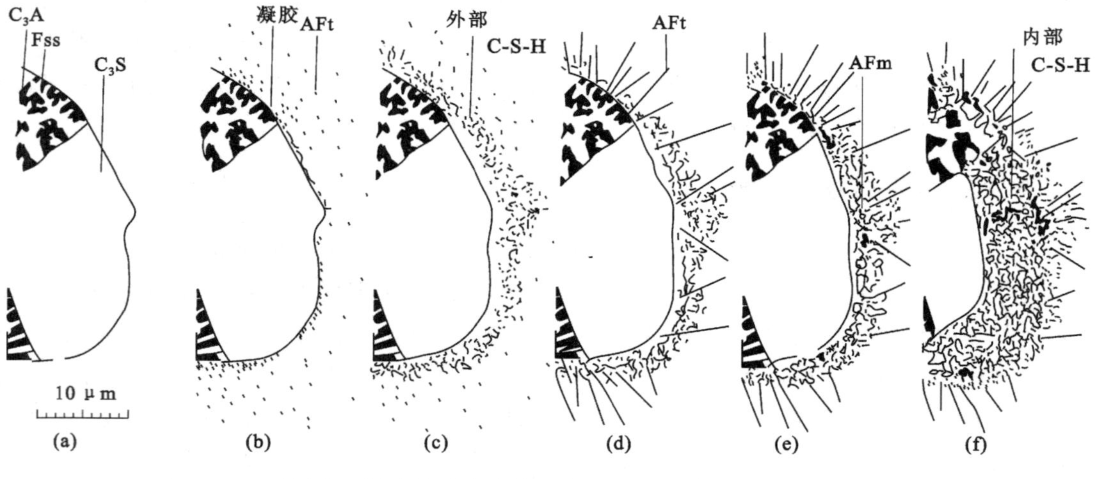

图 7.20 硅酸盐水泥水化时浆体结构发展示意图（中间相的比例稍有放大）

(a) 未水化时；(b) 水化约 1 h；(c) 水化约 10 h；(d) 水化约 18 h；(e) 水化 1～3 d；(f) 水化 14 d

在水化 20～30 h 即水化后期，反应渐趋减慢。C-S-H 继续在包裹层的内外两侧生长。另外，在豁缝被填满以后，阿利特再通过局部化学反应水化，内部 C-S-H 层不断增厚[图 7.20(f)]。而 C_3A 还与包裹膜内侧的 AFt 反应生成 AFm[图 7.20(e)]；同样由于 AFt 转化的结果，在包裹膜外侧也会形成与 C-S-H 混在一起的 AFm。CH 则继续在原先为水所充填的空间中形成，大小可达几十个微米，甚至会将其他相包围起来。

由上可见，随着水化过程的进展，各种水化产物不断形成，原先被水充满的空间相继被固相所填充。洛赫尔(Locher F W)等人曾从水化产物形成及其发展的角度，描述了整个硬化过程的几个阶段(图 7.21)。该图概括地表明了各主要水化产物的生成情况，有助于形象地说明浆体结构的形成过程。

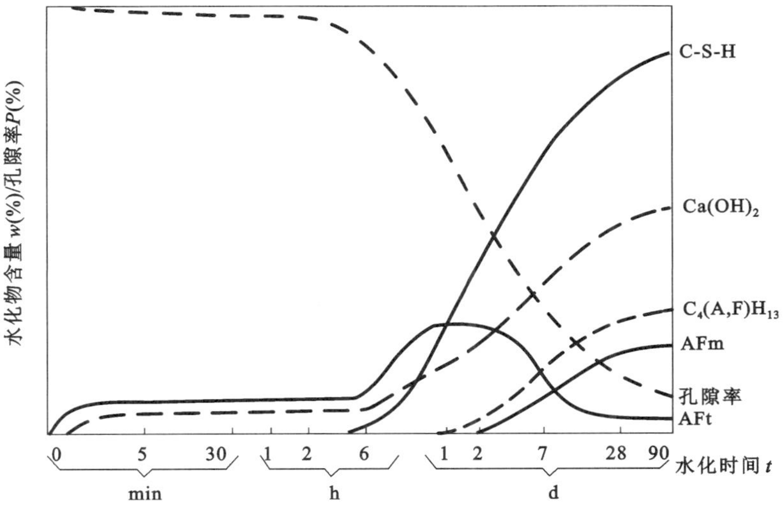

图 7.21　水泥水化产物的形成和浆体结构发展示意图

对于水化硬化理论的研究，不少论点仍引起争议，但经过长期的研究，特别是随着近代测试技术的应用，相关认识有了很大进展。现在比较统一的意见是：水泥的水化反应在开始主要为化学反应所控制；当水泥颗粒四周形成较为完整的水化物膜层后，反应历程又受到离子通过水化产物层时扩散速率的影响。随着水化产物层的不断增厚，离子的扩散速率即成为水化反应动力学行为的决定性因素。在所生成的水化产物中，有许多是属于胶体尺寸的晶体。随着水化反应的不断进行，各种水化产物逐渐填满原来由水所占据的空间，固体粒子逐渐接近。钙矾石针状、棒状晶体的相互搭接，特别是大量箔片状、纤维状 C-S-H 的交叉攀附，使原先分散的水泥颗粒以及水化产物联结起来，构成一个三维空间牢固结合、密实的整体(图 7.22)。不过，对于凝结硬化的本质仍以不同的形式存在着各种看法，甚至对形成浆体结构、产生强度的主要键型还不甚清楚，有关范德华键、氢键或者原子价键等各自所起的作用，则更需进一步探讨。要更清楚地揭示水泥凝结硬化，以及浆体结构形成的过程与实质，还有待更深入的研究。

图 7.22　硬化水泥浆体形成前后示意图

(a) 形成前；(b) 形成后

7.5.2 C-S-H 凝胶

7.5.2.1 组成

通常假定 C-S-H 的分子式为 $C_3S_2H_3$，即 CaO 与 SiO_2 的物质的量之比值 $n(CaO)/n(SiO_2)=1.5$，H_2O 与 SiO_2 的物质的量之比值 $n(H_2O)/n(SiO_2)=1.5$。实际上这两个比值并不是一个固定的数值，会随一系列因素而变，也就是 C-S-H 的化学组成是不固定的。

C-S-H 的 $n(CaO)/n(SiO_2)$ 比随液相中 $Ca(OH)_2$ 浓度的提高而增加。图 7.23 所示为水化硅酸钙固相的 $n(CaO)/n(SiO_2)$ 与溶液中 CaO 浓度的平衡。当溶液中 CaO 浓度为 2～20 mmol/L (0.11～1.12 g/L)时，生成 $n(CaO)/n(SiO_2)=0.8～1.5$ 的水化硅酸钙，称为 C-S-H(Ⅰ)；当液相中 CaO 浓度饱和(≥1.12 g/L)时，则生成 $n(CaO)/n(SiO_2)=1.5～2.0$ 的 C-S-H(Ⅱ)。在常温下，水固比(w/s)增大，C-S-H 的 $n(CaO)/n(SiO_2)$则下降(图 7.24)。同时，$n(H_2O)/n(SiO_2)$也相应减小，而且由图 7.24 可见，其比 $n(CaO)/n(SiO_2)$还低约 0.5。因此，在正常水化的条件下，C-S-H 的组成可粗略地用 $C_xSH_{x-0.5}$表示。多数研究者还认为 C-S-H 的组成随着水化进程而改变，其 $n(CaO)/n(SiO_2)$随龄期的增长而下降，例如，从水化 1 d 的 1.9，到 2～3 年后可减小至 1.4～1.6。

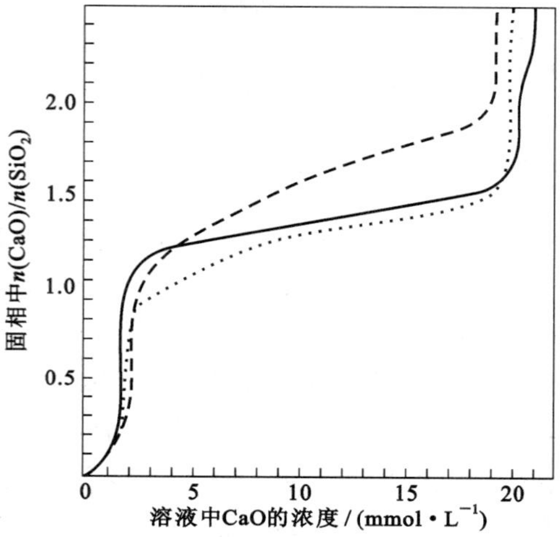

图 7.23 水化硅酸钙固相的 $n(CaO)/n(SiO_2)$ 与溶液中 CaO 浓度的平衡

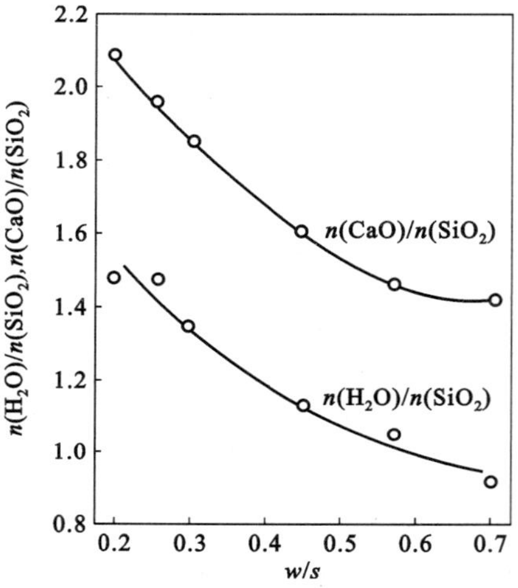

图 7.24 水固比(w/s)对 C-S-H 凝胶 $n(CaO)/n(SiO_2)$、$n(H_2O)/n(SiO_2)$的影响(浆体龄期在 6 个月以上)

另外，C-S-H 凝胶中还存在着不少其他种类的离子。几乎所有的 C-S-H 凝胶都含有相当数量的 Al、Fe 和 S，还有少量的 Mg、K、Na 等，个别则有 Ti 和 Cl 的痕迹，而且测定数据都很分散。说明各个颗粒的组成存在着相当明显的差异。表 7.6 为测定结果的实例，是以相对于 10 个(Ca+Mg)原子的比例表示所含各元素原子数的平均值。

表 7.6 C-S-H 等水化产物组成测定结果实例(%)

水化产物	Ca	Si	Al	Fe	S	Mg	K	Na	Ti	Cl
C-S-H	10.0	5.7	0.5	0.1	0.8	<0.1	0.1	<0.1	<0.1	<0.1
AFt 相	9.94	0.63	3.44	0.13	3.35	0.06	0.19	—	—	—
AFm 相	9.9	0.55	5.30	0.15	0.75	0.05	0.1	—	—	—

7.5.2.2 结构

C-S-H 呈无定形的胶体状，粒子如以球形计，直径可能小于 10 nm。其结晶程度极差，而且即使经过很长时间，结晶度仍然提高不多。泰勒(Taylor F H W)等人提出，由于 C-S-H 的 X 射线衍射图上 0.180 nm 处的弱峰和 0.3～0.31 nm 处的弥散峰与 $Ca(OH)_2$ 的面网间距基本相等，所以这些近程有序的 C-S-H 凝胶也具有类似 $Ca(OH)_2$ 的层状构造。或者也可认为，C-S-H 的结构主要受 $Ca(OH)_2$ 的支配，在 Ca—O 层的基础上，结合进若干 Si—O 基团。

从硅酸盐阴离子的角度考虑，水化是硅酸盐阴离子不断聚合的过程。C-S-H 是一种由不同聚合度的水化物所组成的固体凝胶。C_3S、C_2S 矿物中的硅酸盐阴离子都以孤立的 $[SiO_4]^{4-}$ 四面体存在。随着水化的进行，这些单聚物逐渐聚合成二聚物 $[Si_2O_7]^{6-}$ 以及聚合度更高的多聚物。表 7.7 所示为巴雷-琼斯(Parry G-Jones)用核磁共振法(NMR)所测得的水泥在水化 28 d 过程中聚合度的分布。

表 7.7 硅酸盐水泥水化过程中聚合度分布的测定结果(%，$w/c=0.4$)

水化时间/d	养护温度/℃											
	21			35			45			55		
	单聚物	二聚物	多聚物	单聚物	二聚物	多聚物	单聚物	二聚物	多聚物	单聚物	二聚物	多聚物
3	65	29	6	67	24	9	59	25	16	56	26	18
7	61	30	9	55	33	12	51	31	18	51	27	22
14	53	36	11	50	33	17	44	31	25	41	31	28
28	45	39	16	41	34	25	34	31	35	34	31	35

由表 7.7 中的数据可见，随着水化龄期的增长，单聚物迅速减少，多聚物不断增加；若养护温度高，则单聚物减少较快，多聚物增加更为迅速，即聚合速度明显加快。

拉丘斯基(Lochowski E E)等人用三甲基硅烷化法(TMS 法)的测定数据表明在长期水化(1.8～6.3 年)的水泥浆体中，单聚物占 9%～11%，二聚物占 22%～30%，而多聚物达 44%～51%。至于多聚物的类别，各方面测定结果有一定出入，较普遍认为以线型的五聚物 $[Si_5O_{16}]^{12-}$ 居多。由此可见，在水化初期，C-S-H 凝胶中的硅酸盐阴离子主要以二聚物存在，但后期高聚合度的多聚物所占比例相应增多。在完全水化的浆体中，大约有 50%的硅以多聚物形式存在。

许多硅酸钙水化物晶体的结构，可以设想是由 $[CaO_6]^{10-}$ 和 $[Si_2O_7]^{6-}$ 结合起来，再由这些键连接成片，使其具有层状构造。曾经不少人提出了有关 C-S-H 凝胶的结构模型，试图说明 C-S-H 凝胶的某些性能。研究认为，C-S-H 凝胶具有退化的黏土构造，由 C-S-H 薄片组成层状结构的主体部分(图 7.25)，但是与结晶良好的黏土矿物又有一定差别，C-S-H 薄片很不平整，也不是有规则的上下整齐堆叠，结晶度极差。这样，薄片之间所形成的空间就很不规则，从而形成各种大小不同的孔隙。

过去不少文献中将常温下水泥浆体中所形成的水化硅酸钙称为托勃莫来石凝胶(Tobermorite gel)，这是因为其 X 射线衍射图中三个强峰的 d 值与天然矿物托勃莫来石的大致相等。另有一些证据认为，某些水化硅酸钙具有羟基硅钙石(Jennite)的退化结构。但实际上，天然矿物托勃莫来石或羟基硅钙石都具有固定的组成，结晶程度极好，与一般水泥浆体中的水化硅酸钙有一定的差别。泰勒(Taylor F H W)认为，在水化早期所形成的 C-S-H 大部分由结构不完善的羟基硅钙石所组成，而其余部分则是托勃莫来石，因此是羟基硅钙石型和托勃莫来石型两种层状结构的混合物，所含的硅酸盐阴离子则都为二聚物。到水化后期，含有较大阴离子特别是五聚物的羟基硅钙石结构就占主要地位。所以，由于组成不定，结晶程度极差，将其笼统地称为C-S-H凝胶还是比较适宜的。

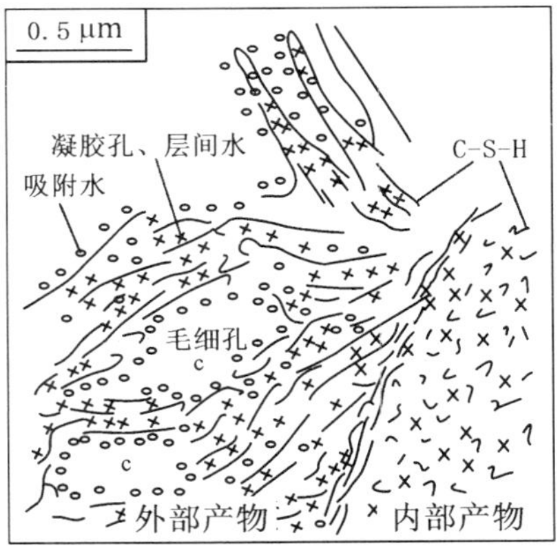

图 7.25 C-S-H 凝胶的结构示意图

7.5.2.3 形貌

水泥浆体中的C-S-H凝胶会呈现各种不同的形貌，有纤维状、颗粒状、网络状、薄片状以及放射状等。在扫描电子显微镜(SEM)下观察的各种形态的C-S-H相，如图7.26至图7.31所示。其中，图7.26试样为硅藻土和CaO细粉，按其初始钙硅摩尔比 $n(CaO)/n(SiO_2)=1.7$、水固比 $w/s=10$，在温度100 ℃下反应15 d后制得。图7.27至图7.29为水泥水化试样。图7.30和图7.31为德国水泥工业研究所提供的照片。

图7.26 纤维状的C-S-H相(SEM)

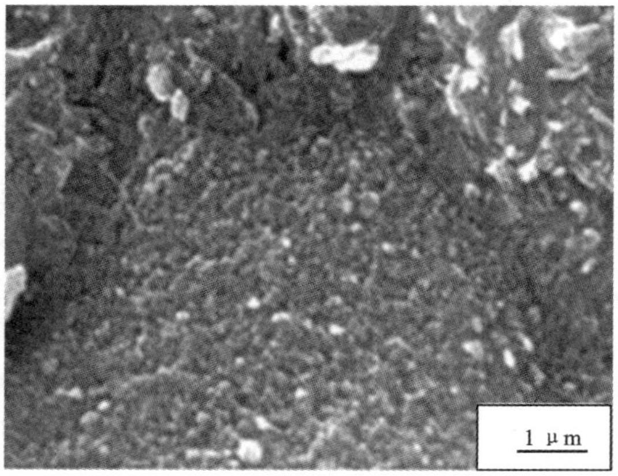

图7.27 颗粒状的C-S-H相(SEM)

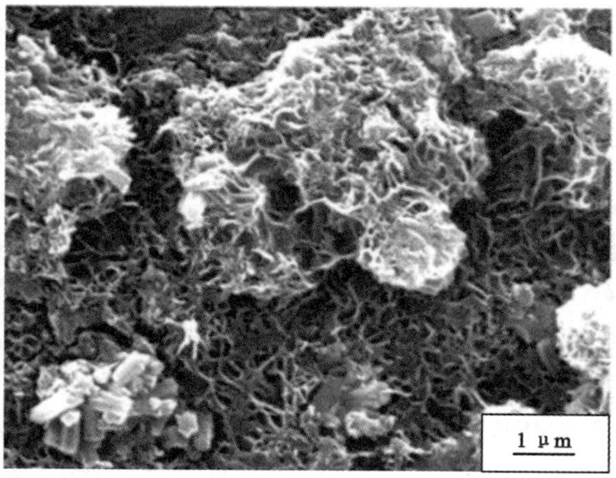

图7.28 网络状的C-S-H相(SEM)

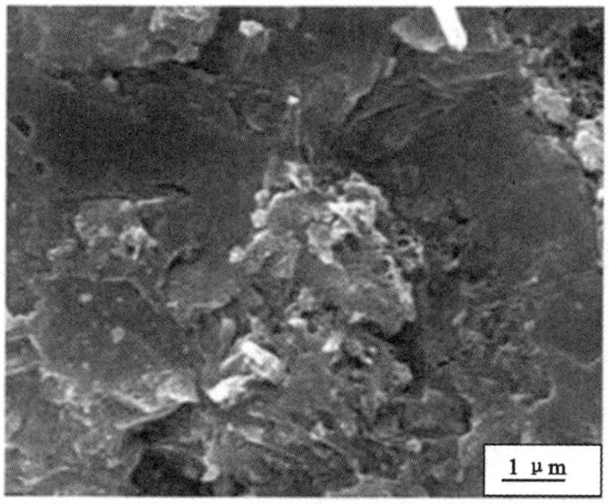

图7.29 C-S-H的内部水化产物相(SEM)

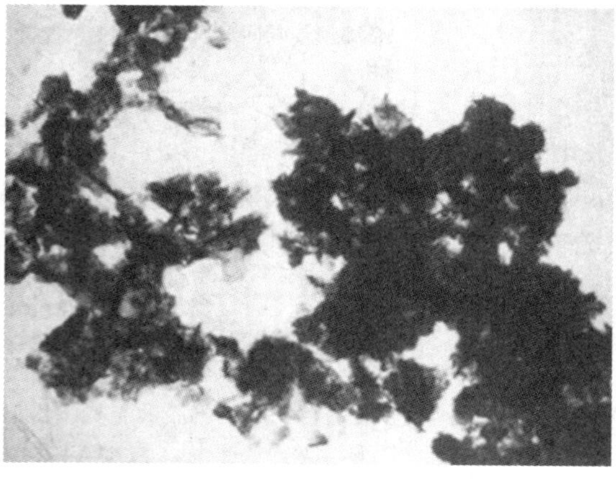

图7.30 片状C-S-H(Ⅰ)的透射电子显微镜照片

图7.31 C-S-H(Ⅱ)纤维束的透射电子显微镜照片

一般说来，水化产物的形貌与其可能获得的生长空间有很大关系。C-S-H 除具有上述几种基本形态外，还可能在不同场合观察到呈薄片状、麦管状、珊瑚状及花朵状等各种形貌。需要提出的是，在高压透射电子显微镜（HVEM）下对潮湿的浆体进行观察，则发现 C-S-H 凝胶所呈现的不同形貌，不一定能明确归类，它们都是由薄片状演变（即沿某一个方位卷拢、起皱、碎裂）而成的，在很大程度上取决于形成时所占的空间及形成的速率，而在形成以后再经干燥或者断裂等过程中，又会发生进一步的变化。所以，采用一般方法进行样品制备和观察时的干燥失水，常是形成各种各样"假象"的一个主要原因。

7.5.3　氢氧化钙

与 C-S-H 不同，$Ca(OH)_2$ 具有固定的化学组成，纯度较高，仅可能含有极少量的 Si、Fe 和 S。结晶良好，属三方晶系，具层状构造，由彼此联结的 $[Ca(OH)_6]^{4-}$ 八面体组成。结构层内为离子键，结合较强；而结构层之间则为分子键，层间联系较弱，可能成为硬化水泥浆体受力时的一个裂缝起源。

图 7.32　六角板状的 $Ca(OH)_2$ 晶体形貌（SEM）

当水化过程到达加速期后，较多的 $Ca(OH)_2$ 晶体即在充水空间中成核结晶析出。其特点是只在现有的空间中生长，如果遇到阻挡，则会朝另外方向转向长大，甚至会绕过水化中的水泥颗粒而将其完全包裹起来，从而使其实际所占的体积有所增大。在水化初期，$Ca(OH)_2$ 常呈薄的六方板状，宽约几十微米，用普通光学显微镜即可清晰分辨；在浆体孔隙内生长的 $Ca(OH)_2$ 晶体，有时长得很大，甚至肉眼可见。随后，长大变厚成叠片状。图 7.32 为六角板状的 $Ca(OH)_2$ 晶体的形貌。

此外，在水泥浆体中还有部分 $Ca(OH)_2$ 会以无定形或隐晶质的状态存在。据报道，在水灰比过低的条件下，$Ca(OH)_2$ 的结晶程度相应有所降低。

7.5.4　钙矾石

钙矾石结晶完好，属三方晶系，为柱状结构。根据泰勒（Taylor F H W）等人所提出的结构模型，其基本结构单元（柱状结构单元）为 $[Ca_3Al(OH)_6 \cdot 12H_2O]^{3+}$，系由 $[Al(OH)_6]^{3-}$ 八面体在周围各结合三个钙多面体组合而成，如图 7.33 所示。每一个钙多面体上各配以 OH^- 及四个水分子。柱间的沟槽中则有起电价平衡作用的三个 SO_4^{2-}，从而将相邻的单元柱相互连接成整体，另外还有一个水分子存在。所以钙矾石的结构式可以写成：$[Ca_3Al(OH)_6 \cdot 12H_2O](SO_4)_{1.5} \cdot H_2O$，其中结构水所占的空间达钙矾石总体积的 81.2%，如以质量计，也达 45.9%，比例都很大。

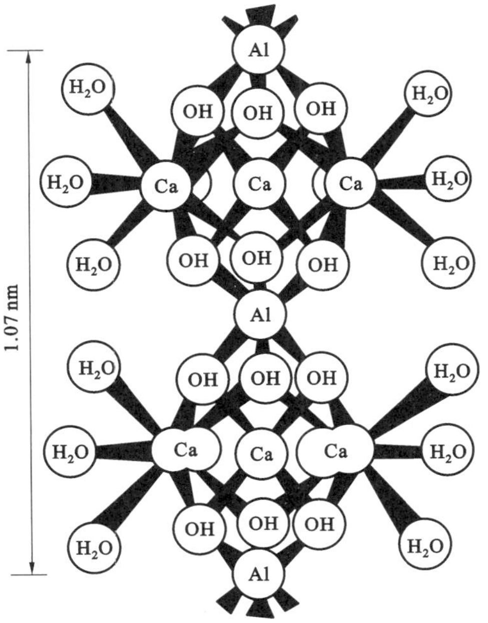

图 7.33　钙矾石相的结构单元

事实上，在适当条件下，有相当广泛的阴离子能与氧化钙、氧化铝和水结合成三盐型或高盐型的四元水化物，其通式如下：

$$C_3A \cdot 3CaX \cdot mH_2O$$

式中　X——二价阴离子，为 SO_4^{2-}、CO_3^{2-}，如为一价阴离子，则为 Cl_2^{2-}、$(OH)_2^{2-}$ 等；

m——在完全水化状态下，通常为 30～32。

由此可见，当 X 为 SO_4^{2-} 时，则为该四元水化物系列中最为常见的三硫型硫铝酸钙，即钙矾石($C_3A \cdot 3CaSO_4 \cdot 32H_2O$)。

当 X 为 CO_3^{2-} 时，即为三盐型碳铝酸钙 $C_3A \cdot 3CaCO_3 \cdot 30H_2O$，其折射率和 X 射线衍射图与钙矾石的很相似，两者不易分辨。如 X 为 Cl_2^{2-}，则形成三盐型氯铝酸钙 $C_3A \cdot 3CaCl_2 \cdot 30H_2O$。测试结果证明，其在结构上与钙矾石的也大致相同。

此外，在上列三盐型的四元化合物中，Al_2O_3 可以被 Fe_2O_3 所代替，从而得到相应的铁酸盐的复盐，即硫铁酸钙、碳铁酸钙、氯铁酸钙等。

因为这些水化物的结构都极为相似，所以当有两种或更多的阴离子存在时，有可能生成复杂的固溶体系列，也有可能由 Fe_2O_3 替代部分 Al_2O_3，形成三盐型铝酸盐和铁酸盐复盐的固溶体。例如，曾经测到硅酸盐水泥浆体中实际出现的钙矾石相为：$3CaO \cdot (Al,Fe)_2O_3 \cdot 3[CaSO_4, Ca(OH)_2] \cdot (30\sim32)H_2O$。该两种系列四元复盐的固溶情况可综合如图 7.34 所示。

$C_3A \cdot 3CaSO_4 \cdot 32H_2O$ —— $C_3F \cdot 3CaSO_4 \cdot 32H_2O$

$C_3A \cdot 3CaCO_3 \cdot 32H_2O$ —— $C_3F \cdot 3CaCO_3 \cdot 32H_2O$

$C_3A \cdot 3CaCl_2 \cdot 32H_2O$ —— $C_3F \cdot 3CaCl_2 \cdot 32H_2O$

图 7.34　三盐型铝酸盐和铁酸盐复盐固溶体系列

在硅酸盐水泥浆体中，钙矾石是上述各种固溶体系列中出现最多的水化产物；其 $n(SO_3)/n(CaO)$ 常较化学计量为低，并含有相当数量的 Si。一般呈六方棱柱状结晶，其形貌决定于实际的生长空间以及离子的供应情况。在水化开始几小时内，常以凝胶状析出，然后长成针棒状，棱面清晰；尺寸和长径比虽有一定变化，但两端挺直，一头并不变细，也无分叉现象(图 7.35)。根据透射电镜的观测结果，还有一些钙矾石以空心的管状出现，在组成上可能有一定差别。

图 7.35　钙矾石晶体的图像(SEM)

钙矾石的脱水温度较低，图 7.36 所示为钙矾石在 50～144 ℃间的脱水曲线。可见在 50 ℃已有少量结晶水脱出；74 ℃下脱水即相当强烈；在 97 ℃经过 5 h 左右，会失去 20 mol 的结晶水；而当温度达 113～144 ℃后，很快成为八水钙矾石。进一步的试验还表明，当温度升高至 160～180 ℃，结晶水继续失去，完全脱水的温度则需 900 ℃。而根据 X 射线衍射分析，在 74 ℃下，钙矾石的晶体结构已被破坏。但也有资料提出，在 100～110 ℃以下，钙矾石能稳定存在，当温度更高时，则依下式分解成单硫型水化硫铝酸钙和半水石膏：

$$3CaO \cdot Al_2O_3 \cdot 3CaSO_4 \cdot 32H_2O \longrightarrow 3CaO \cdot Al_2O_3 \cdot CaSO_4 \cdot 12H_2O + 2\left(CaSO_4 \cdot \frac{1}{2}H_2O\right) + 19H_2O$$

即

$$C_3A \cdot 3C\overline{S} \cdot H_{32} \longrightarrow C_3A \cdot C\overline{S} \cdot H_{12} + 2C\overline{S}H_{0.5} + 19H$$

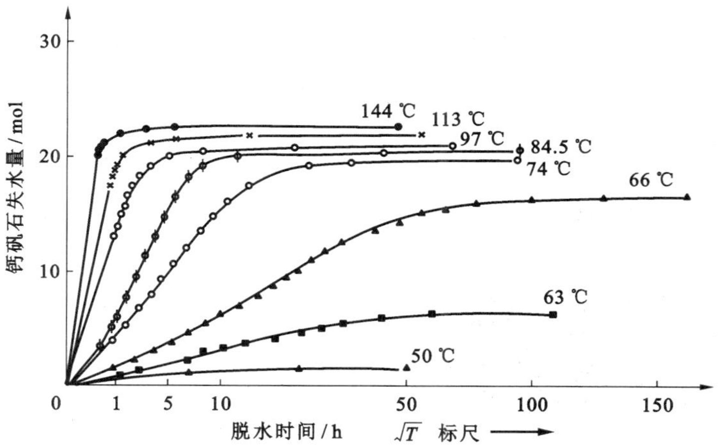

图 7.36　钙矾石在常压和一般湿度条件下的脱水曲线

另外，钙矾石的脱水温度又与所处的环境有关，试验条件的不同，各方面所得的结果也不大一致。值得注意的是，在水泥浆体中的钙矾石是与其他水化产物共存的，特别是由于 C-S-H 凝胶的包围封闭，其热稳定性与单纯钙矾石的热稳定性相比，有不同程度的改善。

7.5.5　单硫型水化硫铝酸钙及其固溶体

单硫型水化硫铝酸钙也属三方晶系，呈层状结构。其基本单元层为$[Ca_2Al(OH)_6]^+$，层之间则为$\frac{1}{2}SO_4^{2-}$ 以及 3 个水分子，其结构式应为：$[Ca_2Al(OH)_6](SO_4)_{0.5}\cdot 3H_2O$。与钙矾石相似，也有很多种类的阴离子可以占据单硫型水化硫铝酸钙层间的位置，组成单盐型或低盐型的四元水化物，以下列通式表示：

$$C_3A\cdot CaY\cdot nH_2O$$

式中　Y——SO_4^{2-}、CO_3^{2-}、Cl_2^{2-} 以及$(OH)_2^{2-}$、$Al(OH)_4^-$ 等；

　　n——完全水化时通常为 10～12。

因此，除单硫型硫铝酸钙 $C_3A\cdot CaSO_4\cdot 12H_2O$ 之外，也会相应地形成碳铝酸钙 $C_3A\cdot CaCO_3\cdot 11H_2O$、氯铝酸钙 $C_3A\cdot CaCl_2\cdot 10H_2O$ 等单盐型四元复盐。若 Y 为$(OH)_2^{2-}$，即为水化铝酸钙 C_4AH_{13}，若 Y 为 $Al(OH)_4^-$，则为 C_2AH_8，它们都是这一族水化产物中的重要成员。

同样，Fe_2O_3 也会替代部分或全部 Al_2O_3，生成硫铁酸钙、碳铁酸钙、氯铁酸钙等单盐型铁酸盐的复盐。这两种系列的单盐型水化物，由于结构上的相似性，极易在相互间形成复杂的固溶体，其情况与三盐型水化物基本相同。考虑到结构单元层中铁对铝的置换，层间位置又并不一定由一种阴离子占据，结构水量可变，而且各颗粒的组成还有很大差别，所以在水泥浆体中形成的单盐型水化物实际上既是固溶体，又是混合物。其 $n(Al_2O_3)/n(CaO)$ 近似于 0.5，$n(SO_3)/n(CaO)$ 偏低，一般是0.10～0.15，而 $n(SiO_2)/n(CaO)$ 则约为 0.05。在外部产物中与 C-S-H 密切相混的 AFm 相，其组成与上述相似，可能 $n(SO_3)/n(CaO)$ 较高，达单硫酸盐的理论值 0.25。在极少场合，AFm 会含有很少的 Si，甚至测不出 Si 的存在。还有报道，其硫酸盐含量会随水化的进展而减少。

与钙矾石相比，单硫酸盐中的结构水少，占总量的 34.7%，但其密度较大，达 1.95。所以当接触到各种来源的 SO_4^{2-} 而转变成钙矾石时，结构水增加，密度减小，从而产生相当大的体积膨胀，这将是引起硬化水泥浆体体积变化的一个主要原因。

在水泥浆体中的单硫型水化硫铝酸钙，开始为不规则的板状，呈簇状或呈花朵状，再逐渐变为结晶得很好的六方板状，如图 7.37 所示。板宽几微米，但厚度不超过 0.1 μm，相互间能形成特殊的边-

图 7.37　花瓣状单硫型水化硫铝酸钙(SEM)

面接触。另外，C_4AH_{13}、C_2AH_8 和单硫型水化硫铝酸钙等由于结构类同，都具有相似的结晶形态，故单依形貌很难区分，有时与 $Ca(OH)_2$ 也不易分辨清楚。

7.5.6　孔及其结构特征

各种尺寸的孔也是硬化水泥浆体的一个重要组成，总孔隙率、孔径及其分布、孔的形态以及孔壁所形成的巨大内表面积，都是硬化水泥浆体的重要结构特征。

7.5.6.1　内表面积

由于水化产物特别是 C-S-H 凝胶具有高度分散性，其中又包含数量众多的微细孔隙，所以硬化水泥浆体具有极大的内表面积，从而构成了对物理力学性质有重大影响的另一个结构因素。内比表面积通常采用水蒸气吸附法进行测定。将干燥过的样品在不同蒸气压下，测定其对蒸气平衡时的吸附量。再根据 BET 公式计算出在固相表面上形成单分子吸附层所需的水蒸气量，然后按下式算出硬化水泥浆体的比表面积：

$$S=a\frac{V_m N}{M_r}$$

式中　S——比表面积，cm^2/g。

a——每个吸附气体分子的覆盖面积，nm^2，对于水蒸气：$a=0.114\ nm^2$(25 ℃)；对于氮气：$a=0.162\ nm^2$(−195.8 ℃)。

N——阿伏伽德罗常量，$N=6.02\times10^{23}$。

M_r——被吸附气体的相对分子质量。

V_m——在每个被测固体表面形成单分子吸附层所需的气体量，g。

用此法测得硬化水泥浆体的比表面积约为 210 m^2/g，与未水化的水泥相比，提高达三个数量级。如此巨大的比表面积所具有的表面效应，必然是决定浆体性能的一个重要因素。不同矿物组成的水泥，其水化硬化后的比表面积略有差别，如表 7.8 所示。

表 7.8　用水蒸气吸附法所测水泥浆体的比表面积

编号	水泥的计算组成(质量分数，%)				硬化水泥的比表面积/($m^2\cdot g^{-1}$)	
	C_3S	C_2S	C_3A	C_4AF	S_c	S_g
A	45.0	27.7	13.4	6.7	219	267
B	48.5	27.9	4.6	12.9	200	253
C	28.3	57.5	2.2	6.0	227	265
D	60.6	11.6	10.3	7.8	193	249
平均					210	258
E	100	0	0	0	210	293
F	0	100	0	0	279	299

表中，S_c 表示按硬化水泥浆整体所测得的比表面积，其中包括一定数量的 $Ca(OH)_2$、AFt 或 AFm、C_4AH_{13} 等结晶相，但它们的尺寸相对于 C-S-H 凝胶来说都较大，因此在 S_c 中所占的比例就很小。而 S_g 则为 C-S-H 凝胶的比表面积，故比 S_c 大。纯 C_3S 水化后的 S_c 小于 β-C_2S 的 S_c，也是由于产物中 $Ca(OH)_2$ 含量较多的缘故。若只计算 C-S-H 凝胶的比表面积，则都接近 300 m^2/g，两者基本一致。

还应注意的是，用不同方法所测得的比表面积可能相差很大。例如，当用氮气作为吸附气体时，所测得结果就只有水蒸气吸附法的1/5～1/3。有人认为这是由氮分子截面积较大，当孔径太小或者入口太狭窄时无法进入所致。又如用低角度X射线法测定时，发现硬化浆体的比表面积还与湿度有关。例如，曾经测得，在水饱和状态下，C-S-H凝胶的比表面积可高达900 m^2/g，要比干燥过的凝胶比表面积大得多。

7.5.6.2 孔径分布及总孔隙率

在水化过程中，水化产物的体积大于熟料矿物的体积。据计算，每1 cm^3 的水泥水化后约占据2.2 cm^3 的空间。即约45%的水化产物处于水泥颗粒原来的周界之内，成为内部水化产物；另有55%的水化产物则为外部水化产物，占据着原先充水的空间。这样，随着水化过程的进展，原来充水的空间减少，而没有被水化产物填充的空间，则逐渐被分割成形状极不规则的毛细孔。

另外，在C-S-H凝胶所占据的空间内还存在着孔，其尺寸极为细小，用扫描电镜也难以分辨。各种结构模型对C-S-H凝胶中所具有的孔都有一定的描述。例如，鲍维斯(Bowers)等人认为凝胶粒子的直径约10 nm，其中有28%的胶孔，孔的尺寸约为1.5～3 nm。弗尔德曼(Feldman)等人则强调有层间孔存在，并确定其水力半径在0.095～0.278 nm之间。近藤连一和大门正机又将C-S-H凝胶内的孔分为微晶间孔与微晶内孔两种(图7.38)。在表7.9中则将凝胶孔分为胶粒间孔、微孔和层间孔三种。

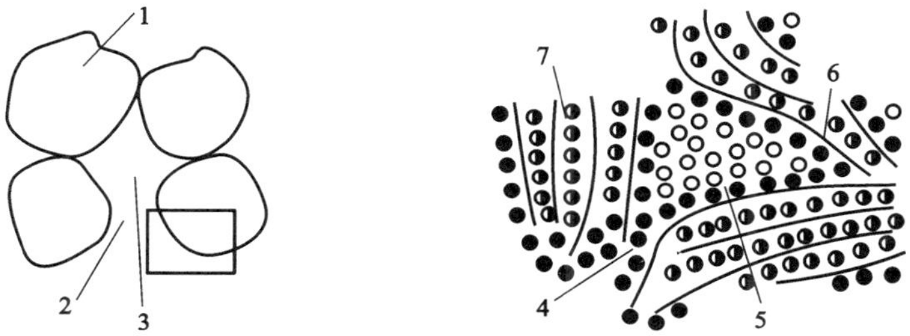

图7.38 C-S-H凝胶的孔结构模型

1—凝胶颗粒；2—窄通道；3—胶粒间孔；4—窄通道；5—微晶间孔；6—单层水；7—微晶内孔

表7.9 孔的分类方法一例

类别	名称	直径	孔中水的作用	对浆体性能的影响
粗孔	球形大孔	1000～15 μm	与一般水相同	强度，渗透性
毛细孔	大毛细孔	15 μm～50 nm	与一般水相同	强度，渗透性
	小毛细孔	50～10 nm	产生中等表面张力	强度，渗透性，高湿度下的收缩
凝胶孔	胶粒间孔	10～2.5 nm	产生强的表面张力	相对湿度50%以下的收缩
	微孔	2.5～0.5 nm	强吸附水，不能形成新月形液面	收缩，徐变
	层间孔	$<$0.5 nm	结构水	收缩，徐变

由表7.9可见，孔的尺寸在非常大的范围内变动，即使不计入粗孔，单是毛细孔和凝胶孔两类孔的孔径就从15 μm一直到0.5 nm以下，大小相差达五个数量级。至于孔的分类方法还有很多，观点也不完全一致。将孔分成粗孔、毛细孔和凝胶孔三大类，也同样是比较武断的。实际上孔的分布具有连续性，不可能有任何明确的区分界线，而且从具有毛细管效应的角度看，属凝胶孔一类的胶粒间孔实际上也是一种小的毛细孔。

一般在水化24 h以后，硬化浆体中绝大部分(70%～80%)孔的孔径已在100 nm以下。随着水化过程的进展，孔径小于10 nm，凝胶孔的数量由于水化产物的增多而增加，毛细孔则逐渐被填充减小，总的孔隙率则相应降低(图 7.39)。

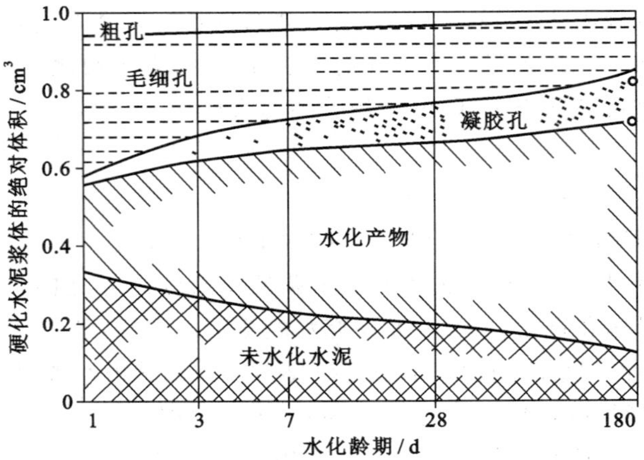

图 7.39　浆体组成体积随龄期变化示意图

根据水蒸气或氮气的吸附数据可以计算出硬化浆体的孔分布，即各种尺寸的孔所占的体积。但一般限用于直径小于 30 nm 的孔，故仅对胶粒间孔和微孔等凝胶孔较为适宜。至于毛细孔系统一般常用压汞法进行测定。将水银用压力压入干燥浆体时，由于固相表面不被水银润湿，水银能够进入的孔径就只与所施压力成反比。测得各种压力下压入浆体的水银体积，即可画出孔分布曲线。用该法能测量直径达 1 μm 的孔，但对于最小孔径由于设备条件有限，需要时可与吸附法配合使用。图 7.40 所示为水泥浆体孔分布曲线的实例。明显可见，随着龄期的增长，孔体积减小，孔的尺寸变小。

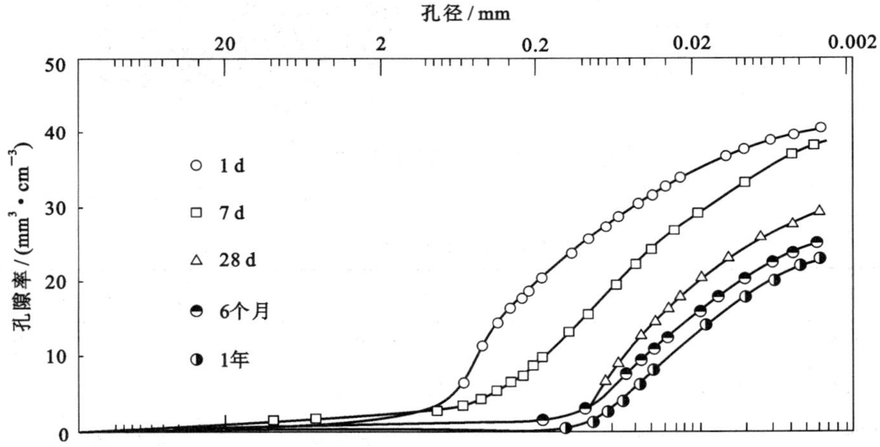

图 7.40　水泥浆体孔分布曲线实例

用压汞法和吸附法测定孔分布的同时，即可测得浆体的总孔隙率。也可用测定密度的方法求得孔隙率，即当浆体的表观体积已知时，测定其密度，据以计算出孔隙率。不过当用不同介质测定时，所得到的孔隙率有较大出入。例如，某水灰比 $w/c=0.4$ 的硬化浆体用水、氦、甲醇作介质时，所测得的孔隙率(体积分数，%)分别为 37.8%、23.3%和 19.8%。故在非规定条件下所测的数据很难做相互比较。

7.5.7　水及其存在形式

水泥硬化浆体中的水有不同的存在形式，按其与固相组成的作用情况，可以分为结晶水、吸附水和自由水三种基本类型。

（1）结晶水

结晶水又称化学结合水，根据其结合力的强弱，又分为强结晶水和弱结晶水两种。强结晶水又称晶体配位水，以 OH^- 状态存在，占有晶格上的固定位置，和其他元素有确定的含量比，结合力强。只有在较高温度下晶格破坏时才能将其脱去，例如，在 $Ca(OH)_2$ 中就存在以 OH^- 形式存在的强结晶水。

弱结晶水则是以中性水分子形式存在的水，在晶格中也占据固定位置，由氢键和晶格上质点的剩余键相结合，但不如强结晶水牢固，脱水温度不高，在 100～200 ℃以上即可脱去，而且也不会导致晶格的破坏。当晶体为层状结构时，此种水分子常存在于层状结构之间，此时又称层间水。层间水在矿物中的含量不定，随外界的温度、湿度而变化，温度升高、湿度降低时会有部分层间水脱出，相邻层之间的距离减小，从而会引起某些物理性质的变化。

（2）吸附水

吸附水以中性水分子的形式存在，但并不参与组成水化物的晶体结构，而是在吸附效应或毛细管力的作用下被机械地吸附于固相粒子表面或孔隙之中。故可按所处的位置，将其分为凝胶水和毛细孔水两种。

凝胶水又包括凝胶微孔内所含水分及胶粒表面吸附的水分。由于受凝胶表面强烈吸附作用而高度定向，故其结合强弱可能有相当大的差别，脱水温度也有较大的范围。凝胶水的数量大体上正比于凝胶体的数量。鲍维斯（Bowers）认为凝胶水占凝胶体积的 28%，基本上是个常数。

毛细孔水仅受到毛细管力的作用，结合力较弱，脱水温度也较低。在数量上取决于毛细孔的数量。

（3）自由水

自由水又称游离水，存在于粗大孔隙内，与一般水的性质相同。

上述水泥硬化浆体中不同形式的水，很难定量测定。因此从实用的观点出发，常将硬化浆中的水分为蒸发水（w_e）和非蒸发水（w_n）两类。蒸发水是指在规定的基准条件下能除去的水，而剩余的则为非蒸发水，目的是试图在该种试验条件下将所有的吸附水及自由水除去，而只剩下仅有的结晶水。各种干燥方法的效果如表 7.10 所示。其中用干冰（－79 ℃）干燥的即通常所称的 D-干燥法；用高氯酸镁干燥的则称 P-干燥法。由表 7.10 明显可见，蒸发水与非蒸发水的数量在相当程度上受到干燥方法的影响。在较为强烈的干燥条件下，蒸发水会增加，而非蒸发水则相应减少。不过在毛细孔水、凝胶水脱出的同时，硫铝酸钙、六方晶系的水化铝酸钙以及 C-S-H 凝胶等也会失去结合不牢的部分结晶水。因此，所测得的非蒸发水量并不一定是真正的结晶水量，仅仅是一个近似值而已。

表 7.10　干燥方法对硅酸盐水泥浆体中剩余水量的影响

干燥介质和方法	蒸气压/mmHg(25 ℃)	剩余水的相对数量(%)
$Mg(ClO_4)_2 \cdot (2\sim4)H_2O$	0.008	1.0
P_2O_5	0.00002	0.8
浓硫酸	<0.003	1.0
干冰(－79 ℃)	0.0005	0.9
50 ℃加热	—	1.2
105 ℃加热	—	0.9

非蒸发水的量与水泥的熟料组成、水灰比以及龄期等因素有关，根据试验结果的统计分析，可用下式表明熟料矿物组成与非蒸发水的量 w_n 之间的关系：

$$\frac{w_n}{c}=a_1w(C_3S)+a_2w(C_2S)+a_3w(C_3A)+a_4w(C_4AF)$$

式中　w_n——非蒸发水的量，kg；

c——水泥用量，kg；

$w(C_3S)$，$w(C_2S)$，$w(C_3A)$，$w(C_4AF)$——熟料中 C_3S，C_2S，C_3A，C_4AF 的计算矿物组成（质量分数，%）；

a_1，a_2，a_3，a_4——各熟料矿物所结合的水量的试验系数，见表 7.11。

表 7.11　各熟料矿物结合水量的试验系数

系　数	水灰比（w/c）				
	0.4	0.4	0.6	0.8	0.4
	1 年	6.5 年			13 年
a_1	0.228	0.234	0.238	0.234	0.280
a_2	0.168	0.178	0.198	0.197	0.196
a_3	0.429	0.504	0.477	0.509	0.522
a_4	0.132	0.158	0.142	0.184	0.109

可利用上式计算非蒸发水量，例如，水泥熟料组成如为 C_3S 47%、C_2S 25%、C_3A 12%和 C_4AF 8%，经 13 年后，其非蒸发水量经计算为 22.8%。

试验表明，蒸发水的体积可概略地作为浆体内孔隙体积的量度，含量越高，则在一定干燥条件下出现的毛细孔隙就越多。而非蒸发水量则与水化产物的数量多少存在着一定的比例关系，由于一定的水泥在完全水化后，有一个确定的非蒸发水量，在不同龄期实测的非蒸发水量可以作为水泥水化程度的一个表征值。

综上所述，硬化水泥浆体中既有固相的水泥水化产物和未水化的残存熟料，又有水或空气充填在各类孔隙之中，所以是非均质的三相体系。其中，作为最主要部分的水化产物，不但化学组成各异，而且也有不同形貌，可有纤维状、棱柱状、针棒状、管状、粒状、板状、片状或鳞片状，以及无定形等多种基本形式。更值得注意的是，从水化产物的分布看，硬化水泥浆体也是微观不均匀的。硬化水泥浆体的结构相当复杂，目前还不能完全阐明其结构的真相，但必须从组成、形貌、构造等各个方面，从不同层次进行研究理解。特别是混合材料、外加剂以及其他组分的掺加，再加上成型、养护等特种工艺方法日渐增多，要研究和预测硬化水泥浆体的性能，就应该对浆体结构具有更为全面的认识。

习　　题

7.1　C_3S 的水化过程是如何进行的？有何特点？

7.2　根据 C_3S 水化放热曲线，可将其水化过程分为哪几个阶段？简述各阶段的反应特点。

7.3　C_2S 与 C_3S 的水化产物有何相同之处和不同之处？

7.4　C_3A 的水化过程与温度有什么关系？

7.5　C_3A 的水化与哪些因素有关？有何关系？

7.6　硅酸盐水泥的水化产物有哪些？

7.7　影响硅酸盐水泥水化过程的因素有哪些？它们是如何影响的？

7.8　四种主要矿物的水化速率有何差异？为什么？

7.9　有哪些因素影响硅酸盐水泥的水化速度？为什么？

7.10　纯单矿物与熟料中同种矿物的水化速率、水化产物有何不同？为什么？

7.11　如何调节水泥的水化速率？

7.12　矿渣水泥水化过程与硅酸盐水泥相比有何特点？

7.13　与硅酸盐水泥相比，为什么矿渣水泥早期强度低而后期强度较高？

7.14　掺有混合材料的硅酸盐水泥的水化反应与硅酸盐水泥相比，有什么共同特点？

7.15　水泥的凝结、硬化过程是怎样的？

7.16　试述硬化水泥浆体中 C-S-H 的形态。

7.17　硬化水泥浆体中孔的结构形式有哪几种？它们对水泥浆体有何影响？

7.18　在硬化水泥浆体中水是以哪几种形式存在的？

7.19　水泥为什么会凝结、硬化？为什么会产生强度？

7.20　C-S-H 用 X 射线衍射测定，几乎没有衍射峰，为什么？

7.21　硅酸盐水泥水化后生成的固相有哪些？

7.22　水泥石膏掺量太多时，有可能会造成水泥安定性不良，为什么？为什么不能用沸煮的办法检验 SO_3 太高引起的安定性不良问题？

7.23　某水泥熟料矿物组成如为 C_3S 58%、C_2S 22%、C_3A 10%和 C_4AF 8%，用该熟料制成水泥并称取 100 g，加水 40 mL，搅拌均匀后密封养护 6.5 年，试计算水泥石中的非蒸发水量。

8 硅酸盐水泥的性能

随着国民经济的不断发展，水泥在现代建筑工程中的应用越来越广泛，因此，研究和改善其性能，对于发展水泥品种，提高建筑效率，改进工程质量都具有十分重要的意义。硅酸盐水泥的性能包括物理性能，如密度、体积密度、细度等，以及建筑性能，如凝结时间、泌水性、强度、形变和水化热、耐久性等。

8.1 密度与体积密度

测定水泥的体积密度主要是供工程上采用容积法配制砂浆或混凝土时，以及设计水泥库的容量或估算水泥库中储存量时使用。

硅酸盐水泥疏松状态的体积密度为 900～1300 kg/m^3，紧密状态的体积密度为 1400～1700 kg/m^3。

水泥在绝对紧密(没有空隙)的状态下，单位体积所具有的质量称为水泥密度，以 kg/m^3 或 g/cm^3 表示。水泥品种不同，它的密度也不同，其一般的变动范围如下：

(1) 硅酸盐水泥、普通硅酸盐水泥 3.1～3.2 g/cm^3；

(2) 矿渣硅酸盐水泥 3.0～3.1 g/cm^3；

(3) 火山灰质硅酸盐水泥、粉煤灰硅酸盐水泥 2.7～3.1 g/cm^3。

可以看出，掺入混合材料的水泥(火山灰质水泥和矿渣水泥等)的密度都只有 3.0 g/cm^3 左右，因此，可以根据水泥的密度间接地识别是硅酸盐水泥还是火山灰质、粉煤灰或矿渣水泥。

水泥的密度，对于某些特殊工程如防护原子能辐射、油井堵塞工程等，是重要的参数之一。因为这些工程希望水泥生成致密的水泥石，故要求水泥的密度大一些。例如，加重晶石的高密度油井水泥的密度可达 3.27 g/cm^3。在测定水泥的比表面积时，水泥的密度是计算中必备的数值。

影响水泥密度的因素主要有熟料矿物组成，熟料的煅烧程度，水泥的储存时间和条件，以及混合材料的掺加量和种类等。熟料中 C_4AF 含量增加，水泥的密度提高。经过长期存放的水泥密度会有所下降。生烧熟料密度小，过烧熟料密度大。影响水泥密度的因素也同样是影响水泥体积密度的因素，此外，水泥的体积密度还与粉磨细度有很大关系，细度愈细，体积密度愈小。

8.2 细度

水泥的粉磨细度与凝结时间、强度、干缩以及水化放热速率等一系列性能都有密切的关系，必须将其控制在合适的范围内。水泥细度可以用不同的指标来表征，如筛余、比表面积、颗粒平均直径或颗粒级配等。

硅酸盐水泥的比表面积显著影响水泥性能：随着比表面积增大，水泥标准稠度用水量基本上呈线性增加、水泥颗粒堆积密度呈线性减小、强度呈对数增大、干缩率呈线性提高。水泥比表面积小于 380 m^2/kg 时，水泥各种性能变化显著；当水泥比表面积大于此值时水泥强度增长缓慢，而干缩增加显著。因此，硅酸盐水泥的比表面积宜小于 380 m^2/kg。大量的研究和实践证明，拓宽水泥的颗粒分布有利于水泥性能的优化和改善，较宽的水泥颗粒分布意味着具有较多的微粉含量和较多的粗颗粒含量。而随着水泥粉磨装备和技术的发展，我国水泥的粉磨电耗大幅度降低，但水泥颗粒分布却越来越窄，所生产的水泥 45 μm 筛余量越来越小，已趋近于零。这种水泥越磨越细的发展趋势，导致了水泥需水量增加、水泥早期强度发展快而后期强度发展不足、水泥混凝土越来越容易开裂，严重影响了水泥的耐久性。因此，有不少学者强烈呼吁水泥厂家不要将水泥粉磨得太细，并建议：硅酸盐水泥的比表面积应在 300～350 m^2/kg 之间，不得大于 400 m^2/kg；其他通用水泥的 45 μm 方孔筛筛余量应控制在 7%～12%之间，不得小于 5%。国家标准 GB 175—2023《通用硅酸盐水泥》也做了类似的修改。

水泥粉磨越细，水化反应就越快，而且水化更为完全。在水化过程中，由于水泥颗粒被 C-S-H 凝胶所包裹，反应速率逐渐为扩散所控制。据有关研究，当包裹层厚度达到 25 μm 时，扩散非常缓慢，水化实际上已停止。因此，凡粒径在 50 μm 以上的水泥颗粒，就可能有未水化的内核部分遗留。曾有报道，经过 23 年以后的混凝土断面，在其未水化的熟料粗粒中还可以清楚看到有 C_3S 和 C_2S 等存在。另外，甚至还有在经历 136 年的混凝土中发现未水化熟料的报道。所以，必须将水泥磨到合适的细度，才能充分发挥其活性。

在其他条件相同的情况下，水泥强度随水泥比表面积的增加而提高，水泥比表面积对早期强度影响最为显著。随后，扩散逐渐控制水化进程，比表面积的作用就退居次要位置。因此，在水化 90 d 特别是到 1 年以后，细度对强度几乎已无影响。同时，提高细度的效果对于原有细度较粗的水泥较为明显，当细度增大到超过 500 m^2/kg 后，除 1 d 以内的强度外，其他龄期的强度增长就较少。

水泥越细，标准稠度需水量越大，这主要是比表面积较大，需要较多水分覆盖的缘故。由图 8.1 可见，水泥的干缩率随比表面积的增大而提高，但其中还可能包括水灰比对干缩率的影响。不过，从水泥越细水化越快考虑，浆体内凝胶含量的增多，应该是引起干缩率提高的一个主要原因。

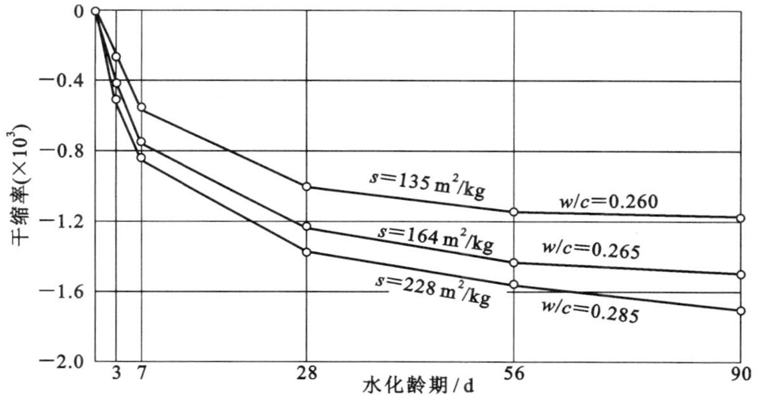

图 8.1 粉磨细度对浆体干缩率的影响

另外，石膏掺量应与粉磨细度相适应。水泥的比表面积越大，早期能与水作用的 C_3A 量就越多，所以细度增大时，石膏掺量要相应增加。

还应注意，相同比表面积的水泥，可能具有各种不同的颗粒级配。而且由于部分熟料矿物易磨性有差别，故粒度不同的颗粒，在组成上并不一样。曾经测得 C_3S 在细颗粒中含量较高，而 C_2S 在粗颗粒中含量偏多。至于 C_3A 和 C_4AF 在各种大小颗粒中的分布则大致相同。表 8.1 所示为某水泥中不同粒度的组成分析数据。

表 8.1　水泥熟料中各种粒度的组成分析　　（质量分数，%）

组分尺寸/μm	灼烧减量	$w(C_3S)$	$w(C_2S)$	$w(C_4AF)$	$w(C_3A)$
全部	24	56	19	11	12
0～7	64	59	14	11	13
7～22	25	62	11	11	13
22～35	1.5	52	22	11	13
35～55	1.1	49	24	11	13
55 以上	0.9	47	25	11	14

研究表明，在相同比表面积下，颗粒分布范围越窄，即无论大粒或小粒都为数不多、属于窄级配时，水泥强度会有一定提高。图 8.2 所示为水泥颗粒分布的均匀性系数 n 与水泥抗压强度关系的实例，可见，随着 n 值的增大，也就是在描述物料粒度分布的 RRB(Rosin-Rammler-Benner)图上作图，所得直线的斜率 n 越大，粒度大小越均匀，强度越高。这主要是因为在相同比表面积下，窄级配的水泥水化较快，形成的水化产物有所增多。

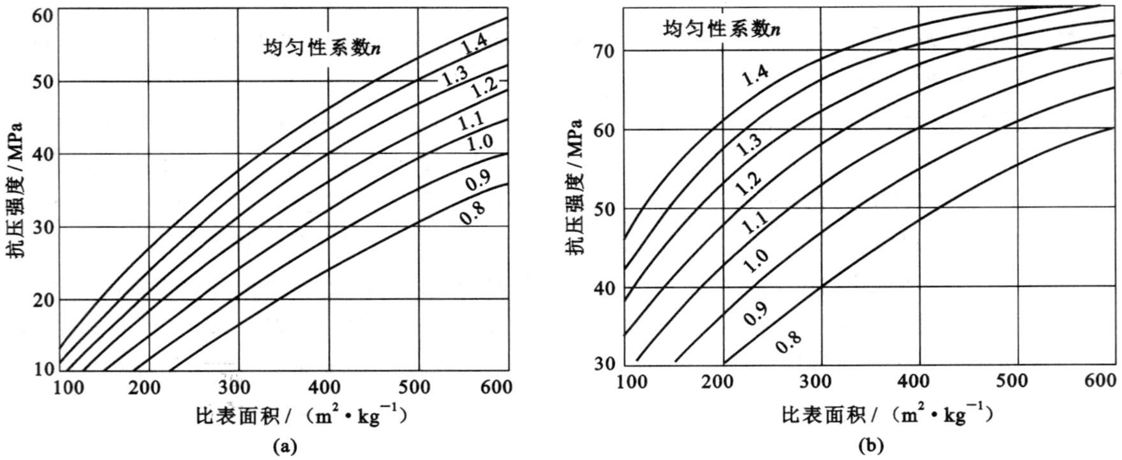

图 8.2　水泥颗粒分布的均匀性系数 n 与抗压强度的关系

(a) 2 d 强度；(b) 28 d 强度

图 8.3 所示为不同龄期水泥水化体积(%)与均匀性系数 n 的关系。明显可见，在 n 相同的条件下，细度较粗的水泥的水化体积较低。从图中所特别标明的三点可以看出，对于细度较粗的水泥，如果采用较大的均匀性系数，可以得到与粉磨较细但级配较宽的水泥相同的水化体积。因此，采用窄级配的水泥，就可能在粉磨不太细的前提下，获得相同的强度。不过，水泥的颗粒分布变窄后，标准稠度需水量会有所增大。而且，有的试验还表明，如果细颗粒粒径小于 3 μm 这一级别的颗粒太少，对水化过程的进展反而不利，因此须综合考虑。

最后需要指出的是，在提高粉磨细度的同时，磨机的台时产量要下降，电耗、球锻和衬板的消耗也必然相应增加。而且，随着水泥比表面积的增大，干缩和水化放热速率变大，在储存时，则越容易受潮风化。但对于矿渣水泥，提高水泥的粉磨细度，可显著提高水泥的强度或增加水泥中的矿渣掺量，反而有利于降低水泥的生产成本。因此，粉磨细度，应该使水泥质量能满足规定要求，并须与磨机产量以及成本等各种技术经济指标综合考虑，慎重选定。宜采用较佳的颗粒级配，以满足不同的性能要求。

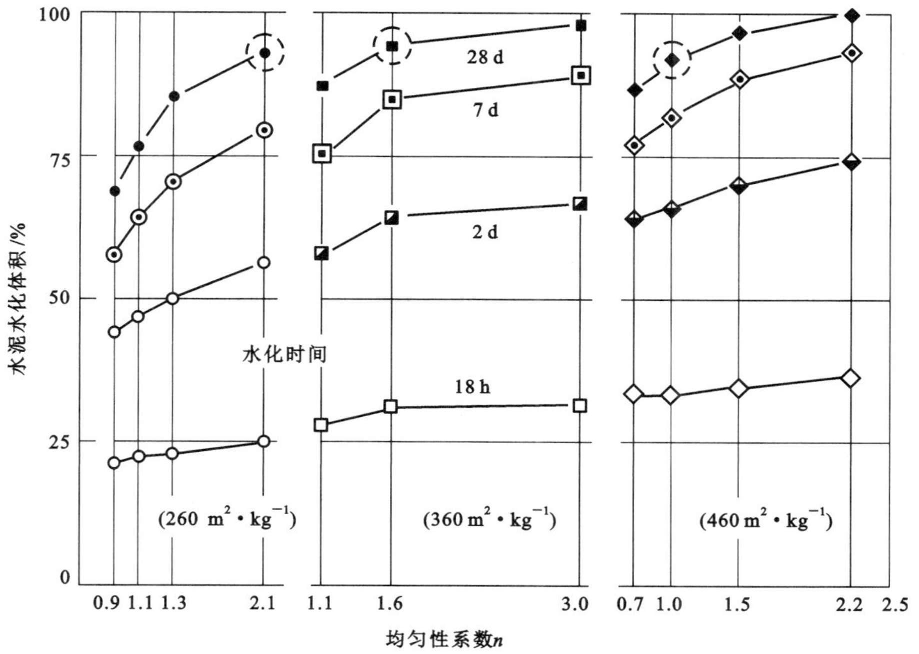

图 8.3 水泥的水化体积与均匀性系数的关系

8.3 需水量(稠度、流动度)

在用水泥制得净浆、砂浆或者拌制混凝土时,都要加入必需量的水分,这些水分一方面与水泥粉起水化反应,使其凝结硬化;另一方面使净浆、砂浆和混凝土具有一定的流动性,以便于施工时浇灌模型。因此,需水性也是水泥的重要建筑性质之一。在其他条件相同的情况下,水泥需水量愈低,水泥石的质量愈高。稠度和流动度是表征水泥需水性大小的物理量,前者用于水泥净浆,后者用于水泥砂浆和混凝土。

为了使水泥凝结时间、体积安定性的测定具有准确的可比性,规定水泥净浆处于一种特定的可塑状态,称标准稠度。而标准稠度用水量是指水泥净浆达到标准稠度时所需要的拌和水量,以占水泥质量的百分数表示。

同样,水泥胶砂流动度是表示水泥胶砂流动性的一种量度,在一定加水量下,流动度取决于水泥的需水性。流动度通常以水泥胶砂在流动桌上扩展直径的平均值(mm)表示。

水泥净浆对标准试杆(或试锥)的沉入具有一定阻力,国家标准是通过测试不同含水量水泥净浆的穿透性来确定水泥的标准稠度用水量的,测定时有固定水量和调整水量两种方法。

一般来说,水泥标准稠度用水量的变化范围如下:

(1) 硅酸盐水泥 21%～28%;

(2) 普通水泥 23%～28%;

(3) 矿渣水泥 24%～30%;

(4) 火山灰质水泥、粉煤灰水泥 26%～32%。

影响水泥标准稠度需水量的因素很多,其中最主要的是粉磨细度、矿物组成、石膏形态(如半水石膏)以及混合材料的种类和掺加量等。

8.4　凝结时间

8.4.1　凝结速度

水泥的凝结时间决定于其凝结速度。从水泥的水化硬化过程可知，水泥加水拌和后产生各种水化产物，待到水化产物逐渐长大，增多并初步联结成网，才会失去流动性而开始凝结。所以，凡是影响水化速度的各种因素，基本上也同样影响水泥的凝结速度，如矿物组成、细度、水灰比、温度和外加剂等。但水化和凝结又有一定的差异，例如，水灰比越大，水化越快，凝结反而变慢。这是因为加水量过多，使颗粒间距增大，浆体结构不易紧密，网络结构难以形成。

水泥的凝结速度既与熟料矿物水化难易程度有关，又与各矿物的含量有关。决定凝结速度的主要矿物为 C_3A 和 C_3S。鲍格(Bogue R H)等人认为，C_3A 的含量是决定初凝时间的决定性因素。在 C_3A 含量较高，或石膏等缓凝剂掺量过少时，硅酸盐水泥加水拌和后，C_3A 迅速反应，很快生成大量片状的水化铝酸钙，并相互联结形成松散的网状结构，出现不可逆的固化现象，称为速凝或闪凝。产生这种不正常快凝时，浆体迅速放出大量热，温度急剧上升。但是如果 C_3A 较少(≤2%)或掺加有石膏等缓凝剂时，水泥的凝结速度则主要由 C_3S 来决定。所以说，快凝是由 C_3A 造成的，而正常凝结则是受 C_3S 制约的。

事实上，水泥的凝结速度还与熟料矿物和水化产物的形态结构有关。试验证明，即使化学组成和比表面积完全相同的水泥，由于煅烧制度的差异，熟料结构仍有所不同，凝结时间也将发生相应的变化。如急冷熟料凝结正常，而慢冷熟料常出现快凝现象。这是因为慢冷时 C_3A 能充分结晶，C_3A 晶体相对较多，使水化加快。而急冷时 C_3A 固溶于玻璃体中，结构致密，水化较慢。同样，若水化产物是凝胶状的，则会形成薄膜，包裹在未水化的水泥周围，阻碍进一步水化，因而能延缓水泥的凝结。

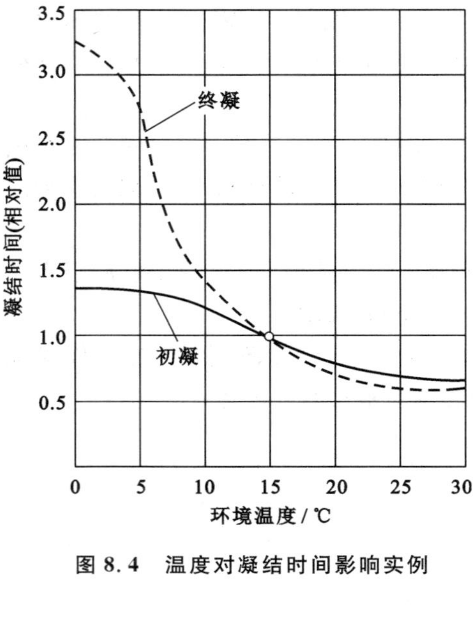

图 8.4　温度对凝结时间影响实例

温度的变化也会影响水泥的凝结速度。温度升高，水化加快，凝结时间缩短，反之则凝结时间会延长，如图 8.4 所示。所以，在炎热季节及高温条件下施工时，要注意初凝时间的变化，在冬季或寒冷条件下施工时应注意采取适当的保温措施，以保证水泥的正常凝结时间。

8.4.2　石膏作用与适宜掺量

一般水泥熟料中 C_3A 含量较高，若不加缓凝剂，加水拌和后，就会很快凝结而无法施工。掺加适量石膏就可以控制水泥的水化速度，调节凝结时间，而且石膏的掺入还可提高早期强度，减小干缩变形，改善水泥的耐久性等一系列性能。

石膏作为水泥中常用的缓凝剂，对于其缓凝机理，目前存在着不同的观点。一般认为，C_3A 在 $CaSO_4 \cdot 2H_2O$ 和 $Ca(OH)_2$ 的饱和溶液中，生成溶解度极低的钙矾石，这些棱柱状的小晶体生长在水泥颗粒表面，形成薄膜，覆盖并封闭了水泥颗粒，从而阻滞水分子及离子的扩散，阻碍了水泥颗粒尤其是 C_3A 的进一步水化，故防止了快凝现象。随着扩散作用的继续进行，当钙矾石覆盖层增加到足够厚时，渗透到内部的 SO_4^{2-} 逐渐减小到不足以生成钙矾石，而形成单硫型水化硫铝酸钙，C_4AH_{13} 及其固溶体，并伴随有体积增加，当固相体积增加所产生的结晶压力达到一定数值时，钙矾石膜就会局部胀裂，水和离子的扩散失去阻碍，水化就能得以继续进行。

杨(Yang)认为，水泥在水化过程中，由于 $Ca(OH)_2$ 晶核表面吸附了缓凝剂，妨碍了它进一步生成和长大，使得 $Ca(OH)_2$ 晶体不能及时析出，阻碍了硅酸钙的水化，从而导致缓凝，这就是晶核受损学说。

洛赫尔(Locher)则认为，水泥的凝结是由于浆体内部形成了网状结构，石膏并不改变 C_3A 的水化速度，如图 8.5 所示，当熟料中 C_3A 不多，硫酸盐含量也低时，水化开始后即生成晶粒细小的钙矾石薄膜，并不阻碍水泥颗粒相互移动，浆体仍有可塑性。经过几小时，钙矾石增加到足够数量，晶体长成细长针状后，才在水泥颗粒间相互交叉连接，形成网状结构，达到正常凝结[图 8.5(Ⅰ)]；当 C_3A 含量较高，硫酸盐也相应增加时，水化开始生成的钙矾石也相应增多，凝结稍快，但仍属正常[图 8.5(Ⅱ)]；但当 C_3A 含量较高，溶液中硫酸盐很少时，除生成钙矾石薄膜外，剩余的 C_3A 会很快在颗粒间隙生成片状 C_4AH_{13} 和单硫型水化硫铝酸钙并析出晶体，使水泥颗粒相互连接成网状结构导致快凝[图 8.5(Ⅲ)]；当 C_3A 含量低，而硫酸盐浓度相对过高时，反应剩余的硫酸盐将立即结晶，形成板条状二次石膏，也会造成快凝[图 8.5(Ⅳ)]。因此，石膏适宜掺量是决定水泥凝结时间的关键。

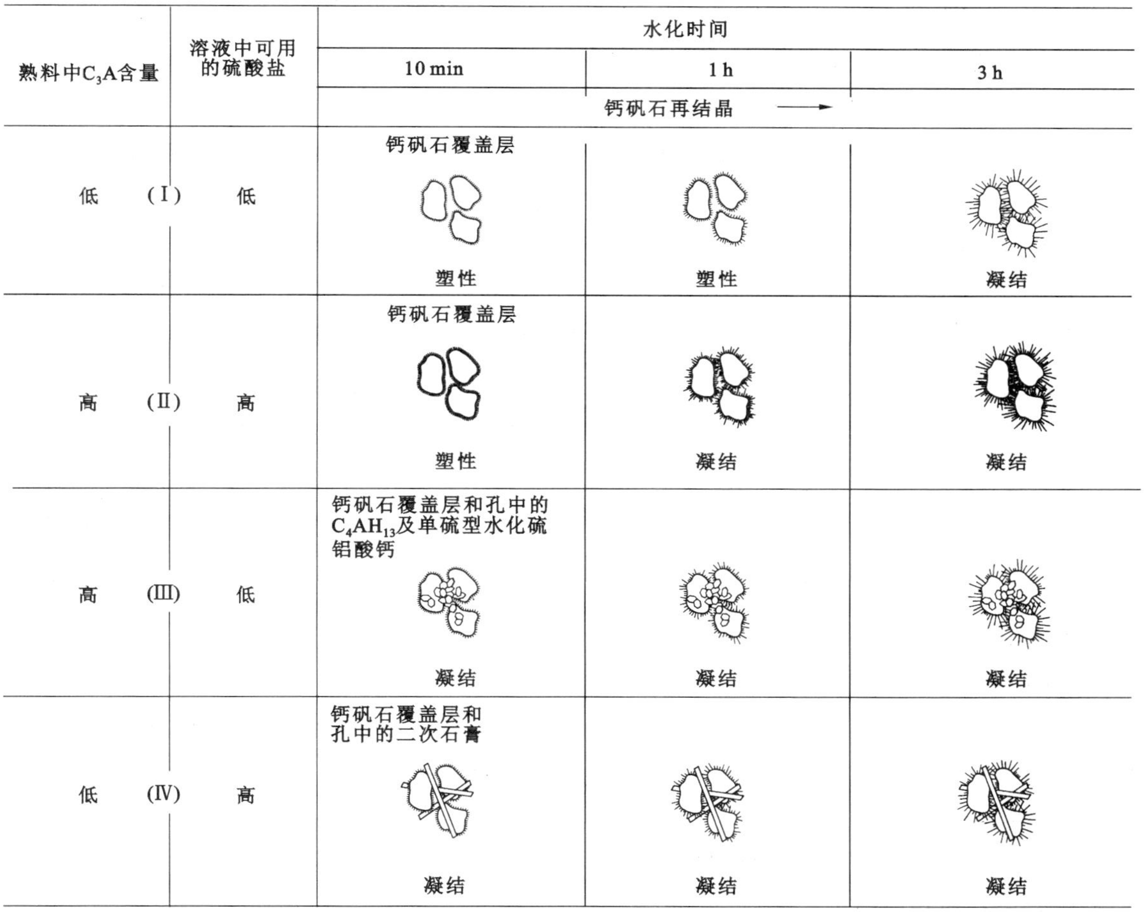

图 8.5　硅酸盐水泥凝结时结构形成与 C_3A 及石膏含量的关系

由上可知，石膏掺量过多或过少都会导致不正常凝结。一般情况下，石膏还不至于多到造成快凝，但其掺量增大到一定程度时，对凝结时间的影响便会变得很小，如图 8.6 所示。

当 SO_3 含量小于约 1.3%时，石膏掺量过小，水泥会产生快凝，进一步增加 SO_3 含量时，石膏才出现明显的缓凝作用，但 SO_3 含量超过 2.5%以后时，凝结时间增长很少。也有许多研究指出，石膏的适宜掺量，应是加水后 24 h 左右能够被耗尽的量。

确定石膏的最佳掺量不仅要考虑凝结时间，还要注意其对不同龄期的强度、水泥安定性的影响。据有关统计，现代硅酸盐水泥中 SO_3 与 Al_2O_3 的适宜比例 $w(SO_3)/w(Al_2O_3)$ 为 0.5～0.9，平均值约为 0.6。通常石膏掺量是很难以经验公式精确计算出的。确定最佳石膏掺量的可靠方法是强度和有关性能的试验，如图 8.7 所示。

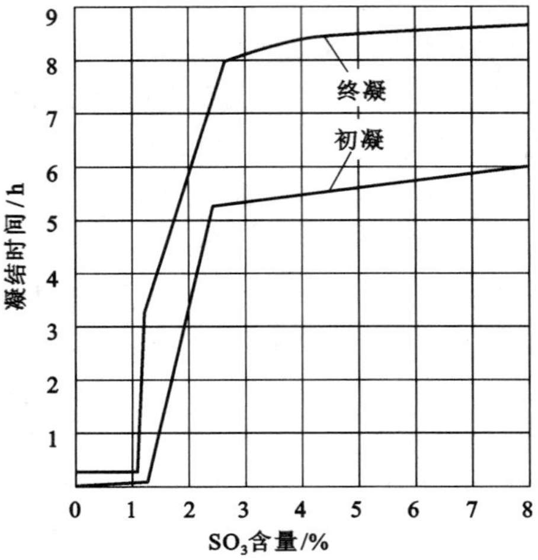

图 8.6　石膏掺量对水泥凝结时间的影响

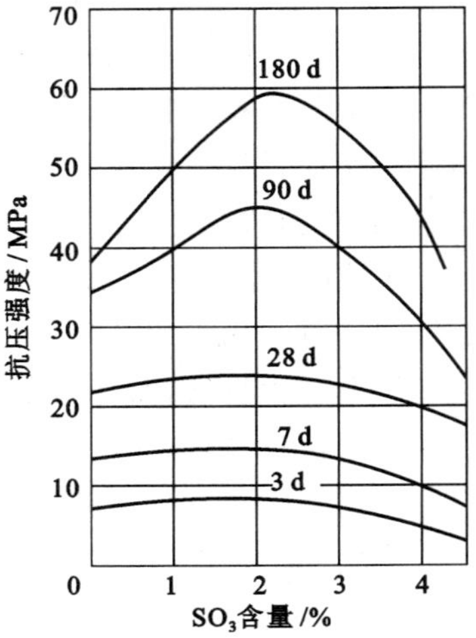

图 8.7　石膏掺量对水泥强度的影响

影响石膏掺量的因素很多，主要有以下几个方面：

(1) 石膏的种类

石膏除常用的二水石膏外，还有硬石膏及工业副产石膏等，如硬石膏虽在常温下的溶解度比二水石膏大，但其溶解速度很慢(表 8.2)，故其掺入量(以 SO_3 计)应比二水石膏要适当增加。

表 8.2　各种石膏的溶解度、溶解速度与缓凝作用

石膏种类	化学式	溶解度/(g·L^{-1})	相对溶解速度	相对缓凝作用
半水石膏	$CaSO_4 \cdot 0.5H_2O$	6	快	很强烈
二水石膏	$CaSO_4 \cdot 2H_2O$	2.4	慢	较强烈
可溶性无水石膏	$CaSO_4 \cdot (0.001\sim0.5)H_2O$	6	快	很强烈
天然无水石膏	$CaSO_4$	2.1	最慢	弱

一般硅酸盐水泥和普通水泥中石膏掺量(以 SO_3 计)在 1.5%～2.5%之间。

(2) 熟料中 C_3A 含量

C_3A 含量是石膏掺量最主要的影响因素。C_3A 含量高，石膏掺量相应增加，反之则减少。根据一般规律，C_3A 含量小于 11%的普通水泥，SO_3 的最佳含量约为 2.3%。

(3) 熟料中 SO_3 含量

由于水泥生产过程中的原料和燃料均含有一定量的硫，所以熟料中常含有少量 SO_3，当熟料中 SO_3 含量较高时，要相应减少石膏掺量。

(4) 水泥细度

相同矿物组成的水泥，若增大细度，其比表面积增大，水化加快，则应适当增加石膏掺量。

(5) 混合材料的品种和掺量

水泥中掺加不同种类和数量的混合材料时，其石膏掺入量也不一样。一般说来，采用矿渣作为混合材料时，由于硫酸盐能激发矿渣活性，提高其反应速度，故比掺其他混合材料时石膏用量更多。

此外，水泥中含碱量较高时，其凝结速度加快，石膏掺量也应适当增加。

8.4.3　假凝

（1）假凝及其特征

假凝是指水泥加水拌和后，在几分钟内即迅速凝结变硬，经剧烈搅拌后，又能重新恢复塑性的现象。这是一种不正常的早期快速固化现象，但与快凝又不相同，如图 8.8 所示。假凝放热量很小，而且经剧烈搅拌后，浆体又能重新恢复塑性，并达到正常凝结，对强度没有不利影响，但增大了施工难度；快凝是指浆体迅速形成不可逆的固化现象，浆体已产生了一定强度，重新搅拌并不能使其恢复塑性。

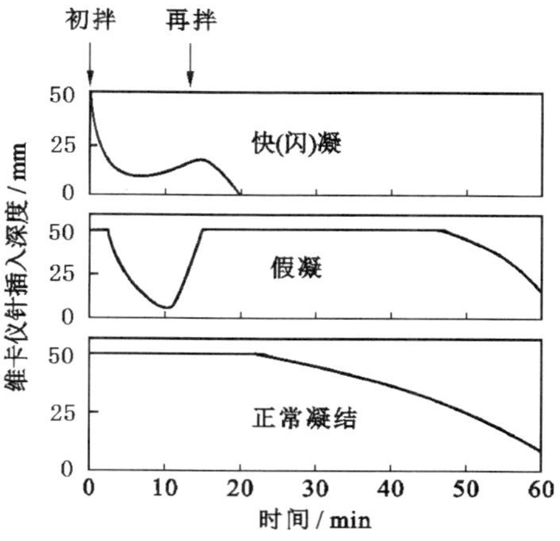

图 8.8　不正常凝结的典型特性曲线

（2）造成假凝的原因及预防措施

假凝与很多因素有关，一般认为产生假凝的主要原因是水泥在粉磨时温度过高（≥130 ℃），其中二水石膏脱水形成半水石膏甚至可溶性无水石膏。如前所述，半水石膏和可溶性石膏比二水石膏在水中更易溶解，当水泥加水后，半水或无水石膏溶解并水化析出二水石膏晶体，形成针状结晶网状构造，从而引起浆体快速固化。这种水泥浆体如重新搅拌，可破坏二水石膏的结构网而恢复塑性状态。

当水泥中碱含量较高时，其中 K_2SO_4 会生成板条状或条状钾石膏 $K_2SO_4 \cdot CaSO_4 \cdot H_2O$ 晶体并迅速长大，从而造成假凝。其反应式如下：

$$K_2SO_4 + CaSO_4 \cdot 2H_2O \longrightarrow K_2SO_4 \cdot CaSO_4 \cdot H_2O + H_2O$$

钾石膏形成时，不仅自身会形成网状构造，同时也消耗水泥中的硫酸盐，减弱石膏的缓凝作用，从而导致水泥假凝。

实践表明，假凝在掺较多混合材料的水泥中很少产生。在实际生产中，为了防止假凝，应尽量采用无水硫酸钙含量较高的石膏，以避免粉磨时石膏脱水。同时，在水泥粉磨过程中采取一定的降温措施，避免水泥磨内温度过高，也可避免因石膏脱水而造成的假凝。在建筑施工中，还可以延长搅拌时间来预防假凝现象产生。

8.4.4　调凝外加剂

水泥中使用的调凝外加剂有两种：一类是缓凝剂，另一类是促凝剂。

（1）缓凝剂

为了延缓水泥的凝结时间，在磨制水泥时，往往加入某种外加剂与水泥熟料等共同混合粉磨，以使水泥的凝结时间符合施工要求，这种能延缓水泥凝结时间的外加剂，在水泥工业中称为“缓凝剂”。可作为水泥缓凝剂的原料较多，但由于石膏容易获得，价格便宜，缓凝效果较为理想，而且还能提高水泥强度，改善水泥性能，所以石膏成了一种最为常用的缓凝剂。

除此之外，还有酒石酸、柠檬酸钠、磷酸盐、糖蜜等也可作为缓凝剂。几种缓凝剂对水泥浆体凝结时间的影响如表 8.3 所示。

表 8.3　几种缓凝剂对水泥浆凝结时间的影响

缓凝剂	基准	酒石酸		酒石酸(钾)钠	柠檬酸钠	磷酸二氢钠	三聚磷酸钠	葡萄糖
掺量(%)	0	0.2	0.3	0.3	0.1	0.3	0.1	0.06
初凝时刻	3:10	7:40	9:40	10:30	2:10	6:10	5:40	4:20
终凝时刻	5:20	12:00	28:10	13:00	10:30	8:10	11:40	7:30

(2) 促凝剂

另一种调凝剂是促凝剂。除氟化物、磷酸盐及 Zn、Sn、Pb 盐外，大多数可溶性无机盐都能缩短水泥的凝结时间，其中使用最多的是 $CaCl_2$。我国常用的是分别以铝酸钠（$NaAlO_2$）、铝酸钙（$C_{12}A_7$，$C_{11}A_7 \cdot CaF_2$）及硅酸盐（Na_2SiO_2）为主要成分的促凝剂。这些促凝剂掺加量为百分之几到十几，可使水泥在几分钟内即完成初凝、终凝。但这些促凝剂普遍都存在碱度过大，降低混凝土后期强度的缺点，针对这项缺陷，专家们研制出了更新型的非碱性促凝剂。

在实际生产中，使用调凝剂时应注意其掺量及其对水泥性能的影响等一系列具体的实际问题。随着社会发展需要和人们认识的深入，调凝剂的应用越来越广泛，其种类也必将越来越多。

8.5 强度

强度是评判水泥质量最重要的指标，它是逐渐增长的，与其水化养护龄期有关。通常按龄期将 28 d 以前的强度称为早期强度，如 1 d、3 d、7 d 强度。28 d 及以后的强度称为后期强度。影响水泥强度的因素相当复杂，而且涉及面很广，有些内在机理目前还缺乏确切的结论，仍有待进一步研究。本部分从以下几个方面来论述。

8.5.1 熟料矿物组成的影响

硅酸盐水泥熟料中，四种主要矿物 C_3S、C_2S、C_3A、C_4AF 的相对含量，对水泥的水化速度、水化产物的形态、尺寸有决定性的影响。当然，对水泥强度的形成和发展也有着至关重要的作用。可以说，矿物组成是水泥早期强度、强度增长速度和后期强度最为重要的影响因素。表 8.4、表 8.5 列出了两组水泥熟料中四种主要矿物抗压强度试验的测定结果。

表 8.4 第 1 组试验中四种主要矿物的抗压强度 （单位：MPa）

矿物名称	3 d	7 d	28 d	90 d	180 d
C_3S	24.22	30.98	42.16	57.65	57.84
β-C_2S	1.73	2.16	4.51	19.02	28.04
C_3A	7.55	8.14	8.04	9.41	6.47
C_4AF	15.10	16.47	18.24	16.27	19.22

表 8.5 第 2 组试验中四种主要矿物的抗压强度 （单位：MPa）

矿物名称	7 d	28 d	180 d	365 d
C_3S	31.60	45.70	50.20	57.30
β-C_2S	2.35	4.12	18.90	31.90
C_3A	11.60	12.20	0	0
C_4AF	29.40	37.70	48.30	58.30

虽然由于试验条件的差异，不同条件下测得的单矿物绝对强度有所不同，但从表 8.4 和表 8.5 中可见，其基本规律是一致的，即硅酸盐矿物的含量是决定水泥强度的主要因素。其中 C_3S 不仅早期强度最高，而且 28 d 强度基本上也取决于 C_3S 含量，C_3S 含量高，水泥的早期强度高，但后期强度增长不大。而 C_2S 含量高的水泥虽早期强度不高，但长期强度增幅大，到 1 年以后可以赶上甚至超过 C_3S 含量高的水泥。如图 8.9 所示。

C_3A 的早期强度增长很快，一般认为，C_3A 主要对早期强度有利，但强度绝对值不高，而且，后期强度增长随龄期延长逐渐减小，甚至发生倒缩现象。试验证明，水泥中 C_3A 含量较低时，水泥强度随 C_3A 含量增多而提高，但超过某一最佳含量后，强度反而降低，同时龄期越短，C_3A 的最佳含量越高。C_3A 的含量对早期强度的影响最大，若超过最佳含量，则将对后期强度产生不利影响。值得注意的是，表 8.4 和表 8.5 是单矿物单独水化后的强度数据，而 C_3A 的水化产物受石膏影响很大，当有石膏存在时，其水化产物中将有较多钙矾石和单硫型水化硫铝酸钙形成，其各龄期的强度数据会有很大的变化。

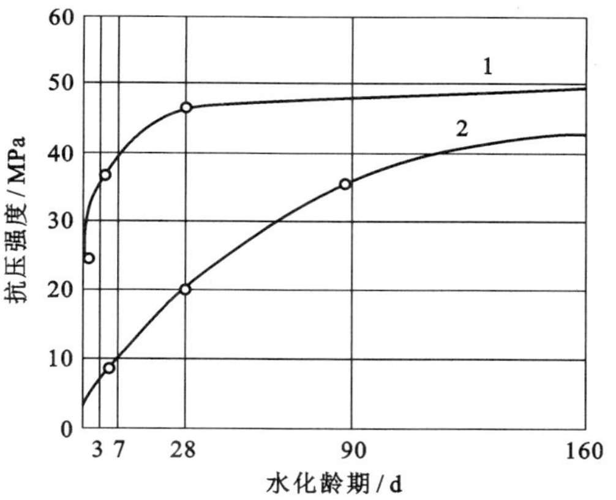

图 8.9　C_3S、C_2S 的相对含量对强度发展的影响

1—$w(C_3S)=65.7\%\sim71.3\%$，$w(C_2S)=6.2\%\sim11.8\%$；

2—$w(C_3S)=26.0\%\sim31.0\%$，$w(C_2S)=47.1\%\sim59.7\%$

关于 C_4AF 的强度，目前国内外有关实验证明，C_4AF 不仅对早期强度有利，而且有助于后期强度的发展，由表 8.4、表 8.5 数据可见，其 3 d、7 d、28 d 抗压强度远比 C_2S 高，其 1 年强度甚至还能超过 C_3S。我国有关研究发现，若 V^{5+}、Ti^{4+}、Mn^{4+} 等金属离子进入铁相晶格，与铁离子通过不等价置换形成置换型固溶体，有可能进一步提高 C_4AF 的水硬活性。由此可知，C_4AF 也是一种水化活性较好的熟料矿物，但其胶凝性能否正常发挥，不仅取决于不同条件下形成的铁相固溶体的化学成分、晶体缺陷以及原子团的配位状态等有关晶体结构的内在因素，而且也与水化环境、水化产物形态等因素有关。至于如何最有效地发挥铁相的强度，则需进一步研究。另外，水泥在煅烧中含有的微量成分，会与四种主要矿物形成固溶体，对强度也会有一定影响，如少量 MgO、R_2O、TiO_2 等与生料一起煅烧，可提高熟料强度，而 CaF_2、ZnO 等则会降低熟料强度。

应该注意的是，水泥的强度并非是几种矿物强度的简单加和，还与各种矿物的煅烧条件、结构形态有着一定的关系。

8.5.2　水泥细度的影响

水泥细度对强度和强度增长速度都有着十分重要的影响。水泥越细，其水化速度越快，越易水化完全，水泥的强度，尤其是早期强度越高。适当增大水泥细度，还能改善浆体的泌水性、和易性和黏结力等。而粗颗粒水泥只能在表面水化，未水化部分只起填充料作用。实验证明，不同细度水泥的水化活性不同，一般：

水泥细度为 0～30 μm 时活性好；

水泥细度为 30～60 μm 时活性一般；

水泥细度大于 60 μm 时活性较差；

水泥细度大于 90 μm 时活性极差。

但是，水泥太细，水化时需水量过大，增大了硬化浆体结构的孔隙率，反而引起强度下降。大量试验证明，水泥较细时，其 1 d、3 d 早期强度提高，但小于 10 μm 的颗粒多于 50%～60%时，7 d、28 d 强度开始下降。因此，水泥的细度只有在一定范围内才能提高水泥的强度。

8.5.3　施工条件的影响

水泥石结构的强度与其施工过程密切相关。在施工过程中，水灰比、集料级配、搅拌振捣的程度、养护温度以及是否采用外加剂等对强度有很大的影响。

(1) 水灰比及密实程度

许多研究表明，水泥石结构中孔隙率和大毛细孔减少时，其强度能得到较大程度的提高。

图 8.10所示为弗尔德曼(Feldman)在孔隙率较高时得出的试验结果。水灰比(w/c)越大,产生的毛细孔越多,从而降低了强度,尤其是后期强度。从图 8.11 可知,水灰比与水泥浆体抗压强度之间呈近似的线性关系。事实上,水灰比是孔隙率的一个量度,在水泥组成和细度相同的情况下,水灰比与强度之间的关系,和孔隙率与强度的关系相似。

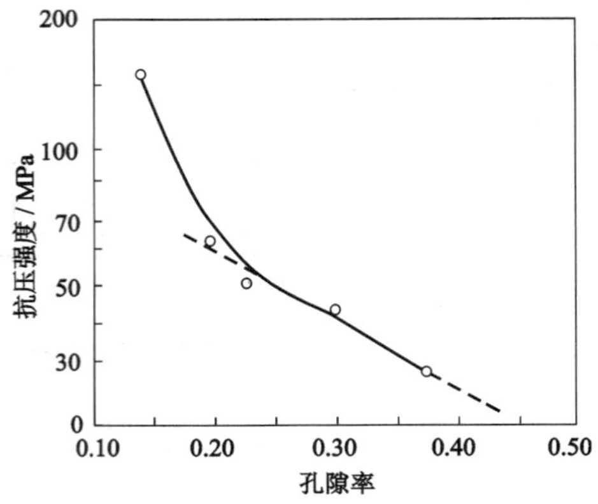

图 8.10 水泥浆体抗压强度和孔隙率的关系

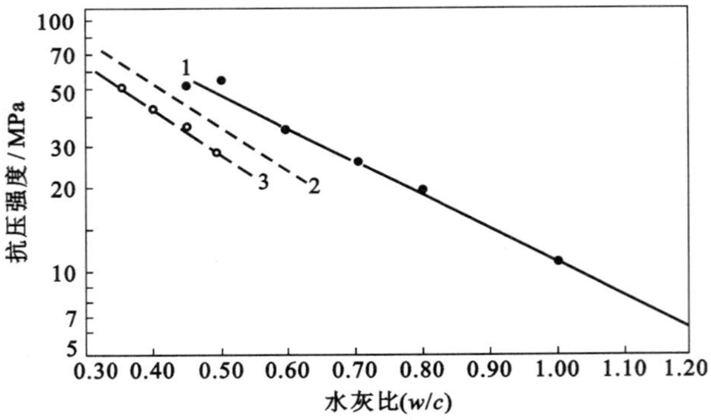

图 8.11 水泥浆体抗压强度与水灰比的关系

1,2,3—采用不同来源的研究数据

施工中搅拌与振捣是否充分,对浆体结构强度,尤其是抗折强度,有很大的影响。搅拌不充分,浆体内组分(水、水泥和骨料)产生离析现象,导致水泥浆分布不均,从而会降低强度。而施工中振捣不够充分,使浆体不够致密而产生气泡孔、微裂缝,对强度的影响更大。

大量实践证明,在施工中采用剧烈搅拌、碾轧、加压成型等工艺措施,能使水灰比降低,硬化浆体的孔隙率降低到 20%以下,还可使尺寸超过 100 μm 的大孔不多于总体积的 2%,甚至可使 15 μm 以上的总孔隙率控制在 0.5%以内,减少微裂缝的数量并减小尺寸,增大水泥石的致密程度,使强度(特别是抗折强度)有较大的提高。

(2) 养护温度

在水泥水化过程中,提高养护温度(即水化的温度),可以使早期强度得到较快的发展,但后期强度,特别是抗折强度反而会降低,如图 8.12 所示。

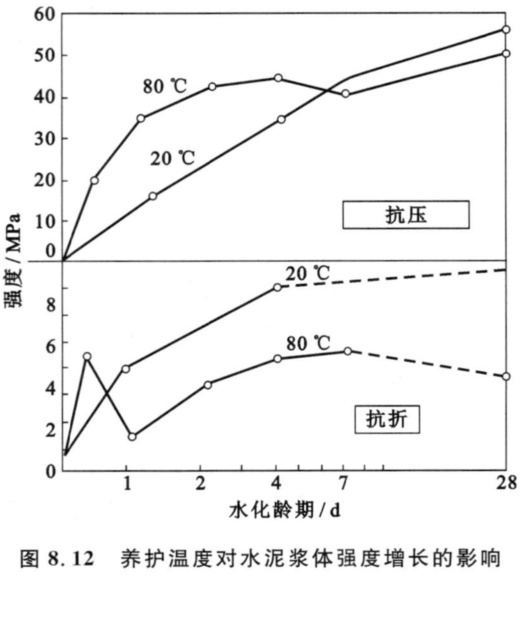

图 8.12 养护温度对水泥浆体强度增长的影响

维尔巴克(Verbeck G J)等人认为,高温下水化造成强度降低的主要原因是在高温下水化迅速,生成的凝胶等水化产物得不到充分的扩散而无法均匀地沉析到水泥颗粒之间的空间中。这样,凝胶分布稀疏的部位就成为结构的弱点,从而影响强度的增长。同时,由于水泥颗粒被密集的凝胶层包裹后,后期水化延缓,也影响到强度的进一步发展,在常温或低温下,水化虽慢,但水化产物生长和扩散充分,结构内凝胶分布均匀,强度较高。

还有一些研究者认为,浆体内各组分热膨胀系数的差别是损害浆体结构的主要原因。浆体结构中各组分尤其是饱和空气在受热时会剧烈膨胀,产生巨大的内应力,使浆体黏结力减弱,孔隙率增大,甚至产生微裂缝,使对裂缝最为敏感的抗折强度显著下降。

应当注意的是,在提高养护温度的同时. 必须使浆体保持润湿，否则水化将可能停止，一般宜用饱和或高压饱和蒸汽养护。据研究，在蒸压条件下，高温养护虽然可以大幅度提高水泥浆体的早期强度，缩短水泥制品的养护时间，但对水泥石后期强度的增长是有害的，会降低水泥石的最终强度。经分析是由于在蒸压时水泥水化产物化学组成和物理性质都发生了变化，同时增大了水泥浆体的孔隙率，为防止水泥石后期强度下降，一般可在浆体蒸压时掺加适量硅质材料，如细石英砂或粉煤灰等。

(3) 外加剂

在现代建筑工程中，几乎绝大部分混凝土及其制品中都添加了外加剂。外加剂对水泥石结构的强度也会有一定的影响。如采用适量减水剂，可使水灰比大幅度减小到0.25，从而稳定地促进强度的增长，采用早强剂可大幅度提高早期强度，甚至使后期强度也有所增长。而采用另外一些外加剂如引气剂、膨胀剂、促凝剂等则可能会引起后期强度的降低，故在使用时应严格控制其掺加量。

8.6 体积变化

硅酸盐水泥在水化过程中由于生成了各种水化产物以及反应前后湿度、温度等外界条件的改变，硬化浆体必然会发生一系列体积变化，如化学减缩、湿胀干缩和碳化收缩等。这些变化，尤其是剧烈而不均匀的体积变化，将会严重地影响到水泥浆体的物理、力学及耐久性能。因此，硬化水泥浆体的体积变化，也是一项非常重要的性能指标。

水泥浆体在硬化过程中产生的体积变化可分为以下几种：化学减缩、湿胀干缩和碳化收缩。

8.6.1 化学减缩

水泥在水化硬化过程中，无水的熟料矿物转变为水化产物，固相体积大大增加，而水泥浆体的总体积却在不断缩小，由于这种体积减缩是化学反应所致，故称化学减缩。以 C_3S 的水化反应为例：

$$2(3CaO \cdot SiO_2) + 6H_2O \longrightarrow 3CaO \cdot 2SiO_2 \cdot 3H_2O + 3Ca(OH)_2$$

	$2(3CaO \cdot SiO_2)$	$6H_2O$	$3CaO \cdot 2SiO_2 \cdot 3H_2O$	$3Ca(OH)_2$
密度	3.14	1.00	2.44	2.23
摩尔质量	228.23	18.02	342.48	74.10
摩尔体积	72.71	18.02	140.40	33.23
体系中所占体积	145.42	108.12	140.40	99.69

由此可见，反应前体系总体积为 145.42+108.12=253.54 cm^3，而反应后则为 140.40+99.69=240.09 cm^3，体积减缩为 253.54−240.09=13.45 cm^3，故化学减缩占体系原有绝对体积的5.31%，而固相体积却增加了 65.1%。其他熟料矿物在水化时，也有不同程度的化学减缩。表 8.6 列出了几种主要熟料矿物在水化前后的体积变化情况。

表 8.6 几种矿物水化前后的体积变化情况

反应式	质量 /g	密度 /(g·cm^{-3})	体系绝对体积 /cm^3		固相绝对体积 /cm^3		绝对体积变化率/%	
			反应前	反应后	反应前	反应后	体系的	固相的
$2CaSO_4 \cdot H_2O + 3H_2O = 2(CaSO_4 \cdot 2H_2O)$	290.29 54.05 344.34	2.62 1.00 2.32	164.85	148.42	110.80	148.42	−9.97	33.95
$3CaO \cdot Al_2O_3 + 3(CaSO_4 \cdot 2H_2O) + 25H_2O = 3CaO \cdot Al_2O_3 \cdot 3CaSO_4 \cdot 31H_2O$	270.18 516.51 450.40 1237.09	3.04 2.32 1.00 1.73	761.91	715.08	311.51	715.08	−6.15	129.55

续表 8.6

反应式	质量/g	密度/(g·cm^{-3})	体系绝对体积/cm^3		固相绝对体积/cm^3		绝对体积变化率/%	
			反应前	反应后	反应前	反应后	体系的	固相的
$CaO+H_2O \longequal Ca(OH)_2$	56.08 18.02 74.10	3.32 1.00 2.23	34.81	33.32	16.79	3.23	−4.54	97.9
$2(3CaO \cdot SiO_2)+6H_2O$ ══ $3CaO \cdot 2SiO_2 \cdot 3H_2O+3Ca(OH)_2$	456.66 108.12 342.48 222.30	3.11 1.00 2.44 2.23	253.54	240.09	145.42	240.09	−5.31	65.11
$2(2CaO \cdot SiO_2)+4H_2O$ ══ $3CaO \cdot 2SiO_2 \cdot 3H_2O+Ca(OH)_2$	344.50 72.08 342.48 74.10	3.28 1.00 2.44 2.23	177.11	173.63	105.03	173.63	−1.97	65.32
$3CaO \cdot Al_2O_3+6H_2O$ ══ $3CaO \cdot Al_2O_3 \cdot 6H_2O$	270.18 108.10 378.28	3.04 1.00 2.52	196.98	150.11	88.88	150.11	−23.79	68.89

由表 8.6 可见，水泥水化后固相体积大大增加，以填充原来体系中水所占的部位，使硬化浆体变得更加致密。但体系的绝对体积是减小的，因而导致整个体系产生体积减缩现象。当硬化过程在空气中进行时，会引起外表体积收缩，同时在体系内生成气孔。

由于化学减缩是水泥水化反应的结果，可以利用化学减缩来间接说明水泥的水化速度和水化程度。在一定龄期内化学减缩越大，说明水化速度越大，水化程度越高。

试验说明，无论就绝对数值还是相对速度而言，水泥熟料中各单矿物的减缩作用，其大小顺序均为 $C_3A>C_4AF>C_3S>C_2S$，如表 8.7 所示。

表 8.7　硅酸盐水泥熟料中单矿物的减缩作用

矿物名称	28 d 减缩量(×10^{-2})/(cm^3·g^{-1})	极限值(×10^{-2})/(cm^3·g^{-1})
C_3S	5.2	6～7
C_2S	1.2	4
C_3A	17.0	17.5～18
C_4AF	9.0	10～11

所以减缩量的大小，常与 C_3A 的含量呈线性关系。根据一般的硅酸盐水泥的矿物组成进行研究发现，每克水泥水化的减缩量为 0.07～0.09 cm^3。若每立方米混凝土用水泥 300 kg，则减缩量将达到(21～27)×10^3 cm^3。由此可见，化学减缩作用带来的孔隙数量也是相当大的。不过由于固相体积的大幅增长，填充了大部分孔隙，总孔隙还是在不断减少的。

8.6.2　湿胀干缩

硬化水泥浆体的体积随其含水量而变化。浆体结构含水量增加时，其中凝胶粒子由于分子吸附作用而分开，导致体积膨胀，如果含水量减少，则会使体积收缩。湿胀和干缩大部分是可逆的。干燥与失水有关，但二者并没有呈线性关系。

关于干燥引起收缩的确切原因，目前尚有不同看法，一般认为与毛细孔张力、表面张力、拆散压力以及层间水的变化等因素有关。

有关研究表明，硬化浆体的干缩值主要由 C_3A 的含量决定，并随 C_3A 含量的增加而增大，其他组成的作用比较次要，如图 8.13 所示。而在 C_3A 含量相同时，石膏掺量就成了决定胀缩的主要因素。

水灰比对浆体干缩也有一定影响。一般说来，早期干缩发展较快，但水灰比对其影响不大，一直到 28 d 后，干缩才随水灰比减小而明显降低，而且水灰比低的浆体，干缩停止较早。因此，在实际生产中，应选择适当的水灰比，并加强养护，以减少干缩。

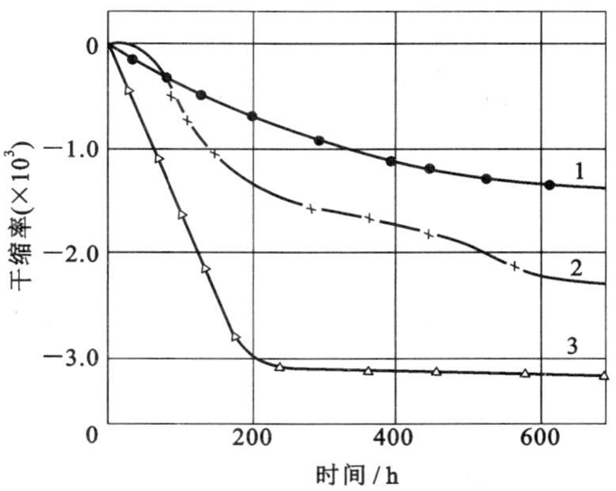

图 8.13　水泥浆体干缩率随时间的变化

1—C_3A 4%；2—C_3A 6%；3—C_3A 8%

8.6.3　碳化收缩

在一定的相对湿度下，硬化水泥浆体中的水化产物如 $Ca(OH)_2$、C-S-H 等会与空气中的 CO_2 作用，生成 $CaCO_3$ 和 H_2O，造成硬化浆体的体积减小，出现不可逆的收缩现象，称为碳化收缩。其反应式如下：

$$Ca(OH)_2 + CO_2 \longrightarrow CaCO_3 + H_2O$$

$$3CaO \cdot 2SiO \cdot 3H_2O + CO_2 \longrightarrow CaCO_3 + 2(CaO \cdot SiO_2 \cdot H_2O) + H_2O$$

通常，在大气中，实际的碳化速度很慢，而且仅限于表面进行，大约在 1 年后才会在硬化水泥浆体表面产生微裂缝，只影响其外观质量，对强度并没有不利的影响。

在实际生产应用中，不论是膨胀还是收缩，最重要的是体积变化的均匀性。如果水化形成的固相发生局部的不均匀膨胀，则会引起硬化浆体结构破坏，造成安定性不良。但若控制得当，使增加的固相体积产生均匀膨胀，反而有利于水泥石结构变得更加致密，提高其强度及抗冻、抗渗等性能。

8.6.4　热胀冷缩

与大多数材料一样，水泥石也会产生热胀冷缩现象。水泥石的热胀冷缩变形很大程度上取决于含水量。当水泥石完全干燥后或水饱和时，其热膨胀系数介于 $10 \times 10^{-6} \sim 12 \times 10^{-6}/K$ 之间；在中等湿度水平时，其热膨胀系数明显增大；当平衡湿度达 70%时，热膨胀系数达最大值，约为 $24 \times 10^{-6}/K$；如果让水泥石处于蒸气下，其热膨胀系数与完全干燥或水饱和的水泥石一样。

这些热膨胀系数的差异是由水在水泥石的孔结构中运动所引起的，水泥石与水的热膨胀系数差异较大，在 5～20 ℃温度范围内，水的热膨胀系数是水泥石的 3～4 倍。水泥石的低渗透性使得冷却期间为负压，加热期间为正压，由此形成对水的吸入或排出。

负压和正压引起的暂时应力，特别影响水泥石的抗拉、抗折强度，负压可提高抗拉和抗折强度，而正压则降低。抗压强度也会受到影响，但影响程度要小得多，但与抗拉、抗折强度不同的是抗压强度的改变是永久性的。

如果水泥混凝土的变形被约束住，水泥水化所产生的水化热会引起混凝土的温度升高，随后冷却，就会在混凝土内部产生机械应力，并形成连续裂缝，混凝土开裂就不可避免。水泥混凝土加水搅拌后温升越大，内应力就越大，开裂的倾向就越大。欲减弱这种开裂倾向，就应减小温升，使用水化热很低的水泥（低热水泥），或减少水泥用量，或采用其他降温措施，减少水泥混凝土的开裂。

8.7 保水性与泌水性

不论是在实验室做试验，还是在工地上配制砂浆或混凝土，常会发现使用不同品种的水泥会出现不同现象，如有的水泥在凝结过程中会析出一部分拌和水。这种析出的水往往会覆盖在试体或构筑物表面上，或从模板底部渗出来。水泥这种析出水分的性能称为泌水性或析水性；水泥保留水分的性能称为保水性。

泌水性是与保水性相反的性能，其对制造均质混凝土不利，因为从混凝土中析出的水常会集存在浇灌面层，这样就使这一层混凝土与下一次浇灌的混凝土之间产生含水量较高的间层。这无疑将妨碍混凝土层与层间的牢固结合，因而破坏了混凝土的均质性。分层现象不仅会在混凝土各浇灌面的表面上发生，而且也会在混凝土内部发生。因为从水泥砂浆中析出来的水分，还常会聚集在粗集料及钢筋下面，这样不仅会使混凝土和钢筋的握裹力大为减弱，而且还会因这些水分的蒸发而遗留下许多微小的孔隙，因而降低混凝土的强度和抗渗性。欲改善水泥的泌水性，可采用以下措施：

（1）增大水泥的比表面积

适当增大水泥比表面积，颗粒级配更趋合理，水泥的保水性将得以改善。在水泥化学组成、配比和试验条件相同的情况下，水泥的泌水性随着水泥比表面积的增大而显著下降。增大水泥比表面积，还可使初凝时间相对缩短，即水泥浆体快速形成稳定的凝聚结构，泌水量显著减少，泌水性得到改善，3 d抗压强度明显提高。但要注意防止水泥粉磨过细，浆体和易性变差，用水量增加，导致水泥性能变差。

（2）掺入火山灰质混合材料

在粉磨水泥时，掺入火山灰质混合材料，如硅藻土、膨润土、烧黏土、烧煤矸石等可使水泥泌水率和泌水量降低。通常，随着火山灰质混合材料掺入量的逐渐增加，水泥的泌水率迅速下降，水泥砂浆或混凝土的和易性显著改善，便于施工操作。但必须注意，若火山灰质混合材料掺量过多，将使水泥需水量过大，强度下降过多。因此，务必选择最佳掺量，通常掺入5.0%～8.0%较佳。

（3）掺入微晶填料石灰石

适当掺入石灰石能提高水泥的保水性和3 d抗压强度。随着石灰石掺入量的增加，水泥的泌水性有所改善，若同时能增大水泥的比表面积，则泌水性将显著改善。

实验表明，在水泥比表面积相差不大时，掺入石灰石5%、烧煤矸石3%的水泥比单掺石灰石8%的水泥泌水率下降了1.07%，但比单掺烧煤矸石8.0%的水泥泌水率提高了1.08%，因此掺入烧煤矸石比掺石灰石对改善水泥泌水性效果更好。

8.8 水化热

各种熟料矿物在水化时都会放出一定的热量，水泥的水化热主要由各种熟料矿物水化时产生，在冬季施工中，水化热的产生能提高水泥浆体的温度，有利于水泥正常水化，加快施工进度。但在大体积混凝土工程中，水化放出的热量聚集在混凝土内部不易散失，使其内部温度升高，导致混凝土结构内外温差较大而产生应力，致使混凝土结构不均匀膨胀而产生裂缝，给工程带来严重的危害。所以，水化热是大体积混凝土工程一个重要的性能指标，降低水化热是提高大体积混凝土质量的重要措施之一。

大量实验表明，水泥的水化热与其矿物组成有关。如表8.8、表8.9所示，熟料中各单矿物的水化热大小顺序为：$Q(C_3A)>Q(C_3S)>Q(C_4AF)>Q(C_2S)$。因此，要降低水泥的水化热，应该增大熟料中 C_2S 和 C_4AF 的含量，相应降低 C_3A 和 C_3S 的含量。

表 8.8　熟料矿物和水泥的水化热

名称	水化热/$(J \cdot g^{-1})$	名称	水化热/$(J \cdot g^{-1})$
C_3S	500	f-MgO	840
β-C_2S	250	普通硅酸盐水泥	375～525
C_3A	1340	抗硫酸盐水泥和矿渣水泥	355～440
C_4AF	420	火山灰质水泥	315～420
f-CaO	1150	铝酸盐水泥	545～585

表 8.9　不同龄期水泥熟料矿物的水化热　（单位：$J \cdot g^{-1}$）

龄期/d	C_3S	C_2S	C_3A	C_4AF
3	240	50	880	290
28	377	105	1378	494

图 8.14 和图 8.15 表示了不同含量的 C_3A 和 C_3S 对水泥水化热的影响。由此可知，调整熟料矿物组成是降低水泥水化热的基本措施。不过在熟料矿物组成相同时，其矿物固溶状态不同，水化热也不一样。

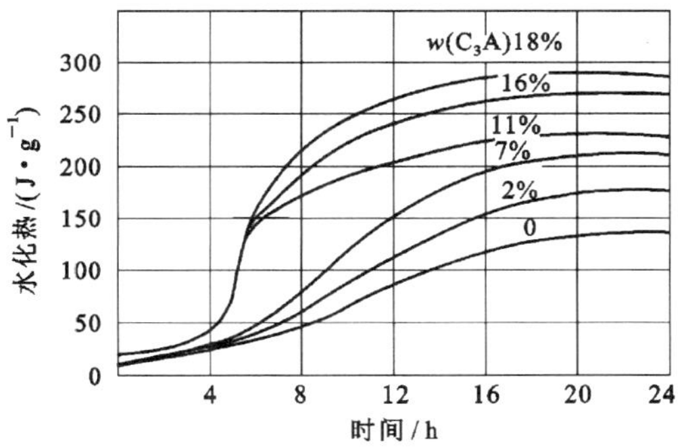

图 8.14　C_3A 含量对水泥水化热的影响

[$w(C_3S)$相同]

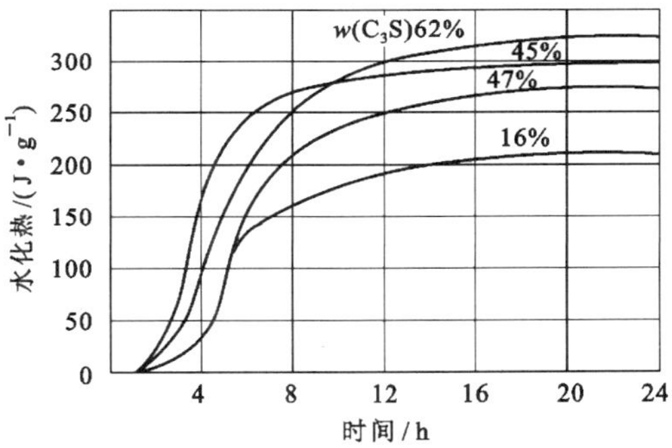

图 8.15　C_3S 含量对水泥水化热的影响

[$w(C_3A)$相同]

水化热可以通过下式粗略计算：

$$Q_{3\,d}=240w(C_3S)+50w(C_2S)+880w(C_3A)+290w(C_4AF)$$

$$Q_{28\,d}=377w(C_3S)+105w(C_2S)+1378w(C_3A)+494w(C_4AF)$$

式中　系数——相应各单矿物的水化热，J/g；

$w(C_3S)$，$w(C_2S)$，$w(C_3A)$，$w(C_4AF)$——熟料中 C_3S、C_2S、C_3A、C_4AF 各矿物的含量（质量分数，%）；

$Q_{3\,d}$——水化龄期为 3 d 的水化热，J/g；

$Q_{28\,d}$——水化龄期为 28 d 的水化热，J/g。

影响水化热的因素有很多，除了熟料矿物及其固溶情况外，还与熟料煅烧和冷却制度、水泥细度、水灰比、养护温度、水泥储存时间等有关。另外，不同的研究者在不同条件下测得的结果也会有所差别。所以，单按熟料矿物组成通过上式计算，只能对水化热做大致估计，准确数值还须通过实际测量来确定。

8.9 耐热性

水泥石受热后，在一定温度下其内部的水化物和碳酸盐等就会发生脱水作用。这些水化物受热后分解成 f-CaO，在空气中遇到水，又会发生二次水化作用，生成 $Ca(OH)_2$ 产生膨胀，从而破坏水泥石的结构。水泥石中各组分脱水和分解温度如下：

水化硅酸钙开始脱水的温度　160～300 ℃；

水化铝酸钙开始脱水的温度　275～370 ℃；

$Ca(OH)_2$ 开始脱水的温度　400～590 ℃；

$CaCO_3$ 开始分解的温度　810～870 ℃。

当硬化水泥石加热到 100～250 ℃时，由于凝胶体的脱水与部分 $Ca(OH)_2$ 产生的加速结晶，水泥石的密度增大，这时水泥石的强度不但不会降低，反而会有所提高。但当加热到 250～300 ℃时，则由于水化硅酸盐和水化铝酸盐开始脱水，此时水泥石的强度就会降低。当加热到 400～1000 ℃时，$CaCO_3$ 分解，剩余的水分全部失去，水泥石的强度降低得更快，甚至完全破坏。

硬化的水泥石受热后，如经再次水化作用，其强度受到的影响很大。用普通水泥做的试体经 500 ℃温度作用，并在空气中冷却后，就会呈现裂缝，强度降低；经 900～1000 ℃温度处理的试体，在空气中放置 3～4 周后就会破坏，放置在潮湿空气中则试体破坏更为迅速。

8.10 抗渗性

抗渗性是指硬化水泥石或混凝土抵抗各种有害介质渗透的能力。绝大多数有害的流动水、溶液、气体等介质，都是从水泥石或混凝土中的孔隙和裂缝渗入的，所以提高抗渗性是改善耐久性的有效途径。一些特殊工程如水工混凝土、储油罐、压力管、水塔等，对抗渗性有着更为严格的要求，因此，抗渗性是水泥的一个重要的使用性能。

硬化水泥浆体的抗渗性一般用渗透系数 k 来表示。根据水对硬化水泥浆体的渗透试验可知，当水渗入水泥石时，其渗水速率可用下式表示：

$$\frac{dq}{dt}=kA\,\frac{\Delta h}{L}$$

式中　$\frac{dq}{dt}$——渗水速率，cm^3/s；

A——试件的横截面面积，cm^2；

Δh——作用于试件两侧的水压差，cmH_2O；

L——试件厚度，cm；

k——渗透系数，cm/s。

由上式可知，当试件尺寸和两侧水压差一定时，渗水速率与渗透系数成正比，所以，常用渗透系数 k 来表示抗渗性的高低。

根据大量试验结果，渗透系数又可用下式表示：

$$k=c\cdot\frac{\varepsilon r^2}{\eta}$$

式中　ε——总孔隙率，%；

r——孔的承力半径(孔隙体积/孔隙表面积)，m；

η——流体的黏度，Pa·s；

c——常数。

由此可见，渗透系数 k 与孔隙半径 r 的 2 次方成正比，而与总孔隙率 ε 的 1 次方成正比关系。因此，孔径的尺寸对抗渗性有着更为重要的影响。一般认为，凝胶孔对抗渗性影响甚小，渗透系数主要取决于毛细孔率的大小，如图 8.16 所示。当硬化浆体的毛细孔率大于 30%时，其渗透系数会成倍增大，从而使抗渗性大大降低。

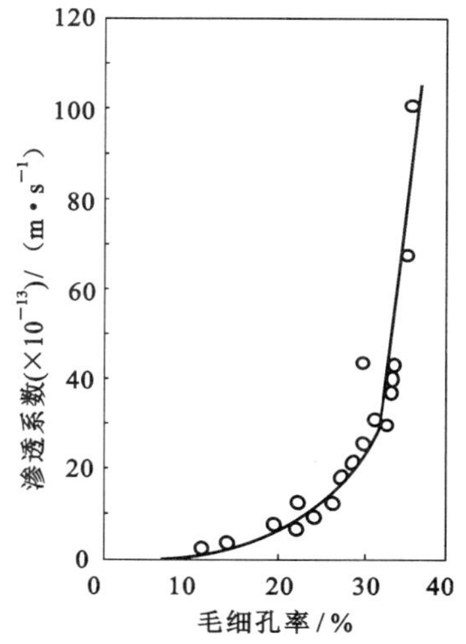

图 8.16 硬化浆体的渗透系数和毛细孔率的关系

前面已介绍，水泥石中孔隙率及孔径尺寸与水灰比、水化程度（即龄期）和养护条件等有关。

图 8.17 为硬化水泥浆体和混凝土的渗透系数与水灰比的关系。可见，渗透系数随水灰比的增大而提高。当水灰比为0.4时，在充分水化时，硬化浆体的抗渗性可与大理石、石灰石等密实的天然石材相仿。当水灰比超过 0.6 时，随着水灰比增大，渗透系数会显著增加，如水灰比为 0.7 的硬化浆体，其 k 值要超过水灰比为 0.6 时的几倍，水灰比为 0.5 时的几十倍。据分析，这是结构内部孔系统的连通情况有所改变的缘故。当水灰比较低时，毛细孔常为水泥凝胶所堵隔，不易连通，渗透系数较小；当水灰比增大到一定程度时，不仅提高了总孔隙率，而且使毛细孔径增大，孔之间基本连通，因而渗透系数大大增加。所以，适当降低水灰比，减小孔径和降低连通孔隙率，是提高硬化浆体结构抗渗性的主要途径。一般认为，水灰比在 0.5 以下时，硬化水泥浆体的抗渗性较好。

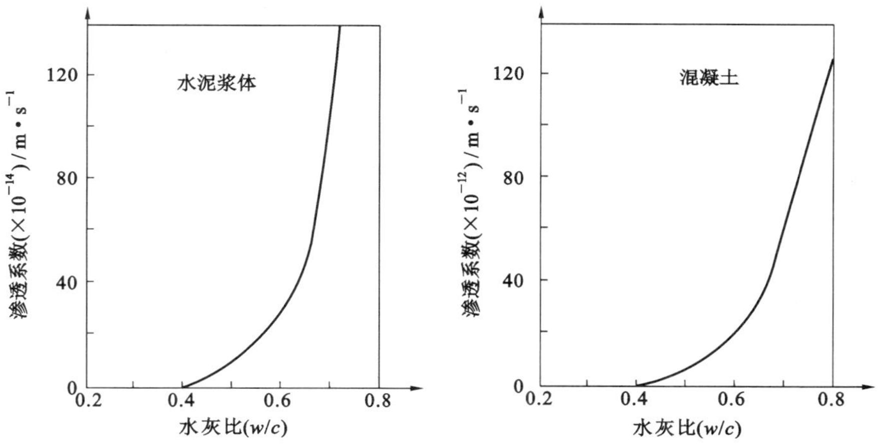

图 8.17 硬化水泥浆体和混凝土的渗透系数与水灰比的关系

硬化水泥浆体的水化龄期及水化程度对渗透系数也有较大的影响，如表 8.10 所示。

表 8.10 硬化水泥浆体的渗透系数与龄期的关系（水灰比 $w/c=0.51$）

龄期/d	新拌	1	3	7	14	28	100	240
渗透系数/($m\cdot s^{-1}$)	10^{-5}	10^{-8}	10^{-9}	10^{-10}	10^{-12}	10^{-13}	10^{-16}	10^{-18}
附注	与水灰比无关	毛细孔相互连通					毛细孔互不连通	

在水泥水化硬化过程中，随着龄期的延长，水化产物不断增多，毛细孔系统变得更加细小曲折，直到完全被分割堵隔，互不连通，渗透系数变得越来越小。而龄期对渗透系数的影响又与水灰比有密切的关系。当水灰比超过一定程度（0.7）时，即使龄期再长，抗渗性仍然较低。

不仅孔径尺寸大小、孔隙率对抗渗性有影响，孔径分布对抗渗性也有重大影响。梅塔(Mehta)用试验论证了这一结论。他认为抗渗性主要决定于大毛细孔，特别是大于 1320 μm 的孔的数量。纽美(Nyame)等人则提出最大连通孔的尺寸大小对抗渗性有较大影响。

综上所述，要提高硬化水泥浆体的抗渗性，除了适当降低水灰比外，还应尽量减小大孔，尤其是连通孔的尺寸和比例。在实际施工中，由于条件比实验室更为复杂，因此除考虑采取上述措施以外，在生产中还应选用适当的集料、加强振捣、采取适宜的养护制度等，从而提高抗渗性。

8.11 抗冻性

抗冻性也是硬化水泥浆体的一项重要使用性能。硅酸盐水泥在寒冷的地区使用时，其耐久性主要取决于抵抗冻融循环的能力。据研究，寒冷地区的冻融循环对混凝土尤其是港口混凝土的破坏作用是相当严重的。

水在结冰时，体积约增加 9%。硬化水泥浆体中的水结冰时会使毛细孔壁承受一定的膨胀应力，当应力超过浆体结构的抗拉强度时，水泥石内就会产生微细裂缝等不可逆变化，在冰融化后，不能完全复原，再次冻结时，原来的裂缝又会膨胀得更大，如此反复的冻融循环，裂缝越来越大，最后导致严重的破坏。因此，水泥的抗冻性一般是以试块能经受 −15 ℃和 20 ℃的循环冻融而抗压强度损失率小于 25%时的最高冻融循环次数来表示，如 200 次或 300 次冻融循环等。次数越多说明抗冻性越好。

硬化浆体中水的存在形式有化合水、吸附水(包括凝胶水和毛细水)和自由水三种。其中化合水不会结冰，凝胶水由于凝胶孔极小，只能在极低温度(如 −78 ℃)下才能结冰。在自然条件的低温下，只有毛细孔内的水和自由水才会结冰，而毛细水由于溶有 $Ca(OH)_2$ 和碱形成盐溶液，并非纯水，其冰点至少在 −1 ℃以下。同时，毛细孔水还受到表面张力作用，冰点更低。另外，毛细孔径越小，冰点就越低。例如，10 nm 孔径中水到 −5 ℃时结冰，而 3.5 nm 孔径中的水要到 −20 ℃才结冰。但就一般混凝土而言，在 −30 ℃时，毛细孔水能够完全结冰。所以在寒冷地区，混凝土常会受冻而开裂。

大量实践证明，水泥的抗冻性与水泥的矿物组成、强度、水灰比、孔结构等因素有密切关系。一般增加熟料中 C_3S 含量或适当提高水泥石中石膏掺入量，可以改善其抗冻性。在其他条件相同的情况下，水泥的强度越高，浆体结构抵抗结冰时膨胀应力的能力就越强，其抗冻性就越好。据研究，将水灰比控制在 0.4 以下时，硬化浆体的抗冻性是相当高的，而水灰比大于 0.55 时，其抗冻性将显著下降，这是因为水灰比较大，硬化浆体内毛细孔数量多，孔的尺寸也增大，导致抗冻性下降。

另外，在低温下施工时，采取适当的养护保温措施，防止过早受冻，或在混凝土中掺加引气剂，使水泥石内形成大量分散的、极细的气孔，也是提高抗冻性的重要途径。

8.12 抗蚀性

硬化的水泥浆体与环境接触时，通常会受到环境介质的影响。对水泥耐久性有害的环境介质主要有淡水、酸和酸性水、硫酸盐溶液和碱溶液等。在环境介质的侵蚀作用下，水泥石的结构会发生一系列物理化学变化，强度降低，甚至溃裂破坏。

8.12.1 淡水侵蚀

淡水侵蚀又称溶出侵蚀，是指水泥石受淡水浸析时，其组成成分逐渐被水溶解并在水流动时被带走，最终导致水泥石结构破坏的现象。

在各种水化产物中，$Ca(OH)_2$ 的溶解度最大，因而最先被溶解。由于水泥石中的水化产物都必须在一定浓度的 $Ca(OH)_2$ 溶液中才能稳定存在，当 $Ca(OH)_2$ 被溶出后，若水量不多，且处于静止状态，则溶液会很快饱和，溶出即停止。但在流动水中，水流就会将 $Ca(OH)_2$ 不断溶出并带走，从而促使其他水化产物分解，特别在有水压作用而混凝土的渗透性又较好的情况下，将会进一步增大孔隙率，使水更易渗透，加快溶出侵蚀。

据莫斯克维(Moskovi)测定的数据，水泥的各主要水化产物能稳定存在的 CaO 极限浓度如下：

$CaO \cdot SiO_2 \cdot H_2O$	CaO 浓度>0.05 g/L；
$2CaO \cdot SiO_2 \cdot H_2O$	CaO 浓度>1.1 g/L；
$2CaO \cdot Al_2O_3 \cdot H_2O$	CaO 浓度 0.36～0.56 g/L；
$3CaO \cdot Al_2O_3 \cdot (6\sim18)H_2O$	CaO 浓度 0.56～1.08 g/L；
$4CaO \cdot Al_2O_3 \cdot (12\sim13)H_2O$	CaO 浓度>1.08 g/L；
$2CaO \cdot Fe_2O_3 \cdot H_2O$	CaO 浓度 0.64～1.06 g/L。

由此可见，在大量流动水作用下，水泥石中的 CaO 在溶出并带走后，首先是 $Ca(OH)_2$ 被溶解，随着溶液中 CaO 浓度的逐渐降低，高碱性的水化硅酸钙、水化铝酸盐等会分解而成为低碱性的水化产物。溶出继续进行时，低碱性水化产物也会分解，最后成为无胶结能力的硅酸凝胶、$Al(OH)_3$ 等产物，从而大大降低结构强度。据研究发现，当 CaO 溶出 5%时，强度约下降 7%；而 CaO 溶出 24%时，强度下降达 29%；CaO 溶出继续增多时，强度则下降更多。

水泥石结构与淡水接触时间较长时，会遭到一定的溶出侵蚀破坏，但对于抗渗性较好的水泥石或混凝土，淡水的溶出过程发展很慢，几乎可以忽略不计。

8.12.2 酸和酸性水侵蚀

酸和酸性水侵蚀，又称为溶析和化学溶解双重侵蚀。它是指水泥石与酸性溶液接触时，其化学组分就会直接溶析或与酸发生化学反应形成易溶物质被水带走，从而导致水泥石结构破坏的现象。

有关实验表明，溶液酸性越强，生成的产物溶解度越大，则侵蚀破坏越严重。酸和酸性水对水泥石结构的侵蚀反应式如下：

$$H^+ + OH^- \rightleftharpoons H_2O$$

$$Ca^{2+} + 2R^- \rightleftharpoons CaR_2$$

酸类离解出来的 H^+ 和酸根 R^-，分别与水泥石中 $Ca(OH)_2$ 电离出的 OH^- 和 Ca^{2+} 结合成水和钙盐。由上述可知，酸的侵蚀作用强弱，决定于溶液的 H^+ 即酸性的强弱。溶液酸性越强，H^+ 越多，结合并带走的 $Ca(OH)_2$ 就越多，侵蚀就越严重。当 H^+ 达到足够大的浓度时，还能直接与水化硅酸钙、水化铝酸钙甚至未水化的硅酸钙、铝酸钙等作用而严重破坏水泥石结构。

侵蚀性的大小与酸根阴离子的种类也有关系。常见的酸大多能和 $Ca(OH)_2$ 生成可溶性盐。例如，无机酸、盐酸和硝酸能与 $Ca(OH)_2$ 作用生成可溶性的 $CaCl_2$ 和 $Ca(NO_3)_2$，随后也被水流带走，造成侵蚀破坏，而磷酸与水泥石中的 $Ca(OH)_2$ 反应则生成几乎不溶于水的 $Ca_2(PO_4)_3$，堵塞在毛细孔中，侵蚀速度就较慢。有机酸不如无机酸侵蚀程度强烈，其侵蚀性也与其生成的钙盐性质有关。例如，醋酸、蚁酸、乳酸等与 $Ca(OH)_2$ 反应生成的盐易溶解，而草酸与 $Ca(OH)_2$ 反应生成的则是不溶性钙盐，在混凝土表面能形成保护层，实际应用时还可以用以处理混凝土表面，增强对其他弱有机酸的抗蚀性。一般情况下，有机酸浓度越高，相对分子质量越大，侵蚀性越强。

上述酸侵蚀一般只在化工厂或工业废水中才存在。在自然界中，对水泥有侵蚀作用的主要是从大气中溶入水中的 CO_2 产生碳酸侵蚀。

水中有碳酸存在时，首先与水泥石中的 $Ca(OH)_2$ 发生作用，在混凝土表面生成难溶于水的

$CaCO_3$。所生成的 $CaCO_3$ 再继续与 H_2CO_3 反应生成易溶于水的 $Ca(HCO_3)_2$，从而使 $Ca(OH)_2$ 不断溶出，而且还会引起水化硅酸钙和水化铝酸钙的分解。其反应式如下：

$$Ca(OH)_2 + CO_2 + H_2O = CaCO_3 \downarrow + 2H_2O$$

$$CaCO_3 + CO_2 + H_2O \rightleftharpoons Ca(HCO_3)_2$$

上式第二个反应是可逆的，当水中 CO_2 和 $Ca(HCO_3)_2$ 之间的浓度达到平衡时，反应即停止。由于天然水本身常含有少量 $Ca(HCO_3)_2$，因而能与一定量的 H_2CO_3 保持平衡，这部分 H_2CO_3 不会溶解 $CaCO_3$，没有侵蚀作用，称为平衡碳酸。但是，当水中含有较多的 H_2CO_3 时，超过平衡需要的多余 H_2CO_3 就会溶解 $CaCO_3$，对水泥产生侵蚀作用，这一部分 H_2CO_3 称为侵蚀性碳酸。因此，H_2CO_3 的含量越大，溶液酸性越强，侵蚀也会越严重。

水的暂时硬度越大，所需的平衡碳酸量越多，则即使有较多 CO_2 存在也不会产生侵蚀，同时，$Ca(HCO_3)_2$ 或 $Mg(HCO_3)_2$ 含量较高时，与水泥石中的 $Ca(OH)_2$ 作用，生成溶解度极小的 $CaCO_3$，沉积在水泥石结构的孔隙内及表面，提高了结构的密实性，阻碍了水化产物的进一步溶出，这样就降低了侵蚀作用。而在暂时硬度不高的水中，即使 CO_2 含量不多，但只要大于当时相应的平衡碳酸量，也会产生一定的侵蚀作用。

8.12.3 硫酸盐侵蚀

硫酸盐侵蚀又称膨胀侵蚀。它是指介质溶液中的硫酸盐与水泥石组分反应形成钙矾石而产生结晶压力，造成膨胀开裂，破坏水泥石结构的现象。

硫酸盐对水泥石结构的侵蚀主要是由于 Na_2SO_4、K_2SO_4 等能与水泥石中的 $Ca(OH)_2$ 反应生成 $CaSO_4 \cdot 2H_2O$，反应式如下：

$$Ca(OH)_2 + Na_2SO_4 \cdot 10H_2O = CaSO_4 \cdot 2H_2O + 2NaOH + 8H_2O$$

上述反应使固相体积增大了 114%，在水泥石内产生很大的结晶压力，从而引起水泥石开裂甚至毁坏。但上述形成的 $CaSO_4 \cdot 2H_2O$ 必须在溶液中 SO_4^{2-} 浓度足够大（达 2020～2100 mg/L 以上）时，才能析出晶体。当溶液中 SO_4^{2-} 浓度小于 1000 mg/L 时，由于石膏的溶解度较大，$CaSO_4 \cdot 2H_2O$ 晶体不能析出。但生成的 $CaSO_4 \cdot 2H_2O$ 会继续与水泥石结构中的水化铝酸钙反应生成钙矾石，反应式如下：

$$4CaO \cdot Al_2O_3 \cdot 13H_2O + 3(CaSO_4 \cdot 2H_2O) + 14H_2O = 3CaO \cdot Al_2O_3 \cdot 3CaSO_4 \cdot 32H_2O + Ca(OH)_2$$

由于钙矾石的溶解度很小，在 SO_4^{2-} 浓度较低时就能析出晶体，使固相体积膨胀 94%，同样会使水泥石结构胀裂毁坏。所以，在硫酸盐浓度较低的情况下（250～1500 mg/L）产生的是硫铝酸盐侵蚀。当其浓度达到一定大小时，就转变为石膏侵蚀或硫铝酸钙与石膏混合侵蚀。

除 $BaSO_4$ 以外，绝大部分硫酸盐对水泥石都有显著的侵蚀作用。在一般的河水和湖水中，硫酸盐含量不多，通常小于 60 mg/L，但在海水中 SO_4^{2-} 的含量常达 2500～2700 mg/L，有的地下水流经含有石膏、芒硝（$Na_2SO_4 \cdot 10H_2O$）或其他富含硫酸盐成分的岩石夹层时，部分硫酸盐溶入水中，也会提高水中 SO_4^{2-} 浓度而引起侵蚀。

在硫酸盐发生侵蚀作用时，不同的阳离子侵蚀作用大小也不同，如海水中有较多的 Mg^{2+}，这样存在的 $MgSO_4$ 就具有更大的侵蚀作用，因为浆体结构中的 $Ca(OH)_2$ 会与 $MgSO_4$ 发生如下反应：

$$MgSO_4 + Ca(OH)_2 + 2H_2O \longrightarrow CaSO_4 \cdot 2H_2O + Mg(OH)_2$$

由于生成的 $Mg(OH)_2$ 溶解度极小，极易从溶液中沉淀出来，从而使反应不断向右进行。增大 $CaSO_4 \cdot 2H_2O$ 的浓度，导致其结晶而胀裂毁坏水泥石，同时，还会促使水泥石结构不断放出 CaO 以补充消耗，从而引起水化硅酸钙和水化铝酸钙等不断分解而破坏整个水泥石结构，实质上就是 $MgSO_4$ 使水化硅酸钙等分解，反应式如下：

$$CaO \cdot 2SiO_2 \cdot aq + MgSO_4 + H_2O \longrightarrow CaSO_4 \cdot 2H_2O + Mg(OH)_2 + SiO_2 \cdot aq$$

另外，Mg^{2+} 还会进入水化硅酸钙凝胶，使其胶结性能变差。因此，$MgSO_4$ 除产生硫酸盐侵蚀外，还有 Mg^{2+} 的严重危害，常称为“镁盐侵蚀”。

又如$(NH_4)_2SO_4$ 由于能生成极易挥发的氨，形成不可逆反应，而且反应相当迅速，侵蚀也相当严重。反应式如下：

$$(NH_4)_2SO_4 + Ca(OH)_2 \longrightarrow CaSO_4 \cdot 2H_2O + 2NH_3 \uparrow$$

8.12.4　含碱溶液侵蚀

一般情况下，水泥混凝土能够抵抗碱类的侵蚀。但若长期处于较高浓度(>10%)的含碱溶液中，也会发生缓慢的破坏。温度升高时，侵蚀作用加剧，其主要有化学腐蚀和物理析晶两方面的作用。化学侵蚀是碱溶液与水泥石的组分间起化学反应，生成胶结力不强、易为碱液溶蚀的产物，代替了水泥石原有的结构组成：

$$2CaO \cdot SiO_2 \cdot nH_2O + 2NaOH \longrightarrow 2Ca(OH)_2 + Na_2SiO_3 + (n-1)H_2O$$

$$3CaO \cdot Al_2O_3 \cdot 6H_2O + 2NaOH \longrightarrow 3Ca(OH)_2 + Na_2O \cdot Al_2O_3 + 4H_2O$$

结晶侵蚀是由于孔隙中的碱液，因蒸发析晶产生结晶压力引起水泥石膨胀破坏。例如，孔隙中的 NaOH 在空气中 CO_2 作用下，形成 $Na_2CO_3 \cdot 10H_2O$，导致体积增加而膨胀。

8.12.5　碱-集料反应

水泥虽属碱性物质，一般能够抵抗碱类的侵蚀，但当水泥浆体结构中碱含量较高，而配制混凝土的集料(即砂、石等集料)中含有活性物质时，水泥结构经过一定时间后会出现明显的膨胀开裂，甚至剥落溃散等破坏现象，称为碱-集料反应。由于现代工业的快速发展，为扩大混凝土集料的来源，充分利用工业废渣，在含碱外加剂广泛应用于水泥混凝土生产的同时，提高混凝土质量，对碱-集料反应的研究也变得日益重要。

碱-集料反应主要是由于水泥中碱含量较高(R_2O 含量大于 0.6%)，而同时集料中又含有活性 SiO_2 时，碱就会与集料中的活性 SiO_2 反应，形成碱性硅酸盐凝胶。反应式如下：

$$SiO_2 + 2mNaOH \longrightarrow mNa_2O \cdot SiO_2 \cdot nH_2O$$

上式反应生成的碱性硅酸盐凝胶有相当强的吸水能力，在积聚水分的过程中产生膨胀而将水泥石结构胀裂破坏。

一般情况下，碱-集料反应通常很慢，要经过相当长的时间后才会明显出现。据斯坦顿(Stanton T E)研究，影响碱-集料反应的因素很多，主要包括水泥中碱含量、活性集料含量及粒径、水含量等。

如图 8.18 所示，当碱含量小于 0.6%时，不会发生明显膨胀。对于活性集料，有一个导致最大膨胀的“最危险”的集料含量。对于蛋白石而言，“最危险”含量可低至 3%～5%。而对于活性较低的集料，“最危险”含量可达 10%～20%，甚至 100%。也就是说，活性集料含量越多，碱性硅酸盐凝胶越多，膨胀量越大，但活性集料超过“最危险”含量后，情况正好相反，活性集料含量越多，膨胀量越小，如图 8.19 所示。因此，掺加适量活性 SiO_2 细粉或火山灰、粉煤灰等，可有效抑制碱-集料膨胀。

除此之外，水泥中的碱还可与白云石质石灰石($CaCO_3 \cdot MgCO_3$)产生膨胀反应，导致混凝土破坏，称为碱-碳酸盐岩反应，反应式如下：

$$CaMg(CO_3)_2 + 2ROH \longrightarrow CaCO_3 + Mg(OH)_2 + R_2CO_3$$

上述反应又称脱白云石反应，Gilott J E 等认为，上述反应使白云石中的黏土矿物暴露并吸水膨胀而造成破坏。由于水泥石结构中有较多 $Ca(OH)_2$ 存在，还会依下式反应使碱重新产生：

$$Na_2CO_3 + Ca(OH)_2 = CaCO_3 + 2NaOH$$

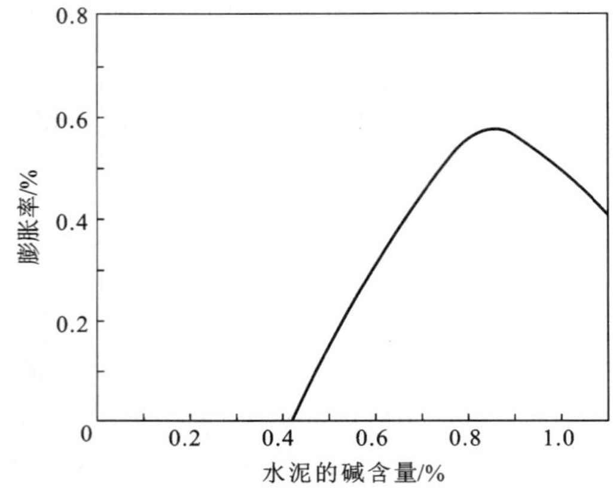

图 8.18 水泥碱含量与碱-集料膨胀率的关系

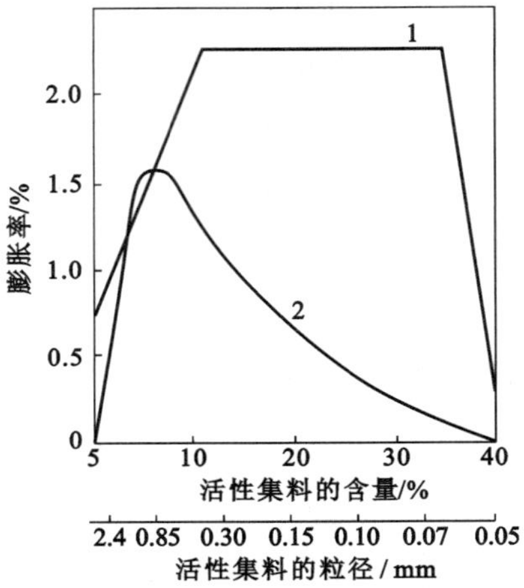

图 8.19 活性集料粒径及含量与碱-集料膨胀率的关系

1—粒径;2—含量

这样,脱白云石反应继续进行,不断循环,造成更严重的破坏。

综上所述,要提高混凝土质量,防止碱-集料反应,可采取如下措施:尽量降低水泥中碱含量,采取适当粒径的集料、降低活性集料的含量,或根据实际情况掺加适量活性硅粉或火山灰、粉煤灰等。

8.12.6 预防侵蚀的措施

影响水泥混凝土耐久性的因素有很多方面,为了提高混凝土的耐久性,在使用水泥时,首先要考虑使用的环境条件,采用适当组成的水泥,量材为用,从根本上提高混凝土的耐久性,配制混凝土时,要精心设计,采取合理的配比,尽量降低水灰比,并选用适宜的施工方案,加强搅拌、振捣、养护等,提高混凝土的致密度,以提高其强度尤其是早期强度。改善孔径分布,防止侵蚀介质深入内部。并考虑使用合适的外加剂,改善混凝土的性能,在特殊情况下,还可利用其他材料,进行表面处理以弥补水泥混凝土本身的不足。

(1) 选择适当组成的水泥

水泥质量的好坏,是关系水泥石耐久性的首要问题。只有提高水泥质量,才能从根本上提高其耐久性。在使用水泥时,应根据环境的不同而选择不同熟料矿物组成的水泥。

降低熟料中 C_3A 含量,相应增加 C_4AF 含量,可以提高水泥的抗硫酸盐能力。图 8.20 表明 C_3A 含量与抗硫酸盐性的关系。虽然数据略有分散,但除个别试样外,硫酸盐膨胀值都随 C_3A 含量的降低明显减小。

研究表明,在硫酸盐作用下,铁铝酸钙所形成的水化硫铁酸钙或其与水化硫铝酸钙的固溶体[$C_5(A \cdot F)\bar{S}H_{32}$],系隐晶质,呈凝胶状析出,而且分布比较均匀,因此其膨胀性能远比钙矾石小。而且,硫酸盐对其侵蚀速度随 $w(Al_2O_3)/w(Fe_2O_3)$ 的减小而降低。实验证明,在硫酸盐侵蚀下,$w(Al_2O_3)/w(Fe_2O_3)<0.7$ 时,水泥石性能最稳定;$w(Al_2O_3)/w(Fe_2O_3)=0.7\sim1.4$ 时,水泥石性能稳定性较好;$w(Al_2O_3)/w(Fe_2O_3)>1.4$ 时,水泥石性能不稳定。图 8.21 所示工程实例也证明了同样的结论。

由于 C_3S 在水化时析出较多的 $Ca(OH)_2$,而 $Ca(OH)_2$ 又是造成溶出侵蚀的主要原因,故适当减少 C_3S 的含量,相应增加 C_2S 的含量,也能提高水泥的抗蚀性尤其是抗水性。

水泥中石膏掺加量的不同,对其耐久性也有一定的影响,具有合理级配及最佳石膏掺量的水泥具有的抗蚀性明显要好,这主要是因为在水化早期,C_3A 快速溶解,与石膏生成大量钙矾石,而此时水泥浆体尚具有塑性,足以将钙矾石产生的膨胀应力分散,非但不会产生破坏,反而使水泥石更加致密。

若石膏掺量不足，生成大量单硫型水化铝酸钙，则会与外来硫酸盐侵蚀介质反应生成二次钙矾石，产生膨胀而破坏硬化浆体结构。但应注意，石膏的掺量不宜太高，以免在硬化后期产生膨胀破坏而影响安定性。

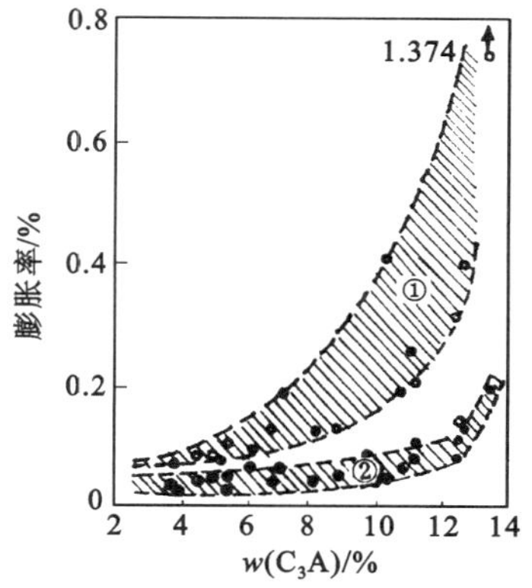

图 8.20　水泥的 C_3A 含量与抗硫酸盐性的关系

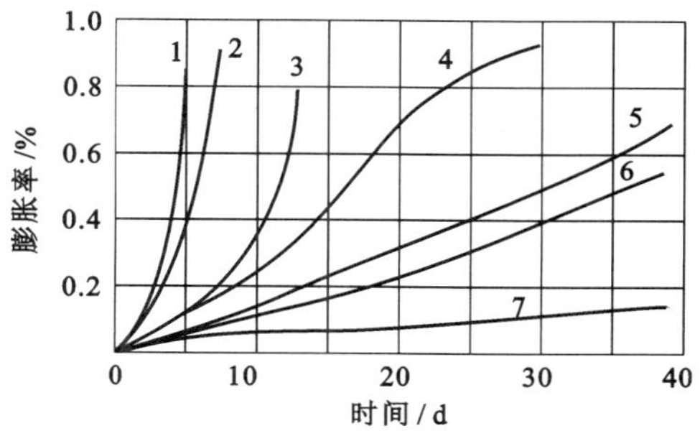

图 8.21　水泥及熟料矿物在 1.8% 硫酸镁溶液中的膨胀情况

（试体浸入前在水中养护 8 周）

1—80% C_3S，20% C_3A；2—80% C_2S，20% C_3A；3—普通硅酸盐水泥；4—80% C_3S，20% C_4AF；5—C_2S；6—C_3S；7—80% C_2S，20% C_4AF

（2）掺加适量混合材料

水泥中掺加的混合材料的种类及其数量也会影响耐久性。一般说来，硅酸盐水泥中掺加火山灰质混合材料和粒化高炉矿渣，可以提高其抗蚀能力。因为熟料水化时析出的 $Ca(OH)_2$ 能与活性 SiO_2 相结合，生成低碱水化产物，反应式如下：

$$x\mathrm{Ca(OH)_2} + \mathrm{SiO_2} + \mathrm{H_2O} \longrightarrow x\mathrm{CaO} \cdot \mathrm{SiO_2} \cdot \mathrm{H_2O}$$

在混合材料掺量一定时，所形成的水化硅酸钙中 $n(CaO)/n(SiO_2)$ 接近于 1，使其平衡所需的石灰极限浓度仅需 0.05～0.09 g/L，比普通水泥为稳定水化硅酸钙所需的石灰浓度低得多。因此，在淡水中的溶析速度要明显减慢，同时，还能使水化铝酸盐的浓度降低，而且在氧化钙浓度低的液相中形成的低碱性水化硫铝酸钙溶解度较大，结晶较慢，不致因膨胀而产生较大应力。另外，掺加混合材料后，熟料所占比例减少，C_3A 和 C_3S 的含量相应降低，也会改善抗蚀性，而且由于生成较多的凝胶，提高了硬化水泥浆体的密实性，阻止侵蚀介质的侵入，从而增强了其抗蚀能力。所以说，火山灰水泥和矿渣水泥的抗蚀性比硅酸盐水泥要强。矿渣水泥的抗蚀性又与其矿渣掺量、Al_2O_3 含量有关。适当提高矿渣掺量，降低 Al_2O_3 含量，其抗蚀性也会相应提高。

必须注意的是，火山灰水泥的抗冻性和抗大气稳定性不高，在含酸或镁盐的溶液中，掺加火山灰质混合材料的水泥也不能抵抗侵蚀。另外，在掺烧黏土类火山灰质混合材料时，由于活性 Al_2O_3 含量较高，抗硫酸盐能力反而可能变差，应当引起重视。此外，严格控制水泥中碱含量，防止或明显抑制碱-集料反应，也是提高水泥耐久性的有效途径。

所以，在不同外界环境条件下使用不同的水泥，在同样条件下选用强度较高的水泥，是提高水泥结构耐久性的根本途径。

质量较好的集料也有助于改善耐久性。一般应选择强度较高，不含黏土、有机物和硫酸盐等有害杂质的洁净集料（尤其应注意其中活性 SiO_2 的含量），并根据实际需要，考虑其合适的级配。

混凝土中拌和用水也应选择不含酸、碱、糖、油及硫酸盐等有害成分的水，一般饮用水如自来水、河水、井水等均可。

（3）提高施工质量

施工质量，也是关系到混凝土耐久性的关键。在施工过程中，应加强搅拌，防止各组分产生离析分层现象。提高混凝土的均匀性和流动性，使拌和物很好地充满模板，减少其内部空隙，并且强化振捣，增大混凝土的密实度，尽可能排出其内部气泡，减少显孔、大孔，尤其是连通孔，提高其强度，从而提高其抗渗能力，最终达到改善其耐久性的目的。

在混凝土施工中，还可以根据实际需要，掺加合适的减水剂、加气剂等外加剂。如采用减水剂可以在保证和易性不变的情况下，大大减少拌和用水量，降低水灰比，从而减少混凝土内部孔隙，提高其强度。采用加气剂则可引入大量 50～125 μm 的微小气泡，隔绝浆体结构内毛细管通道，阻碍水分迁移，减少泌水现象；同时由于其变形能力大，因而可明显提高结构的抗渗、抗冻、抗裂等能力。

采取适当的养护措施，保持水化的适宜温度和湿度，保证水泥水化硬化的正常进行，从而提高早期强度，也有利于改善混凝土的耐久性。

(4) 进行表面处理

在特殊情况下，对水泥石结构进行表面处理，可以避免水泥石结构与侵蚀介质直接接触，从而保障其耐久性。

表面处理常有表面化学处理及表面涂覆和贴面处理两种。

① 表面化学处理

对混凝土表面进行化学处理，可以提高其表面密实程度。常用表面碳化处理的方法，使水泥石结构表面毛细孔中 $Ca(OH)_2$ 和空气中 CO_2 反应，生成 $CaCO_3$，沉积在水泥石结构表面，形成难溶的保护性外壳，并堵塞毛细孔，从而改善抗淡水浸析和硫酸盐侵蚀的能力。但是，这种方法受实际条件限制大，效果也不好。

在混凝土表面用硅酸钠或氟硅酸盐（如氟硅酸镁、氟硅酸锌）的水溶液处理，使其在表面孔隙中生成极难溶的氟化钙和硅酸凝胶等，也能提高抗渗耐蚀能力，但形成的保护层同样很薄。使用压渗法则是将四氟化硅气体以一定压力压渗进混凝土内部，能够获得较厚的保护层，但这种方法比较昂贵，不适用于现场施工。

② 表面涂覆和贴面处理

在侵蚀强烈的情况下，最好的方法是将混凝土与侵蚀介质隔绝，即在混凝土表面涂上一层防渗抗蚀层，如沥青、树脂、有机硅、沥青石蜡等。在化学侵蚀特别强的工程中，可以采用贴面材料，如瓷砖、金属、塑料及复合贴面材料等进行处理，以防止侵蚀介质与混凝土直接接触而造成侵蚀破坏。

在实际生产中，应根据工程具体情况和客观条件的需要，针对不同的侵蚀，采取相应的预防措施和改善耐久性的方法。在侵蚀较弱的情况下，可以选用强度较高的水泥，降低水灰比，使 $w/c<0.55$，适当增大水泥用量（每 1 m^3 混凝土不少于 300 kg），加强施工中搅拌、振捣等手段；在侵蚀较强的环境中，则应选择适当的水泥品种，增大水泥用量（如增大到每 1 m^3 混凝土 350 kg 水泥或更大），进一步减小水灰比，或掺加一定的外加剂，甚至采用涂覆或贴面材料进行表面处理。当有几种因素同时作用时，还应注意复合作用的影响，综合考虑，分清主次，抓住主要因素，采取针对措施，才能获得较好的技术经济效果。

习　题

8.1　水泥的密度和水泥的体积密度有何不同？

8.2　水泥细度为什么不能过高或过低？

8.3　水泥的标准稠度与水泥的流动度有何不同？又有何联系？

8.4　影响水泥凝结时间的因素有哪些？为什么这些因素能影响凝结时间？

8.5　水泥的凝结时间主要是由哪些矿物控制的？为什么？

8.6　有哪些因素影响凝结速度？

8.7　水泥的假凝现象是怎样产生的？应该怎样避免？

8.8　假凝和瞬凝有何区别？

8.9　石膏的最佳掺入量与哪些因素有关？为什么？

8.10　硅酸盐水泥熟料中的四种主要矿物对强度的发展有什么影响？

8.11　有哪些因素影响水泥的强度？

8.12　水泥石的强度是如何产生的？

8.13　水泥水化后为什么会产生体积变化？

8.14　水泥石的体积变化是由哪些因素引起的？这些因素是怎样使体积变化的？

8.15　在 SO_3 与 Al_2O_3 的物质的量之比 $n(SO_3)/n(Al_2O_3)$ 分别为 5 和 0.8 的条件下，C_3A 与 $CaSO_4 \cdot 2H_2O$ 混合物的最终水化产物分别是什么？

8.16　假设 C_3S 按下式水化，在水灰比（w/c）为 0.5 的条件下，完全水化后水泥石中的孔隙率为多少？

$$2C_3S + 6H = C_3S_2H_3 + 3CH$$

（注：C_3S、$C_3S_2H_3$ 及 CH 的密度分别为 3.14 g/cm^3，2.44 g/cm^3 及 2.23 g/cm^3）

8.17　水泥加水 3 d 后强度出现倒缩（3 d 以后的强度比 3 d 强度低）的原因是什么？

8.18　安定性不合格的水泥，堆放一定时间后可以合格，为什么？

8.19　水泥为什么会泌水？如果水泥的保水性好，会减少水泥的泌水吗？为什么？

8.20　影响水泥水化放热速率的主要因素有哪些？

8.21　降低水泥水化热可采取哪些措施？

8.22　水泥石在高温下为什么强度会下降？

8.23　怎样提高水泥的抗渗性？

8.24　硬化水泥浆体中的水都能结冰吗？哪些水会对抗冻性产生不利影响？

8.25　如何提高水泥的抗冻性？

8.26　水泥的耐久性受哪些因素影响？

8.27　水泥受侵蚀的类型有哪些？试述每一种侵蚀的原因。

8.28　防止水泥受侵蚀的方法有哪些？如何合理地采用这些方法？

8.29　何谓碱-集料反应？在水泥生产中和应用中如何避免或减轻碱-集料反应？

8.30　如何改善水泥石的耐久性？

9 特种水泥

为了满足各种特殊工程如抢修工程、抗裂防渗工程、水工工程、油气井固井工程、耐高温工程、装饰工程等特殊要求，多年来世界各国一直都致力于研究开发具有特殊性能的特性水泥和专门用途的专用水泥。我们把这些特性水泥和专用水泥统称为特种水泥。也可以说，特种水泥就是指通用水泥之外的水泥品种。

9.1 耐高温水泥

由于耐高温混凝土的制造能耗低于烧结耐火材料，且具有不定型、耐高温、整体性、现场浇灌、使用施工方便的优点，易于满足多种工业窑炉的复杂要求，可以延长炉衬寿命，提高筑炉作业的机械化程度，加快施工进度，降低劳动强度，因此，近年来发展十分迅速，品种不断增加。已广泛用于石油、冶金、化工、电力、建材和机械工业部门的各种窑炉上。我国在各种窑炉和热工设备上应用最广泛的是铝酸盐水泥和磷酸盐、水玻璃耐火浇注料等几大品种。

9.1.1 铝酸盐水泥

GB/T 201—2015《铝酸盐水泥》标准规定：凡以铝酸钙为主的铝酸盐水泥熟料，磨细制成的水硬性胶凝材料称为铝酸盐水泥。根据需要也可在磨制 Al_2O_3 含量大于 68% 的水泥时掺加适量的 α-Al_2O_3 粉。铝酸盐水泥按 Al_2O_3 含量（质量分数，%）分为四类：

(1) CA50 $50\% \leqslant w(Al_2O_3) < 60\%$，该品种根据强度分为 CA50-Ⅰ、CA50-Ⅱ、CA50-Ⅲ 和 CA50-Ⅳ；

(2) CA60 $60\% \leqslant w(Al_2O_3) < 68\%$，该品种根据主要矿物组成分为 CA60-Ⅰ（以铝酸一钙为主）和 CA60-Ⅱ（以铝酸二钙为主）；

(3) CA70 $68\% \leqslant w(Al_2O_3) < 77\%$；

(4) CA80 $w(Al_2O_3) \geqslant 77\%$。

铝酸盐水泥的化学成分（质量分数，%）应符合表 9.1 要求。

表 9.1 铝酸盐水泥的化学成分要求 （质量分数，%）

类型	$w(Al_2O_3)$	$w(SiO_2)$	$w(Fe_2O_3)$	$w(Na_2O)+0.658w(K_2O)$	S（全硫）含量	$w(Cl)$
CA50	≥50 且<60	≤9.0	≤3.0	≤0.50	≤0.2	≤0.06
CA60	≥60 且<68	≤5.0	≤2.0	≤0.40	≤0.1	
CA70	≥68 且<77	≤1.0	≤0.7			
CA80	≥77	≤0.5	≤0.5			

铝酸盐水泥熟料的主要矿物组成为 CA、CA_2、CA_6、$C_{12}A_7$、C_2AS，还有微量的尖晶石（MA）和钙

钛石($CaO \cdot TiO_2$)以及铁相(可能为 C_2F,也可能为 CF、Fe_2O_3、FeO)等。

铝酸盐水泥生产所用的主要原料为矾土和石灰石，可采用熔融法或烧结生产。采用熔融法，原料无须磨细，可用低品位矾土。但该方法烧成热耗高、熟料硬度大、粉磨电耗高。采用回转窑烧结法，烧成热耗低，粉磨电耗低，可用生产硅酸盐水泥的设备进行生产，但要用优质原料，生料要均匀，且烧结温度范围窄，仅 50～80 ℃，烧成温度一般在 1300～1380 ℃。在煅烧中还要采用低灰分燃料，以免灰分落入而影响熟料的均匀性，造成结大块和熔融。另外，要控制好烧成带的火焰温度。与硅酸盐水泥不同，铝酸盐水泥粉磨时不加石膏等缓凝剂。

生料配料主要控制碱度系数(C_m)和铝硅比系数(N),其计算公式如下：

$$\text{碱度系数 } C_m=\frac{w(CaO)-1.87w(SiO_2)-0.7[w(Fe_2O_3)+w(TiO_2)]}{0.55[w(Al_2O_3)-1.7w(SO_3)-2.53w(MgO)]}$$

$$\text{铝硅比系数 } N=\frac{w(Al_2O_3)}{w(SiO_2)}$$

式中，$w(CaO)$、$w(SiO_2)$、$w(Fe_2O_3)$、$w(TiO_2)$、$w(Al_2O_3)$、$w(SO_3)$、$w(MgO)$分别为熟料中 CaO、SiO_2、Fe_2O_3、TiO_2、Al_2O_3、SO_3、MgO 的含量(质量分数,%)。

C_m 值高则 CA 多，水泥凝结快，强度高；C_m 值低，则 CA 少而 CA_2 多，凝结慢、强度低。采用回转窑生产时，普通铝酸盐水泥 C_m 一般取 0.75 左右，若生产快硬高强的铝酸盐水泥，C_m 应控制在 0.8～0.9；如要求具有较好的耐高温性能，则 C_m 应控制在 0.55～0.65 较为适宜。铝硅比系数 N 对水泥强度有很大影响，通常 N 大，水泥强度高。

CA 是铝酸盐水泥熟料的主要矿物，有很高的水硬活性，凝结时间正常，水化硬化迅速；CA_2 水化硬化慢，后期强度高，但早期强度却较低，具有较好的耐高温性能。

CA 的水化产物与温度关系很大，在环境温度低于 20 ℃时，主要生成 CAH_{10}；温度 20～30 ℃时，转变为 C_2AH_8 和 $Al(OH)_3$ 凝胶；温度高于 30 ℃时，则转变为 C_3AH_6 和 $Al(OH)_3$ 凝胶。$C_{12}A_7$ 的水化与 CA 相似，结晶的 C_2AS 水化很慢，β-C_2S 水化生成 C-S-H 凝胶。由于介稳相 CAH_{10} 和 C_2AH_8 逐步转变为 C_3AH_6 稳定相，且温度越高，转变越快，同时晶型转变将释放出大量游离水，孔隙率急剧增加，使得铝酸盐水泥的长期强度(特别是在湿热环境下)会明显下降，甚至引起工程破坏，因此，许多国家限制铝酸盐水泥应用于结构工程。

铝酸盐水泥凝结时间应符合表 9.2 的要求。在铝酸盐水泥中加入 15%～60%硅酸盐水泥会发生闪凝，这是因为硅酸盐水泥析出 $Ca(OH)_2$，增大了液相的 pH 值所致。

表 9.2　铝酸盐水泥凝结时间要求

类型		初凝时间/min	终凝时间/min
CA50		≥30	≤360
CA60	CA60-Ⅰ	≥30	≤360
	CA60-Ⅱ	≥60	≤1080
CA70		≥30	≤360
CA80		≥30	≤360

铝酸盐水泥的特点是强度发展非常迅速，各种类型铝酸盐水泥各龄期强度值不得低于表 9.3 中的数值。其另一特点是在低温(5～10 ℃)下也能很好地硬化，而在温度较高(＞30 ℃)条件下养护，强度会剧烈下降。因此，铝酸盐水泥的使用温度不得超过 30 ℃，更不宜采用蒸汽养护。铝酸盐水泥抗硫酸盐性能好，因为水化时不析出 $Ca(OH)_2$。此外，水化产物含有 $Al(OH)_3$ 凝胶，使水泥石致密，抗渗性好，对碳酸水和稀酸(pH 值不小于 4)也有很好的稳定性，但对浓酸和浓碱的耐蚀性不好。由于在高温下(＞900 ℃)，铝酸盐水泥水化物会发生固相反应，烧结结合逐步取代水化结合，因此，铝酸

盐水泥又有一定的耐高温性，在高温下仍能保持较高强度，特别是低钙铝酸盐水泥，可作为各种高温窑炉的内衬。目前，铝酸盐水泥主要用于配制膨胀水泥、自应力水泥和1200～1400 ℃的耐热混凝土。

表 9.3　铝酸盐水泥胶砂强度

水泥类型		抗压强度/MPa				抗折强度/MPa			
		6 h	1 d	3 d	28 d	6 h	1 d	3 d	28 d
CA50	CA50-Ⅰ	≥20[a]	≥40	≥50	—	≥3[a]	≥5.5	≥6.5	—
	CA50-Ⅱ		≥50	≥60	—		≥6.5	≥7.5	—
	CA50-Ⅲ		≥60	≥70	—		≥7.5	≥8.5	—
	CA50-Ⅳ		≥70	≥80	—		≥8.5	≥9.5	—
CA60	CA60-Ⅰ	—	≥65	≥85	—	—	≥7.0	≥10.0	—
	CA60-Ⅱ	—	≥20	≥45	≥85	—	≥2.5	≥5.0	≥10.0
CA70		—	≥30	≥40	—	—	≥5.0	≥6.0	—
CA80		—	≥25	≥30	—	—	≥4.0	≥5.0	—

注：a. 用户要求时，生产厂家应提供试验结果。

9.1.2　磷酸和磷酸盐耐火浇注料

用磷酸直接拌和耐火粉料和集料配制的浇注料称磷酸耐火浇注料。将磷酸与金属氧化物反应生成磷酸盐，再以磷酸盐溶液作胶结剂胶结耐火粉料和集料，制得的浇注料则称为磷酸盐耐火浇注料。

(1) 组成材料

① 胶结剂

正磷酸(H_3PO_4)是稳定型酸，所以配制耐火浇注料主要采用正磷酸(简称磷酸)，市场上出售的磷酸浓度为85%的水溶液，常稀释成40%～60%浓度后使用，在大批量生产和施工时，采用磷酸作胶结剂比较方便。

由于磷酸属中强酸，对人体和衣服有腐蚀作用，因此，实际作胶结剂使用时常制成磷酸盐。用磷酸和氢氧化铝反应生成磷酸铝制成磷酸铝溶液；用磷酸和镁质材料(氧化镁、氢氧化镁、方镁石和轻烧镁砂)反应制得磷酸镁溶液。这两种磷酸盐溶液是应用得较多的。此外，还有磷酸钙、磷酸铬等磷酸盐溶液。

② 耐火粉料和集料

磷酸和磷酸盐耐火浇注料所采用的耐火粉料和集料有：耐火黏土熟料，矾土熟料、硅质熟料、镁质熟料以及刚玉、莫来石、锆英石、氧化铝、铬渣、碳化硅等。轻质集料可采用膨胀珍珠岩、氧化铝空心球等。

磷酸和磷酸盐溶液的胶结性能与集料中氧化物的阳离子种类密切有关。当与弱碱性氧化物反应时，可产生较强的胶结性能；与强碱性氧化物反应时，由于反应速度过快，呈多孔疏松结构；与酸性或中性氧化物(SiO_2、Al_2O_3、ZrO_2、Cr_2O_3 等)在常温下一般不发生反应，需采用加热处理或掺加促进剂，才能使耐火浇注料获得强度。

(2) 制备

磷酸盐及磷酸耐火浇注料常用的配合比是耐火粉料30%～40%，耐火集料60%～70%。外加11%～14%磷酸或磷酸盐溶液，再外加2%～3%铝酸盐水泥作为促进剂。粉料要求0.080 mm方孔筛筛余量小于20%，集料粒径小于15 mm。

制备浇注料时，先将粉料和集料拌和均匀，然后加入约3/5胶结剂进行搅拌，并静置一段时间，使集料和粉料中夹杂的金属铁等杂质与胶结剂充分反应，排出氢气，以避免成型后产生膨胀和结构疏松。然后加入促进剂拌和均匀，再加入剩余的胶结剂并拌和均匀后浇注成型，1 d后拆模，在空气中养护3 d后使用。

(3) 特性

磷酸和磷酸盐耐火浇注料，集水泥、陶瓷和耐火材料三者的优点于一体。它具有水泥的可塑性、低温硬化性能、可掺外加物调节产品性能的特性，又具有与陶瓷和耐火材料相似的高温陶瓷化耐高温性能，还有自身的特点，如耐火度高，可达1500～3000 ℃，耐急冷急热性能好，可经受－30～2000 ℃的多次冷热循环而不被破坏，有良好的高温耐磨性，黏结力强。磷酸和磷酸盐耐火浇注料可作为衬料用于多种工业窑炉和热工设备，性能优于其他类型胶结剂的耐火浇注料及耐火砖。

9.1.3 水玻璃耐火浇注料

水玻璃耐火浇注料是以水玻璃作胶结剂，与各种耐火集料和粉料按一定比例配制的气硬性胶凝耐火材料。

用于制作水玻璃耐火浇注料的为钠水玻璃，模数一般为2～3。水玻璃耐火浇注料的配合比，要根据工程要求及原材料条件而定，一般配合比如下：水玻璃用量为粉料和集料总量的13%～16%，每1 m^3 浇注料一般不超过400 kg。粉料用量为水玻璃质量的150%～200%，粉料细度宜控制细一些，一般0.080 mm方孔筛筛余量应不大于30%；集料用量为粉料和集料总量的70%～75%，砂率为0.45～0.55，还应根据工程的要求，合理选择集料的品种和级配。

采用不同种类的粉料及耐火集料，所配制浇注料的高温强度及荷重软化温度(表9.4)也各不相同，因此，将各具不同的使用温度。

表9.4 采用不同粉料时浇注料的荷重软化温度

粉料种类	荷重软化温度/℃		软化温度范围/℃
	开始点	4%变形	
耐火黏土熟料粉	1010	1090	80
石英粉	820	870	50
镁砂粉	1050	1590	540

水玻璃耐火浇注料可耐各种有机酸。因此，一般用于耐火度在1000 ℃以下的有耐酸、耐有机酸溶液要求的耐高温工程。

用水玻璃胶结耐酸集料，可制成耐稀酸能力差，但耐浓酸能力强的耐酸耐火浇注料。常用的耐酸集料有耐火黏土砖、叶蜡石、安山岩、石英。

9.2 快硬高强水泥

与通用硅酸盐水泥相比，快硬高强水泥的特点是凝结硬化快、强度高，使用时养护龄期短，施工周期短。随着现代化建筑工程的发展，它越来越广泛地被人们采用，如应用于军事抢修工程、地下工程、快速施工工程、隧道工程等。采用快硬高强水泥具有一系列的优点：

① 在混凝土强度等级相同时，用高强水泥可节约水泥用量达20%～50%。

② 可以制得高强度的预制件，因而可以缩小构件断面尺寸，减少材料的用量，降低自重，相应降低工程造价。

③ 由于水泥硬化快，可以免除蒸汽养护，缩短拆除模板时间，减少模板用量，缩短构件存放时间，

减少厂房面积，以降低成本。

④ 采用快凝快硬水泥，可以使用锚喷工艺代替模板施工工艺，从而大幅度降低工程造价。

目前，有的快硬水泥已能在5～20 min内硬化，硬化1 h后的抗压强度可达10～30 MPa，2 h抗压强度可达20～40 MPa，1 d强度可达28 d强度的75%～90%。在高强方面，水泥强度已达100 MPa以上，满足了各种特殊工程的需要。在品种方面，我国快硬高强水泥品种已有10多个。

9.2.1 快硬硅酸盐水泥

凡以硅酸盐水泥熟料和适量的石膏磨细制成的，以3 d抗压强度表示强度等级的水硬性胶凝材料，称为快硬硅酸盐水泥，简称快硬水泥。

生产快硬硅酸盐水泥的方法与生产普通硅酸盐水泥的方法基本相同，只是须更为严格地控制生产工艺条件，要求所用原料含有害成分少，矿物组成设计合理。一般希望C_3S和C_3A的含量高些，C_3S含量在50%～60%，C_3A含量在8%～14%。根据原料情况，也可以只提高C_3S的含量，不提高C_3A的含量。因为同时提高C_3S和C_3A含量，烧成过程熟料液相黏度较大，不利于C_3S的形成。采用矿化剂时，可适当提高熟料中的C_3S含量，但一般不超过70%。

生产快硬硅酸盐水泥时，生料要求成分均匀，比表面积大，一般生料细度要求0.08 mm方孔筛筛余量不大于5%。熟料要求快速冷却，避免阿利特分解和C_2S的晶型转变。

水泥的比表面积对水泥的强度(尤其是早期强度)影响很大。表9.5为同一熟料粉磨至不同比表面积时的抗压强度值。

表9.5 比表面积对水泥抗压强度的影响

水泥比表面积/($m^2 \cdot kg^{-1}$)	抗压强度/MPa			
	1 d	3 d	7 d	28 d
298	10.5	27.9	38.6	43.6
464	25.3	43.7	47.8	53.3
630	26.1	44.0	52.6	61.2

水泥的比表面积相同，其颗粒大小也均齐时，相应强度较高。为了加快硬化速度，快硬硅酸盐水泥的比表面积一般控制在330～450 m^2/kg。

适当增加石膏的含量，也是生产快硬水泥的重要措施之一。这可以保证在水泥石硬化之前形成足够的钙矾石，有利于水泥强度的发展，因此，快硬硅酸盐水泥中SO_3的含量多控制在2.5%～3.7%。

由于快硬硅酸盐水泥的比表面积大，在储存和运输过程中容易风化，一般储存期不超过1个月。

快硬硅酸盐水泥早期强度高，1 d抗压强度可达28 d强度的30%～35%，后期强度呈持续增长趋势；其凝结时间正常，一般初凝时间为2～3 h，终凝时间为3～4 h。水泥的水化热较高，早期干缩率亦较大。由于该水泥的水泥石比较致密，故不透水性和抗冻性往往优于普通水泥。该水泥低温性能较好，在10 ℃时各龄期强度明显高于普通水泥。快硬水泥适于蒸养条件下使用。

快硬水泥主要用于抢修工程、军事工程、预应力钢筋混凝土制件等。快硬水泥适用于配制干硬性混凝土，水灰比应控制在0.40以下。

9.2.2 快硬硫铝酸盐水泥

我国国家标准GB 20472—2006《硫铝酸盐水泥》规定：以适当成分的生料，经煅烧所得以无水硫铝酸钙和硅酸二钙为主要矿物成分的水泥熟料掺加不同量的石灰石、适量石膏共同磨细制成的，具有水硬性的胶凝材料，称为硫铝酸盐水泥。硫铝酸盐水泥有快硬硫铝酸盐水泥、低碱度硫铝酸盐水泥、自应力硫铝酸盐水泥等品种。

由适当成分的硫铝酸盐水泥熟料和少量石灰石、适量石膏共同磨细制成的，具有高早期强度的水硬性胶凝材料，称为快硬硫铝酸盐水泥。其中，石灰石掺加量应不大于水泥质量的15%。

由适当成分的硫铝酸盐水泥熟料和较多量石灰石、适量石膏共同磨细制成，具有低碱度的水硬性胶凝材料，称为低碱度硫铝酸盐水泥(参见9.11.1小节)。

由适当成分的硫铝酸盐水泥熟料加入适量石膏磨细制成的具有膨胀性的水硬性胶凝材料，称为自应力硫铝酸盐水泥(参见9.4节)。

用于制造快硬硫铝酸盐水泥的熟料中的 Al_2O_3 含量(质量分数)应不小于30%，SiO_2 含量(质量分数)应不大于10.5%，熟料的3 d抗压强度应不低于55.0 MPa。

快硬硫铝酸盐水泥的强度等级以3 d抗压强度表示，分42.5、52.5、62.5、72.5四个强度等级。

(1) 技术指标

快硬硫铝酸盐水泥的比表面积应不小于350 m^2/kg；初凝时间应不小于25 min(用户有要求时，可以变动)，终凝时间应不大于180 min(用户有要求时，可以变动)。各强度等级的快硬硫铝酸盐水泥各龄期强度应不低于表9.6中的数值。

表9.6 快硬硫铝酸盐水泥各龄期强度要求

强度等级	抗压强度/MPa			抗折强度/MPa		
	1 d	3 d	28 d	1 d	3 d	28 d
42.5	30.0	42.5	45.0	6.0	6.5	7.0
52.5	40.0	52.5	55.0	6.5	7.0	7.5
62.5	50.0	62.5	65.0	7.0	7.5	8.0
72.5	55.0	72.5	75.0	7.5	8.0	8.5

(2) 生产工艺

① 原料

该水泥所用的主要原料为品位较低的铝质原料(矾土)、石灰质原料(石灰石)和石膏。原料成分要求为：石灰石中 $w(CaO)>50\%$，$w(MgO)<1.5\%$；矾土中 $w(Al_2O_3)>55\%$，$w(SiO_2)<25\%$；石膏中 $w(SO_3)>38\%$；煤灰分 $w(A_{ad})<25\%$。

② 熟料的组成与率值

熟料矿物以无水硫铝酸钙 $3(CaO\cdot Al_2O_3)\cdot CaSO_4$(简写为 $C_4A_3\overline{S}$)和硅酸二钙 β-C_2S 为主，还会有少量的 $CaSO_4$、钙钛矿和含铁相等。正常熟料中 $C_4A_3\overline{S}$ 的含量为55%～75%，β-C_2S 的含量为15%～35%，$C_4A_3\overline{S}$ 和 β-C_2S 含量之和可达90%以上。由于主要矿物是 $C_4A_3\overline{S}$ 和 β-C_2S，故通常以 $C_4A_3\overline{S}$-β-C_2S 型表示快硬硫铝酸盐水泥。

生产 $C_4A_3\overline{S}$-β-C_2S 型水泥熟料时，主要控制两个率值，即碱度系数(C_m)和硫铝比系数(P)，其计算公式如下：

$$碱度系数\quad C_m=\frac{w(CaO)-0.7[w(SO_3)+w(Fe_2O_3)+w(TiO_2)]}{1.87w(SiO_2)+0.55w(Al_2O_3)}$$

$$铝硫比系数\quad P=\frac{w(Al_2O_3)}{w(SO_3)}$$

碱度系数(C_m)一般控制在0.9～1.0，铝硫比系数(P)控制在3.5～4.0。

熟料的矿物组成计算公式如下：

$$w(C_4A_3\overline{S})=1.99w(Al_2O_3)$$

$$w(C_2S)=2.87w(SiO_2)$$

$w(C_2F)=1.7w(Fe_2O_3)$

$w(CT)=1.7w(TiO_2)$

$w(f\text{-}SO_3)=w(SO_3)-0.131w(C_4A_3\overline{S})$

$w(f\text{-}CaO)=w(CaO)-\{0.55w(Al_2O_3)+1.87w(SiO_2)+0.70[w(Fe_2O_3)+w(TiO_2)+w(SO_3)]\}$

式中，$w(CaO)$、$w(SiO_2)$、$w(Al_2O_3)$、$w(Fe_2O_3)$、$w(TiO_2)$、$w(SO_3)$，$w(C_4A_3\overline{S})$分别为熟料中 CaO、SiO_2、Al_2O_3、Fe_2O_3、TiO_2、SO_3、$C_4A_3\overline{S}$的含量（质量分数，%）。

表 9.7 为我国两个特种水泥厂所生产的硫铝酸盐水泥熟料的化学成分及率值。

表 9.7　熟料化学成分及率值

厂名	化学成分(质量分数,%)								率值	
	灼烧减量	$w(SiO_2)$	$w(Al_2O_3)$	$w(Fe_2O_3)$	$w(CaO)$	$w(MgO)$	$w(R_2O)$	$w(SO_3)$	C_m	P
A厂	0.50	9.80	30.50	2.00	43.50	2.50	1.60	8.40	1.02	3.63
B厂	0.15	7.58	35.11	1.57	41.93	1.71	1.82	9.81	0.98	3.58

③ 煅烧

$C_4A_3\overline{S}$-β-C_2S 型水泥熟料，一般采用干法回转窑生产，生料细度控制在 0.08 mm 方孔筛筛余量小于 10%。

生料在煅烧过程中，随着物料温度的升高，发生下列反应：

900～1000 ℃　　$CaCO_3 \longrightarrow CaO+CO_2$

1000～1250 ℃　　$CaSO_4+3CaO+3Al_2O_3 \longrightarrow C_4A_3\overline{S}$

$CaSO_4+4CaO+2SiO_2 \longrightarrow 2C_2S\cdot C\overline{S}$

1280 ℃　　$2C_2S\cdot C\overline{S} \longrightarrow 2C_2S+C\overline{S}$

熟料煅烧温度为 1250～1350 ℃，不宜超过 1400 ℃，否则 $CaSO_4$ 会分解，$C_4A_3\overline{S}$也会分解。在煅烧过程中，要防止还原气氛，因为还原气氛使 $CaSO_4$ 分解成 CaS、CaO 和 SO_2。由于烧成温度低，熟料形成主要是固相反应，出现液相少，熟料煅烧过程中不易结圈和结块，熟料易磨性也较好，热耗较低。但应注意，煅烧温度不宜太低，若过低则产生过多的 f-CaO，使水泥急凝，并使 $2C_2S\cdot C\overline{S}$不能分解，C_2S 含量减少。

(3) 水化

$C_4A_3\overline{S}$-β-C_2S 型水泥水化时，发生下列水化反应：

$$C_4A_3\overline{S}+2C\overline{S}H_2+34H \longrightarrow C_3A\cdot 3C\overline{S}\cdot H_{32}+2AH_3$$

$$C_4A_3\overline{S}+18H \longrightarrow C_3A\cdot C\overline{S}\cdot H_{12}$$

$$C_2S+nH \longrightarrow C\text{-}S\text{-}H(\text{I})+CH$$

$$3CH+AH_3+3C\overline{S}H_2+20H \longrightarrow C_3A\cdot 3C\overline{S}\cdot H_{32}$$

$C_4A_3\overline{S}$和石膏形成钙矾石和 $Al(OH)_3$ 凝胶，石膏量少时，生成低硫型水化硫铝酸钙。由于较低温度烧成的 C_2S 水化较快，生成 C-S-H(Ⅰ)凝胶，而 AH_3 凝胶和 C-S-H(Ⅰ)凝胶填充在水化硫铝酸钙之间，加固和致密水泥石的结构，故水泥早期强度高。改变水泥中石膏的掺入量，可以制得快硬不收缩、微膨胀、膨胀和自应力水泥。

(4) 性能和用途

$C_4A_3\overline{S}$-β-C_2S 型水泥的凝结速度较快，初凝与终凝的间隔时间较短，初凝时间一般在 8～60 min，终凝时间在 10～90 min；若要使水泥的凝结变慢，可以加入缓凝剂；长期强度稳定，并有所增长；低温性能较好，气温在－5 ℃以上时，不必采取任何特殊措施就可以正常施工。该水泥热稳定性能较差，温度在 100 ℃以上时，水化产物钙矾石、AH_3 凝胶、C-S-H(Ⅰ)凝胶相继开始脱水，水泥石强度逐渐下降，温度高于 150 ℃以上时，强度急剧下降。该水泥在空气中收缩小，抗冻性和抗渗性良好，水泥石液相的 pH 值为 9.8～10.2，属于低碱型水泥。

快硬硫铝酸盐水泥可用于紧急抢修工程，如接缝、堵漏、锚喷、抢修飞机跑道、公路等，适合于冬季施工工程、地下工程、配制膨胀水泥和自应力水泥以及玻璃纤维砂浆等，但不适于在 100 ℃以上环境下使用。

9.2.3 快硬铁铝酸盐水泥

凡以适当成分的生料，经煅烧所得以无水硫铝酸钙、铁相和硅酸二钙为主要矿物成分的水泥熟料和石灰石、适量石膏共同磨细制成的，具有早期强度高的水硬性胶凝材料，称为快硬铁铝酸盐水泥。要求熟料和石膏的总含量不低于 85%，石灰石含量不高于 15%。快硬铁铝酸盐水泥的强度等级以 3 d抗压强度表示，分 42.5、52.5、62.5、72.5 四个强度等级。

(1) 熟料的化学成分及矿物组成

熟料的主要化学成分为 Al_2O_3、SiO_2、CaO、Fe_2O_3、SO_3，主要矿物为 $C_4A_3\overline{S}$、C_2S、C_4AF。其化学成分与矿物组成如表 9.8 所示。

表 9.8 快硬铁铝酸盐水泥熟料化学成分与矿物组成 (质量分数，%)

项目	$w(Al_2O_3)$	$w(SiO_2)$	$w(CaO)$	$w(Fe_2O_3)$	$w(SO_3)$	$w(C_4A_3\overline{S})$	$w(C_2S)$	$w(C_4AF)$
含量	25～30	6～12	43～46	5～12	5～10	35～55	15～35	15～30

(2) 生产工艺特点

① 原料、燃料

水泥配料采用三种原料：石灰石、铁矾土、石膏。

石灰石的 CaO 含量要求大于 53%，MgO 含量要求控制在 1.5%以下；铁矾土的成分要求是：Al_2O_3含量 45%～55%，Fe_2O_3 含量 15%～20%；石膏中的 MgO 含量小于 3%，而 SO_3 含量应大于 38%。所选燃料煤应控制其 $w(V_{ad})=25\%\sim32\%$，$w(A_{ad})\leqslant12\%$，$Q_{net,ad}\geqslant27200$ kJ/kg。

② 煅烧

快硬铁铝酸盐水泥熟料的主要煅烧设备为回转窑，烧成温度较硅酸盐水泥低 100～150 ℃，一般控制在 1250～1350 ℃。熟料主要靠固相反应形成，煅烧时无须特意挂窑皮，但应避免还原气氛以免石膏分解。熟料呈黑色，与硅酸盐水泥熟料颜色相似，而与灰色的硫铝酸盐水泥熟料有所区别。

③ 粉磨

在水泥粉磨过程中，石灰石掺量不超过 15%，石膏掺量一般为 15%；比表面积应控制在 350 m^2/kg 以上，一般为 350～400 m^2/kg。

水泥的凝结时间一般为 25～180 min，即初凝时间不早于 25 min，终凝时间不迟于 180 min。

(3) 水泥强度

快硬铁铝酸盐水泥的早期和后期强度均较高。典型快硬铁铝酸盐水泥的矿物组成及强度发展规律见表 9.9。

表 9.9 典型快硬铁铝酸盐水泥熟料矿物组成及强度发展规律

序号	熟料主要矿物组成(质量分数，%)				水泥抗压强度/MPa			
	$C_4A_3\overline{S}$	C_4AF	C_2S	其他	12 h	1 d	3 d	28 d
1	32	19	41	8	34.5	39.5	41.7	46.2
2	43	22	23	12	46.9	51.5	55.9	67.2

(4) 主要特性和用途

① 早强高强

该水泥不仅具有较高的早期强度,而且有不断增长的后期强度,同时具有满足使用要求的凝结时间,12 h~1 d 的抗压强度可达 35~50 MPa。从 5~10 年水泥和混凝土长期强度结果可以看出,随着养护龄期的增长,强度不断增长,最高强度可达 100 MPa。

② 高抗冻性能

该水泥在 0~10 ℃低温下使用,早期强度是相应硅酸盐水泥的 5~8 倍;在 −20~0 ℃低温下使用,加入少量防冻剂,混凝土入模温度维持在 5℃以上则可正常施工,3~7 d 强度可达设计强度的 70%~80%。

③ 耐蚀性能好

快硬铁铝酸盐水泥对海水、氯盐、硫酸盐,尤其是它们的复合盐类($MgSO_4+NaCl$)等均具有极好的耐蚀性,且优于快硬硫铝酸盐水泥、铝酸盐水泥甚至高抗硫酸盐水泥。

④ 高抗渗性能

由于水泥水化液相碱度较高(pH 值>12),在钢筋混凝土中钢筋表面形成类似硅酸盐水泥混凝土的钝化膜,故对钢筋无锈蚀作用,水泥耐久性较好,抗渗性能较强。

如果在快硬铁铝酸盐水泥中同时掺入 10%的硅灰、20%的粉煤灰、2%的高效减水剂,则可配制出 28 d 抗压强度大于 100 MPa 的高强混凝土。

快硬铁铝酸盐水泥适合于冬季施工工程、抢修和抢建工程、配制喷射混凝土及生产预制构件等。

9.2.4 快硬氟铝酸盐水泥

以矾土、石灰石、萤石(或再加石膏)经配料煅烧得到的以氟铝酸钙($C_{11}A_7\cdot CaF_2$)为主要矿物的熟料,再与石膏一起磨细而制成的水泥,称为快硬氟铝酸盐水泥。我国的快凝快硬硅酸盐水泥、型砂水泥和国外的超速硬水泥均属此类。

(1) 矿物组成

快硬氟铝酸盐水泥的主要矿物为氟铝酸钙、阿利特、贝利特和铁铝酸钙固溶体。其组成在较大范围内波动,如表 9.10 所示。

表 9.10 几种快硬氟铝酸盐水泥的矿物组成

编号	矿物组成(质量分数,%)				
	$C_{11}A_7\cdot CaF_2$	C_3S	C_2S	C_4AF	C_2F
1	20.6	50.4	1.7	4.7	—
2	19.2	52.1	—	5.2	—
3	26.0	55.1	6.7	4.6	—
4	71.3	—	20.0	—	2.2
5	72.4	—	17.6	—	3.0

表 9.10 中,编号 1、2、3 号为 C_3S-$C_{11}A_7\cdot CaF_2$ 型水泥,4、5 号为 β-C_2S-$C_{11}A_7\cdot CaF_2$ 型水泥。当用较好的石灰石作原料,生产 C_3S-$C_{11}A_7\cdot CaF_2$ 型水泥时,可用低品位矾土;生产 β-C_2S-$C_{11}A_7\cdot CaF_2$ 型水泥时,则要求用较高品位的矾土,也可用其他铝含量高的原料。

(2) 配料

根据对水泥性能的要求,先设计水泥熟料的矿物组成,然后计算出熟料的化学成分,再用累加试凑法进行配料。CaF_2 的用量除满足 $C_{11}A_7\cdot CaF_2$ 中的 CaF_2 含量及与 Na_2O、K_2O 反应所需的数量外，要求过量 1%，因为在煅烧过程中，部分氟会挥发掉。

熟料矿物组成的计算公式如下：

对 C_3S-$C_{11}A_7 \cdot CaF_2$ 型：

$$w(C_4AF)=3.04w(Fe_2O_3)$$

$$w(C_{11}A_7 \cdot CaF_2)=1.97[w(Al_2O_3)-0.64w(Fe_2O_3)]$$

$$w(C_3S)=4.07w(CaO)-3.47w(Fe_2O_3)-3.52w(Al_2O_3)-7.60w(SiO_2)-2.85w(SO_3)+3.86w(Na_2O)+2.42w(K_2O)$$

$$w(C_2S)=2.87[w(SiO_2)-0.261w(C_3S)]$$

CaF_2 理论需要量为：

$$w(CaF_2)=0.11[w(Al_2O_3)-0.64w(Fe_2O_3)]+0.83w(K_2O)+1.26w(Na_2O)$$

对 β-C_2S-$C_{11}A_7 \cdot CaF_2$ 型：

$$w(C_{11}A_7 \cdot CaF_2)=1.97[w(Al_2O_3)-2.53w(MgO)]$$

$$w(C_2S)=2.87w(SiO_2)$$

$$w(C_2F)=1.70w(Fe_2O_3)$$

$$w(MA)=3.53w(MgO)$$

$$w(CT)=1.70w(TiO_2)$$

CaF_2 理论需要量为：$w(CaF_2)=0.11[w(Al_2O_3)-2.53w(Fe_2O_3)]+0.83w(K_2O)+1.26w(Na_2O)$

式中 $w(CaO)$，$w(Al_2O_3)$，$w(Fe_2O_3)$，$w(SiO_2)$，$w(SO_3)$，$w(Na_2O)$，$w(K_2O)$，$w(MgO)$，$w(TiO_2)$——熟料中 CaO、Al_2O_3、Fe_2O_3、SiO_2、SO_3、Na_2O、K_2O、MgO、TiO_2 的含量（质量分数，%）。

(3) 煅烧与粉磨

快硬氟铝酸盐水泥熟料主要采用回转窑烧结法煅烧。生料中含有氟，使煅烧温度降低，生料较硅酸盐水泥生料有较高的反应活性，在硅酸盐水泥生料固相反应的温度范围内就能促使 CaO 被很好地吸收，形成硅酸钙矿物。氟含量每提高 2%，CaO 被完全吸收的温度约降低 50 ℃，而石灰饱和系数、硅率、铝率对煅烧温度的影响较小。当 CaF_2 含量大于 4%时，在 1150～1200 ℃下，C_3S 已能很快地形成。

1080 ℃　$4C_2S+CaF_2+3CaO \longrightarrow C_{11}S_4 \cdot CaF_2$

1180 ℃　$C_{11}S_4 \cdot CaF_2 \longrightarrow 3C_3S+C_2S+CaF_2$

$C_{12}A_7+CaF_2 \longrightarrow C_{11}A_7 \cdot CaF_2+CaO$

烧成温度一般控制在 1250～1350 ℃，火焰温度控制在 1350～1400 ℃。若温度过高，易结大块、结圈；若温度过低，则容易产生生烧。熟料要求急冷。水泥粉磨细度要求较高，一般比表面积控制在 500～600 m^2/kg。宜采用圈流磨，粉磨时，掺入适量的石膏，石膏掺入量应通过试验确定。

(4) 水化

快硬氟铝酸盐水泥水化速度很快。氟铝酸钙几乎在几秒钟内就水化生成水化铝酸钙 CAH_{10}、C_2AH_8、C_2AH_{13}、C_4AH_{19} 和 $AH_2\overline{F}$（$\overline{F}$ 为 CaF_2）。几分钟内，水化铝酸钙与硅酸钙水化生成的 $Ca(OH)_2$ 以及 $CaSO_4$ 作用，生成低硫型水化硫铝酸钙和钙矾石。而硅酸盐的水化与硅酸盐水泥相同，水化产物也是 C-S-H 凝胶和 $Ca(OH)_2$。水泥石结构以钙矾石为骨架，其间填充 C-S-H 凝胶和铝酸凝胶，故能迅速达到很高的致密程度。

(5) 性能和用途

快硬氟铝酸盐水泥凝结速度很快，初凝一般仅几分钟，初凝与终凝的时间间隔也很短，终凝一般不超过 30 min。可用酒石酸、柠檬酸和硼酸作为缓凝剂来调节凝结时间。其硬化很快，5～10 min 就可硬化，具有“小时强度”，2～3 h 后抗压强度可达 20 MPa。低温硬化性能好，在 5 ℃左右仍能正常硬化，6 h 可达 10 MPa，1 d 可达 30 MPa。

快硬氟铝酸盐水泥可用于抢修工程，可制成锚喷用的喷射水泥。由于水泥的水化产物钙矾石会在浇注的高温作用下迅速脱水分解，使型砂模溃散，便于清砂，并不产生有害气体。因此，快硬氟铝酸盐水泥作为型砂水泥用于铸造业。

9.2.5　快硬高强铝酸盐水泥

快硬高强铝酸盐水泥是利用铝酸盐水泥熟料生产的具有高强、快硬特点的水泥品种。

凡以铝酸钙为主要成分的熟料，加入适量的硬石膏，磨细制成具有快硬、高强性能的水硬性胶凝材料，称为快硬高强铝酸盐水泥。

水泥粉磨时，可以加入不损害水泥性能的助磨剂，其加入量不得超过水泥质量的 1%。水泥的比表面积比较大，通常大于 400 m^2/kg。水泥凝结较快，通常初凝时间大于 25 min，终凝时间小于 3 h。水泥中的 SO_3 含量不超过 11.0%。

快硬高强铝酸盐水泥水化反应可用下式表示：

$$3CA+3CaSO_4+38H_2O \longrightarrow C_3A\cdot 3CaSO_4\cdot 32H_2O+2(Al_2O_3\cdot 3H_2O)$$

$$3CA_2+3CaSO_4+47H_2O \longrightarrow C_3A\cdot 3CaSO_4\cdot 32H_2O+5(Al_2O_3\cdot 3H_2O)$$

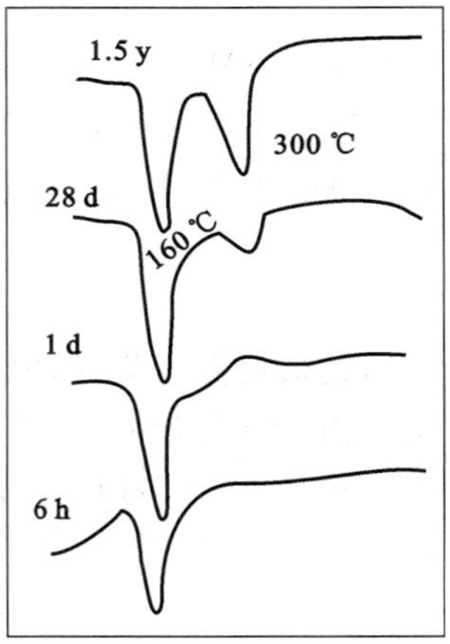

图 9.1　快硬高强铝酸盐水泥不同龄期试体的差热分析曲线

水化产物主要是钙矾石和水化氧化铝凝胶，在自然条件下，它们均为稳定的水化物。图 9.1 为快硬高强铝酸盐水泥不同龄期试体的差热分析曲线。从差热分析曲线的结果来看，6 h 龄期已形成大量钙矾石，而且钙矾石和水化氧化铝的量随龄期增长而增加；一年半龄期的水化相与 28 d 相比，未见新相出现，表明该水泥的长期水化相是稳定的。室外放置 5 年龄期的混凝土强度较 28 d 龄期有所增加，2 年水中养护的硬化水泥浆体的线膨胀性能稳定。从相分析、强度和膨胀性能说明，快硬高强铝酸盐水泥的水泥石结构稳定，且由于硬石膏的溶解度相对较小（但比二水石膏略大），有利于水泥石的密实，后期强度提高。因此，水泥水化时有微膨胀的钙矾石和水化氧化铝凝胶的充填、密实，两者相辅相成，使水泥具有快硬、高强及较好的抗渗、抗冻、耐蚀、耐磨性能。

快硬高强铝酸盐水泥快硬而不快凝，不但具有“小时强度”特性，而且还具有较好的后期强度增进率，在一般情况下不掺缓凝剂即可满足施工要求。它既保持了铝酸盐水泥早强、抗渗、抗冻、耐蚀等优点，又克服了铝酸盐水泥后期强度降低的缺点。

快硬高强铝酸盐水泥适用于要求硬化快、强度高的现代化建筑工程、军事工程及其他特种工程。

9.2.6　特快硬调凝铝酸盐水泥

JC/T 736—1985(1996)《特快硬调凝铝酸盐水泥》规定：凡以铝酸一钙为主要成分的水泥熟料，加入适量石膏和促硬剂，经磨细制成的凝结时间可调节、小时强度增长迅速、以硫铝酸钙盐为主要水化物的水硬性胶凝材料，称为特快硬调凝铝酸盐水泥。

(1) 水泥标号

特快硬调凝铝酸盐水泥的标号以 2 h 抗压强度确定，仅 225 一个标号。

(2) 技术要求

① 比表面积。水泥的比表面积控制在 500 m^2/kg 以上。

② 凝结时间。初凝时间不早于 2 min，终凝时间不迟于 10 min；加入水泥质量 0.2%的酒石酸钠

作缓凝剂时，初凝时间不早于 15 min，终凝时间不迟于 40 min。

③ SO_3 含量。水泥中 SO_3 的含量不得低于 7.0%，且不超过 11.0%。

④ 强度。2 h 龄期的抗压强度不低于 22.06 MPa，抗折强度不低于 3.43 MPa；1 d 龄期的抗压强度在 34.31 MPa 以上，抗折强度大于 5.39MPa。用户有要求时检测 28 d 抗压、抗折强度，其值分别不低于 53.92 MPa 和 7.35 MPa。

特快硬调凝铝酸盐水泥的主要特点就是快凝快硬。其水化时早期水化迅猛，在 1～2 h 内释放的水化热达 7 d 水化热的 70%～80%，因而它具有良好的低温和负温性能，在－10 ℃内可正常施工，后期强度无损失；在－30～－15 ℃时如采取正温预养措施，后期强度损失也很小。

(3) 特快硬调凝铝酸盐水泥的应用

特快硬调凝铝酸盐水泥主要用于抢修、抢建、堵漏以及喷射、低温施工等工程。

应用该水泥时应注意下列问题：

① 该水泥不得与其他品种水泥混合使用，但可以与已硬化的硅酸盐水泥混凝土接触使用。

② 不得长期用于温度高于 50 ℃的环境中。

③ 应用该水泥施工时，必须随拌和随使用，防止结硬。

④ 根据施工条件和强度要求，可采用酒石酸钠、氟硅酸钠等调节凝结时间。

⑤ 浇筑和修补用混凝土的配比中，水灰比不应大于 0.42，水泥用量应大于 400 kg/m^3。

9.2.7 特种高强水泥

9.2.7.1 宏观无缺陷水泥

宏观无缺陷水泥(Macro Defect Free Cement)由牛津大学 Birchall 等人首次研制成功并取得专利，亦称无大缺陷水泥、无大孔水泥、MDF 水泥。该水泥抗压、抗拉、抗弯强度指标高，且低温下抗裂性能好，吸音和抗静电性强。其抗压强度为 200～300 MPa，抗拉强度为 30～100 MPa，抗弯强度达 100～150 MPa。可用该水泥制成薄板、弹簧等。

宏观无缺陷水泥采用硅酸盐水泥(或铝酸盐水泥)、聚合物、塑化剂配制。应用时，如采用硅酸盐水泥配制，则和聚丙烯酰胺(PAM)、塑化剂、0.12～0.16 的水灰比在专门的搅拌机内通过剪切作用拌和，然后热压成型、养护。如果用铝酸盐水泥配制，则宜用聚乙烯醇(PVA)聚合物。

宏观无缺陷水泥将出现后期强度下降现象，水稳定性差。

9.2.7.2 超微密水泥

超微密水泥即 DSP 材料(Densified System Containing Homogeneously Arranged Ultrafine Partices)，是含有超细颗粒均匀分布的致密材料的简称。

超微密水泥是利用硅酸盐水泥掺入 20%～25%的硅灰，同时采用高效减水剂和 0.12～0.15 的水灰比制成。其水泥石的抗压强度可达 200～270 MPa，可以用于代替金属、塑料制品，或多种特殊用途的水泥制品，甚至可制成各种耐磨的衬里材料、管道或金属切削工具。

9.2.7.3 阿利尼特水泥

在普通水泥生料中加入适量 $CaCl_2$，烧成温度可降低 400～500 ℃，在此条件下生成新的阿利特的变种矿物称为阿利尼特，由其制成的水泥称为阿利尼特水泥。

阿利尼特的化学式可以写成 $Ca_{11}(Si_{0.75}Al_{0.25})O_{18}Cl$。该品种的水泥凝结较普通硅酸盐水泥快 2～4倍，强度发展也快，尤其是 1 d 强度可高于快硬硅酸盐水泥的同期强度。

用阿利尼特水泥可以制成 C60～C80 等级、工作性能良好的混凝土，甚至强度更高的干硬性混凝土。

9.3 抗硫酸盐、中低热及道路水泥

为了满足一些专门的用途，可根据硅酸盐水泥熟料四个主要矿物的性能，通过选择适当的矿物组成，改变水泥细度或调整外加剂的种类和掺量，达到满足一些专门的性能需求，从而生产出一些专用水泥，这也是生产特种水泥的常用方法。其中，抗硫酸盐水泥、中低热水泥和道路水泥，就是采取此种方法生产的，所以这几种专用水泥，实际上也属于硅酸盐水泥。

9.3.1 抗硫酸盐水泥

抗硫酸盐水泥按其抗硫酸盐侵蚀性能的强弱程度，分为中抗硫酸盐水泥和高抗硫酸盐水泥两类。根据国家标准 GB/T 748—2023《抗硫酸盐硅酸盐水泥》规定：

凡以适当成分的硅酸盐水泥熟料，加入适量的石膏，磨细制成的具有抵抗中等质量浓度硫酸根离子(≤2500 mg/L)侵蚀的能力的水硬性胶凝材料，称为中抗硫酸盐硅酸盐水泥，简称中抗硫酸盐水泥。

凡以适当成分的硅酸盐水泥熟料，加入适量的石膏，磨细制成的具有抵抗较高质量浓度硫酸根离子(>2500 mg/L 且≤8000 mg/L)侵蚀的能力的水硬性胶凝材料，称为高抗硫酸盐硅酸盐水泥，简称高抗硫酸盐水泥。

9.3.1.1 抗硫酸盐水泥熟料的矿物组成设计

根据硫酸盐侵蚀的机理可知，硬化水泥浆体被硫酸盐侵蚀的原因就是水泥石中含有的 $Ca(OH)_2$ 与硫酸根离子作用形成硫酸钙，并进一步与水化铝酸钙反应造成硬化水泥浆体破坏。因此，降低水化时大量析出 $Ca(OH)_2$ 和水化铝酸钙的 C_3S、C_3A 的含量，是提高抗硫酸盐性能的主要途径。

适当降低 C_3A 含量，相应提高 C_4AF 含量，可使水泥具有较高的抗硫酸盐能力；而减少 C_3S 含量并相应增加 C_2S 的含量，也可以改善水泥的抗硫酸盐性能。

实际生产中，熟料中的 C_3S、C_3A 含量可按表 9.11 进行控制。

表 9.11 熟料矿物组成要求 （质量分数，%）

水泥名称	C_3S	C_3A
中抗硫酸盐水泥	<55.0%	<5.0%
高抗硫酸盐水泥	<50.0%	<3.0%

生产实践证明，一般情况下抗硫酸盐水泥熟料中，各矿物组成(质量分数，%)控制在下列范围是适宜的：

C_3S 40%～46%，(C_3S+C_2S) 77%～80%，C_3A 2%～4%，C_4AF 15%～18%，f-CaO≤0.5%。

相应的三个率值范围为：KH=0.80～0.85，SM=2.2～2.5，IM≥0.70。

9.3.1.2 抗硫酸盐水泥的生产工艺与技术要求

(1) 生产工艺特点

抗硫酸盐水泥的生产工艺基本上与硅酸盐水泥生产相似，不同之处在于相应的熟料矿物组成与率值有所区别。由于抗硫酸盐水泥熟料的 KH 低，IM 较低，故熟料的形成热较普通硅酸盐水泥熟料低，易于烧成。但因液相黏度低，对回转窑的窑皮维护不利，所以应加强稳定热工制度，严格掌握熟料的结粒情况。由于熟料中 C_2S、C_4AF 含量较高，故熟料的易磨性较差，水泥磨机的台时产量将因此而有所下降。生产中，可通过采用适宜的助磨剂或调整研磨体级配来改善粉磨作业。

（2）水泥强度等级

中抗硫酸盐水泥、高抗硫酸盐水泥的强度等级均分为32.5、42.5两个等级。相应等级水泥的各龄期强度不应低于表9.12中所列数值。

表9.12 中抗硫酸盐水泥、高抗硫酸盐水泥的强度指标

强度等级	抗压强度/MPa		抗折强度/MPa	
	3 d	28 d	3 d	28 d
32.5	10.0	32.5	2.5	6.0
42.5	15.0	42.5	3.0	6.5

（3）技术指标要求

抗硫酸盐水泥除严格限定C_3S、C_3A的含量（表9.11）以外，还要求对其他有关指标做出限定，即生产中应使最终产品符合下列要求：

① 灼烧减量。水泥中灼烧减量不得超过3.0%。

② MgO含量。水泥中MgO含量不得超过5.0%。如果水泥经压蒸安定性试验合格，则水泥中MgO含量允许放宽到6.0%。

③ SO_3含量。水泥中SO_3含量不得超过2.5%。

④ 不溶物含量。水泥中不溶物含量不得超过1.50%。

⑤ 比表面积。水泥比表面积不得小于280 m^2/kg。

⑥ 凝结时间。初凝时间不得早于45 min，终凝时间不得迟于10 h。

⑦ 安定性。用沸煮法检验必须合格。

⑧ 碱含量。水泥中碱的含量由供需双方商定。若使用活性集料，用户要求提供低碱水泥时，水泥中的碱含量按[$w(Na_2O)+0.658w(K_2O)$]计算应不大0.60%。

⑨ 抗硫酸盐性。中抗硫酸盐水泥14 d线膨胀率应不大于0.060%；高抗硫酸盐水泥14 d线膨胀率应不大于0.040%。

9.3.1.3 抗硫酸盐水泥的性能与主要用途

（1）抗硫酸盐侵蚀性能好。中抗硫酸盐水泥可以抵御SO_4^{2-}浓度2500 mg/L的纯硫酸盐溶液的腐蚀，高抗硫酸盐水泥可以抵御SO_4^{2-}浓度8000 mg/L的纯硫酸盐溶液的腐蚀，最高可抗SO_4^{2-}浓度为$(1\sim2)\times10^4$ mg/L。

（2）水化热低。

（3）耐磨性能好。胀缩、抗渗、抗冻等性能与硅酸盐水泥相似。

抗硫酸盐水泥主要用于受硫酸盐侵蚀的海港、水利、地下、隧道、引水、道路和桥梁基础等工程。抗硫酸盐水泥也可以代替硅酸盐和普通硅酸盐水泥用于一般工业和民用建筑工程。

9.3.2 中热硅酸盐水泥、低热硅酸盐水泥

由于混凝土的导热率低，水泥水化时放出的热量不易散失，很容易使混凝土内部最高温度达到60 ℃以上。由于混凝土外表面冷却较快，混凝土内外温差达几十度。混凝土外部冷却产生收缩，而内部尚未冷却，就产生内应力，容易产生微裂缝，致使混凝土耐水性降低。采用低放热量和低放热速率的水泥就可减小大体积混凝土的内部温升。

国家标准GB/T 200—2017《中热硅酸盐水泥、低热硅酸盐水泥》规定：以适当成分的硅酸盐水泥熟料，加入适量石膏，磨细制成的具有中等水化热的水硬性胶凝材料，称为中热硅酸盐水泥。以适当成分的硅酸盐水泥熟料，加入适量石膏，磨细制成的具有低水化热的水硬性胶凝材料，称为低热硅酸盐水泥。

降低水泥的水化热和放热速率，主要是选择合理的熟料矿物组成、粉磨细度以及掺入适量混合材料。

由于C_3A、C_3S的水化热和放热速率高于C_4AF、C_2S，故要降低水泥的水化热和放热速率，必须降低熟料中C_3A和C_3S的含量，相应提高C_4AF和C_2S的含量。但是，C_2S的早期强度很低，所以不宜增加过多，C_3S含量也不应过少，否则水泥强度发展过慢。因此，在设计中热和低热硅酸盐水泥熟料矿物组成时，首先应着重减少C_3A的含量，相应增加C_4AF的含量。按GB/T 200—2017《中热硅酸盐水泥、低热硅酸盐水泥》标准要求：中热硅酸盐水泥熟料中，C_3S含量应不超过55%，C_3A含量应不超过6%，f-CaO含量应不超过1.0%；在低热硅酸盐水泥熟料中，C_2S含量应不小于40%，C_3A含量应不超过6%，f-CaO含量应不超过1.0%。

中热和低热硅酸盐水泥的技术指标如下：

(1) MgO的含量(质量分数，%)不宜超过5.0%，如果水泥经压蒸安定性试验合格，则MgO的含量(质量分数，%)允许放宽到6.0%。

(2) SO_3含量(质量分数，%)不大于3.5%。

(3) 灼烧减量(质量分数，%)不大于3.0%。

(4) 不溶物的含量(质量分数，%)不大于0.75%。

(5) 水泥的比表面积应不小于250 m^2/kg。

(6) 碱含量(质量分数，%)，以$[w(Na_2O)+0.658w(K_2O)]$表示，用户有要求时不得超过0.6%，或由买卖双方协商确定。

(7) 水泥的初凝时间不得早于60 min，终凝时间不得超过720 min，沸煮安定性必须合格。

提高水泥粉磨细度，水化热也增加，尤其是增加早期水化热；但水泥磨得过粗，强度下降，单位体积混凝土中的水泥用量要增加，水泥的水化热虽下降，但混凝土的放热量反而增加。所以中热硅酸盐水泥细度一般与普通硅酸盐水泥相近。

水泥中掺入混合材料，如粒化高炉矿渣，可使水化热按比例下降。例如，掺加50%矿渣，可使水泥的3 d水化热下降45%，7 d水化热下降37%。掺入矿渣，水泥强度虽有所下降，但下降的幅度远小于水化热的降低幅度。

中热硅酸盐水泥强度等级为42.5，低热硅酸盐水泥强度等级为32.5和42.5。水泥的强度等级和各龄期强度如表9.13所示。水泥各龄期水化热的上限值，如表9.14所示。

表9.13　水泥的强度等级和各龄期强度

品种	强度等级	抗压强度/MPa			抗折强度/MPa		
		3 d	7 d	28 d	3 d	7 d	28 d
中热水泥	42.5	12.0	22.0	42.5	3.0	4.5	6.5
低热水泥	32.5		12.0	32.5		3.0	5.5
	42.5		13.0	42.5		3.5	6.5

注：低热水泥90 d的抗压强度应不小于62.5 MPa。

表9.14　水泥各龄期水化热的上限值

品种	强度等级	水化热/($J \cdot g^{-1}$)		
		3 d	7 d	28 d
中热水泥	42.5	251	293	—
低热水泥	32.5	197	230	290
	42.5	230	260	310

中热硅酸盐水泥主要适用于大坝溢流面的面层和水位变动区等要求较高耐磨性和抗冻性的工程；低热硅酸盐水泥主要适用于大坝或大体积建筑物内部及水下工程。

9.3.3 低热微膨胀水泥

国家标准 GB/T 2938—2008《低热微膨胀水泥》规定：以粒化高炉矿渣为主要成分，加入适量硅酸盐水泥熟料和石膏，磨细制成的具有低水化热和微膨胀性能的水硬性胶凝材料，称为低热微膨胀水泥。其技术指标如下：

（1）硅酸盐水泥熟料中的硅酸钙矿物含量（质量分数，%）不小于 66%，CaO 和 SiO_2 的质量比 $w(CaO)/w(SiO_2)$ 不小于 2.0，熟料强度等级要求达到 42.5 以上，f-CaO 含量（质量分数，%）不得超过 1.5%，MgO 含量（质量分数，%）不得超过 6.0%。

（2）助磨剂。水泥粉磨时允许加入助磨剂，其加入量应不超过水泥质量的 0.5%，助磨剂应符合 GB/T 26748—2011《水泥助磨剂》的规定。

（3）外掺物。经供需双方商定，允许掺加少量改善水泥膨胀性能的外掺物。

（4）强度等级。低热微膨胀水泥强度等级为 32.5 级。各龄期强度应不小于表 9.15 中的数值。

表 9.15 低热微膨胀水泥的等级与各龄期强度

强度等级	抗折强度/MPa		抗压强度/MPa	
	7 d	28 d	7 d	28 d
32.5	5.0	7.0	18.0	32.5

（5）SO_3 含量。水泥中 SO_3 含量（质量分数，%）应为 4.0%～7.0%。

（6）比表面积。水泥比表面积不得小于 300 m^2/kg。

（7）凝结时间。水泥初凝时间不得早于 45 min，终凝时间不得迟于 12 h，也可由生产单位与使用单位商定。

（8）安定性。沸煮法检验应合格。

（9）水化热。水泥的各龄期水化热应不大于表 9.16 中数值。

表 9.16 低热微膨胀水泥的各龄期水化热

强度等级	水化热/($kJ \cdot kg^{-1}$)	
	3 d	7 d
32.5	185	220

（10）线膨胀率。线膨胀率应符合以下要求：

1 d 不得小于 0.05%；

7 d 不得小于 0.10%；

28 d 不得大于 0.60%。

（11）Cl^- 含量。水泥的 Cl^- 含量（质量分数，%）不得大于 0.06%。

（12）碱含量。水泥的碱含量由供需双方商定。

低热微膨胀水泥主要由粒化高炉矿渣（70%以上）、硅酸盐水泥熟料和石膏共同粉磨而成。矿渣的质量系数一般宜在 1.80 以上，通常粉磨时控制水泥比表面积为 350～450 m^2/kg，为提高粉磨效率可外掺适量的外加剂（如糖蜜）。该水泥主要的水化产物为钙矾石和水化硅酸钙凝胶，早期强度高于中热硅酸盐水泥和低热硅酸盐水泥（高 30%～40%），7 d 水化热低于低热矿渣硅酸盐水泥，并且具有微膨胀性能，水泥净浆 7 d 线膨胀率为 0.14%～0.24%，28 d 线膨胀率为 0.15%～0.35%。这些特性对防止大体积工程开裂有重要作用。此外，低热微膨胀水泥具有不亚于抗硫酸盐水泥的耐蚀性能。

该水泥主要用于大坝工程。

9.3.4 低热钢渣硅酸盐水泥

JC/T 1082—2008《低热钢渣硅酸盐水泥》规定：凡由转炉钢渣或电炉钢渣（简称钢渣）、硅酸盐水泥熟料、适量粒化高炉矿渣、石膏磨细制成的水硬性胶凝材料，称为低热钢渣硅酸盐水泥。钢渣应符合 YB/T 022—2008《用于水泥中的钢渣》的规定，其掺加量(质量分数，%)不应少于 30%。硅酸盐水泥熟料应符合 GB/T 21372—2008《硅酸盐水泥熟料》的规定，且 28 d 抗压强度不低于 55 MPa。低热钢渣硅酸盐水泥主要适用于大坝或大体积混凝土工程，其技术指标和要求如下：

(1) 助磨剂。水泥粉磨时允许加入助磨剂，其加入量不超过水泥质量的 0.5%，助磨剂应符合 GB/T 26748—2011 的规定。

(2) 强度等级。水泥强度等级分为 32.5 和 42.5。各龄期强度应不低于表 9.17 中数值。

表 9.17 低热钢渣硅酸盐水泥的强度等级与各龄期强度

强度等级	抗折强度/MPa		抗压强度/MPa	
	7 d	28 d	7 d	28 d
32.5	3.0	5.5	12.0	32.5
42.5	3.5	6.5	13.0	42.5

(3) SO_3 含量。水泥中 SO_3 含量应不大于 4.0%。

(4) 比表面积。水泥比表面积应不小于 350 m^2/kg。

(5) 凝结时间。水泥初凝时间应不早于 60 min，终凝时间应不迟于 12 h。

(6) 安定性。用沸煮法检验必须合格。用 MgO 含量大于 13%的钢渣制成的水泥，压蒸安定性检验必须合格。

(7) 碱含量。水泥中的碱含量由供需双方商定，当水泥在混凝土中和集料可能发生有害反应并经用户提出低碱要求时，低热钢渣硅酸盐水泥中的碱含量以[$w(Na_2O)+0.658w(K_2O)$]计算值表示，应不大于 1.0%。

(8) 水化热。水泥各龄期水化热应不大于表 9.18 中数值。

表 9.18 低热钢渣硅酸盐水泥各龄期水化热

强度等级	水化热/($kJ \cdot kg^{-1}$)	
	3 d	7 d
32.5	197	230
42.5	230	260

9.3.5 道路硅酸盐水泥

水泥混凝土路面经常受到高速行驶车辆的摩擦、载重车辆的震荡冲击、冻融交替、路面与路基的温度和湿度所产生的膨胀应力等多种因素影响，比较容易被破坏，如用通用硅酸盐水泥修建道路，往往耐久性不是很理想。因此，对用于混凝土路面的水泥，有特殊的性能要求：耐磨性好、收缩小、抗冻性好、抗冲击性好，有高的抗折强度和良好的耐久性。

(1) 道路硅酸盐水泥的定义

GB/T 13693—2017《道路硅酸盐水泥》规定：由道路硅酸盐水泥熟料、适量石膏和混合材料，经磨细而制成的水硬性胶凝材料，称为道路硅酸盐水泥，简称道路水泥。在道路硅酸盐水泥中，水泥熟料和石膏含量(质量分数，%)为 90%～100%，活性混合材料含量(质量分数，%)为 0～10%。

（2）道路水泥的组分材料

① 道路硅酸盐水泥熟料

道路硅酸盐水泥熟料中的 C_3A 含量（质量分数，%）应不大于 5.0%，C_4AF 含量（质量分数，%）应不小于 15.0%，f-CaO 含量（质量分数，%）应不大于 1.0%。

② 混合材料

混合材料，应为符合 GB/T 1596—2017《用于水泥和混凝土中的粉煤灰》规定的 F 类粉煤灰、符合 GB/T 203—2008《用于水泥中的粒化高炉矿渣》规定的粒化高炉矿渣、符合 GB/T 6645—2008《用于水泥中的粒化电炉磷渣》规定的粒化电炉磷渣、符合 YB/T 022—2008《用于水泥中的钢渣》规定的钢渣、符合 GB/T 18046—2017《用于水泥、砂浆和混凝土中的粒化高炉矿渣粉》规定的矿渣粉或符合 GB/T 20491—2017《用于水泥和混凝土中的钢渣粉》规定的钢渣粉。

③ 石膏

天然石膏，应为符合 GB/T 5483—2008《天然石膏》规定的 G 类或 M 类二级（含）以上天然石膏或混合石膏。脱硫石膏，应符合 GB/T 21371—2019《用于水泥中的工业副产石膏》的规定。

④ 助磨剂

在水泥粉磨时，允许掺加助磨剂，其掺加量不得超过水泥质量的 1%。助磨剂应符合 GB/T 26748—2011 的规定。

（3）道路硅酸盐水泥熟料的矿物组成设计

对道路硅酸盐水泥熟料矿物组成的共同要求是：C_3S 和 C_4AF 含量要高，而 C_2S 和 C_3A 的含量要低。这是因为提高 C_3S 和 C_4AF 含量，有利于提高水泥的早期强度、黏结力和耐动压、耐磨性，增强应变能力；降低 C_2S 和 C_3A 含量，有利于减小收缩变形的影响。一般熟料矿物含量（质量分数，%）的控制范围为：$w(C_3S)$ 50%～70%，$w(C_2S)$ 15%～20%，$w(C_3A)\leqslant 5.0\%$，$w(C_4AF)\geqslant 16.0\%$，$w(\text{f-CaO})\leqslant 1.0\%$。

影响水泥混凝土路面的干燥收缩率和耐磨性的主要因素，是混凝土拌和的水灰比 w/c、单位体积混凝土的水泥用量，即一切降低混凝土水灰比 w/c 和水泥用量的措施，均有利于提高混凝土的耐磨性和减小干燥收缩率。因此，生产高等级水泥，可以减少混凝土中的水泥用量并减小水灰比 w/c，将有助于混凝土耐磨性的提高。从这一意义上讲，我们希望提高水泥熟料中的 C_3S 含量。当 C_3S 含量高时，混凝土的抗折强度、抗压强度、早期强度均高，其耐磨性也得到改善。与此同时，其脆性增强、干燥收缩率增大、水化热高。故不宜将 C_3S 含量提高得过高。实际中，主要是通过适当提高 C_4AF 含量和控制 C_3A 含量来达到耐磨、抗干缩的目的。

（4）道路硅酸盐水泥的制成

① 粉磨细度

对于道路硅酸盐水泥，若提高粉磨细度，则可提高水泥强度。但是，水泥的细度若太细，则会导致水泥石的干燥收缩率过大，从而易产生微细裂缝，使道路易于破坏。研究表明，当水泥比表面积从 272 m^2/kg 增至 325 m^2/kg 时，干燥收缩率的增加不大，但对水泥强度的提高有较大影响，尤其是早期强度。因此，当生产道路水泥时，水泥的比表面积一般可控制在 300～320 m^2/kg，0.08 mm 方孔筛的筛余量控制在 5%～10%。

② 石膏掺加量

若适当提高水泥中的石膏掺加量，则可提高道路硅酸盐水泥的强度和减小干燥收缩率。这是因为提高石膏的掺加量后，部分石膏在水化硬化初期连续与 C_3A 作用，生成水化硫铝酸钙，从而减小了水泥的干燥收缩率。但是，道路硅酸盐水泥中的 SO_3 含量不得超过 3.5%，且石膏的掺加量必须满足水泥的初凝时间不早于 90 min、终凝时间不迟于 720 min 的要求。

此外，可以有选择性地掺加适量的混合材料（如钢渣等），以提高道路硅酸盐水泥的耐磨性。

(5) 道路硅酸盐水泥的技术指标

① MgO 含量。水泥中 MgO 含量应不大于 5.0%，若水泥压蒸试验合格，则水泥中 MgO 含量允许放宽到 6.0%。

② SO_3 含量。水泥中 SO_3 含量应不大于 3.5%。

③ 灼烧减量。道路硅酸盐水泥熟料的灼烧减量应不大于 3.0%。

④ 氯离子含量。水泥中氯离子含量应不大于 0.06%。

⑤ 碱含量。道路硅酸盐水泥中的碱含量，按$[w(Na_2O)+0.658w(K_2O)]$计算值表示，若使用活性集料，用户要求提供低碱水泥时，应不大于 0.60%，或由买卖双方协商确定。

⑥ 比表面积。道路硅酸盐水泥的比表面积应为 300～450 m^2/kg。

⑦ 凝结时间。道路硅酸盐水泥的初凝时间应不小于 90 min，终凝时间应不大于 720 min。

⑧ 沸煮安定性。道路硅酸盐水泥沸煮安定性，采用雷氏夹检验，必须合格。

⑨ 干缩率。道路硅酸盐水泥水化 28 d 的干燥收缩率应不大于 0.10%。

⑩ 耐磨性。道路硅酸盐水泥水化 28 d 的磨耗量应不大于 3.0 kg/m^2。

道路硅酸盐水泥的代号为 P·R，按照 28 d 抗折强度 R_f 分为 2 个等级：7.5 和 8.5。道路硅酸盐水泥的强度等级与不同水化时间的强度下限值，如表 9.19 所示。

表 9.19　道路硅酸盐水泥的强度等级与不同水化时间的强度下限值

强度等级	抗折强度 R_f/MPa		抗压强度 R_c/MPa	
	3 d	28 d	3 d	28 d
7.5	≥4.0	≥7.5	≥21.0	≥42.5
8.5	≥5.0	≥8.5	≥26.0	≥52.5

(6) 道路硅酸盐水泥的性能与用途

① 耐磨性。道路硅酸盐水泥的耐磨性好，与同等级的硅酸盐水泥相比，其磨耗率较低，仅为 20%～40%。

② 水泥强度。道路硅酸盐水泥的强度较高，具有早强及抗折强度 R_f 较高的特点，早期强度的增长率相当于或高于同等级 R 型硅酸盐水泥的增长率，且抗折强度 R_f 的增长率高于抗压强度 R_c 的增长率，水化 28 d 的抗折强度 R_f 高于同等级 R 型硅酸盐水泥。

③ 干燥收缩率。道路硅酸盐水泥的干燥收缩率小，水泥的干燥收缩率明显优于硅酸盐水泥，干燥收缩的稳定期较短，在施工时可以减少路面预留缝的数量，从而提高路面的平整度和行车的舒适度。

④ 水化热与耐久性。道路硅酸盐水泥的水化热低，耐久性好，水泥的水化热可以达到中热硅酸盐水泥的要求，在冻融交替环境下，具有良好的耐久性。

道路硅酸盐水泥，最适宜于各类混凝土路面工程，也适用于对耐磨、抗干缩等性能要求较高的其他工程。

9.3.6 钢渣道路水泥

GB/T 25029—2010《钢渣道路水泥》规定：以转炉钢渣或电炉钢渣（简称钢渣）和道路硅酸盐水泥熟料、粒化高炉矿渣、适量石膏磨细制成的水硬性胶凝材料，称为钢渣道路水泥。

钢渣道路水泥中各组分的掺入量（质量分数，%）应符合表 9.20 规定。

表 9.20　钢渣道路水泥各组分掺入量要求　　（质量分数，%）

熟料＋石膏	钢渣或钢渣粉	粒化高炉矿渣或粒化高炉矿渣粉
＞50 且＜90	≥10 且≤40	≤10

所用的钢渣应符合 YB/T 022—2008《用于水泥中的钢渣》的要求；钢渣粉应符合 GB/T 20491—2017《用于水泥和混凝土中的钢渣粉》的要求；粒化高炉矿渣应符合 GB/T 203—2008《用于水泥中的粒化高炉矿渣》的要求；粒化高炉矿渣粉应符合 GB/T 18046—2017《用于水泥、砂浆和混凝土中的粒化高炉矿渣粉》的要求；道路硅酸盐水泥熟料应符合 GB/T 13693—2017《道路硅酸盐水泥》的要求；天然石膏应为符合 GB/T 5483—2008《天然石膏》中规定的 G 类或 M 类二级(含)以上的石膏或混合石膏；工业副产石膏应符合 GB/T 21371—2019《用于水泥中的工业副产石膏》中的规定。水泥粉磨时允许加入助磨剂，其加入量应不大于水泥质量的 0.5%，助磨剂应符合 GB/T 26748—2011 的规定。

钢渣道路水泥中的 SO_3 含量(质量分数，%)应不大于 4.0%；初凝时间不小于 90 min，终凝时间不大于 600 min；安定性检验采用压蒸法，压蒸膨胀率应不大于 0.50%。28 d 干缩率不得大于 0.10%。28 d 磨耗量不得大于 3.0 kg/m^2。钢渣道路水泥的细度以比表面积表示，其比表面积不小于 350 m^2/kg；钢渣道路水泥中氯离子含量(质量分数，%)应不大于 0.06%；钢渣道路水泥中碱含量按[$w(Na_2O)+0.658w(K_2O)$]计算值表示，若使用活性集料，用户要求提供低碱水泥时，水泥中碱含量应不超过 0.60%或由买卖双方协商确定；钢渣道路水泥强度等级分为 32.5 级和 42.5 级，各龄期的抗压强度和抗折强度应符合表 9.21 的规定。

表 9.21　钢渣道路水泥各龄期的强度指标

强度等级	抗压强度/MPa		抗折强度/MPa	
	3 d	28 d	3 d	28 d
32.5	≥16.0	≥32.5	≥3.5	≥6.5
42.5	≥21.0	≥42.5	≥4.0	≥7.0

9.4　膨胀和自应力水泥

普通硅酸盐水泥在空气中硬化，通常表现为收缩，收缩的数值大小随水泥的品种、熟料的矿物组成、水泥的细度、石膏的加入量、水灰比等而定。一般收缩率平均在 0.02%～0.035%，180 d 收缩率平均在 0.04%～0.06%。混凝土成型后，7～60 d 内的收缩率较大，60 d 后收缩率趋向缓慢。由于收缩，混凝土内部会产生微裂纹，混凝土的一系列性能将变坏。例如：强度、抗渗性和抗冻性下降，外部侵蚀性介质(腐蚀性气体，水气)渗入，直接接触钢筋造成锈蚀，使混凝土耐久性下降。在浇筑装配式构件的接头或建筑物之间的连接处以及堵塞孔洞、修补缝隙时，由于水泥的干缩，也达不到预期效果。当用膨胀混凝土时，在硬化过程中，由于钢筋和混凝土之间有一定的握裹力，由此，混凝土必然和钢筋同时膨胀，就使钢筋由于混凝土膨胀，受到一定的拉应力而伸长，混凝土的膨胀则因受到钢筋的限制而受到相应的压应力(图 9.2)。之后，即使经过干缩，但仍不致使膨胀的尺寸全部抵消，尚有一定的剩余膨胀，不但能减轻开裂现象，而且更重要的是外界因素所产生的拉应力，可以被预先具有的压应力所抵消，而将混凝土的实际拉应力减小至极低的数值，有效地弥补了混凝土抗拉强度差的缺陷。这种预先具有的压应力是依靠水泥本身产生的，所以称自应力，并以自应力值(单位：

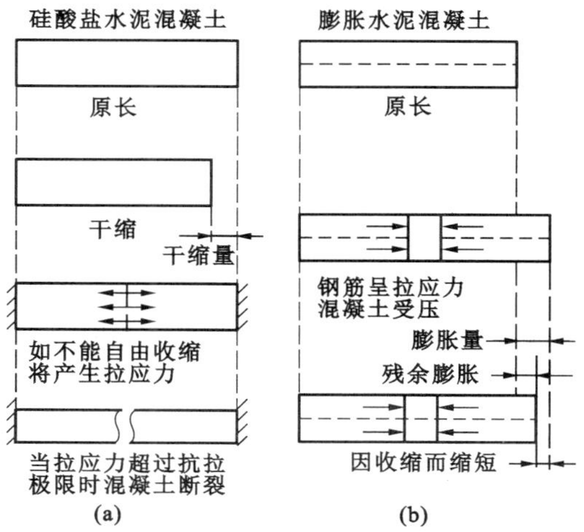

图 9.2　膨胀水泥混凝土预加应力的示意图

(a) 硅酸盐水泥混凝土；(b) 膨胀水泥混凝土

MPa)来表示混凝土中所产生压力的大小。

这类水泥在水化过程中,有相当一部分的能量用于膨胀,转变成膨胀能。一般,膨胀能越高,可能达到的膨胀值越大。膨胀的发展规律,通常也是早期较快,以后渐趋缓慢,逐渐稳定,在达到膨胀稳定期后,膨胀基本停止。另外,在没有受到任何限制的条件下,所产生的膨胀一般称为自由膨胀,此时并不产生应力。当受到单向、双向或三向限制时,所产生的膨胀称为限制膨胀,这时才产生应力,而且限制越大,自应力值越高。

根据膨胀值和用途的不同,膨胀水泥主要用于补偿收缩膨胀和产生自应力,因此膨胀水泥可分为补偿收缩作用的膨胀水泥和自应力水泥。前者膨胀能较低,限制膨胀时所产生的压应力能大致抵消干缩所引起的拉应力,主要用以减小或防止混凝土的干缩裂缝。而后者所具有的膨胀能较高,足以使干缩后的混凝土仍有较大的自应力,用于配制各种自应力钢筋混凝土。

9.4.1　制造膨胀水泥的基本原理

虽然有许多化学反应都能使混凝土产生膨胀,但适于制造膨胀水泥的主要有以下三种方法:

(1) 在水泥中掺入一定量在特定温度下煅烧制得的 CaO(生石灰),CaO 水化时产生体积膨胀。煅烧温度通常控制在 1150～1250 ℃。

(2) 在水泥中掺入一定量在特定温度下煅烧制得的 MgO(菱苦土),MgO 水化时产生体积膨胀。煅烧温度通常控制在 900～950 ℃。

(3) 在水泥石中形成高硫型水化硫铝酸钙(钙矾石),产生体积膨胀。

由于环境温度对 CaO 和 MgO 的水化速度较敏感,并且 CaO 和 MgO 的水化速度和膨胀速度因其煅烧温度和颗粒大小不同而改变,因此,在生产上其膨胀性能往往不够稳定。除此之外,CaO 和 MgO 的胶凝性也比较差,即水化后的强度比较低,所以在实际生产上没有得到广泛的应用。目前广泛使用的是以钙矾石为膨胀组分的各种膨胀水泥。

形成钙矾石产生膨胀而使水泥石破坏,在相当长的时期内一直被看作是混凝土遭受破坏的因素。法国的劳西耶(Lossier)最早认识到混凝土中形成钙矾石所产生的膨胀,可用来抵消收缩和产生化学应力。在 20 世纪 30 年代中期,他提出了制造膨胀水泥的方案,其膨胀水泥是由膨胀剂、硅酸盐水泥和矿渣制成。膨胀剂由矾土、石膏、白垩磨成生料经煅烧而得,加入适量的矿渣可控制其膨胀率。在溶液中,只要有适当浓度的钙离子、铝酸盐和硫酸盐离子,就能形成钙矾石。在一般情况下,硫酸盐离子由二水石膏或无水石膏提供,铝酸钙(C_3A、$C_{12}A_7$、CA、CA_2)提供铝酸盐离子,硅酸钙(C_3S、C_2S)矿物水化提供钙离子,无水硫铝酸钙则可同时提供上述离子。

关于形成钙矾石产生膨胀的机理,存在着不同的理论。

拉福姆(Lafuma H)认为在高浓度的 $Ca(OH)_2$ 溶液中,钙矾石是通过固相反应形成的,大量的水从其他部位集结而引起膨胀。但事实上铝酸盐形成钙矾石,液相反应快于固相反应,并且在低浓度 $Ca(OH)_2$ 溶液中形成钙矾石,体积也会膨胀。米哈依洛夫(Михайлов В В)认为膨胀是由钙矾石的晶体长大而产生晶体压力所致。但是梅塔(Mehta)发现在膨胀组分中形成的钙矾石,在 6～7 h 内晶体并未长大,而 7 d 内膨胀已达到最大值,他认为,由于胶状钙矾石的比表面积大且微观结构特殊,它在饱和的 $Ca(OH)_2$ 溶液中会吸水膨胀。中国建材研究院认为,硬化水泥浆体因形成钙矾石相而膨胀,而通过液相形成的钙矾石相,在形成时的固相体积因外界水的补充而增大,并因晶体交叉生长的结晶压力而相互推斥是引起膨胀的根本原因;膨胀值的大小与钙矾石相的形态、数量、形成的时间有关;硬化水泥浆体的结构、强度、自应力等性能与钙矾石同时形成的起主要强度作用的凝胶相的形成特点、数量和硬化浆体的限制条件有关。

尽管解释不同,但膨胀相是钙矾石已为大量的试验所证实。水化过程中所生成的钙矾石,在开始时填塞水泥石内部空隙,强度有所增大。随着水泥的不断水化,钙矾石数量增多,尺寸长大,就会产生膨胀应力，削弱和破坏水泥石结构，使强度下降。与此同时，强度组分又会修补和增强水泥石的结构，增进强度并阻碍膨胀。由此可知，膨胀是削弱、破坏水化产物粒子间的联系，而强度则是强化它们之间的内部联系而获得力学特征。所以自应力水泥的强度和膨胀是相互依赖、相互对立的辩证统一关系，只有强度而没有膨胀，则不会产生膨胀能；只有膨胀而没有足够的强度，也不能产生足够的膨胀来张拉钢筋。膨胀是前提，强度是保证，缺一不可。例如：增加强度组分，则水泥的强度增大了，但膨胀变小了；相反，增加膨胀组分，则水泥的膨胀增大了，而强度却降低了。这就要求膨胀和自应力水泥既要保证有满足要求的膨胀值，又要保证有高的强度及强度增长率。

要很好地控制影响膨胀和强度的各种因素，必须合理选择膨胀水泥各组分的配比，如果铝酸盐水泥用量多，石膏的掺入量大，则膨胀量和膨胀速度均大；而硅酸盐水泥越多，强度越高，则对膨胀的限制越明显，其膨胀量和膨胀速度均小。水泥粉磨细度应合适，自应力水泥细度一般在 400～500 m^2/kg。细度过粗，则早期强度低而膨胀大，自应力值小；细度过细，则早期强度过高，从而限制了膨胀，并过早生成太多钙矾石，自应力值下降。配制混凝土时，水泥用量大，膨胀值大，水灰比过大，混凝土强度低，膨胀过早，对自应力值不利。实践证明，应在水泥石达到一定强度时形成足够数量的钙矾石，才能产生足够的自应力。因此，自应力水泥宜在空气中静置或蒸汽养护一段时间，使混凝土拥有一定的强度(10～15 MPa)，然后才置于水中养护。由此可知，合理地选择各组分的配比、细度、养护制度，以达到控制膨胀速度和强度增长速度的目的，使水泥既可获得高膨胀值又有较高的强度，从而得到较大的自应力。

9.4.2　膨胀水泥的种类

膨胀水泥是相对于在空气中会产生收缩的一般水泥而言。我国将补偿收缩的水泥称作膨胀水泥；将用作配制自应力混凝土的水泥称作自应力水泥。由于混凝土中有钢筋，在水泥膨胀时，钢筋相应地被拉长而受到拉应力，而混凝土则受到压应力，该压应力值称作自应力值。

为了形成稳定的钙矾石，液相中必须有相应浓度的 Ca^{2+}、Al^{3+}、SO_4^{2-}，这些离子的来源不同，可形成不同种类的膨胀水泥。Ca^{2+} 一般来源于硅酸盐水泥，也可来自铝酸盐水泥或生石灰；Al^{3+} 来源于铝酸钙或水化铝酸钙，亦可来源于 $C_4A_3\overline{S}$和明矾石；SO_4^{2-} 来源于石膏，也可来源于 $C_4A_3\overline{S}$和明矾石等。

膨胀水泥和自应力水泥有下列类型：

(1) 以硅酸盐水泥熟料为主

① 硅酸盐膨胀水泥和硅酸盐自应力水泥。由硅酸盐水泥熟料或水泥加铝酸盐水泥和石膏制成。

② K 型膨胀水泥。由硅酸盐水泥熟料或水泥加膨胀剂制成。膨胀剂由 $C_4A_3\overline{S}$和石灰、石膏组成。

③ S 型膨胀水泥。由 C_3A 含量高的硅酸盐水泥熟料加二水石膏磨细制成。

④ 明矾石膨胀水泥和明矾石自应力水泥。由硅酸盐水泥熟料加煅烧的或未煅烧的明矾石和石膏磨细制成。

⑤ 膨胀油井水泥。由硅酸盐水泥熟料和适量在一定温度下煅烧的 MgO 制成。

⑥ 浇筑水泥。由硅酸盐水泥熟料加入适量在一定温度下煅烧的 CaO 制成。

⑦ 加气型水泥。由硅酸盐水泥加铝粉或加铁粉和氧化剂(NH_4Cl)而制成。

(2) 以铝酸盐水泥熟料为主

① 膨胀性不透水水泥。由铝酸盐水泥加水化铝酸钙和半水石膏(或高强建筑石膏)制成。

② 无收缩不透水水泥。由铝酸盐水泥加半水石膏和消石灰制成。

③ 石膏矾土膨胀水泥。快凝膨胀水泥、自应力铝酸盐水泥由铝酸盐水泥加石膏制成。

(3) 以硫铝酸盐熟料为主

硫铝酸盐早强微膨胀水泥、自应力硫铝酸盐水泥由硫铝酸盐水泥熟料加二水石膏制成。

9.4.3 生产工艺及性能

9.4.3.1 无收缩快硬硅酸盐水泥

凡以硅酸盐水泥熟料与适量的二水石膏和膨胀剂共同粉磨制成的具有快硬、无收缩性能的水硬性胶凝材料，称为无收缩快硬硅酸盐水泥(又称浇筑水泥)。

无收缩快硬硅酸盐水泥熟料中的 MgO 含量不得超过 5.0%；水泥中 SO_3 含量不得超过 3.5%；0.08 mm 方孔筛筛余量不得超过 10%；初凝时间不得早于 30 min，终凝时间不得迟于 6 h；水泥净浆试体水中养护 1 d 的自由膨胀率不得小于 0.02%，28 d 的自由膨胀率不得大于 0.3%。

无收缩快硬硅酸盐水泥是由优质硅酸盐水泥熟料、石膏和经特定温度(～1300 ℃)煅烧的石灰膨胀剂共同粉磨制成，也可掺入适量高碱性粒化高炉矿渣，以改善水泥的后期强度。该水泥具有硬化快、早期强度高、后期强度也高，微膨胀和不收缩性能。广泛用于各类建筑工程，如装配式框架节点的后浇混凝土和钢筋浆锚搭接砂浆或混凝土工程，现浇混凝土工程的接缝、机械设备安装的灌浆及一般的抢修补强工程。

9.4.3.2 自应力硅酸盐水泥

以适当比例的硅酸盐水泥或普通硅酸盐水泥、铝酸盐水泥和天然二水石膏磨制而成的膨胀性的水硬性胶凝材料，称为自应力硅酸盐水泥。

自应力硅酸盐水泥根据 28 d 自应力值的大小分为四个能级，代号为 S_1、S_2、S_3、S_4。每一能级自应力的值应符合表 9.22 的要求。自应力硅酸盐水泥比表面积大于 340 m^2/kg；初凝时间不得早于 30 min，终凝时间不得迟于 390 min；28 d 自由膨胀率不得大于 3%；膨胀稳定期不得迟于 28 d。

表 9.22 自应力硅酸盐水泥的能级及自应力值

能级	S_1	S_2	S_3	S_4
自应力值/MPa	$1.0 \leqslant S_1 < 2.0$	$2.0 \leqslant S_2 < 3.0$	$3.0 \leqslant S_3 < 4.0$	$4.0 \leqslant S_4 < 5.0$

通常自应力硅酸盐水泥的配比为：硅酸盐水泥 67%～73%，铝酸盐水泥 12%～15%，二水石膏 15%～18%。水泥浆体自由膨胀 1%～3%，膨胀在 7 d 内达最大值。膨胀的产生主要是由于铝酸盐水泥中的 CA 和 CA_2 与石膏作用生成钙矾石。由于水泥浆体液相碱度高，膨胀稳定期短，膨胀特性不易控制，产品质量不够稳定，抗渗性和气密性不够好，自应力值低。

自应力硅酸盐水泥主要用于制造承接式自应力钢筋混凝土输水管、喷灌用自应力钢丝网水泥管，不宜制造大口径的高压输水、输气管。

9.4.3.3 自应力铝酸盐水泥

自应力铝酸盐水泥是以一定量的铝酸盐水泥熟料和二水石膏粉磨而成的具有大膨胀率的胶凝材料。按 1∶2 标准砂浆 28 d 自应力值分为 3.0 MPa、4.5 MPa 和 6.0 MPa 三个级别。主要用于制造钢筋(钢丝网)混凝土(砂浆)自应力压力管。

通常自应力铝酸盐水泥的配比为：铝酸盐水泥 60%～66%，二水石膏 30%～40%(以 SO_3 含量计约为 16%±0.5%)。自应力铝酸盐水泥的主要水化产物为钙矾石和氢氧化铝，其反应式如下：

$$3CA + 3C\bar{S}H_2 + 32H \longrightarrow C_3A \cdot 3C\bar{S} \cdot H_{32} + 2AH_3$$

$$3CA_2 + 3C\bar{S}H_2 + 41H \longrightarrow C_3A \cdot 3C\bar{S} \cdot H_{32} + 5AH_3$$

自应力铝酸盐水泥水化时，液相中 CaO 的浓度低，铝酸盐水泥中的 CA、CA_2 和石膏反应生成钙矾石的同时，会析出相当数量的铝胶，不但有效地增进了水泥石的密实性，而且在钙矾石晶体生长、膨胀过程中，起着极为重要的塑性衬垫作用，使水泥石在强度不断提高的情况下，具有较大的变形能力。又由于钙矾石析晶时的过饱和度较小，生成的钙矾石就比较分散，而且分布均匀，结晶压力不会过分集中，对水泥石结构的破坏就相对较小。因此，可以认为钙矾石和铝胶共同构成了强度因素和膨胀因素。

自应力铝酸盐水泥的抗渗性和气密性好，自应力值高，可达 5 MPa，生产工艺易于控制，质量比较稳定，但成本高，膨胀稳定期长。

9.4.3.4　膨胀和自应力硫铝酸盐水泥

凡以适当成分的生料，经煅烧所得以无水硫铝酸钙和硅酸二钙为主要矿物成分的熟料，加入适量二水石膏磨细制成的具有可调膨胀性能的水硬性胶凝材料，称为膨胀硫铝酸盐水泥。以水泥自由膨胀率值划分，分为微膨胀硫铝酸盐水泥和膨胀硫铝酸盐水泥两类。

GB/T 20472—2006《硫铝酸盐水泥》规定：由适当成分的硫铝酸盐水泥熟料加入适量石膏磨细制成的具有膨胀性的水硬性胶凝材料，称为自应力硫铝酸盐水泥。

用于制造自应力硫铝酸盐水泥的熟料中的 Al_2O_3 含量（质量分数，%）应不小于 30%，SiO_2 含量（质量分数，%）应不大于 10.5%，Al_2O_3 与 SiO_2 的质量比 $w(Al_2O_3)/w(SiO_2)$ 应不大于 6.0，熟料的 3 d 抗压强度应不低于 55.0 MPa。

自应力硫铝酸盐水泥的等级以 28 d 自应力值表示，分 3.0、3.5、4.0、4.5 四个自应力等级。

自应力硫铝酸盐水泥的物理性能和碱含量应符合表 9.23 的规定。自应力硫铝酸盐水泥所有自应力等级水泥的抗压强度，7 d 不小于 32.5 MPa，28 d 不小于 42.5 MPa。自应力硫铝酸盐水泥各级别各龄期自应力值应符合表 9.24 的要求。

表 9.23　自应力硫铝酸盐水泥的物理性能要求和碱含量

项目		指标
比表面积/($m^2 \cdot kg^{-1}$)		≥370
凝结时间[a]/min	初凝	≥40
	终凝	≤240
自由膨胀率/%	7 d	≤1.30
	28 d	≤1.75
水泥中的碱含量[$w(Na_2O)+0.658w(K_2O)$]/%		≤0.50
28 d 自应力增长率/($MPa \cdot d^{-1}$)		≤0.010

注：a. 用户要求时，可以变动。

表 9.24　自应力硫铝酸盐水泥各级别各龄期自应力值要求

级别	7 d 自应力值/MPa	28 d 自应力值/MPa	
	≥	≥	≤
3.0	2.0	3.0	4.0
3.5	2.5	3.5	4.5
4.0	3.0	4.0	5.0
4.5	3.5	4.5	5.5

水泥的膨胀是由于钙矾石的形成，主要水化产物为钙矾石和 $Al(OH)_3$ 凝胶，水化初期形成的钙矾石起骨架作用，$Al(OH)_3$ 凝胶和 C-S-H 凝胶的存在，对膨胀起垫衬作用，因此，膨胀特性缓和，水泥石致密，具有良好的致密性和抗渗性。膨胀量和自应力值取决于石膏掺量，石膏掺量愈高，自应力值愈大，通常自应力值可达 2～7 MPa，可用于制造大口径高压输水、输气、输油管。

9.4.3.5　膨胀和自应力铁铝酸盐水泥

以适当成分的生料，经煅烧所得以铁相、无水硫铝酸钙和硅酸二钙为主要矿物成分的熟料，加入适量石灰石和石膏，磨细制成的具有可调膨胀性能的水硬性胶凝材料，称为膨胀铁铝酸盐水泥。以水泥自由膨胀率值划分，分为微膨胀铁铝酸盐水泥和膨胀铁铝酸盐水泥两类。

JC/T 437—2010《自应力铁铝酸盐水泥》规定：由铁铝酸盐水泥熟料和适量的石膏磨细制成的、具有膨胀性能的水硬性胶凝材料，称为自应力铁铝酸盐水泥。

铁铝酸盐水泥熟料是以适当成分的生料，经煅烧所得以无水硫铝酸钙、铁相和硅酸二钙为主要矿物成分的水硬性胶凝材料。其中 Al_2O_3 含量应不小于 28.0%，SiO_2 含量应不大于 10.5%，Fe_2O_3 含量应不小于 3.5%，Al_2O_3 与 SiO_2 的质量分数比[$w(Al_2O_3)/w(SiO_2)$]应不大于 6.0。水泥中的碱含量按[$w(Na_2O)+0.658w(K_2O)$]计应不大于 0.50%。

自应力铁铝酸盐水泥的物理性能指标应符合表 9.25 的规定。

表 9.25　自应力铁铝酸盐水泥的物理性能指标

项目		指标
比表面积/($m^2 \cdot kg^{-1}$)		≥370
凝结时间[a]/min	初凝	≥40
	终凝	≤240
自由膨胀率/%	7 d	≤1.30
	28 d	≤1.75
抗压强度/MPa	7 d	≥32.5
	28 d	≥42.5
28 d 自应力增长率/($MPa \cdot d^{-1}$)		≤0.010

注：a. 当用户有特殊要求时，可以协商确定。

自应力水泥按 28 d 自应力值的大小分为 3.0、3.5、4.0、4.5 四个自应力等级。不同自应力等级的自应力铁铝酸盐水泥，其不同龄期的自应力值应符合表 9.26 的规定。

表 9.26　自应力铁铝酸盐水泥不同龄期的自应力值要求

等级	7 d 自应力值/MPa	28 d 自应力值/MPa	
	≥	≥	≤
3.0	2.0	3.0	4.0
3.5	2.5	3.5	4.5
4.0	3.0	4.0	5.0
4.5	3.5	4.5	5.5

9.4.3.6　明矾石膨胀水泥

JC/T 311—2004《明矾石膨胀水泥》规定：以硅酸盐水泥熟料为主，掺加铝质熟料、石膏和粒化高炉矿渣（或粉煤灰），按适当比例磨细制成的，具有膨胀性能的水硬性胶凝材料，称为明矾石膨胀水泥。

经一定温度煅烧后，具有活性，Al_2O_3 含量在 25%以上的材料称为铝质熟料，其主要原料为明矾石。

硅酸盐水泥熟料应符合 GB/T 21372—2008 的规定，宜采用 42.5 级以上的熟料。

明矾石膨胀水泥粉磨时允许加入符合 GB/T 26748—2011 规定的助磨剂，其加入量应不大于水泥质量的 1%。

明矾石膨胀水泥中硫酸盐含量以 SO_3 计应不大于 8.0%；比表面积应不小于 400 m^2/kg；初凝时间不早于 45 min，终凝时间不迟于 6 h；分为 32.5、42.5、52.5 三个等级，各强度等级水泥的各龄期强度应不低于表 9.27 的数值；限制膨胀率 3 d 应不小于 0.015%，28 d 应不大于 0.10%；按 JC/T 311—2004《明矾石膨胀水泥》附录 B 中明矾石膨胀水泥不透水性检验方法检验，3 d 不透水性应合格，但若该水泥不用在防渗工程中可以不作透水性试验；碱含量由供需双方商定，当水泥与混凝土中集料可能发生有害反应并经用户提出低碱要求时，明矾石膨胀水泥中的碱含量以[$w(Na_2O)+0.658w(K_2O)$]计应不大于0.60%。

表 9.27 明矾石膨胀水泥的等级与各龄期强度

强度等级	抗压强度/MPa			抗折强度/MPa		
	3 d	7 d	28 d	3 d	7 d	28 d
32.5	13.0	21.0	32.5	3.0	4.0	6.0
42.5	17.0	27.0	42.5	3.5	5.0	7.5
52.5	23.0	33.0	52.5	4.0	5.5	8.5

明矾石膨胀水泥一般在14～18 d内膨胀稳定。水泥用量380 kg/m^3、水灰比为0.50～0.55、配筋率为0.5%～1.6%的钢筋混凝土，自应力值一般可达0.2～1.0 MPa，满足补偿收缩的要求，可减少或防止混凝土干缩开裂。3 cm厚的1：2砂浆抗水压力可达2.9～3.9 MPa；厚15 cm、水泥用量达350 kg/m^{3}的膨胀混凝土抗水压力大于2.9 MPa；在9.8 MPa汽油压力下恒压7 d，渗透厚度仅1～2 cm。用该水泥作防水混凝土，耐久性及防水性能良好。明矾石膨胀水泥强度高，尤其是后期强度增长较快，长期(5年)强度稳定增长。混凝土在空气中稳定性能良好，抗冻性好，有良好的抗硫酸盐性能，对钢筋无锈蚀作用。

明矾石膨胀水泥主要用于补偿收缩混凝土结构工程、补强工程和补修工程等，还可用于防渗混凝土工程或防渗抹面、现场浇筑混凝土工程的后浇缝混凝土和预制件的接缝、预制梁柱的接头，浆锚砂浆和管道接头，也可用作机器底座和地脚螺丝的二次灌浆材料。

9.5 油井水泥

油井水泥，又称堵塞水泥，是指应用于各种钻井条件下进行固井、修井和挤注等用途的硅酸盐水泥和非硅酸盐水泥，包括掺有各种外掺料或外加剂的改性水泥。而通常所指的油井水泥，即指硅酸盐类水泥。

油气井的钻井工艺过程如下：

(1) 使用较大尺寸的钻头开始钻进；

(2) 当钻进到一定深度时，向下伸入表层套管；

(3) 从套管中注入油井水泥浆体，使用钻井液向胶塞施压，迫使油井水泥浆体从表层套管底部返入井眼和套管之间的环形空间；

(4) 等候油井水泥浆体凝结后进行测井，即完成表层固井工序；

(5) 使用较小尺寸的钻头钻穿胶塞与表层套管底部的水泥石；

(6) 当钻进到一定深度时，再向下伸入技术套管以进行固井。

固井的方法与表层固井相似；油层套管固井方法，也类似于表层固井。固井方法如图9.3所示。

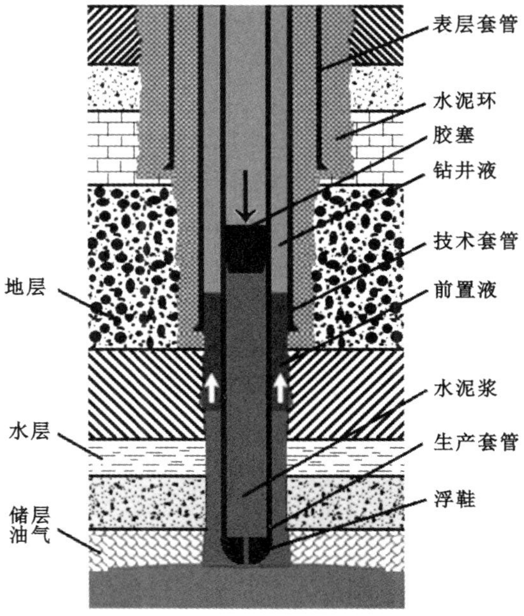

图 9.3 固井方法示意图

油气井钻井，由于需要加固井壁以保证继续钻进，所以需要封隔油、气和水层而在井内向下伸入套管，并向井眼和套管之间的环形空间内注入水泥浆体，此施工作业被称为固井。固井是油井建井过程中的重要环节，固井质量的好坏，不仅关系到钻井的速度和成本，还将影响到油井以后能否顺利生产，影响到油井的寿命甚至油气藏的采收率 η。由于固井具有承前启后的重要作用，因此，不仅要尽可能提高固井质量，还应该尽可能提高固井作业的一次成功率。而油井水泥作为油井固井工程中的主要材料之一，与固井作业的成功与否和固井质量的好坏密切相关。

对油井水泥的要求是：具有合适的密度和凝结时间、较低的稠度；用其配制的预拌油井混凝土，具有良好的抗沉降性和可泵性；将其注入预定（温度、压力）的井段，能迅速凝结硬化并产生一定的机械强度；油井混凝土固化后具有良好的抗渗性、稳定性和耐腐蚀性。

油井底部的温度（T）和压强（p），随着油井深度（h）的增加而提高，每深入 100 mm，温度（T）约提高 3 ℃，压强（p）增加 1.0～2.0 MPa。若油井深度 $h \geqslant 7000$ m，油井底部的温度可达 200 ℃，压强（p）可达到 125.0 MPa。因此，高温和高压（特别是高温）对水泥各种性能的影响，是油井水泥生产和使用时所面临的最重要问题。

此外，油井水泥的施工工艺与普通硅酸盐水泥相比也存在很大差别，因此，对油井水泥的化学组成和物理性质方面的要求，比普通硅酸盐水泥严格。由于油井水泥的施工方法不同，特别是对水泥浆的密度、稠度、流变特性、稠化时间和抗压强度等，都具有更高的要求，其物理化学性能的测试仪器和测试方法等，都存在差异。

为了适应不同油井深度和井下使用环境的需要，有多种级别和类型的油井水泥可供选用。我国国家标准 GB/T 10238—2015《油井水泥》是参照 API（American Petroleum Institute，美国石油学会）标准制定的，将基本油井水泥分为 6 个级别：A 级、B 级、C 级、D 级、G 级和 H 级；又将各级别的水泥分为 3 种类型：普通型（Ordinary，O）、中抗硫酸盐型（Moderate Sulfate Resistant，MSR）和高抗硫酸盐型（High Sulfate Resistant，HSR）。其中，G 级和 H 级油井水泥，为基本油井水泥。

为了保证油井水泥的质量，GB/T 10238—2015 还对不同级别水泥的化学成分及矿物组成做了严格的规定，以适应不同油井深度和井下使用环境的需要，参见表 9.28 和表 9.29。

表 9.28 我国油井水泥的化学性能要求 （质量分数，%）

化学要求			水泥级别					
			A	B	C	D	G	H
普通型（O）	$w(MgO)_{max}$		6.0	—	6.0	—	—	—
	$w(SO_3)_{max}$		3.5	—	4.5	—	—	—
	$w(LOI)_{max}$		3.0	—	3.0	—	—	—
	$w(不溶物)_{max}$		0.75	—	0.75	—	—	—
	$w(C_3A)_{max}$		—	—	15	—	—	—
中抗硫酸盐型（MSR）	$w(MgO)_{max}$		—	6.0	6.0	6.0	6.0	6.0
	$w(SO_3)_{max}$		—	3.0	3.5	3.0	3.0	3.0
	$w(LOI)_{max}$		—	3.0	3.0	3.0	3.0	3.0
	$w(不溶物)_{max}$		—	0.75	0.75	0.75	0.75	0.75
	硅酸三钙（C_3S）	$w(C_3S)_{max}$	—	—	—	—	58	58
		$w(C_3S)_{min}$	—	—	—	—	48	48
	$w(C_3A)_{max}$		—	8	8	8	8	8
	$[w(Na_2O)+0.658w(K_2O)]_{max}$		—	—	—	—	0.75	0.75

续表 9.28

化学要求			A	B	C	D	G	H
			水泥级别					
高抗硫酸盐型（HSR）	$w(MgO)_{max}$		—	6.0	6.0	6.0	6.0	6.0
	$w(SO_3)_{max}$		—	3.0	3.5	3.0	3.0	3.0
	$w(LOI)_{max}$		—	3.0	3.0	3.0	3.0	3.0
	$w(不溶物)_{max}$		—	0.75	0.75	0.75	0.75	0.75
	硅酸三钙（C_3S）	$w(C_3S)_{max}$	—	—	—	—	65	65
		$w(C_3S)_{min}$	—	—	—	—	48	48
	$w(C_3A)_{max}$		—	3	3	3	3	3
	$[w(C_4AF)+2w(C_3A)]_{max}$		—	24	24	24	24	24
	$[w(Na_2O)+0.658w(K_2O)]_{max}$		—	—	—	—	0.75	0.75

注：min 表示最小值；max 表示最大值。

表 9.29　我国油井水泥的物理性能要求

水泥级别			A	B	C	D	G	H
w/c/%			46	46	56	38	44	38
S/($m^2 \cdot kg^{-1}$)(浊度计测定)			150	160	220	—	—	—
S/($m^2 \cdot kg^{-1}$)(透气仪测定)			280	280	400	—	—	—
$w(f\text{-}H_2O)_{max}$/%			—	—	—	—	5.9	5.9
抗压强度试验（养护时间 8 h）	温度/℃	压强/MPa	$R_{c,min}$/MPa					
	38	常压	1.7	1.4	2.1	—	2.1	2.1
	60	常压	—	—	—	—	10.3	10.3
	110	20.7	—	—	—	3.4	—	—
	143	20.7	—	—	—	—	—	—
	160	20.7	—	—	—	—	—	—
抗压强度试验（养护时间 24 h）	温度/℃	压强/MPa	$R_{c,min}$/MPa					
	38	常压	12.4	10.3	13.8	—	—	—
	77	20.7	—	—	—	6.9	—	—
	110	20.7	—	—	—	13.8	—	—
	143	20.7	—	—	—	—	—	—
	160	20.7	—	—	—	—	—	—
在一定温度和压强下的稠化试验	稠化条件	搅拌时间为 15～30 min 的最大稠度值/Bc①	稠化时间 t/min					
	45 ℃,26.7 MPa	30	90	90	90	90	—	—
	52 ℃,35.6 MPa	30	—	—	—	—	90	90
	52 ℃,35.6 MPa	30	—	—	—	—	120_{max}	120_{max}
	62 ℃,51.6 MPa	30	—	—	—	100	—	—
	97 ℃,92.3 MPa	30	—	—	—	—	—	—
	120 ℃,111.3 MPa	30	—	—	—	—	—	—

注：min 表示最小值；max 表示最大值。

①水泥浆的稠度，是指水泥浆的黏稠程度，用来表征水泥浆的流动性特征。当采用高温高压稠化仪测试时，所测得的稠度单位为 Bc（伯登）。

(1) A级油井水泥

A级油井水泥，是指以水硬性硅酸钙为主要成分的硅酸盐水泥熟料，通常加入适量符合GB/T 5483—2008《天然石膏》规定的石膏，经共同磨细而制成的产品。在生产A级油井水泥时，允许掺加符合GB/T 26748—2011规定的助磨剂。A级油井水泥适合于无特殊性能要求时使用。该产品只有普通型(O)。A级油井水泥主要用于油井深度(h)为自地面至1830 m的固井工程。

(2) B级油井水泥

B级油井水泥，是指以水硬性硅酸钙为主要成分的硅酸盐水泥熟料，通常加入适量符合GB/T 5483—2008规定的石膏，经共同磨细而制成的产品。在生产B级水泥时，允许掺加符合GB/T 26748—2011规定的助磨剂。B级油井水泥适合于井下条件要求中抗硫酸盐型或高抗硫酸盐型时使用。该产品有2种类型：中抗硫酸盐型(MSR)和高抗硫酸盐型(HSR)。B级油井水泥主要用于油井深度(h)为自地面至1830 m的固井工程。

(3) C级油井水泥

C级油井水泥，是指以水硬性硅酸钙为主要成分的硅酸盐水泥熟料，通常加入适量符合GB/T 5483—2008规定的石膏，经共同磨细而制成的产品。在生产C级油井水泥时，允许掺加符合GB/T 26748—2011规定的助磨剂。C级油井水泥适合于井下条件要求具有高早期强度时使用。该产品有3种类型：普通型(O)、中抗硫酸盐型(MSR)和高抗硫酸盐型(HSR)。C级油井水泥用于油井深度(h)为自地面至1830 m的固井工程。

(4) D级油井水泥

D级油井水泥，是指以水硬性硅酸钙为主要成分的硅酸盐水泥熟料，通常加入适量符合GB/T 5483—2008规定的石膏，经共同磨细而制成的产品。在生产D级油井水泥时，允许掺加符合GB/T 26748—2011规定的助磨剂。此外，在生产时还可选用合适的调凝剂进行共同粉磨或混合。D级油井水泥适合在中温和中压的条件下使用。该产品有2种类型：中抗硫酸盐型(MSR)和高抗硫酸盐型(HSR)。D级油井水泥用于油井深度(h)为1830～3050 m的固井工程。

(5) G级油井水泥

G级油井水泥，是指以水硬性硅酸钙为主要成分的硅酸盐水泥熟料，通常加入适量符合GB/T 5483—2008规定的石膏，经共同磨细而制成的产品。在生产G级油井水泥时，除了掺加石膏或水，或两者一起与水泥熟料粉磨或混合外，不得掺加其他外加剂。该产品是一种基本油井水泥，有2种类型：中抗硫酸盐型(MSR)和高抗硫酸盐型(HSR)。G级油井水泥用于油井深度(h)为自地面至2440 m的油井和气井的固井工程。

(6) H级油井水泥

H级油井水泥，是指以水硬性硅酸钙为主要成分的硅酸盐水泥熟料，通常加入适量的符合GB/T 5483—2008规定的石膏，经共同磨细而制成的产品。在生产H级油井水泥时，除了掺加石膏或水，或两者一起与水泥熟料粉磨或混合外，不得掺加其他外加剂。该产品是一种基本油井水泥，有2种类型：中抗硫酸盐型(MSR)和高抗硫酸盐型(HSR)。H级油井水泥的固井深度、品质指标等要求，与G级油井水泥完全相同。其主要区别在于，H级油井水泥的水灰比(w/c)为0.38，而G级水泥的水灰比(w/c)为0.44。

此外，为了满足不同固井注水泥作业的特殊技术要求，一些石油服务公司还研制并生产了具有特定组分和物理、化学性能的油井水泥。这类油井水泥的特点是用量小、物理和化学性能及质量要求高，因此，其生产难度大、成本高，未能在固井注水泥作业中得到广泛应用。

GB/T 10238—2015所采用的稠化时间、初始稠度、游离水含量和抗压强度等物理性能技术指标，以及在模拟不同油井深度的温度和压强条件下的注水泥作业的动态试验方法，与固井施工的实际要求非常接近。所以，该标准既能正确地评价油井水泥的质量和水泥浆体的性能，又能正确地指导注水泥作业。

油井水泥的生产方法有两种：一种是制造特定矿物组成的熟料，以满足某级油井水泥的化学和物理性能要求；另一种方法是采用基本油井水泥(G级和H级)加入相应的外加剂达到某级油井水泥的技术要求。

采用前一种方法往往会给水泥厂带来一定困难，但其生产工艺与通用硅酸盐水泥的生产工艺基本相同，但在某些生产环节上，必须满足油井水泥生产的基本要求。如生产G级油井水泥熟料，通常采用的是高饱和比 *KH*、低铝率 *IM* 的配料方案，与煅烧普通水泥熟料相比，有烧成温度高、烧成范围窄、液相黏度低的特点，极易形成飞砂料。而且由于油井水泥配料中铁含量高，极易在预热器中提前形成液相，导致预热器结皮。因此，在中控操作中，必须精心操作，密切观察窑内情况、预热器各主要参数和筒体温度。生产中所使用的原材料中，要求石灰石的 CaO 含量要高，黏土中的 K_2O 和 Na_2O 含量要低，做好生料的均化，以保证入窑生料的成分符合规定要求。

9.6　装饰水泥

装饰水泥指白色水泥和彩色水泥，主要用于建筑工程，可配制成彩色灰浆或制造各种彩色和白色混凝土，与天然的装饰材料相比，具有使用方便，色彩易于调节和价格低廉等优点。

9.6.1　白色硅酸盐水泥

9.6.1.1　白色硅酸盐水泥的主要技术要求

GB/T 2015—2017《白色硅酸盐水泥》规定：由白色硅酸盐水泥熟料，加入适量石膏和混合材料，磨细制成水硬性胶凝材料，称为白色硅酸盐水泥(简称白水泥)。以适当成分的生料烧至部分熔融，得到以硅酸钙为主要成分，氧化铁含量少的熟料，称为白色硅酸盐水泥熟料。

白水泥熟料中 MgO 的含量不宜超过5%；混合材料是指石灰石、白云质石灰岩和石英砂等天然矿物。混合材料掺量为水泥质量的0～30%；水泥粉磨时允许加入助磨剂，加入量应不超过水泥质量的0.5%，助磨剂应符合 GB/T 26748—2011 的规定。

白水泥中的 SO_3 的含量应不超过3.5%；45 μm 方孔筛筛余量应不超过30%；初凝时间应不早于45 min，终凝时间应不迟于600 min；安定性用沸煮法检验必须合格；水泥白度值，通常以白水泥与 MgO 标准白板的反射率的比值来表示，1级白度应不低于89，2级白度应不低于87；白色硅酸盐水泥强度等级分为32.5、42.5、52.5三个级别，各强度等级的各龄期强度应不低于表9.30中的数值；水泥放射性内照射指数 I_{Ra} 应不大于1.0，放射性外照射指数 I_r 应不大于1.0。

表9.30　白色硅酸盐水泥各强度等级的各龄期强度

强度等级	抗压强度/MPa		抗折强度/MPa	
	3 d	28 d	3 d	28 d
32.5	12.0	32.5	3.0	6.0
42.5	17.0	42.5	3.5	6.5
52.5	22.0	52.5	4.0	7.0

9.6.1.2　白色硅酸盐水泥的生产工艺

(1) 原燃料的选择

白色硅酸盐水泥(以下简称白水泥)的生产工艺与硅酸盐水泥相似，硅酸盐水泥的颜色主要是由氧化铁产生的，随着熟料中 Fe_2O_3 含量的变化，水泥熟料显示不同的颜色，如表 9.31 所示。因此，生产白色水泥主要是降低熟料中 Fe_2O_3 的含量，表 9.32 为白水泥熟料的化学组成及率值。

生产白水泥要求所用原材料纯净且品质好，燃料灰分少，尤其是含铁量低。生产白水泥所用的主要原料为石灰质原料和黏土质原料。石灰质原料通常选用较纯的石灰石和自垩；黏土质原料用高岭土、叶蜡石或含铁量低的砂质黏土。校正原料常用瓷石和石英砂。对原材料的质量要求如表 9.33 所示。

表 9.31　水泥熟料的颜色

水泥熟料中 Fe_2O_3 的含量(质量分数，%)	熟料的颜色
3～4	暗灰色
0.45～0.70	淡绿色
0.35～0.45	白色(略带淡绿色)

表 9.32　白水泥熟料的化学组成及率值

编号	化学组成(质量分数，%)				率值		
	SiO_2	Al_2O_3	Fe_2O_3	CaO	*KH*	*SM*	*IM*
1	22～27	5～6	<0.5	65～67	0.90～0.95	4～4.9	>10
2	23.40	6.11	0 33	67.52	0.85	3.85	18.5
3	23.58	5.66	0.32	64.12	0.83	3.95	17.1
4	25.10	5.50	0.43	65.68	0.80	4.23	12.7

表 9.33　白水泥原材料的质量要求

原料名称	化学成分(质量分数，%)					
	SiO_2	Fe_2O_3	CaO	MgO	Al_2O_3	R_2O
石灰石	—	<0.05	>55	<3	—	—
白垩	60～70	<1.0	—	<1	13～25	<2.5
瓷石	78～82	<0.5	—	<1	<1	<3.0
石英砂	>97	<1.0	—	<1	<1	—

作为缓凝剂的石膏，其白度应大于 90，使用时，应剔除杂质和带色部分。使用萤石作为矿化剂时，要求其中 CaF_2 含量大于 85%，外表应清洁干净。用于煅烧白水泥熟料的燃料，最好为无灰分的燃料——气体燃料(如天然气)和液体燃料(如重油)。如果用固体燃料，必须采用挥发分为 25%～40%，发热量大于 27170 kJ/kg，灰分小于 10%，灰分中 Fe_2O_3 含量小于 15%的优质煤，否则对熟料的白度会产生很大的不良影响。同等条件下，采用固体燃料与采用气体、液体燃料相比，白度一般降低 5%～10%。

(2) 生料制备

生料的配料计算和配料方案的确定，主要是根据熟料的组成设计来确定的，而其中熟料的率值起决定作用。选择率值时，除应充分估计原料中 Fe_2O_3 对白度的影响外，还应考虑到熟料的率值与矿物组成本身对水泥白度的影响。

国内外学者的研究结果表明，随着水泥熟料中 C_3S 含量 $w(C_3S)$ 和 C_3S 与 C_2S 含量比值 $w(C_3S)/w(C_2S)$ 增大，水泥的白度提高；反之，则下降。这是由于阿利特矿物的颜色较贝利特白。因为着色氧化物易于固溶在贝利特中。水泥熟料的饱和系数高，熟料的白度也高。但石灰饱和系数过高，熟料的煅烧困难，f-CaO 增加，使水泥强度下降。一般 *KH* 选择在 0.88～0.95 之间，不同的 C_3S 含量 $w(C_3S)$ 及 C_3S 与 C_2S 含量比值 $w(C_3S)/w(C_2S)$ 对熟料白度的影响如表 9.34 所示。

表 9.34　不同矿物组成熟料的白度

编号	矿物组成(质量分数,%)				$w(C_3S)/w(C_2S)$	熟料白度(与 $BaSO_4$ 相比,%)
	C_3S	C_2S	C_3A	C_4AF		
1	83.5	0.0	15.0	1.5	∞	84.3
2	50.1	33.4	15.0	1.5	1.5	73.0
3	25.1	58.4	15.0	1.5	0.43	70.3
4	68.0	17.0	14.35	0.65	4.0	85.0
5	34.0	51.0	14.35	0.65	0.67	79.0

硅率也是配制生料时应考虑的一个重要因素。由于白水泥熟料中 Fe_2O_3 含量很低,故其硅率比硅酸盐水泥熟料高出很多,一般在 3.5～5.0 范围之内。若比值过小,则 Al_2O_3 相对含量高,将造成 C_3A 含量增加,水泥凝结快;若硅率过大,则熟料中熔剂矿物含量低,烧成困难,而且由于 C_2S 含量增多,熟料白度也会下降。

由于白水泥熟料中 Fe_2O_3 含量极少,铝率一般不作为生产控制指标,$IM>12$ 即为正常。

白水泥的生料制备与硅酸盐水泥相似,各种原料一般均采用二级破碎后分别进入原料储存库。国外有些白水泥厂对破碎后的石灰石采用浮选工艺,因为不同粒径的石灰石中 Fe_2O_3 含量是不同的,除掉 5 mm 以下的石灰石颗粒,这样可以明显降低生料中 Fe_2O_3 的含量。

对于生料粉磨工艺,我国白水泥厂多采用立磨分别粉磨各种原料,然后按需要的比例经混合机混合,以便减少金属的混入。

(3) 熟料的煅烧和冷却

由于白水泥采用低熔剂矿物含量、高饱和系数、高硅率的配料方案,所以烧成温度较一般硅酸盐水泥高,通常可达到 1500～1550 ℃。为了降低烧成温度,要在生料中加入少量矿化剂,最常用的矿化剂为萤石(CaF_2),其加入量不应超过 0.50%(以熟料的质量分数计),这对熟料白度的提高有利,当 CaF_2 掺入量大于 0.50%后,熟料的白度会下降。

煅烧普通硅酸盐水泥熟料时,窑内要求为氧化气氛。而窑内煅烧气氛对白水泥熟料的白度影响很大。表 9.35 列出了相同组成的生料在不同气氛下煅烧后的熟料在水中急冷后的白度。在非氧化气氛下煅烧能提高熟料白度的机理是改变了熟料的相组成及结构所致。在还原气氛下,强着色的三价铁(Fe^{3+})还原成着色低的二价铁(Fe^{2+}),故白度提高。为了获得良好的还原气氛,除注意窑内气氛外,还可以在生料中加入少量(约 0.5%)石油沥青或焦炭,以便在煅烧熟料中补充还原气氛。此外,在煅烧带和过渡带采用低铬、低铁的耐火衬料,也有利于提高熟料的白度。

表 9.35　不同气氛下煅烧所得熟料的白度

煅烧气氛	熟料白度/%
氧化	81.9
中性	85.0
还原	87.7

熟料冷却的方式不同,冷却速度不同,熟料的白度也不一样。一般来说,熟料的初始温度越高,冷却越快,则其白度越高。因为在急冷条件下,铝酸盐相来不及大量固溶到铁相中去,因此,生成数量较少、色泽较浅的 C_6AF_2 型铁铝酸钙。同时在急冷条件下,熟料中大量的矿物以细微结晶形式被固定下来,增强了对光的漫散射,因此,白度较高。国内外应用最多的是将高温熟料直接投入水中或采用大量喷水的冷却方法。表 9.36 说明了熟料的冷却方式对熟料白度的影响。

表 9.36　熟料冷却方式对其白度的影响

熟料冷却方式	熟料白度/%
熟料在 1450 ℃时投水急冷	83
熟料在 1350 ℃时投水急冷	81
熟料在 1250 ℃时投水急冷	77
熟料在 1200 ℃时投水急冷	73
熟料在窑内缓慢冷却	63

将熟料在特殊的漂白设备中进行漂白处理，熟料受到不同的介质作用，其白度也有区别。表 9.37列出了熟料在不同介质中冷却对白度的影响。熟料在氢气、冷风裂化气、天然气、煤气这些还原介质中漂白，在还原气体的作用下，熟料中着色力强的 Fe_2O_3 还原成颜色较浅的 FeO。将白水泥熟料先用转换天然气处理约 1 min，然后投入水中急冷，所得熟料白度较高。此类装置在使用时应封闭密实，并避免在漂白气体中混入氧气，否则会降低漂白效果。

表 9.37　熟料在不同介质中冷却对白度的影响

熟料冷却介质	熟料白度/%
氧化状态(空气中)冷却	75
中性状态(氮气中)冷却	80
还原状态(氢气中)冷却	84
水中急冷	85.5
经转换天然气处理后，投入水中急冷	90.3

将出窑的高温熟料与粉末状的冷却材料接触也是提高白度的一种措施。因为它们接触后，冷却材料包裹住高温熟料的外表面，不让熟料与空气接触，利用冷热交换将熟料漂白。我国一些水泥厂家用生产白水泥的窑灰冷却白水泥熟料，或者将窑灰作为一种混合材料掺入白水泥熟料中均匀混合细磨，不仅有利于熟料的冷却，还可降低白水泥生产成本。

(4) 熟料的干燥与粉磨

漂白后的熟料，残留有不少水分，应先烘干才能和石膏共同磨制水泥。干燥设备一般采用回转式烘干机，干燥温度对熟料的白度有一定影响，如表 9.38 所示。

表 9.38　在实验条件下干燥气体温度对白度的影响

干燥温度/℃	200	250	300	400	500	700
白度/%	91.9	91.1	89.3	88.4	87.1	86.0

由表 9.39 可看出，干燥温度一般不宜超过 300 ℃，否则会引起白度下降。

水泥粉磨在球磨机中进行，为了防止铁及其氧化物的污染，磨机衬板应用花岗岩、陶瓷或优质耐磨钢制成。研磨体用硅质鹅卵石或高铬铸铁材料制成。铁质输送设备需仔细油漆，以防铁屑混入而降低白度。

粉磨白水泥，为了保证水泥的白度，所用石膏的白度必须比熟料的白度高，所以一般采用优质的纤维石膏，使用前必须洗净以除去污物。作为混合材料的石灰石、白云质石灰岩和石英砂等天然矿物，其白度应大于 85%。

9.6.2　彩色水泥

彩色水泥的生产方法有间接法和直接法两种。

(1) 间接法

间接法是指白色硅酸盐水泥或普通硅酸盐水泥在粉磨时(或现场使用时)将彩色颜料掺入、混匀，配制成为彩色水泥。所用颜料要求着色性强，不溶于水，易于分散，耐久性、耐碱性较强，不对水泥起破坏作用。常用的颜料有氧化铁(红、黄、褐红)、氧化锰(黑、褐色)、氧化铬(绿色)、赭石(赭色)、群青蓝(蓝色)和炭黑(黑色)等。制造红、褐、黑色等颜色较深的彩色水泥时，用一般硅酸盐水泥熟料来磨制。浅色的彩色水泥用白色硅酸盐水泥熟料来磨制。

(2) 直接法

直接法是在水泥生料中加入着色物质，煅烧彩色水泥熟料，磨制成彩色水泥。例如，加 Cr_2O_3 可得绿色；加 CoO 在还原火焰中得浅蓝色，而在氧化焰中则得玫瑰红色；加 Mn_2O_3 在还原焰中得浅黄色，在氧化焰中得浅紫红色等。熟料颜色的深浅则随着色剂的掺量(0.1%～2.0%)而变。该方法的缺点是着色剂加入量很少，不易控制准确和混合均匀；窑内气氛变化会造成熟料颜色不均匀；另外，由彩色熟料磨制成的彩色水泥，在使用过程中，因彩色熟料矿物的水化而导致制品颜色变淡。

在铝酸盐或硫铝酸盐水泥生料中掺入各种着色剂可烧得彩色铝酸盐或硫铝酸盐水泥熟料，然后磨制成彩色水泥，其水泥色泽鲜艳，早期强度高。由于此水泥水化时几乎不析出 $Ca(OH)_2$，故它们无一般彩色水泥的褪色现象。

彩色水泥可用来生产彩色水泥涂料，制成彩色水泥浆及砂浆，生产彩色水泥制品等。

9.7　石灰石硅酸盐水泥

石灰石硅酸盐水泥系由硅酸盐水泥熟料和石灰石、适量石膏磨细制成的水硬性胶凝材料，水泥中熟料与石膏的含量(质量分数)大于 75%且不大于 90%，石灰石含量(质量分数)大于 10%且不大于 25%。所用石灰石中的 $CaCO_3$ 含量应不小于 75.0%，Al_2O_3 含量应不大于 2.0%。

石灰石硅酸盐水泥虽然属于硅酸盐水泥中的一种，也是一般用途的水泥，但由于生产量和使用量均较少，因此，目前还未列入通用硅酸盐水泥的范围。

石灰石硅酸盐水泥强度等级分为 32.5、32.5R、42.5、42.5R 四个等级。JC/T 600—2010《石灰石硅酸盐水泥》中对石灰石硅酸盐水泥的技术要求如下：

(1) MgO。熟料中 MgO 含量应不大于 5.0%。如果水泥经压蒸安定性试验合格，则熟料中 MgO 含量允许放宽到 6.0%。

(2) SO_3。水泥中 SO_3 含量应不大于 3.5%。

(3) Cl^-。水泥中 Cl^- 含量应不大于 0.06%。

(4) 细度。水泥比表面积应不小于 350 m^2/kg。

(5) 凝结时间。初凝时间不早于 45 min，终凝时间不迟于 600 min。

(6) 安定性。沸煮法检验必须合格。

(7) 强度。各等级水泥的各龄期抗压强度和抗折强度不得低于表 9.39 中的数值。

表 9.39　各等级水泥的各龄期强度指标

强度等级	抗压强度/MPa		抗折强度/MPa	
	3 d	28 d	3 d	28 d
32.5	11.0	32.5	2.5	5.5
32.5R	16.0	32.5	3.5	5.5
42.5	16.0	42.5	3.5	6.5
42.5R	21.0	42.5	4.0	6.5

(8) 碱。水泥中碱含量按[$w(Na_2O)+0.658w(K_2O)$]计算值来表示。当使用活性集料,需要限制水泥碱含量时,由供需双方商定。

石灰石硅酸盐水泥拌水后,一方面,硅酸盐水泥熟料水化,生成C-S-H、$Ca(OH)_2$ 等水化产物,此时,细分散的 $CaCO_3$ 颗粒为C-S-H、$Ca(OH)_2$ 提供无数的晶核,使C-S-H、$Ca(OH)_2$ 在其表面大量生成、导致液相中钙离子浓度降低,加速 C_3S 颗粒表面粒子向溶液中迁移,从而加速水化。另一方面,$CaCO_3$ 与熟料中 C_3A 反应生成针状的水化碳铝酸钙($C_3A \cdot 3CaCO_3 \cdot 32H_2O$ 和 $C_3A \cdot CaCO_3 \cdot 12H_2O$)促进了晶体的连生和水泥强度的发展。同时,由于石灰石颗粒表面聚集大量的水化产物,改善了石灰石颗粒的表面状态,有利于与水化 C_3S 颗粒之间黏结,增强了水泥石结构的致密性,所以早期强度增长率较高。但水化后期,由于 $CaCO_3$ 本身不再水化,也不能像矿渣那样激发出潜在活性,故对后期强度无贡献,尤其是在石灰石掺量较多的情况下,后期强度明显下降。

9.8 砌筑水泥

我国目前的住宅建筑中,砖混结构仍占很大比例,相应地,砌筑砂浆就成为需求量很大的一种建筑材料。因而,如何在砖混结构的建筑中节约水泥、节约能源,降低造价,就具有十分重要的现实意义。

我国在建筑施工中配制的砌筑砂浆,往往采用强度等级为32.5或42.5的水泥,而常用的砂浆等级为M5(5.0 MPa),对强度要求不高,水泥强度和砂浆强度的比值大大超过了一般应为4～5的技术经济原则。但是,为了满足砌筑砂浆和易性的要求,又往往需要多用水泥,结果造成砌筑砂浆强度偏高、浪费水泥的现象。因此,生产低强度等级的砌筑水泥仍然十分必要。

砌筑水泥的生产方法与通用水泥相同,只是熟料掺量较少,混合材料掺量较高。砌筑水泥的粉磨,可分别粉磨后再混合,也可以先分别粉磨,然后再进行混合粉磨,或直接混合粉磨。具体采用哪种方式,要根据各组分物料的性能和粉磨设备而定。当生产粉煤灰砌筑水泥时,采用两级粉磨流程比较合理,即水泥熟料和石膏首先粉磨至0.080 mm方孔筛筛余量约35%,再与粉煤灰一起粉磨成成品。

砌筑水泥适用于配制工业与民用建筑的砌筑砂浆、内墙抹面砂浆及基础垫层等;允许用于生产砌块及瓦等。一般不用于配制混凝土,但通过试验,允许用于配制低强度等级混凝土,但不得用于钢筋混凝土等承重结构。

目前,砌筑水泥有两个标准可以使用,一个是GB/T 3183—2017《砌筑水泥》,另一个是JC/T 1090—2008《钢渣砌筑水泥》。

9.8.1 砌筑水泥的国家标准

GB/T 3183—2017《砌筑水泥》规定:硅酸盐水泥熟料加入规定的混合材料和适量石膏,磨细制成的保水性较好的水硬性胶凝材料,称为砌筑水泥,代号M。

混合材料可采用符合GB/T 203—2008要求的粒化高炉矿渣、GB/T 1596—2017要求的粉煤灰、GB/T 2847—2022要求的火山灰质混合材、GB/T 6645—2008要求的磷渣、JC/T 418—2009要求的粒化高炉钛矿渣、GB/T 35164—2017《用于水泥、砂浆和混凝土中的石灰石粉》要求的石灰石粉和JC/T 742—2009要求的回转窑窑灰。

水泥粉磨时允许加入符合GB/T 26748—2011规定的助磨剂,其掺入量不应超过水泥质量的0.5%。

砌筑水泥分为三个强度等级,即12.5、22.5、32.5,其各龄期的强度应不低于表9.40中的数据。

表 9.40 砌筑水泥各龄期强度要求

水泥等级	抗压强度/MPa			抗折强度/MPa		
	3 d	7 d	28 d	3 d	7 d	28 d
12.5	—	7.0	12.5	—	1.5	3.0
22.5	—	10.0	22.5	—	2.0	4.0
32.5	10.0	—	32.5	2.5	—	5.5

对砌筑水泥的品质要求如下：

(1) 水泥中的 SO_3 含量应不大于 3.5%；

(2) Cl^- 含量(质量分数)不大于 0.06%；

(3) 水泥中水溶性铬(Ⅵ)含量不大于 10.0 mg/kg；

(4) 0.080 mm 方孔筛筛余量不大于 10.0%；

(5) 初凝时间不早于 60 min,终凝时间不迟于 720 min；

(6) 水泥的安定性用沸煮法检验应合格。

(7) 保水率应不小于 80%。

9.8.2 钢渣砌筑水泥的行业标准

我国行业标准 JC/T 1090—2008《钢渣砌筑水泥》规定：以转炉钢渣或电炉钢渣、粒化高炉矿渣为主要成分,加入适量硅酸盐水泥熟料和石膏,经磨细制成的工作性较好的水硬性胶凝材料,称为钢渣砌筑水泥。

钢渣砌筑水泥中的钢渣应符合 YB/T 022—2008 的规定；粒化高炉矿渣应符合 GB/T 203—2008 的规定；硅酸盐水泥熟料应符合 GB/T 21372—2008 的规定；石膏应符合 GB/T 5483—2008 的规定。

钢渣砌筑水泥中的 SO_3 含量应不超过 4.0%,如水浸安定性合格,SO_3 含量允许放宽至 6.0%；钢渣砌筑水泥的比表面积应不小于 350 m^2/kg；初凝时间应不早于 60 min,终凝时间应不迟于 12 h；钢渣砌筑水泥安定性用沸煮法检验必须合格,用 MgO 含量大于 5%的钢渣制成的水泥,压蒸安定性检验必须合格,钢渣中的 MgO 含量为 5%～13%时,如粒化高炉矿渣的掺量大于 40%,制成的水泥可不做压蒸法检验；如水泥中 SO_3 含量超过 4.0%,须进行水浸安定性检验；水泥保水率应不低于 80%；钢渣砌筑水泥分 17.5、22.5 和 27.5 三个强度等级,各等级水泥的各龄期强度应不低于表 9.41 中的数值。

表 9.41 钢渣砌筑水泥各龄期强度

水泥等级	抗压强度/MPa		抗折强度/MPa	
	7 d	28 d	7 d	28 d
17.5	7.0	17.5	1.5	3.0
22.5	10.0	22.5	2.0	4.0
27.5	12.5	27.5	2.5	5.0

9.9 防辐射水泥

随着原子能科学的迅速发展,以及放射性同位素在国民经济各部门的广泛应用,人身防护问题日益突出。防护包括三个方面：慢化快中子；俘获已慢化的或最初的慢中子；吸收所有种类的 γ 射线和

X 射线。慢化中子物质的能力与其本身的质量数成反比，因此，氢原子是很好的中子减速物质，而吸收 γ 射线和 X 射线的能力是随着原子量的增大而增大的。

9.9.1 钡水泥

以重晶石和黏土为原料，另加入少量有助于重晶石分解的焦炭，粉磨制得适当成分的生料，经煅烧得到以 $3BaO \cdot SiO_2$ 为主要矿物的熟料，加入适量的石膏共同粉磨而制成的水硬性胶凝材料，称为钡水泥。

钡水泥的生产工艺流程与普通硅酸盐水泥的生产流程相同。要求重晶石 $w(BaSO_4) \geqslant 88\%$，$w(SiO_2) < 9\%$，并要注意重晶石质量的均匀性。重晶石和黏土分别粉磨至规定的细度，再按配比混合均匀制得生料，生料的均匀性直接影响窑内煅烧。生料的配制应满足以下熟料成分(质量分数，%)的范围：$w(BaO)$ 79%～81%，$w(SiO_2)$ 14%～16%，$w(Al_2O_3) < 4\%$，$w(Fe_2O_3)$ 3%，$w(BaO)/w(SiO_2) = 5.40 \sim 5.56$。生料在回转窑中经 1500～1600 ℃烧成熟料，然后加入适量的石膏粉磨至比表面积为 350～450 m^2/kg 而制成钡水泥。

钡水泥密度比硅酸盐水泥高，达 4.5～5.0 g/cm^3。钡水泥的初凝时间 20～30 min，终凝时间 40～60 min。钡水泥早期强度高，一般 3 d 抗压强度可达 28 d 抗压强度的 65%以上。用钡水泥配制的混凝土对 γ 射线有强烈的吸收作用。主要用于制作放射性同位素的防护设施，如防护墙、活动防护屏等，以及原子反应堆外壳低温部位，不宜用作受热的辐射防护墙。表 9.42 所示为包括钡水泥混凝土在内的各种防 X 射线物质所需隔板的最小厚度。

表 9.42 各种防 X 射线物质所需隔板的最小厚度

防护物质种类	在下列电压下的最小厚度/mm	
	60 kV	200 kV
铅板	0.9	4
钡水泥混凝土	7	29
铅玻璃	8	34
普通水泥混凝土	65	270

9.9.2 含硼水泥

选用铝酸盐水泥熟料，加入适量的经过煅烧的硼镁石和天然硬石膏，按一定比例配合，粉磨至规定细度的水硬性胶凝材料，称为含硼水泥。

要求采用的铝酸盐水泥熟料 3 d 强度应在 42.5 MPa 以上；煅烧硼镁石控制灼烧减量小于 2%，B_2O_3 含量大于 20%。用回转窑煅烧硼镁石和硬石膏，煅烧温度控制在 800～1000 ℃为宜。某含硼水泥主要的化学成分(质量分数，%)为：$w(B_2O_3)$ 8.61%，$w(Al_2O_3)$ 30.63%，$w(SiO_2)$ 6.44%，$w(Fe_2O_3)$ 5.21%，$w(CaO)$ 25.45%，$w(SO_3)$ 8.03%，$w(MgO)$ 13.02%。

含硼水泥的水化物具有较高含量的结晶水和一定的硼，因此，对快中子的慢化、热中子的吸收和减少，以及防 γ 射线辐射有明显的效果。表 9.43 所示的是几种水泥混凝土中结晶水含量和硼元素含量的比较。

表 9.43 几种混凝土中结晶水含量和硼元素含量的比较

混凝土种类	配合比 (水泥：细集料：粗集料)	水灰比	硼含量/ ($kg \cdot m^{-3}$)	结晶水含量/ ($kg \cdot m^{-3}$)
含硼水泥、砾石、混凝土	1：2.1：4.5	0.47	7.91	81.0
含硼水泥、硼镁砂、重晶石	1：1.9：4.2	0.43	37.60	181.2
普通水泥、砾石混凝土	1：2.0：4.6	0.50		64.8

含硼水泥早期强度增长率较大，由于组分中含有一定量的 B_2O_3 及较多的化学结合水，前者所含的硼元素能吸收热中子，大量减少俘获辐射和屏蔽层的发热；后者所含的氢元素有慢化快中子的作用，可以和含硼集料、重质集料配制容积密度较高、含硼较多的混凝土，具有防混合辐射（γ 射线和中子）的性能，适用于快中子和热中子防护的屏蔽工程，如核反应堆、粒子加速器和中子应用实验室的生物屏蔽，以及防原子辐射的国防工程等。

9.9.3 锶水泥

以碳酸锶代替硅酸盐水泥原料中的石灰石，经烧结得到以硅酸三锶为主要矿物组成的熟料，加入适量石膏并经磨细而成的水泥，称为锶水泥。其化学成分（质量分数，%）为：$w(SrO)$ 71%～76%、$w(SiO_2)$ 10%～15%、$w(Al_2O_3)$ 4%～7%、$w(Fe_2O_3)$ 3%～6%、$w(MgO)$ 0～2%。其烧成温度较硅酸盐水泥熟料高，约 1550 ℃；相对密度较普通硅酸盐水泥高；可与重质集料配制成均匀、密实的防辐射混凝土，但防辐射性能较钡水泥稍差。

9.9.4 导电导磁水泥

水泥作为水硬性胶凝材料在建筑中将散粒材料（如砂、石）或块状料（如砖、瓷砖等）胶结成一个整体，用于地上、地下、水中的建筑工程。普通水泥作为胶凝材料，本身不具备导电、导磁功能。但在水泥制造过程中，填充导电、导磁材料后，便可使水泥具备导电、导磁功能，使之成为导电导磁水泥。导电导磁水泥除具有一般水泥的特性外，还具有导电、导磁特性。

具体的制造方案是：硅酸盐水泥熟料，掺加不超过水泥质量 3%～10%的石膏，掺加不超过水泥质量 3%～20%的导电石墨，掺加水泥质量 100%～500%的铁粉，磨细制成的水硬性胶凝材料，成为不同水泥强度等级的硅酸盐或普通硅酸盐导电、导磁水泥。

或者将硫铁矿渣、铁质粉料与水泥按比例加工混合，再掺入适量稀土。根据硫铁矿渣含铁量的不同，铁质粉料比例为 20%～80%，稀土比例为 0.01%～5%。若适当加大铁质粉料的比例，则可制成导电水泥。

此外，以适当成分的生料，经煅烧所得以无水硫铝酸钙和硅酸二钙为主要矿物成分的水泥熟料和石灰石、适量石膏，掺加不超过水泥质量 3%～20%的导电石墨，掺加水泥质量 100%～500%的铁粉，磨细制成水硬性胶凝材料，称为硫铝酸盐导电导磁水泥。

导电导磁水泥可用于电磁屏蔽、吸收电磁波和加热领域。利用其导电性，对应边安装上正、负电极，通过电阻产生热量，可用于设施的融雪化冰及防潮、防寒领域。

9.9.5 无磁水泥

在国防工程和精密工程中，为了防止磁干扰和磁暴露，提出了低磁性混凝土的概念。由于水泥是决定混凝土性能的主要组分，所以要得到低磁混凝土，必须要求水泥达到低磁性，因此产生了无磁水泥的概念。

无磁水泥是一种磁性极低的水泥。该水泥主要用于储存精密仪器、定位、导航以及其他对水泥磁性要求较小和抗击地磁、电磁干扰的建筑物。

水泥的磁性能和它的组成之间存在着一定关系，Ca、Si、Al 等均为典型的弱磁性材料，所以水泥的磁性主要取决于其中 Fe 的含量，即决定水泥磁性能的主要因素是硅酸盐水泥中的 Fe_2O_3 组分。普通水泥和复合水泥都存在一定的铁磁性，而白色水泥却是一种典型的弱磁性材料。白色水泥是由高纯石灰石及白黏土（其中不含氧化铁及锰）用低灰分燃料进行煅烧而成的，在生料和水泥粉磨时，以高硬石材代替球磨机衬板及钢球防止铁屑混入，所得熟料主要矿物组成为 C_3S、C_2S 和 C_3A，但由于其强度等方面的限制而在工程中不能被广泛应用。

硅酸盐类水泥磁性除了受其原料 Fe 含量影响外，更重要的是在生产过程中，混入水泥产品中的球磨机衬板及钢球磨损后的铁屑，它们是影响其磁性的主要因素。所以，降低硅酸盐类水泥磁性的主要措施是尽量减少水泥生产过程中球磨机衬板及钢球磨损的铁屑的混入量，一般可采用高强石材来代替球磨机衬板及钢球。

为便于工程施工，可采用剩磁作为鉴定硅酸盐类水泥磁性的指标，该指标值为 2.0 Gs(磁场强度单位，高斯)，认为小于或等于该值，则为无磁水泥，此时可以不考虑水泥的磁性，反之则要考虑水泥的磁性。

9.10　耐酸水泥

耐酸水泥是最早应用于化学工业的一种能抵抗酸类侵蚀的水泥。早在 20 世纪初就出现了气硬性水玻璃耐酸水泥和硫黄水泥，在 20 世纪中期，随着高分子化工的迅速发展，出现了以合成树脂为主要黏结料的耐酸胶凝材料。

9.10.1　水玻璃耐酸水泥

将耐酸填料和硬化剂按适当的配比共同粉磨或分别粉磨后再混合均匀的粉状物料，与适量的水玻璃溶液拌匀后，能在空气中硬化，并能抵抗大多数无机酸和有机酸腐蚀的材料，称为水玻璃耐酸水泥。

水玻璃是水玻璃耐酸水泥的胶结料，其化学通式是 $R_2O \cdot nSiO_2$。R_2O 表示 Na_2O 或 K_2O，n 表示其组成中 SiO_2 的物质的量与 R_2O 的物质的量之比，称为模数。水玻璃分为钠水玻璃和钾水玻璃两种。钠水玻璃价格较低，来源较广，因此使用更为普遍。水玻璃的两项主要技术指标是模数和密度，配制耐酸水泥时，水玻璃模数为 2.6～2.8，密度为 1.38～1.45 g/cm^3。

填充料的种类很多，粉碎的天然耐酸材料如中性长石、石英角斑岩、石英岩、致密长石、辉绿石、粉状石英、陶瓷粉等，人造石材料如铸石等，都可用作水玻璃耐酸水泥的填充料。耐酸水泥对填充料的要求是：耐酸度应大于 93%，对水玻璃有良好的吸附能力，含水率不大于 0.5%，细度要求 0.080 mm 方孔筛筛余量不超过 15%。但也不宜过细，否则水玻璃用量要相应增加，从而引起收缩增大，耐蚀性下降。水玻璃耐酸水泥中填料的用量根据所需水泥的稠度来调节，通常水泥的稠度宜控制在 7～15 cm范围内。

配制水玻璃耐酸水泥常用的硬化剂为氟硅酸钠。氟硅酸钠在水中溶解度极小(17 ℃时为 0.56%)，其水溶液因水解作用呈酸性。因为溶解度小，就不会发生由于反应过快而失去和易性的现象，但能水解，故可以与水玻璃起反应。因此，氟硅酸钠可作为水玻璃凝固和硬化促进剂。由于氟硅酸钠的溶解度小，必须将其粉磨成很细的粉末才能使用，其细度要求 0.080 mm 方孔筛筛余量不超过 10%。配制水玻璃耐酸水泥时，氟硅酸钠的用量为水玻璃质量的 14%～18%。

水玻璃耐酸水泥的制备过程为：按规定配比(一般粉状填充料 940～960 g，硬化剂 40～60 g，水玻璃用量为每千克干混合物 250～350 g)，先将填料和硬化剂加入搅拌设备，干搅拌约 2 min，然后边拌边加入定量的水玻璃，湿搅拌约 2 min，直至均匀。

水玻璃耐酸水泥的凝结时间取决于配比、水玻璃的性质及环境温度。降低模数、提高密度，则凝结减慢，反之则促进凝结。提高氟硅酸钠的用量或环境温度，有助于加快凝结。水玻璃耐酸水泥在夏季 2～3 h 凝结，在冬季将延长至 5～6 h 或更长时间才能凝结。

水玻璃耐酸水泥的强度取决于原料的品质及种类、配比、养护的温度和湿度。施工养护温度为 18～30 ℃，相对湿度为 80%～90%时，水玻璃耐酸水泥的强度及耐腐蚀性最佳。养护温度过低，早强偏低，早期加热养护，水玻璃失水过快，将降低强度。适当提高水玻璃的密度，可使强度提高。水玻璃耐酸水泥养护 10 d 的抗压强度可达 50～60 MPa。

水玻璃耐酸水泥耐浓酸能力强，但耐稀酸能力差，因为酸液浓度高，黏度大，破坏能力反而小，而且酸液与未参与硬化反应的水玻璃作用析出硅酸凝胶，有利于强度增长。由于水玻璃与氟硅酸钠反应生成的可溶性钠盐会逐渐被水溶出，内部形成很多孔隙，同时硅酸凝胶脱水缩聚，水分蒸发也使耐酸混凝土内部形成许多微孔，所以水玻璃耐酸水泥的密实度不高，抗渗性差，收缩大，水泥能耐有机溶剂和酸性气体的腐蚀，但耐水侵蚀能力差，且不耐 300 ℃以上的热磷酸、氢氟酸及高级脂肪酸的腐蚀。水玻璃耐酸水泥一般能耐 300 ℃以上的高温，当用耐火砖粉作填料时，则可耐 1000 ℃以上的高温。

水玻璃耐酸水泥具有足够的机械强度且能抵抗酸类的侵蚀，可制成大块混凝土和耐酸构件。在化工、冶金、造纸、制糖和纺织等工业部门的一般的耐酸工程中，可制作耐酸胶泥、耐酸砂浆及耐酸填料。在食品工业中使用，应该考虑到氟硅酸钠的毒性。

9.10.2 硫黄耐酸水泥

将粉状硫黄熔化（加热至 130～150 ℃），在 30 min 内分批加入已预热至 110 ℃的填料，边加料边搅拌，然后再加入聚硫橡胶，继续搅拌 20 min，泡沫消失，升温至 170 ℃，搅拌下保温 1 h，即制得硫黄耐酸水泥。

硫黄耐酸水泥胶结料为硫黄，增韧剂为聚硫橡胶或聚氯乙烯，有时再掺些环氧树脂以减少硫黄耐酸水泥在浇筑后的收缩裂缝，提高黏结力。耐酸填料与水玻璃耐酸水泥中的耐酸填料相同。我国生产的硫黄耐酸水泥的配比为：硫黄 58%，耐酸填料 40%，聚硫橡胶 2%。

硫黄耐酸水泥的热稳定性差，使用温度一般不超过 90 ℃；能耐任何浓度的硫酸、盐酸、磷酸以及浓度低于 40%的硝酸、浓度低于 50%的醋酸；用于受氢氟酸或氟硅酸作用的工程，应用炭质粉（如石墨）作填料。

硫黄耐酸水泥作为浇筑型的耐酸黏结材料，用于化工厂黏结耐酸槽的衬砖、防腐地面、地板接缝；固定设备基础预埋件、修补混凝土水管及水池等构件；在电器工业用于黏结电瓷瓶；在铁道部门用于黏结混凝土轨枕构件等。

9.10.3 聚合物耐酸水泥

聚合物耐酸水泥以合成树脂为黏结料，加入固化剂、填料、增韧剂或稀释剂，经常温或适当升温养护而成。

国内建筑防腐工程中主要使用环氧类、酚醛类及不饱和聚酯类聚合水泥。聚合水泥的耐蚀性主要取决于所用聚合物的耐蚀性。

聚合物耐酸水泥的耐蚀性能良好，但价格偏高，主要用作结合层、嵌缝及填补材料、黏结材料、密封材料及设备基础覆面等。

9.11 其他品种水泥

9.11.1 低碱度硫铝酸盐水泥

玻璃纤维增强水泥是一种很有前途的高强轻质复合材料，是将具有较高抗拉强度的玻璃纤维与较高耐压强度的水泥相复合的材料。这种优质的复合材料用普通硅酸盐水泥和普通的玻璃纤维复合是很难达到的，因为普通硅酸盐水泥水化时析出大量的 $Ca(OH)_2$，其碱度 pH＝12.5，而普通的玻璃

纤维中的 SiO_2 与 $Ca(OH)_2$ 作用生成水化硅酸钙，这一反应是不可逆的，直到反应物耗尽为止，这样，玻璃纤维经不长的时间便会被腐蚀变脆，丧失其强度，达不到预期的效果。由此提出防止纤维侵蚀的三条途径：

① 采用水化时析出少量 $Ca(OH)_2$ 或不析出 $Ca(OH)_2$ 的低碱水泥。

② 提高玻璃纤维骨架的化学稳定性。

③ 将玻璃纤维进行被覆隔离。

我国除研发出了高抗碱玻璃纤维外，还成功地研制出了低碱度硫铝酸盐水泥，适合于与各种玻璃纤维复合制备玻璃纤维增强水泥制品。

GB/T 20472—2006《硫铝酸盐水泥》规定：由适当成分的硫铝酸盐水泥熟料和较多量石灰石、适量石膏共同磨细制成的，具有低碱度的水硬性胶凝材料，称为低碱度硫铝酸盐水泥。水泥中石灰石掺量应不小于水泥质量的 15%，且不大于水泥质量的 35%。

用于低碱度硫铝酸盐水泥的熟料中的 Al_2O_3 含量（质量分数，%）应不小于 30%，SiO_2 含量（质量分数，%）应不大于 10.5%，熟料的 3 d 抗压强度应不低于 55.0 MPa。

低碱度硫铝酸盐水泥的强度等级以 7 d 抗压强度表示，分 32.5、42.5、52.5 三个强度等级。低碱度硫铝酸盐水泥物理性能应符合表 9.44 的规定，各强度等级水泥的各龄期强度应不低于表 9.45 的数值。

表 9.44 低碱度硫铝酸盐水泥物理性能要求

项目		指标
比表面积/($m^2 \cdot kg^{-1}$)		≥400
凝结时间①/min	初凝	≥25
	终凝	≤180
碱度 pH 值		≤10.5
28 d 自由膨胀率/%		0.00～0.15

注：① 用户要求时，可以变动。

表 9.45 低碱度硫铝酸盐水泥各强度等级水泥的各龄期强度要求

强度等级	抗压强度/MPa		抗折强度/MPa	
	1 d	7 d	1 d	7 d
32.5	25.0	32.5	3.5	5.0
42.5	32.0	42.5	4.0	5.5
52.5	39.0	52.5	4.5	6.0

低碱度硫铝酸盐水泥主要的矿物组成是无水硫铝酸钙（$C_4A_3\overline{S}$）、硅酸二钙（β-C_2S）和硫酸钙（$CaSO_4$）。配比时，只要使石膏大大过量，即可使液相中 CaO 的浓度小于 83 mg/L，pH 值在 10 以下，这时其水化产物主要是钙矾石、二水石膏、水化氧化铝凝胶。水泥粉磨细度的控制依生产玻璃纤维增强水泥制品的工艺而确定。

50 ℃加速试验结果表明，低碱度硫铝酸盐水泥对各种玻璃纤维的侵蚀作用比现有的任何一种水硬性水泥要低，与抗碱玻璃纤维复合时，经加速试验一年后，纤维强度保留率达 90%以上。

低碱度硫铝酸盐水泥抗碳化能力强，耐热性能较差，在实际使用过程中，环境温度不宜超过 80 ℃。其抗冻性与养护条件及水灰比有直接影响，注意养护条件和采用减水剂可使其抗冻性提高。低碱度硫铝酸盐水泥主要应用于与各种玻璃纤维复合制备玻璃纤维增强水泥制品，可制备各种薄板、小波瓦、复合外墙板，通风道、活动房等，不应用于配有钢纤维、钢筋、钢丝网与钢埋件等的混凝土制品和结构。

9.11.2 超硫水泥(石膏矿渣水泥)

凡由粒化高炉矿渣、石膏及碱性激发剂(石灰或水泥熟料)，粉磨而成的水硬性胶凝材料，称为超硫酸盐水泥，简称超硫水泥。

超硫水泥，1953 年以前称为石膏矿渣水泥，是 H. Kuhl 于 1908 年发明的一种水泥品种。20 世纪 50 年代，中国建筑材料科学研究总院缪纪生、吴兆正和成希弼等对石膏矿渣水泥(超硫水泥)的物化理论、生产技术和性能与应用，做了大量的研发工作，取得良好结果。1957—1962 年间，石膏矿渣水泥曾在全国推广，用于多层房屋、桥梁和水坝等建设工程，取得了预期结果。进入 20 世纪 70 年代，随着通用硅酸盐水泥迅速发展，高炉矿渣资源愈加紧缺。由于矿渣资源紧缺，加上性能方面的某些缺陷，石膏矿渣水泥虽然具有生产工艺简单和成本较低等优势，到 20 世纪 70 年代后期仍然开始逐渐淡出中国水泥品种名单。

(1) 石膏矿渣水泥的生产

石膏矿渣水泥的生产过程比较简单，可以采用共同粉磨或分别粉磨再行混合两种流程。由于矿渣与石膏的易磨性差别较大，石膏较软，极易磨细，但易产生粘球、粘磨现象，使矿渣不易进一步磨细，因此不宜采用共同粉磨的流程。比较合理的流程是先将矿渣磨细到一定程度，然后与石膏、熟料(或石灰)等易磨物料一起，在二级磨中共同混合磨细，这样避免了石膏的粘球、粘磨现象，增大了水泥的比表面积，又保证了各组分混合的均匀性，技术经济效果比较好。

影响石膏矿渣水泥质量的因素有:矿渣的质量、矿渣和石膏及碱性激发剂间的配合比(尤其是碱性激发剂的用量)、水泥的粉磨细度。现分述如下：

矿渣的质量，包括矿渣的化学成分和粒化的质量，对石膏矿渣水泥的质量影响很大。我国曾对不同质量的矿渣所制得的石膏矿渣水泥的强度进行过系统的研究。研究结果表明，矿渣中 CaO 及 Al_2O_3 含量较高，SiO_2 含量较低，所制成的石膏矿渣水泥强度较高。石膏可采用各种形态的硫酸钙，但以二水石膏经 600～750 ℃煅烧后的无水石膏的效果最好。

碱性激发剂可以用石灰，也可以用硅酸盐水泥熟料，但后者效果较好。使用熟料作碱性激发剂时，生产过程容易控制，水泥的强度高，抗风化性能好，可改善水泥的起砂性能等。

石膏矿渣水泥的配合比对水泥的质量(主要表现在强度)影响很大。石膏的用量一般在 10%～20%范围内，平均在 15%左右。最关键的是碱性激发剂的用量(熟料掺量一般在 2%～6%之间)，与矿渣的成分有关，矿渣中 CaO 含量高，所需碱性激发剂少；反之，所需量多，但必须严格控制，应根据矿渣品种的变化，随时加以适当的调整，这样才能达到稳定水泥质量的效果。

石膏矿渣水泥的粉磨细度(特别是矿渣的细度)对水泥的强度(尤其是早期强度)影响很大，实际生产中石膏矿渣水泥的比表面积一般要求控制在 400～450 m^2/kg。

(2) 石膏矿渣水泥的性质

石膏矿渣水泥的水化作用，是在碱性激发剂和硫酸盐激发剂的同时作用下发生的。起碱性激发剂作用的 $Ca(OH)_2$ 与矿渣中的活性 SiO_2 和 Al_2O_3 反应生成水化硅酸钙 C-S-H(Ⅰ)与水化铝酸钙。起硫酸盐激发作用的 $CaSO_4 \cdot 2H_2O$ 与新生成的水化铝酸钙或与 $Ca(OH)_2$ 和活性 Al_2O_3 作用生成水化硫铝酸钙。所以石膏矿渣水泥的主要水化产物为钙矾石和水化硅酸钙，其次还有水化铝酸钙(C_2AH_8)、水化铝硅酸钙(C_2ASH_8)等。

石膏矿渣水泥在性能上具有很多优点，例如，对化学性侵蚀介质具有很强的抵抗力，尤其对各种硫酸盐介质的耐蚀性能超过了其他品种水泥。用石膏矿渣水泥制成的砂浆试件放入海水中 20 年，其强度比放在淡水中的还高。石膏矿渣水泥的水化热较低，7 d 能达到 165～190 J/g，而 28 d 达到

190～210 J/g。由于空气中的水分和 CO_2 会促进石膏矿渣水泥中碱性激发剂组分的水化，进而对凝结和硬化产生影响，因此石膏矿渣水泥的储存条件比其他水泥要求更高。一般水泥的强度通常随水灰比的降低而增大，但石膏矿渣水泥强度在水灰比为某一定值最大，水灰比大于或小于这个值，水泥强度都下降。石膏矿渣水泥容易被碳化，用石膏矿渣水泥制备的混凝土在空气中放置一段时间，可以观察到有一层很薄的砂子和灰层，可以从混凝土的表面擦落下来。这个“起灰”现象就是因为空气中 CO_2 导致钙矾石的分解而造成的。因此，石膏矿渣水泥混凝土碳化区域较未碳化区域强度要低得多。虽然石膏矿渣水泥在水化过程中无 $Ca(OH)_2$ 形成，但在没有被碳化的区域，钢筋同样可以受到钝化保护而不会生锈。

(3) 石膏矿渣水泥适用范围

石膏矿渣水泥适用于一般民用和工业建筑工程，特别适用于地下及水中工程、大体积混凝土工程和承重墙混凝土以及水利工程和基础工程，而不宜用于建筑构造的精细部件和受冻融交替作用频繁的水中工程。

9.11.3　过硫石膏矿渣水泥

(1) 过硫石膏矿渣水泥的定义和品种

凡以过量的石膏、高炉矿渣和碱性激发剂为主要成分，加入适量水后可形成塑性浆体，既能在空气中硬化又能在水中硬化，硬化后的水化产物中含有大量未化合的游离石膏，并能将砂、石等材料牢固地胶结在一起的水硬性胶凝材料，称为过硫石膏矿渣水泥，简称过硫水泥。其中，石膏可使用天然石膏或磷石膏、脱硫石膏、氟石膏等工业副产石膏，其含量(质量分数)应在 35%～60%之间。

过硫石膏矿渣水泥，是主要为了利用工业固体废弃物——工业副产石膏而研发的一类水泥新品种。根据所使用的石膏种类不同，主要可分为以下几个品种：

① 过硫石膏矿渣水泥(使用天然石膏)；

② 过硫磷石膏矿渣水泥(使用磷石膏)；

③ 过硫脱硫石膏矿渣水泥(使用脱硫石膏)；

④ 过硫氟石膏矿渣水泥(使用氟石膏)。

磷石膏是排放量最大的一种工业副产石膏，过硫磷石膏矿渣水泥的一般配合比为：硅酸盐水泥熟料 2%～4%、磷石膏 45%～50%、高炉矿渣 46%～53%。

可以采用钢渣取代硅酸盐水泥熟料，通常配比为：钢渣 6%～10%，磷石膏 45%～50%、高炉矿渣 40%～49%。但是，采用钢渣取代硅酸盐水泥熟料作为碱性激发剂，过硫磷石膏矿渣水泥的早期强度会有所下降。在过硫磷石膏矿渣水泥中，还可以掺加少量石灰石，以取代高炉矿渣。石灰石的掺量(质量分数，%)应不大于 10%。

(2) 过硫石膏矿渣水泥的水化硬化

过硫石膏矿渣水泥加水搅拌后，石膏立即从表面开始溶解，使液相中的 Ca^{2+} 和 SO_4^{2-} 浓度不断上升，很快达到饱和；同时，碱性激发剂(硅酸盐水泥熟料或钢渣)也开始水化，硅酸盐水泥熟料中的铝相(C_3A)和铁相(C_4AF)与溶于液相中的 Ca^{2+} 和 SO_4^{2-} 水化而形成钙矾石，硅酸盐水泥熟料中的 C_3S 和 C_2S 水化形成 C-S-H 凝胶并放出 Ca^{2+}，当掺有钢渣时钢渣也发生水解而放出 Ca^{2+}；高炉矿渣在 Ca^{2+} 和 SO_4^{2-} 的双重激发作用下，开始水解而形成 C-S-H 凝胶和钙矾石；随着水化反应不断进行，各种水化产物逐渐填满原来由水所占据的空间，固体粒子逐渐接近。由于针状和棒状的钙矾石晶体相互搭接，特别是大量箔片状和纤维状 C-S-H 凝胶的交叉攀附，从而使原先分散的固体颗粒以及水化产物联结起来，构成了一个三维空间的牢固结合、密实的整体，从而使水泥石越来越密实，强度不断提高；剩余的石膏被厚厚的水化产物层严密包裹，不再继续溶解，从而使过硫石膏矿渣水泥具有了很好的水硬性。

特别需要注意的是，提高过硫石膏矿渣水泥中硅酸盐水泥熟料(或钢渣)的掺加量，可使水泥的早期强度增加。但是，当硅酸盐水泥熟料的掺加量超过4%(或钢渣的掺加量超过10%)后，过硫石膏矿渣水泥的28 d强度会出现下降趋势。这主要是由于过多的Ca^{2+}在水化后期形成膨胀性钙矾石而导致水泥石结构被破坏，使水泥的后期强度降低，严重时还会引起水泥的安定性不良。

(3) 过硫石膏矿渣水泥的性能

过硫石膏矿渣水泥的早期强度较低，后期强度较高，长期强度还可不断增长；干燥收缩率(ε)小于普通硅酸盐水泥；水化热特别低；由于过硫石膏矿渣水泥含有大量石膏，水化和硬化过程一直是在石膏过剩的条件下进行的，矿渣中的铝在水化过程中已经形成了钙矾石，并且硬化水泥浆体的pH值较低(约为11，远低于硅酸盐水泥12.5左右)，水泥石的结构致密，即便侵蚀介质进入硬化水泥浆体中，也不会发生化学反应形成钙矾石和石膏，造成膨胀破坏，因此过硫石膏矿渣水泥具有很好的抗硫酸盐性能；过硫石膏矿渣水泥具有良好的抗冻性，其抗冻性能与P·Ⅰ52.5硅酸盐水泥相当。

由于过硫石膏矿渣水泥碱度较低，对CO_2的中和能力不足，其抗碳化性能明显劣于硅酸盐水泥，且水泥中矿渣掺量越低，水泥石密实度越低，其抗碳化性能越差。但在过硫石膏矿渣水泥中加入减水剂，可提高过硫石膏矿渣水泥石的致密度，可显著提高过硫石膏矿渣水泥的强度和抗碳化性能。同时，提高石膏的粉磨细度，可显著改善过硫石膏矿渣水泥石的孔结构，使水泥石中的大孔量减少，微孔量增加，显著提高过硫石膏矿渣水泥的抗碳化性能。

过硫水泥不会腐蚀钢筋，虽然水化产物中没有$Ca(OH)_2$，但在没有被碳化的区域，钢筋同样可以受到钝化保护而不生锈。

当温度提高到100 ℃以上时，过硫石膏矿渣水泥水化产物中的钙矾石会发生分解，因此强度降低。随着温度的继续上升，磷石膏颗粒以及部分凝胶脱水，造成水泥石结构密实度降低，因此其强度不断降低。因此，过硫石膏矿渣水泥耐高温性能较差。在高温条件下，水化产物脱水、分解是造成其性能降低的主要原因。

过硫石膏矿渣水泥不可与硅酸盐类水泥混合使用，否则会造成两类水泥均出现安定性不良。但两类水泥在同一水池中养护或者直接接触使用，都没有发现有什么危害。这也许是由于过硫石膏矿渣水泥石孔液相中的SO_4^{2-}和Al^{3+}含量均较低，不足以产生钙矾石膨胀危害。

(4) 过硫石膏矿渣水泥混凝土

众所周知，水泥是半成品，最终都需要拌制成混凝土或砂浆使用。在拌制成混凝土或砂浆的过程中，除了再加入砂、石集料外，还得加入不少水进行搅拌。由于工业副产石膏都是含有水分的，如果过硫石膏矿渣水泥采用湿法生产，石膏采用湿磨的方法，不仅石膏不需要进行烘干，而且石膏浆中的水可全部用于拌和混凝土或砂浆。不仅可以节省大量能耗，减少二次污染，而且还可大幅度降低生产成本，简化生产工艺过程，因此在实际生产中，一般都不生产粉状的过硫石膏矿渣水泥而是直接生产过硫石膏矿渣水泥混凝土及制品。

以下以过硫磷石膏矿渣水泥混凝土为例，说明过硫石膏矿渣水泥混凝土及制品的生产过程：

① 磷石膏预处理

由于磷石膏含有一些酸性物质和有机物杂质等，会严重影响过硫磷石膏矿渣水泥的凝结时间和早期强度，所以必须进行预处理。磷石膏预处理主要有露天堆存、水洗及中和改性几种方法。

露天堆存就是将磷石膏堆放在堆场中自然陈化，日晒雨淋一段时间，虽然简单，但需要较长时间，通常需要3个月以上。

水洗就是将磷石膏用淡水搅拌沉淀后，放掉表面的水，剩下的磷石膏即可使用，最好能反复水洗2次以上。水洗虽然成本也很低，但有二次污染的问题，所以如果清洗水不能回到磷化工生产线中去，二次污水处理问题就比较麻烦。

中和改性的方法就是将磷石膏外加2%左右P·O 42.5水泥，加水湿磨制备成改性磷石膏浆，可中和磷石膏中的酸性物质，在一定程度上消解磷石膏中的缓凝成分。

② 原料粉磨

原料粉磨主要指熟料矿渣粉和磷石膏浆的粉磨。由于磷石膏和熟料及矿渣的易磨性相差很大，所以通常是将磷石膏单独粉磨成磷石膏浆，采用湿磨，含固量控制在60%左右。由于熟料掺量较少，同时为了增大熟料的粉磨比表面积，提高过硫磷石膏矿渣水泥的性能，通常将熟料加入矿渣中一起粉磨，称为熟料矿渣粉。一般采用干法粉磨，矿渣需要提前烘干。熟料矿渣粉的粉磨比表面积宜控制在400～480 m^2/kg。如果使用钢渣粉，可以增加一台钢渣磨或与熟料矿渣粉共用一台磨机，分别轮流粉磨，钢渣粉的比表面积宜控制在350～400 m^2/kg。提高磷石膏浆的粉磨细度，可显著提高过硫磷石膏矿渣水泥的强度和抗碳化性能，比表面积宜控制在650～900 m^2/kg(磷石膏浆60 ℃烘干后检测)。

为了简化生产工艺，熟料粉也可用P·O 42.5普通硅酸盐水泥替代，矿渣粉可以外购。

③ 搅拌及成型

将磷石膏浆、熟料矿渣粉(或P·O 42.5水泥和矿渣粉)、砂子、石子、减水剂(采用标准型聚羧酸减水剂)、水等原材料在混凝土搅拌机中拌和均匀后，即为过硫磷石膏矿渣水泥混凝土。也可将过硫磷石膏矿渣水泥混凝土，拌制成干硬性混凝土，然后压制成各种制品。

④ 养护

浇筑或成型后的过硫磷石膏矿渣水泥混凝土及制品，需要保湿养护，防止混凝土及制品表面干燥，以免水化不充分造成混凝土及制品强度的下降，此外还可防止表面干燥碳化，避免造成起砂、起灰等。

⑤ 质量控制

外购的P·O 42.5水泥应符合GB 175—2023《通用硅酸盐水泥》标准；矿渣粉应符合GB/T 18046—2017的标准，宜采用S95级；磷石膏宜采用已堆存1年以上的陈化磷石膏；粉磨磷石膏浆时，可外加部分P·O 42.5水泥调整其pH值，pH值宜控制在9.0～11.5之间，粉磨比表面积宜控制在650～900 m^2/kg(60 ℃烘干后检测)、含固量宜控制在60%左右；混凝土配合比最关键是要控制好碱性激发剂(P·O 42.5水泥)的掺量，通常控制过硫磷石膏矿渣水泥浆滤液的耗酸量在(0.21±0.03)mmol/g，或控制pH值在11.5±0.3。

由于过硫石膏矿渣水泥是个新品种水泥，还没有大面积推广应用的经验，所以目前还没有制定粉状水泥的产品标准。只有JC/T 2319—2017《制品用过硫磷石膏矿渣水泥混凝土》，其主要内容介绍如下：

制品用过硫磷石膏矿渣水泥混凝土分为C25、C30、C35、C40四类。

制品用过硫磷石膏矿渣水泥混凝土的初凝时间应不小于4 h，终凝时间应不大于24 h。

制品用过硫磷石膏矿渣水泥混凝土7 d和28 d龄期的立方体抗压强度标准值应满足表9.46的要求。

表9.46　制品用过硫磷石膏矿渣水泥混凝土各龄期抗压强度指标

类别	抗压强度/MPa	
	7 d	28 d
C25	≥6	≥25
C30	≥10	≥30
C35	≥14	≥35
C40	≥18	≥40

制品用过硫磷石膏矿渣水泥混凝土的安定性以强度增长率表征，按下式计算，其强度增长率不得小于30%。

当 $S_3>2.0$ MPa，按式(9.1)计算：

$$R=\frac{S_7-S_3}{S_7}\times 100\% \tag{9.1}$$

当 $S_3\leqslant 2.0$ MPa，则按式(9.2)计算：

$$R=\frac{S_8-S_4}{S_8}\times 100\% \tag{9.2}$$

式中　R——强度增长率，%；

S_3——3 d抗压强度，MPa；

S_7——7 d抗压强度，MPa；

S_4——4 d抗压强度，MPa；

S_8——8 d抗压强度，MPa。

制品用过硫磷石膏矿渣水泥混凝土中的过硫磷石膏矿渣水泥浆滤液耗酸量应为(0.21±0.03)mmol/g，检测方法按JC/T 2391—2017《制品用过硫磷石膏矿渣水泥混凝土》附录A进行。

9.11.4　憎水水泥

憎水水泥，就是能够暴露在湿空气中存在一定的时间，尽管从周围空气中吸收水及二氧化碳，但其质量不会有实质性降低的水泥。因此，即使在相对空气湿度为90%～95%条件下，憎水水泥也能适应长距离运输和长时间储存。

憎水水泥实际上是一种硅酸盐水泥，是在粉磨水泥过程中加入约0.5%(质量分数)的憎水物质，一般有油酸、十二烷、硬脂酸、环烷酸及其相应的盐和五氯酚等。在水泥的粉磨过程中，憎水剂依附在水泥颗粒上，在水泥颗粒表面形成一层膜，可有效地防止未使用的水泥吸收大气中的水分和二氧化碳过早地水化，但这种作用在混凝土搅拌中就失去效应。

在水泥水化的碱性介质中，由于憎水剂中脂肪质盐的皂化作用，会带入约1%的空气。但少量的添加空气可提高水泥的抗冻性能。而且由憎水剂所产生的约1%的空气对水泥抗压强度的发展也没有不利的影响。憎水剂亦可改善水泥在装运和使用过程中的流动性，在普通硅酸盐水泥储存条件不令人满意的情况下，使用憎水水泥可防止水泥在储存期间的受潮、风化。憎水水泥的水化过程和水化产物与硅酸盐水泥完全相同，只是憎水外加剂会有一定的缓凝作用，使水泥的凝结时间有所延长，对水泥混凝土的坍落度也有一定的影响。憎水剂可引起凝结时间的延缓和所生成的水化物内部形态的变化，但水泥3 d、7 d和28 d的抗压强度令人满意。憎水水泥的主要问题是和易性，由于憎水隔离层不容易被破坏，在混合憎水水泥混凝土时需要加入较多的水来破坏隔离层。

憎水水泥主要应用在恶劣的气候和潮湿的环境，特别是气候寒冷潮湿，没有便利适当的水泥储存条件的地方。憎水水泥也用于一定的建设工程，如地基加固。在这些地基加固工程中，憎水水泥分散到土壤里时，几乎不吸收水分，只有当它们被埋入到土里时才开始水化，因此特别适用于土壤中水分含量较高而难以处理的土壤的加固，然而憎水水泥一般不宜用于配制很高强度的混凝土。

9.11.5　超细水泥

超细硅酸盐水泥的发展是于1974年由日本开始的，当时由于环保原因，不允许通过使用有机化学溶液注入土壤或岩石中来以提高地基的承载能力和抗渗性能。从20世纪80年代末开始，许多国家有了超细水泥，其正式生产是从1985年开始。

GB/T 35161—2017《超细硅酸盐水泥》规定：由硅酸盐水泥熟料加入适量的石膏及规定的混合材

料，磨细制成的具有较细粒径的水硬性胶凝材料，称为超细硅酸盐水泥。水泥中混合材料的掺加量(质量分数，%)不大于 20%。

混合材料为符合 GB/T 203—2008 规定的粒化高炉矿渣、符合 GB/T 1596—2017 规定的粉煤灰、符合GB/T 2847—2005 规定的火山灰质混合材料和符合 GB/T 18046—2017 规定的粒化高炉矿渣粉。水泥粉磨时允许加入助磨剂，其加入量不超过水泥质量的 0.5%，助磨剂应符合 GB/T 26748—2011 的规定。

超细硅酸盐水泥代号为 U·P，按粒径分为Ⅰ级和Ⅱ级，强度等级为 52.5。

水泥中 MgO 含量(质量分数)应不大于 5.0%。如果水泥经压蒸安定性试验合格，则水泥中 MgO 含量(质量分数)允许放宽到 6.0%。水泥中 SO_3 含量(质量分数)应不大于 3.5%。水泥中灼烧减量(质量分数)应不大于 5.0%。水泥中 Cl^- 含量(质量分数)应不大于 0.06%。水泥中水溶性铬(Ⅵ)含量应不大于 10.0 mg/kg。

水泥的初凝时间应不小于 30 min，终凝时间应不大于 600 min。用沸煮法检验水泥安定性，必须合格。超细硅酸盐水泥各等级的粒径应符合表 9.47 的规定，不同龄期的强度应符合表 9.48 的规定。

表 9.47　超细硅酸盐水泥的粒径

项目	粒径/μm	
	Ⅰ级	Ⅱ级
D90	≤10.0	≤20.0
D50	≤5.0	≤8.0

注：D90 表示在超细硅酸盐水泥累积粒度分布曲线中，90%体积的颗粒直径比此值小，单位为 μm。D50 表示在超细硅酸盐水泥累积粒度分布曲线中，50%体积的颗粒直径比此值小，单位为 μm。

表 9.48　超细硅酸盐水泥的强度指标

强度等级	抗折强度/MPa		抗压强度/MPa	
	3 d	28 d	3 d	28 d
52.5	≥4.0	≥7.0	≥23.0	≥52.5

注：强度按 GB/T 17671—2021 进行试验。其用水量以 0.50 的水灰比为基础且胶砂流动度不小于 180 mm 来确定。当在 0.50 水灰比下胶砂流动度小于 180 mm 时，以 0.01 的整数倍递增的方法将水灰比调整至胶砂流动度不小于 180 mm。

超细硅酸盐水泥适用于各类建筑物地基加固工程、结构修补加固工程、防水堵漏灌浆工程、设备基础加固工程等。特别是对于细微空间的灌浆、固化强度要求较高的灌浆加固处理更能体现其优异的性能。

9.11.6　氯氧镁水泥

氯氧镁水泥是一种特殊水泥，因它是由法国人索瑞尔(Sorel)于 1867 年发明的，所以又称索瑞尔水泥。同时，它以氧化镁为主要成分，人们习惯上又将其称为镁氧水泥。在许多企业，人们根据它以氧化镁和氯化镁两种镁化合物为主要原料的特点，又将其简称为双镁水泥。

氯氧镁水泥是由氧化镁粉末和氯化镁溶液混合而成。可加入各种有机或无机集料，如锯末、石棉、玻璃纤维、膨胀黏土、沥青乳液等制成各种氯氧镁水泥混凝土。

氯氧镁水泥可用于工业、农业、交通以及城市建设等工程，其制品在代木、代钢等方面，显示出突出的优越性。氯氧镁水泥具有某些优于硅酸盐水泥的性能：不需湿养护，防火性能好，导热系数小，耐磨性好，抗折、抗压强度高。它可以和各种类型的无机和有机材料相胶结产生很高的早期强度，其制品弹性好，防虫蛀，质量轻，耐油脂、油以及油漆的腐蚀，还具有相当好的耐碱、耐普通盐和硫酸盐的侵蚀性能。因此，目前非常重视氯氧镁水泥的研究和应用。但氯氧镁水泥的主要缺点是耐水性差、锈蚀钢筋，国内外都在研究如何克服这些缺点，并已取得了一定的进展。

在氯氧镁水泥的配制过程中，氧化镁是重要组成材料之一，生产 MgO 的原材料十分广泛，大部分含镁矿物都可以用于制备活性 MgO。目前国内制备活性 MgO 的方法主要有以下几种：

① 用菱镁矿（$MgCO_3$）在 650～750 ℃温度范围内煅烧得到活性的菱苦土；

② 在 700～750 ℃半焙烧白云石制备苛性白云石；

③ 联合水氯镁石（$MgCl_2 \cdot 6H_2O$）和白云石制备活性氧化镁；

④ 热解水氯镁石制备活性氧化镁。

制得的 MgO 应具有活性，且符合相应的活性指标。活性 MgO 的含量：菱苦土 $w(MgO) \geqslant 60\%$，半焙烧白云石 $w(MgO) \geqslant 18\%$；过烧 MgO 含量以不超过 3%为宜；f-CaO 不应超过 3%。细度控制在 0.08 mm 方孔筛筛余量小于 25%。

配制氯氧镁水泥的又一组成材料是作为调和剂的 $MgCl_2$ 溶液，其中 $w(KCl) \leqslant 2\%$，$w(NaCl) \leqslant 1\%$，$[w(KCl)+w(NaCl)] \leqslant 2\%$，$w(CaCl_2) \leqslant 1\%$，$w(MgSO_4) \leqslant 3\%$（$MgCl_2$ 溶液浓度为 23.7%）。

在氯氧镁水泥的配制过程中，为了改善某些性能，有时要加入一定量的活性混合材料，或者用活性混合材料作为外加剂的载体，与外加剂同时掺到氯氧镁水泥中。常用的活性混合材料有粉煤灰、炉渣、硅灰、烧煤矸石和矿渣等，经常使用的外加剂有磷酸、磷酸盐、有机树脂、石膏、铁矾、有机酸等。

氯氧镁水泥锯末混凝土及竹筋混凝土是一种比较理想的代木材料。其主要原材料为活性 MgO 和 $MgCl_2$ 溶液，加以锯末及配筋材料——竹筋，按一定的配合比制成，先加入锯末和活性 MgO 粉末干拌 3～5 min 后，倒入 $MgCl_2$ 溶液再次搅拌 8～10 min，制成均匀的混合料，通过分层加压，放置配筋材料，生产各种构件。

将活性的 MgO 和 $MgCl_2$ 溶液混合，胶结碳化硅或刚玉，加一定的抗水剂可制成氯氧镁水泥磨具，广泛用于石材加工行业。

用氯氧镁水泥加砂、石集料，制成的氯氧镁水泥混凝土具有较高的抗压、抗折强度。研究表明，当氯氧镁水泥与集料质量比为 1∶14 时，仍能获得 16 MPa 的抗压强度。而同样配比的硅酸盐水泥，抗压强度仅为 4 MPa。将几种不同水泥的硬化体的孔隙率与显微硬度进行对比，可以明显看出，在同样孔隙的条件下，氯氧镁水泥的强度最高。

氯氧镁水泥的研究和应用仍在不断的发展中。

9.11.7 碱铝硅水泥（地聚物水泥）

碱铝硅水泥又称地聚物水泥，是指具有火山灰活性或潜在水硬性的原料与激发剂组成的水硬性胶凝材料。主要原料为铝硅酸盐，包括各类天然铝硅酸盐矿物和各种硅酸盐工业副产品或工业固体废弃物，例如，高炉矿渣、煤渣、粉煤灰、磷渣、赤泥、天然火山灰、偏高岭土等。地聚物水泥的研究，最早可以追溯到 20 世纪 30 年代。珀登（Purdon）等研究发现，少量氢氧化钠在硅酸盐水泥硬化中起催化作用，使水泥中的铝硅酸盐易溶而形成硅酸钠和偏铝酸钠，进一步与氢氧化钙反应而生成水化硅（铝）酸钙，使硅酸盐水泥硬化并重新生成氢氧化钠，催化下一轮反应。由此，他们提出了“地聚物”理论。

1957 年，格鲁克夫斯基（Glukhovsky）将碎石、磨细锅炉渣（或高炉矿渣），或生石灰掺加高炉矿渣混合后，再用氢氧化钠溶液或水玻璃溶液调成浆体，得到强度高达 120 MPa、稳定性良好的胶凝材料，并称其为“土壤水泥”。格鲁克夫斯基也因此被认为是地聚物水泥的发明者。

此后，欧美各国也相继投入到地聚物水泥的研究中。法国学者达维多维茨（Davidovits），以偏高岭土为原料，碱化合物为激发剂或掺加一定量的矿渣和石灰，用水调和成砂浆，在 20 ℃水化 4 h 后，其强度可达 20 MPa，28 d 抗压强度达到 70～100 MPa。他把这种水泥称为 Geoploymers（地聚物），并申请了专利。

可用作激发剂的物质很多，除氢氧化钠以外，碱金属的氢氧化物、碳酸盐、硫酸盐、磷酸盐、氟化物、硅酸盐和铝硅酸盐等都可以作为激发剂。与硅酸盐水泥生产不同，地聚物水泥生产不需要进行熟料煅烧，可以大大降低生产能耗和 CO_2 的排放量，还可以大量利用各种工业固体废弃物。

GB/T 4131—2014《水泥的命名原则和术语》中规定："水泥的命名按不同类别，分别以水泥的主要水硬性矿物、混合材料、用途和主要特性进行命名"。因此，本书将"地聚物水泥"称为"碱铝硅水泥"，以符合我国的水泥命名原则。

根据所用原料的不同，碱铝硅水泥可以分为许多品种：由碱和矿渣组成的碱铝硅水泥称为碱矿渣水泥；由碱和偏高岭土组成的碱铝硅水泥称为碱偏高岭土水泥；由碱和粉煤灰组成的碱铝硅水泥称为碱粉煤灰水泥，依此类推。

9.11.7.1 碱铝硅水泥的水化过程与水化产物

碱铝硅水泥的水化过程，以铝硅酸盐原料中的 Si—O—Si、Si—O—Al、Al—O—Al 等共价键受 OH^- 的作用而断裂为起点，生成聚合度较小的离子团或单离子团。在一定的 pH 值条件下，它们又聚合成与原料不同的铝硅酸盐结构，并具有胶凝性和固化性。这种结构的主链由—Si—O—Al—O—Si—O—组成，主链中由 Al^{3+} 替代 Si^{4+} 而引起的网络结构中电荷不平衡需要由 K^+ 和 Na^+ 来平衡。与此同时，K^+、Na^+ 在网络结构中也变成受电荷约束的非自由离子(牢笼结构)。

碱偏高岭土水泥的聚合反应过程，如图 9.4 所示。

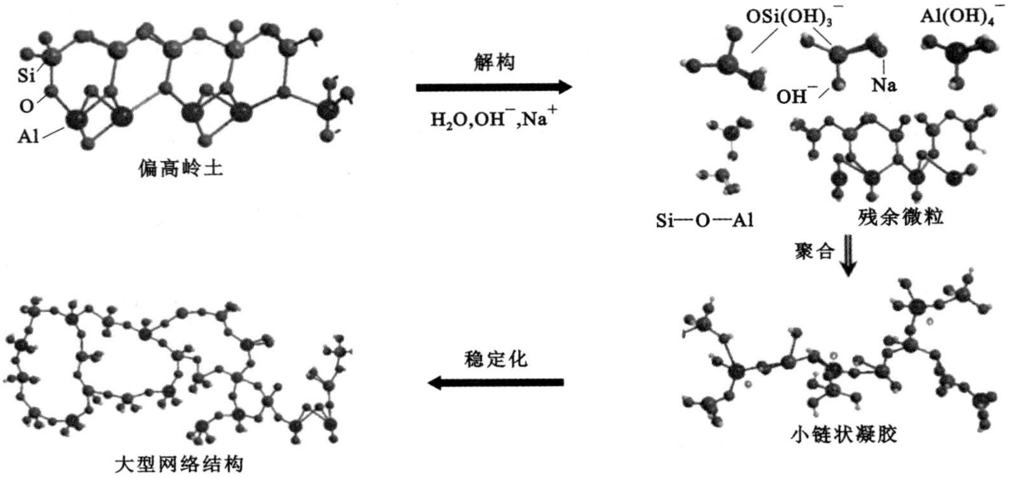

图 9.4 碱偏高岭土水泥聚合反应过程示意图

9.11.7.2 碱铝硅水泥的性能

碱铝硅水泥具有早强快凝的特点，其强度通常与养护温度、养护龄期、激发剂选择和用量有关。通常情况下，碱偏高岭土水泥与碱矿渣水泥在常温下反应就可以获得良好的强度，1 d 强度可以达到 20 MPa 以上，而碱粉煤灰水泥则往往需要高温养护才能使反应较快进行。使用水玻璃激发时，碱铝硅水泥可以获得最高的强度，因为水玻璃水化产生的硅胶可以填充孔隙，使产物更加致密。

碱铝硅水泥与普通硅酸盐水泥砂浆强度的比较，如图 9.5 所示。

一般而言，碱含量(Na_2O 含量)越高，则水泥的强度越高；但是，当碱含量过高时，水泥会因反应过快以致早期收缩明显而产生开裂。

当水玻璃模数 $n<1.7$、碱含量一定时，强度随着模数增大而增大，之后模数对强度的影响较小。传统硅酸盐水泥在集料结合的界面处，容易出现氢氧化钙的富集和择优取向的过渡区，导致界面结合力下降。而石灰石集料与碱铝硅水泥间存在化学作用，石英砂和花岗岩中的铝硅成分则在碱铝硅水泥作用下，也参与聚合反应。因此，碱铝硅水泥与集料之间无明显的界面过渡区，可以获得更高的强度。

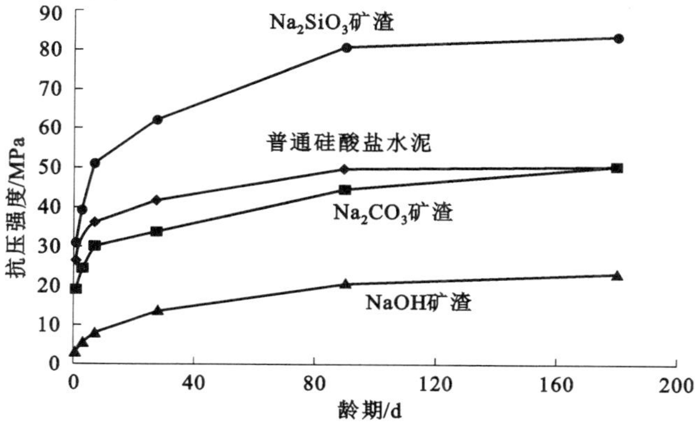

图 9.5 碱铝硅水泥与普通硅酸盐水泥砂浆强度的比较

碱铝硅水泥石为氧化物网络结构体系，在1000～1200 ℃之间不氧化、不分解，而且密实的氧化物网络体系可以隔绝空气，保护内部物质不被氧化。因此，高温性能好，不燃、隔热、保温[导热系数：0.24～0.38 W/(m·K)]、没有有毒气体释放。例如，利用碳纤维改性的碱铝硅水泥制得的复合材料，在1000 ℃下不氧化，在815℃时抗弯强度仍有245 MPa，而密度只有1.85 g/cm^3，比硅酸盐水泥(密度2.3 g/cm^3)、铝(密度2.7 g/cm^3)、钢(密度7.8 g/cm^3)小很多。相比之下，硅酸盐水泥在400 ℃下抗压强度仅为15～25 MPa，在570 ℃下抗压强度为零。

由于碱铝硅水泥水化过程中，溶液的形成和脱水反应速度比较快，网络骨架比较容易形成，另外，微波、加热、干燥对反应都有促进作用，因此凝结硬化快，可快速制得高强度制品。

碱铝硅水泥石网络结构中SiO_4^{-4}和AlO_4^{-5}在室温下较难与酸(HF除外)反应，可以用其制造耐酸材料。将碱铝硅水泥石与硅酸盐水泥石浸泡在5%硫酸溶液和5%盐酸溶液中60 d后，测定其分解率，结果如表9.49所示。

表 9.49 碱铝硅水泥石与硅酸盐水泥石在酸溶液中的分解率

酸溶液	5% H_2SO_4 溶液	5% HCl溶液
硅酸盐水泥石	95%	78%
碱铝硅水泥石	7%	6%

试验结果表明，碱铝硅水泥的抗酸侵蚀性能，要远远优于硅酸盐水泥。碱铝硅水泥石浸泡在硫酸钠溶液中，也不会发生明显破坏；但是，当浸泡在硫酸镁溶液中时，因为发生离子交换而生成水化硅酸镁(M-S-H)凝胶和石膏，会引起明显的破坏。

碱铝硅水泥，由于其水化产物中不含有$Ca(OH)_2$，因此，抗碳化性能较差。在大气环境下，其碳化速率与硅酸盐水泥相近。但是，在加速碳化条件下，则其碳化速率明显大于硅酸盐水泥。

为了得到高性能的碱铝硅水泥，往往需要使用偏高岭土、硅灰、矿渣或类似的高活性物质，如使用粉煤灰和高岭土为原料制备碱铝硅水泥，通常需要较高的养护温度才能得到一定的强度。在常温养护下制成的碱铝硅水泥所具有的强度往往偏低。此外，脆性较大也是碱铝硅水泥的一大缺陷。

9.11.7.3 碱铝硅水泥的技术要求

(1) 碱铝硅水泥的强度等级

碱铝硅水泥按照胶砂28 d抗压强度分为G0.5、G3.5、G12.5、G32.5、G42.5、G52.5、G62.5、G80、G150、G300十个强度等级。碱铝硅水泥的强度等级、限值、标记与用途应符合表9.50的规定。

表 9.50　碱铝硅水泥强度等级、限值、标记与用途

序号	强度等级	强度/MPa	标记	用途
1	一级	≥0.5	G0.5	矿井回填、重金属离子固封和飞灰初步处置等
2	二级	≥3.5	G3.5	防火涂料、垃圾焚烧飞灰固化、矿井充填和综合开采等
3	三级	≥12.5	G12.5	耐火涂料、危废资源化利用、交通辅助和储能材料等
4	四级	≥32.5	G32.5	水利灌溉、发泡碱铝硅水泥保温板和非承重围护墙体材料等
5	五级	≥42.5	G42.5	海工水泥、砌筑水泥、交通隔离墩、路牙石和彩步砖等
6	六级	≥52.5	G52.5	人防水泥、耐酸水泥、海工构件与涂料、混凝土路面等
7	七级	≥62.5	G62.5	固封核废料、PC构件、模拟火星砖和海洋工程材料等
8	八级	≥80	G80	风力发电塔、海上油井平台、机场跑道和轮船甲板等
9	九级	≥150	G150	海底油井堵漏、跨海大桥桥墩、介电材料和储能材料等
10	十级	≥300	G300	补牙材料、化学陶瓷、火星砖和月球混凝土等

(2) 化学指标(仅对四级以上)

干粉碱铝硅水泥化学指标应符合表 9.51 的规定。

表 9.51　干粉碱铝硅水泥的化学指标要求

灼烧减量(质量分数,%)	$w(SO_3)$(质量分数,%)	$w(MgO)$(质量分数,%)	$w(Cl^-)$(质量分数,%)
≤5.0	≤3.5	≤5.0[a]	≤0.06[b]

注:a. 如果水泥压蒸试验合格,则水泥中氧化镁的含量(%,质量分数)允许放宽至 6.0%。

b. 当有更低要求时,该指标由买卖双方协商确定。

(3) 凝结时间(仅对四级以上)

碱铝硅水泥初凝时间不小于 45 min,终凝时间不大于 390 min。

(4) 安定性(仅对四级以上)

碱铝硅水泥沸煮法检验安定性应合格。

(5) 细度(仅对四级以上)

碱铝硅水泥细度以筛余表示,80 μm 方孔筛筛余不大于 10%或 45 μm 方孔筛筛余不大于 30%。

习　　题

9.1　生产特种水泥的主要途径有哪些?

9.2　根据铝酸盐水泥的性能特点,在使用中要注意哪些问题?

9.3　为什么铝酸盐水泥具有早强、耐高温的性能?

9.4　常见的耐火浇注料有哪些?

9.5　试比较快硬硅酸盐水泥、快硬硫铝酸盐水泥、快硬氟铝酸盐水泥、快硬铁铝酸盐水泥和快硬高强铝酸盐水泥有何异同点?

9.6　生产快硬硅酸盐水泥的方法与生产普通硅酸盐水泥的方法有何异同?

9.7　快硬氟铝酸盐水泥和快硬硫铝酸盐水泥的熟料矿物组成有何特点?

9.8　何谓特快硬调凝铝酸盐水泥?该水泥在应用中应注意什么?

9.9　抗硫酸盐水泥有何技术要求?其熟料的矿物组成有何特点?

9.10　何谓中、低热硅酸盐水泥和低热矿渣水泥?其生产工艺特点是什么?

9.11　低热微膨胀水泥与低热钢渣硅酸盐水泥有何异同点?

9.12 道路水泥生产过程中应注意哪些问题?
9.13 用于道路的水泥混凝土路面有哪些技术要求? 为什么?
9.14 钢渣道路水泥与道路硅酸盐水泥有何区别?
9.15 如何生产膨胀水泥? 膨胀水泥主要有哪些类型,其主要用途是什么?
9.16 何为自应力? 自应力是怎样产生的? 自应力水泥有哪几种类型?
9.17 油井水泥有哪些级别? 对油井水泥有何要求? 各级别油井水泥的技术性能是什么?
9.18 提高白色硅酸盐水泥的白度在工艺上主要控制哪些因素?
9.19 如何生产彩色水泥?
9.20 石灰石硅酸盐水泥与复合硅酸盐水泥有什么不同?
9.21 何谓砌筑水泥? 生产砌筑水泥有何意义?
9.22 防辐射水泥有何用途? 有哪些品种?
9.23 常见耐酸水泥有哪些品种? 有何用途?
9.24 水玻璃型耐酸水泥是由哪几种组分材料混合而成的? 其配比大致范围如何?
9.25 何谓低碱度硫铝酸盐水泥? 有何用途?
9.26 超硫水泥有何性能? 其主要水化产物是什么?
9.27 什么叫过硫石膏矿渣水泥? 与超硫水泥的根本区别在哪里?
9.28 为什么要控制过硫石膏矿渣水泥中熟料掺量? 如何控制?
9.29 憎水水泥属于硅酸盐水泥吗? 与硅酸盐水泥有何不同?
9.30 超细硅酸盐水泥有何用途? 其主要特点是什么?
9.31 氯氧镁水泥有何优缺点? 主要用途是什么?
9.32 碱铝硅水泥具有哪些优点和缺点?

10 混凝土

通常所称的混凝土，是指由水泥、砂(细集料)、石子(粗集料)和水按一定的配比拌和均匀，经成型和硬化而成的人造石材，也称为普通混凝土。硬化前的混凝土常被称为混凝土拌和物；如果在混凝土中配有钢筋，则称之为钢筋混凝土；如果混凝土组成中没有粗集料(石子)，则称为砂浆；而由水泥和水拌和所得到的则是水泥浆。

混凝土有很多优点：改变水泥和粗细集料的品种可制备不同用途的混凝土；改变各组成材料的比例，则能使混凝土的强度等性能得到适当调节，以满足工程的不同需要；混凝土拌和物具有良好的塑性，可以浇筑成各种形状的构件；与钢筋有很好的黏结力，能和钢筋协同工作，组成钢筋混凝土或预应力钢筋混凝土，从而广泛用于各种工程。但普通混凝土也存在着体积密度大、热导率高、抗拉强度偏低以及抗冲击能力差、韧性差等缺点。针对混凝土的这些不足，人们可以通过合理地设计与调整来补偿，并可通过选择适当的材料和施工实践来部分地加以控制。大量的研究工作已致力于改善这些问题。现在，混凝土已广泛地用于工业与民用建筑、给水与排水工程、水利工程，以及地下工程、国防建设等领域。

10.1 混凝土的组成材料

常规混凝土的主要组成材料为水泥、砂、石、水、矿物掺和料及改变混凝土性能的外加剂。在混凝土中，砂、石起骨架作用，称为集料，也称骨料；矿物掺和料、水泥与水形成水泥浆，水泥浆包裹在集料表面并填充其空隙。在硬化前，水泥浆起润滑作用，赋予拌和物一定的和易性，便于施工。水泥浆硬化后，则将集料胶结成一个坚实的整体。混凝土的结构如图 10.1 所示。

图 10.1 混凝土的结构

混凝土是一种复合材料，宏观匀质，微观非匀质，其质量和技术性能很大程度上是由原材料的性质及其相对含量所决定的，同时也与制备施工工艺(配料、搅拌、成型、养护等)有关。因此，首先必须了解混凝土原材料的性质、作用及其质量要求，合理选择原材料，这样才能保证混凝土的质量。

10.1.1 水泥

(1) 水泥品种选择

水泥品种繁多，而且已广泛地应用在各类建筑工程和房地产业，一些有特殊要求的工程，还用到了特种水泥。但迄今为止，工程中应用最普遍的仍然是采用通用硅酸盐水泥制成的混凝土。采用何种水泥，应根据混凝土工程的特点和所处的环境条件合理选用，一般情况下可参考表 10.1 来选用。

表 10.1 常用水泥的选用

混凝土工程特点及所处环境条件			优先选用	可以选用	不宜选用
普通混凝土	1	在一般气候环境中的混凝土	普通水泥、复合水泥	矿渣水泥、火山灰水泥、粉煤灰水泥	
	2	在干燥环境中的混凝土	普通水泥	矿渣水泥	火山灰水泥、粉煤灰水泥
	3	在高湿度环境中或长期处于水中的混凝土	矿渣水泥、火山灰水泥、粉煤灰水泥、复合水泥、普通水泥	硅酸盐水泥	
	4	厚大体积的混凝土	矿渣水泥、火山灰水泥、粉煤灰水泥、复合水泥		硅酸盐水泥
有特殊要求的混凝土	1	要求快硬、高强的混凝土	硅酸盐水泥	普通水泥	矿渣水泥、火山灰水泥、粉煤灰水泥、复合水泥
	2	严寒地区的露天混凝土,寒冷地区处于水位升降范围内的混凝土	普通水泥	矿渣水泥	火山灰水泥、粉煤灰水泥
	3	严寒地区处于水位升降范围内的混凝土	普通水泥		矿渣水泥、火山灰水泥、粉煤灰水泥、复合水泥
	4	有抗渗要求的混凝土	普通水泥、火山灰水泥		矿渣水泥
	5	有耐磨性要求的混凝土	硅酸盐水泥、普通水泥	矿渣水泥	火山灰水泥、粉煤灰水泥
	6	受侵蚀性介质作用的混凝土	矿渣水泥、火山灰水泥、粉煤灰水泥、复合水泥		硅酸盐水泥

(2) 水泥强度等级选择

水泥强度等级的选择,应与混凝土的设计强度等级相适应。原则上讲,配制高强度等级的混凝土则选用高强度等级的水泥,配制低强度等级的混凝土则选用低强度等级的水泥。一般以水泥强度等级为混凝土强度等级的 1.0～1.5 倍为宜。

如果采用高强度等级的水泥配制低强度等级混凝土,会使水泥用量偏少,会影响和易性及密实度,所以应掺入一定数量的掺和料。如果采用低强度等级的水泥配制高强度等级的混凝土,会使水泥用量过多,不仅不经济,且还会影响混凝土的其他技术性质。

10.1.2 细集料

混凝土所用集料按其粒径大小不同可分为细集料和粗集料,通常将粒径在 0.15～4.75 mm 之间的集料称为细集料或砂。细集料主要有天然砂、机制砂和混合砂。在自然条件作用下岩石产生破碎、风化、分选、运移、堆(沉)积,形成的粒径小于 4.75 mm 的岩石颗粒,称为天然砂。天然砂包括河砂、湖砂、山砂、净化处理的海砂,但不包括软质、风化的颗粒。以岩石、卵石、矿山废石和尾矿等为原料,经除土处理,由机械破碎、整形、筛分、粉控等工艺制成的,级配、粒形和石粉含量满足要求且粒径小于 4.75 mm 的颗粒,称为机制砂。机制砂不包括软质、风化的颗粒。由机制砂和天然砂按一定比例混合而成的砂,称为混合砂。

山砂和机制砂的颗粒多具有棱角,表面粗糙,与水泥黏结较好;而河砂和海砂经长距离水流搬运和冲刷,颗粒多呈圆形,表面光滑,与水泥的黏结较差。在水泥用量和水用量相同的情况下,前者拌制的混凝土流动性较差,但强度较高,而后者则相反。

根据 GB/T 14684—2022《建筑用砂》标准,对细集料的质量要求有以下几方面:

(1) 砂的颗粒级配及粗细程度

砂的颗粒级配是指不同粒径砂颗粒的分布情况。在混凝土中,砂粒之间的空隙是由水泥浆填充的，为节约水泥和提高混凝土的强度，就应尽量减小砂粒之间的空隙。

砂的粗细程度是指不同粒径的砂粒混合在一起后的总体的粗细程度，通常有粗砂、中砂与细砂之分。在相同质量条件下，细砂的总表面积较大，而粗砂的总表面积较小。在混凝土中，砂的表面需要由水泥浆包裹，砂的总表面积愈大，则需要包裹砂粒表面的水泥浆就愈多。因此，一般用粗砂拌制混凝土比用细砂所需的水泥浆要少些。

在拌制混凝土时，砂的颗粒级配和粗细程度应同时考虑。当砂中含有较多的粗粒径砂，并以适当的中粒径砂及少量细粒径砂填充其空隙，则空隙率及总表面积均较小，这样的砂是比较理想的，不仅水泥用量少，而且还可提高混凝土的密实性与强度。可见控制砂的颗粒级配和粗细程度有很大的技术经济意义。

通常采用级配区表示砂的颗粒级配情况，用细度模数表示砂的总体粗细程度。砂的颗粒级配和粗细程度，常用筛分析的方法进行测定。具体筛分析的方法，是用一套方孔孔径（净尺寸）为 4.75 mm、2.36 mm、1.18 mm、0.60 mm、0.30 mm 及 0.15 mm 的 6 个标准筛，将 500 g 的干砂试样由粗到细依次过筛，然后称得残留在各个筛上的砂的质量，并计算出各筛上的分计筛余量百分率 a_1、a_2、a_3、a_4、a_5 和 a_6 及累计筛余量百分率 A_1、A_2、A_3、A_4、A_5 和 A_6。累计筛余量百分率与分计筛余量百分率的关系见表 10.2。

表 10.2 累计筛余量百分率与分计筛余量百分率的关系

筛孔尺寸/mm	分计筛余/%	累计筛余/%
4.75	a_1	$A_1=a_1$
2.36	a_2	$A_2=a_1+a_2$
1.18	a_3	$A_3=a_1+a_2+a_3$
0.60	a_4	$A_4=a_1+a_2+a_3+a_4$
0.30	a_5	$A_5=a_1+a_2+a_3+a_4+a_5$
0.15	a_6	$A_6=a_1+a_2+a_3+a_4+a_5+a_6$

细度模数（M_x）的公式：

$$M_x=\frac{(A_2+A_3+A_4+A_5+A_6)-5A_1}{100-A_1} \tag{10.1}$$

M_x 愈大，表示砂愈粗。M_x 在 3.7～3.1 之间为粗砂，在 3.0～2.3 之间为中砂，在 2.2～1.6 之间为细砂，在 1.5～0.7 之间为特细砂。普通混凝土用砂的细度模数范围一般为 3.7～1.6，小于1.6的特细砂很少用来配制普通混凝土。过粗的砂（$M_x>3.7$）配成的混凝土，其拌和物的和易性不易控制，且内摩擦大，不易振捣成型；过细的砂（$M_x<1.6$）配成的混凝土，要增加较多的水泥用量，而且强度显著降低。

砂的颗粒级配用级配区表示，以级配区或筛分曲线判定砂级配的合格性。对细度模数为 3.7～1.6 的普通混凝土用砂，根据 0.60 mm 孔径筛（控制粒级）的累计筛余量百分率，可划分成为 1 区、2 区和 3 区三个级配区，如表 10.3 所示。

表 10.3 累计筛余量

砂的分类	天然砂			机制砂、混合砂		
级配区	1 区	2 区	3 区	1 区	2 区	3 区
方孔筛尺寸/mm	累计筛余量/%					
4.75	10～0	10～0	10～0	5～0	5～0	5～0
2.36	35～5	25～0	15～0	35～5	25～0	15～0
1.18	65～35	50～10	25～0	65～35	50～10	25～0

续表 10.3

砂的分类	天然砂			机制砂、混合砂		
级配区	1 区	2 区	3 区	1 区	2 区	3 区
方孔筛尺寸/mm	累计筛余量/%					
0.60	85～71	70～41	40～16	85～71	70～41	40～16
0.30	95～80	92～70	85～55	95～80	92～70	85～55
0.15	100～90	100～90	100～90	97～85	94～80	94～75

Ⅰ类砂的细度模数应为 2.3～3.2。除特细砂外，Ⅰ类砂的累计筛余量应符合表 10.3 中 2 区的规定，分计筛余量应符合表 10.4 的规定；Ⅱ类和Ⅲ类的累计筛余量应符合表 10.3 的规定。砂的实际颗粒级配除 4.75 mm 筛和 0.60 mm 筛外，可以超出，但各级累计筛余量超出值总和应不大于 5%。

表 10.4 分计筛余量

方孔筛尺寸/mm	4.75[a]	2.36	1.18	0.60	0.30	0.15[b]	筛底[c]
分计筛余量/%	0～10	10～15	10～25	20～31	20～30	5～15	0～20

注：a. 对于机制砂，4.75 mm 筛的分计筛余量不应大于 5%。
b. 对于 *MB*>1.4 的机制砂，0.15 mm 筛和筛底的分计筛余量之和应不大于 25%，其中 *MB* 值是表示机制砂中含泥量大小的参数，称为亚甲蓝值。
c. 对于天然砂，筛底的分计筛余量应不大于 10%。

如果砂的自然级配不合适，不符合级配区的要求，这时就要采用人工级配的方法来改善。最简单的措施是将粗、细砂按适当比例进行试配，掺和使用。为调整级配，在不得已时也可将砂过筛，筛除过粗或过细的颗粒。

(2)含泥量和石粉含量

① 天然砂的含泥量应符合表 10.5 的规定。

表 10.5 天然砂的含泥量

类别	Ⅰ类	Ⅱ类	Ⅲ类
含泥量(质量分数，%)	≤1.0	≤3.0	≤5.0

② 机制砂的石粉含量应符合表 10.6 的规定。

表 10.6 机制砂的石粉含量

类别	亚甲蓝值	石粉含量(质量分数，%)
Ⅰ类	*MB*≤0.5	≤15.0
	0.5≤*MB*≤1.0	≤10.0
	1.0<*MB*≤1.4 或快速试验合格	≤5.0
	MB>1.4 或快速试验不合格	≤1.0[a]
Ⅱ类	*MB*≤1.0	≤15.0
	1.0<*MB*≤1.4 或快速试验合格	≤10.0
	MB>1.4 或快速试验不合格	≤3.0[a]
Ⅲ类	*MB*≤1.4 或快速试验合格	≤15.0
	MB>1.4 或快速试验不合格	≤5.0[a]

注：砂浆用砂的石粉含量不做限制。
a. 根据使用环境和用途，经试验验证，由供需双方协商确定，Ⅰ类砂石粉含量可放宽至不大于 3.0%，Ⅱ类砂石粉含量可放宽至不大于 5.0%，Ⅲ类砂石粉含量可放宽至不大于 7.0%。

(3) 泥块含量

黏土、淤泥和尘屑包裹在砂粒表面，妨碍水泥与砂的黏结，降低混凝土强度，同时还增加混凝土的用水量，从而加大混凝土的收缩，降低抗冻性和抗渗性，若有泥块存在则影响更大，因此砂的泥块含量应符合表 10.7 的规定。

表 10.7 泥块含量

类别	Ⅰ类	Ⅱ类	Ⅲ类
泥块含量(质量分数,%)	≤0.2	≤1.0	≤2.0

(4) 有害物质

云母呈针片状，表面光滑，与水泥石黏结不牢，会降低混凝土的强度；氯化物对钢筋有锈蚀作用；有机物质、硫酸盐及硫化物对水泥石有侵蚀作用。砂中如有云母、轻物质、有机物、硫化物及硫酸盐、氯化物、贝壳，其含量应符合表 10.8 的规定。

表 10.8 有害物质含量

类别	Ⅰ类	Ⅱ类	Ⅲ类
云母(质量分数,%)	≤1.0	≤2.0	
轻物质(质量分数,%)[a]	≤1.0		
有机物	合格		
硫化物及硫酸盐(按 SO_3 质量计,%)	≤0.5		
氯化物(以氯离子质量计,%)	≤0.01	≤0.02	≤0.06[b]
贝壳(质量分数,%)[c]	≤3.0	≤5.0	≤8.0

注：a. 天然砂中如有浮石、火山渣等天然轻集料，经试验验证后，该指标可不做要求。

b. 对于钢筋混凝土用净化处理的海砂，其氯化物含量应小于或等于 0.02%。

c. 该指标仅使用于净化处理的海砂，其他砂种不做要求。

(5) 坚固性

砂的坚固性是指砂在自然风化和其他外界物理、化学因素作用下，抵抗破裂的能力。砂的坚固性通常采用硫酸钠溶液法进行检验，采用该法检验时，砂的质量损失应符合表 10.9 的规定。

表 10.9 坚固性指标

类别	Ⅰ类	Ⅱ类	Ⅲ类
质量损失率/%	≤8		≤10

(6) 压碎指标

机制砂的压碎指标还应满足表 10.10 的规定。

表 10.10 机制砂压碎指标

类别	Ⅰ类	Ⅱ类	Ⅲ类
单级最大压碎指标/%	≤20	≤25	≤30

(7) 其他要求

Ⅰ类机制砂的片状颗粒含量应不大于 10%。除特细砂外，砂的表观密度应不小于 2500 kg/m^3、松散堆积密度应不小于 1400 kg/m^3、空隙率应不大于 44%。砂的放射性应符合 GB 6566—2010《建筑材料放射性核素限量》的规定。对于碱集料反应，当需方提出要求时，应出示膨胀率实测值及碱活性评定结果。对于含水率和饱和面干吸水率，当需方提出要求时，应出示其实测值。

10.1.3 粗集料

混凝土常用的粗集料有碎石和卵石两类。由天然岩石经破碎、筛分而成的粒径大于4.75 mm的颗粒，称为碎石。卵石是由天然岩石经自然风化、水流搬运和分选、堆积形成的粒径大于4.75 mm的颗粒。碎石、卵石按技术要求分为Ⅰ类、Ⅱ类、Ⅲ类三种类别。Ⅰ类宜用于强度等级大于C60的混凝土；Ⅱ类宜用于强度等级为C30～C60及有抗冻、抗渗要求的混凝土；Ⅲ类宜用于强度等级小于C30的混凝土。

GB/T 14685—2022《建设用卵石、碎石》标准，对卵石和碎石的质量及技术要求主要有以下几个方面：

(1) 含泥量和泥块含量

卵石含泥量是指粒径小于75 μm的黏土颗粒含量；碎石泥粉含量是指粒径小于75 μm的黏土和石粉颗粒含量；泥块含量是指卵石、碎石中原粒径大于4.75 mm，经水浸泡、淘洗等处理后粒径小于2.36 mm的颗粒含量。卵石含泥量、碎石泥粉含量和泥块含量应符合表10.11的规定。

表10.11 粗集料中含泥量、泥粉和泥块含量及有害物质含量要求

项目	指标		
	Ⅰ类	Ⅱ类	Ⅲ类
卵石含泥量(质量分数,%)	≤0.5	≤1.0	≤1.5
碎石泥粉含量(质量分数,%)	≤0.5	≤1.5	≤2.0
泥块含量(质量分数,%)	≤0.1	≤0.2	≤0.7
有机物	合格	合格	合格
硫化物及硫酸盐含量(按SO_3质量计,%)	≤0.5	≤1.0	≤1.0

(2) 有害物质

粗集料中常含有害物质，如黏土、淤泥、细屑、硫酸盐和硫化物，还可能混有草根、树叶、树枝、塑料、煤块和炉渣等杂物。其有害物质含量应符合表10.11的规定。

(3) 颗粒形状及表面特征

粗集料的颗粒形状和表面特征对水泥混凝土的性能有显著的影响。通常从外观上看，集料颗粒有浑圆状、多棱角状、针状和片状四种类型。其中，较好的是接近球体或立方体的浑圆状和多棱角状颗粒，而呈细长和扁平的针状、片状颗粒对水泥混凝土的和易性、强度和稳定性等性能均有不良影响，因此，在粗集料中应限制针状、片状颗粒的含量。卵石、碎石颗粒的长度大于该颗粒所属相应粒级平均粒径2.4倍的为针状颗粒；厚度小于平均粒径0.4倍的为片状颗粒。平均粒径指该粒级上、下限粒径的平均值。

针、片状颗粒含量按标准规定的针状、片状规准仪来逐粒测定，凡颗粒长度大于针状规准仪上相应间距者为针状颗粒；颗粒厚度小于片状规准仪上相应孔宽者，为片状颗粒。根据GB/T 14685—2022规定，卵石和碎石中针、片状颗粒含量应符合表10.12的要求。

表10.12 卵石和碎石中针、片状颗粒含量要求

项目	指标		
	Ⅰ类	Ⅱ类	Ⅲ类
针、片状颗粒含量(质量分数,%)	≤5	≤8	≤15

碎石具有棱角，表面粗糙，与水泥黏结较好；卵石多为圆形，表面光滑，与水泥的黏结较差。在水泥用量和水用量相同的情况下，碎石拌制的混凝土流动性较差，但强度较高，而卵石拌制的混凝土则流动性较好，但强度较低。

(4) 最大粒径及颗粒级配

① 最大粒径。粗集料中公称粒径的上限称为该粒级的最大粒径。当集料粒径增大时,其比表面积随之减小,保证一定厚度润滑层所需的水泥浆或砂浆的数量也相应减少,所以粗集料的最大粒径应在条件许可下,尽量选大些。但集料最大粒径受结构配筋疏密的限制,根据 GB 50204—2015《混凝土结构工程施工质量验收规范》的规定,混凝土粗集料的最大粒径不得超过结构截面最小尺寸的 1/4,同时不得大于钢筋最小净距的 3/4;对于混凝土实心板,集料的最大粒径不宜超过板厚的 1/3,且不得超过 40 mm。对于泵送混凝土,碎石最大粒径与输送管内径之比,宜小于或等于 1∶3,卵石最大粒径与输送管内径之比宜小于或等于 1∶2.5。若石子粒径过大,运输和搅拌都不方便。

② 颗粒级配。粗集料级配的好坏对能否节约水泥和保证混凝土具有良好的和易性有很大影响,特别是拌制高强度混凝土,粗集料级配更为重要。

粗集料的级配也是通过筛分试验来确定的,其标准筛(方孔筛)的孔径有 2.36 mm、4.75 mm、9.50 mm、16.0 mm、19.0 mm、26.5 mm、31.5 mm、37.5 mm、53.0 mm、63.0 mm、75.0 mm 及 90 mm共 12 个筛子。普通混凝土用碎石或卵石的颗粒级配应符合表 10.13 的规定。

表 10.13 普通混凝土用碎石或卵石的颗粒级配范围

公称粒级/mm		累计筛余量/%											
		方孔筛孔径/mm											
		2.36	4.75	9.50	16.0	19.0	26.5	31.5	37.5	53.0	63.0	75.0	90.0
连续粒级	5～16	95～100	85～100	30～60	0～10	0							
	5～20	95～100	90～100	40～80	—	0～10	0						
	5～25	95～100	90～100	—	30～70	—	0～5	0					
	5～31.5	95～100	90～100	70～90	—	15～45	—	0～5	0				
	5～40	—	95～100	70～90	—	30～65	—	—	0～5	0			
单粒粒级	5～10	95～100	80～100	0～15	0								
	10～16		95～100	80～100	0～15								
	10～20		95～100	85～100		0～15	0						
	16～25			95～100	55～70	25～40	0～10						
	16～31.5		95～100		85～100			0～10	0				
	20～40			95～100		80～100			0～10	0			
	40～80					95～100			70～100		30～60	0～10	0

粗集料的级配有连续级配和间断级配两种。连续级配是按颗粒尺寸由小到大连续分级,每级集料都占有一定比例。连续级配颗粒级差小,颗粒上下限粒径比接近 2,配制的混凝土拌和物和易性好,不易发生离析,目前应用较广泛。间断级配是人为剔除某些中间粒级颗粒,大颗粒的空隙直接由比它小得多的颗粒去填充,颗粒级差大,颗粒上下限粒径之比接近 6,空隙率的降低比连续级配快得多,可最大限度地发挥集料的骨架作用,减小水泥用量。但混凝土拌和物易产生离析现象,增大施工难度,实际工程应用较少。

(5) 强度

为满足混凝土的强度要求,粗集料都必须质地致密、具有足够的强度。碎石或卵石的强度,可用岩石立方体强度和压碎指标值两种方法表示。在选择采石场或对粗集料强度有严格要求或对质量有争议时,宜进行岩石立方体强度检验。对经常性的生产质量控制则用压碎指标值检验较为简便。

以岩石立方体强度表示粗集料强度，是将岩石制成 5 cm×5 cm×5 cm 的立方体（或直径与高均为 5 cm 的圆柱体）试件，在水饱和状态下，测定其极限抗压强度。根据相应标准规定，岩石抗压强度须满足：岩浆岩应不小于 80 MPa；变质岩应不小于 60 MPa；沉积岩应不小于 45 MPa。

用压碎指标值表示粗集料的强度时，是将一定质量气干状态下粒径 9.5～19.0 mm 的石子装入一定规格的圆筒内，在压力机上均匀地施加荷载到 200 kN，卸荷后称取试样的质量 G，用孔径为 2.36 mm的筛筛除被压碎的细粒，称出剩余在筛上的试样的质量 G_1。

$$压碎指标值 = \frac{G - G_1}{G} \times 100\% \tag{10.2}$$

压碎指标值越小，表示石子抵抗受压破坏的能力越强。根据标准，压碎指标应小于表 10.14 的规定。

表 10.14　石子的压碎指标

项目	指标		
	Ⅰ类	Ⅱ类	Ⅲ类
碎石压碎指标/%	≤10	≤20	≤30
卵石压碎指标/%	≤12	≤14	≤16

(6) 坚固性

对于有抗冻要求的混凝土所用的粗集料，要求测定其坚固性。坚固性表示卵石和碎石在自然风化和其他外界物理、化学因素作用下抵抗破裂的能力。集料越密实，孔隙率越低，吸水率就越小，集料表现出来的坚固性也就越好；而集料的结构越疏松，矿物成分越复杂，构造越不均匀，其坚固性也就越差。

采用硫酸钠溶液法进行坚固性试验，试样在饱和溶液中经五次循环浸渍后，其质量损失应不超过表 10.15 中的规定值。

表 10.15　坚固性指标

项目	指标		
	Ⅰ类	Ⅱ类	Ⅲ类
质量损失率/%	≤5	≤8	≤12

(7) 碱-集料反应和放射性

经相关的碱-集料反应试验后，由卵石、碎石制备的试件应无裂缝、酥裂、胶体外溢等现象，在规定的试验龄期的膨胀率应小于 0.10%。

卵石、碎石的放射性应符合 GB 6566—2010《建筑材料放射性核素限量》的规定。

(8) 吸水率

粗集料的含水状态可分为干燥状态、气干状态、饱和面干状态和湿润状态四种，这四种粗集料含水状态如图 10.2 所示。当拌制混凝土时，集料含水量的不同将影响混凝土的用水量和集料用量。当

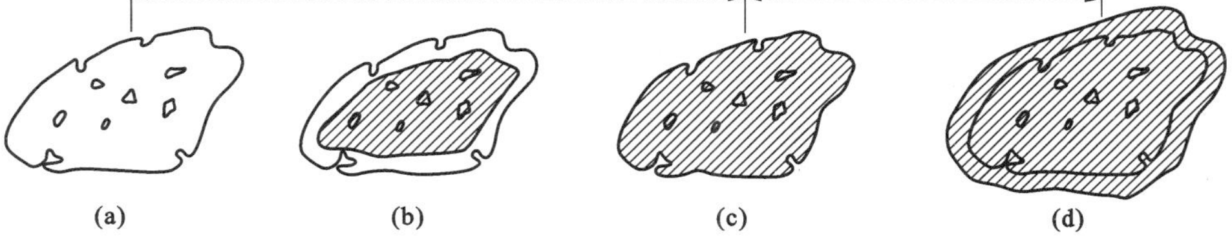

图 10.2　集料含水状态示意图

(a) 干燥状态；(b) 气干状态；(c) 饱和面干状态；(d) 湿润状态

集料的颗粒表面干燥，而颗粒内部的孔隙含水饱和时，称为饱和面干状态。集料在饱和面干状态时的含水率，称为饱和面干吸水率。计算混凝土中各项材料的配合比时，一般以干燥集料为基准，而一些大型水利工程常以饱和面干的集料为基准。根据 GB/T 14685—2022《建筑用卵石、碎石》标准的规定，将饱和面干试样放在(105±5)℃下烘干至恒重所测得的吸水率应符合表 10.16 的规定。

表 10.16　吸水率指标

类别	Ⅰ类	Ⅱ类	Ⅲ类
吸水率/%	≤1.0	≤2.0	≤2.5

(9) 表观密度、连续级配松散堆积空隙率

卵石、碎石的表观密度应不小于 2600 kg/m³；连续级配松散堆积空隙率应符合表 10.17 的规定。

表 10.17　连续级配松散堆积空隙率

类别	Ⅰ类	Ⅱ类	Ⅲ类
空隙率/%	≤43	≤45	≤47

10.1.4　混凝土拌和用水及养护用水

凡符合国家标准的生活饮用水，均可拌制混凝土。混凝土拌和用水按水源可分为饮用水、地表水、地下水、海水以及经适当处理或处置后的工业废水。混凝土拌和用水及养护用水应符合JGJ 63—2006《混凝土用水标准》的规定。水质应符合表 10.18 的要求；对于设计使用年限为 100 年的结构混凝土，Cl^- 含量不得超过 500 mg/L；对于使用钢丝或经热处理的钢筋的预应力混凝土，Cl^- 含量不得超过 350 mg/L；地表水、地下水、再生水的放射性应符合现行国家标准 GB 5749—2006《生活饮用水卫生标准》的规定；被检验水样应与饮用水样进行水泥凝结时间对比试验。对比试验的水泥初凝时间差及终凝时间差均不应大于 30 min；同时，初凝和终凝时间应符合现行国家标准 GB 175—2023《通用硅酸盐水泥》的规定；被检验水样应与饮用水样进行水泥胶砂强度对比试验，被检验水样配制的水泥胶砂 3 d 和 28 d 强度不应低于饮用水配制的水泥胶砂 3 d 和 28 d 强度的 90%；混凝土拌和用水不应有漂浮明显的油脂和泡沫，不应有明显的颜色和异味；混凝土企业设备洗刷水不宜用于预应力混凝土、装饰混凝土、加气混凝土和暴露于腐蚀环境的混凝土，不得用于使用碱活性或潜在碱活性集料的混凝土；未经处理的海水严禁用于钢筋混凝土和预应力混凝土；在无法获得水源的情况下，海水可用于素混凝土，但不宜用于装饰混凝土。

混凝土养护用水可不检验不溶物和可溶物，但应符合表 10.18 的要求；放射性应符合现行国家标准 GB 5749—2006《生活饮用水卫生标准》的规定；可不检验水泥凝结时间和水泥胶砂强度。

表 10.18　混凝土拌和用水水质要求

项目	预应力混凝土	钢筋混凝土	素混凝土
pH 值	≥5.0	≥4.5	≥4.5
不溶物含量/($mg \cdot L^{-1}$)	≤2000	≤2000	≤5000
可溶物含量/($mg \cdot L^{-1}$)	≤2000	≤5000	≤10000
氯化物含量/($mg \cdot L^{-1}$)(以 Cl^- 计)	≤500	≤1000	≤3500
硫酸盐含量/($mg \cdot L^{-1}$)(以 SO_4^{2-} 计)	≤600	≤2000	≤2700
碱含量/($mg \cdot L^{-1}$)	≤1500	≤1500	≤1500

注：碱含量用[$w(Na_2O)+0.658w(K_2O)$]计算值来表示。采用非碱活性集料时，可不检验碱含量。

10.1.5　混凝土外加剂

混凝土外加剂是混凝土中除水泥、石子、砂子、水等四种主要组分之外的一种基本组分，它是混凝

土性能优化的一种重要方法和技术，已成为混凝土配合比设计中不可缺少的第五组分。混凝土外加剂是这样一类物质：它在混凝土拌和过程中以很少的掺量加入混凝土中，能有效改善混凝土的物理力学性能，提高混凝土拌和物的流动性和混凝土的强度、耐久性，减少水泥用量，从而达到节约能耗、改善环境的功效。混凝土外加剂在混凝土中所占比例很小，多属于有机物质，它的掺入可改变混凝土的物化性能，同时提高混凝土的施工性能、力学性能和耐久性能，实现混凝土的高流态、高强度、自密实、免收缩、水中不分散等特性，大大拓展了混凝土的应用范围，使混凝土在工程建设中成为最重要的一种结构工程材料。在混凝土中普遍使用外加剂已经成为提高混凝土强度、改善混凝土综合性能、降低生产能耗、实现环境保护等方面的最有效措施。

混凝土外加剂种类繁多，就目前而言，约有300余种，我国已生产的有100多种。根据GB/T 8075—2017《混凝土外加剂术语》的规定，混凝土外加剂按其主要功能分为四类：

(1) 改善混凝土拌和物流变性能的外加剂，如各种减水剂和泵送剂等；

(2) 调节混凝土凝结时间、硬化性能的外加剂，如缓凝剂、早强剂、促凝剂和速凝剂等；

(3) 改善混凝土耐久性的外加剂，如引气剂、防水剂和阻锈剂等。

(4) 改善混凝土其他性能的外加剂，如膨胀剂、防冻剂、着色剂等。

10.1.5.1 减水剂

减水剂是指在混凝土坍落度基本相同的条件下，能显著减少混凝土拌和用水量的外加剂。可分为普通减水剂、高效减水剂、早强减水剂、缓凝减水剂、引气减水剂等。

(1) 减水剂的作用机理

不论是高效减水剂还是普通减水剂，基本上都是阴离子表面活性剂，它们在混凝土中所起的表面活性作用，概括起来有以下几点：

① 分散作用。水泥加水拌和后，由于水泥颗粒间分子引力的作用而产生许多絮状物，形成絮凝结构，在这种结构中，水泥颗粒周围包裹着很多拌和水(图10.3)，从而降低了混凝土拌和物的和易性。这时，若加入适量的减水剂，则由于其表面活性作用，憎水基端定向吸附于水泥颗粒表面，亲水基端指向水溶液，于是使水泥颗粒表面均带上相同的电荷，加大了水泥颗粒间的静电斥力，导致水泥颗粒互相分散，如图10.4(a)所示。絮凝结构解体，包裹的游离水被释放出来，从而有效地增强了混凝土拌和物的流动性，如图10.4(b)所示。另外，由于减水剂对水泥的分散作用，水泥颗粒与水接触的表面增大，水化比较充分，从而可提高混凝土的强度。

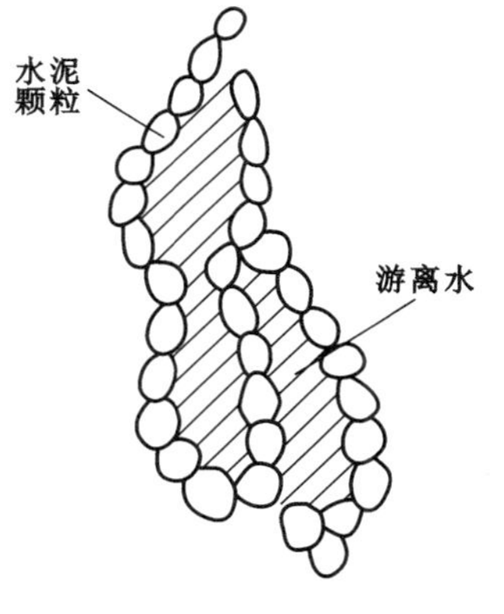

图 10.3 水泥浆的絮凝结构

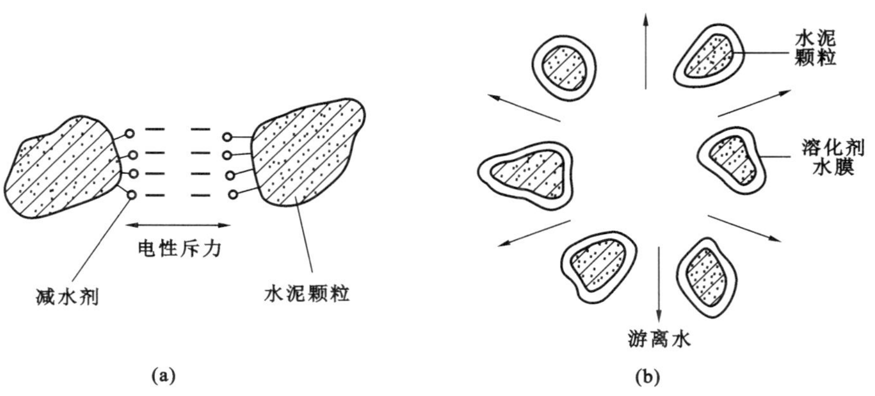

图 10.4 减水剂作用简图

② 润滑作用。减水剂的极性亲水端朝向水溶液，多以氢键形式与水分子缔合，再加上水分子之间的氢键缔合，构成了水泥微粒表面的一层水膜，阻止水泥颗粒间的直接接触，起到润滑作用。

如果加入了引气剂，水泥浆中的微小气泡同样被减水剂分子的定向吸附极性基团所包裹，气泡与气泡及气泡与水泥微粒间也因同电性相斥而类似于在水泥微粒间加入许多滚珠产生润滑作用。

(2)减水剂的技术经济效果

在混凝土中加入减水剂后，一般可取得以下效果：

① 在用水量不变时，混凝土坍落度可增大 10～20 cm；

② 保持混凝土的和易性不变时，可减水 10%～15%，混凝土强度可提高 15%～20%，特别是早期强度的提高更为显著；

③ 保持混凝土强度不变时，可节约水泥用量 10%～15%；

④ 水泥水化放热速度减慢，放热峰推迟出现；

⑤ 混凝土泌水、离析现象得到显著改善；

⑥ 混凝土透水性可降低 40%～80%，提高抗渗、抗冻、耐化学腐蚀及防锈蚀等能力；

⑦ 可配制特种混凝土，这将比采用特种水泥更为经济、简便和灵活。

(3) 常用的减水剂

减水剂种类很多，按减水效果可分为普通减水剂和高效减水剂；按是否引气可分为引气型和非引气型两种；按凝结时间和早期强度可分为标准型、早强型和缓凝型等三种；按化学成分可分为木质素系、萘系、氨基磺酸盐、脂肪族、聚羧酸盐等。

10.1.5.2　引气剂

能在混凝土混合物中产生一定量的微小独立气泡，并均匀分布在其中的外加剂，称为引气剂。它与加气剂不同，加气剂是指在砂浆中加入少量金属粉末(如铝粉等)，在浇筑时发生反应，放出大量氢等气体，使料浆体积显著膨胀的外加剂。引气剂产生的气泡直径在 0.05～1.25 mm 之间。目前常用的引气剂产品有松香热聚物、松香皂以及木质素磺酸盐等。

掺引气剂的混凝土，其微小的独立气泡在混凝土中起着滚球轴承的作用，能使混凝土流动性大大提高。若保持流动性不变，则可减水 10%左右。同时，由于这些微小气泡隔断了混凝土中毛细管渗水通路，混凝土的抗冻能力提高。另外，气泡的存在使得混凝土弹性模量略有降低，对提高混凝土的抗裂性有利。然而，气泡的存在使混凝土的有效受压面积减小，从而使混凝土强度有所降低。但由于可以降低水灰比，因而可使强度得到补偿。引气剂掺量以 0.002%～0.01%为宜，掺入后可使混凝土拌和物中的引气量达 3%～5%。

10.1.5.3　缓凝剂

能够延缓混凝土的凝结时间，又不显著影响混凝土后期强度的外加剂，称为缓凝剂。在混凝土施工中，为了防止在气温较高、运距较长的情况下，混凝土拌和物发生过早凝结而使坍落度下降，影响浇筑质量，或为了延长大体积混凝土的放热时间，以及防止分层浇灌的混凝土出现裂缝等质量事故，常须在混凝土中掺入缓凝剂。

缓凝剂种类很多，有木质素磺酸盐类、糖类、有机酸类和无机化合物类等，但常用品种多为更为廉价易得的木质素磺酸钙和糖蜜，其中糖蜜的缓凝效果最好。另外还有使用柠檬酸作缓凝剂的，柠檬酸为无色无臭晶体，属阴离子表面活性剂。一般掺量为 0.03%～0.1%，随其掺量不同，凝结时间可延缓数小时至十几小时。

10.1.5.4　速凝剂

能使混凝土迅速凝结，并改善混凝土与基底的黏结性及稳定性的外加剂称为速凝剂，多用于喷射混凝土。一般要求能使混凝土拌和物在 2～5min 内初凝，而终凝时间为 10 min 左右；混凝土的早期强度高且后期强度降低最大不超过 30%；对混凝土的收缩影响不大，抗渗性能所受影响较小，低温下不会失效，对钢筋无锈蚀作用。

混凝土掺速凝剂后产生速凝快硬的原因是：速凝剂与水泥在加水拌和时立即发生反应，使水泥中的石膏变成 Na_2SO_4，失去缓凝作用，同时速凝剂中的快凝物质也迅速水化，产生大量水化产物，从而让水泥迅速凝固。

速凝剂多用于矿山井巷、铁路隧道、引水涵洞、地下厂房等工程采用喷锚支护时的喷射混凝土施工，起到省工、省料、加快工程建设的作用。

10.1.5.5　使用外加剂的注意事项

混凝土的每一种性能几乎都可以通过掺外加剂得到一定的改善，制造混凝土时要根据所需性能有选择性地选用。需要强调的是，混凝土外加剂并不是万能的，对于配合比设计不良或混凝土搅拌施工操作不当引起的质量问题，外加剂是无能为力的。如果不了解所使用外加剂的性能而使用不当，其后果相当严重，因此，对外加剂的使用必须注意以下几个方面：

(1) 所用外加剂必须有规范的说明书，其质量必须符合国家有关标准，如减水剂应符合 GB 8076—2008《混凝土外加剂》的规定。

(2) 外加剂与所使用的水泥的相容性问题。根据外加剂制造商推荐的掺入量和使用规程，在施工现场进行试配。这是因为外加剂的准确效果取决于许多因素，如水泥组成、集料特性和所含杂质、配合比、搅拌形式、搅拌时间、加入时间、环境条件等。

(3) 对改善混凝土流动性的外加剂来说，不仅要评价新拌混凝土工作性的改善程度，而且要评价其经时损失。

(4) 采取有效措施，确保外加剂准确计量。这对常规用量小于水泥质量 0.1％的引气剂和化学外加剂特别重要，如果采取的措施不当，外加剂很容易过量，可能会引起巨大损失。

(5) 外加剂对混凝土的其他性能的影响应一并加以考虑，特别是一些不利的影响，如影响混凝土耐久性等。

10.1.6　矿物掺和料

矿物掺和料是指在配制混凝土时加入的能改变新拌混凝土和硬化混凝土性能的无机矿物细粉。其掺量通常大于水泥用量的 5％，细度与水泥细度相同或比水泥更细。掺和料与外加剂的主要不同之处在于其参与了水泥的水化过程，对水化产物有所贡献。在配制混凝土时加入较大量的矿物掺和料，可减小温升，改善工作性能，增进后期强度，并可改善混凝土的内部结构，提高混凝土耐久性和抗侵蚀能力。尤其是矿物掺和料对碱-集料反应的抑制作用引起了人们的重视。因此，这种材料被称为辅助胶凝材料，已成为高性能混凝土中不可缺少的第六组分。

矿物掺和料根据其来源可分为天然类、人工类及工业废料类三大类，如表 10.19 所示。

表 10.19　矿物掺和料的分类

类别	品种
天然类	火山灰、凝灰岩、沸石粉、硅质页岩等
人工类	煅烧页岩、偏高岭土等
工业废料类	水淬高炉矿渣、粉煤灰、硅灰等

目前，工业废渣矿物掺和料已广泛应用于商品混凝土行业，尤其是粉煤灰、矿渣粉、硅灰等具有良好的活性，对节约水泥、节省能源、改善混凝土性能、增加混凝土品种等方面有显著的技术经济效果和社会效益。硅灰、细磨矿渣粉及分选超细粉煤灰可用来生产 C100 以上的超高强混凝土、超高耐久性混凝土、高抗渗混凝土。

根据其化学活性，矿物掺和料基本可分为三类：

(1) 有胶凝性(或称潜在水硬活性)的矿物掺和料。例如，粒化高炉矿渣、高钙粉煤灰或增钙液态渣、沸腾炉(流化床)燃煤脱硫排放的废渣(固硫渣)等。

(2) 有火山灰性的矿物掺和料。火山灰性是指本身没有或极少有胶凝性，但在有水存在时，能与 $Ca(OH)_2$ 在常温下发生化学反应，生成具有胶凝性的组分。如粉煤灰、原状的或煅烧的酸性火山玻璃和硅藻土、某些烧页岩和黏土，以及某些工业废渣(如硅灰)。

(3) 惰性矿物掺和料。如细磨的石灰岩、石英砂、白云岩以及各种硅质岩石的产物。

矿物掺和料在混凝土中所起的作用主要体现在三个方面：

① 形态效应。利用矿物掺和料的颗粒形态在混凝土中起减水作用，有学者称之为“矿物减水剂”。如优质的粉煤灰，其玻璃微珠对混凝土和砂浆的流动起“滚珠轴承”作用，因而有减水作用。

② 微细集料效应。利用矿物掺和料中的微细颗粒填充到水泥颗粒填充不到的孔隙中，使混凝土中浆体与集料的界面缺陷减少，致密性提高，从而大幅度提高混凝土的强度和抗渗性能。

③ 化学活性效应。利用矿物掺和料的胶凝性或火山灰性，将混凝土中尤其是浆体与集料界面处大量的 $Ca(OH)_2$ 晶体转化成对强度及致密性更有利的 C-S-H 凝胶，改善界面缺陷，提高混凝土强度。

不同种类的矿物掺和料因其自身性质不同，在混凝土中所体现的三个效应各有侧重。

10.1.6.1 粉煤灰

粉煤灰是从火力发电厂燃煤锅炉排放出的烟气中收集到的细灰，是一种具有潜在活性的火山灰质材料，其颗粒多数呈球形，表面光滑，颜色为灰色，密度为 1770～2430 kg/m^3，松散容积密度为 516～1073 kg/m^3。粉煤灰是由各种颗粒机械混合而成的颗粒群体，有玻璃珠[包括实心微珠(低铁玻珠)、薄壁空心微珠(漂珠)、厚壁空心微珠(沉珠)、子母微珠及磁性微珠(高铁微珠)等]、海绵状多孔玻璃体、多孔碳粒以及各种颗粒的粘连体。

粉煤灰在混凝土中的作用归结为物理作用和化学作用两方面。正是由于粉煤灰具有玻璃微珠的颗粒特征，因而对减少新拌混凝土的用水量、增强混凝土的流动性、提高混凝土的密实程度具有优良的物理作用效果。而其硅铝玻璃体在常温常压条件下，可与水泥水化生成的 $Ca(OH)_2$ 发生化学反应，生成具有胶凝作用的 C-S-H 水化产物，具有潜在的化学活性，这种潜在的活性效应只有在较长龄期才会明显地表现出来，对混凝土后期强度的增长较为有利。

粉煤灰的品质指标直接关系到其在混凝土中的作用效果。粉煤灰细度越细，其微细集料效应越显著；需水量比越低，其矿物减水效应越显著；通常细度小、需水量比低的粉煤灰(Ⅰ级灰)，其化学活性也较高。灼烧减量主要是含碳量，未燃尽的碳粒是粉煤灰中的有害成分，碳粒多孔、比表面积大、吸附性强、强度低，带入混凝土中后，不但影响混凝土的需水量，还会导致外加剂用量大幅度增加；对硬化混凝土来说，碳粒影响了水泥浆的黏结强度，成为混凝土中强度的薄弱环节，易增大混凝土的干缩值；它不仅自身是惰性颗粒，还是影响粉煤灰形态效应最不利的颗粒。拌制混凝土和砂浆用粉煤灰应符合 GB/T 1596—2017《用于水泥和混凝土中的粉煤灰》的技术要求(参见 6.2.3 节的内容)。

10.1.6.2 矿渣粉

粒化高炉矿渣简称矿渣，属于第一类矿物掺和料，是高炉炼铁时产生的废渣，具有微弱的自身水硬性。GB/T 18046—2017《用于水泥、砂浆和混凝土中的粒化高炉矿渣粉》将粒化高炉矿渣粉定义为：以粒化高炉矿渣为主要原料，可掺入少量天然石膏，磨制成一定细度的粉体，称作粒化高炉矿渣粉，简称矿渣粉。粉磨时允许加入助磨剂，加入量不得大于矿渣质量的 0.5%。

矿渣的活性取决于它的化学成分、矿物组成及冷却条件，若矿渣中 CaO、Al_2O_3 含量高，SiO_2 含量低，则矿渣活性高。GB/T 18046—2017 中规定矿渣粉应符合表 10.20 的技术指标。

表 10.20 矿渣粉技术指标

项目		级别		
		S105	S95	S75
密度/(g/cm^3)		≥2.8		
比表面积/(m^2/kg)		≥500	≥400	≥300
活性指数/%	7 d	≥95	≥70	≥55
	28 d	≥105	≥95	≥75
流动度比/%		≥95		
初凝时间比/%		≤200		
含水量(质量分数,%)		≤1.0		
三氧化硫(质量分数,%)		≤4.0		
氯离子(质量分数,%)		≤0.06		
灼烧减量(质量分数,%)		≤1.0		
不溶物(质量分数,%)		≤3.0		
玻璃体含量(质量分数,%)		≥85		
放射性		$I_{Ra}\leqslant 1.0$ 且 $I_{\gamma}\leqslant 1.0$		

矿渣磨得越细,其活性越高,掺入混凝土中,早期产生的水化热越大,因而越不利于减小混凝土的温升。当矿渣的比表面积超过 400 m^2/kg,用于很低水胶比(水与胶凝材料的质量之比)的混凝土中时,混凝土早期自收缩随着掺量的增大而增大。矿渣粉磨得越细,掺量越大,则低水胶比的高性能混凝土拌和物越黏稠。而且粉磨矿渣要消耗能源,提高成本,因此,矿渣粉的比表面积不宜过大,应综合考虑其利弊。用于大体积混凝土时,矿渣的比表面积以不超过 500 m^2/kg 为宜;超过 500 m^2/kg 的,宜用于水胶比不低于 0.3 的非大体积混凝土。与需水量比低的粉煤灰复合掺入时,上述问题可以得到缓解。矿渣粉掺量超过 70%时,自收缩可减小,水化热可降低。矿渣粉的活性指数越高,其取代水泥的置换率越高,混凝土早期强度的降幅越小。

矿渣粉对混凝土泌水量和泌水速度的影响主要取决于矿渣粉的细度。当矿渣粉比水泥细,并代替相同体积组分时,泌水减少;反之,当矿渣粉较粗时,泌水量和泌水速度可能增大。矿渣粉的比表面积越小,置换率越大,掺矿渣粉的混凝土的凝结时间也越长。一般在 20 ℃的环境下,含矿渣粉混凝土的水化热与置换率大体上成正比。但是矿渣粉对水泥置换率与绝热温升的关系比较复杂。置换率小时,绝热温升上升量比基准混凝土的大;当置换率达到 70%时,绝热温升上升量比基准混凝土的小。不管矿渣粉的比表面积如何,置换率对绝热温升都是主要的支配因素。在水化初期,随着置换率增加,温度上升速率降低,但最终在置换率为 50%以下时,随置换率增加,绝热温升增大;超过此值后,随置换率增大,绝热温升减小。

与不掺矿渣粉的基准混凝土相比,掺矿渣粉的混凝土 7 d 前的早期强度有所降低。矿渣粉的比表面积越小,对水泥的置换率越大,养护温度越低,则早期强度增长越慢,但后期强度的增长率较高,掺矿渣粉尤其对提高混凝土的抗折强度有利。

矿渣粉能优化混凝土孔结构,提高抗渗性能,降低氯离子扩散速度,减少体系内 $Ca(OH)_2$ 的含量,抑制碱-集料反应,提高混凝土抗硫酸盐侵蚀的能力,使混凝土的耐久性能得到较大改善。

大掺量矿渣粉在大体积混凝土工程、地下混凝土工程、水下混凝土工程和海水混凝土工程等方面的应用具有很大的优势,适宜于配制高强度、高性能混凝土以及道路、桥梁等对抗折强度要求较高的混凝土工程。

10.1.6.3 硅灰

硅灰是指用高纯度石英冶炼金属硅和硅铁合金的工厂从烟尘中收集而来的超细粉末，大体工艺过程是在埋电弧炉中用焦炭或木片将石英还原为单质硅，硅蒸气在低温区氧化成 SiO_2 并凝聚成无定形的球状玻璃颗粒，称为凝聚硅灰。硅灰的相对密度为2.2左右，松散容积密度为250～300 kg/m^3。用氮气吸附法测定的比表面积达20～35 m^2/g，平均粒径小于0.1 μm，比水泥颗粒要小两个数量级。虽然硅灰的形态也是很完美的球状玻璃体，但由于其粒径非常细小，在混凝土胶凝材料颗粒群的体系中不能产生“滚珠轴承”效应，相反因其巨大的比表面积效应，在混凝土中硅灰不仅起不到减水的作用，还会导致混凝土的需水量大幅度增加。硅灰的需水量比为134%，火山灰活性指标高达110%。

硅灰的质量可用 SiO_2 含量和活性率来检验。用于混凝土中的硅灰，SiO_2 含量应大于90%，其中活性的（在饱和石灰水中可溶）SiO_2 含量达40%以上。以10%硅灰等量取代水泥，混凝土强度可提高25%以上。硅灰颗粒细小，掺入混凝土中，具有优异的火山灰效应和微细集料效应，能改善新拌混凝土的泌水性和黏聚性，提高混凝土的强度，改善混凝土的抗渗、抗冲击等性能，抑制碱-集料反应。硅灰的高填充效果和高火山灰活性，使其成为超高强混凝土的优异矿物掺和料。但混凝土中掺入硅灰后，随着硅灰掺量的提高，需水量会增大，黏度和自收缩也会增大。因此，一般硅灰的适宜掺量控制在5%～10%之间，并需用高效减水剂来调节需水量。

10.1.6.4 其他矿物掺和料

(1)天然沸石粉

沸石粉是沸石岩经磨细后形成的一种粉状建筑材料。天然沸石是一种经长期压力、温度、碱性水介质作用而沸石化了的凝灰岩，属于火山灰质材料，有30多个种类，用作混凝土矿物掺和料的主要是斜发沸石和丝光沸石。沸石粉的主要化学成分（质量分数，%）是 SiO_2 60%～70%，Al_2O_3 10%～30%，可溶硅5%～12%，可溶铝6%～9%。因它富含 SiO_2 和 Al_2O_3，同时还具有特殊多孔结构，掺入水泥中能与水泥水化后产生的 $Ca(OH)_2$ 作用生成含水的硅酸钙凝胶和铝酸钙凝胶，提高水泥的水化程度，减小孔隙率，使水泥石结构更加密实。试验表明，在水灰比不变的情况下，掺15%～20%的沸石粉，混凝土的强度等于或高于不掺沸石粉的试样，掺量超过20%，则会引起强度下降。

沸石粉可显著提高混凝土拌和物的黏聚性和保水性，但随着细度变细，掺量增大，混凝土的需水量增加；沸石粉可以配制高强和超高强混凝土，对提高混凝土抗渗性能效果显著；掺入沸石粉对降低混凝土的碱含量，防止或抑制混凝土的碱-集料反应非常有利。

(2) 偏高岭土

偏高岭土是在一定温度下煅烧的高岭土，具有较高的火山灰活性。在600 ℃下煅烧的高岭土首先脱水成偏高岭石（$Al_2O_3 \cdot 2SiO_2$），然后一部分分解成无定形 Al_2O_3 和 SiO_2 产物，还保留一部分无水铝硅酸盐结晶，属于火山灰质矿物掺和料。偏高岭土的需水量小于硅灰，而增强效果与硅灰相差无几。对于硅灰资源缺乏的国家，偏高岭土掺和料是一种较具开发前景的高强混凝土掺和料。

(3) 细磨石灰石粉、石英砂粉

在常温常压条件下，细磨石灰石粉、石英砂粉等活性很低的矿物掺和料属于惰性掺和料，主要利用其形态效应和微细集料效应来改善混凝土的工作性能和减小温升。细磨石灰石粉具有微弱的化学活性，少量石灰石能与水泥中的 C_3A 反应生成水化碳铝酸钙（$C_3A \cdot 3CaCO_3 \cdot 32H_2O$）。在混凝土中掺入2%的磨细石灰石粉，有利于提高其早期强度。在使用惰性掺和料时应注意：

① 掺和料的硫酸盐和硫化物含量，折算为 SO_3 时不得超过3%；

② 在配合比设计强度有富余时，为节约水泥，可用等量置换，其掺量不宜超过水泥用量的15%；

③ 为提高混凝土的坍落度，可用外掺法，其掺量不宜超过水泥用量的20%；

④ 细磨石英砂在混凝土常规工艺中是惰性材料，但在高压蒸汽养护工艺条件下，当细磨石英砂

的 SiO_2 含量较高(大于 65%),细度比水泥细或与水泥相当时,将与水泥发生水热合成作用,生成托勃莫来石,在置换率为 1∶1,内掺量为 30%～40%时,混凝土的强度大幅度提高,此时,细磨石英砂粉成为蒸压混凝土制品的活性掺和料。

10.2 混凝土的主要技术性质

混凝土的各组成材料按一定比例配合,经搅拌均匀后、未凝结硬化之前,称为混凝土拌和物。它必须具有良好的和易性,便于施工,以保证能获得良好的浇灌质量;混凝土拌和物凝结硬化以后,应具有足够的强度,以保证建筑物能安全地承受设计荷载,并应具有必要的耐久性。

10.2.1 混凝土拌和物的和易性

10.2.1.1 和易性的概念

和易性又称为工作性,是指混凝土拌和物易于施工操作(拌和、运输、浇灌、捣实),并能获得质量均匀、成型密实的混凝土的性能。和易性是一项综合的技术性质,包括流动性、黏聚性和保水性等三方面的含义。

(1) 流动性

流动性是指混凝土拌和物在本身自重或施工机械振捣的作用下,能产生流动,并均匀密实地填满模板的性能。流动性好的混凝土操作方便,易于捣实、成型。

(2) 黏聚性

黏聚性是指混凝土拌和物在施工过程中其组成材料之间有一定的黏聚力,不致产生分层和离析的现象。在外力作用下,混凝土拌和物各组成材料的沉降不相同,如配合比例不当,黏聚性差,则施工中易发生分层(即混凝土拌和物各组分出现层状分离现象)、离析(即混凝土拌和物内某些组分分离、析出现象)等情况,致使混凝土硬化后产生“蜂窝”“麻面”等缺陷,影响混凝土强度和耐久性。

(3) 保水性

保水性是指混凝土拌和物在施工过程中,具有一定的保水能力,不致产生严重的泌水现象。泌水性又称析水性,是指从混凝土拌和物中泌出部分水的性能。保水性不良的混凝土,易出现泌水,水分泌出后会形成连通孔隙,影响混凝土的密实性;泌出的水还会聚集到混凝土表面,引起表面疏松;泌出的水积聚在集料或钢筋的下面会形成孔隙,从而削弱了集料或钢筋与水泥的黏结力,影响混凝土的质量。

由此可见,混凝土拌和物的流动性、黏聚性和保水性,三者之间密切相关,又互相矛盾。如黏聚性好,则保水性往往也好,但流动性可能较差;当增强强流动性时,黏聚性和保水性往往变差。因此,拌和物的和易性良好,就是要使这三方面的性能,在某种具体工作条件下达到相对统一,实现总体良好的状态。

10.2.1.2 和易性的测定方法及评定

混凝土拌和物的和易性内涵十分复杂,难以用一种简单的测定方法和指标来全面、恰当地表达。根据我国现行标准 GB/T 50080—2016《普通混凝土拌和物性能试验方法标准》规定,用坍落度和维勃稠度来测定混凝土拌和物的流动性,并辅以直观经验来评定黏聚性和保水性,以评定和易性。

(1) 坍落度

该方法适用于集料最大粒径不大于 40 mm,坍落度值不小于 10 mm 的混凝土拌和物稠度测定。混凝土拌和物坍落度的测定如图 10.5 所示。坍落度愈大表示流动性愈大。在做坍落度试验的同时,应观察混凝土拌和物的黏聚性、保水性及含砂等情况,以便更全面地评定混凝土拌和物的和易性。

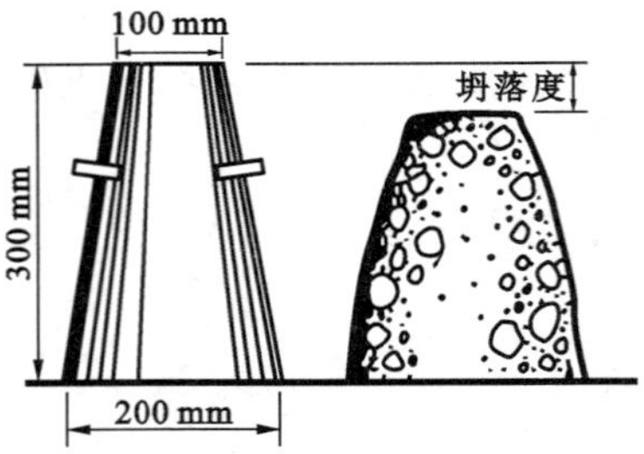

图 10.5　混凝土拌和物坍落度的测定

黏聚性的评定方法：用捣棒在已坍落的混凝土锥体侧面轻轻敲打，若锥体逐渐下沉，则表示黏聚性良好；如果锥体倒塌，部分崩裂或出现离析现象，则表示黏聚性不好。

保水性的评定方法：以混凝土拌和物中的稀水泥浆体析出的程度来评定。坍落度筒提起后，如有较多稀水泥浆体从底部析出，锥体部分混凝土拌和物也因失浆而集料外露，则表明混凝土拌和物的保水性能不好。如坍落度筒提起后无稀水泥浆体或仅有少量稀水泥浆体自底部析出，则表示此混凝土拌和物保水性能良好。

混凝土拌和物的流动性，根据坍落度值(单位：mm)可分为 4 级：

① 大流动性混凝土，拌和物坍落度大于或等于 160 mm；

② 流动性混凝土，拌和物坍落度为 100～150 mm；

③ 塑性混凝土，拌和物坍落度为 50～90 mm；

④ 低塑性混凝土，拌和物坍落度为 10～40 mm。

(2) 维勃稠度

坍落度小于 10 mm 的干硬性混凝土拌和物的流动性，需用维勃稠度仪测定，如图 10.6 所示，以维勃稠度值——时间秒(s)表示。该方法适用于集料最大粒径不超过 40 mm，维勃稠度在 5～30 s 之间的混凝土拌和物。

根据维勃稠度的大小，混凝土拌和物也分 4 级：

① 半干硬性混凝土，维勃稠度为 10～5 s；

② 干硬性混凝土，维勃稠度为 20～11 s；

③ 特干硬性混凝土，维勃稠度为 30～21 s；

④ 超干硬性混凝土，维勃稠度≥31 s。

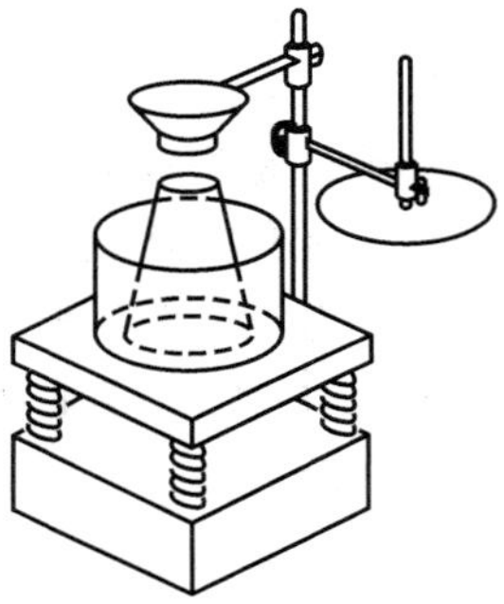

图 10.6　维勃稠度仪

10.2.1.3　*影响和易性的主要因素*

影响混凝土拌和物和易性的主要因素有以下几个方面：

(1) 水泥品种

不同品种的水泥，或同品种不同强度等级的水泥，其颗粒特征、混合材料的掺量均不相同，故需水量也就不一样。如配合比相同，采用矿渣水泥和某些火山灰水泥时，拌和物的坍落度一般较用普通水泥的小，但矿渣水泥将使拌和物的泌水性显著增大。

(2) 水泥浆的数量

混凝土拌和物中的水泥浆赋予混凝土拌和物一定的流动性。在水胶比不变的情况下，单位体积拌和物内，水泥浆愈多，则拌和物的流动性愈大。若水泥浆过多，将会出现流浆现象，使拌和物的黏聚性变差，同时对混凝土的耐久性也会产生一定影响，且水泥用量也大。水泥浆过少，不能填满集料空隙或不能很好地包裹集料表面时，就会产生崩坍现象，黏聚性变差。混凝土拌和物水泥浆的含量应以满足流动性要求为度，不宜过量。

(3) 水泥浆的稠度——水胶比

水泥浆的稠度是由水胶比所决定的。在水泥用量不变的情况下，水胶比愈小，水泥浆就愈稠，混凝土拌和物的流动性也就愈小。当水胶比过小时，水泥浆干稠，混凝土拌和物的流动性过低，则施工困难，不能保证混凝土的密实性。增大水胶比会使流动性提高，如果水胶比过大，又会造成混凝土拌和物的黏聚性和保水性不良，而产生流浆、离析现象，并且严重影响混凝土的强度，所以水胶比不能过大或过小。一般应根据混凝土强度和耐久性要求合理地选用。

水泥浆的多少和稀稠不影响混凝土拌和物的流动性，实际上对混凝土拌和物流动性起决定作用的是用水量。因为提高水胶比或增加水泥浆用量最终都表现为混凝土用水量的增加。

（4）砂率

砂率是指混凝土中砂的质量占砂和石的总量的比例（质量分数，%）。砂率的变动会使集料的空隙率和集料的表面积显著改变，因而对混凝土拌和物的和易性产生显著影响。

如砂率过大，集料的总表面积及空隙率都会增大，在水泥浆含量不变的情况下，水泥浆相对减少，减弱了水泥浆的润滑作用，混凝土拌和物的流动性将降低；如砂率过小，又不能保证在粗集料之间有足够的砂浆层，也会降低混凝土拌和物的流动性，而且会严重影响其黏聚性和保水性，容易造成离析、流浆等现象。因此，砂率有一个合理值。

一般情况下，在保证拌和物不离析，能很好地浇灌、捣实的条件下，应尽量选用较小的砂率，这样还可节约水泥。

（5）时间和温度

混凝土搅拌完毕后，混凝土拌和物的坍落度随时间的推移逐渐减小，导致这种现象的原因有水泥的水化反应、集料吸收水分、水分的蒸发等，这些因素的作用随着温度的升高而加剧。由于拌和物流动性的这种变化，在施工中为了保证一定的和易性，必须注意环境温度的变化，采取相应的措施。

（6）外加剂

在拌制混凝土时，加入很少量的外加剂（如减水剂、引气剂）能使混凝土拌和物在不增加水泥用量的条件下，获得很好的和易性，增强流动性和改善黏聚性，降低泌水性。并且由于改善了混凝土的微结构特性，还能提高混凝土的耐久性。

10.2.2　混凝土的强度

混凝土的强度包括抗压强度、抗拉强度、抗弯强度、抗剪强度以及握裹钢筋强度等，其中从绝对值而言以抗压强度值最大，而且混凝土的抗压强度与其他强度间有一定的相关性，一般根据抗压强度的大小来估计其他强度值。另外，工程上混凝土主要承受压力，因此，混凝土的抗压强度是最重要的一项性能指标。

一般来说，混凝土的强度越高，其刚性、不透水性、抵抗风化和某些介质侵蚀的能力也越强，通常主要用混凝土强度来评定和控制混凝土的质量。

10.2.2.1　混凝土的立方体抗压强度与强度等级

按照 GB/T 50081—2019《混凝土物理力学性能试验方法标准》的规定，将混凝土拌和物制成边长为 150 mm 的立方体试件，在标准条件[温度(20±2)℃，相对湿度 95%以上]下，养护到 28 d 龄期，测得的抗压强度值为混凝土立方体试件抗压强度（简称立方体抗压强度），以 f_{cu}表示。

为了正确进行设计和控制工程质量，按照国家标准 GB 50010—2010《混凝土结构设计规范》，混凝土强度等级应按立方体抗压强度标准值确定。混凝土立方体抗压强度标准值是指按标准方法制作和养护的、边长为 150 mm 的立方体试体，在 28 d 龄期用标准试验方法测得的具有 95%保证率的抗压强度，以 $f_{cu,k}$表示。混凝土强度等级采用符号 C 与立方体抗压强度标准值（以 N/mm^2，即 MPa 计）表示，共划分成 14 个强度等级：C15、C20、C25、C30、C35、C40、C45、C50、C55、C60、C65、C70、C75 和 C80。例如，C50 表示混凝土立方体抗压强度标准值 $f_{cu,k}=50$ MPa。

10.2.2.2　混凝土的轴心抗压强度

混凝土的立方体抗压强度只是评定强度等级的一个标志，它不能直接用来作为结构设计的依据。在实际工程中，钢筋混凝土结构形式极少是立方体，绝大部分是棱柱体形（正方形截面）或圆柱体形。为了使测得的混凝土强度接近于混凝土结构的实际情况，在钢筋混凝土结构计算中，往往采用混凝土的轴心抗压强度。混凝土的轴心抗压强度用 f_{cp}表示，轴心抗压强度的标准值用 $f_{cp,k}$表示。

轴心抗压强度的测定采用 150 mm×150 mm×300 mm 棱柱体作为标准试件。大量试验表明，轴心抗压强度 f_{cp} 比同截面的立方体抗压强度值 f_{cu} 小，棱柱体试件高宽比 h/a 越大，轴心抗压强度越小，但当 h/a 达到一定值后，强度就不再降低。当然，过高的试件在破坏前由于失稳产生较大的附加偏心，又会降低其抗压的试验强度值。试验表明：在立方体抗压强度 f_{cu} 为 10～55 MPa 时，轴心抗压强度 $f_{cp} \approx (0.70 \sim 0.80) f_{cu}$。

10.2.2.3　混凝土的抗拉强度

由于混凝土是一种脆性材料，处于受拉状态的混凝土，很小的变形就会导致开裂，它在断裂前没有残余变形。混凝土的抗拉强度(f_{ts})只有抗压强度的(1/10)～(1/20)，且随着混凝土强度等级的提高，比值有所降低，也就是当混凝土强度等级提高时，抗拉强度不及抗压强度提高得快。因此，混凝土在工作时一般不依靠其抗拉强度，但抗拉强度对于抗开裂性有重要意义。在结构设计中，抗拉强度是确定混凝土抗裂度的重要指标，有时也用它来间接衡量混凝土与钢筋的黏结强度等。

10.2.2.4　影响混凝土强度的因素

普通混凝土受力破坏一般出现在集料和水泥石的分界面上，这就是常见的黏结面(界面)破坏的形式。另外，当水泥石强度较低时，水泥石本身的破坏也是常见的破坏形式。在普通混凝土中，集料首先破坏的可能性很小，因为集料的强度通常大大超过水泥石和黏结面的强度。所以混凝土的强度主要取决于水泥石自身的强度及其与集料表面的黏结强度。而水泥石的强度及与集料的黏结强度又与水泥强度等级、水胶比、集料的性质有密切关系。此外，混凝土的强度还受施工质量、养护条件及龄期的影响。虽然影响混凝土强度的因素很多，但是归纳起来，主要有以下三个方面：

(1) 原材料

① 水泥强度和水胶比

决定混凝土强度的主要因素是水泥，它是混凝土中的活性组分，其强度直接影响着混凝土的强度。在配合比相同的条件下，所用的水泥强度等级越高，制成的混凝土强度也越高。当用同一种水泥(品种及强度等级相同)时，混凝土的强度主要取决于水胶比。因此，可以认为，在水泥强度等级相同的情况下，水胶比愈小，水泥石的强度愈高，与集料黏结力也愈大，混凝土的强度就愈高。但应说明：如果加水太少(水胶比太小)，拌和物过于干硬，在一定的捣实成型条件下，无法保证浇灌质量，混凝土中将出现较多的蜂窝、孔洞，强度也将下降。试验证明，混凝土强度随水胶比的增大而降低，呈曲线关系。而混凝土强度和水胶比(在 0.3～0.8 之间)近似呈直线关系，其一般表达式为：

$$f_{cu,0} = a_a f_b \left(\frac{1}{W/B} - a_b \right) \qquad (10.3)$$

式中　$f_{cu,0}$——混凝土 28 d 抗压强度，MPa；

$\frac{W}{B}$——水胶比(水与胶凝材料的质量比)；

f_b——胶凝材料(水泥与矿物掺和料按使用比例混合)28 d 胶砂强度，MPa；

a_a，a_b——回归系数。

利用式(10.3)，可根据所用的水泥强度和水胶比来估计所制成混凝土的强度，也可根据水泥强度和要求的混凝土强度等级来计算应采用的水胶比。

② 集料的种类、质量和数量

碎石表面粗糙，黏结力比较大，卵石表面光滑，黏结力比较小。因此，在水泥强度等级和水胶比相同的条件下，碎石混凝土的强度往往高于卵石混凝土的强度。当粗集料级配良好，砂率适当时，能组成密集的骨架使水泥浆体数量相对减少，集料的骨架作用充分，也会使混凝土强度有所提高。

一般集料的强度越高，所配制的混凝土强度也越高，这在低水胶比和配制高强混凝土时，特别明显。若粗集料中含有较多的针、片状颗粒，会使混凝土强度有所下降。

③ 外加剂和掺和料

在混凝土制备过程中，加入适量外加剂可改变混凝土的强度及强度发展规律，如掺入减水剂，在保证新拌混凝土和易性不变的情况下，可减少拌和用水量，提高混凝土强度；掺早强剂则可提高混凝土的早期强度。此外，在混凝土中掺入超细的掺和料可配制高性能、超高强度的混凝土。

(2) 制备工艺

制备工艺包括混凝土生产过程中涉及的搅拌方式、捣实时间、养护温度与湿度、养护时间等，如果这些因素控制不当，会对混凝土强度产生严重的影响。

① 施工条件——搅拌与捣实

采用机械搅拌的拌和物要比人工搅拌的更均匀，和易性更容易得到保证；采用机械振捣的混凝土比人工捣实的也更密实，强度也更高。强力的机械振捣可适用于低水胶比的混凝土拌和物，可获得更高的混凝土强度。

② 养护条件

混凝土的养护条件主要指所处的环境温度和湿度，它们是通过影响水泥水化过程来影响混凝土强度的。养护环境温度高，水泥水化速率加快，混凝土早期强度高；反之亦然。若温度在冰点以下，不但水泥水化停止，而且有可能因冰冻而导致混凝土结构疏松，强度严重降低，尤其是早期，混凝土应特别加强防冻措施。为加快水泥的水化速率，可采用湿热养护的方法，即蒸汽养护或蒸压养护。

周围环境的湿度对水泥的水化作用能否正常进行有显著影响。湿度适当，水泥水化便能顺利进行，使混凝土强度得到充分发展。如果湿度不够，混凝土会失水干燥而影响水泥水化作用的正常进行，甚至停止水化。这不仅严重降低混凝土的强度，而且水化作用未能完成会导致混凝土结构疏松，渗水性升高，或形成干缩裂缝，从而影响耐久性。

③ 龄期

混凝土在正常养护条件下，其强度将随着龄期的增加而增长。最初 7～14 d 内，强度增长较快，28 d 以后增长较缓慢，但龄期延续很久，其强度仍有所增长。

普通水泥制成的混凝土，在标准养护条件下，龄期不小于 3 d 的混凝土强度发展大致与龄期的对数呈正比关系。

$$\frac{f_n}{f_{28}} = \frac{\lg n}{\lg 28} \tag{10.4}$$

式中 f_n—— 第 n 天龄期混凝土的抗压强度，MPa；

f_{28}——28 d 龄期混凝土的抗压强度，MPa；

n——养护龄期，d，$n \geqslant 3$。

根据式(10.4)，可以由所测混凝土的早期强度，估算其 28 d 龄期的强度。或者，可由混凝土的 28 d强度，推算 28 d 前混凝土达到某一强度需要养护的天数，如确定混凝土拆模、构件起吊、放松预应力钢筋、制品养护等的日期。但由于影响强度的因素很多，故按此式计算的结果只能作为参考。

(3) 试验条件

试验条件包括试件的尺寸、形状、表面状态及加荷速度等。试验条件不同，会影响混凝土强度的试验值。

① 试件尺寸

测定混凝土立方体试件抗压强度，可以按粗集料最大粒径选择不同尺寸的试件，但试件尺寸不同、形状不同，会影响试件的抗压强度测定结果。因为，混凝土试件在压力机上受压时，在沿加荷方向发生纵向变形的同时，也按泊松比效应产生横向膨胀。而压力机上下钢制压板的横向膨胀较混凝土小，从而在压板与混凝土试件受压面形成摩擦力，对试件的横向膨胀起约束作用，这种约束作用称为环箍效应。环箍效应对混凝土抗压强度有提高作用。离压板越远，环箍效应越小，在距离试件受压面

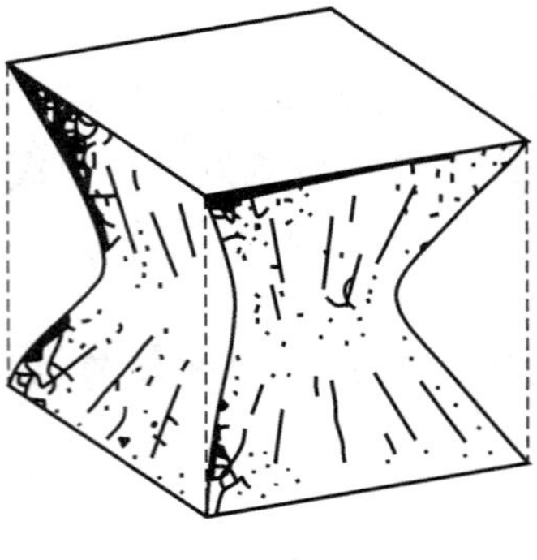

图 10.7　混凝土受压破坏形态

约 0.866a（a 为试件边长）范围外，这种效应消失，破坏后的试件形状如图 10.7 所示。

由此可知，对于同一配比的混凝土，采用的试件尺寸越小，测得的强度越高。主要原因：一是环箍效应；二是当试件尺寸大时，混凝土内部孔隙、缺陷等出现的概率也大，导致有效受力面积减小，应力集中，从而引起混凝土的强度降低。GB/T 50081—2019《混凝土物理力学性能试验方法标准》规定，采用边长为 150 mm 的立方体试件为标准试件，当采用非标准试件时，所测得的抗压强度应乘以表 10.21 所列的换算系数。

表 10.21　混凝土试件不同尺寸的强度换算系数

集料最大粒径/mm	试件尺寸/(mm×mm×mm)	换算系数
30	100×100×100	0.95
40	150×150×150	1
60	200×200×200	1.05

② 试件形状

当试件受压面积（$a\times a$）相同，而高度（h）不同时，高宽比 h/a 越大，相应抗压强度值越小。

③ 表面状态

当混凝土受压非常光滑（如有油脂）时，压板与试件表面的摩擦力减小，环箍效应减弱，试件将出现垂直裂纹而破坏，测得的混凝土强度值较低。另外，混凝土试件含水率越高，测得的抗压强度越低。

④ 加载速度

在进行混凝土试件抗压试验时，若加荷速度过快，会出现材料裂纹扩展的速度慢于荷载增大的速度的情况，造成测得的强度值偏高。当加荷速度超过 1.0 MPa/s 时，这种趋势更加显著。因此，GB/T 50081—2019《混凝土物理力学性能试验方法标准》规定，混凝土抗压强度等级大于或等于 C30 且小于 C60 时，加荷速度取每秒钟0.5～0.8 MPa；混凝土强度等级大于或等于 C60 时，加荷速度取每秒钟0.8～1.0 MPa。

10.3　普通混凝土配合比设计

混凝土配合比设计就是根据工程要求、结构形式、施工条件和采用的原材料，确定经济合理的混凝土组分，即粗细集料、水、水泥、掺和料和外加剂的比例。以下介绍普通混凝土配合比的设计方法。

10.3.1　初步配合比计算

混凝土初步配合比计算应按下列步骤进行：

① 计算配制强度 $f_{cu,0}$，并求出相应的水胶比；

② 选取每立方米混凝土的用水量，并计算出每立方米混凝土的水泥用量；

③ 选取砂率，计算粗集料和细集料的用量，并提出供试配用的初步配合比。

10.3.1.1　配制强度 $f_{cu,0}$ 的确定

根据 JGJ 55—2011《普通混凝土配合比设计规程》规定，混凝土的配制强度应按以下两种情况确定：

（1）当混凝土的设计强度等级小于 C60 时，配制强度应按下式确定：

$$f_{cu,0} \geqslant f_{cu,k} + 1.645\sigma \tag{10.5}$$

式中　$f_{cu,0}$——混凝土的配制强度，MPa；

$f_{cu,k}$——混凝土立方体抗压强度标准值，这里取混凝土的设计强度等级值，MPa；

σ——混凝土强度标准差，MPa。

(2) 当设计强度等级不小于 C60 时，配制强度应按下式确定：

$$f_{cu,0} \geqslant 1.15 f_{cu,k} \tag{10.6}$$

混凝土强度标准差 σ 应按下列规定确定：

① 当具有近 1～3 个月的同一品牌、同一强度等级混凝土的强度资料，且试件组数不少于 30 组时，其混凝土强度标准差 σ 应按下式计算：

$$\sigma = \sqrt{\frac{\sum_{i=1}^{n} f_{cu,i}^2 - nm_{f,cu}^2}{n-1}} \tag{10.7}$$

式中 σ——混凝土强度标准差，MPa；

$f_{cu,i}$——第 i 组试件的强度，MPa；

$m_{f,cu}$——n 组试件的强度平均值，MPa；

n——试件组数。

对于强度等级不大于 C30 的混凝土，当 σ 计算值不小于 3.0 MPa 时，应按式(10.7)的计算结果取值；当 σ 计算值小于 3.0 MPa 时，σ 应取 3.0 MPa。

对于强度等级大于 C30 且小于 C60 的混凝土，当 σ 计算值不小于 4.0 MPa 时，应按式(10.7)的计算结果取值；当 σ 计算值小于 4.0 MPa 时，σ 应取 4.0 MPa。

② 当没有近期的同一品种、同一强度等级混凝土强度资料时，其强度标准差 σ 可按表 10.22 取值。

表 10.22 强度标准差 σ 值 （单位：MPa）

混凝土强度等级	≤C20	C25～C45	C50～C55
σ	4.0	5.0	6.0

10.3.1.2 水胶比的初步确定

JGJ 55—2011《普通混凝土配合比设计规程》中规定，当混凝土强度等级小于 C60 时，混凝土水胶比宜按下式计算：

$$W/B = \frac{a_a f_b}{f_{cu,0} + a_a a_b f_b} \tag{10.8}$$

式中 W/B——混凝土的水胶比。

a_a，a_b——回归系数，宜根据工程所使用的原材料，通过试验建立的水胶比与混凝土强度关系式来确定；当不具备上述试验统计资料时，可按表 10.23 选用。

f_b——胶凝材料(水泥与矿物掺和料按使用比例混合)28 d 胶砂强度(单位：MPa)，试验方法应按现行国家标准 GB/T 17671—2021《水泥胶砂强度检验方法(ISO 法)》执行；当无实测值时，可按下式确定：

$$f_b = \gamma_f \gamma_s f_{ce} \tag{10.9}$$

式中 γ_f，γ_s——粉煤灰影响系数和粒化高炉矿渣粉影响系数，可按表 10.24 选用。

表 10.23 回归系数 a_a 和 a_b 选用表

系数	粗集料品种	
	碎石	卵石
a_a	0.53	0.49
a_b	0.20	0.13

表 10.24　粉煤灰影响系数 γ_f 和粒化高炉矿渣粉影响系数 γ_s

掺量/%	种类	
	粉煤灰影响系数 γ_f	粒化高炉矿渣粉影响系数 γ_s
0	1.00	1.00
10	0.90～0.95	1.00
20	0.80～0.85	0.95～1.00
30	0.70～0.75	0.90～1.00
40	0.60～0.65	0.80～0.90
50	—	0.70～0.85

注：① 采用Ⅰ级、Ⅱ级粉煤灰宜取上限值；

② 采用S75级粒化高炉矿渣粉宜取下限值，采用S95级粒化高炉矿渣粉宜取上限值，采用S105级粒化高炉矿渣粉可取上限值加0.05。

③ 超出表中的掺量时，粉煤灰和粒化高炉矿渣粉影响系数应经试验确定。

f_{ce}——水泥28 d胶砂抗压强度(单位:MPa)，可实测；当无实测值时，可按下式计算：

$$f_{ce}=\gamma_c f_{ce,g} \tag{10.10}$$

式中　γ_c——水泥强度等级值的富余系数，可按实际统计资料确定；当缺乏实际统计资料时，也可按表10.25选用。

$f_{ce,g}$——水泥强度等级值，MPa。

表 10.25　水泥强度等级值的富余系数 γ_c

水泥强度等级值	32.5	42.5	52.5
富余系数	1.12	1.16	1.10

混凝土结构所处的环境类别划分，如表10.26所示。

表 10.26　混凝土结构的环境类别

环境类别	条件
一	室内干燥环境； 无侵蚀性静水环境
二 a	室内潮湿环境； 非严寒和非寒冷地区的露天环境； 非严寒和非寒冷地区与无侵蚀性的水或土壤直接接触的环境； 严寒和寒冷地区的冰冻线以下与无侵蚀性的水或土壤直接接触的环境
二 b	干湿交替环境； 水位频繁变动环境； 严寒和寒冷地区的露天环境； 严寒和寒冷地区的冰冻线以上与无侵蚀性的水或土壤直接接触的环境
三 a	严寒和寒冷地区冬季水位变动区； 受除冰盐影响的环境； 海风环境
三 b	盐渍土环境； 受除冰盐作用环境； 海岸环境
四	海水环境
五	受人为或自然的侵蚀性物质影响的环境

注：① 室内潮湿环境是指构件表面经常处于结露或润湿状态的环境。

② 严寒和寒冷地区的划分应符合现行国家标准 GB 50176—2016《民用建筑热工设计规范》的规定；
③ 海岸环境和海风环境宜根据当地情况，考虑主导风向及结构所处迎风、背风部位等因素的影响，由调查研究和工程经验确定；
④ 受除冰盐影响环境是指受到除冰盐盐雾影响的环境以及使用除冰盐地区的洗车房、停车楼等建筑；
⑤ 暴露的环境是指混凝土结构表面所处的环境。

为保证混凝土的耐久性，GB 50010—2010《混凝土结构设计规范》规定，设计使用年限为 50 年的混凝土，其水胶比不得大于表 10.27 规定的最大水胶比，如果计算所得水胶比大于规定的最大水胶比，应取规定的最大水胶比。

表 10.27 结构混凝土材料的耐久性基本要求

环境等级	最大水胶比	最低强度等级	最大氯离子含量/%	最大碱含量/(kg·m^{-3})
一	0.60	C20	0.30	不限制
二 a	0.55	C25	0.20	3.0
二 b	0.50(0.55)	C30(C25)	0.15	
三 a	0.45(0.50)	C35(C30)	0.15	
三 b	0.40	C40	0.10	

注：① 氯离子含量是指其占胶凝材料总量的比例(质量分数，%)
② 预应力构件混凝土中的最大氯离子含量为 0.06%，其最低混凝土强度等级宜按表中的规定提高两个等级；
③ 素混凝土构件的水胶比及最低强度等级的要求可适当放松；
④ 有可靠工程经验时，二类环境中的最低混凝土强度等级可降低一个等级；
⑤ 处于严寒和寒冷地区二 b、三 a 类环境中的混凝土应使用引气剂，并可采用括号中的有关参数；
⑥ 当使用非碱活性集料时，对混凝土中的碱含量可不做限制。

10.3.1.3 用水量和外加剂用量的确定

（1）干硬性和塑性混凝土用水量的确定

每立方米干硬性或塑性混凝土的用水量($m_{w,0}$)应符合下列规定：

① 混凝土水胶比在 0.40～0.80 范围时，可按表 10.28 和表 10.29 选取；

② 混凝土水胶比小于 0.40 时，可通过试验确定。

表 10.28 干硬性混凝土中水的用量 （单位：kg/m^3）

拌和物稠度		卵石最大粒径/mm			碎石最大粒径/mm		
项目	指标	10	20	40	16	20	40
维勃稠度/s	16～20	175	160	145	180	170	155
	11～15	180	165	150	185	175	160
	5～10	185	170	155	190	180	165

表 10.29 塑性混凝土的用水量 （单位：kg/m^3）

拌和物稠度		卵石最大粒径/mm				碎石最大粒径/mm			
项目	指标	10	20	31.5	40	16	20	31.5	40
坍落度/mm	10～30	190	170	160	150	200	185	175	165
	35～50	200	180	170	160	210	195	185	175
	55～70	210	190	180	170	220	205	195	185
	75～90	215	195	185	175	230	215	205	195

注：① 本表中用水量系采用中砂时的平均取值。采用细砂时，每立方米混凝土用水量可增加 5～10 kg；采用粗砂时，则水的用量可减少 5～10 kg。
② 掺用不同外加剂或掺和料时，用水量应做相应调整。

(2) 流动性或大流动性混凝土用水量的确定

掺外加剂时,每 1 m^3 流动性或大流动性混凝土的用水量($m_{w,0}$)可按下式计算:

$$m_{w,0} = m_{w,0'}(1-\beta) \tag{10.11}$$

式中 $m_{w,0}$——满足实际坍落度要求的每 1 m^3 混凝土的用水量,kg/m^3;

$m_{w,0'}$——未掺外加剂时推定的满足实际坍落度要求的每 1 m^3 混凝土的用水量,kg/m^3(以表 10.29 中 90 mm 坍落度的用水量为基础,按每增大 20 mm 坍落度相应增加5 kg/m^3 的用水量来计算,当坍落度增大到 180 mm 以上时,随坍落度相应增加的用水量可减少);

β——外加剂的减水率,%,应经混凝土试验确定。

(3) 混凝土中外加剂用量的确定

每 1 m^3 混凝土中外加剂的用量($m_{a,0}$)应按下式计算:

$$m_{a,0} = m_{b,0}\beta_a \tag{10.12}$$

式中 $m_{a,0}$——每 1 m^3 混凝土中外加剂的用量,kg/m^3;

$m_{b,0}$——每 1 m^3 混凝土中胶凝材料的用量,$kg \cdot m^3$,按式(10.13)计算;

β_a——外加剂的掺量,%,应经混凝土试验确定。

10.3.1.4 胶凝材料、矿物掺和料和水泥用量的确定

(1) 胶凝材料用量的确定

每 1m^3 混凝土的胶凝材料用量($m_{b,0}$)应按下式计算:

$$m_{b,0} = \frac{m_{w,0}}{W/B} \tag{10.13}$$

式中 $m_{b,0}$——每 1 m^3 混凝土中胶凝材料的用量,kg/m^3;

$m_{w,0}$——每 1 m^3 混凝土中的用水量,kg/m^3;

W/B——混凝土的水胶比。

为保证混凝土的耐久性,JGJ 55—2011《普通混凝土配合比设计规程》中规定:除配制 C15 及其以下强度等级的混凝土外,混凝土的最小胶凝材料用量应符合表 10.30 规定的最小胶凝材料用量的要求。此外,GB/T 50476—2019《混凝土结构耐久性设计标准》,不仅规定了单位体积混凝土胶凝材料的最小用量,也规定了胶凝材料的最大用量,见表 10.31。因此,在确定混凝土中胶凝材料用量时,宜同时满足上述两个规范的要求。

表 10.30 混凝土的最小胶凝材料用量

最大水胶比	最小胶凝材料用量/($kg \cdot m^{-3}$)		
	素混凝土	钢筋混凝土	预应力混凝土
0.60	250	280	300
0.55	280	300	300
0.50	320		
≤0.45	330		

表 10.31 单位体积混凝土胶凝材料的用量

强度等级	最大水胶比	最小用量/($kg \cdot m^{-3}$)	最大用量/($kg \cdot m^{-3}$)
C25	0.60	260	—
C30	0.55	280	—
C35	0.50	300	—

续表 10.31

强度等级	最大水胶比	最小用量/(kg·m^{-3})	最大用量/(kg·m^{-3})
C40	0.45	320	—
C45	0.40	—	450
C50	0.36	—	500
≥C55	0.33	—	550

注:① 表中数据适用于最大集料粒径为 20 mm 的情况,集料粒径较大时宜适当降低胶凝材料用量,集料粒径较小时可适当增加胶凝材料用量。

② 引气混凝土胶凝材料用量的要求与非引气混凝土的相同。

③ 当胶凝材料的矿物掺和料掺量大于 20%时,最大水胶比不应大于 0.45。

(2)矿物掺和料用量的确定

每 1 m^3 混凝土的矿物掺和料用量($m_{f,0}$)应按下式计算:

$$m_{f,0}=m_{b,0}\beta_f \tag{10.14}$$

式中　$m_{f,0}$——每 1 m^3 混凝土中矿物掺和料的用量,kg/m^3;

β_f——矿物掺和料占胶凝材料用量的比例(质量分数,%)。

矿物掺和料在混凝土中的掺量应通过试验确定。钢筋混凝土中矿物掺和料最大掺量应符合表 10.32的要求。预应力钢筋混凝土中矿物掺和料最大掺量应符合表 10.33 的要求。对于大体积混凝土,粉煤灰、粒化高炉矿渣粉和复合掺和料的最大掺量可增加 5%。采用掺量大于 30% 的 C 类粉煤灰的混凝土应以实际使用的水泥和粉煤灰掺量进行安定性检验。

表 10.32　钢筋混凝土中矿物掺和料最大掺量

矿物掺和料种类	水胶比	最大掺量/%	
		硅酸盐水泥	普通硅酸盐水泥
粉煤灰	≤0.40	≤45	≤35
	>0.40	≤25	≤20
粒化高炉矿渣粉	≤0.40	≤65	≤55
	>0.40	≤55	≤45
钢渣粉	—	≤30	≤20
磷渣粉	—	≤30	≤20
硅灰	—	≤10	≤10
复合掺和料	≤0.40	≤60	≤50
	>0.40	≤50	≤40

注:① 采用其他通用硅酸盐水泥时,宜将水泥混合材料掺量 20% 以上的混合材料计入矿物掺和料;

② 复合掺和料各组分的掺量不宜超过单掺时的最大掺量;

③ 在混合使用两种或两种以上矿物掺和料时,矿物掺和料总掺量应符合表中复合掺和料的规定。

表 10.33　预应力钢筋混凝土中矿物掺和料最大掺量

矿物掺和料种类	水胶比	最大掺量/%	
		硅酸盐水泥	普通硅酸盐水泥
粉煤灰	≤0.40	≤35	≤30
	>0.40	≤25	≤20

续表 10.33

矿物掺和料种类	水胶比	最大掺量/%	
		硅酸盐水泥	普通硅酸盐水泥
粒化高炉矿渣粉	≤0.40	≤55	≤45
	>0.40	≤45	≤35
钢渣粉	—	≤20	≤10
磷渣粉	—	≤20	≤10
硅灰	—	≤10	≤10
复合掺和料	≤0.40	≤50	≤40
	>0.40	≤40	≤30

注：① 采用其他通用硅酸盐水泥时，宜将水泥混合材料掺量 20% 以上的混合材料计入矿物掺和料。
② 复合掺和料各组分的掺量不宜超过单掺时的最大掺量。
③ 在混合使用两种或两种以上矿物掺和料时，矿物掺和料总掺量应符合表中复合掺合料的规定。

(3) 水泥用量的确定

每 1 m^3 混凝土中水泥的用量($m_{c,0}$)，应按下式计算：

$$m_{c,0} = m_{b,0} - m_{f,0} \tag{10.15}$$

式中　$m_{c,0}$——每 1 m^3 混凝土中水泥的用量，kg/m^3。

10.3.1.5　*砂率的确定*

砂率(β_s)应根据集料的技术指标、混凝土拌和物性能和施工要求，参考既有历史资料确定。当缺乏砂率的历史资料时，混凝土砂率的确定应符合下列规定：

(1) 坍落度小于 10 mm 的混凝土，其砂率应经试验确定。

(2) 坍落度为 10～60 mm 的混凝土砂率，可根据粗集料品种、最大公称粒径及水胶比按表 10.34 选取。

(3) 坍落度大于 60 mm 的混凝土砂率，可经试验确定，也可在表 10.34 的基础上，按坍落度每增大 20 mm、砂率增大 1%的幅度予以调整。

表 10.34　混凝土的砂率　　(单位：%)

水胶比(W/B)	卵石最大粒径/mm			碎石最大粒径/mm		
	10	20	40	16	20	40
0.40	26～32	25～31	24～30	30～35	29～34	27～32
0.50	30～35	29～34	28～33	33～38	32～37	30～35
0.60	33～38	32～37	31～36	36～41	35～40	33～38
0.70	36～41	35～40	34～39	39～44	38～43	36～41

注：① 本表数值为中砂的选用砂率，对细砂或粗砂，可相应地减小或增大砂率。
② 采用人工砂配制混凝土时，砂率可适当增大。
③ 只用一个单粒级粗集料配制混凝土时，砂率应适当增大。

10.3.1.6　*粗集料和细集料用量的确定*

粗、细集料的用量可用体积法和质量法求得。

(1) 采用质量法计算粗、细集料用量时，应按下列公式计算：

$$m_{f,0} + m_{c,0} + m_{g,0} + m_{s,0} + m_{w,0} = m_{cp} \tag{10.16}$$

$$\beta_s = \frac{m_{s,0}}{m_{g,0} + m_{s,0}} \tag{10.17}$$

式中　$m_{g,0}$——每 1 m^3 混凝土中粗集料的用量，kg/m^3；

$m_{s,0}$——每 1 m^3 混凝土中细集料的用量，kg/m^3；

$m_{w,0}$——每 1 m^3 混凝土中的用水量，kg/m^3；

β_s——砂率，%；

m_{cp}——每 1 m^3 混凝土拌和物的假定质量，kg/m^3，可取 2350～2450 kg/m^3。

（2）当采用体积法计算混凝土配比时，砂率应按式（10.17）计算，粗、细集料的用量应按式（10.18）计算。

$$\frac{m_{c,0}}{\rho_c} + \frac{m_{f,0}}{\rho_f} + \frac{m_{g,0}}{\rho_g} + \frac{m_{s,0}}{\rho_s} + \frac{m_{w,0}}{\rho_w} + 0.01\alpha = 1 \tag{10.18}$$

式中　ρ_c——水泥的密度，kg/m^3，应按 GB/T 208—2014《水泥密度测定方法》测定，也可取 2900～3100 kg/m^3；

ρ_f——矿物掺和料的密度，kg/m^3，可按 GB/T 208—2014《水泥密度测定方法》测定；

ρ_g——粗集料的表观密度，kg/m^3，应按现行行业标准 JGJ 52—2006《普通混凝土用砂、石质量及检验方法标准》测定；

ρ_s——细集料的表观密度，kg/m^3，应按现行行业标准 JGJ 52—2006《普通混凝土用砂、石质量及检验方法标准》测定；

ρ_w——水的密度，kg/m^3，可取 1000 kg/m^3；

α——混凝土中的气体含量（体积分数，%），在不使用引气型外加剂时，α 可取为 1。

10.3.2　试配与调整

10.3.2.1　混凝土的试配

混凝土试配应采用强制式搅拌机进行搅拌，并应符合现行行业标准 JG 244—2009《混凝土试验用搅拌机》的规定，搅拌方法宜与施工采用的方法相同。

实验室成型条件应符合现行国家标准 GB/T 50080—2016《普通混凝土拌合物性能试验方法标准》的规定。

每盘混凝土试配的最小搅拌量应符合表 10.35 的规定，并不应小于搅拌机公称容量的 1/4，且不应大于搅拌机公称容量。

表 10.35　混凝土试配的最小搅拌量

粗集料最大公称粒径/mm	拌和物使用量/L
≤31.5	20
40.0	25

在计算配合比的基础上应进行试拌。计算水胶比宜保持不变，并应通过调整配合比或减水剂用量，使混凝土拌和物性能符合设计和施工要求，然后修正计算配合比，提出试拌配合比。

在试拌配合比的基础上应进行混凝土强度试验，并应符合以下规定：

（1）应采用三个不同的配合比，其中一个应为上述确定的试拌配合比，另外两个配合比的水胶比宜较试拌配合比分别增大和减小 0.05，用水量应与试拌配合比相同，砂率可分别增大和减小 1%；

（2）进行混凝土强度试验时，拌和物性能应符合设计和施工要求；

（3）进行混凝土强度试验时，每个配合比应至少制作一组试件，并应标准养护到 28 d 或设计规定龄期时试压。

10.3.2.2　配合比的调整与确定

配合比调整应符合下列规定：

(1) 根据混凝土强度试验结果，绘制强度和水胶比的线性关系图，或采用插值法确定略大于配制强度的对应水胶比；

(2) 在试拌配合比的基础上，用水量($m_{w,0}$)和外加剂用量($m_{a,0}$)应根据确定的水胶比调整；

(3) 胶凝材料用量($m_{b,0}$)应以用水量乘以确定的胶水比计算得出；

(4) 粗集料和细集料用量($m_{g,0}$和$m_{s,0}$)，应根据用水量和胶凝材料用量进行调整。

混凝土拌和物表观密度和配合比校正系数的计算，应符合下列规定：

(1) 配合比调整后的混凝土拌和物的表观密度应按式(10.19)计算：

$$\rho_{c,c}=m_c+m_f+m_g+m_s+m_w \tag{10.19}$$

式中　$\rho_{c,c}$——混凝土拌和物的表观密度计算值，kg/m^3；

m_c——每1 m^3 混凝土中水泥的用量，kg/m^3；

m_f——每1 m^3 混凝土中矿物掺和料的用量，kg/m^3；

m_g——每1 m^3 混凝土中粗集料的用量，kg/m^3；

m_s——每1 m^3 混凝土中细集料的用量，kg/m^3；

m_w——每1 m^3 混凝土中的用水量，kg/m^3。

(2) 混凝土配合比校正系数应按式(10.20)计算：

$$\delta=\frac{\rho_{c,t}}{\rho_{c,c}} \tag{10.20}$$

式中　δ——混凝土配合比校正系数；

$\rho_{c,t}$——混凝土拌和物的表观密度实测值，kg/m^3；

$\rho_{c,c}$——混凝土拌和物的表观密度计算值，kg/m^3。

当混凝土拌和物的表观密度实测值与计算值之差的绝对值不超过计算值的2%时，经调整的配合比可维持不变；当二者之差的绝对值超过计算值的2%时，应将配合比中每项材料的用量均乘以校正系数δ。

生产单位可根据常用材料设计出常用的混凝土配合比备用，并应在启用过程中予以验证或调整。遇有下列情况之一时，应重新进行配合比设计：

(1) 混凝土性能有特殊要求时；

(2) 水泥、外加剂或矿物掺和料等原材料的品种、质量有显著变化时。

10.3.3　混凝土配合比设计的实例

10.3.3.1　普通混凝土配合比设计的实例

【例10.1】 某教学楼现浇钢筋混凝土柱，混凝土柱截面最小尺寸为300 mm，钢筋间距的最小尺寸为60 mm。该柱在露天受雨雪影响。混凝土设计等级为C30，采用42.5等级普通硅酸盐水泥，无实测强度，密度为3.1 g/cm^3；粉煤灰为Ⅱ级灰，密度为2.20 g/cm^3；砂子为中砂，密度为2.60 g/cm^3，堆积密度为1500 kg/m^3；石子为碎石，表观密度为2.69 g/cm^3，堆积密度为1550 kg/m^3。混凝土要求坍落度35～50 mm，施工采用机械搅拌、机械振捣，施工单位无混凝土强度标准差的历史统计资料。试设计混凝土配合比。

【解】 (1) 初步配合比的确定

根据JGJ 55—2011《普通混凝土配合比设计规程》的规定及表10.32可以得出，粉煤灰掺量宜取30%。

① 配制强度的确定($f_{cu,0}$)

$$f_{cu,0} \geqslant f_{cu,k} + 0.645\sigma$$

由于施工单位没有 σ 的统计资料，查表 10.22 可得 $\sigma=5.0$，同时将 $f_{cu,k}=30$ MPa 代入上式得：

$$f_{cu,0} \geqslant 30 + 1.645 \times 5.0 = 38.2(\text{MPa})$$

② 确定水胶比（W/B）

$$W/B = \frac{a_a f_b}{f_{cu,0} + a_a a_b f_b}$$

采用碎石，查表 10.23 可得：$a_a=0.53$，$a_b=0.20$

$f_b=\gamma_f\gamma_s f_{ce}=\gamma_f\gamma_s\gamma_c f_{ce,g}=0.75\times1\times1.16\times42.5=37.0$，其中 γ_f、γ_s 由表 10.24 查得，γ_c 由表 10.25查得，则

$$W/B = \frac{0.53 \times 37.0}{38.2 + 0.53 \times 0.20 \times 37.0} = 0.47$$

由于本例中所处环境为干湿交替环境，根据 GB 50010—2010《混凝土结构设计规范》要求（表 10.27）和 GB/T 50476—2019《混凝土结构耐久性设计规范》的要求（表 10.31），处于该条件下的混凝土水胶比不得超过 0.50。故该计算符合要求，取 $W/B=0.47$。

③ 确定单位用水量（$m_{w,0}$）

首先确定粗集料最大粒径，由前述可知：

$$D_{max} \leqslant \frac{1}{4} \times 300 = 75(\text{mm})$$

同时

$$D_{max} \leqslant \frac{3}{4} \times 60 = 45(\text{mm})$$

因此，粗集料最大粒径按公称粒径可选用 $D_{max}=31.5$ mm，即采用 5～31.5 mm 的碎石。查表 10.29，单位用水量选取 185 kg/m^3。

④ 计算胶凝材料的用量（$m_{b,0}$）

$$m_{b,0} = \frac{m_{w,0}}{W/B} = \frac{185}{0.47} = 394(\text{kg/m}^3)$$

由表 10.31 可知，C30 混凝土胶凝材料的用量最小值为 280 kg/m^3，故取胶凝材料的用量为394 kg/m^3。

由于粉煤灰的掺量为 30%，故：

$$m_{f,0}=m_{b,0}\times30\%=394\times0.3=118(\text{kg/m}^3)$$

$$m_{c,0}=m_{b,0}-m_{f,0}=394-118=276(\text{kg/m}^3)$$

⑤ 确定砂率

查表 10.34 并按线性插值法计算后可知，本工程砂率宜选 30%～35%，最终确定砂率为 35%。

⑥ 计算砂、石的用量

采用体积法计算：

$$1 = \frac{m_{c,0}}{\rho_c} + \frac{m_{f,0}}{\rho_f} + \frac{m_{g,0}}{\rho_g} + \frac{m_{s,0}}{\rho_s} + \frac{m_{w,0}}{\rho_w} + 0.01\alpha$$

$$= \frac{276}{3100} + \frac{118}{2200} + \frac{m_{g,0}}{2690} + \frac{m_{s,0}}{2600} + \frac{185}{1000} + 0.01$$

$$\beta_s = \frac{m_{s,0}}{m_{s,0} + m_{g,0}} \times 100\% = 35\%$$

解以上两式联立的方程组，得：

$$m_{s,0} = 616(\text{kg/m}^3)$$

$$m_{g,0} = 1144(\text{kg/m}^3)$$

经初步计算，每 1 m^3 混凝土中材料的用量为：

$$m_{c,0} : m_{f,0} : m_{w,0} : m_{s,0} : m_{g,0} = 276 : 118 : 185 : 616 : 1144$$

（2）配合比的调整

① 和易性的调整

按初步配合比，称取 15 L 混凝土中材料的用量：水泥 4.14 kg、粉煤灰 1.77 kg、水 2.78 kg、砂 9.24 kg、石 17.16 kg，按照规定方法进行拌和，测得坍落度为 38 mm，符合工程要求，混凝土黏聚性、保水性均良好。

② 强度校核

采用水胶比为 0.42、0.47 和 0.52 三个不同的配合比，配制三组混凝土试件，并检验和易性，测得混凝土拌和物的表观密度，分别制作混凝土试块，标准养护 28 d，然后测强度，其结果如表 10.36 所示。

表 10.36　混凝土 28 d 强度值

W/B	混凝土配合比/kg					坍落度/mm	表观密度/(kg·m^{-3})	强度/MPa
	水泥	粉煤灰	砂	石	水			
0.42	4.63	1.99	9.24	17.16	2.78	32	2355	44.1
0.47	4.14	1.77	9.24	17.16	2.78	38	2350	39.5
0.52	3.74	1.61	9.24	17.16	2.78	48	2340	32.9

根据结果，选取水胶比为 0.47 的基准配合比为试验室配合比。按实测表观密度校核。

③ 表观密度的校正

$$\delta = \frac{2350}{4.14+1.77+9.24+17.16+2.78} = 67.0$$

$$m_c = 4.14 \times 67.0 = 277(\text{kg/m}^3)$$

$$m_f = 1.77 \times 67.0 = 119(\text{kg/m}^3)$$

$$m_w = 2.78 \times 67.0 = 186(\text{kg/m}^3)$$

$$m_s = 9.24 \times 67.0 = 619(\text{kg/m}^3)$$

$$m_g = 17.16 \times 67.0 = 1150(\text{kg/m}^3)$$

即确定的混凝土配合比为：

$$m_c : m_f : m_w : m_s : m_g = 277 : 119 : 186 : 619 : 1150$$

④ 施工配合比

在进行大量搅拌时，测得砂含水率为 3%，石子含水率为 1%，调整为施工配合比的步骤如下：

$$m_c' = m_c = 277(\text{kg/m}^3)$$

$$m_f' = m_f = 119(\text{kg/m}^3)$$

$$m_w' = m_w - m_s \times a\% - m_g \times b\% = 186 - 619 \times 0.03 - 1150 \times 0.01 = 156(\text{kg/m}^3)$$

$$m_s' = m_s(1 + a\%) = 619 \times (1 + 0.03) = 638(\text{kg/m}^3)$$

$$m_g' = m_g(1 + b\%) = 1150 \times (1 + 0.01) = 1162(\text{kg/m}^3)$$

故施工配合比为：

$$m_c' : m_f' : m_w' : m_s' : m_g' = 277 : 119 : 156 : 638 : 1162$$

10.3.3.2　大流动性混凝土配合比设计的实例

【例 10.2】　对于例 10.1，掺加 30% 的粉煤灰，密度为 2.2 g/cm^3，并使用掺量为 2%、减水率为 18% 的萘系减水剂，同时要求混凝土的坍落度达到 180～200 mm，试进行混凝土配合比设计。

【解】 根据JGJ 55—2011《普通混凝土配合比设计规程》中规定，由表10.32可以得出，粉煤灰掺量宜取30%。

① 配制强度的确定($f_{cu,0}$)

$$f_{cu,0} \geqslant f_{cu,k} + 1.645\sigma$$

由于施工单位没有σ的统计资料，查表10.22可得$\sigma=5.0$，同时$f_{cu,k}=30$ MPa代入上式得：

$$f_{cu,0} \geqslant 30 + 1.645 \times 5.0 = 38.2(\text{MPa})$$

② 确定水胶比(W/B)

$$W/B = \frac{a_a f_b}{f_{cu,0} + a_a a_b f_b}$$

采用碎石，查表10.23可得：$a_a=0.53$，$a_b=0.20$

$f_b=\gamma_f\gamma_s f_{ce}=\gamma_f\gamma_s\gamma_c f_{ce,g}=0.75\times1\times1.16\times42.5=37.0$，其中$\gamma_f$、$\gamma_s$由表10.24查得，$\gamma_c$由表10.25查得，则

$$W/B = \frac{0.53 \times 37.0}{38.2 + 0.53 \times 0.20 \times 37.0} = 0.47$$

由于本例中所处环境为干湿交替环境，根据GB 50010—2010《混凝土结构设计规范》要求(表10.27)和GB/T 50476—2019《混凝土结构耐久性设计规范》的要求(表10.31)，处于该条件下的混凝土水胶比不得超过0.50。故该计算符合要求，取$W/B=0.47$。

③ 确定单位用水量($m_{w,0}$)

首先确定粗集料最大粒径，由前述可知：

$$D_{max} \leqslant \frac{1}{4} \times 300 = 75(\text{mm})$$

同时：

$$D_{max} \leqslant \frac{3}{4} \times 60 = 45(\text{mm})$$

若已知混凝土泵送管直径为100 mm，且泵送混凝土集料不宜超过泵送管直径的1/3，因此，粗集料最大粒径按公称粒径可选用$D_{max}=31.5$ mm。即采用5～31.5 mm的碎石。

查表10.29，单位用水量选取205 kg/m³。按照每增加20 mm坍落度增加5 kg/m³水计算。

$$m'_{w,0}=205+5\times5=230(\text{kg/m}^3)$$

则：

$$m_{w,0}=m'_{w,0}(1-\beta)=230\times(1-0.18)=189(\text{kg/m}^3)$$

④ 计算胶凝材料的用量($m_{b,0}$)

$$m_{b,0} = \frac{m_{w,0}}{W/B} = \frac{189}{0.47} = 402(\text{kg/m}^3)$$

根据GB/T 50476—2019《混凝土结构耐久性设计规范》要求(表10.31)，C30混凝土中胶凝材料的最小用量为280 kg/m³，故取胶凝材料的用量为402 kg/m³。由于粉煤灰掺量为30%，故：

$$m_{f,0}=m_{b,0}\times30\%=402\times0.3=121(\text{kg/m}^3)$$

$$m_{c,0}=m_{b,0}-m_{f,0}=402-121=281(\text{kg/m}^3)$$

⑤ 确定砂率

查表10.34并按线性插值法计算后可知，本工程砂率宜选30%～35%，由于欲配制泵送混凝土，根据JGJ 55—2011《普通混凝土配合比设计规程》规定，坍落度每增大20 mm，砂率增大1%，最终确定砂率为39%。

⑥ 计算砂、石的用量

采用体积法计算：

$$1=\frac{m_{c,0}}{\rho_c}+\frac{m_{f,0}}{\rho_f}+\frac{m_{g,0}}{\rho_g}+\frac{m_{s,0}}{\rho_s}+\frac{m_{w,0}}{\rho_w}+0.01\alpha=\frac{281}{3100}+\frac{121}{2200}+\frac{m_{g,0}}{2690}+\frac{m_{s,0}}{2600}+\frac{189}{1000}+0.01$$

$$\beta_s=\frac{m_{s,0}}{m_{s,0}+m_{g,0}}\times100\%=39\%$$

解以上两式联立的方程组，得：

$$m_{s,0}=675(\text{kg/m}^3)$$

$$m_{g,0}=1055(\text{kg/m}^3)$$

经初步计算，每 1 m³ 混凝土中材料的用量为：

$$m_{c,0}:m_{f,0}:m_{w,0}:m_{s,0}:m_{g,0}=281:121:189:675:1055$$

习　题

10.1　普通混凝土是由哪些材料组成的，它们在混凝土凝结硬化前后各起什么作用？

10.2　现在有一个大体积混凝土工程要选择水泥，有四种水泥：硅酸盐水泥、普通硅酸盐水泥、铝酸盐水泥和粉煤灰水泥，试问：哪种水泥更合适？哪种水泥绝对不可以用？为什么？

10.3　对混凝土用砂为何要提出级配要求？两种砂的细度模数相同，级配是否相同？反之，如果级配相同，其细度模数是否相同？

10.4　何谓集料的级配？集料级配良好的标准是什么？混凝土的集料为什么要有级配？

10.5　配制混凝土时，选择石子最大粒径应从哪些方面考虑？

10.6　何谓混凝土减水剂？简述减水剂的作用机理和种类。

10.7　配制混凝土时掺入减水剂，在下列各条件下可取得什么效果？为什么？

(1) 用水量不变时；

(2) 减水，但水泥用量不变时；

(3) 减水又减水泥，但水灰比不变时。

10.8　何谓混凝土引气剂？试述引气剂对混凝土性能所产生的影响。

10.9　粉煤灰有哪些主要技术性能指标要求？各有什么规定？各级粉煤灰的用途有什么具体规定？

10.10　某混凝土搅拌站原使用砂的细度模数为 2.5，后改用细度模数为 2.1 的砂。改砂后原混凝土配方不变，发觉混凝土坍落度明显变小。请分析原因。

10.11　混凝土和易性包括哪些内容？如何判断混凝土和易性的好坏？

10.12　影响新拌混凝土和易性的主要因素有哪些？都是如何影响的？

10.13　改善混凝土拌和物和易性的主要措施有哪些？

10.14　什么是合理砂率？合理砂率有何技术及经济意义？

10.15　在测定新拌混凝土的和易性时，可能会出现以下四种情况：

(1) 流动性比所要求的小；

(2) 流动性比所要求的大；

(3) 流动性比所要求的小，且黏聚性也差；

(4) 流动性比所要求的大，且黏聚性、保水性差。

试问对这四种情况分别采取哪些措施来解决或调整才能满足要求？

10.16　影响混凝土强度的主要因素有哪些？各是怎样影响的？提高混凝土强度的主要措施有哪些？

10.17　当混凝土配合比不变时，用相同级配、强度等技术条件合格的碎石代替卵石拌制混凝土，会使混凝土的性质发生什么变化？为什么？

10.18　进行混凝土抗压试验时，在下述情况下，试验值是否会发生变化？如何变化？

(1) 试件尺寸加大；

(2) 试件高宽比加大；

(3) 试件受压表面加润滑剂；

(4) 试件位置偏离支座中心；

(5) 加荷速度加快。

10.19 配制混凝土时水泥的品种和强度等级的选用原则是什么?

10.20 高性能混凝土的特点是什么?使混凝土达到高性能的措施有哪些?关键措施是什么?

10.21 现场浇筑混凝土时,严禁施工人员随意向新拌混凝土中加水,试从理论上分析加水对混凝土质量的危害。它与混凝土成型后的洒水养护有无矛盾?为什么?

10.22 简述混凝土配合比设计的三个基本参数及各自的确定原则。

10.23 为什么要控制混凝土的最大水灰比和最小水泥用量?

10.24 称取砂样 500 g,经筛分析试验称得各号筛的筛余量,如表 10.37 所示。

表 10.37 各号筛的筛余量

筛孔尺寸/mm	4.75	2.36	1.18	0.60	0.30	0.15	<0.15
筛余量/g	35	100	65	50	90	135	25

问:(1) 此砂是粗砂吗?依据是什么?

(2) 此砂级配是否合格?依据是什么?

10.25 已知甲、乙两种砂的累计筛余百分率如表 10.38 所示。

表 10.38 甲、乙两种筛的累计筛余百分率

筛孔尺寸/mm		4.75	2.36	1.18	0.60	0.30	0.15	<0.15
累计筛余量/%	甲	0	0	4	50	70	100	
	乙	0	40	70	90	95	100	

有人说甲、乙砂不宜单独直接用于拌制混凝土,请问这种看法对吗?为什么?若将 20%甲砂与 80%乙砂搭配后,情况又怎样?

10.26 采用强度等级 42.5 的普通硅酸盐水泥、碎石和天然砂配制混凝土,制作尺寸为 100 mm×100 mm×100 mm的试件三块,标准养护 7 d,测得破坏荷载分别为 140 kN、135 kN、142 kN。试求:

(1) 该混凝土 7 d 标准立方体抗压强度;

(2) 估算该混凝土 28 d 的标准立方体抗压强度;

(3) 估计该混凝土所用的水胶比。

10.27 某混凝土预制构件厂,生产钢筋混凝土大梁需要用设计强度为 C30 的混凝土,现场施工用原材料情况如下:

水泥:42.5 级普通硅酸盐水泥,$\rho_c=3.10\ g/cm^3$,水泥强度富余 6%;

中砂:级配合格,$\rho_{o,s}=2.65\ g/cm^3$,砂子含水率为 3%;

碎石:规格为 5~20 mm,级配合格,$\rho_{o,g}=2.70\ g/cm^3$,石子含水率为 1%。

已知混凝土施工要求的坍落度为 10~30 mm,试求:

(1) 每 1 m^3 混凝土中各材料的用量;

(2) 混凝土施工配合比;

(3) 每拌 100 kg 水泥的混凝土时各材料的用量;

(4) 如果在上述混凝土中掺入 0.5%的 UNF-2 减水剂,并减水 10%,减水泥 5%,求这时每 1 m^3 混凝土中各材料的用量。

10.28 某住宅楼工程构造柱用碎石混凝土,设计强度等级为 C30,配制混凝土所用的水泥 28 d 抗压强度实测值为 47.0 MPa,已知混凝土的强度标准差为 4.0 MPa,试确定混凝土的配制强度 $f_{cu,0}$ 及满足强度要求的水胶比值 W/B。

附　　录

一、常用原子量

氢 H	1.0079	磷 P	30.97376
硼 B	10.81	硫 S	32.06
碳 C	12.011	氯 Cl	35.453
氮 N	14.0067	钾 K	39.098
氧 O	15.9994	钙 Ca	40.08
氟 F	18.99840	钛 Ti	47.90
钠 Na	22.98977	锰 Mn	54.9380
镁 Mg	24.305	铁 Fe	55.847
铝 Al	26.98154	锶 Sr	87.62
硅 Si	28.086	钡 Ba	137.34

二、常用分子量

Al_2O_3	101.96128	$MgCO_3$	84.3142
CaF_2	78.0768	$Al_2O_3 \cdot 2SiO_2 \cdot 2H_2O$	258.16128
CaO	56.0794	$3CaO \cdot Al_2O_3$	270.19948
$Ca(OH)_2$	74.0946	$12CaO \cdot 7Al_2O_3$	1386.68176
CO_2	44.0098	$CaO \cdot Al_2O_3$	158.04068
$CaCO_3$	100.0892	$CaO \cdot 2Al_2O_3$	260.00196
$CaSO_4$	136.1376	$2CaO \cdot Al_2O_3 \cdot SiO_2$	274.20488
$CaSO_4 \cdot 2H_2O$	172.168	$CaO \cdot Fe_2O_3$	215.7716
FeO	71.8464	$2CaO \cdot Fe_2O_3$	271.851
Fe_2O_3	159.6922	$4CaO \cdot Al_2O_3 \cdot Fe_2O_3$	485.97108
H_2O	18.0152	$3CaO \cdot SiO_2$	228.323
K_2O	94.1954	$2CaO \cdot SiO_2$	172.2436
MgO	40.3044	$11CaO \cdot 7Al_2O_3 \cdot CaF_2$	1408.67916
Na_2O	61.97894	$3CaO \cdot Al_2O_3 \cdot CaSO_4 \cdot 12H_2O$	622.51948
K_2SO_4	174.2536	$3(CaO \cdot Al_2O_3) \cdot CaSO_4$	610.25964
Na_2SO_4	142.03714	$K_2O \cdot 23CaO \cdot 12SiO_2$	2105.0392
P_2O_5	141.94452	$Na_2O \cdot 8CaO \cdot 3Al_2O_3$	816.49798
SiO_2	60.0848	$6CaO \cdot 2Al_2O_3 \cdot Fe_2O_3$	700.09116
SO_3	80.0582	$3CaO \cdot Al_2O_3 \cdot 6H_2O$	378.29068
TiO_2	79.8988	$3CaO \cdot Al_2O_3 \cdot 3CaSO_4 \cdot 32H_2O$	1255.0992

参 考 文 献

[1] 沈威.水泥工艺学[M].武汉:武汉理工大学出版社,1991.

[2] 李坚利.水泥工艺学[M].武汉:武汉理工大学出版社,1999.

[3] 林宗寿.无机非金属材料工学[M].5版.武汉:武汉理工大学出版社,2020.

[4] 文梓芸,钱春香,杨长辉.混凝土工程与技术[M].武汉:武汉理工大学出版社,2004.

[5] 周国治,彭宝利.水泥生产工艺概论[M].武汉:武汉理工大学出版社,2005.

[6] 于兴敏.新型干法水泥实用技术全书[M].北京:中国建材工业出版社,2006.

[7] 诸培南,翁臻培,王天顿.无机非金属材料显微结构图谱[M].武汉:武汉工业大学出版社,1994.

[8] 林宗寿.水泥与混凝土科学技术5000问:1～10卷[M].武汉:武汉理工大学出版社,2021.

[9] 南京化工学院.水泥工艺原理[M].北京:中国建材工业出版社,1980.

[10] 丁奇生,王亚丽,崔素萍.水泥预分解窑煅烧技术及装备[M].北京:化学工业出版社,2014.

[11] 彭宝利,朱晓丽,王仲军,等.现代水泥制造技术[M].北京:中国建材工业出版社,2015.

[12] 王宝明,姜玉.水泥窑协同处置城市生活垃圾技术及其在我国的应用现状[J].水泥工程,2014(4):74-78.

[13] 王昕,刘晨,颜碧兰,等.国内外水泥窑协同处置城市固体废弃物现状与应用[J].硅酸盐通报,2014(8):1989-1995.

[14] 齐砚勇.水泥窑协同处置污泥技术[J].四川水泥,2012(2):48-52.

[15] 李春萍.水泥窑协同处置脱水污泥实用技术[M].北京:中国建材工业出版社,2021.

[16] 孙莹.水泥窑在市政污泥处理处置中的应用[J].给水排水,2011,37(12):30-33.

[17] 刘姚君.水泥窑协同处置污泥政策及发展分析[J].水泥,2014(7):4-6.

[18] 宋少民,王林.混凝土学[M].武汉:武汉理工大学出版社,2013.

[19] 谢克平.现代水泥生产装备与应用[M].北京:化学工业出版社,2022.

[20] 林宗寿.生料配比反馈校正计算方法[J].新世纪水泥导报,2020(5):1-7.

[21] 林宗寿.球磨机研磨体级配设计与计算[J].新世纪水泥导报,2020(3):1-6.

[22] LOCHER F W.水泥制造与使用[M].汪澜,等译.北京:中国建材工业出版社,2017.